煤炭高等教育“十四五”规划教材

煤化工工艺学

第二版

主编　王永刚　周国江

中国矿业大学出版社
· 徐州 ·

内 容 提 要

本书是煤炭高等教育“十四五”规划教材，全书共分十一章，所需学时约 80 学时，主要介绍了煤化工技术的发展、煤炭热解技术、焦化技术、炼焦化学产品制备技术、煤炭气化技术、煤炭直接液化和间接液化技术、煤制甲醇和乙二醇以及羰基化合物技术、甲醇制烯烃和芳烃技术、煤制天然气和氢气技术，以及煤基炭素材料等新型煤化工技术。

本书可作为高等学校化学工程与工艺、能源化工（煤化工）专业教材，也可供从事能源、煤炭、化工、电力、环保等专业设计、生产、科研的技术人员及相关专业师生参考。

图书在版编目(CIP)数据

煤化工工艺学/王永刚，周国江主编. —2 版.
徐州：中国矿业大学出版社，2025. 1. —ISBN 978-7-5646-6609-5

Ⅰ. TQ53

中国国家版本馆 CIP 数据核字第 2025SH6974 号

书　　名 煤化工工艺学
主　　编 王永刚　周国江
责任编辑 周　红
出版发行 中国矿业大学出版社有限责任公司
（江苏省徐州市解放南路　邮编 221008）
营销热线 (0516)83885370　83884103
出版服务 (0516)83995789　83884920
网　　址 http://www.cumtp.com　**E-mail**:cumtpvip@cumtp.com
印　　刷 苏州市古得堡数码印刷有限公司
开　　本 787 mm×1092 mm　1/16　**印张** 23.75　**字数** 608 千字
版次印次 2025 年 1 月第 2 版　2025 年 1 月第 1 次印刷
定　　价 48.00 元
（图书出现印装质量问题，本社负责调换）

《煤化工工艺学》(第二版)

编写委员会

主　　编　王永刚　周国江

编　　者　(排名不分先后)

熊楚安　吴　鹏　白洋（黑龙江科技大学）

许德平　张海永（中国矿业大学(北京)）

刘生玉（太原理工大学）

王　力　高维嘉（山东科技大学）

田　斌（西北大学）

周剑林（湖南科技大学）

第二版前言

自《煤化工工艺学》2014年9月出版以来，至今10年了。为了适应我国煤化学工业的发展，满足学科专业范围不断扩大的需要，对本书进行修订再版。

《煤化工工艺学》第二版编写体系与第一版相比，略有调整。新版教材力求从更宏观的角度概括煤化工的生产方法和工艺原理，因此，希望内容能够尽可能涵盖煤化工产业，为读者建立全面的煤化工产业体系概念，对过时的内容做了更新，对现代煤化工产业进行了重点介绍，不过于强调工艺过程的细节。

全书共分十一章，分章介绍了煤化工工程与技术。与第一版相比，增加了第二章煤炭热解，将原第十一章的主要内容合并到第八章的煤制甲醇和含氧化合物中，其他内容合并到相关章节中，使全书内容更加统一。

全书由王永刚和周国江统稿和最终修订。

第一章绪论，由中国矿业大学(北京)王永刚修订；第二章煤炭热解，由西北大学田斌编写；第三章焦化技术与工艺，由中国矿业大学(北京)许德平修订；第四章炼焦化学产品制备，由黑龙江科技大学周国江修订；第五章煤炭气化技术，由湖南科技大学周剑林修订；第六章煤炭直接液化技术，由山东科技大学王力和高维嘉修订；第七章煤炭间接液化技术，由太原理工大学刘生玉修订；第八章煤制甲醇和含氧化合物，由黑龙江科技大学熊楚安修订；第九章甲醇制烃类化合物，由黑龙江科技大学吴鹏修订；第十章煤制天然气和氢气技术，由中国矿业大学(北京)张海永修订；第十一章煤基炭素材料，由黑龙江科技大学白洋修订。

由于编者水平有限，本书难免存在错误和不妥之处，敬请广大读者批评和指正。

编　者
2024年7月

第一版前言

煤炭是我国的主体能源，在一次能源结构中占70%左右。在未来相当长时期内，煤炭作为主体能源的地位不会改变。煤炭工业是关系国家经济命脉和能源安全的重要基础产业。2012年，国家发改委发布了《煤炭工业发展“十二五”规划》(以下简称《规划》)。《规划》提出，在内蒙古、陕西、山西、云南、贵州、新疆等地选择煤种适宜、水资源相对丰富的地区，重点支持大型企业开展煤制油、煤制天然气、煤制烯烃、煤制乙二醇等升级示范工程建设，加快先进技术产业化应用。

随着我国煤制烯烃与煤制油的工业化示范装置运行取得新突破，煤制合成天然气和煤制乙二醇示范装置也处于积极推进过程中。在高油价和能源供应紧张的趋势下，新型煤化工为未来中国的油气资源补充和部分替代开辟了新方向。

“煤化工工艺学”是能源化工(煤化工)和以煤化工为专业特色的化工类专业的必修课和主干课。为了适应我国如火如荼的新型煤化工产业发展的需要，在中国矿业大学出版社的大力支持下，中国矿业大学(北京)、黑龙江科技大学、太原理工大学、山东科技大学、湖南科技大学和河南理工大学等院校联合组织编写了高等教育“十二五”规划教材——《煤化工工艺学》。

本教材从我国“十二五”期间新型煤化工生产和工艺的实际出发，运用化工过程的基本原理，阐明煤化工工艺的基本概念和基本理论，介绍国内外典型煤化工产品的生产方法和工艺原理、典型流程与关键设备、工艺条件。

全书共分十一章，主要介绍了煤化工工程与技术发展简史、焦化技术与工艺、炼焦化学产品回收与精制、煤炭气化技术与工艺、煤炭间接液化技术与工艺、煤炭直接液化技术与工艺、CO加H_2合成醇醚、甲醇制烯烃、煤制天然气技术、煤基炭素材料以及煤制乙二醇技术、羰基合成新产品工艺、煤制芳烃技术等其他新型煤化工技术。

全书由中国矿业大学(北京)王永刚教授和黑龙江科技大学周国江教授主编和统稿。教材编写具体分工如下：第一章由中国矿业大学(北京)王永刚编写，第二章由中国矿业大学(北京)许德平和河南理工大学马名杰编写，第三章由黑龙江科技大学周国江编写，第四章由湖南科技大学罗道成编写，第五章由太原理工大学刘生玉编写，第六章由山东科技大学王力和高维嘉编写，第七章由黑龙江科技大学熊楚安编写，第八章由黑龙江科技大学吴鹏编写，第九章由中国矿业大学（北京）张书编写，第十章由黑龙江科技大学的白云起编写，第十一章由中国矿业大学（北京）林雄超编写。

由于编者水平有限，加之时间仓促，本书难免存在错误和不妥之处，敬请广大读者批评和指正。

编　者

2014 年 5 月

目　录

第一章 绪 论

我国化石资源的禀赋特点是富煤、缺油和少气，以煤为原料，经煤化工路线生产化工原料在我国具有独特的优势。我国相对丰富的煤炭资源为煤化工的发展提供了资源条件，发展煤化工，开发先进的煤炭化工技术，延伸煤炭加工利用的产业链，形成与石油和天然气资源互补的局面，在我国具有非常重要的战略和现实意义。

第一节 煤化工工程与技术的范畴

煤炭化学工业是对煤进行化学加工以实现煤炭综合利用的工业，简称煤化工。它是以煤炭为原料，通过化学转化，制备燃料和化学品的工业。煤化工工程与技术，则是研究煤炭转化的路径及机理，实现煤炭化学利用技术的总称。从学科上说，煤化工属于有机化工的范畴，它是在化学化工等基本理论的基础上，以煤为原料，研究开发有机化工产品以及与有机化工过程相关的反应、分离、催化、过程模拟、工程开发和工艺优化等技术。因此，在学科分类上，煤化工也是煤化学工程或煤化学工程与技术的简称。它具有基础研究学科交叉性和工程开发技术复杂性等显著特点。

煤化工是以煤炭为原料，经过化学加工转换为气体、液体和固体产物并进一步加工成一系列化工产品的工业，主要包括煤的低温热解、炼焦及化学产品回收、煤炭液化、煤炭气化以及煤基化学品等。煤化工生产技术中，炼焦是应用最早的工艺，并且至今仍然是煤化工的重要组成部分。炼焦是以烟煤、沥青或其他液体碳氢化合物为主要原料，在隔绝空气的条件下经过热解（或称干馏）得到固体焦炭、液态焦油及焦炉煤气等产物的过程。焦炭可作为金属冶炼中的能源和还原剂，并可通过制造电石来生产乙炔化学品如聚氯乙烯等化工原料。焦油中可提取出成千上万种化工原料，以煤焦油沥青为原料可以制备出高性能的碳纤维、针状焦等煤基炭材料，广泛应用于军事、航空、冶炼等高技术领域。焦炉煤气既可作为民用燃料，又可以合成化工原料。煤经低温干馏生产的低温煤焦油，经过加氢可以生产液体燃料，经过分离后可以得到多种化工原料，尤其是广泛应用于制药和染料工业中的酚类化合物。煤的气化是煤料在高温条件下与气化剂进行反应生成合成气的过程，在煤化工中占有重要的地位，煤气化生产的合成气是合成液体燃料等多种产品的原料，并广泛用于合成氨、甲醇、醋酐等化学工业中。煤炭地下气化是直接将处于地下的煤炭进行有控制的热作用及化学作用而产生可燃气体的过程。煤炭液化，是将煤中的有机质转化为液态产物，其目的就是获得和利用液态的碳氢化合物替代石油及其制品，来生产发动机用液体燃料和化学品。煤炭液化根据工艺路线的区别，分为直接液化和间接液化。煤炭直接液化，即煤高压加氢液化，是通过对煤的加氢使煤中复杂的有机高分子结构直接进行加氢、解聚，转化为较小分子的液体产物，油品经加工后可以生产发动机燃料油等；煤的间接液化首先将煤气化生产出的合成气（$CO+H_2$），经净化和调整比例后，催化合成包括油品和甲醇等在内的液体产物。煤气化合成气制备甲醇，再经甲醇转化为化学品是煤化工领域中重要的一部分。煤经甲醇制烯烃、乙二醇、二甲醚和乙醇等奠定了煤化工的基础地位，通过这一技术路线的产业链延伸几乎可以囊括整个有机化工领域。

煤化学工程与技术领域包含一些重要的共性基础科学问题。首先，煤的结构与反应性，煤和煤岩显微组分的物理和化学性质，尤其是热性质，为煤种与加工工艺的配合提供了依据，优化了操作条件；其次，煤转化过程中的催化作用、催化反应及催化剂开发，是煤化工技术中的重要内容，某种程度上决定了煤炭清洁转化利用的发展水平。

第二节　煤化工工程与技术发展简史

2000 多年以前，劳动人民就已经知道利用煤炭并主要将其应用于金属冶炼。而煤的工业化加工则始于 18 世纪中叶，随着工业革命如火如荼地进行，对钢铁的需求增加，进而对钢铁冶炼所需的原料——焦炭的需求量大增，炼焦化学工业应运而生。炼焦作为煤炭加工过程中最为古老的工艺之一，为冶金工业提供了焦炭这种特殊的燃料和还原剂。到 18 世纪末，开始由煤生产民用煤气。1792 年，英格兰的默多克用烟煤干馏法生产干馏煤气，首先用于欧洲城市的街道照明。1816 年，美国巴尔的摩市建立了煤干馏工厂生产煤气，铁甑干馏煤的工业得到进一步发展。1840 年，法国用焦炭制备的发生炉煤气用于炼铁。1875 年使用增热水煤气作为城市煤气。19 世纪 70 年代，德国成功建成了有机化学品回收的炼焦化学厂，从煤焦油中提取了大量的芳烃作为重要的工业原料。

20 世纪初，许多有机化学品以煤为原料进行生产，煤化工成为化学工业的重要组成部分。20 世纪 20～30 年代间，煤的低温干馏发展较为迅速，所得半焦可作为民用无烟燃料，而低温干馏所得液体副产物——焦油，可进一步加氢生产液体燃料。

第二次世界大战前后，煤化工尤其是以煤制液体燃料化工得到迅速发展，发展较好的国家或地区主要是德国和南非。自 1869 年，贝特洛（Berthelot）用碘化氢与煤在 270～280 ℃常压下作用 24 h 后获得烃类和沥青产物后，人们一直试图将固体煤转化为液态燃料。在第二次世界大战时期，德国为了战争需要，开展了由煤制液体燃料的研究和工业生产。1931 年贝吉乌斯（Bergius）成功地由煤直接液化制取了液体燃料，并为此获得了 1931 年的诺贝尔化学奖。1939 年，这种用煤高压加氢液化所得的液体燃料年产量达 110 万 t。在贝吉乌斯（Bergius）研究煤高压催化加氢的同时，费舍尔（Fischer）和托罗普希（Tropsch）则在研究合成气（CO 和 H_2）的催化合成反应，并于 1932 年发明了由煤气化得到的合成气催化合成液体燃料的费托（Fischer-Tropsch）合成法，称之为煤的间接液化工艺，这是最早的碳一化工技术。费托合成液体燃料法由鲁尔化学公司于 1933 年实现工业化生产，年产 7 万 t。到 1944 年，德国总共建有 9 套费托合成液体燃料的工厂，总年产量达 57.4 万 t。在同一时期，日本、法国和中国也建有 6 套这样的装置，规模为 34 万 t/a。德国在第二次世界大战期间还建立了大型的低温干馏工厂，所得半焦用于造气，经过费托合成制取液体燃料，所得低温煤焦油经过简单处理后，用作海军船用燃料，或经过高压加氢制取汽油和柴油，1944 年低温焦油年产量近百万吨。第二次世界大战末期，德国用加氢液化法由煤及焦油生产的液体燃料总量达到 480 万 t。与此同时，还从煤焦油中提取各种芳烃及杂环有机化学品，作为染料、炸药等的原料。

南非由于所处的特殊地理和政治环境以及资源组成特点，以煤为原料合成液体燃料的工业得以持续地发展。他们与鲁奇、鲁尔化学和凯洛克三家公司合作，分别采用鲁奇煤气化及煤气净化技术、鲁尔化学公司固定床和凯洛克公司气流床合成技术，于 1955 年建成规模为 3 万 t/a 的萨索尔一厂(Sasol-I)。1973 年西方石油危机以后，该公司又分别于 1980 年和 1982 年相继建成液体燃料总年产量为 160 万 t 的二厂和三厂。目前这三家厂年消耗煤约 4 100 万 t，是世界上规模最大的以煤为原料生产合成油和化工产品的化工厂，产品包括汽油、柴油、石蜡、氨、乙烯、丙烯、聚合物、醇、醛和酮等共 113 种，总产量为 710 万 t/a，其中油品占 60%。

第二次世界大战后，煤化工的发展受到石油化工的很大冲击。由于廉价石油和天然气的大量开采，除了炼焦工业随着强劲的钢铁需求而不断发展外，工业上大规模由煤制液体燃料的生产暂时中断，煤在世界能源结构中的比例由约 2/3 下降至约 1/4，代之兴起的是以石油和天然气为原料的石化工业。

20 世纪 70 年代初，由于中东战争以及随之而来的石油危机，以煤为原料生产液体燃料及化学品的方法又受到重视，欧美等国家加强了煤化工的研究开发工作，并取得了进展，如成功地开发了多种直接液化的方法和由合成气制甲醇，再由甲醇转化制汽油的工业技术。

20 世纪 80 年代后期，煤化工有了新的进展。伊斯曼-柯达公司于 1983 年建成当时世界唯一一套以煤化工路线合成醋酸和醋酐的装置，先采用水煤浆气化制合成气，再合成醋酸甲酯，进一步进行羰化反应成功地由煤制成醋酐，此为这段时间内以煤制化学品的一个成功的范例。

1919 年德国率先创建了第一个国家级煤炭研究所，并以威廉皇帝冠名。在成立大会上，该所所长费舍尔教授说："我国的煤炭是能源和资源的宝库，对德国的未来有不可估量的价值。对煤炭的科学研究绝不能自己不做而让其他国家去做，否则我们将会因忽视这样的重要研究领域而受到历史的责备"。这一思想指导了德国在煤化工研究与开发方面进行了大量工作，使德国在炼焦与焦油化工、气化与碳一化工、直接液化与间接液化这些煤化工的主要领域领先世界上百年。对我国这样的煤炭大国，德国科学家的这一思想仍具有很强的现实意义。

第三节 煤化工在中国的发展

煤化工在我国的起步较晚，直到 20 世纪初才有较大规模的煤炭加工利用工厂出现。1925 年，我国在石家庄建成了第一座炼焦化学厂，满足了汉冶萍煤铁厂矿股份公司对焦炭的需要。1934 年，在上海建成了立式炉和增热水煤气炉的煤气厂，生产城市煤气。中华人民共和国成立以后，我国经济的迅速发展，也带动了煤化工产业的进步。目前，我国已成为世界上最大的煤化工生产国，煤制合成氨、煤制甲醇、电石和焦炭的产量多年稳居世界第一位。同时，我国的煤制油品、煤制烯烃和煤制乙二醇等现代煤化工产业引领了世界煤化工的发展，煤化工新技术不断涌现，产业规模不断扩大，形成了具有我国特色的现代煤化工产业。

作为传统煤化工的炼焦和化学产品回收，以及合成氨和电石产业，在我国形成了较大的生产规模，产品稳定。我国是现阶段世界上最大的焦炭生产国，焦炭产量占世界焦炭总产量的50%以上。合成氨行业既是化肥工业的基础，也是传统煤化工的重要组成部分，我国是世界上最大的以煤为原料的合成氨生产国。我国的电石行业起步于20世纪70年代，满足国内PVC市场等的需求，产能达到4 000万t/a以上。

煤气化是现代煤化工的核心和龙头，我国的煤气化工艺由老式的UGI炉固定床气化发展到气流床气化，国内自主创新的新型煤气化技术得到快速发展。目前，我国已是全球最大的大型煤气化技术应用市场，市场涌现的大型煤气化技术已经超过40种，煤气化技术基础研究与核心装备均已进入世界先进行列。在大型现代煤化工项目的推动下，我国大型煤气化技术已经达到世界先进水平，多喷嘴对置式水煤浆气化、航天炉粉煤加压气化、水煤浆水冷壁气化等均实现了商业化运行。

我国从20世纪初即开始进行煤炭液化的研究，曾在锦州进行过煤间接液化实验，后因发现大庆油田而终止。由于20世纪70年代的两次石油危机，以及“富煤少油”的能源结构带来的一系列问题，我国自80年代又恢复了对煤液化技术的研究。在煤间接液化方面，我国已建成兖矿榆林未来能源化工有限公司115万t/a煤间接液化示范项目、国家能源集团宁夏煤业有限责任公司400万t/a煤间接液化示范项目、伊泰集团有限公司杭锦旗120万t/a精细化学品项目和潞安化工集团有限公司180万t/a煤间接液化示范项目。在煤直接液化方面，目前国家能源集团已成功实现了百万吨级工业化运行，也是目前世界上仅有的煤炭直接液化商业化工程。我国正在建立以煤为原料的煤液化新产业，将形成年产千万吨级油化产品的能力。

我国天然气资源相对匮乏，对天然气这种清洁能源有强劲的需求。我国在煤制天然气方面近年来也获得了迅猛的发展。已在内蒙古、新疆等地建设了大规模的煤制天然气项目，项目规模大都在几十亿到100亿m^3，我国煤制天然气产业稳定发展。

我国在世界上率先实现了甲醇制烯烃核心技术的工业化应用，走在了国际煤化工发展的最前沿。自2010年8月神华包头煤化工有限公司60万t/a甲醇制烯烃(MTO)项目投产以来，我国的煤基甲醇制烯烃年总产能超过了千万吨，主要应用中国科学院大连化学物理研究所(简称中科院大连化物所)DMTO技术。煤基烯烃项目的成功运行，标志着以煤为原料的化学工业进入了一个新的发展阶段。

乙二醇作为重要的化工原料，广泛应用于生产聚酯产品、防冻剂、润滑剂、增塑剂和非离子表面活性剂等。目前世界对乙二醇的年需求量为2 000多万吨，其中我国约占1/3。工业上主要采用石油技术路线生产乙二醇，这对于石油资源短缺的我国来说压力较大。2009年12月，年产20万t的内蒙古通辽金煤化工有限公司一期生产车间内，全球第一批用褐煤生产的乙二醇正式生产下线，标志着我国率先实现了全套“煤制乙二醇”技术路线和工业化应用。该示范项目基于中国科学院福建物质结构研究所CO气相催化合成草酸酯——加氢制备乙二醇工艺。煤制乙二醇技术和产业化还在稳步发展中。

由此可见，以煤为原料生产燃料和化学品的煤化工在我国得到了迅速的发展，常规的来自石油的化学产品，通过煤炭化工路线大多可以得到，综合我国的资源特点，煤化工在我国显示了良好的发展前景。

第四节 煤炭的清洁转化利用

我国的能源资源禀赋决定了以煤为主的格局在相当长的时间内难以改变,并且我国现代煤化工产业已取得了长足进步,但鉴于煤炭组成的复杂性以及对环境的影响,必须推进其清洁化利用,现代煤化工是煤炭清洁高效利用的重要途径之一。

在煤炭发展战略上,首先,必须清醒认识现代煤化工在我国能源安全保障中的基础保障地位,煤炭是我国唯一大量拥有的可获得资源。其次,必须客观认识煤炭清洁转化在发展中依然存在能源利用与资源转化效率偏低,精细化、高端化、专用化等下游产品开发不足,整体效能有待提高的问题。再者,必须加大煤炭转化的基础研究,开发战略引领的颠覆性技术。

煤的化学转化是实现其清洁化利用的重要途径,包括煤热解、煤气化、煤液化及它们的产物的进一步转化。转化过程以化学反应为基础,产品生产与化学工程密切相关。对煤的结构与反应性的深刻认识有助于揭示化学反应的规律,而工艺和技术的进步则有赖于化学工程的优化,影响煤炭清洁转化的效率和生产过程的清洁化程度。催化剂和催化过程在煤的清洁转化过程中发挥着极其重要的保障作用。

实现煤炭清洁化转化的核心要素是资源转化的效率以及生产的绿色化。要求聚焦科学问题,为新技术突破提供理论支撑。煤热解的关键科学问题包括煤键合结构以及自由基反应规律,为开发煤分级转化新技术奠定基础。煤气化的关键科学问题包括煤组分反应性与传递过程的匹配、优化和灰化学等,从物料和能量利用的合理性出发,开发新的气化技术。煤制烯烃面临的主要问题是催化技术以及考虑传质的反应过程控制,在催化剂积碳变化规律、调控积碳分布方面能有新的认识。煤制油进一步的发展,直接液化要深入理解煤加氢液化活泼氢的传递机理,开发新的加氢液化催化剂;间接液化则要深化费托合成反应机理的认识,调控合成产物的分布。煤制乙二醇和乙醇等含氧化学品面临的挑战是高效羰化催化剂和加氢催化剂的开发,拓展新的合成路线,进一步提高产品质量。

参考文献

[1] 高晋生,张德祥. 煤液化技术[M]. 北京:化学工业出版社,2005.

[2] 郭树才,胡浩权. 煤化工工艺学[M]. 3 版. 北京:化学工业出版社,2012.

[3] 申峻,等. 煤化工工艺学[M]. 北京:化学工业出版社,2020.

[4] 谢克昌,等. 中国煤炭清洁高效可持续开发利用战略研究[M]. 北京:科学出版社,2014.

[5] 姚昭章,郑明东. 炼焦学[M]. 3 版. 北京:冶金工业出版社,2005.

[6] 张锁江. 化学工程发展战略:高端化、绿色化、智能化[M]. 北京:化学工业出版社,2023.

[7] 中国煤炭加工利用协会. 中国煤炭深加工产业发展报告[R]. 2018.

第二章 煤炭热解

煤炭热解也称煤的干馏或热分解，是重要的煤化工过程之一，也是其他煤的热化学转化技术的基础。由于煤炭热解反应速度较快，通常煤炭热解也是煤炭热转化反应的第一步，因此煤炭热解的知识体系对煤炭转化技术的理解具有重要的意义。煤炭焦化过程可以看作是以焦炭为主要产品的特定高温煤炭热解过程，属于传统煤化工范畴，本章内容不涉及煤炭焦化，主要从各方面论述中低温条件下煤炭热解过程。

第一节 煤炭热解概述

一、煤炭热解的定义

煤炭热解是指在隔绝空气（无氧）的条件下加热煤炭，使煤在一定温度下发生一系列复杂的物理变化和化学反应，并生成气体（煤气）、液体（焦油）和固体（半焦）的过程。传统煤炭热解研究一般是指在惰性气氛（如氮气、氦气和氩气等）中进行的反应研究。由于煤炭热解速度较快，即使在活性气氛下也会发生煤炭的热解反应，因此近年来研究在一氧化碳、二氧化碳、氢气、甲烷、乙烷等活性气氛下的热解也比较普遍，煤炭热解定义里的隔绝空气的内涵也不断扩展和丰富。煤炭热解、燃烧和气化都属于煤的热化学转化技术，在这些过程中煤炭都要被加热到一定温度下实现转化，如图 2-1 所示。煤炭燃烧是在充分的氧气气氛下发生完全氧化反应，最终生成二氧化碳和水，过程主要利用煤炭中的热量。煤炭气化是在部分氧气存在下，通过气化剂（水蒸气、二氧化碳）与煤进行反应生成合成气（$CO+H_2$），目的是将煤中有机质完全转化为以可燃气体为主的气态产物。而煤炭热解则是在无氧条件下将煤转化为煤气、焦油和半焦的过程，目的是获得轻质气液产品。由此可见，煤炭热解过程简单，反应条件温和，这使得煤炭热解技术具有投资少、生产成本低以及易于实现多联产等优势。

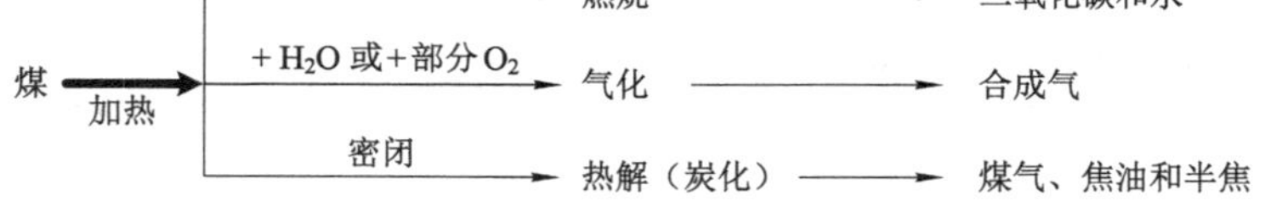

图 2-1 煤炭燃烧、气化和热解条件与产物对比

二、煤炭热解的作用

煤炭热解是煤的热化学转化的第一步，对热化学转化的后续反应步骤有重要影响，在煤

直接液化、燃烧、气化和焦化过程中，煤炭热解反应始终伴随其中。煤的热解与煤的热加工技术关系非常密切，获得的研究结果对煤热加工有直接的指导作用。煤炭热解控制着煤炭直接液化过程中的核心反应步骤，即有机大分子结构的裂解。热解工艺参数可以有效调控煤焦的孔隙率、比表面积、表面官能团和石墨化度，进一步影响煤焦的反应活性大小，这对煤的燃烧和气化反应都至关重要。煤炭热解挥发物的二次反应决定着燃烧的火焰扩散以及气化过程气相反应程度，进而显著影响燃烧速率和气化燃气的组成。煤炭热解还对炼焦工业中合理选择原料煤、配煤以及优化工艺条件和提高焦炭质量具有指导意义。煤炭热解还可以获得丰富的气、液、固产品，这些产品具有巨大的经济价值，在各行业都有重要的应用，尤其是煤焦油中的高附加值化学品，从石油里获取比较困难。此外，煤炭热解还是研究煤的结构以及关联反应性的重要方法和手段。通过分析热解过程中煤结构的变化以及相关热解产物的详细构成可以间接推演煤中结构单元的活性高低等信息。

三、煤炭热解的产物

简单预处理后的煤炭经热解可生成热解产物或产品。煤炭热解过程主要发生热裂解反应和缩聚反应，热裂解反应使煤炭的大分子有机结构变成小分子气态和液态产物(挥发物)，缩聚反应则使煤炭的大分子有机结构变得更复杂、分子量更大，最终生成半焦。挥发物中不可冷凝的组分称为热解气，其产量为原煤质量的 8%～15%，热解气主要组分为 CO、CO_2、H_2 和 CH_4，C_2～C_4 烃类、H_2S 和 NH_3 等的含量因煤质不同而有较大差异，但含量都相对较低。挥发物在接近室温条件下可冷凝的组分包括热解水和焦油，其产量分别占原煤质量的 2%～8%和 5%～15%。焦油的组成非常复杂，其中化合物的数量巨大、种类繁多，主要包括烃类化合物和含氧化合物。烃类化合物中烷烃、烯烃和芳香烃是主要成分，含氧化合物主要是酚类物质，例如陕北中低温煤焦油化学族组成的含量大概为饱和分占 20%、芳香分占 22%、胶质占 7%、沥青质占 11%、酚类占 24%。半焦是煤炭热解的最主要产物，其量一般占原煤质量的 55%～70%，半焦的结构不像石墨那样规整，碳质微晶含量较低。煤炭热解过程中挥发物得到释放，半焦保留了原煤中的大部分碳元素，氧、氢、硫和氮等元素的含量一般都低于原煤。

煤炭热解的气、液、固产物具有广泛用途。如图 2-2 所示，煤气中可燃组分含量高，可直接用于民用燃气、工业燃气，也可用于燃气轮机发电。18 世纪末，在苏格兰最早开始的煤炭的热解工业生产，就是利用煤气进行城市的街道照明。煤气中的氢气和甲烷含量较高，可分离出氢气用于煤焦油加氢过程的氢源；分离出的甲烷可以替代天然气或压缩后制成液化天然气(LNG)，煤气中的甲烷还可以通过重整制备合成气，合成气可进一步转化为甲醇，实现煤气的高质化利用。煤焦油中含有许多化合物，通过精细分离可制备芳烃、酚类和氧芴等高附加值化学品；煤焦油经催化加氢轻质化后可制备汽油、柴油和航空煤油等燃料油，是煤制油品的一条途径。煤炭热解半焦中仍含有一定量的挥发物，它的活性好、燃点低、燃烧性能优良，可作为工业和民用燃料，例如可用作高炉喷吹的原料与原煤混合用于电站锅炉燃烧发电；半焦也可作为蜂窝煤的引燃剂、烧结燃料以及水泥陶瓷等煅烧炉的燃料。由于半焦中的 S、N 含量低于原煤，作为工业和民用燃料时可显著减少尾气中 SO_x 和 NO_x 的含量，减轻尾气处理负荷和环境污染。半焦还可作为化工和冶金的原料，低阶煤的半焦反应性能好、气化效率高，半焦气化生产的气体绝大部分是 CO 和 H_2，它们不但是优质的燃料气，还是重要的碳一化工原料，可用于合成众多高品质液体燃料和化工产品。具有低灰分特征的半焦还可作为优良的还原剂来替代焦炭，铁合金、结晶硅、碳化硅和电石的冶炼要求还原剂的比电阻和反应活性高、杂质少，低灰分高活性的半焦已广泛用于上述冶金过程。高挥发分煤在热解过程中官能团脱落后会形成丰富的孔道结构和表面酸碱活性中心，经进一步活化后可制备性能优良的活性炭和催化材料，可用于废水处理、气体吸附和污染物分解的催化剂。此外，半焦还可通过成型制备型焦和块体无烟燃料，用来替代日益紧缺的块煤。

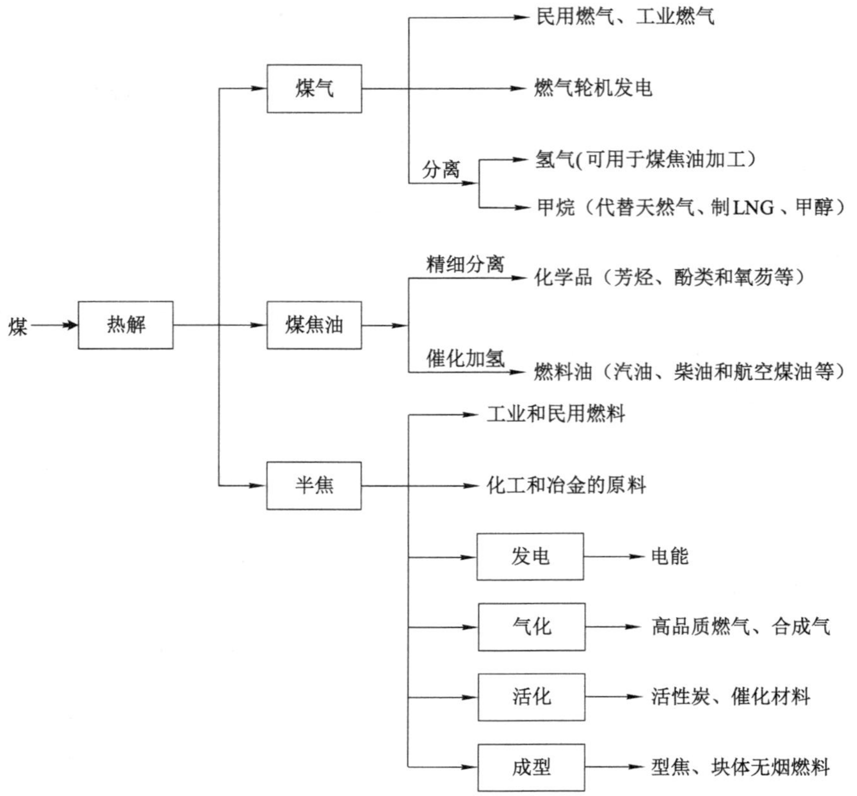

图 2-2　煤炭热解产物的应用途径

四、煤炭热解的类型

根据热解的条件和方式，煤炭热解具有不同分类方法和类型：

• 按照热解最终温度，可分为低温热解(500～700 ℃)，以制取焦油为目的；中温热解(700～1 000 ℃)，以生产中热值煤气为主；高温热解(1 000～1 200 ℃)，也就是焦化过程，主要目的是生产高还原性的冶金焦；超高温热解(1 200 ℃～)。

• 按照热解升温速率的大小，可分为慢速热解(1 ℃/s)，如焦化过程；中速热解(5～100 ℃/s)，如固体热载体热解；快速热解(500～10^6 ℃/s)，如煤的高温等离子热解；闪速热解(10^6 ℃/s～)。

• 按照热解时的反应气氛，可分为普通热解(惰性气氛)、加氢热解和催化加氢热解。

• 按照煤颗粒与气体在热解反应床层里的相对运动状态，可分为移动床、流化床和气流床(夹带床)热解。

• 按照煤颗粒被加热的方式不同，可分为内热式热解、外热式热解和内外热并用式热解。

• 按照加热煤颗粒热载体的不同，可分为固体热载体热解、气体热载体热解和气-固热载体热解。

• 按照热解时或热解反应器中反应压力不同，可分为常压热解和加压热解。

第二节 煤炭热解原理与化学

一、煤炭热解过程中的宏观变化

煤炭在热解过程中煤颗粒内部会发生一系列的变化，例如孔隙生成、体积变化等，这是煤炭热解过程中最直观的宏观变化。黏结性煤与非黏结性煤颗粒在热解过程中的宏观变化显著不同。如图 2-3 所示，当加热黏结性煤到一定温度时，煤颗粒开始软化，表面出现大量含有气泡的液膜(胶质体)，随着温度的持续升高、时间的延长，煤颗粒外层胶质体液膜固化并生成半焦，此时由内层新形成的胶质体被包裹在固化半焦层的内部，随着热解持续进行，胶质体内部的压力逐渐增大，最终外层半焦壳被冲破，胶质体流出并固化形成更多半焦。在此过程中，胶质体内部的气泡是半焦气孔的来源，胶质体固化收缩是半焦中形成裂隙的根源。需要注意的是，最终形成的半焦不全是胶质体形成的，因为黏结性煤炭热解过程形成胶质体的量是有限的，而大部分半焦是煤炭有机结构发生缩聚反应转变而成的。非黏结性煤炭热解时很少或不生成胶质体，但热解时大量挥发性物质的析出会在半焦内部留下大量孔隙结构，一般非黏结性煤炭热解半焦的比表面积显著高于黏结性煤。此外，非黏结性煤炭热解时半焦的缩聚程度较深，这也使得煤颗粒出现体积收缩现象，并有一些裂隙生成。

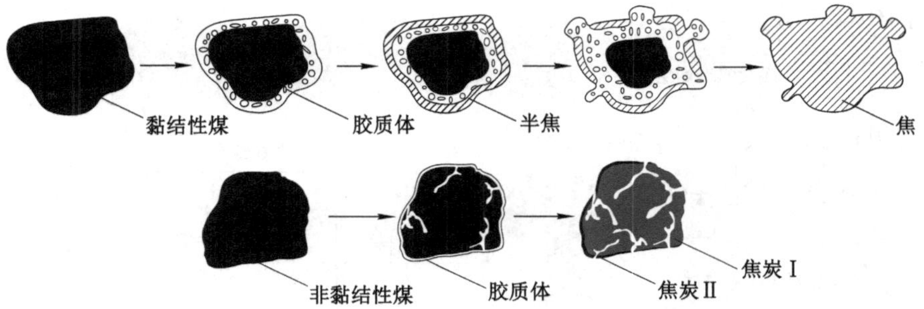

图 2-3 煤颗粒在热解过程中的宏观变化

如图 2-4 所示，根据目前普遍接受的煤炭物理结构模型——两相模型，认为煤有机结构中同时存在着共价键和非共价键，煤中以芳香片层为主要单元的团块(固定相)内部存在着各种共价键，团块之间存在着以桥键为主的共价键，煤中天然赋存的小分子化合物(移动相)之间以及移动相与固定相之间主要以非共价键的形式结合在一起，整个煤从宏观上来看处于稳定状态。由于移动相中的小分子化合物结合力弱、沸点低，热解过程随着温度升高会首先释放出来形成挥发物，当反应温度继续升高达到煤中共价键的键能时固定相开始分解并形成挥发物。煤中移动相的含量较低，由移动相挥发/分解生成的挥发物占比不高，因此煤炭热解过程生成的挥发物主要来自固定相的分解反应。

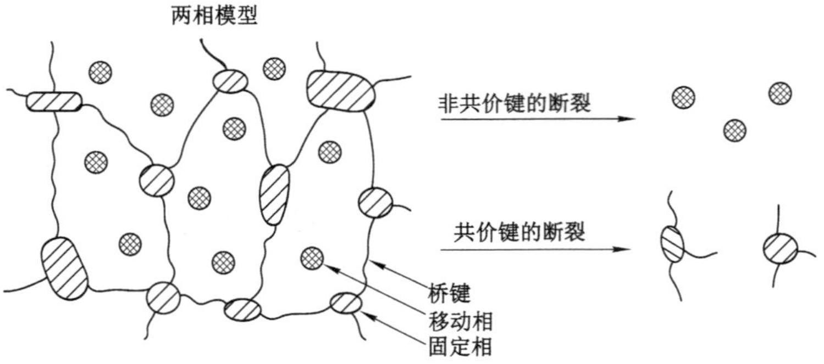

图 2-4　煤炭热解过程移动相与固定相的变化

二、煤炭热解过程中的化学反应

煤炭结构具有复杂性、多样性和不均一性的特点，这导致煤炭热解过程的化学反应数目繁多、错综复杂，无法用具体的反应方程式来表示煤炭热解过程所涉及的化学反应。如图 2-5所示，当热解温度所提供的能量高于煤炭有机结构中的化学键能时，煤中的桥键、酯环结构和芳环外取代基断裂生成尺寸大小不等的自由基碎片。若小自由基碎片之间或小自由基与更小的自由基碎片(·H 和·CH_3 等)结合就更容易生成挥发物，最终成为热解气和焦油的来源。若大自由基碎片之间或大自由基与更大的自由基碎片结合就会生成分子量更大的稳定产物，不易挥发，最终成为半焦。需要注意的是，在热解自由基的生成阶段会同时发生大尺度芳香片层的原位缩聚反应，直接生成半焦，而且通过这种途径生成的半焦占煤炭热解半焦的绝大部分。

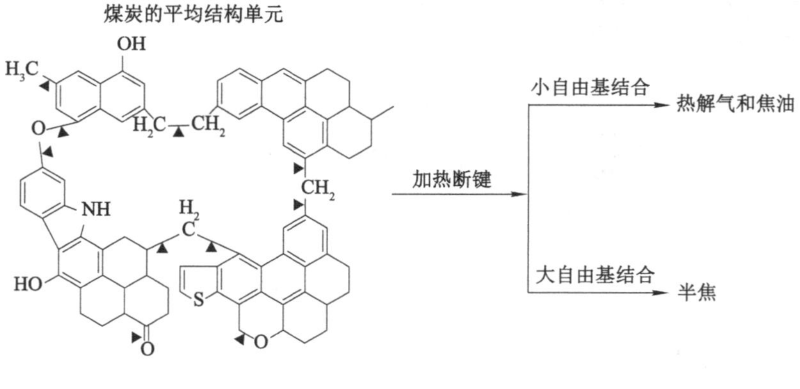

图 2-5　煤炭有机结构化学键断裂与自由基结合

煤炭热解反应具有明显的阶段性，也就是随着热解反应温度逐渐升高，煤中发生着不同类型的反应，生成不同类型的反应产物。如图 2-6 所示，当热解温度由室温升到 300 ℃时，这个过程称为干燥脱气阶段，原煤在此阶段外形没有变化，在室温至 150 ℃的过程主要发生煤表面及内部吸附水和部分弱吸附气体的脱附，主要生成水蒸气。当温度进一步升高到 300 ℃时，煤表面及内部强吸附气体发生脱附，同时部分羧基也开始分解，最终生成 CO_2、CH_4 和 H_2S 等。当热解温度继续升高到 550 ℃左右，该过程称为低温热解阶段，此时原煤中有机质开始发生一些变化，黏结性煤则会变软，出现熔融、流动和膨胀等现象，释放出 CO、CO_2 和水蒸气，最终生成热解水，产生焦油。在低温热解阶段，原煤发生非常剧烈的分解反应，放出大量挥发物，生成绝大部分焦油，并形成半焦，在此过程中的主导反应是解聚和分解。当热解反应温度由 550 ℃进一步升高到 1 000 ℃左右时的过程称为中高温热解阶段，这个阶段主要以缩聚反应为主。在高温热解阶段绝大部分焦油已经生成完毕，主要是焦炭的形成。从半焦到焦炭的形成过程会析出大量的煤气，使固体产物的挥发分降低，密度增加，体积收缩并形成碎块。在 700 ℃以下生成的煤气主要成分是 CO、CO_2 和 H_2，当温度高于 700 ℃时，煤气的主要成分是 H_2 和 CH_4。

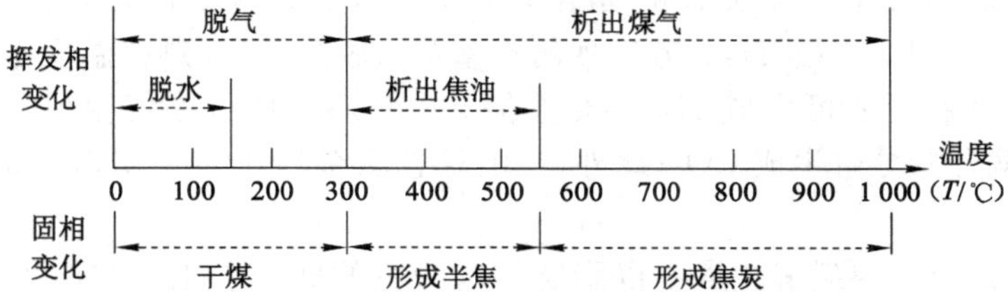

图 2-6 煤炭有机结构随温度的阶段性热解过程

从化学角度看，煤炭热解是煤有机结构的大分子化学断裂与重新组合的过程。煤炭有机质对热的稳定性主要取决于分子中化学键能的大小，煤有机质中典型化学键的键能如表 2-1所示。在相同条件下，煤中各有机物的热稳定性次序是芳香烃＞环烷烃＞炔烃＞烯烃＞开链烷烃。芳环上侧链越长越不稳定，芳环数越多其侧链越不稳定，不带侧链的分子比带侧链的分子稳定，例如当芳香化合物的侧链基团为甲基时在 700 ℃才断裂，如果是较长的烷基则在 500 ℃就开始断裂。缩合多环芳香烃的稳定性大于联苯基化合物，缩合多环芳香烃的环数越多，热稳定性越大。

表 2-1 煤有机质中典型化学键的键能

化学键	键能/(kJ/mol)	化学键	键能/(kJ/mol)
$C_{芳}—C_{芳}$	2 057	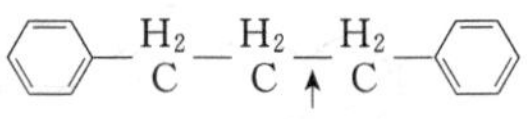	284
$C_{芳}—H$	425		
$C_{脂}—H$	392	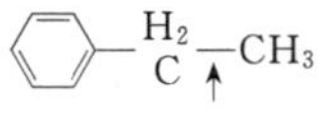	301
$C_{芳}—C_{脂}$	332		
$C_{脂}—O$	314	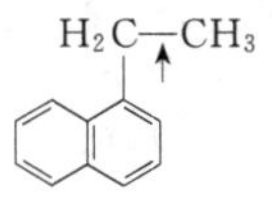	284
$C_{脂}—C_{脂}$	297		
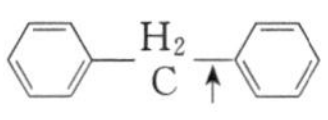	339	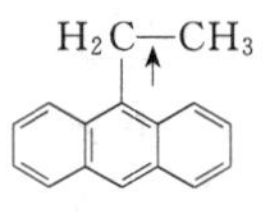	251

煤炭的热分解过程遵循一般有机化合物的热裂解规律，按其反应特点和在热解过程中所处的阶段，一般分为煤的裂解反应、二次反应和缩聚反应。当热解温度升高到一定程度时煤炭有机结构中的化学键就会发生断裂，这种直接发生在煤分子中的分解反应是煤炭热解过程中首先发生的，通常称为一次热解反应，主要包括以下几种裂解反应：

（1）桥键断裂生成自由基。煤炭有机质结构单元中的桥键是煤大分子中最为薄弱的环节，受热很容易断裂生成自由基碎片，且自由基的浓度随加热温度的升高而增大。

（2）脂肪侧链断裂。煤炭有机质结构单元中的脂肪侧链受热时也容易发生裂解反应，生成气态烃，如 CH_4、C_2H_6 和 C_2H_4 等。

（3）含氧官能团裂解。煤炭有机质结构单元中含氧官能团的热稳定性顺序为—OH >—C—O>—COOH>—OCH_3。芳环外的羟基不易脱除，只有热解温度达到 700～800 ℃以上并有大量氢存在时才可生成 H_2O；羰基在 400 ℃左右便可裂解生成 CO；当温度高于 200 ℃时，羧基就开始分解生成 CO_2；此外，呋喃等含氧杂环在 500 ℃以上也发生开环裂解并释放 CO。

（4）低分子化合物的裂解。煤中以脂肪结构为主的低分子化合物作用力弱，受热后容易解离并挥发，在挥发过程中也会不断发生裂解反应生成较多的挥发性物质。

煤炭热解一次挥发物在颗粒内部析出时以及在外边环境中停留时如果遭遇更高温度的作用，还会继续分解并发生二次裂解反应，生成更小分子的裂解产物。主要的二次反应有：

（1）直接裂解反应。例如烷烃可以裂解生成一个更小分子的烷烃和一个更小分子的烯烃，也可以直接脱氢生成同碳数烯烃，经过持续裂解和脱氢最终生成焦炭。乙苯发生裂解反应可以生成苯和乙烯。

$$C_2H_6 \xrightarrow{-H_2} C_2H_4 \xrightarrow{-H_2} C$$

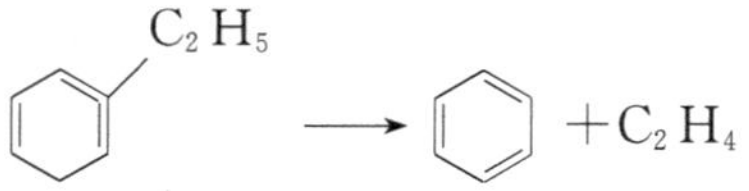

（2）芳构化反应。例如环己烷通过脱氢可以生成苯，9，10-二氢蒽通过脱氢可以生成蒽。

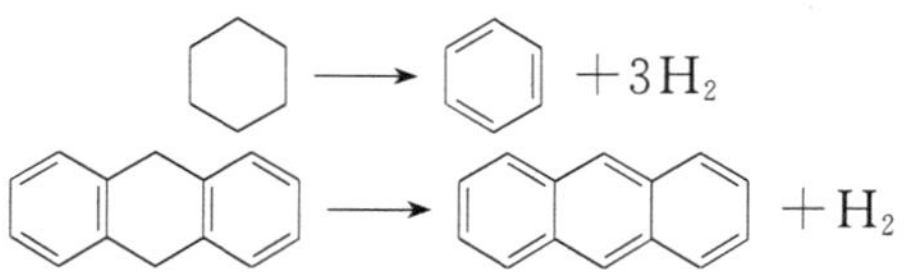

（3）加氢反应。例如苯酚加氢可以生成苯和水，甲苯加氢可以生成苯和甲烷，苯胺加氢可以生成苯和氨气。

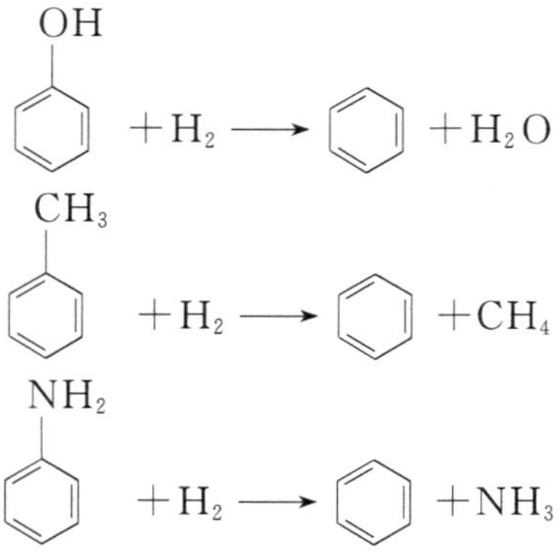

(4) 缩合反应。例如苯与丁二烯反应可以生成萘和氢气，萘与丁二烯反应可以生成蒽和氢气。

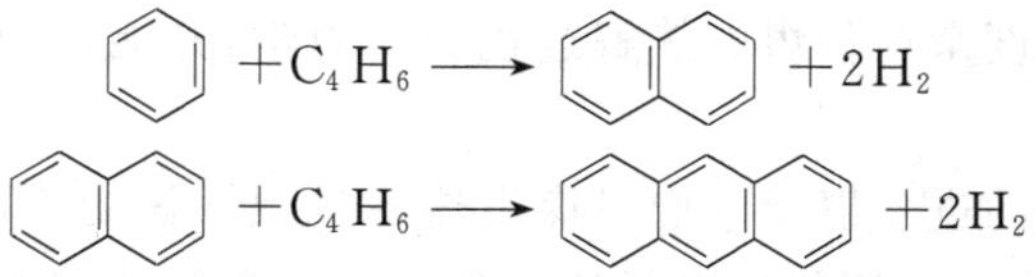

(5) 桥键分解反应。例如亚甲基桥键和水分解产物结合可以生成 CO 和 H_2，亚甲基桥键和醚氧桥键分解产物结合也可以生成 CO 和 H_2。

$$—CH_2— + H_2O \longrightarrow CO+2H_2$$

$$—CH_2— + —O— \longrightarrow CO+H_2$$

煤炭热解前期以裂解反应为主，后期则以缩聚反应为主，缩聚反应对煤的黏结、成焦和半焦的质量有很大影响。煤炭热解生成的自由基之间、液相分子之间、液相与固相之间以及固相内部都会发生缩聚反应，生成更大分子量的半焦，而这些反应基本在 550～600 ℃之前完成。随着热解温度持续升高，还会继续发生由半焦到焦炭的缩聚反应，其反应特点是芳香结构脱氢缩聚，芳香片层面积增大，高度方向增厚，石墨化程度增大。例如，半焦到焦炭的反应可能包括苯、萘、联苯、乙烯小分子与稠环芳香结构的缩合，也可能包括多环芳香烃之间的缩合。

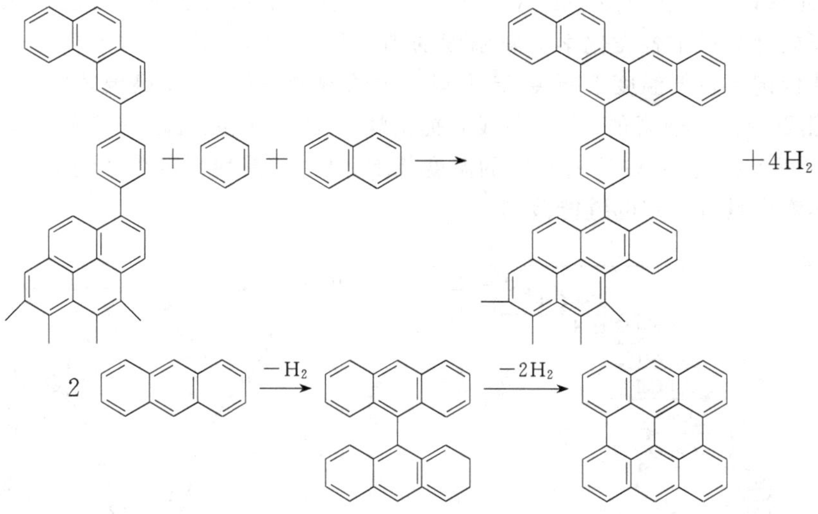

三、基于化学键的煤炭热解机理

热解机理是煤炭热解研究的重要内容，可帮助我们理解煤炭在热解过程出现的各种物理化学现象、反应规律以及产物组成与分布特点，为煤炭热解新工艺的开发提供理论基础。但煤炭有机质分子结构非常复杂，热解反应过程不但有化学键断裂生成自由基的过程，还包括自由基之间的反应以及一次热解挥发物的二次反应等过程，这些复杂的过程交织在一起使得认识和研究煤炭热解机理非常困难，因此过去对煤炭热解机理的研究多在宏观层面，不够深入和准确。

我们知道，煤炭的有机质是由一系列具有不同键能的共价/非共价键键合而成的，煤受热断裂这部分共价键是煤炭热解过程的原始驱动力，也是煤炭热解反应的第一步，煤中具有较小解离能的化学键在热解过程中首先断裂，在较低温度下即可进行热解反应，随着热解温度升高，具有较高化学键能的共价键顺次断裂，热解反应持续进行。因此，煤炭热解过程中化学键的断裂规律和断键机制是核心科学问题，关联煤炭热解行为与煤中化学键的关系可从最接近化学反应的角度来评价煤的热解过程和动力学，并能从根本上深层次揭示煤炭热解机理。

随着仪器分析方法的进步以及人们对煤炭热解过程认识的不断深入，近些年来出现的一些方法和理论，可以使我们从化学键断裂的角度去研究和认识煤炭热解机理。例如利用原位红外技术(in-situ FTIR)可以检测到煤在热解过程中脂肪碳碳键、芳香碳碳键、芳香碳氢键、羰基、醚键和羟基等随热解温度而发生化学键断裂的信息，还可以对各化学键在煤炭热解的不同阶段进行动力学计算，从化学键断裂角度深入认识煤的热解机理。此外，基于键级的化学反应力场 ReaxFF 与分子动力学结合的反应分子动力学方法(ReaxFF MD)，可连续描述化学键的断裂与生成。2009 年，法国石油研究院的 Salmon 等首次将 ReaxFF MD 方法用于 Morwell 褐煤的热裂解行为研究，模拟了包含 2 692 个原子的大分子煤模型和表示褐煤局部特征结构的小分子模型化合物的热解行为，结果表明 ReaxFF MD 模拟方法可以再现煤炭热解过程化学键的断裂行为，如脱官能团、解聚和结构重排等。经过国内外学者多年不断探索，各种已有的不同煤结构模型和新构建的煤结构模型都被用于进行ReaxFF MD 模拟和计算，取得了许多有益的研究结果，使人们从不同视角深入认识了煤的热解机理。此外，北京化工大学刘振宇团队通过分析煤中各类常见化学键的键能后认为煤炭热解挥发物的释放量与煤中各类化学键随温度的断裂程度相关(图 2-7)，芳环外烷基醚键等键能较低的共价键在较低温度下断裂，芳香碳氢键的键能很高，需要高温才能断裂；经过分析 34 种煤在热重上发生热解的 DTG 曲线后提出煤的 DTG 曲线可进一步分峰拟合为 6 个次级 DTG 峰，每个次级 DTG 具有一定的温度范围，是由一系列特定化学键断裂引起的，这些特定的化学键也具有一定的键能范围。

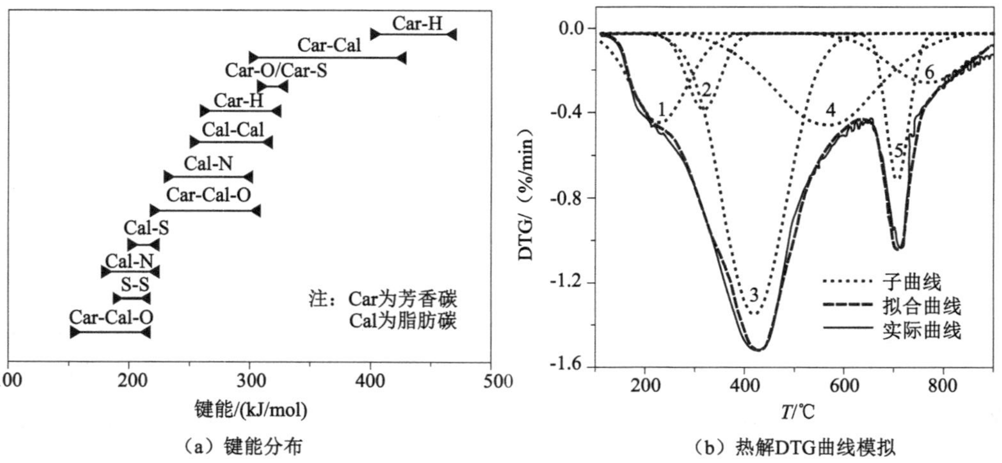

图 2-7　煤有机结构中键能分布与热解 DTG 曲线模拟

如表 2-2 所示，这 6 个拟合的次级 DTG 峰按照温度由低到高分别对应于羧基的分解，与脂肪碳连接的 O、S、N 键的断裂，与脂肪碳碳、脂肪碳氢和芳香碳氮等键的断裂，脂肪碳、O、S 与芳香碳之间键的断裂，羰基的分解，芳香环缩合脱氢反应。通过对煤炭热解 DTG 曲线分峰拟合,可以很容易了解到不同煤炭热解过程中同类化学键的断裂速率、程度和对挥发物的贡献度,这对DTG曲线的拟合和分析是一种非常便捷的从化学键层次研究煤的热解机理的方法。

表2-2 煤炭热解DTG曲线次级拟合峰信息

峰	可能的来源	碳含量小于89%时峰值温度的范围/℃	键能的范围/(kJ/mol)
1	键合水的释放和羧酸的分解	<300	<150
2	Cal和O、S和N之间的键断裂,S—S键的断裂	300~400	150~230
3	Cal和Cal、H、O之间的键断裂,Car—N键的断裂	400~500	210~320
4	Car与Cal、O和S之间的键断裂	500~600	300~430
5	煤中碳酸盐的分解产生CO_2	~700	
6	芳环缩聚释放H_2	740~800	>400

第三节 煤炭热解过程的影响因素

煤炭热解是在多重因素共同影响下进行的,这些影响因素也是煤炭热解过程中的重要操作和调控参数,明确这些因素对煤炭热解过程的影响规律和作用机制,不但有助于更好地理解煤炭热解过程,也有助于调控煤炭热解反应过程进而控制产品质量,为煤的定向热解转化提供根本遵循。虽然影响煤炭热解的因素较多,但总体上可分为内因(煤本身特性)、外因(热解条件)以及催化剂。

一、煤本身特性

煤的变质程度(煤阶)是影响煤炭热解过程的重要内在因素之一。随着煤变质程度不断增加,煤的挥发分降低,水、氢和氧含量减少,碳含量增加,芳香化程度变大,这种组成的差异将导致煤炭热解的初始温度和热解反应性发生显著变化,从而对产物中固、液、气三相的分布和品质有所影响。煤的内部分子结构与外部官能团及表面性质均与煤化程度有着密切的关联,低阶煤挥发分较高,侧链长,含氧量高,受热分解后能形成更多低沸点的液体产物和气体。随煤化程度的增加,煤的热解转化率降低,低变质褐煤和烟煤的热解转化率要显著高于高变质无烟煤,因此低变质程度的煤更适合热解,可以得到更多的化工原料和燃料。高变质无烟煤主要由大尺度芳香片层构成,桥键和脂肪侧链很少,挥发分很低,难以发生热解反应,热解时气体和焦油的量也很低。

从煤岩角度看,煤炭是由不同的显微组分构成的,不同显微组分来自植物的不同结构层次并受成煤环境影响,因此煤岩显微组分的结构与组成有很大差异,这使得煤中不同显微组分在热解过程中发生的反应不尽相同,导致它们的热解产物的产率及组成有很大差异。镜质组相比惰质组具有较高的挥发分,因此镜质组的热解反应性更高,热解时具有较高的最大失重速率、较低的起始热解温度和热解峰温,热解产物中焦油和气体产率也高。镜质组热解焦油中的酚类、萘类和链烃类物质含量高于惰质组,而惰质组焦油中多环芳烃类及苯类相对含量较高。

煤中的矿物质对热解的影响也非常大，不同矿物质在热解过程中会起到不同的物理化学作用，煤中常见矿物质包括石英、高岭石、伊利石、碳酸盐、菱铁矿和硫铁矿等。在热解过程中，煤自身矿物质在高温下不但会发生分解反应，不同矿物质之间也会发生反应，如 SiO_2、Al_2O_3 等矿物组分会与 K_2CO_3 反应生成不具催化作用的非水溶六方钾霞石等化合物，影响产物焦油、煤气和半焦以及水的分布。采用酸洗方法脱除了矿物质的煤在热解过程中焦油、气体和半焦的组成和结构与原煤相比也有很大差异。煤中含有 Na、K、Ca、Mg (AAEMs)和 Fe 的矿物质往往在热解过程中扮演催化作用，促进煤本身和一次挥发物的裂解，可以调控热解油气的质和量。

最后，煤样本身粒度的大小对热解过程的影响也十分明显，粒度大小可以通过影响传热和传质进而影响挥发物的二次反应程度来控制煤的热解过程。对于大颗粒煤，被加热的速度很慢，也不容易被均匀加热，热解时颗粒内部存在较大的温差，产生于内部的初始挥发物在逸出过程中更容易发生二次反应，挥发物产率和焦油产率都较低，而半焦产率较高。而小颗粒的煤被加热时受热更均匀，挥发物在逸出过程中的扩散阻力小、扩散路径短、逸出速度快，发生于颗粒内部的二次反应被减弱，相应的焦油产率较高。

二、热解条件

1. 热解温度与升温速率的影响

热解温度和升温速率两个参数在热解过程中相辅相成，常耦合在一起，因此不能单独考虑它们的影响。通常当热解终温较低(500～600 ℃)时，如果提高升温速率，挥发物、液体和气体产物的产率都会增加；但当热解终温较高(800～1 000 ℃)时，提高升温速率，挥发物的产率虽然会继续增加，但液体与气体产物的产率会下降。如图 2-8 所示，煤颗粒在热解过程中挥发物扩散方向与热量传递方向是相反的，煤的热解温度和环境温度存在一定的差值，这个差值决定着煤炭热解挥发分的二次反应。受传热阻力的影响，热解过程中煤颗粒的温度一般都比环境气氛的温度低，两者之间的温差受加热形式和升温速率的影响。当加热源与

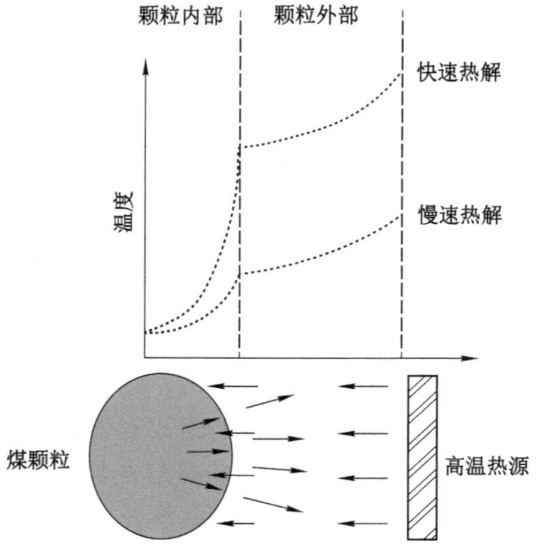

图 2-8　煤颗粒在反应器中的传热方向和挥发物传质方向

煤颗粒同时升温时，煤颗粒与环境气氛的温差相对较小，但是会随着升温速率的增加而变大。这时挥发物在颗粒内部发生的二次反应占主导地位，而挥发物在外部气相中的二次反应较弱。当加热形式为煤颗粒由低温突然进入一个具有高温温度的反应器中时，煤将会被迅速加热（快速热解），这时升温速率受到外部温度影响，外部温度越高升温速率越大，突然进入的煤颗粒内部瞬间产生大量挥发物前驱体，导致内部压力迅速升高，在高压差推动下挥发物快速逸出，煤颗粒内部的二次反应被削弱，以致更多的挥发物释放出来。然而，提高外部环境温度，会导致煤颗粒与环境温度差增大，也会促进挥发物在气相中发生二次反应。总之，在较低温度下（低于挥发物发生气相二次反应的最低温度），提高升温速率，能够减少挥发物在颗粒内部的停留时间，从而抑制颗粒内部发生二次反应，增加挥发物和液相产率。而在较高的温度下（远高于挥发物发生气相二次反应的最低温度），提高升温速率，将显著削弱颗粒内部的二次反应，进一步增加挥发物产率，但也增加了挥发物逸出温度与环境温度的差异，导致挥发物的气相二次反应加剧，从而会减少液相产率、增加气相产率。因此，煤炭热解产物分布是由环境温度和升温速率共同决定的，而升温速率又受到环境温度的影响。

2. 停留时间和热解压力的影响

煤炭及挥发物在加热区持续发生反应的时间定义为停留时间，停留时间在热解温度的基础上影响煤的热解反应程度。对于煤本身来说，其在反应区的停留时间越长，热解反应进行得越充分，挥发物的释放越彻底，半焦的缩聚程度越深，而对于煤炭热解挥发物来说，其在反应区的停留时间越长，二次反应深度越大，会生成更多的气体和半焦，导致焦油产率降低。以多产甲烷的煤炭分级热解气化工艺就是利用停留时间对挥发物的作用原理，在传统流化床气化反应器上部耦合较高的热解反应区，以增加挥发物在流化床内的停留时间，热解挥发物在半焦和灰渣的催化作用下持续热裂解生成更多的富甲烷燃气。从宏观角度看，压力对热解反应的作用机制与停留时间类似，也主要是影响热解的二次反应程度。从传递角度看，热解时外部气体压力通过影响传热和传质来影响煤的热解过程。热解过程若增加外部压力会导致颗粒内部与外部环境的压差降低，扩散阻力增大，产物从内部扩散出来的推动力变小，导致挥发物在颗粒内部的停留时间增加，加深颗粒内部中间产物的二次反应程度，一方面生成更多气体，也会生成更多的焦炭，阻塞孔道结构，这将进一步影响颗粒内部产物向外部扩散。因此，提高热解压力可使焦油产率和挥发物产率降低，半焦产率增加，气相中的烃类产率尤其是甲烷产率明显增加。这也说明煤颗粒中裂解形成的中间产物会转化为较小的分子，以克服传质阻力，通过扩散和挥发等形式从煤颗粒中释放出来。

3. 热解气氛的影响

煤炭热解反应除了可以在氮气、氩气和氦气等惰性气氛中进行以外，还可以发生在非惰性气氛下，常见的有 H_2、CO、CO_2、CH_4、水蒸气以及这些气体所共同组成的复杂气氛。反应气氛对热解的影响十分复杂，以往各种研究表明热解反应气氛对焦油产率的影响与操作条件和反应器类型有关。当惰性的热解气氛被部分或全部 H_2 所替代后，煤炭的热解机理在本质上已发生了改变，此时会牺牲焦炭的产率来生产更多的 CH_4 和焦油中的芳香族化合物。煤初始热解产生自由基碎片之后，加氢热解将和自由基的裂解、聚合和缩聚反应同时发生，H_2 可以通过稳定大分子自由基实现芳族化合物的加氢过程，从而抑制缩聚反应发生，增加挥发物和焦油的产率，减少焦炭的生成。之后在初次热解产物的二次反应中，加氢裂解还会促进脱甲基、脱氧、脱羟基和一些官能团的消除反应，因此会降低焦油产率。加氢裂解反应路径取决于在芳环化合物上的加氢位置，是芳环的内部还是芳环外部。芳环内部的加氢可生成联苯和 CH_4，联苯在 H_2 的作用下最终会生成苯环，因此芳环内部的加氢可以使大分子芳香片层减小，生成更多挥发物。如果是芳环外部加氢，将会牺牲脂肪侧链，在 H_2 的作用下生成 CH_4 和小分子芳族化合物。

CO 对煤炭热解的影响目前研究较少，一般认为 CO 会和热解产生的水发生变换反应生成更多的 H_2，影响热解反应过程。此外，CO 来源于煤的含氧官能团脱除反应，因此 CO 气氛下热解能够抑制焦油中酚类化合物发生脱氧反应，提升焦油附加值。CO_2 在热解初始阶段对热解过程没有影响，但是在热解后期会与挥发分发生重整反应，同时参与半焦的气化反应生成更多的非凝性气体。一般认为 CO_2 对焦油产率没有影响，或使焦油产率降低，这取决于挥发分在反应器中的停留时间。CO_2 也可以促进芳烃化合物芳环的开裂，脂肪链和醚键的断裂，导致 CH_4 的生成量增大。

煤在 CH_4 气氛中热解时 CH_4 自身分解产生 ·H 和 ·CH_3 等自由基，可以稳定煤炭热解所产生的自由基，防止发生大分子自由基间的聚合反应，从而提高焦油产率。CH_4 还能够抑制加氢脱烷基化反应，增加苯类化合物的产率。水蒸气能够穿透煤中的微孔结构，促进挥发分物质的挥发和煤焦油的回收。在较低的温度下，水蒸气还能够通过减少焦油与热半焦之间直接接触的机会，抑制焦油二次反应的发生，从而增加焦油产率。但是高温会引起焦油尤其是重质组分和水蒸气发生重整反应，生成更多的气相产物，导致焦油产率的下降。

三、催化剂

催化剂可以显著改变热解反应历程，降低反应活化能，提高目标产品在热解产物中的选择性。用于煤催化热解的催化剂主要可以分为 3 大类：金属氧化物，包括 Fe_2O_3、Fe_3O_4、Al_2O_3、SiO_2 和 CaO 等；金属盐类，包括 $ZnCl_2$、$FeCl_3$、Fe_2S_3、MoS_2 和 NiS 等；负载型催化剂，包括 Ni-Mo-S/Al_2O_3、CoMo/$A1_2O_3$、Ni/MgO 和 Co/ZSM-5 等。催化剂的影响主要表现在可以提高某一目标产物的收率和选择性，影响热解产物二次裂解的效果，因此可以促进煤炭热解产物定向分布，提高焦油产率和品质。天然矿石、金属或金属氧化物及其硫化物适宜于作为提高焦油产率的催化剂，而沸石、分子筛对煤炭热解焦油中 BTX 具有很好的选择性。

第四节　煤炭热解工艺

自 20 世纪初发展的煤炭热解技术，最初主要是为了制取石蜡油和固体无烟燃料。20 世纪 50 年代因大量石油和天然气的开发，煤炭热解技术发展有所停顿。近些年来，为了制取高品质半焦燃料/材料以及液体产品和芳烃化合物，我国竞相研发了多种煤炭热解新工艺，有的已经达到工业应用或工业示范水平。

早期开发的煤炭热解工艺主要来自国外，如鲁奇三段内热式热解工艺、美国的 Toscoal 工艺、德国的 LR 工艺、澳大利亚 CSIRO 的流化床快速热解工艺以及日本开发的 CFPP 气体热载体工艺。国内有大连理工大学开发的 DG 工艺、中国科学院过程工程研究所开发的循环流化床“煤拔头”工艺和多种内构件固定/流化床热解工艺、煤炭科学研究院开发的多段回转炉 MRF 工艺、大唐华银电力股份有限公司与中国五环工程有限公司联合开发的 LCC 工艺、浙江大学开发的循环流化床热-电-气多联产工艺、北京国电富通科技发展有限责任公司开发的外燃内热式热解工艺、北京柯林斯达科技发展有限公司开发的烟气加热带式炉热解工艺、北京神雾热能技术有限公司开发的蓄热式辐射热解工艺、陕西延长石油(集团)有限责任公司开发的粉煤炭热解-气化一体化工艺(CCSI)、陕西煤业化工集团有限责任公司和北京国电富通科技发展有限责任公司共同开发的煤气热载体分段多层低阶煤炭热解工艺(SM-GF)、上海胜帮化工技术股份有限公司自主研发的低阶粉煤气固热载体双循环快速热解工艺(SM-SP)。

由于煤炭热解工艺较多,如前所述,可从不同角度进行分类,其中按照煤颗粒被加热的方式可分为内热式热解和外热式热解,这种分类方式下的热解工艺具有显著的差异。如图 2-9所示,外热式热解反应器被加热时热量沿径向从外到内缓慢传热,形成温度梯度,靠近反应器内壁的煤样会先被加热而发生热解反应,之后内层煤炭热解依次发生,外热式热解的加热介质与煤颗粒不直接接触。而内热式热解是利用固体或气体热载体直接与煤颗粒接触进行加热的热解形式,其中热载体可以是半焦、热灰、钢球、陶瓷球,也可以是热烟气、热煤气和其他形式的热载气。内热式热解传热快、效率高、加热均匀,因此生产能力高,焦油产率也高,但热解挥发物会被稀释。外热式热解传热慢、效率低、加热不太均匀,因此反应器内煤层薄、生产能力低,焦油的产率也低,但挥发物不会被稀释,热解燃气的热值高。下面分别介绍一种典型的外热式和内热式热解工艺。

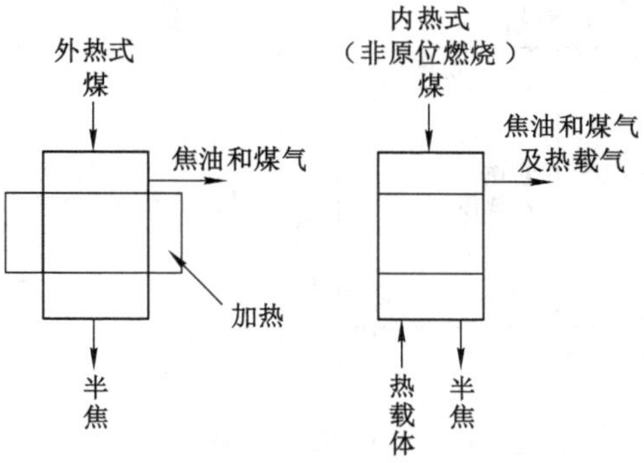

图 2-9 外热式和内热式煤炭热解过程示意图

原煤炭科学研究总院北京煤化学研究所开发的多段回转炉热解是典型的外热式热解工艺,称为 MRF 热解工艺。该工艺主要针对我国年轻煤,采用 3 台串联的卧式回转炉,将原煤(6～30 mm)在干燥炉内直接干燥脱水,然后干燥煤在热解炉中被间接加热,在 550～750 ℃温度下热解,分别得到气体、焦油和半焦产品。工艺过程特点是中低温热解-中速加热-外热式-隔绝空气-常压,优质半焦是目标产品,并进行了万吨级的工业示范研究。

大连理工大学开发的固体热载体低温干馏技术是典型的内热式热解工艺,称为 DG 热解工艺。主要产品是高热值干馏煤气和提质煤。原料煤先用 550 ℃左右的烟气加热干燥,然后与 800 ℃热粉焦在混合器内混合后进入反应器,进行煤的快速热解反应,析出油气挥发物和半焦。半焦被加热到 800～850 ℃,作为热载体循环使用。DG 工艺也完成了万吨级褐煤固体热载体热解的工业性试验。

陕西煤业化工集团有限责任公司、上海胜帮化工技术股份有限公司自主研发了低阶粉煤气固热载体双循环快速热解工艺,称为 SM-SP 煤炭热解工艺,已经建立了百万吨级工业化装置。利用催化裂化技术的工艺原理，采用提升管反应器进行粉煤热解，通过流化床烧炭器和热载体循环提供反应所需热量，经油气分馏过程实现产品分离制取。该技术以循环粉状半焦为热载体，使粉煤在提升管内与热载体充分混合接触后快速反应实现煤的热解。粉煤热解产生的部分焦粉在流化床烧炭器内进行燃烧加热热载体，为热解反应提供热量。热解油气经急冷塔降温减少二次反应，通过分馏技术分离制取轻焦油、中焦油、重焦油和煤气产品。

SM-SP 煤炭热解工艺流程如图 2-10 所示，主要包括原料存储加料单元、气固热载体双循环热解单元、气固分离及干熄焦单元以及气液分离单元。基于该工艺，2015 年 5 月建成 2 万 t/a工业试验装置，累计运行超过 2 000 h。2022 年 12 月在陕西陕煤陕北矿业有限公司建成 120 万 t/a 工业示范装置，总投资 29 亿元，是我国首个单系列百万吨级粉煤热解工业示范装置，目前工艺流程已全部打通，装置运行平稳。该技术通过秒级热解反应，能源转换效率达到 80%，焦油产率达到 17%，是同基准葛金焦油产率的 155%，粉焦产率达到 45%。

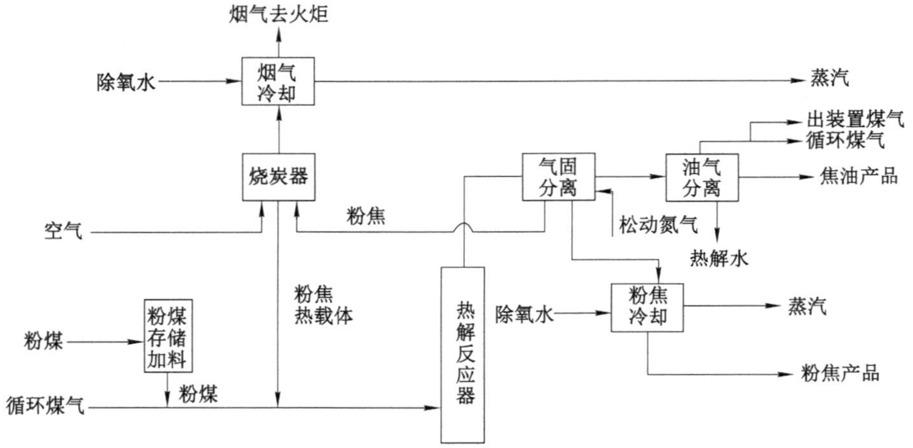

图 2-10　SM-SP 煤炭热解工艺流程

复　习　题

1. 煤焦油中哪些化合物是制备航空煤油的理想组分？
2. 煤热解半焦作为催化剂或载体利用了半焦的哪些结构特性？
3. 从宏观和微观角度看煤炭热解过程中所发生的物化现象分别是什么？
4. 热解条件影响煤热解过程的本质是什么？
5. 外热式和内热式热解过程对焦油和热解气的热值分别有何影响？
6. 制约煤炭热解技术实现商业化运行的主要因素是什么？

参考文献

[1] 安承东，张大伟．煤炭低温热解技术及其多联产发展方向[J]．安徽化工，2016，42(1)：29-31.

[2] 白太宽．煤炭低温热解多联产技术：实现煤炭清洁高效利用的最佳途径[J]．煤炭加工与综合利用，2014(12)：6-10.

[3] 陈兆辉，高士秋，许光文．煤炭热解过程分析与工艺调控方法[J]．化工学报，2017，68(10)：3693-3707.

[4] 杜铭华，戴和武，俞珠峰．MRF 年轻煤温和气化(热解)工艺[J]．洁净与空调技术，1995(2)：30-33.

[5] 郭树才．褐煤新法干馏[J]．煤化工，2000，28(3)：6-8.

[6] 刘光启，邓蜀平，钱新荣，等．我国煤炭热解技术研究进展[J]．现代化工，2007(增刊)：37-43.

[7] 刘源，杨伏生，贺新福，等．影响煤炭热解产物分布的因素[J]．湖南科技大学学报(自然科学版)，2016，31(1)：19-24.

[8] 刘振宇．煤快速热解制油技术问题的化学反应工程根源：逆向传热与传质[J]．化工学报，2016，67(1)：1-5.

[9] 尚建选，牛犇，牛梦龙，等．以煤热解为龙头的煤分质利用技术：回顾与展望[J]．洁净煤技术，2023，29(7)：1-20.

[10] LIN X C，LUO M，LI S Y，et al. The evolutionary route of coal matrix during integrated cascade pyrolysis of a typical low-rank coal[J]. Applied Energy，2017，199：335-346.

[11] NIU Z Y，LIU G J，YIN H，et al. Investigation of mechanism and kinetics of non-isothermal low temperature pyrolysis of perhydrous bituminous coal by in situ FTIR[J]. Fuel，2016，172：1-10.

[12] SHI L，LIU Q Y，GUO X J，et al. Pyrolysis behavior and bonding information of coal—a TGA study[J]. Fuel Processing Technology，2013，108：125-132.

第三章 焦化技术与工艺

第一节 炼焦基本理论

一、焦炭的理化特性与质量评价

烟煤隔绝空气加热到 950～1 000 ℃，经过干燥、热解、熔融、黏结、固化、收缩等过程，最终得到气体产物煤气、液体产物焦油及固体产物焦炭。焦炭可供高炉冶炼、铸造、气化原料使用；煤气经回收净化后可得到各种芳香烃和杂环化合物，供合成纤维、染料、医药及涂料等；煤气可作为燃料气及原料气；从煤气中回收的煤焦油通过精制，可得到油品。因此高温炼焦是煤综合利用的重要方法之一。

（一）焦炭的特征与物理性质

焦炭主要成分为碳，其质地坚硬，银灰色，是含有裂纹及缺陷的不规则多孔体。焦炭的视密度为 0.80～1.08 g/cm^3，气孔率为 35%～55%。沿纵、横裂纹裂开，可得到焦炭多孔体，也称焦体。焦块微裂纹的多少和焦体的孔孢结构影响焦炭的粒度及高温反应性能，而孔孢结构通常用裂纹度、气孔率、气孔平均直径和比表面积等参数表示。

1. 焦炭的裂纹度

焦炭中的裂纹分为纵裂纹和横裂纹两种，规定裂纹面与焦炉炭化室炉壁垂直的裂纹称为纵裂纹；裂纹面与焦炉炭化室炉壁平行的裂纹称为横裂纹。裂纹有长短、深浅和宽窄的区分，可用裂纹度指标进行评价。测量方法是将方格（1 cm×1 cm）框架平放在焦块上，量出纵裂纹的投影长度即得，一次试验用 25 块焦样，取其统计平均值。

2. 焦炭的气孔率

气孔率是指焦炭中气孔体积占焦炭总体积的百分数，可利用焦炭的真密度和视密度加以计算。焦炭的气孔还可以用比孔容积来表示，即单位质量焦炭内部气孔的总容积。

$$气孔率=\left(1-\frac{视密度}{真密度}\right)\times100\% \tag{3-1}$$

3. 焦炭的气孔平均直径与孔径分布

由于炼焦方法及入炉煤成焦特性差异，焦炭中气孔的大小不均，孔径大小对焦炭性质的影响也不同。一般将直径大于 100 μm 的气孔称为大孔（macropore），直径为 20～100 μm 的气孔称为中孔（intermediate pore），直径小于 20 μm 的气孔称为微孔（micropore）。

焦炭中的微孔，采用气相吸附法测定其孔径分布；而对于大孔，则采用压汞法测定，其原理是利用汞的表面张力较大的性质，施加外压力将汞压入微小气孔中，气孔的直径与所需施加外压力之间存在对应的关系，故可由施加的外压力大小计算对应的孔径尺寸。测定过程中，逐步增加汞的压力，可以使汞压入更加微小的气孔，通过测定汞的体积变化可得出孔径分布曲线，进一步计算气孔平均直径。除了采用气孔率和孔径分布，还可以用比表面积指标来表征焦炭的多孔性。

$$r = (-2\delta\cos\theta)/p \tag{3-2}$$

式中　r——外加压力为 p 时，汞能压入气孔的最小直径，mm；

p——外加压力，Pa；

δ——汞的表面张力，J/m^2；

θ——汞与焦炭的接触角，(°)。

焦炭的孔结构主要决定于煤在炼焦过程的塑性阶段。气孔的生成机理可划分为 4 个阶段：① 煤颗粒内生成小气孔；② 煤颗粒间的空隙完全被填满时，颗粒内的气孔增大，接着是气孔膨胀和固体熔融；③ 固体熔融后，气孔增大到最大尺寸；④ 气孔收缩，导致在固化温度范围内形成结构紧密的气孔结构。

4. 焦炭的比表面积

焦炭的比表面积(m^2/g)，从另外一个侧面反映了焦炭内部微孔的多少，通过专用比表面测定仪进行分析测试。比表面积越大，表明其内部孔隙率越高，其反应活性也越高。

5. 焦炭的筛分组成与平均粒度

焦炭是外形和尺寸不规则的多孔物料，利用筛分试验获得筛分组成及计算平均粒度。我国现行冶金焦质量标准规定粒度小于 25 mm 的焦炭占总量的百分数为焦末含量，块度大于 40 mm 的称为大块焦，25～40 mm 为中块焦，大于 25 mm 为大中块焦。

高炉生产对焦炭的块度要求较严，大型高炉用焦炭需要分级或整粒处理，以适应高炉用焦的粒度要求(25～80 mm)，炼焦生产中应尽可能增加该粒度范围内焦炭的产率。入炉煤的煤质特征对焦炭块度影响较大，一般气煤炼制的焦炭块度小，而焦煤和瘦煤炼制的焦炭块度大，通过不同煤种的合理配合，制备合适粒度的焦炭。

6. 焦炭的强度

强度是冶金焦和铸造焦物理机械性能的重要指标，包括耐磨强度和抗碎强度。目前主要采用各种转鼓试验，在常温下测定的焦炭强度，通常称为焦炭的冷强度。同时也可利用坠落试验测量焦炭的落下强度。

(1) 转鼓试验方法

转鼓试验是将一定量块度大于某一规定值的焦炭试样，放入一个特定结构尺寸的转鼓内，转鼓以恒定的转速转动一定转数，焦炭在鼓内受到提料板的提升和带动作用，产生翻滚和上下跌落运动，从而导致抗碎能力差的焦块碎裂。而耐磨能力差的焦炭，表面焦炭层将产生脱落而生成碎颗粒。通过计算转鼓试验后大于某一块度的焦炭量占入鼓焦炭量的百分比作为焦炭抗碎强度的指标(M_{40}，M_{25})，而用转鼓试验后小于某一较小粒度的焦炭量占入鼓焦炭量的百分比作为焦炭的耐磨强度指标(M_{10})。

我国采用米贡(Micum)转鼓试验方法测定焦炭的强度，转鼓为钢板制成的无穿心轴的密封圆筒。鼓直径 1 m，长度 1 m，鼓壁厚 5～8 mm，转鼓由电机带动，经减速后以 25 r/min 的转速转动，每次试验共转 100 转。

转鼓试验用焦炭试样总量不少于 300 kg，用直径 60 mm 的圆孔筛人工筛分出 60 mm

以上的部分，从中称取 50 kg 作为入鼓焦炭。转鼓试验后，将出鼓焦炭分别用 40 mm 和 10 mm的圆孔筛筛分，对筛分得到的大于 40 mm、40～10 mm、小于 10 mm 三部分分别称重，并计算强度指标。一般要求 M_{40} 为 70%～80%，M_{10} 为 7%～11%。

抗碎强度用 M_{40}（%）表示，按下式计算：

$$M_{40}=\frac{\text{出鼓焦炭中大于 40 mm 组分的质量}}{\text{入鼓焦炭质量}}\times 100\% \tag{3-3}$$

耐磨强度用 M_{10}（%）表示，按下式计算：

$$M_{10}=\frac{\text{出鼓焦炭中小于 10 mm 组分的质量}}{\text{入鼓焦炭质量}}\times 100\% \tag{3-4}$$

（2）我国冶金焦炭质量标准

我国冶金焦炭质量分级指标见表 3-1。

表 3-1　冶金焦炭质量分级指标

<table>
<tr><th colspan="3" rowspan="2">指标</th><th rowspan="2">等级</th><th colspan="3">粒度/mm</th></tr>
<tr><th>>40</th><th>>25</th><th>25～40</th></tr>
<tr><td colspan="3" rowspan="3">灰分 A_d/%</td><td>一级</td><td colspan="3">≤12.0</td></tr>
<tr><td>二级</td><td colspan="3">≤13.5</td></tr>
<tr><td>三级</td><td colspan="3">≤15.0</td></tr>
<tr><td colspan="3" rowspan="3">硫分 $S_{t,d}$(质量分数)/%</td><td>一级</td><td colspan="3">≤0.70</td></tr>
<tr><td>二级</td><td colspan="3">≤0.90</td></tr>
<tr><td>三级</td><td colspan="3">≤1.10</td></tr>
<tr><td rowspan="9">机械强度</td><td rowspan="6">抗碎强度</td><td rowspan="3">M_{25}/%</td><td>一级</td><td colspan="2">≤12.0</td><td rowspan="9">按供需双方协议</td></tr>
<tr><td>二级</td><td colspan="2">≤13.5</td></tr>
<tr><td>三级</td><td colspan="2">≤15.0</td></tr>
<tr><td rowspan="3">M_{40}/%</td><td>一级</td><td colspan="2">≤12.0</td></tr>
<tr><td>二级</td><td colspan="2">≤13.5</td></tr>
<tr><td>三级</td><td colspan="2">≤15.0</td></tr>
<tr><td rowspan="3">耐磨强度</td><td rowspan="3">M_{10}/%</td><td>一级</td><td colspan="2">≤7.0</td></tr>
<tr><td>二级</td><td colspan="2">≤8.5</td></tr>
<tr><td>三级</td><td colspan="2">≤10.0</td></tr>
</table>

7. 焦炭的真密度、表观密度与堆密度

真密度是单位容积焦炭的质量，表观密度即视密度是单位体积的干质量，对多孔焦炭而言，表观密度＝焦炭的质量÷（实体部分的容积＋闭孔容积），由这两个指标可以计算焦炭的气孔率。冶金焦炭的真密度在 1.70～2.0 g/cm^3 之间，随炼焦温度的增加或焦炭残余挥发分的减少，焦炭的真密度相应增加。而堆密度是焦炭在自然状态下堆积时的密度。

8. 焦炭的多孔性与煤质关系

一般情况下，煤化程度影响焦炭的气孔率及孔径分布，煤化程度增加，挥发分减少，焦炭气孔率下降，而低变质煤焦炭气孔率增加。在工业应用上，冶金焦和铸造焦作为炭源的同时，兼具支承作用，故要求气孔率尽可能低，以降低焦炭的反应性。而气化用焦炭，由于需要高活性，以强化气化反应过程，则需要较高气孔率，因此可根据焦炭的用途，调制入炉煤的挥发分，以便得到相应的气孔率。

（二）焦炭的化学组成及高温反应性

1. 焦炭的工业分析

焦炭的工业分析包括水分、灰分、挥发分和固定碳，其测定方法与煤的工业分析基本相同。

(1) 水分 M_t

炉内焦炭不含水分，湿法熄焦后焦炭水分可达 6%以上，若采用干法熄焦，焦炭水分含量较低，因吸附大气中的水汽含水 1%～1.5%。冶金焦炭，水分含量的波动会影响高炉的操作。我国现行标准将水分作为生产控制指标，不作为焦炭的质量考核指标。

(2) 灰分 A_d

焦炭中的灰分来自煤中的矿物质，炼焦生产过程中，煤中的灰分全部进入焦炭。焦炭中的灰分对高炉生产带来不利影响。矿物质是煤中的惰质组质，在结焦过程中不黏结，焦炭内高灰分含量还使焦炭的强度降低。

高炉炼铁生产中，焦炭中的灰分和矿石中的杂质与熔剂转化成炉渣排出，焦炭灰分增高，会影响高炉生产能力，同时炼铁单位能耗相应增大。一般焦炭灰分每升高 1%，高炉熔剂消耗量约增加 4%，炉渣量约增加 3%，每吨生铁消耗焦炭量（焦比）增加 1.7%～2.0%，生铁产量降低 2.2%～3.0%。因此调节入炉煤灰分以控制焦炭的灰分具有重要意义。

(3) 挥发分 V_{daf}和固定碳 FC_{daf}

焦炭残余挥发分的高低，可以判断焦炭的成熟度，熟焦挥发分为 0.9%～1.2%左右。当焦炭的挥发分大于 1.9%时，则表明炼焦不成熟，即生焦。生焦耐磨性差，影响其强度。而当挥发分低于 0.7%，则表示焦炭过火，过火焦裂纹多而影响块度。焦炉生产从推焦到熄焦过程中，焦炭中残余挥发分还可能造成大气污染，焦炉生产中要控制好挥发分的高低。

固定碳含量可利用水分、灰分和挥发分的测定值进行计算得出：

$$\text{固定碳} = 100\% - (\text{水分} + \text{灰分} + \text{挥发分})\% \tag{3-5}$$

目前焦化企业冶金焦实际指标大致为：水分 M_{ad}控制在 6%以下；灰分 A_d在 11%～15%之间，小企业的控制值偏高；挥发分 V_{daf}控制在 0.9%～1.6%之间，多数企业控制在 1.3%以下。

(4) 焦炭的硫分 S_t

焦炭中硫转入生铁中，使生铁呈热脆性，加速铁的腐蚀，降低生铁质量。煤中硫具有不同的赋存状态，炼焦生产过程中，硫的赋存状态发生变化，所生成的气态硫化合物与高温焦炭反应，导致焦炭中硫的存在形式多样，工业生产中一般只测定焦炭的全硫 S_t。

焦炭中的硫分与煤的硫分有如下关系：

$$S_{焦} = \frac{\Delta S}{K} S_{煤} \tag{3-6}$$

式中　$S_{焦}$、$S_{煤}$——焦炭硫分和煤的硫分，%；

K——炼焦煤的成焦率，%；

ΔS——煤料中硫分转入焦炭中的百分数，%。ΔS 数值受煤料硫分和炼焦温度的影响，一般在 70%左右，在炼焦温度范围内，可以用下式估算：

$$\Delta S = 137 - 0.054t \tag{3-7}$$

式中　t——炼焦的最终温度，℃。

2. 焦炭的元素分析

焦炭的元素分析包括 C、H、O、N、S、P 等主要化学元素分析，其测定方法与煤的元素分析方法基本相同，焦炭的元素组成是进行燃烧计算和评定焦炭中有害元素的依据。

碳和氢是焦炭中的有效元素，氢元素主要来源于焦炭中残余挥发分，氢含量的高低也可以表征焦炭的成熟度。焦炭中碳的微晶结构对焦炭的性质有较大的影响，因此单纯用碳含量的值不能全面评定焦炭的质量。

焦炭的硫分通过控制入炉煤的硫分进行控制，以满足焦炭对含硫量的要求。

磷也是焦炭中的有害元素，高炉炉料中的磷全部转入生铁。一般要求生铁含磷低于0.01％～0.015％。煤中的磷几乎全部残留在焦炭中，通常焦炭含磷约0.02％。

对焦炭氧和氮两种元素研究不多，一般认为焦炭中的氮元素是焦炭燃烧生成 NO_x 的来源。

3. 焦炭的高温反应性

焦炭的高温反应性是指焦炭在高温下与 CO_2 的反应活性，不同的使用环境中其高温反应性要求不同。如对于冶金焦或铸造焦来说，要求反应性低，而对于气化焦则希望反应性高。

(1) 焦炭化学反应性与测定方法

焦炭与 CO_2 或水蒸气的反应速率称为焦炭的化学反应性，利用反应后气体中CO和 CO_2 的百分浓度来表示，可用反应一定时间后所消耗的焦炭量占参加反应焦炭量的百分率来表示。

目前一些国家采用块焦反应率表征反应性，即将一定量的焦炭试样在规定的条件下与纯 CO_2 气体反应一定时间，然后充氮气冷却、称重，反应前后焦炭试样质量差与焦炭试样质量之比的百分率即块焦反应率CRI。

$$\mathrm{CRI} = \frac{G_0 - G_1}{G_0} \times 100\% \tag{3-8}$$

式中　G_0——参加反应的焦炭试样质量，kg；

G_1——反应后残存焦炭质量，kg。

或用化学反应后，载气中CO浓度和（CO＋CO_2）浓度之比的百分率表示块焦反应率，即

$$\mathrm{CRI} = \frac{[\mathrm{CO}]}{[\mathrm{CO}]+[\mathrm{CO_2}]} \times 100\% \tag{3-9}$$

式中　[CO]、[CO_2]——反应后气体中CO、CO_2 气体浓度，％。

实际应用中，上述两种方法测试结果不同，我国现行国家标准《焦炭反应性及反应后强度试验方法》(GB/T 4000—2017)，采用块焦反应率指标，测试焦样粒度为 ϕ20 mm±1 mm，一次装入反应器的试样为(200±0.5) g，反应温度为1 100 ℃，试样与二氧化碳气体(5 L/min)的反应时间为2 h。

(2) 焦炭反应后强度

由于焦炭的高温转鼓试验受试验条件的制约，很难反映出焦炭受化学反应的影响，因此，测定焦炭与 CO_2 反应后的转鼓强度，则成为评价焦炭反应性能和高温强度的一项简便的试验方法。具体方法是将经 CO_2 反应后的焦炭先用氮气冷却，然后将反应后焦炭全部装入Ⅰ型转鼓内，以20 r/min转速转600转后取出焦炭，用10 mm圆孔筛过筛，并称量筛上焦炭质量 G_2，试验后粒度大于10 mm的焦炭质量 G_2 占装入Ⅰ型转鼓内反应后焦炭质量 G_1 的百分率即为焦炭的反应后强度CSR。

$$CSR = \frac{G_2}{G_1} \times 100\% \tag{3-10}$$

焦炭的反应性对焦炭在高炉或化铁炉内的作用有重要的影响，是评价焦炭质量的重要指标之一。焦炭的反应性受焦炭自身粒度大小、气孔率和比表面积、焦炭内焦质部分的性质以及反应的温度、CO_2 气体分压和 CO_2 气体浓度等因素影响。而焦质的性质以及气孔率的大小都与炼焦用煤的性质有关，因此，焦炭的反应性与入炉煤煤质及岩相组成密切相关，通过配煤可调控入炉煤的煤质及岩相组成。

（三）焦炭的显微结构

焦炭的显微结构指焦炭体内的气孔结构和焦质的显微结构。目前，焦炭的反应性和反应后强度是反映焦炭在高炉内质量的一项重要指标，而焦炭的反应性和反应后强度与其显微结构有着密切联系，通过研究焦炭的显微组分，从而寻找焦炭的反应性与煤种和炼焦条件之间的关系。

1. 焦炭的光学显微组分

(1) 焦炭的光学显微组分研究方法

将焦炭试样粉碎至小于 600 μm，然后用黏结剂（环氧树脂等）将其制成直径约 15 mm、厚度约 5 mm 的团块，经磨平、抛光后制成光片，用油浸物镜的反光偏光显微镜观察。

焦炭光学显微组分按其反应性能和光学性能不同加以划分，包括各向同性组分、惰性组分和各向异性组分三大类。各向异性组分又分为镶嵌型（粒状）和流动型（片状）两类，根据镶嵌颗粒大小和流动型的形态，还可以进行细划分。

各向同性组分在不同方向上具有相同的光学性质，显微镜下的颜色在插入检板后各个方向都呈蓝灰色。对于各向异性组分，插入检板后，转动显微镜的载物台，可以观察到各向异性组分的颜色发生交替变化。

(2) 各种光学显微组分的反应性能

测定不同显微组分反应性时，为保证可比性，应保持焦炭的气孔结构一致。为此可取一种含有各种显微组分的焦炭，先行测定各显微组分的含量，然后将焦炭在一定条件下与 CO_2 反应到某一程度，再测定其反应后焦炭中各显微组分的百分含量，然后计算焦炭反应到这一程度后各种显微组分的反应率或反应后残存率。

$$M_i = \frac{GX_i}{G_0 X_{0i}} \times 100 \tag{3-11}$$

$$R_i = \frac{G_0 X_{0i} - GX_i}{G_0 \cdot X_{0i}} \times 100 \tag{3-12}$$

式中 M_i、R_i——某组分的反应后残存率和反应率，%；

G_0、G——反应前、后焦炭的试样量，g；

X_{0i}、X_i——反应前、后某组分的百分含量，%。

试验测得各显微组分的反应率大小顺序是：各向同性＞惰性组分＞微粒镶嵌型＞粗粒镶嵌型＞流动型，可见各向异性程度愈高，显微组分的反应性愈低。

(3) 影响焦炭显微组分含量因素

焦炭中显微组分的含量组成主要取决于炼焦用煤的性质。一般煤中的惰性组分在炼焦过程中不发生变化（不黏结），在焦炭中仍以惰性组分存在。煤中的活性组分因煤化程度不同而转化成焦炭中各种不同的显微组分，根据煤岩学的理论，认为煤中的活性组分主要指煤中的镜质组分，但煤中镜质组分复杂，造成反射率大小的变化，使得焦炭的显微组分发生相应变化。通常采用镜质组的平均最大反射率($\overline{R}^{\circ}_{max}$)表示煤的变质程度。

煤化程度及煤质不同，镜质组分含量发生变化，其焦炭的显微组分也发生变化，具有如下规律。

① 低流动度高挥发分的煤($\overline{R}^{\circ}_{max}=0.6\%\sim0.9\%$，$V_{daf}\geqslant33\%$)，如气煤或弱黏结煤所生成的焦炭，主要显微组分是各向同性组分。

② 高流动度高挥发分煤($\overline{R}^{\circ}_{max}=0.9\%\sim1.0\%$，$V_{daf}\geqslant28\%$)，如肥气煤和气肥煤以及部分肥煤所生成的焦炭，主要含镶嵌组分。

③ 中等流动度中等挥发分的煤($\overline{R}^{\circ}_{max}=1.0\%\sim1.3\%$，$V_{daf}\geqslant20\%\sim30\%$)，如焦肥煤、肥煤和部分焦煤所生成的焦炭，以镶嵌组分和纤维组分为主。通常在此范围内，随反射率增大，纤维组分的相对含量增多。

④ 低中流动度低中挥发分煤($\overline{R}^{\circ}_{max}=1.3\%\sim1.6\%$，$V_{daf}\leqslant25\%$)，如主焦煤和瘦焦煤所生成的焦炭，主要含流动型组分和粗粒镶嵌组分。

⑤ 低流动度低挥发分煤$\overline{R}^{\circ}_{max}$($\overline{R}^{\circ}_{max}=1.6\%\sim1.8\%$，$V_{daf}\leqslant20\%$)，如瘦煤所生成的焦炭，主要为流动型组分。反射率大于1.9%的镜煤，在成焦过程中保持其平面各向异性结构不变。

2. 焦炭内焦体的孔孢结构

焦体内的气孔结构对焦炭的化学反应性有明显的影响，焦炭的气孔率低，气孔直径小，反应活性降低，反应后强度提高。

(1) 炼焦煤料的煤化程度

试验研究结果表明，当炼焦煤的镜煤碳含量为90%左右时，焦体的气孔率和比表面积达到最低值，而且CO_2分子能够扩散进入的中气孔(≥20 μm，≤ 100 μm)和大气孔(>100 μm)的百分率也较低。这种中等挥发分煤所炼制的焦炭，不仅气孔率低，而且与CO_2反应后气孔率的增值也较小。

(2) 炼焦煤料的惰性组分含量

常规炼焦煤料的煤化程度应控制在一定的适宜范围内，此时焦炭的显微结构主要与煤料的岩相组成有关。煤料中活性物含量高则焦质的各向异性组分含量也高，但是焦炭的气孔率还和煤料中惰质组的含量有关，适宜的惰质组含量可以获得气孔率低的焦炭，而且焦炭与CO_2的反应速率也低，活性组分与惰性组分的比值有一最佳的范围。

(3) 煤料的预处理工艺

煤料的堆密度及均匀性对焦炭的气孔结构有显著的影响，当煤料的堆密度增加时，生成焦炭的气孔率低。当煤料混合均匀，特别是惰性组分较多的煤料，经细粉碎后焦炭的气孔壁材质分布也均匀，反应后焦炭气孔壁的局部集中破坏点减少。

(4) 备煤炼焦条件

备煤炼焦条件影响焦炭质量，同一煤料先预热到200 ℃左右，然后装炉，由于煤料在炉内的堆密度增大，焦炭的气孔率相应减少，或者通过捣固方法提高堆密度，提高焦炭质量。

综上所述，焦炭的高温反应性能包括块焦反应率和反应后强度两个方面。焦炭的气化反应动力学研究指出，焦炭与CO_2反应的速率v_c(mol/s)与活化能E呈负指数关系，并与气孔率β和比表面积的平方根的乘积成正比。一般高炉焦的碳溶反应活化能E值在184～217 kJ/mol之间波动，气孔率β值则在42%～48%之间变动。所以焦炭的块焦反应率主要取决于焦质的显微组分，气孔率等气孔结构因素则是次要影响。但对于相同的炼焦煤料，改变备煤炼焦工艺条件，例如增大装炉煤堆密度或预热处理等，均有利于提高焦炭的质量。

二、焦炭成焦机理及室式结焦过程

（一）焦炭的成焦机理

目前，有关焦炭成焦的机理主要有三类：第一类是基于烟煤大分子结构及其在热解过程中，通过胶质状塑性体的形成使固体颗粒黏结的塑性成焦机理；第二类是基于表面结合的成焦机理；第三类是基于中间相的成焦机理。

1. 塑性成焦机理

塑性成焦机理认为，煤被加热时首先脱去外水和结合水，当温度达到 400 ℃左右时，开始生成熔融状的胶质体，并不断地自身裂解产生油气，胶质体在煤粒表面上出现含有气泡的液相膜，同时液相膜开始软化和相互渗透，许多煤粒的液相膜汇合在一起，形成气、液、固三相一体的黏稠混合物。当温度升高到 480～650 ℃时，胶质体进一步分解，部分气体析出，而胶质体逐渐固化成塑性半焦，同时产生出一些小气泡，成为固定塑孔，当温度再升高到650～950 ℃时，半焦继续收缩和释放油气，最后生成多孔焦炭。

2. 表面结合成焦机理

煤的岩相组成的差异，决定了煤粒有活性成分与非活性成分之分，并且由于煤粒之间的黏结在其接触表面上进行，以活性组分为主的煤粒，相互间的黏结呈流动结合型，固化后不再存在粒子的原形，而以非活性组分为主的煤粒的黏结结合呈接触结合型，固化后保持了粒子的轮廓，从而决定最后形成的焦炭质量。

3. 中间相成焦机理

煤在受热炭化时，煤结构边缘小分子基团脱离非价键的束缚逸出，与随后共价键裂解产生的其他小分子共同组成塑性流动相，煤裂解后大分子自由基发生缩合，形成稠环芳烃，在各向同性的液相体系中形成新相——圆球状的可塑性物质即中间相。煤在高温受热时，约 400 ℃开始形成热可塑相或液相（中间相），在进行分解、脱水、缩合反应的同时，挥发分逸出，黏度增加，在约 550 ℃时则开始固化，在这个过程中产生细气孔和龟裂，随着温度的继续升高，最后形成多孔固体焦炭。中间相连续地在一个宽广升温带中形成，如果流动性足够高，中间相小球体互相接触时，以极快的速度互相结合，变成了一个较大的单体，使这个过程继续进行，各向异性得以发展，如果流动性不够高，则中间相在互相接触时就不能互相结合，而各保持其原状；中间相的流动及结合状态，最终影响焦炭的光学结构，聚合的中间相只有保持高流动度（低黏度）才能使各向异性充分发展生成各向异性炭。如中间相没有能力长大和融并则生成细粒或粗粒镶嵌。中间相的生成影响因素包括煤的化学活性，中间相生成阶段的温度和时间及杂原子氧、硫、氮等的影响。

（二）焦炭的室式炼焦

焦炉的炭化室是一个带锥度的窄长空间，煤在炭化室内高温干馏成焦，成焦过程的特点为炭化室炉墙双侧向供热，成层结焦，煤料受两侧炉墙传递的热量加热，结焦过程从炭化室的两侧炉墙向炭化室中心逐渐推移，各层炉料的供热性能随炉墙温度及煤料传热能力而变，炭化时间内伴随着膨胀与收缩过程。

1. 成层结焦与温度变化

室式炼焦为成层结焦，炭化室两侧炉墙同时供热，由于炉料导热系数低，故在整个成焦过程中，炭化室内与炉墙垂直方向上炉料的温度梯度较大。离炭化室墙面不同距离的各层炉料因所受到的温度不同而处于热解过程的不同阶段，整个炭化室内炉料的状态也随时间而变化，靠近炉墙附近的煤先结成焦炭，而后焦炭层逐渐向炭化室中心推移，形成所谓的“成层结焦”。炭化室中心面上的炉料温度始终最低，因此以结焦末期炭化室中心面的温度（焦饼中心温度）作为焦饼成熟度的标志，称为炼焦最终温度，炭化室内温度及炉料的状态随时间的变化见图 3-1、图 3-2。

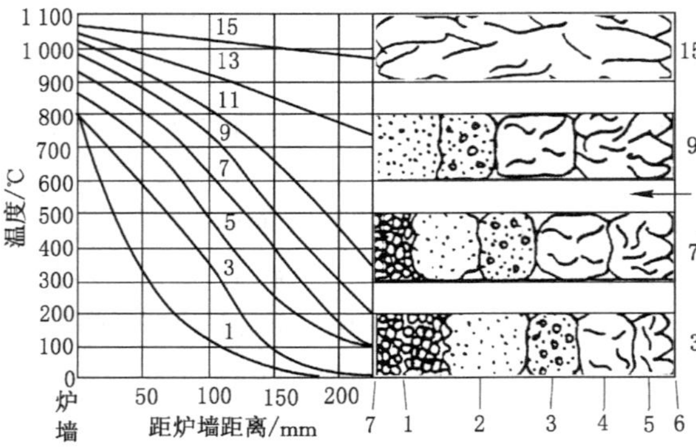

1—湿煤；2—干煤层；3—塑性层；4—半焦层；5—焦炭层；6—炉墙；7—炭化室中心。

图 3-1　不同结焦时间下炭化室内各层炉料的温度与状态

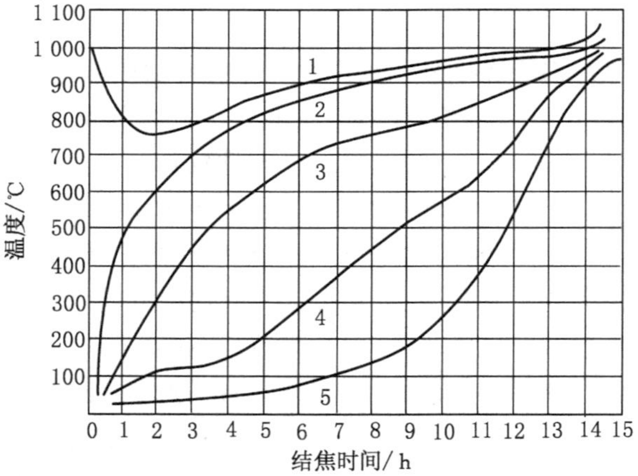

1—炭化室墙表面温度；2—炭化室墙附近的炉料温度；3—距炉墙 50～60 mm 处炉料温度；4—距炉墙 130～140 mm 处炉料温度；5—炭化室中心部位的炉料温度。

图 3-2　炭化室内各层炉料的温度变化

由于各层炉料距炉墙的距离不同，传热条件也就各不相同，最靠近炉墙的煤料升温速度最快，约 5 ℃/min 以上，而位于炭化室中心部位的炉料升温速度最慢，约 2 ℃/min 以下，这种温度变化及受热时间的差别必然导致焦炭质量的差异。

2. 炭化室内膨胀压力

焦炉炭化室内产生膨胀压力是成层结焦的结果。成层结焦过程中，两个大致平行于两侧炉墙面的塑性层从两侧向炭化室中心推移，炭化室底面温度和顶部温度也很高，在炭化室内煤料的上层和下层同样也形成塑性层，围绕中心煤料形成的塑性层如同一个“膜袋”，“膜袋”内的热解气体由于塑性层的不透气性使得“膜袋”产生膨胀趋势，塑性层又通过外侧半焦层和焦炭层将压力施加于炭化室的炉墙，形成对炉墙的膨胀压力。膨胀压力的大小在结焦过程中随时间变化，当两个塑性层面在炭化室中心处会合时，由于外侧焦炭和半焦层传热好、需热少，致使塑性层内的温度升高加快，气态产物迅速增加使得此时膨胀压力最大，将此最大值称为膨胀压力。

对于常规炼焦的室式焦炉，受炭化室炉墙结构强度的制约，通常采用配煤的方法调控煤质，实现对膨胀压力的控制，以保护炉墙。由于炼焦炉相邻两个炭化室总是处于不同的结焦阶段，所以相邻两个炭化室炉料施加于炉墙的压力差是炉墙所受的侧向负荷，炼焦生产中，在制定推焦串序时，对膨胀压力要进行合理的考虑。

3. 炭化室内气体析出途径

炭化室内煤料高温热解产生胶质层，并由炭化室两侧炉墙向中心移动，成层推进，由于胶质层的透气性差，在两胶层之间形成的气体不可能横穿胶质层，只能上行进入炉顶空间，这部分气体称为里行气。里行气中的煤热解产物由煤的一次热解产生，含有大量水蒸气，在其进入炉顶空间前，没有经过高温区，故没有二次热解作用。而在两胶质层外侧，由于胶质体固化和半焦产物热解产生大量气态产物，这些气体沿着焦饼裂纹以及炉墙和焦饼间的空隙，进入炉顶空间，称为外行气，由于外行气经过高温区后进入炉顶空间，经历了二次热解作用，导致外行气和里行气在数量和组分上存在差异，一般外行气和里行气析出途径里行气占 10%，而外行气占 90%，大量的煤化学产品来自外行气。炭化室内气体析出途径见图 3-3。

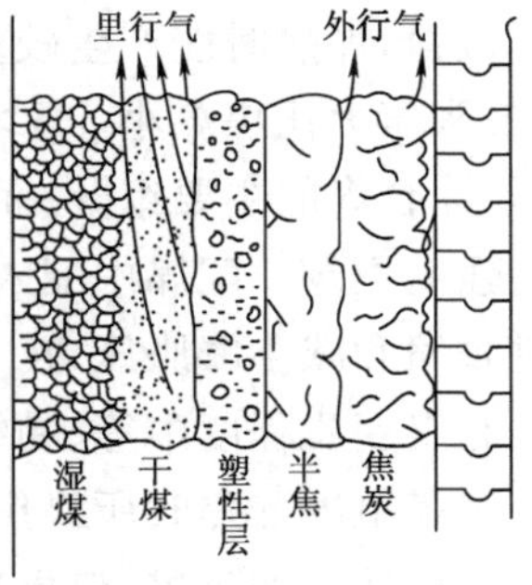

图 3-3　外行气和里行气析出途径

4. 炭化室内层温度变化与焦炭的质量关系

炭化室内，紧靠炉墙的煤料升温速度快，煤热解产生的塑性体流动性好，塑性温度间隔宽，塑性体内煤热解产物之间相互作用改善，因而焦炭熔融良好，结构致密，质量优于内侧的焦炭。

焦炭的块度取决于焦炭的裂纹性质，并与炭化室内温度梯度有直接关系。裂纹的数量取决于半焦收缩阶段内第一次收缩峰区间内半焦的收缩系数和温度梯度。挥发分高的煤料收缩系数大，塑性温度间隔窄，因而固化时半焦层较薄，半焦气孔率大，半焦层的强度低，当相邻层炉料的温度梯度不同产生收缩差时，拉应力超过半焦层的许可应力，则半焦层开裂，这种裂纹垂直于墙面，故气煤焦炭多呈细条状。对于肥煤等强黏结性煤，由于塑性温度间隔宽，半焦层厚且强度高，本层层内拉应力的破坏作用居次要地位，如果相邻层之间因温度梯度差存在，产生的收缩导致层间发生开裂，这种开裂以平行于炭化室墙面的横裂纹居多。相比之下，强黏结煤的焦炭块度要大于气煤焦炭块度。

炭化室内，接近炉墙的煤层在形成塑性层之后，面向炉墙的焦面扭曲“鼓泡”，外形如同菜花，称为“焦花”。而在炭化室中心处，由于膨胀压力最终将两侧的焦饼推向两侧，从而沿炭化室中心面形成焦饼中心裂缝，在炭化室推焦前打开炉门时，可以清楚地看到焦饼中心裂缝。

从炭化室墙面到炭化室中心面处，温度梯度逐渐减小，因而靠墙面处的焦炭粒度相对小于中心处的焦炭粒度，这样就产生了相同的煤料在相同的炼焦条件下结焦，其焦炭质量由于上述原因，不同的块度具有不同的质量。

第二节　配煤与炼焦技术

一、单种煤的成焦特性

煤的结焦性系指烟煤在炼焦条件下，形成具有一定块度和强度焦炭的能力。不同品种炼焦煤的黏结性和结焦性不同，它们在配煤中的作用也不相同。我国配煤炼焦常用煤种包括气煤、1/3 焦煤、肥煤、焦煤、瘦煤，其配煤作用及成焦特性均不同。

气煤变质程度较低，挥发分较高，黏结性弱，结焦性差。加热时产生的胶质体热稳定性差、黏度小、流动性强，在生成半焦时胶质体易分解并析出大量气体，固化的部分较少。气煤单独炼焦时焦饼收缩大，纵裂纹多，焦块细长易碎，气孔大而不均匀，反应性强。配入气煤，可以降低炼焦过程中的膨胀压力，增加焦饼的收缩度和化学产品收率，有利于焦炉和推焦过程，但配入气煤将使焦炭的块度变小，强度降低。

1/3 焦煤为介于肥煤和气煤之间的烟煤。挥发分比较高但低于气煤，黏结性和结焦性比气煤强，加热时能产生较多的胶质体，热稳定性比气煤好，可单独成焦，焦饼的收缩比焦煤大，膨胀压力比焦煤小。$G>75$ 的 1/3 焦煤，黏结性和结焦性较好，可单独炼出高强度的焦炭，是配合煤的主要组分；而 $G\leqslant75$ 的 1/3 焦煤，黏结性和结焦性稍差，单独炼焦时不能得到高强度焦炭。配煤中配入 1/3 焦煤，减少气煤的配入量，可以提高焦炭块度和强度，增加焦饼收缩和减小膨胀压力。

肥煤变质程度中等、黏结性极强，加热时能产生大量胶质体，其热稳定性比较好，黏度不大。肥煤单独炼焦时所得焦炭横裂纹多，气孔率高，在焦饼根部有蜂窝状焦，焦炭易成碎块。肥煤结焦性不如焦煤，但焦炭熔融性好，因此可作为炼焦配煤中的基础煤使用。配入肥煤可使焦炭熔融性良好，提高焦炭的耐磨强度，为配入黏结性差的煤或瘦化剂创造条件。

焦煤变质程度较高，具有中等挥发分和较好的黏结性和结焦性，在炼焦煤中是结焦性最好的煤。焦煤在加热时形成热稳定性很好的胶质体，单独炼焦时所得焦炭块度大、裂纹少、机械强度高、耐磨性好，最适于炼制高质量焦炭。但焦煤的收缩度小，膨胀压力大，可能造成难推焦现象，导致炉体损坏。炼焦配煤中配入焦煤，可以起到骨架及缓和收缩应力的作用，从而提高焦炭的强度，是优质的炼焦煤。

瘦煤变质程度较高、挥发分比较低，黏结性和结焦性都较差。加热时产生的胶质体少，且黏度大，能单独炼焦，所得焦炭块度大、致密度好、裂纹少，但熔融性差，耐磨性不好。炼焦配煤中配入瘦煤，可以起到骨架和缓和收缩应力，从而增大焦炭块度和提高焦炭致密度的作用，是配煤中的重要组分。

无烟煤和焦粉由于挥发分低，无黏结性，一般作为瘦化剂使用，部分代替瘦煤，但必须严格控制细度和加入量。

二、配煤原则与配煤煤质指标

由于单种煤成焦特性的差异、优质炼焦煤资源的短缺、对焦炭质量的高要求及生产成本的考虑，采用单种煤炼焦，很难生产合格焦炭，为此通常采用多种炼焦煤按适宜的比例配合，然后再装炉炼焦，故称之为配煤炼焦。

（一）配煤原则

配煤的作用在于使各煤种之间在性质上取长补短，生产满足质量要求的优质焦炭，并副产炼焦化学产品，实现煤炭资源的合理利用。考虑到优质炼焦煤资源有限和分布不均及炼焦工业的长远发展，炼焦配煤应遵循如下原则。

① 配煤质量应与煤料的预处理工艺及炼焦条件相适应，使焦炭的质量达到规定的指标，满足用户的质量要求，同时控制配煤的成本，提高经济效益。

② 充分利用本区域内煤炭资源组成，减少交叉贮运，缩短运距，同时注重优质资源的节约与扩大。

③ 在保证焦炭质量的前提下，尽量多配用高挥发分煤，以利于增产化学品和煤气。

④ 配煤炼焦过程中，既要注重保持足够的收缩度，保证正常推焦以维护炉体，又要注重焦炭的块度和耐磨性，煤源的数量可靠、质量稳定。

（二）炼焦配煤的质量指标

配煤的质量指标包括配煤的水分、细度、灰分、硫分、煤化程度和黏结性指标等，根据焦炭质量要求和炼焦条件共同确定配煤的质量指标。

1. 配合煤的水分和细度

（1）装炉煤水分

装炉煤水分除了影响堆密度，还会影响焦炉的正常生产，如结焦时间、炼焦的耗热量和剩余氨水量等，如水分每增加 1%，结焦时间大约延长 20 min，炼焦耗热量和剩余氨水量也随水分含量增加而上升。此外，由于新装炉内的煤料与墙面直接接触，煤料中水分的蒸发使得墙面温度急剧下降，对焦炉炉墙砌体影响很大。因此，在炼焦生产中，控制好煤料的水分很重要。国内大多数焦化厂的装炉煤水分一般控制在 10%～11%。而提高装炉煤的堆密度，有利于提高焦炭的质量和焦炉的生产能力。

（2）煤料细度

炼焦配煤的细度是指煤料粉碎后小于 3 mm 的煤料质量占总质量的百分比。常规炼焦条件下要求细度在 80%左右。捣固炼焦细度要求更高，一般大于 90%。细度不够，配合煤混合不均匀，焦炭内部结构不均一，导致强度降低。细度过高，粉碎设备动力消耗增大，处理能力降低，同时还会导致装炉煤的堆密度下降，影响焦炭质量。因此，炼焦生产中对煤料细度必须加以控制。但由于煤料中活性组分与非活性组分硬度的差异，混合破碎易造成活性组分的过粉碎和非活性组分的粗碎现象，即便是细度相同，其成焦特性也存在差异，为此备煤工艺提出选择性粉碎工艺以解决这一矛盾。

关于细度对焦炭质量的影响，攀钢集团有限公司煤化工厂在 200 kg 焦炉上进行试验，其结果见表 3-2。

表 3-2　不同细度煤所得焦炭质量对比

细度/%	转鼓强度/%		反应性能/%	
	M_{40}	M_{10}	CRI	CSR
91.4	60.7	13.3	51.3	34.0
84.4	58.2	14.4	50.3	34.3
74.3	53.7	18.0	54.0	27.4

2．配合煤的灰分和硫分

成焦过程中，煤料中的矿物质以灰分形式全部转入焦炭，而煤料中的硫分一部分残留在焦炭中，另一部分转化为气态硫化物进入煤气，极少量进入液体产物。配煤灰分与焦炭灰分关系如下：

$$A_{煤} = KA_{焦} \tag{3-13}$$

$$S_{煤} = KS_{焦} / \Delta S \tag{3-14}$$

式中 $A_{煤}$、$A_{焦}$——煤中和焦炭中的灰分(干燥基)，%；

K——成焦率，%；

ΔS——煤料硫分转入焦炭中的百分数，%。

一般 ΔS 为 70%左右，其值大小受煤源和炼焦温度的影响，在确定的生产条件下，可取其统计值代入公式。

利用式(3-13)和式(3-14)，可以根据焦炭灰分、硫分的要求，计算出配合煤的灰分和硫分。我国规定，一级冶金焦的灰分不大于 12%，按成焦率 75%计算，配合煤料的灰分应不大于 9%(干燥基)。一级冶金焦的硫分不大于 0.60%，若按 $\Delta S=70\%$计算，配合煤料的硫分应该控制在 0.7%以下。配合煤料的灰分和硫分可以直接测定，也可以按煤种配合比例加权平均进行计算。

3．配合煤的煤化度指标

煤化度指标是用来控制焦炭强度和块度的重要配煤参数，可用镜质组平均最大反射率 $\overline{R}^{\circ}_{max}$ 和挥发分 V_{daf} 表示。挥发分指标的测定方法简便，应用普遍，而镜质组平均最大反射率则能更准确地反映煤的性质，在一定的煤化度区域范围内两者之间具有较好的相关性，据我国鞍山热能研究有限公司对我国 148 种煤进行回归分析，得如下回归方程：

$$\overline{R}^{\circ}_{max} = 2.35 - 0.41V_{daf}(相关系数 = -0.947) \tag{3-15}$$

配合煤的挥发分指标可以直接测定或按加和性进行计算，二者之间稍有差异。配合煤的平均最大反射率同样可以直接测定或加和计算，但配煤的煤化度指标所反映的煤的性质与相同煤化度指标的单种煤的性质不同。例如将气煤与瘦煤按适当比例配合后，其煤化度指标数值可能与焦煤或肥煤的煤化度指标相同，但是配煤成焦特性却与单种的焦煤或肥煤完全不同，从反射率分布曲线上可明显地看出，配煤的反射率分布曲线为多峰值分布，为此，焦化厂在运输和储存洗精煤时，应尽力防止混煤，以免造成挥发分和煤化度指标的失灵。

对于常规配煤炼焦，合适的煤化度指标要求是：$\overline{R}^{\circ}_{max}=1.2\%\sim1.3\%$，相当于 $V_{daf}=26\%\sim28\%$，煤化度过低，焦炭的平均粒度小，抗碎强度低，焦炭的气孔率高，各向异性程度低，焦炭质量不好。煤化度过高时，虽然焦炭的各向异性程度可以提高，但是，由于煤料的黏结性变差，成焦过程熔融不好，收缩度降低，导致焦炭的耐磨强度降低，甚至出现推焦困难。

针对我国炼焦煤资源特点，北京煤化工研究分院提出煤化度的合适范围为 $V_{daf}=28\%\sim32\%$。

4．配合煤的黏结性指标

煤具有黏结性是煤结焦的前提条件，黏结性过大或过小都不利于焦炭质量的提高和生产成本的降低，国内外评价煤黏结性指标较多，包括黏结指数 G、最大胶质层厚度 Y、最大流动度 MF 以及总膨胀度 b 等，从不同的角度表征了煤在热解过程中生成的塑性体的特性。根据生产经验，最大胶质层厚度 Y 作为黏结性指标，控制范围是 17～22 mm。黏结指数 G 指标的控制范围是 58～72。目前，我国主要采用黏结性指标与最大胶质层厚度综合考虑的方法。

5. 配合煤的膨胀压力与收缩度

煤热解时配合煤中各组分之间存在相互作用，产生膨胀压力，膨胀压力不能加权计算，只能用试验方法加以测定。将试验焦炉炭化室一侧炉墙设置为可移动式，通过活动炉墙上的测压装置，测定膨胀压力大小，要求焦炉炭化室炉墙两侧的膨胀压力差值必须小于炉墙的最大承受负荷。炼焦生产中，煤料的膨胀压力呈现以下规律：第一是在常规炼焦配煤范围内，煤化度增加则膨胀压力增大；第二是对同一种煤料，增加堆密度，其膨胀压力相应增加。实际生产中，应根据这两条规律，掌握膨胀压力变化的趋势，适时调整配煤方案与配煤比例，一般认为膨胀压力的极限值应不大于 10～15 kPa。配合煤膨胀后，在结焦后期产生收缩现象，从而有利于推焦，但如果配煤中瘦性成分增多，收缩度降低，则影响推焦，根据生产经验，认为收缩度的低限在 21～22 mm，为安全起见，收缩度控制在 25 mm 为宜，可以通过胶质层测定仪测量配煤的收缩度。

三、配煤方法与焦炭质量预测

配煤理论是将焦炭质量与煤质特征相关联并加以解释的理论。成功的配煤理论可以有效地指导配煤工作，通过建立数学模型预测焦炭质量。

由于煤结构的非均相性和复杂性，提出一个普遍适应的配煤理论和焦炭质量预测模型比较困难，目前已知的各种配煤理论或预测方法都是在一定的区域内或煤源条件下得到的，具有确定的应用范围。从配煤参数上来看，配煤方法主要有传统的单纯依靠煤化学参数的经验配煤和近代发展起来的煤岩学参数配煤。由于煤岩参数能更准确地反映炼焦煤的性质，煤岩配煤技术正在逐步取代传统的经验配煤技术。

随着煤质及焦炭指标检测的自动化及各种数学分析与处理方法的计算机化，焦炭质量预测技术得到普遍重视，并逐渐应用于炼焦配煤的管理中，然而已有的焦炭质量预测模型区域性很强，不同的焦化企业应根据自己的煤质及焦炭质量数据库，通过线性或多元分析的方法建立数学模型，才能有效地实现焦炭质量的预测。

（一）传统配煤方法及质量预测

1. 传统配煤方法

传统的配煤方法主要考虑以煤的工艺指标为参数，包括配煤的挥发分、灰分、硫分、黏结性指标等，这些煤质指标除黏结指数外，大都具有较好的加和性。焦炭的灰分、硫分和煤的灰分、硫分有直接的关系，两者存在较好的线性关系，可以控制配合煤的灰分以控制焦炭灰分。以煤的工艺指标为参数的配煤方法有 V_{daf}-C. I. 法（C. I. 为黏结力指数）、V_{daf}-MF 法（MF 为吉氏最大流动度）、V_{daf}-G 法（G 为黏结指数）等。北京煤化学研究分院在研究我国烟煤分类方案的基础上，根据配煤经验得出了 V_{daf}-G 配煤图（图 3-4），图 3-4 中指出了最佳配煤区的指标分别为：$V_{daf}=28\%\sim32\%$，$G=58\sim72$。

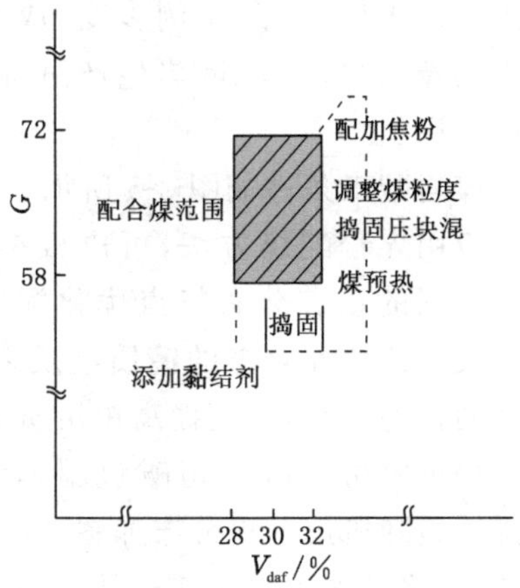

图 3-4 V_{daf}-G 法配煤图

2. 质量预测

焦炭质量预测包括化学性质预测，即焦炭的灰分（A_d）和硫分（$S_{t,d}$）；冷态强度预测，即焦炭的抗碎强度（M_{40}）和耐磨强度（M_{10}）；热态性能预测，即焦炭的反应性（CRI）和反应后强度（CSR）。预测焦炭的灰分和硫分，可根据原料煤的相应指标利用加和法进行，但对于预测焦炭的冷态强度和热态性能则需借助多种预测模型。

根据炼焦数据可得到用 V_{daf}-G 预测焦炭强度（M_{40} 和 M_{10}）的等强度曲线。鞍山钢铁公司根据对生产数据的分析处理，得出了用 V_{daf}-G 值预测焦炭强度的回归方程，回归方程的相关系数都比较高：

$$M_{40}=126.147-2.104V_{daf}+0.144G(r=0.925) \tag{3-16}$$

$$M_{10}=12.794+0.452V_{daf}-0.0243G(r=0.886) \tag{3-17}$$

根据 V_{daf}-G 法在制定配煤方案时，配煤的挥发分近似用单种煤的挥发分以加和性确定。配煤的 G 值的实测值和由单种煤通过加和所得的配煤的 G 值偏差较大，试验表明，配煤中各种煤的黏结性差别较小时，配煤的 G 值有较好的加和性；配煤中各种煤的黏结性差别较大时，G 值的加和性偏差较大，故对配煤的 G 值以实际测量值为准。

（二）煤岩配煤方法及质量预测

1. 煤岩配煤方法

煤岩配煤方法是较先进的配煤方法，首先通过煤岩分析，依据镜质组反射率的分布图，可以判断进厂煤的混煤状况。根据 GB/T 15591—2013 规定，镜质组反射率分布图分 6 种组合类型：单一煤层煤（编码为 0，无凹口，方差 $S\leqslant 0.1$）、简单无凹口混煤（编码为 1，无凹口，$0.10<S<0.20$）、复杂无凹口混煤（编码为 2，无凹口，$S\geqslant 0.20$）、具有 1 个凹口的混煤（编码为 3）、具有 2 个凹口的混煤（编码为 4）及具有 2 个以上凹口的混煤（编码为 5）。

单一煤层煤镜质组反射率分布图呈正态分布，其在炼焦配煤中的作用容易判断；复杂混煤通常要区别对待，有些混煤是由于煤矿地质形成过程中，受变质程度的影响，不同矿层煤种自然结合在一起的，较为稳定，煤岩分析重复性很好，可作为基础煤配用；而有些人为混配的复杂混煤，反射率分布图复杂多变，混配比例多变，成焦特性不稳定，严重影响着配煤质量，炼焦生产过程要抵制这种人为混煤入厂。

煤岩配煤条件如图 3-5 所示。

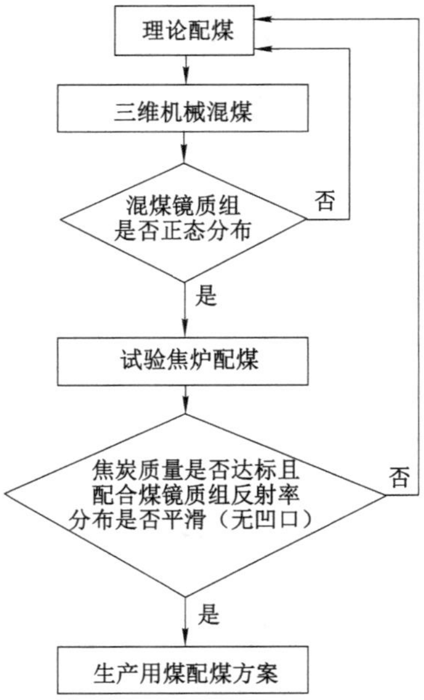

图 3-5　煤岩配煤条件

应用煤岩配煤方法，可以根据镜质组反射率直方分布图的正态分布特点优化配煤结构，通过调整煤种及配比使配合煤的镜质组反射率直方分布图呈良好的正态分布，从而提高焦炭质量。

鞍钢股份有限公司鲅鱼圈钢铁分公司某焦煤，其镜质组随机反射率分布如图 3-6 所示，根据传统配煤指标，将其作为主焦煤使用，但其焦炭质量波动明显，通过煤岩分析发现其反射率分布图凹口数为 2 或 2 以上，标准偏差在 0.27～0.30 之间变化，其焦煤组成占 10%～40%不等，人为混配痕迹严重，使用该焦煤出现焦炭质量波动。

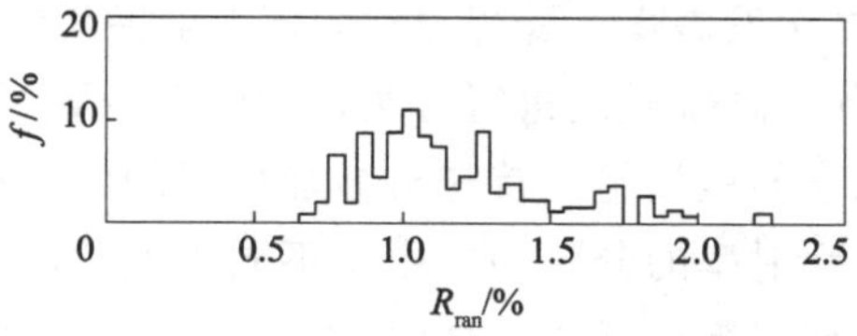

图 3-6　复杂混煤镜质组随机反射率分布图

理论模拟配煤、三维机械混煤配煤和生产实测配煤的反射率分布图如图 3-7 所示。从图 3-7 中可以看出，鞍钢所使用的配煤是以肥煤为主，呈偏正态分布，在瘦焦煤区段内经常出现凹口，这与采用的单种煤煤岩结构有关，从而导致配煤结构不合理，焦炭质量得不到保证。瘦煤在炼焦配煤中起碳骨架作用，可以提高焦炭强度，降低成本，节省稀有炼焦煤资源。针对此种情况，鞍钢鲅鱼圈采用了类似于图 3-7(d)所示的瘦焦煤，有效地填补了该区段的凹口，其配合煤镜质组反射率分布图如图 3-7(e)所示，焦炭强度相应地得到了提升，同时降低了炼焦生产的配煤成本。

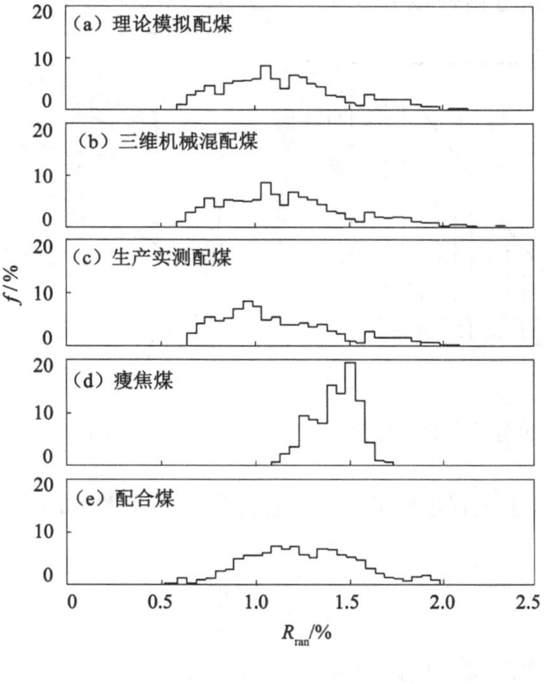

图 3-7　镜质组反射率分布图

2. 煤岩配煤质量预测

煤岩指标预测法：考虑将煤的显微组分划分为活性组分和惰性组分，进而来预测焦炭冷态强度的方法，如阿莫索夫法、夏皮洛法以及日本新日铁小岛鸿次郎改进的方法，将镜质组反射率与奥阿膨胀度、惰性组分含量、黏结指数、最大流动度、惰性组分-融惰能力相结合来预测焦炭冷态强度的方法。

(1) 阿莫索夫和夏皮洛法

苏联阿莫索夫等首创煤岩配煤方法来预测焦炭质量。美国夏皮洛等对该法进行了改进与提高。日本木村英雄等再次发展煤岩配煤方法，1974 年将其应用于新日铁公司。

该法按煤岩实体将各种可融镜质组进行分类，包括 $V_3 \sim V_{21}$ 共 19 类组型，如 V_3 表示镜质组反射率处于 0.30～0.39 的镜质组。首先对参加配煤的各种煤都进行反射率测定，以此标志煤的变质程度，并作出反射率的分布图。由于不同组型的活性成分其黏结性能不相同，在结焦过程中，每个镜质组型与惰质组相结合时，都存在一个活性物含量与惰质组含量的最佳比 $R_{佳i}$，在该条件下得到的焦炭强度为最优，但对于不同的镜质组型，在最佳惰质组配比下焦炭的最优强度不同。因此可通过试验测出各种可熔融镜质组型的最佳惰质组与活性物的比例，如图 3-8 所示。

焦炭的强度是由配煤中各活性组分的含量及其对应的强度所决定的，活性组分在不同惰质组含量下的焦炭强度可用人为规范的试验测出，并依此计算配煤的焦炭强度指数 SI。

$$\mathrm{SI} = \frac{\sum (a_i x_i)}{\sum x_i} \tag{3-18}$$

式中 x_i——活性组分 V_i 的含量，%；

a_i——对应 V_i 组分惰性成分变化时焦炭强度指数[图 3-9 中的 $(\mathrm{SI})_i$ 值]。

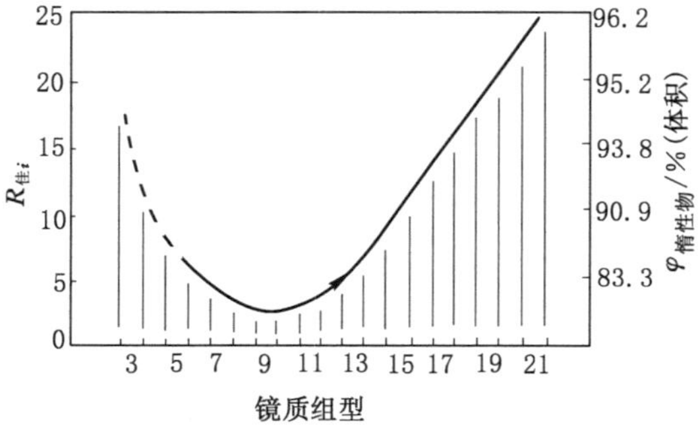

图 3-8 各种可熔融镜质组的最优比

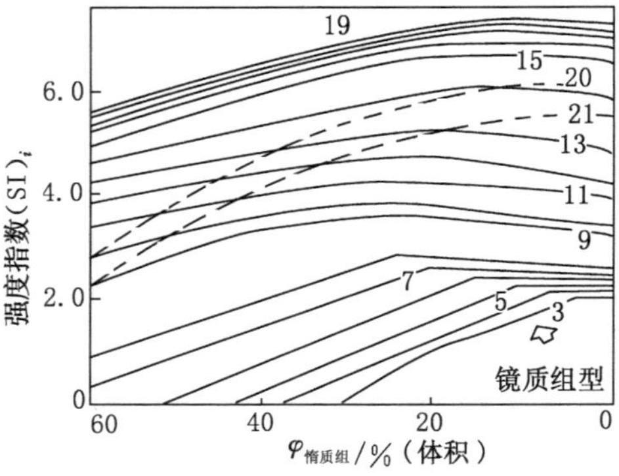

图 3-9 不同组型惰质组含量变化时的强度指数

为了反映惰质组对焦炭强度的贡献，引进组分平衡指数 CBI 评价配合煤料中惰质组含量与最佳含量的关系。

$$\mathrm{CBI} = \frac{G_{实}^{惰}}{G_{佳}^{惰}} \tag{3-19}$$

式中 $G_{实}^{惰}$——煤料中惰质组的实际含量（实测），%；

$G_{佳}^{惰}$——煤料中最佳惰质组的含量（$G_{佳}^{惰} = \sum x_i / R_{佳i}$），%；

$R_{佳i}$——V_i 组分的活性物与惰质组的最佳比值。

根据配煤的强度指数 SI 和组分平衡指数 CBI，利用试验得到工业炼焦炉中焦炭强度与 SI 和 CBI 的关系曲线，即可预测配煤的焦炭强度。图 3-10 和图 3-11 为日本学者试验得到的焦炭强度预测图，将图中各焦炭强度相同的点连成一条曲线即得到等强度曲线。

在炼焦生产中，针对配煤新方案，可以先测定配煤的显微组分含量，查图计算出 CBI 和 SI 数值，再由 CBI 和 SI 数值从焦炭强度的预测曲线中，查得对应炼焦条件下所得焦炭强度

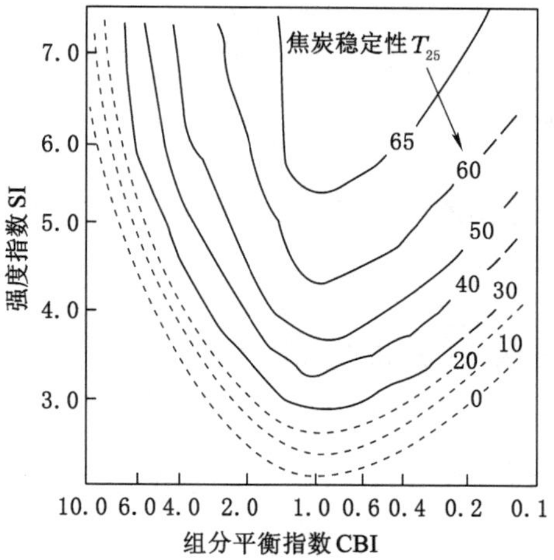

图 3-10 焦炭稳定性 T_{25} 与煤料 CBI 和 SI 的关系

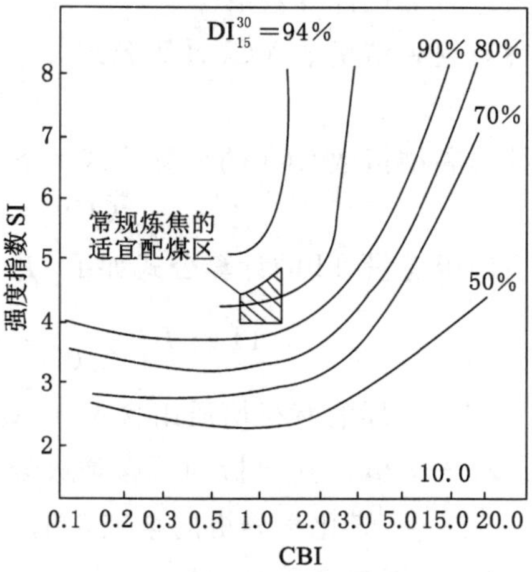

图 3-11 焦炭强度 DI_{15}^{30} 与煤料 CBI 及 SI 的关系

的预测值。

由于焦炭质量不仅取决于煤料的性质，而且与备煤炼焦条件密切相关，采用煤岩配煤方法预测焦炭质量时，不同的煤焦厂应针对不同的炼焦条件进行试验，绘制对应的预测图，不能任意套用其他条件下得到的预测图。

（2）宝钢综合黏结指数配煤方法

宝钢总结现有的煤岩配煤方法，结合配煤的实践，针对室式炼焦方式，选择五个参数作为宝钢煤岩配煤参数，包括 V_d、G、lg MF、VCI、TI。这些参数在炼焦配煤时均可根据单种煤数值加和计算得到。

生产实践表明，V_d可表达煤在炼焦过程中产生气体的数量，间接反映成焦后焦炭气孔率的大小，其作用不容忽视；黏结指数 G 主要反映氧化对煤黏结性的影响，但对弱黏结性煤黏结性有所夸大而对强黏结性煤区分能力缩小，有一定局限性；吉氏最大流动度 lg MF 能间接地反映胶质体的数量，区分强、弱黏结性煤的能力较强，并且能反映出氧化对煤黏结性的影响，但指标仅能覆盖大部分炼焦煤，不能覆盖弱黏结性煤。镜质组黏结指数 VCI 为根据煤岩镜质组反射率分布通过计算获得的参数，它能比较充分地表达煤岩特性，可以准确区分混煤与单种煤。但其却不能敏锐地反映氧化对煤的黏结性的影响。

为此宝钢配煤实践中，提出用 G、lg MF、VCI 等 3 个参数进行计算获得综合黏结指数 CCI（composition caking index），用以表达炼焦配煤中活性物的特性，克服单纯采用煤岩参数不能反映氧化对煤的黏结性和结焦性影响的缺点，并且能准确地覆盖宝钢所用的炼焦煤；镜质组黏结指数（VCI）能比较充分地表达煤岩特性，但不能敏锐地反映氧化对煤黏结性的影响。VCI 与镜质组平均最大反射率的关系曲线见图 3-12。一般根据其反射率分布

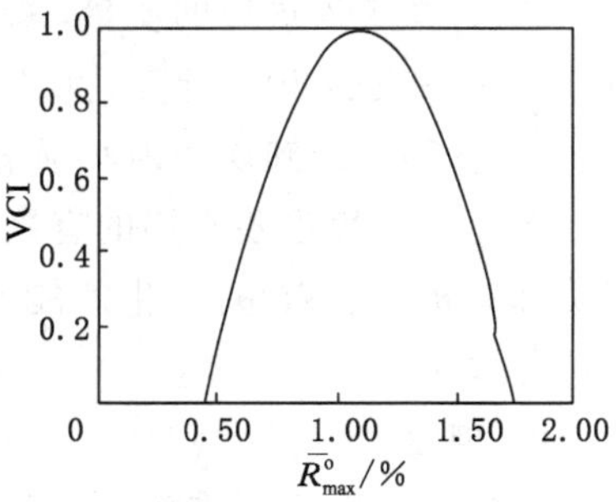

图 3-12 镜质组平均最大反射率与 VCI 的关系曲线

用公式进行加权计算获取。

镜质组黏结指数 VCI 计算公式如下：

$$VCI = f(\overline{R}^{\circ}_{max}) \tag{3-20}$$

综合黏结指数 CCI 的计算公式如下：

$$CCI = f(VCI, G, \lg MF) \tag{3-21}$$

惰质组总量 TI 的计算公式如下：

$$TI = I + \frac{1.80A_d + 0.55S_{t,d}}{2.07 - [0.01(1.80A_d + 0.55S_{t,d})]} \tag{3-22}$$

式中　TI——煤的有机惰质组含量，%；

A_d——煤工业分析的干燥基灰分，%；

$S_{t,d}$——煤化学分析的全硫含量，%；

I——煤中惰质组含量。

焦炭质量预测中，以煤质参数 CCI、V_d、TI 为自变量，分别以焦炭质量参数 CRI（焦炭反应性指数）、CSR（焦炭反应后强度）为应变量，利用多组生产试验数据，进行三元三次逐步回归分析，建立宝钢焦炭 CRI、CSR 的预测模型，经生产验证，准确度很高。

四、配煤工艺

焦化厂配煤（备煤）对焦炭的质量影响较大，包括来煤接受、贮存、倒运、配合混匀、粉碎等生产环节，寒冷地区焦化厂，还应设有解冻和冻块破碎等工序。由于焦化厂昼夜用煤量很大，涉及的煤种多，煤场占地面积大，故要求贮煤场机械化和自动化作业程度高，以保证配煤质量。

（一）煤的接受和贮存

焦化厂必须设置贮煤场或贮煤塔，并贮存一定的煤量，以保证焦炉的连续生产，以防来煤短期中断导致焦炉被迫停产保温，同时也可预防装炉煤质量波动。煤料在堆放过程中由于沥水及风干作用，可稳定装炉煤的水分。

1. 受煤

焦化厂在接受来煤时，应注意以下几条原则：

① 来煤按煤种类别分别接受，卸往指定位置，防止煤种在接受和卸煤过程中互混。对每批来煤按规程取样分析，质量不合格来煤作相应处理。

② 为稳定入炉煤的质量，来煤尽可能送往贮煤场，或者直接进配煤槽。贮煤场设计容量通常按来煤的 70%计算，直接进槽量为 30%。

③ 各种煤的卸煤场地必须清洁，更换场地时应彻底清扫。

焦化厂卸煤设备常用的有翻车机、螺旋卸车机、链斗卸车机和抓斗类起重机。翻车机和螺旋卸车机具有效率高、生产能力大、运行可靠、操作人员少和劳动强度低等特点，适用于大型焦化厂采用。

2. 倒运

煤场的煤料为了堆放、混匀和取用作业，需要进行倒运操作。倒运机械包括抓斗类和堆取类。与堆取类起重机相比，抓斗类起重机生产能力小，难以自动化，现代大型焦化厂大多采用堆取类起重机，其中应用最广的是直线轨道式斗轮堆取料机。

3. 贮煤

为了管理好贮煤场，确保配煤的准确性和焦炭的质量，贮煤场和贮煤应遵循以下要求：

① 煤场的容量足够大，一般大中焦化厂应提供 10～15 d 的贮煤量。贮煤场的长度应能满足各种煤分别堆、取、贮的相关条件。煤场地坪应适当处理，防止煤、土混杂。煤场应有良好的排水条件，并设处理设施，防止污水直接外排，同时还应采取可行的措施防止煤尘飞扬，如贮煤场的棚化处理。

② 确保不同煤种单独存放。同种煤料，在贮煤场存放过程中应尽量混匀。一般抓斗类起重机做倒运设备时常采用“平铺直取”的作业方法，对于堆取料机可以采取“行走定点堆料”和“水平回转取料”的作业方法以使煤料均匀。

③ 贮煤场的煤堆应保持一定的高度，煤堆过低，占地面积大，增加倒运距离，下雨时煤的水分增大。煤堆高度与使用的煤场机械有关，一般为 9～15 m。

④ 煤的存放时间不宜过长。为了防止煤的氧化变质，对各种煤应规定允许的堆放时间，并按计划取用。煤质恶化对炼焦不利，变质煤不能炼焦。根据鞍钢和武钢的生产实践，低变质煤存放时间为一个月左右，而高变质煤存放时间为两个月左右。

4. 解冻

我国北方很多焦化厂，冬季煤料在车厢内易冻结，给卸车工序造成困难，为此很多焦化厂建有配套的解冻库，将冻车解冻后再卸车。目前已建解冻库大致分为煤气红外线式解冻库、热风式解冻库和蒸汽暖管式解冻库三种。其中红外线解冻库具有传热快、热效率高等优点。

（二）煤的配合、粉碎和输送

焦化厂备煤的粉碎加工环节分为先配合后粉碎（简称先配后粉）和先粉碎后配合（简称先粉后配）以及选择性破碎等方式，配合和粉碎工艺有多种流程和设备。

1. 先配后粉流程

将炼焦煤料各单种煤，先按配煤比例要求配合，然后再进行粉碎，该工艺的流程如图 3-13所示。该工艺流程简单、设备少、操作方便，粉碎过程兼作混匀操作，但其配煤准确性差，不能按煤质特征调节不同煤的细度要求。该工艺仅适应于煤料黏结性好、煤质较均匀的情况，当煤料差异大、煤质不均匀时不宜采用。

2. 先粉后配流程

将各单种煤先粉碎到规定粒度，以消除不同硬度的差别，然后再按比例配合均匀，其流程如图 3-14 所示。

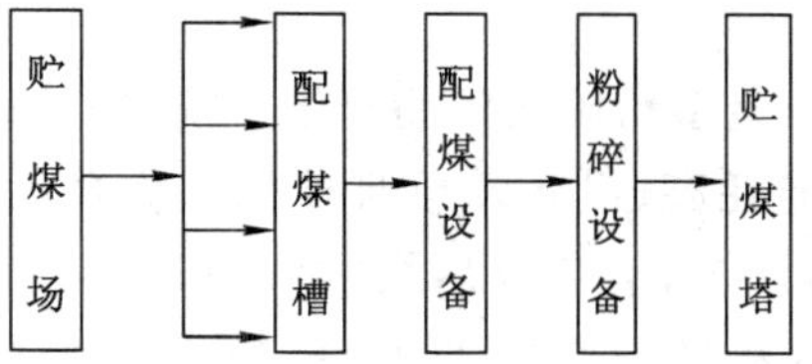

图 3-13　先配后粉工艺流程示意图

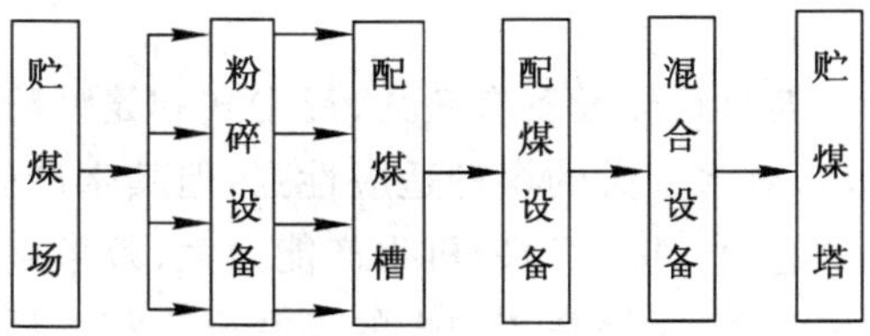

图 3-14　先粉后配工艺流程示意图

该流程可按单种煤的性质和粉碎细度要求分别控制不同的粉碎程度，有助于提高焦炭质量。为简化工艺，当炼焦煤中只有 1～2 种煤的硬度或岩相组成相差较大时，可采用部分煤预粉碎，然后再按煤的配比与其他煤配合，再集中粉碎。这样可使分组粉碎的流程简化，流程中同样可以不设专门的混匀设备，其流程如图 3-15 所示。

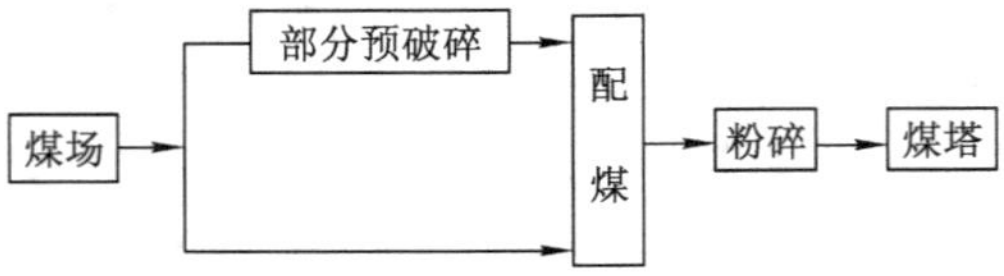

图 3-15　部分煤预粉碎工艺流程示意图

3．选择性粉碎流程

选择性粉碎流程，根据炼焦煤料中煤种和岩相组成硬度的差异，按不同粉碎细度要求，通过粉碎和筛分的结合，达到既消除大颗粒又防止过细粉碎的目的。该粉碎流程包括单路循环粉碎和多路循环粉碎两种方式。对结焦性较好而岩相组成不均一的煤料，可采用先筛出细粒的单路循环粉碎流程，通过将混煤筛分，将细颗粒筛出直接送入煤塔；大颗粒粉碎后再与原料煤混合再筛分，并循环粉碎过筛，如图 3-16 所示。通过循环粉碎，将煤中各种岩相组分粉碎至大致相同的粒度，改善结焦过程。当煤料中有结焦性差异较大的煤种时，可以采用多路循环选择性粉碎流程，即将差异大的煤料分别单路循环粉碎后，再将各单路出来的合格细颗粒混合进入煤塔。图 3-17 所示为双路平行选择性粉碎流程。

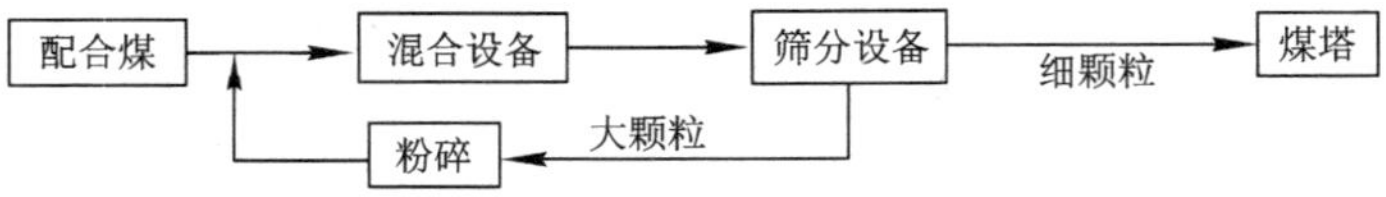

图 3-16　单路循环选择性粉碎流程示意图

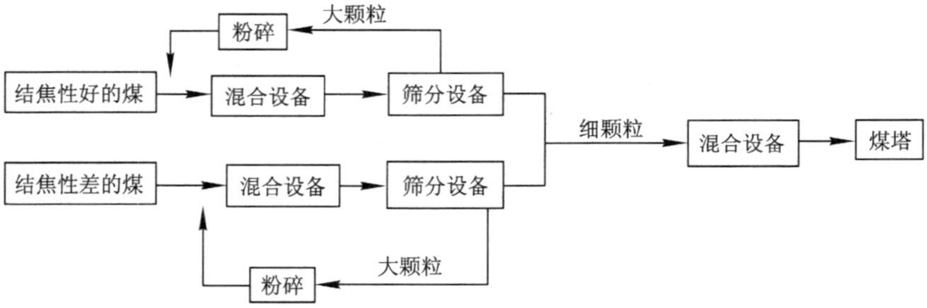

图 3-17　双路平行选择性粉碎流程示意图

煤料粉碎设备有锤式、反击式和笼型粉碎机等。笼型粉碎机的粉碎细度高，粉碎后粒度均匀，对水分大的煤种适应性强，但其生产能力低、能耗高、设备笨重且检修工作量大，一般较少选用。锤式粉碎机生产能力大、效率高、细度易调节，但粉碎后煤粒中小于 0.5 mm 的颗粒偏多，对提高装炉煤的堆密度不利。反击式粉碎机结构简单、能耗低、检修方便、使用较多，但其锤头磨损快、灰尘多、操作环境差，必须采用机械除尘装置。

筛分设备有风力分离器和立式圆筒筛等。风力分离器生产能力大、结构紧凑、效率高且投资省，具有很大的竞争力。立式圆筒筛是一种直立式偏心离心筛，其筛孔需用压缩空气进行吹扫，与风力分离器相比，其生产能力稍小。

配煤设备主要包括配煤槽及其下部的定量给料机构，配煤槽的个数应尽可能比炼焦采用的煤种多 2～3 个。配煤槽的容量与生产规模有关，在大多数情况下应能保证焦炉一昼夜对该煤种的需要量。

五、炼焦生产工艺

（一）炼焦生产过程

由备煤车间送来的配煤装入煤塔，装煤车按作业计划从煤塔取煤，经计量后将煤料装入炭化室内。煤料在炭化室内经过一个结焦周期的高温干馏制成焦炭并产生荒煤气。荒煤气汇集到炭化室顶部空间，经过上升管、桥管进入集气管。约 700 ℃的荒煤气在桥管内被氨水喷洒冷却至 90 ℃ 左右，荒煤气中的焦油等同时被冷凝下来。煤气和冷凝下来的焦油等同氨水一起经过吸煤气管送入煤气净化车间。

炭化室内的焦炭成熟后通过推焦车推出，经拦焦车导入熄焦车，并由电机车牵引熄焦车到熄焦塔内喷水熄焦或进入干熄焦。熄焦后的焦炭卸至凉焦台上，冷却一定时间后送往筛焦工段，经筛分按级别贮存待运。

焦炉加热用的焦炉煤气，由外部管道架空引入。焦炉煤气经预热后送到焦炉地下室，通过下喷管把煤气送入燃烧室立火道底部，与由废气交换开闭器进入的空气汇合燃烧。燃烧后的废气经过立火道顶部跨越孔进入下降气流的立火道，再经蓄热室，通过格子砖把废气的部分显热回收后，经过小烟道、废气交换开闭器、分烟道、总烟道、烟囱排入大气。炼焦生产工艺见图 3-18。

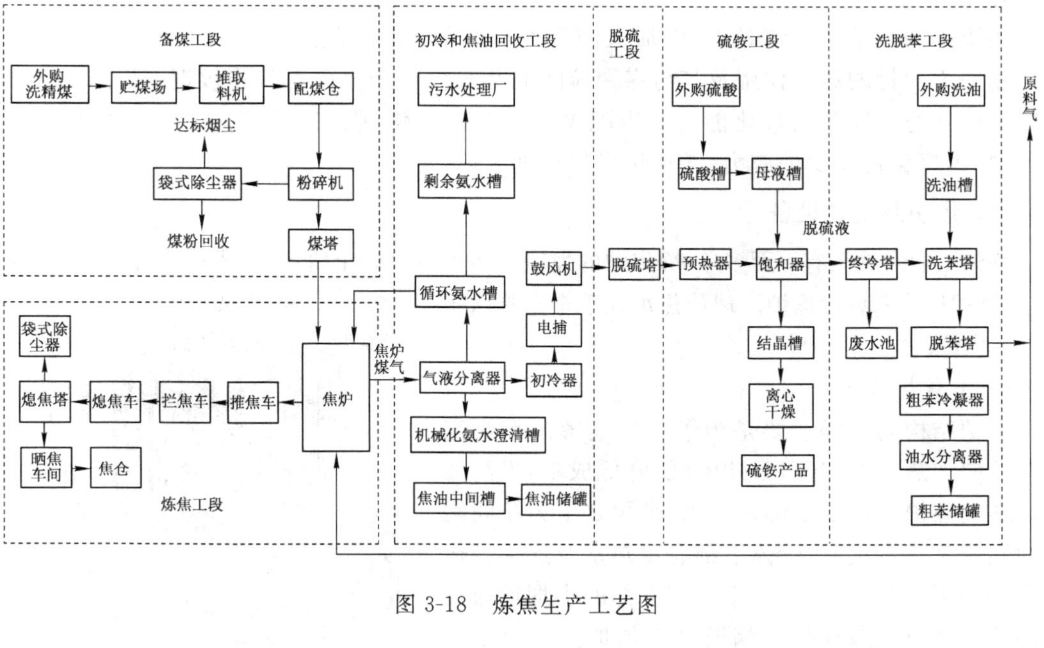

图 3-18　炼焦生产工艺图

（二）工艺条件对结焦过程的影响

1. 加热速度

煤的热解动态过程受加热速度的影响，加热速度提高，热解产生的胶质体温度范围加宽，胶质体的流动性增加，改善了胶质体对煤颗粒的黏结性，同时单位时间内煤热解气体的数量增加，增加了膨胀压力，从而提高了煤的黏结性。利用快速加热，提高弱黏气煤甚至长焰煤的黏结性正是基于这一原理。但快速加热也使收缩速度加快，相邻层间的连接强度加大，收缩应力加大，产生的裂纹增多，焦炭的块度降低。合理的加热速度应使黏结阶段加热快，收缩阶段加热慢。而现代室内焦炉结焦过程无法调节各阶段的加热速度，且湿煤、干煤、胶质体导热性差，加热速度慢，而半焦和焦炭传热快，加热速度快，这是现代焦炉炭化室的缺点。

2. 煤料细度

研究表明，同一种煤，煤料细度增加，焦炭的强度增加，当煤粉细度达到一极限后，继续加大细度，焦炭强度反而降低。不同的煤种，焦炭强度极大值对应的细度取决于煤的黏结性，黏结性愈好的煤，粉碎细度越高，煤粉分散表面积增加。由于固体颗粒对液体的吸附作用使胶质体黏度增大，增加了气体析出的阻力，使黏结阶段的膨胀压力增大，从而提高了煤的黏结性。故细粉碎有利于得到裂纹少、块度大、质量均一的焦炭。对配煤炼焦而言，要根据单种煤的特性确定细度。对增加弱黏结性煤配比的配煤，其中强黏结性煤要采用粗粉碎以保持黏结性，而对弱黏结性煤要增大细度，以利其分散。对不同的配煤，通过实验寻找最适合的细度。

3. 堆密度

增加堆密度，使煤粒间隙减小，膨胀压力增大，填充间隙所需的液态物质减少。在胶质体数量和质量一定时，可以提高其黏结性，但随着堆密度的增大，相邻层间的连接作用加强，且伴随收缩应力的增加，焦炭的裂纹增多。当配入较多黏结性差的气肥煤时，可以通过增加堆密度的方法提高焦炭的强度。

4. 添加物

当配煤的黏结性不够时，可以加入沥青类黏结剂，增加结焦过程中的液相以改善黏结性。利用添加物的黏结作用及其与煤颗粒间的共炭化作用提高焦炭强度时，要求黏结剂具有较好的热稳定性和共炭化能力。当配煤的黏结剂较强、收缩度较大时，可以加入无烟煤粉、焦粉等瘦化剂减少内应力，增加焦炭的块度。

六、焦炉及配套设备

炼焦工业发展已有一百多年，炼焦炉的发展大体可分为四个阶段，即成堆干馏与砖窑、倒焰炉、废热式焦炉和现代焦炉。现代焦炉几乎全部是水平室式炼焦炉。

(一) 焦炉结构

焦炉结构的发展主要是为了更好地解决焦饼高向与长向加热的均匀性，节能降耗、降低成本，提高效益。现代焦炉炉体最上部是炉顶，炉顶之下为相间配置的燃烧室和炭化室，炉体下部有蓄热室及连接蓄热室和燃烧室的斜道区，每个蓄热室下部的小烟道通过交换开闭器与烟道连接。烟道设在焦炉基础内或基础两侧，烟道末端通向烟囱。因此，焦炉由三室两区组成，即炭化室、燃烧室、蓄热室、斜道区、炉顶区和基础部分。整座焦炉推焦车一侧为机侧，接焦车一侧为焦侧。焦炉炉体结构模型见图 3-19。

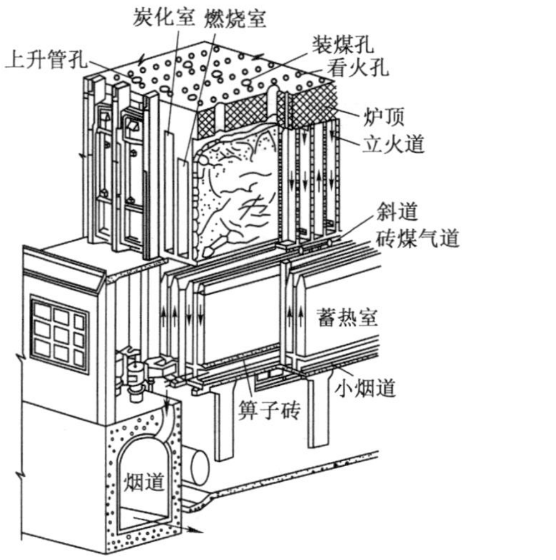

图 3-19 焦炉炉体结构模型

1. 炭化室和燃烧室

焦炉炭化室是一个带锥度的长方形空间，炭化室的宽度焦侧比机侧宽 20～70 mm，此宽度差称为炭化室的锥度。炭化室的顶部有加煤孔和荒煤气出口，炭化室的两端装有可打开的炉门。炭化室内的装煤高度低于炭化室的总高，称之为炭化室的有效高度。

焦炉的炭化室与燃烧室相间排列，燃烧室长度与炭化室相同，在宽度上具有与炭化室锥度大小相同、方向相反的锥度。

燃烧室内的顶端空间高度低于炭化室顶的高度，二者间的差值称为加热水平高度。加热水平高度 H 与煤线距炭化室顶距离 h（大型焦炉取 300 mm）、煤料垂直收缩量 Δh（一般为炭化室有效高度的 5%～7%）有关，可用经验公式(3-23)确定。一般 4.3 m 焦炉加热水平高度为 700 mm 左右。

$$H = h + \Delta h + (200 \sim 300)\ \text{mm} \tag{3-23}$$

现代焦炉的燃烧室由若干垂直立火道组成，立火道底部有供煤气或空气的入口(或废气出口)。为了便于观察、测温和调火，每个立火道都有一个引向炉顶的看火孔。立火道始终分成两大组，当一组立火道供煤气和空气燃烧时，另一组立火道则排出燃烧产生的废气，两组定期交换，间隔时间为 20～30 min，以维持加热均匀和满足蓄热室的蓄热要求。

燃烧室与炭化室之间的隔墙称炉墙，焦炉生产时，炉墙燃烧室侧的平均温度约 1 300 ℃，炭化室侧的墙面温度可达 1 100 ℃以上。在此高温下，墙体要同时承受侧向推力和上部重力，整体结构强度要高，导热性能要好，并要防止干馏煤气泄漏，为此现代焦炉的炉墙普遍采用带舌槽的异型硅砖砌筑，以增加强度和密封性能。燃烧室与炭化室处的砖结构见图 3-20。

2. 蓄热室

蓄热室的作用是回收燃烧后高温烟气(1 300 ℃)的废热，预热燃烧所用空气或高炉煤气。蓄热室位于焦炉炉体炭化室和燃烧室的下部，其上经斜道与燃烧室相连，其下经交换开闭器分别与分烟道、贫煤气管道和大气相连。现代焦炉都采用横蓄热室，横蓄热室与炭化室和燃烧室平行，内部一般设置中心隔墙，将每个蓄热室分成机侧和焦侧两部分。蓄热室由顶部空间、格子砖、箅子砖、小烟道以及主墙、单墙和封墙构成(图 3-21)，对于下喷式焦炉，主墙内设有垂直砖煤气道，用于导入焦炉加热用的焦炉煤气。

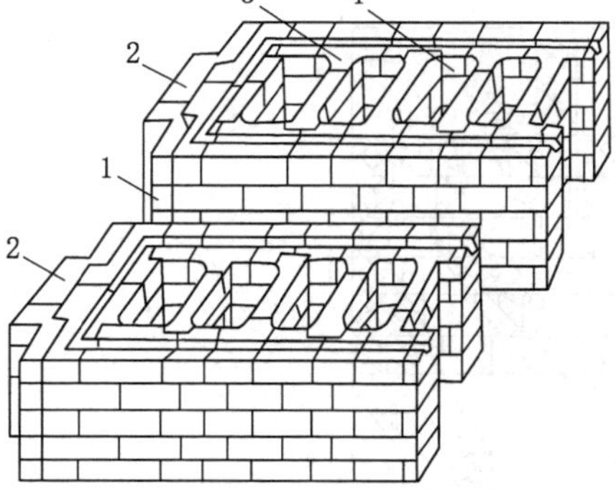

1—炭化室；2—炉头；
3—隔墙；4—立火道。

图 3-20 燃烧室与炭化室外的砖结构

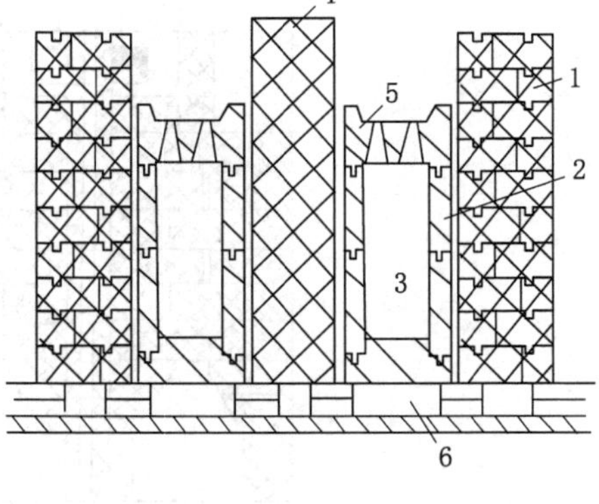

1—主墙；2—小烟道黏土衬砖；3—小烟道；
4—单墙；5—箅子砖；6—隔热砖。

图 3-21 JN 型焦炉的蓄热室(小烟道)

蓄热室依靠格子砖交替吸热和放热，当蓄热室内通入下降高温废气时，格子砖被废气加热，下一个周期气流方向改变后，被加热的格子砖对通入的上升空气或高炉煤气加热，使其温度达 1 000 ℃以上，如此往复，一座焦炉必须是半数蓄热室处于下降气流，半数蓄热室处于上升气流，定期进行交换。下降气流的蓄热室压力小于上升气流的蓄热室压力，为防止串气，要求分隔异向气流，蓄热室的隔墙必须严密。对于双联火道结构的焦炉，主墙是分隔异向气流的隔墙；对于两分式火道结构的焦炉，蓄热室中心隔墙则为隔墙，因此隔墙同样要求具有足够的强度和气密性。单墙的作用是将蓄热室分成两个窄的蓄热室，分别用于预热空气和煤气，因为煤气和空气属同向气流，单墙两侧压差小且不承重，因此对单墙的强度和密封要求比主墙的要求略低。对于单热式焦炉或两分式火道结构的焦炉，蓄热室不设单墙。

蓄热室机侧和焦侧的两端是封墙，封墙的作用是密封和隔热，焦炉生产时，蓄热室内为负压，若封墙不严会导致空气漏入蓄热室。封墙用黏土砖砌筑，中间砌一层隔热砖，墙外抹以石棉和白云石混合的灰层，以减少散热和漏气。封墙上部有蓄热室测压孔。

蓄热室的底部是小烟道，内衬黏土砖，将空气或煤气均匀分配进入蓄热室，汇集并排出从蓄热室下降的废气。小烟道的顶部是箅子砖，支撑蓄热室内的格子砖，并通过箅子砖上的分配孔将气流沿蓄热室长向均匀分布。格子砖采用薄壁异型多孔黏土格子砖。

3. 斜道区

斜道区位于蓄热室和燃烧室之间，斜道是连接燃烧室立火道与蓄热室的通道，不同结构类型的焦炉斜道区结构差异很大。燃烧室的每个立火道下部都有两个斜道口和一个砖煤气道出口。下喷式焦炉砖煤气道从蓄热室主墙穿过斜道区垂直上升进入立火道，侧入式焦炉是在斜道区设有水平煤气道，煤气分别由机焦两侧引入并分配到各个火道。对于双联火道结构的焦炉，每个燃烧室需要与下方左右两侧的 4 个蓄热室相连接，故斜道区结构复杂，砖型最多。

斜道区的温度达 1 000～1 200 ℃，所以在设计和砌筑斜道区时，必须考虑硅砖的热膨胀性，在每层砖内都留有膨胀缝，缝的方向平行于抵抗墙（砌炉时缝内应充填可燃尽材料，以防砌砖时灰浆落入砖缝内），当焦炉开工烘炉时，靠膨胀缝吸收焦炉斜道区的纵向热膨胀。图 3-22 是 JN 型焦炉斜道区构造示意图。

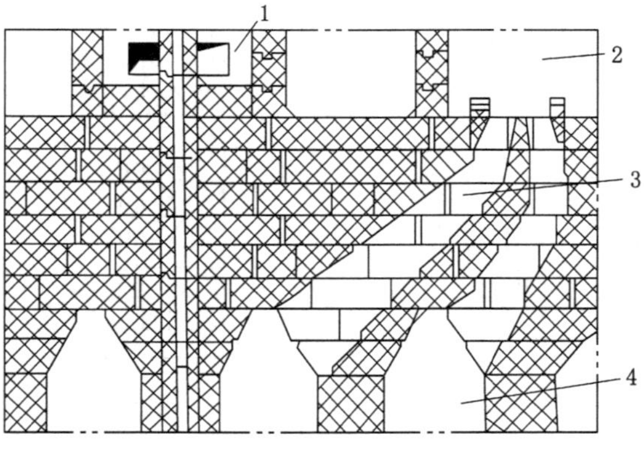

1—砖煤气道；2—立火道；3—斜道；4—蓄热室。

图 3-22 JN 型焦炉斜道区构造示意图

由于斜道倾斜，为防止积灰造成堵塞，斜道的倾斜角应小于 30°。斜道的断面收缩角一般应小于 7°，以减少其阻力。同一火道内两个斜道出口的中心线交角应尽可能小，以利于气流平稳拉长火焰。对于靠改变斜道口调节砖位置或改变调节砖厚度来改变出口断面大小，调节贫煤气量和空气量的炉型，斜道的出口收缩，使气流上升时斜道口阻力占整个斜道阻力的 75%，这样可增加调节的灵敏性。

炭化室盖顶砖以上部位为炉顶区，该区砌有装煤孔、上升管孔、看火孔、烘炉孔以及拉条沟等。为减少炉顶散热，炉顶不受压部位砌有隔热砖。炉顶区的实体部位设置平行于抵抗墙的膨胀缝，烘炉孔在焦炉烘炉结束，转为正常加热投产时用塞子砖堵死。为防止雨水对焦炉表面的侵蚀，炉顶表面用耐磨性好的缸砖砌筑。JN 型焦炉炉顶区构造见图 3-23。

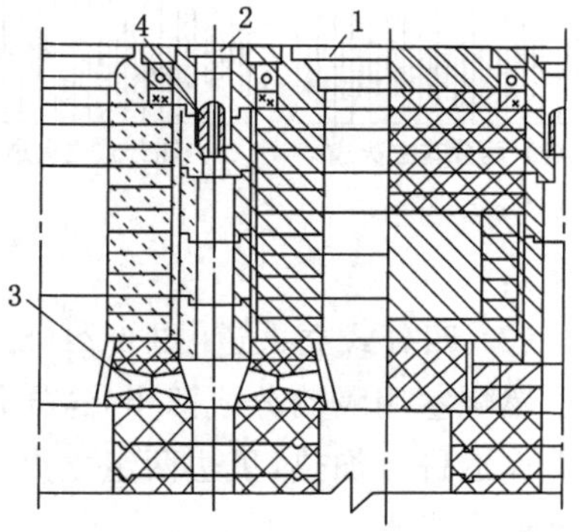

1—装煤孔；2—看火孔；
3—烘炉孔；4—挡火砖。

图 3-23　JN 型焦炉炉顶区构造图

4．焦炉基础和烟道

焦炉的基础位于炉体的底部，支承整个炉体及炉体相关设备。焦炉基础的结构形式随炉型和加热煤气供入方式而异，包括下喷式和侧喷式两种。下喷式焦炉的基础有地下室，它由底板、顶板和支柱组成，整个焦炉砌在水泥混凝土顶板平台上，平台下预留下喷煤气管接口。而侧喷式焦炉基础是无地下室的整块基础。在焦炉砌体与基础顶板之间，一般砌有 4～6 层隔热红砖，以降低基础顶板的温度，同时在隔热层上沿机焦两侧向中心铺置一定宽度的滑动层，方便烘炉时，顶板上的焦炉砌体向两侧膨胀而产生滑动，保护炉体。

焦炉的两端设有抵抗墙，用于约束焦炉组的纵向膨胀。在烘炉过程中，当砖体膨胀时，由于抵抗墙的制约，膨胀缝发挥“吸收”作用。在抵抗墙的结构上，炉顶区和斜道区设有水平梁，增大抵抗墙的抵抗能力。在焦炉顶部设有纵拉条，加强抵抗墙的抗弯曲能力，约束抵抗墙顶部的位移。

烟道位于地下室的机焦两侧，在炉端与总烟道相通，再汇入烟囱根部。在分烟道和总烟道汇合处，设有吸力调节翻板。

焦炉的基础与相邻的构筑物之间留有沉降缝，以防不同部位地基承压力不同而导致沉降差，拉裂基础平台。

（二）焦炉炉型特征

现代焦炉的炉型特征体现在燃烧室火道结构、加热煤气供入方式、加热用煤气种类的适应性、蓄热室的布置方式和改善高向加热均匀性的措施等。

1．燃烧室火道结构

焦炉燃烧室火道结构分为水平火道和立火道两大类，而现代焦炉中基本不用水平火道。

立火道焦炉按火道分布差异可分为两分式、四分式、跨顶式、双联式、四联式等类型，国内早期建设的焦炉主要采用两分式和双联式火道结构，近年来，国内建设的大型焦炉均采用双联火道结构。

（1）两分式立火道

在立火道上方砌有水平集合烟道[图 3-24(a)]，燃烧室的立火道分成机侧和焦侧两组，并由顶部水平集合烟道连接。在一个交换周期内，一侧立火道空气和煤气上升加热，另一侧立火道废气下降排出，交换后两侧气体流动方向变换。

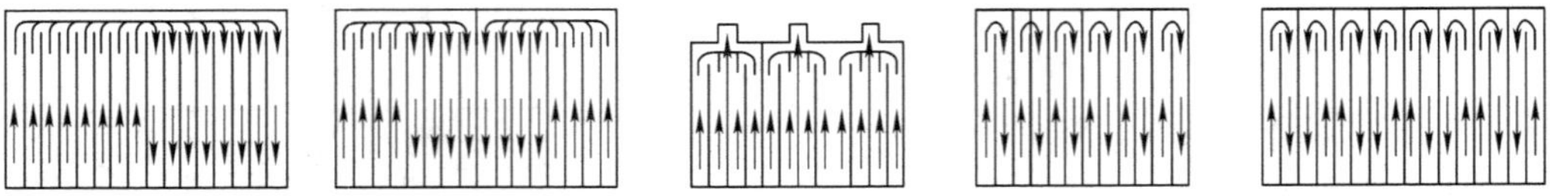

(a) 两分式立火道　(b) 四分式立火道　(c) 跨顶式立火道　(d) 双联式立火道　(e) 四联式立火道

图 3-24　焦炉立火道结构型式示意图

(2) 四分式立火道[图 3-24(b)]

燃烧室用隔墙分成两半，这样每个燃烧室有两个水平烟道。在一个交换周期内，外边两组立火道进行加热，里边两组立火道走废气，交换后，里面的两组立火道加热，而外边的两组立火道走废气。

(3) 跨顶式立火道[图 3-24(c)]

相邻的两个燃烧室由跨过炭化室顶部的大烟道相连，跨顶烟道两侧由 3～4 个立火道为一组的上部短集合烟道连接。在一个交换期内，一个燃烧室的所有立火道进行加热，而相邻燃烧室的所有立火道排出废气。交换以后改变气流方向。对于整个焦炉来说，始终有一半燃烧室在加热，另半数燃烧室排废气。

(4) 双联式立火道[图 3-24(d)]

燃烧室中每个单数火道与相邻的下一个双数火道联成一对，形成所谓的双联。在每对双联的立火道隔墙上部有一个跨越孔相通，在一个交换周期内，如果某个燃烧室的双数立火道加热，则单数立火道排废气，换向改变加热方向后，变成该燃烧室的单数立火道加热，而双数立火道排废气。

(5) 四联式立火道[图 3-24(e)]

边火道一般两个为一组，中间火道每四个为一组，其布置特点为四个一组的立火道中，相邻的一对立火道加热，而另一对走废气。在相邻的两个燃烧室中，一个燃烧室中的一对立火道与另一燃烧室走废气的一对立火道相对应或相反，从而保证整个炭化室炉墙长向加热均匀。

2. 加热煤气种类及供入方式

焦炉加热用煤气分为富煤气(焦炉煤气)和贫煤气。贫煤气包括高炉煤气、发生炉煤气、甲醇驰放气等。焦炉煤气热值高，加热时不需经蓄热室预热，而贫煤气热值低，必须经蓄热室预热。

只能使用富煤气加热的焦炉称为单热式焦炉。既可用富煤气加热，又可用贫煤气加热的焦炉称为复热式焦炉。单独设置的大中型焦炉，可采用单热式焦炉，而与钢厂配套设置的焦炉一般选择复热式焦炉，通过向焦炉提供低热值煤气加热，替换出焦炉煤气。

焦炉加热煤气供入方式包括富煤气下喷式、富煤气侧入式、贫煤气侧入式、富煤气贫煤气及空气全下喷式。

① 富煤气下喷式。富煤气由焦炉下部经蓄热室主墙内的垂直砖煤气道进入立火道，贫煤气和空气从焦炉下部基础顶板进入蓄热室分格，气体出口位于小烟道箅子砖上方。

② 富煤气侧入式。富煤气从焦炉斜道区沿燃烧室全长设置的水平砖煤气道分配进入

立火道，水平砖煤气道可以由一侧进气或双侧进气。在双侧进气的情况下，煤气道分成两段。对于双联火道结构的焦炉，每个燃烧室下部有两个水平砖煤气道，其中一个与双号立火道相连，另一个与单号立火道相连。对于两分式立火道，燃烧室下方水平砖煤气道分成两半，分别与机侧和焦侧的立火道相连。

③ 贫煤气侧入式。煤气和空气是经过空气和废气交换开闭器进入蓄热室的小烟道，然后进入蓄热室，这种进气方式为国内多数焦炉所采用。

3. 蓄热室的布置方式

焦炉蓄热室的布置方式分有纵向蓄热室和横向蓄热室两类，早期焦炉采用纵向蓄热室，而现代焦炉都采用横向蓄热室。

蓄热室的长向分格或分组，可对应于各种火道结构，蓄热室的分格或分组配合煤气和空气下喷或配合独立分配小烟道，可以实现对燃烧室立火道供热量的精确调节。与两分式立火道相对应，蓄热室长向分成两半，机侧与焦侧始终处于异向气流。与双联火道相对应，蓄热室长向也用中心隔墙分成两半，中心隔墙的作用是分隔同向气流，实现机侧和焦侧供热量的分别调节。考伯斯(Koppers)焦炉例外，其双联火道结构，蓄热室分成两半，与两分式焦炉的蓄热室一样，这样在斜道区出现了交叉烟道。

双联火道的复热式焦炉，蓄热室的长向不分格。一个宽蓄热室分成两个窄蓄热室后，在用贫煤气加热焦炉时，每对上升气流的两个窄蓄热室中，一个用来预热贫煤气，另一个用来预热空气。用焦炉煤气加热时，这两个蓄热室都用来预热空气或排废气。

4. 改善焦炉高向加热均匀性的措施

为提高焦炉高向加热均匀性，可采用高低灯头、不同厚度炉墙、分段加热、废气循环等四种方法，如图 3-25 所示。现代大型焦炉可同时采用几种高向加热的方法。

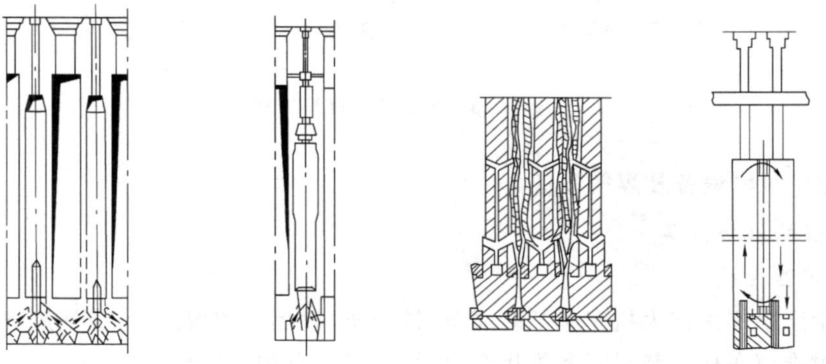

(a) 高低灯头　(b) 不同厚度炉墙　(c) 分段燃烧　(d) 废气循环

图 3-25 焦炉实现高向加热均匀的方法

① 高低灯头(灯头为焦炉煤气燃烧喷嘴)。双联火道中，单数火道为低灯头，双数火道为高灯头，高低灯头同时燃烧，使炉墙加热有高有低，以改善高向加热的均匀性。高低灯头只适用于焦炉煤气加热，由于高灯头高出火道底部，来自斜道的空气，易将底部砖缝中的石墨烧尽而造成串漏。奥托式，JN60-82 型、JN60-87 型焦炉采用高低灯头。

② 不同厚度炉墙，即沿炭化室的不同高度上，底部炉墙加厚，向上炉墙减薄，以实现高向加热的均匀性，但加厚的炉墙易加大传热阻力，延长结焦时间，此法现已不用。

③ 分段燃烧是将空气和贫煤气沿火道墙上的通道，分为上中下三点通入火道中，实现燃烧分段，以改善高向加热的均匀性，但炉墙结构复杂，系统阻力大，空气调节困难。新日铁M型焦炉采用分段燃烧的方法。焦炉煤气通过垂直砖煤气道进入立火道底部。

④ 废气循环是实现高向加热均匀最简单而有效的方法，现已广泛使用。由于废气混入可燃气中，使燃烧反应速率降低，火焰被拉长。双联火道焦炉可在火道隔墙底部设置循环孔，依靠空气及煤气上升时的喷射力及上升与下降气流因温差造成的热浮力，将部分下降气流废气通过循环孔抽入上升气流，燃烧室上下温差可降低至40 ℃，我国目前的大型焦炉均采用此法。而废气循环因火道形式不同可采用多种方式，包括双联式、蛇形式、双侧式、跨顶隔墙式、双跨越式及下喷式共六种，其上升及下降气流流向见图3-26。

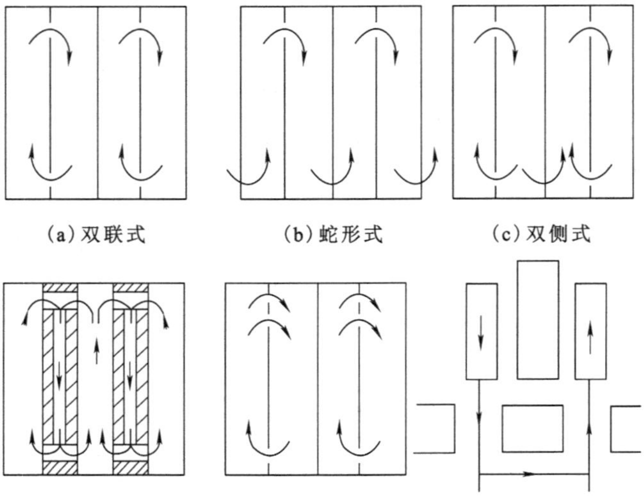

(a) 双联式　(b) 蛇形式　(c) 双侧式

(d) 跨顶隔墙式　(e) 双跨越式　(f) 下喷式

图3-26　各种废气循环方式

七、焦炉机械设备及煤气设备

(一) 焦炉机械设备

1. 焦炉四大机车

炼焦生产中焦炉四大机车包括装煤车、推焦车、拦焦车和熄焦车，统称焦炉四大车；侧装焦炉用装煤推焦车代替装煤车和推焦车，增加了捣固车和消烟车，完成焦炉的装煤和出焦工作。为保证出焦和装煤工作顺利完成，四大车应实现联锁控制。

2. 焦炉护炉设备

焦炉的护炉设备可保护焦炉砌体坚固、完整和严密，包括保护板、炉门框、炉柱、纵拉条、横拉条、大小弹簧和炉门等，它们的装配如图3-27和图3-28所示。

3. 保护板和炉门框

保护板用来保护炉头砌体不受损坏，并通过它将弹簧经炉柱传给砌体的压力分布在燃烧室炉肩砌体上，同时要保证炉头砌体、保护板、炉门框和炉门刀边之间密封，因此保护板应紧靠炉头，又不能有过大的弯曲。

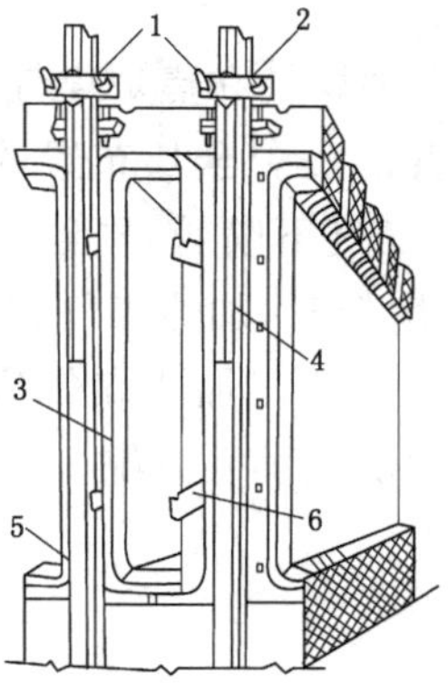

1—横拉条；2—弹簧；3—炉门框；
4—炉柱；5—保护板；6—炉门挂钩。
图 3-27　焦炉护炉设备结构

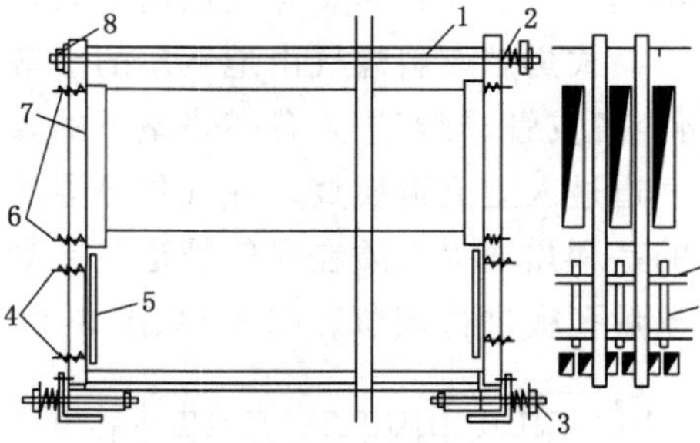

1—上部横拉条；2—上部大弹簧；3—下部横拉条；
4，6—下、上部小弹簧；5—蓄热室保护板；
7—炉柱；8—木垫；9—小横梁；10—小炉柱。
图 3-28　横向护炉设备结构

焦炉使用的保护板分大、中、小三种类型，我国目前大型焦炉均采用大保护板，原使用小保护板的已陆续改用中保护板。大保护板的结构见图 3-29，中保护板的结构见图 3-30。

焦炉生产过程中，炉门框弯曲是炉门冒烟冒火的主要原因，随炭化室高度的增加，问题更突出。

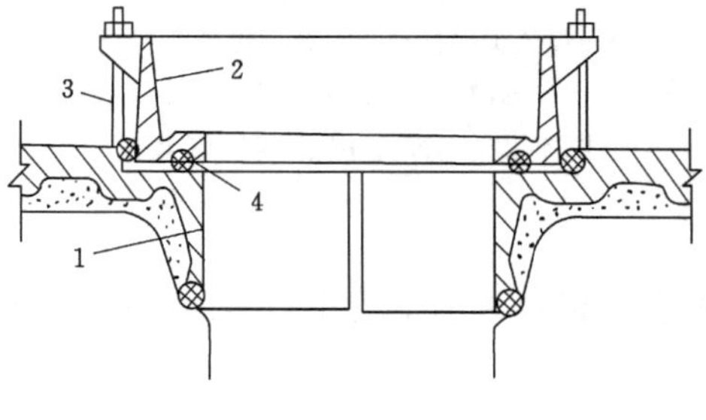

1—保护板；2—炉门框；
3—固定炉门框螺丝；4—石棉绳。
图 3-29　大保护板结构

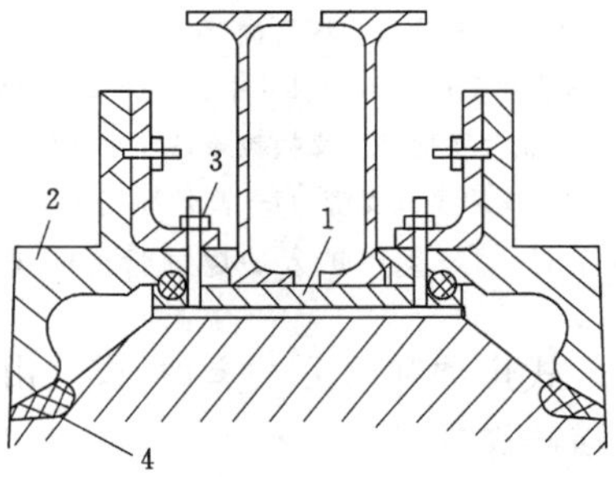

1—保护板；2—炉门框；
3—固定炉门框螺丝；4—石棉绳。
图 3-30 中保护板结构

4. 炉门

炉门严密与否，对防止冒烟冒火，炉门框、炉柱变形和失效有重要影响。炭化室机焦两侧宽度不同，两侧炉门宽度也不相同，此外机侧炉门上部设有小炉门供平煤使用。

炉门的密封作用主要靠炉门刀边与炉门框的刚性接触，为此炉门框必须平整，门框若变形弯曲，则刀边与其难以密合。通过敲打刀边炉门并配合弹簧门栓提高刀边的密封性能。而气封炉门将净焦炉煤气连续供入炉门刀边与门框密封面的内侧，形成一个流动的气封带，阻止荒煤气接近刀边，减少焦油沉积并提高刀边密封效果，其不足在于增加了煤气回收和净化系统的负荷。

（二）焦炉煤气设备

焦炉的煤气设备包括加热煤气的供给设备、干馏煤气的导出设备。

1. 焦炉加热煤气导入系统

单热式焦炉配备焦炉煤气供给管系，复热式焦炉配备高炉煤气和焦炉煤气两套管系。

下喷式焦炉燃料煤气由地下室的一端经煤气预热器，并沿焦炉全长布置的焦炉煤气主管，再经各支管、旋塞进入各燃烧室下的煤气横管分配进入煤气下喷管，再经蓄热室主墙内的煤气道进入立火道燃烧。煤气预热器的作用是在环境温度低时，加热煤气，防止煤气中未脱净的萘和焦油等杂质在煤气管道中冷凝析出，堵塞管道和管件。加热煤气流量一般采用更换流量孔板进行调节。图 3-31、图 3-32 是 JN 型焦炉入炉煤气供入系统。

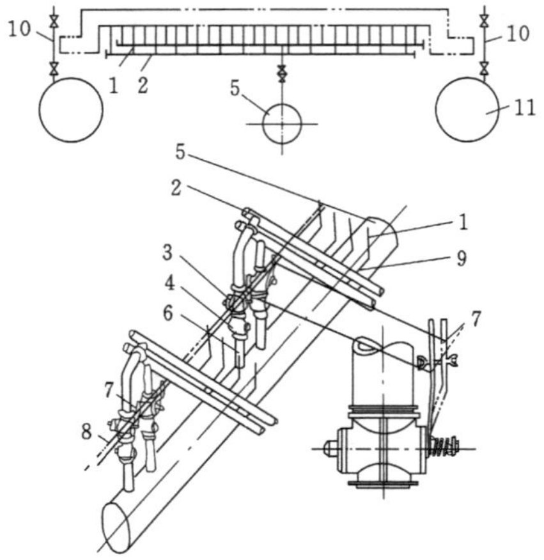

1—煤气下喷管；2—煤气横管；3—交换旋塞；
4—调节旋塞；5—焦炉煤气主管；6—煤气支管；
7—交换搬把；8—交换拉条；9—小横管；
10—高炉煤气支管；11—高炉煤气主管。

图 3-31 JN 型焦炉入炉煤气管道配置图

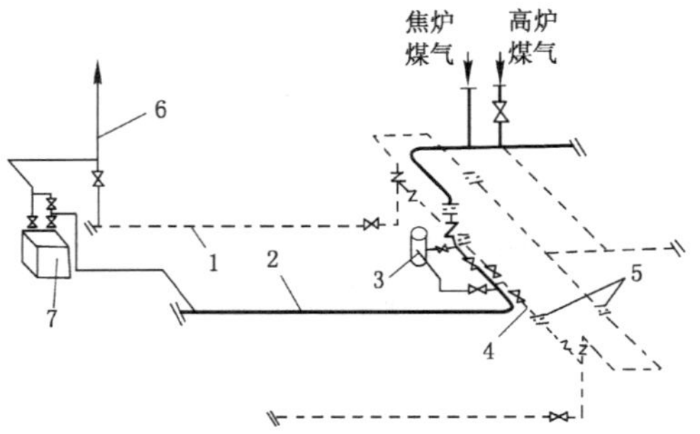

1—高炉煤气主管；2—焦炉煤气主管；
3—煤气预热器；4—混合用焦炉煤气管；
5—孔板；6—放散管；7—水封。

图 3-32 JN 型焦炉煤气管系统

侧入式焦炉和两分式焦炉，煤气由主管经分配管到机焦侧的支管中，再经分配支管送到炉内的横砖煤气道中。

为保证燃料煤气沿焦炉长向流量分配均匀，煤气管道中的流速一般规定总管不超过 15 m/s，主管不超过 12 m/s。焦炉煤气总管压力不低于3 500 Pa，煤气主管压力为 700～1 500 Pa；高炉煤气总管压力不应低于 4 000 Pa。为防止煤气压力急增，加热煤气总管上设自动放散水封。

2. 干馏煤气的导出设备

焦炉炭化室导出的煤气称为荒煤气，荒煤气导出设备包括：上升管、桥管、水封阀、集气管、焦油盒和吸气管以及附属管道（氨水管、蒸汽管、工业水管）等，其配置参见图 3-33。其主要作用是：

① 将荒煤气顺利引出，并控制炭化室内煤气的压力；

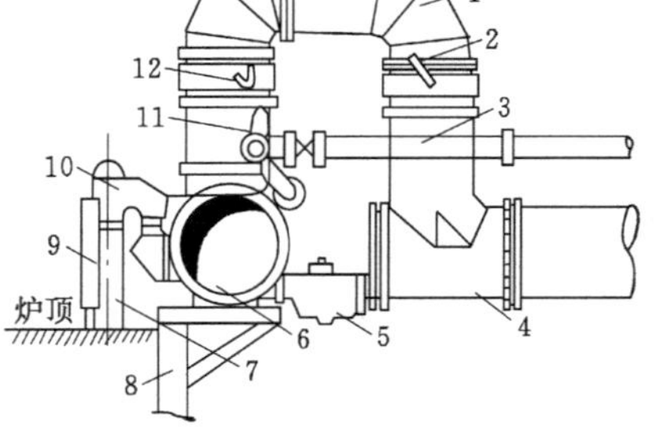

1—“Π”型管；2—自动调节翻板；
3—氨水总管；4—吸气管；5—焦油盒；
6—集气管；7—上升管；8—炉柱；
9—隔热板；10—弯头与桥管；
11—氨水管；12—手动调节翻板。

图 3-33 荒煤气导出系统

② 将引出的荒煤气及时冷却，降低气体温度，减少气体的体积，并保证焦油和氨水良好的流动性；

③ 实现炭化室与集气管系统之间的开闭操作。

上升管是荒煤气引出通道，用钢板焊接或铸铁制造，内衬黏土砖。生产中，上升管内壁因煤气中焦油成分凝结并热解成石墨沉积，因此上升管必须定期清理，以保证荒煤气畅通。为了回收荒煤气显热(700 ℃左右)，同时改善炉顶的操作条件，利用上升管加水套的方法可以回收部分热量，并减少上升管内壁沉积物，上升管管盖采用水封盖。

桥管为铸铁弯管，设有氨水喷嘴和蒸汽管，桥管上部是上升管盖，桥管下部是水封阀翻板，当翻板处于水平位置时，喷洒氨水在碟形翻板上形成一定的水封高度，从而将上升管与集气管隔离。

由炭化室导出的荒煤气，其温度在 700 ℃以上，在桥管内被 70 ℃左右的循环氨水喷洒冷却，由于氨水蒸发吸热，使煤气温度冷却到 80 ℃左右，与此同时，荒煤气中 70%的焦油冷凝下来。循环氨水的压力为 200～250 kPa。循环氨水的用量，对于单集气管约 5 t/t 干煤，双集气管约 6 t/t 干煤。冷却后的煤气进入集气管，集气管通过“Π”型管、焦油盒与吸气管相连。集气管中的氨水、焦油、焦油渣等依靠集气管的坡度和液体的位差，经焦油盒沿吸气管流走。为了控制焦炉炭化室内煤气压力，在“Π”型管的两个垂直管上分别安装有手动和自动压力调节翻板，调节集气管的压力，进而控制炭化室系统的煤气压力(80～100 Pa)。

焦炉集气管分为单集气管和双集气管。单集气管布置在焦炉的机侧。双集气管沿焦炉的机侧和焦侧两侧布置，因降低了集气管内两端的压差，使炭化室压力更加均匀；焦炉装煤时便于荒煤气及时导出，减轻加煤过程的烟尘污染；由于荒煤气在炭化室的停留时间短，可减少炼焦热解产物的二次分解，提高化学产品的产率和质量。由于双集气管系统投资大，不利于焦炉顶气体扩散。我国多数焦炉采用的是单集气管系统。

3. 废气设备

废气设备是指焦炉小烟道出口处实现空气、废气和高炉煤气开闭的装置，俗称废气盘，即换向开闭器，它是导入煤气和空气，又排出废气并调节空气和废气吸力的一种装置。目前使用的废气盘大体上有两种形式：提杆式双砣盘型废气盘和杠杆式废气盘。

(1) 提杆式双砣废气盘

双砣废气盘由筒体和两叉部组成，筒体部位由上、下砣盘隔成两个室，并分别与各自的叉部相连(图 3-34)。叉部下有高炉煤气接口的是煤气叉，它与煤气蓄热室小烟道相通；没有高炉煤气接口的叉是空气叉，它与空气蓄热室小烟道相连。煤气叉接筒体上室，空气叉接筒体下室，每个叉上部都有一个空气风门及盖板。通过双砣的调节、空气盖板的开启配合，实现双砣废气盘上升煤气、空气与下降废气的有序进入和排出。

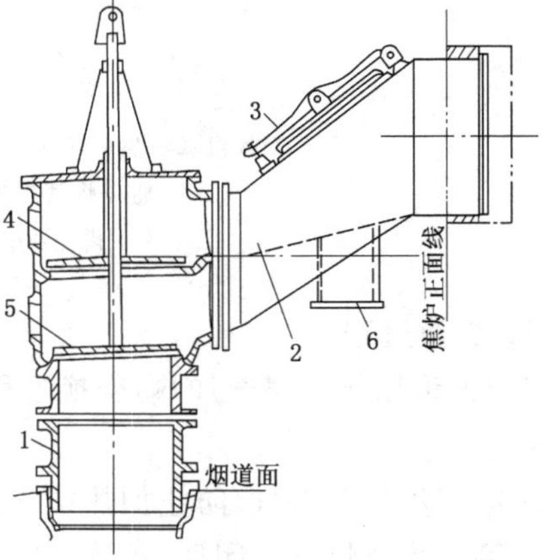

1—筒体；2—双叉部；3—空气口盖板；4—上砣盘；5—下砣盘；6—高炉煤气接口管。

图 3-34　废气与空气交换过程

(2) 杠杆式废气盘

杠杆式废气盘结构如图 3-35 所示，由于每个蓄热室单独配置一个废气盘，便于调节；用高炉煤气砣代替高炉煤气交换旋塞；通过杠杆、轴卡和扇形轮等传动废气砣和煤气砣，省去了高炉煤气交换拉条。

该种废气盘其高炉煤气砣设在叉内，因而高炉煤气不会漏入地下室，但是如密封不严则增加煤气损失。该废气盘的优点之一就是可以分别调节煤气蓄热室和空气蓄热室的吸力，其气量调节方法与提杆式废气盘基本相同。大型焦炉一般采用该种结构废气盘。

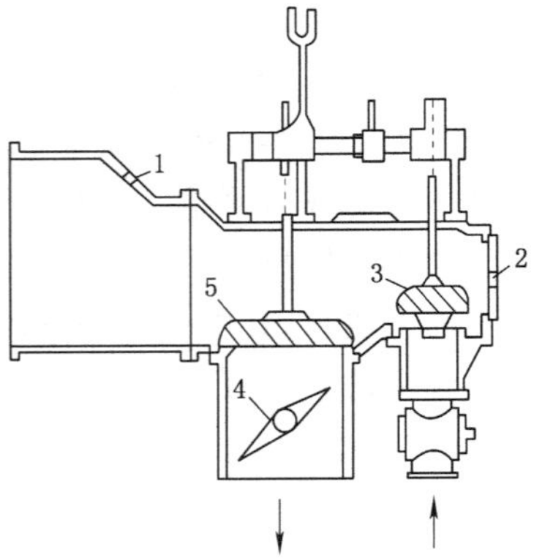

1—内侧孔；2—外侧孔；3—煤气交换砣；4—吸力调节翻板；5—废气砣。

图 3-35 杠杆式废气盘

4. 交换设备

(1) 交换系统

交换系统的作用是驱动焦炉加热系统的煤气导入交换阀门和废气盘，实现开闭交换，它是由交换机、焦炉煤气拉条、高炉煤气拉条以及废气拉条组成的，交换机是为交换系统中提供动力的设备，并由其定时装置确定交换时间间隔。JN 型焦炉交换系统见图 3-36。

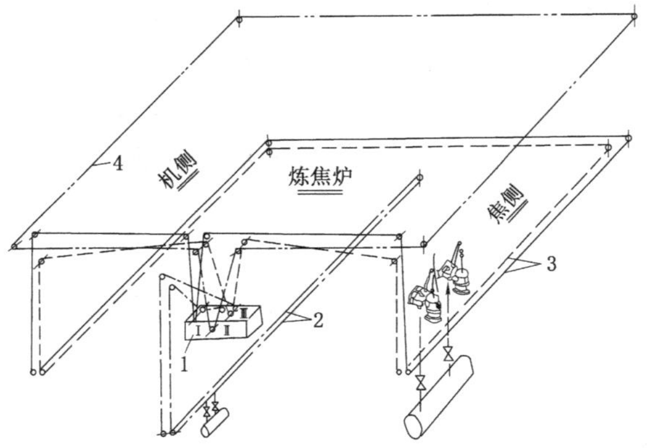

1—交换机；2—焦炉煤气拉条；3—高炉煤气拉条(两根)；4—废气拉条；

Ⅰ、Ⅲ—煤气拉条传动轴；Ⅱ—废气拉条传动轴。

图 3-36 JN 型焦炉交换系统

(2) 交换过程

焦炉无论用哪种煤气加热，交换过程都要经历三个基本过程：关煤气→废气与空气交换→开煤气。

① 第一步先关煤气，防止加热系统中有剩余煤气，以免发生爆炸事故；

② 第二步待煤气关闭后，经短暂的时间间隔，再进行废气与空气的交换，这样可使残余煤气完全燃尽；

③ 第三步是待空气与废气交换后，也经过一个短暂的时间间隔，使燃烧室有足够的空气，再打开煤气，保证煤气进入火道后立即燃烧。

(3) 交换机

交换机分为机械传动和液压传动两种类型。液压交换机由于结构简单、运行平稳、行程准确、维修方便，已被广泛采用。

废气砣与空气口禁止同时处于半开的状态，这会打乱燃烧系统的压力分布，严重影响焦炉的正常加热。为防突然停电导致这种情况出现，各种交换机都设有手动交换，液压交换机在停电时，可用手摇泵上油，用重物压电液换向阀，实现人工交换。

焦炉两次换向之间的时间间隔即换向周期，根据焦炉的加热制度、加热煤气种类、格子砖清洁程度等具体情况决定换向周期。一般大焦炉的蓄热室格子砖的换热能力按照高炉煤气加热 20 min 换向一次设计，焦炉煤气加热 30 min 换向一次，一般中小焦炉均是 30 min 换向一次。若焦化厂有多座焦炉，并同用一个加热煤气总管，为防止交换时煤气压力变化幅度太大，影响焦炉正常加热，故几座焦炉不能同时换向，一般相差 5 min。

八、焦炉炉型

根据火道结构，焦炉炉型包括两分式和双联式，而根据入料方式分为顶装式和捣固式两大类。目前，焦炉炉型发展朝着大型化、节能化、清洁化方向发展。

我国 6 m 焦炉已成为主流，炭化室高度小于 4.3 m 焦炉已经被列入禁止范围。2003 年，山东兖矿集团首次引进德国炭化室高度 7.63 m 超大容积焦炉，2006 年建成投产。后有太钢、马钢、武钢、首钢、沙钢等相继投产了 7.63 m 焦炉。2008 年，由我国自行设计开发的首座炭化室高度 6.98 m 焦炉在鞍钢鲅鱼圈建成投产，4 座 52 孔的 7 m 焦炉可年产焦炭 255 万 t，配备 2 套 160 t/h 干熄焦装置。随后邯钢、本钢也分别建起了 4 座和 2 座 7 m 焦炉。2009 年，我国自行设计的世界首座炭化室高度 6.25 m 捣固焦炉建成投产。

（一）JN 型焦炉

1958 年，在总结多年炼焦生产实践经验的基础上，吸取国外炉型优点，我国自行设计了 58 型焦炉，经长期的实践，目前已发展成一系列炉型，如 JN66，JN43-58，JN43-58-Ⅱ，JN43-80，JN43-83，JN60-82，JN60-87 等焦炉。

JNX60-87 型焦炉是焦耐设计院为宝钢二期工程新建 4×50 孔大容积焦炉而设计的双联火道、废气循环、高低灯头、焦炉煤气下喷、蓄热室分格的下调式焦炉。炉体尺寸与焦耐设计院先期设计并建成的 JN60-82 型焦炉相同，炉体构造与 JNX43-83 型焦炉基本相似。JNX60-87 焦炉结构如图 3-37 所示。

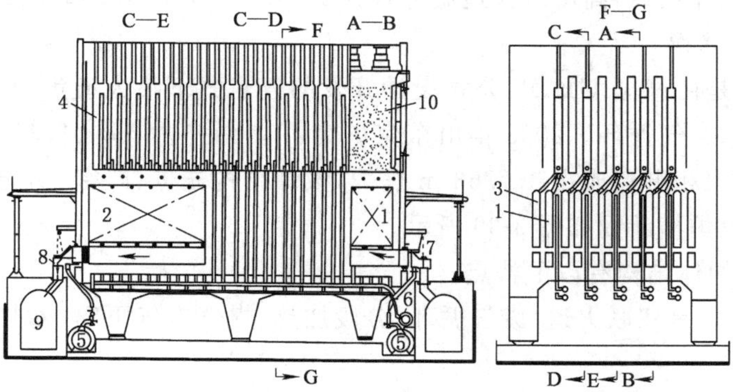

1—空气蓄热室；2—废气蓄热室；3—贫煤气蓄热室；4—立火道；5—贫煤气管；6—富煤气管；7—空气入口；8—废气出口；9—大烟道；10—炭化室。

图 3-37　JNX60-87 型焦炉

JNX60-87 型焦炉结构简单，异型砖数量减少，同时又保证了炉体的牢固和严密。由于不采用空气下喷，节省动力消耗。该焦炉于 1991 年 5 月建成投产。

该焦炉各部位设计合理、结构严密、漏气率小，高向及横向加热均匀，温度、耗热量、热工效率等指标均较佳。

（二）新日铁式 M 型焦炉

新日铁焦炉为大容积高度自动化的焦炉，上海宝山钢铁总厂引进的 M 型焦炉（高 6 m）为双联火道、分格蓄热室、三段加热、高低灯头和全下喷式设计的复热式焦炉（图 3-38），此种炉型基于新日铁式分格蓄热室，参照世界著名大型焦炉而设计，炉体结构较复杂，一座焦炉的异型砖种类多达 1 272 种。

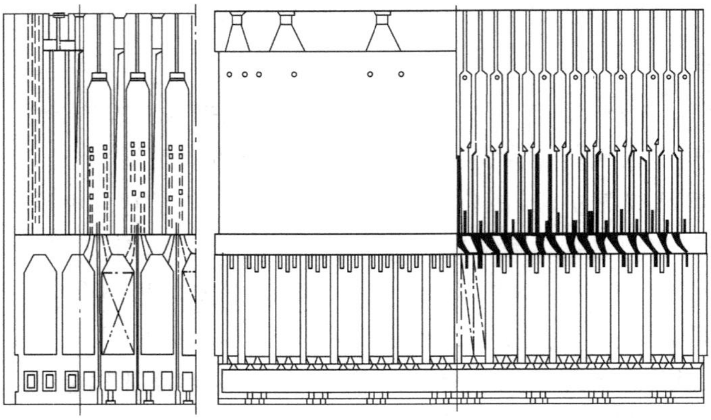

图 3-38　新日铁 M 型焦炉

焦炉的燃烧室被分成 30 个立火道，构成 15 个双联火道系统。采用宽蓄热室分格结构设计，每孔炭化室底对应一个宽 900 mm 的蓄热室，与燃烧室双联火道的隔墙相对应，蓄热室沿长向分成 16 格，机焦两端各一个小格，中间 14 个大格，用贫煤气加热时，煤气小格与空气小格相间排列。每个蓄热室下沿长向平行地设置两个小烟道，通过对应的方孔，一个小烟道与蓄热室煤气格相通，另一个小烟道与蓄热室的空气格相通，其结构如图 3-38 所示。

燃烧室采用三段加热，每个斜道除在燃烧室底部有一个出口外，在火道隔墙的中部和上部分别还有两个气体出口，高度距火道底分别为 1 236～1 361 mm 和 2 521～2 646 mm。

（三）7.63 m 焦炉

7.63 m 焦炉是由德国 UHDE 公司设计开发的复热式下喷大型焦炉，炉体结构采用双联火道、分段加热、废气循环。2003 年山东兖矿集团首次引进该焦炉，其后太钢集团、马钢集团、首钢集团等也相继建成投产 7.63 m 焦炉，该炉结构先进、严密、功能性强、加热均匀、热工效率高。其焦炉横断面如图 3-39 所示。

7.63 m 焦炉炉体结构有以下特点：

① 7.63 m 焦炉是双联火道、废气循环、分段加热、煤气空气下喷、蓄热室分格的复热式超大型焦炉。

② 焦炉燃烧室由 18 对双联火道（共 36 个立火道）组成。分 3 段供给空气实行分段燃烧，每对火道隔墙间下部设有循环孔，将下降火道的废气吸入上升火道与可燃气混热，通过分段燃烧及废气循环孔拉长火焰，实现高向加热均匀。同时废气中的氮氧化物含量降低，实

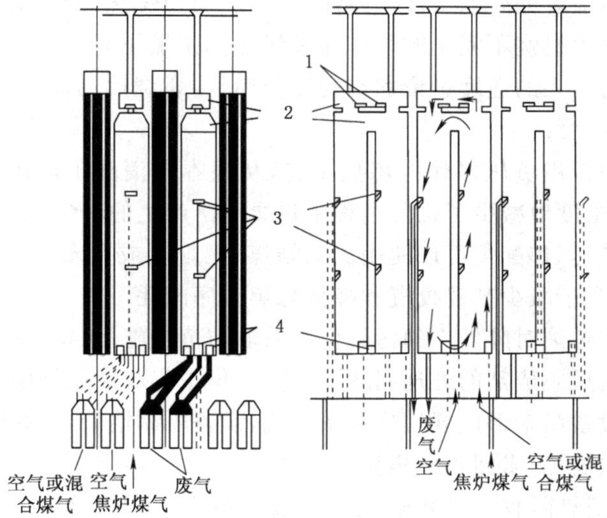

1—滑动砖；2—跨越孔；3—空气孔；4—空气循环孔。

图 3-39　7.63 m 焦炉横断面示意图

现达标排放。

③ 蓄热室由机侧延伸到焦侧，均为分格蓄热室，上升气流时，分别只走煤气和空气。每个立火道单独对应 2 格蓄热室构成一个加热单元。蓄热室底部设有孔板调节喷嘴，通过孔调节，实现加热煤气和空气在蓄热室长向上分布合理；蓄热室上下分别采用不同的异型耐火砖错缝砌筑，以保证主墙与分隔墙之间的紧密结合，各部分气体不串漏。

④ 分段加热使斜道结构复杂，砖型增多，为保证斜道严密性，通道内不设膨胀缝，以防斜道区串气引发高温事故。

⑤ 跨越孔的高度可调，可以满足不同收缩特性的煤炼焦需要。

⑥ 采用单侧烟道，仅在焦侧设有废气盘，可节省一半的废气盘和交换设施，优化烟道环境。

7.63 m 焦炉由于炭化室的加高和加宽，采用稳定式湿法熄焦工艺，与常规湿法熄焦相比焦炭水分较小，焦炭质量有所改善。

(四) QRD-2000 热回收焦炉

热回收焦炉是指炼焦煤在炼焦过程中只生产焦炭，其化学品、焦炉煤气和一些有害物质在炼焦炉内部合理地充分燃烧，回收高温废气的热量用来发电或做其他用途的一种焦炉。我国热回收焦炉采用捣固炼焦，全部机械化操作，实现了清洁生产。热回收焦炉有与常规机焦炉基本相同的备煤、筛焦工艺，焦炉炉体有完善的焦炉保护板、护柱、炉门等焦炉配件，有装煤推焦车和接熄焦车，采用湿法熄焦，炼焦产生的废弃余热经锅炉产生蒸汽发电，废气脱除二氧化硫后经烟囱排放，达到炼焦行业清洁化生产的要求。

热回收焦炉的工作原理是，将炼焦煤捣固后装入炭化室，利用炭化室主墙、炉底和炉顶储蓄的热量以及相邻炭化室传入的热量使炼焦煤加热分解，产生荒煤气，荒煤气在自下而上逸出的过程中覆盖在煤层表面，形成第一层惰性气体保护层，然后向炉顶空间扩散，与由外部引入的空气发生不充分燃烧，生成的废气形成煤焦与空气之间的第二层惰性气体保护层。干馏产生的荒煤气不断产生，在煤(焦)层上覆盖和向炉顶的扩散不断进行，使煤(焦)层在整个炼焦周期内始终覆盖着完好的惰性气体保护层，从而使炼焦煤在隔绝空气的条件下加热得到焦炭。在炭化室内燃烧不完全的气体通过炭化室主墙下降火道到四联拱燃烧室内，在耐火砖保护下再次与进入的适度过量的空气充分燃烧，燃烧后的高温废气送去废锅换热并脱除二氧化硫后排入大气。

热回收捣固焦炉采用负压操作的炼焦工艺，从根本上消除了炼焦过程中烟尘的外泄。采用水平结焦，最大限度地减少了推焦过程中焦炭跌落产生的粉尘；焦炉采用大容积炭化室结构和捣固炼焦工艺，炼焦配煤可以使用弱黏结煤、无烟煤或更多的贫瘦煤和瘦煤，扩大了炼焦煤资源，而且有利于减少基建投资和降低炼焦工序能耗。

清洁热回收捣固焦炉对阵发性的污染仍需采取防范措施；无化产回收系统，但仍存在燃烧废气的脱硫及脱硫后脱硫剂的处理问题。生产过程中焦炭烧损仍偏高，结焦率偏低，自动化水平偏低。国产设备尚未形成规模化和系统化，设备可靠性低，有些车辆寿命偏短。熄焦方式仍采用普通湿法熄焦，未回收红焦显热，同时产生大气污染。

QRD 系列清洁型热回收捣固焦炉在我国应用最广。QRD-2000 清洁型热回收捣固焦炉主要由炭化室、四联拱燃烧室、主墙下降火道、主墙上升火道、炉底、炉顶、炉端墙等构成，其炉体结构如图 3-40 所示。

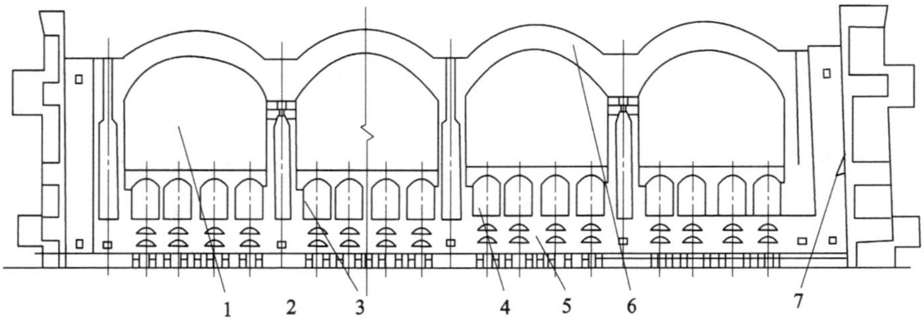

1—炭化室；2—四联拱燃烧室；3—主墙下降火道；4—主墙上升火道；5—炉底；6—炉顶；7—炉端墙。

图 3-40　QRD-2000 清洁型热回收捣固焦炉立面

炉体结构的特点如下：

① 为保持捣固装煤煤饼的稳定性，采用宽炭化室、四拱燃烧室位于炭化室底部的结构形式，分别采用不同形式的异型砖砌筑。

② 主墙下降火道和主墙上升火道沿炭化室主墙有规律地均匀分布，下降火道和上升火道都为方形结构，采用不同形式的异型砖砌筑。主墙下降火道的作用是合理地将炭化室内燃烧不完全的化学品、焦炉煤气和其他物质再送入四联拱燃烧室内，主墙上升火道的作用是将四联拱燃烧室内完全燃烧的物质产生的废气送入焦炉上升管和集气管内，同时将介质均匀合理地分布，并尽量减少阻力。

③ 炉底位于四联拱燃烧室的底部，由二次进风通道、炉底隔热层、空气冷却通道等组成。

④ 炉顶采用拱形结构，并均匀分布有可调节的一次空气进口。炉顶表面考虑到排水设计有一定的坡度。

⑤ 每组焦炉的两端和焦炉基础抵抗墙之间设置有炉端墙。炉端墙的主要作用是保证炉体的强度，以及隔热，降低焦炉基础抵抗墙的温度。

第三节　焦炉热工基础

一、焦炉加热用煤气

（一）焦炉加热煤气种类及加热特性

焦炉正常加热使用的燃料气主要有焦炉煤气和高炉煤气两种，此外，发生炉煤气、甲醇生产驰放气等也可加热焦炉。为统一热工计算数据，焦炉煤气和高炉煤气的组成采用表 3-3的数据。

表 3-3　焦炉热工计算用煤气组成

加热煤气种类		煤气组成(体积)/%							低热值/(MJ/m³)
		H_2	CH_4	CO	C_mH_n	CO_2	N_2	O_2	
焦炉煤气		59.5	25.5	6.0	2.2	2.4	4.0	0.4	17.9
高炉煤气	大型高炉	1.5	0.2	26.8		13.9	57.2	0.4	3.64
	中型高炉	2.7	0.2	28.0		11.0	57.8	0.3	3.93

煤气中通常有一定量的饱和水蒸气，湿煤气的组成及煤气中饱和水蒸气含量，可用饱和温度下水蒸气压进行换算。煤气的发热值及密度可以通过煤气组成进行加和计算。煤气中可燃成分的低位发热量为：$Q_{低}(CO)=12\ 728\ kJ/m^3$；$Q_{低}(H_2)=10\ 844\ kJ/m^3$；$Q_{低}(CH_4)=35\ 840\ kJ/m^3$；$Q_{低}(C_mH_n)=71\ 179\ kJ/m^3$。煤气发热量也可用仪器直接测定。煤气的密度也可根据组成按加和法计算。

（二）煤气的燃烧方式

煤气燃烧包括三个阶段，一是煤气与空气混合，达到极限浓度；二是混合气体加热达到燃烧温度；三是可燃物与氧气发生化学反应进行连续稳定的燃烧。根据煤气和空气的混合情况，煤气燃烧包括扩散燃烧和动力燃烧两种方式。

1. 扩散燃烧

煤气和空气分别被送入燃烧室后，依靠分子的扩散作用，边混合边燃烧的过程称为扩散燃烧，由于燃烧室温度很高，可燃混合物从加热到着火再到燃烧过程极快，故煤气的燃烧速度取决于可燃分子与空气的相互扩散速度，而扩散速度又与分子的扩散系数、扩散界面及浓度梯度成正比。扩散系数与分子质量的平方根成反比，因为 H_2 的扩散速度大于 CO，焦炉煤气中 H_2 含量大，扩散速度快，故焦炉煤气燃烧速度快，火焰短，而高炉煤气中 CO 含量大，其燃烧速度慢，火焰长。在焦炉结构中，利用废气循环拉长火焰，就是通过降低浓度梯度，从而降低扩散速度和燃烧速度，拉长火焰，提高高向加热的均匀性。在扩散燃烧中，由于局部供氧的不足，部分碳氢化合物易热解产生游离碳，由于固体碳微粒在燃烧带中出现，产生强烈的光和辐射热，形成光亮的火焰，也称为有焰燃烧。焦炉斜道口或烧嘴处的煤气或空气为层流，废气在立火道中也为层流，煤气燃烧为层流状态下的扩散燃烧，与气流速度无关，增加气流速度可将可燃分子引送至更远处而拉长火焰，减小烧嘴尺寸及增加废气循环均可拉长火焰。

2. 动力燃烧

将煤气和空气在进入燃烧室前预先混合均匀，然后再点火燃烧，其燃烧速度取决于化学反应速度，称为动力燃烧。动力燃烧反应速度快、燃烧完全、强度高，燃烧产物中无固体颗粒，燃烧室中光亮透明，好像没有火焰存在，也称无焰燃烧，可在很小的空气过剩系数下进行。无焰燃烧时，煤气和空气在冷态时预先混合。为保证燃烧正常稳定，要求可燃混合气体进入燃烧室前必须达到着火温度以上，气流速度要稍大于火焰传播速度，否则容易引起回火，甚至爆炸，为此无焰燃烧器要求有灼热的内壁足以使整个可燃混合气体能迅速同时达到着火温度。回火是无焰燃烧的唯一缺点。

（三）焦炉煤气与高炉煤气的燃烧方式

焦炉煤气与高炉煤气的组成不同，故其加热特性也不相同。焦炉煤气中 H_2 占 50%以上，故燃烧速度快、火焰短、煤气和废气的密度低。焦炉煤气中 CH_4 占 25%以上，还含有烃类C_mH_n，故燃烧火焰明亮、辐射能力强，燃烧温度高。处于高温下的砖煤气道和烧嘴等处会产生沉积石墨，因而焦炉在换向过程中要进行空气除碳。使用焦炉煤气加热时，加热系统阻力小，炼焦耗热量低，增减煤气流量时对焦炉燃烧室温度变化比较灵敏。

当焦炉煤气净化不好时，容易堵塞管道和管件，煤气中氨、氰化物和硫化物等对管道和设备的腐蚀严重。若焦炉压力制度不当，炭化室处于负压操作时，煤气中 N_2、CO_2、O_2 含量增加，发热量降低且波动。因此，炼焦回收车间的操作对焦炉煤气质量影响很大。

高炉煤气中不可燃成分约占 70%，发热值低，燃烧产生的废气量也多。煤气中可燃成分主要是 CO，且不到 30%，故燃烧速度慢、火焰长、高向加热均匀，可适当降低燃烧室温度。高炉煤气不预热时理论燃烧温度较低，必须经蓄热室预热至 1 000 ℃以上，才能满足对燃烧室加热的温度要求。用高炉煤气加热时，废气和煤气密度高，废气量多，加热系统阻力大，约为焦炉煤气加热时的二倍以上。因废气带热量多，故炼焦耗热量高。

使用高炉煤气时，煤气经蓄热室预热，要求炉体严密，以防煤气在燃烧室以下部位燃烧。高炉煤气含 CO 多、毒性大，故要求管道和设备严密，废气盘、小烟道和蓄热室等部位在上升气流时处于负压下操作。为了降低加热系统的阻力，可向高炉煤气中掺入一定比例的焦炉煤气，以提高煤气热值，煤气掺入量不应超过 5%～10%（体积），以防焦炉煤气在蓄热室中热解，堵塞格子砖。

（四）煤气燃烧计算

1. 空气过剩系数

燃烧充分的前提条件是供氧充足，燃烧产物中只有 CO_2、H_2O、N_2 和 O_2 等不可燃成分的燃烧，称为完全燃烧。而不完全燃烧的原因主要是空气供给不足，燃料和空气混合不均，高温下燃烧产物中的 H_2O 和 CO_2 分解产生了 CO 和 H_2 等。通常热分解造成的不完全燃烧可以忽略不计。空气和煤气的混合靠燃烧室的结构来保证。为了保证燃料完全燃烧，实际供给的空气量必须大于燃烧所需的理论空气量，两者的比值叫空气过剩系数 α。

α 的选择对焦炉加热十分重要。α 过小煤气燃烧不完全，可燃成分随废气排出，造成浪费；α 过大产生的废气量大，废气带走的热量也增多。燃烧焦炉煤气时，$\alpha=1.2\sim1.25$，燃烧高炉煤气时，不带废气循环的焦炉 $\alpha=1.15\sim1.20$，带废气循环的焦炉由于 α 对火焰高度不起主导作用，故 α 值可以略大些。

α 值可以通过废气分析以式(3-24)计算：

$$\alpha = 1 + K\frac{\varphi_{O_2} - 0.5\varphi_{CO}}{\varphi_{CO_2} + \varphi_{CO}} \tag{3-24}$$

式中　φ_{O_2}、φ_{CO}、φ_{CO_2}——废气中各组分的体积百分含量，%；

K——可燃气组成系数，$K=V_{CO_2}/V_{O_2理}$，焦炉煤气为 0.43。

废气组成可由奥氏分析仪测定，但人工取样及分析速度慢，误差大，可采用带热导池的气相色谱进行快速分析，而废气中的含氧量可用磁氧分析仪自动分析。

2. 空气需要量

空气需要量，可先根据可燃成分的化学反应式和煤气组成计算理论需氧量。1 m³ 煤气完全燃烧时所需的理论氧量等于煤气中各可燃成分单独燃烧时所需氧量的总和。

$$V_{O_2理}=(0.5\times\varphi_{H_2}+0.5\times\varphi_{CO}+2\times\varphi_{CH_4}+3\times\varphi_{C_2H_4}+7.5\times\varphi_{C_6H_6}-\varphi_{O_2})\times 0.01 \tag{3-25}$$

空气中氧的含量占 21%，故相应的理论空气量为：

$$V_{理}=(100/21)\,V_{O_2理},\ m^3/(m^3\ 煤气) \tag{3-26}$$

$$V_{实(干)}=\alpha\times V_{理},\ m^3/(m^3\ 煤气) \tag{3-27}$$

$$V_{实(湿)}=V_{实(干)}\times(1+\varphi_{H_2O_{空}}),\ m^3/(m^3\ 煤气) \tag{3-38}$$

式中　φ_{H_2}、φ_{CO}、φ_{CO_2}——煤气组分 H_2、CO、CO_2 的体积含量，%；

$\varphi_{H_2O_{空}}$——1 m³ 干空气中所含水汽量，m³/m³。

3. 废气生成量

按煤气燃烧反应定律计算废气。完全燃烧时，生成的废气含有 CO_2、H_2O 及由煤气中带入的 N_2 和空气中带入的 N_2 及过剩氧量。故废气中各成分的体积为：

$$V_{CO_2}=0.01(\varphi_{CO_2}+\varphi_{CO}+\varphi_{CH_4}+2\varphi_{C_2H_4}+6\varphi_{C_6H_6}) \tag{3-29}$$

$$V_{H_2O}=0.01[\varphi_{H_2}+2\varphi_{CH_4}+2\varphi_{C_2H_4}+3\varphi_{C_6H_6}+\varphi_{H_2O(煤)}+V_{实(干)}(1+\varphi_{H_2空})] \tag{3-30}$$

$$V_{N_2}=0.01\varphi_{N_2}+0.79V_{实(干)} \tag{3-31}$$

$$V_{O_2}=0.21V_{实(干)}-V_{O_2理} \tag{3-32}$$

式中　$\varphi_{H_2O(煤)}$——1 m³ 煤气中所含的水汽量。

则 1 m³ 煤气完全燃烧时所生成的废气量为：

$$V_{废气}=V_{CO_2}+V_{H_2O}+V_{N_2}+V_{O_2},\ m^3/(m^3\ 煤气) \tag{3-33}$$

废气中各组分的体积除以废气总量即得废气组成。

二、焦炉热工评定

评价焦炉热工操作的好坏，考核指标包括焦炉温度和压力制度的合理性、横排和直行温度均匀系数、焦饼高向和长向加热均匀性及焦炉加热的热量利用效率。生产中常用炼焦耗热量评定焦炉的热工效率，为了全面分析焦炉的热量利用状况，必须对焦炉进行物料与热量平衡计算和分析，并由此得出焦炉的热效率和热工效率。

（一）焦炉的物料平衡与热平衡

焦炉物料平衡是焦化厂设计的基础数据，可用于确定各种设备操作负荷和经济核算。而焦炉的热平衡是在燃烧计算和物料平衡的基础上进行的。

1. 焦炉的物料平衡

焦炉的物料平衡以 1 000 kg 装炉煤为基础进行，实际衡算测定包括如下相关数据。

(1) 物料入方

入方包括入炉煤量和配煤平均水分以及炭化室漏入空气量。精确称量装入每孔炭化室的煤量，取3～5昼夜平均值作为入炉煤量。配煤平均水分应在煤塔取样分析测定。正常生产时空气及燃烧系统废气不会串漏进入炭化室，但当净煤气中氮含量明显增加，而炭化室又出现负压操作时，可按煤料带入氮与净煤气中氮含量的差值计算确定漏入空气量。

（2）物料出方

① 各级焦炭产量及水分，包括块焦、粉焦，同时考虑水分蒸发损失，计算干焦炭产量。

② 化学产品产量，包括无水焦油、粗苯、氨等化产产量，通常按季度或年平均值确定。

③ 干煤气量，在洗苯塔后用流量孔板或其他方法测定，并进行温度、压力校正。

④ 水汽量，按剩余氨水量的月或季度平均值确定。

表3-4为某厂焦炉炭化室物料平衡数据。

表3-4　焦炉物料平衡表

收入				支出				
序号	项目	数量/kg	占湿煤/%	序号	项目	数量/kg	占湿煤/%	占干煤/%
1	干煤	891.7		1	焦炭	684.3	68.43	76.74
2	入炉煤水分	108.3		2	焦油	33.2	3.32	3.72
			89.17	3	氨	9.6	0.96	1.08
			10.83	4	粗苯	2.0	0.2	0.32
				5	净煤气	143.2	14.32	16.06
				6	化合水	19.4	1.94	2.18
					配煤水	108.3	10.83	—
	合计	1 000	100		合计	1 000	100	100

2. 焦炉的热量平衡

焦炉热量平衡计算基于物料平衡，在划定的衡算体系中进行，由此确定测试的各项参数，然后再进行热量衡算，具体计算方法可参考有关资料。表3-5给出热量平衡测算数据。

表3-5　焦炉热量平衡表

入方				出方			
序号	项目	MJ	%	序号	项目	MJ	%
1	加热煤气燃烧热	2 684.34	91.50	1	焦炭显热	1 106.71	37.73
2	加热煤气显热	53.72	1.83	2	焦油显热、潜热	66.34	2.26
3	空气带入热量	29.56	1.01	3	粗苯显热、潜热	16.20	0.55
4	湿煤显热	29.20	1.00	4	氨显热、潜热	3.64	0.12
5	漏入加热系统煤气燃烧热	136.78	4.66	5	净煤气显热、潜热	340.48	11.61
				6	水汽显热、潜热	544.62	18.57
				7	废气显热	576.86	19.66
				8	不完全燃烧热损失	56.27	1.92
				9	炉体表面总散热	252.05	8.59
				10	差值	−29.57	−1.01
	合计	2 933.60	100		合计	2 933.60	100

表 3-5 中数据表明，入方焦炉的热量约 98%来自煤气的燃烧，包括煤气燃烧热、燃烧显热及泄漏煤气燃烧热，近似计算时可将供给煤气作为热量的唯一来源进行核算，以简化计算过程。而出方焦炭的显热达 37.73%，水蒸气带走热量 18.57%，废气带走热量 19.66%，因此采用干熄焦技术、降低入炉煤的水分、热烟气蓄热均可以有效地提高热利用效率。

（二）焦炉热效率与热工效率

根据焦炉热平衡数据，可对焦炉进行热工评定。表 3-5 中热量出方 1～6 项为有效热 $Q_{有}$，供给焦炉的总热量用 $Q_{总}$ 表示，则焦炉热工效率 $\eta_{热工}$：

$$\eta_{热工} = \frac{Q_{有}}{Q_{总}} \times 100\% = \frac{Q_{总} - (Q_{废} + Q_{散})}{Q_{总}} \times 100\% \tag{3-34}$$

式中　$Q_{废}$——随废气带走的热量，含不完全燃烧热损失；

$Q_{散}$——焦炉表面散热损失。

由于散热 $Q_{散}$ 计算比较困难，也可以用热效率 $\eta_{热}$ 评定焦炉的热量利用率。

$$\eta_{热} = \frac{Q_{总} - Q_{废}}{Q_{总}} \times 100\% \tag{3-35}$$

对于现代大型焦炉，$\eta_{热工}=70\%\sim75\%$；$\eta_{热}=79\%\sim85\%$。

（三）炼焦耗热量

利用焦炉的热平衡进行热工评定比较麻烦，而炼焦耗热量指标测定相对简单，得到广泛应用。炼焦耗热量可以评定炼焦消耗定额、焦炉结构完善度、调温技术效果、生产管理水平，可以计算焦炉加热用煤气量。炼焦耗热量是指 1 kg 煤在焦炉中炼成焦炭需供给焦炉的热量。可以采用不同的计算基准，主要有湿煤耗热量、干煤耗热量和相当耗热量 3 种方式。

1. 湿煤耗热量

1 kg 湿煤炼成焦炭所消耗热量，用 $q_{湿}$ 表示，单位为 kJ/(kg 湿煤)。显然水分越大，$q_{湿}$ 越大。

$$q_{湿} = \frac{V_0 \cdot Q_{低}}{m_{湿}} \tag{3-36}$$

式中　V_0——标准状态下加热煤气耗量，m^3/h；

$m_{湿}$——焦炉的湿煤装入量，kg/h；

$Q_{低}$——加热用煤气的低位发热量，kJ/m^3。

2. 干煤耗热量

1 kg 干煤炼焦所消耗热量，用 $q_{干}$ 表示，单位为 kJ/kg。干煤耗热量不包括加热和蒸发湿煤中水分所需要的热量。

设 1 kg 水蒸发从炭化室带出的热量为(2 491＋2.01×600)/0.725 ＝5 100 kJ，其中 2 491为 1 kg 水 0 ℃时的蒸发潜热(kJ/kg)，2.01 为水汽在 0～600 ℃范围的平均比热容[kJ/(kg・℃)]，600 ℃为荒煤气在结焦期间离开炭化室的平均温度，0.725 为焦炉的热工效率。

如配煤水分为 M_t，则

$$q_{湿} = q_{干}\frac{100 - M_t}{100} + \frac{5\ 100 M_t}{100} = q_{干}\frac{100 - M_t}{100} + 51 M_t \tag{3-37}$$

$$q_{干} = 100\frac{q_{湿} - 51 M_t}{100 - M_t}, \text{kJ/(kg 干煤)} \tag{3-38}$$

3．相当耗热量

为统一基准，便于比较，提出相当耗热量。以湿煤中的 1 kg 干煤为基准，计算供给焦炉的热量（包括加热水分和蒸发的热量），用 $q_{相}$ 表示，单位 kJ/kg。

$$q_{相} = q_{湿}\frac{100}{100-M_t} \tag{3-39}$$

我国焦炉相当耗热量的规定值见表 3-6［摘自《清洁生产标准 炼焦行业》（HJ/T 126—2003）］，表中数据按 1 kg 非捣固煤料、配煤水分 7％计算。

在设计焦炉加热系统时，考虑生产留有余地，应在上述指标值的基础上增加 200～300 kJ/kg（标煤）。高炉煤气与焦炉煤气相比，热辐射强度低、废气量大、废气密度高，故废气带走热量多，通过炉墙和设备的漏损热量也大，故耗热量高于用焦炉煤气加热。

表 3-6 我国炼焦行业清洁生产标准规定的炼焦耗热量指标 单位：kJ/kg

指标		一级	二级	三级
炼焦耗热量（7％ H_2O）/（kJ/kg 标煤）	焦炉煤气	≤2 150	≤2 250	≤2 350
	高炉煤气	≤2 450	≤2 550	≤2 650

4．炼焦耗热量的计算

生产焦炉的相当耗热量可按下式计算：

$$q_{相} = \frac{tV_0 Q_{低}}{G_{干}\ n} K_T K_p K_{换} \tag{3-40}$$

式中 t——炭化室的周转时间，h；

V_0——煤气流量表读数，m^3/h；

$G_{干}$——炭化室平均装干煤量，kg/孔；

$Q_{低}$——煤气低发热值，kJ/m^3；

n——焦炉炭化室孔数；

K_T、K_p、$K_{换}$——煤气温度、压力和换向校正系数。

K_T、K_p 根据孔板流量计的实际压力和温度进行校正。$K_{换}$ 是考虑到由于换向时有一段时间不向焦炉送煤气，则每小时实际进入焦炉的煤气小于流量表指示的读数，故用系数加以校正。

$$K_{换} = (60 - mt)/60 \tag{3-41}$$

式中 m——焦炉 1 h 内换向次数；

t——每次换向焦炉不供煤气的时间，min。

当炭化室炉墙漏煤气时，由于荒煤气在燃烧室内燃烧，使加热用煤气量减少，计算耗热量偏低，这是使用炼焦耗热量对焦炉进行热工评定的主要缺点。

（四）提高焦炉热效率的途径

根据焦炉耗热量的计算公式及热平衡的计算，可以采取如下措施：降低炼焦耗热量，提高焦炉的热工效率。

① 调节好炉温，保证焦饼同时成熟，正点推焦，在此基础上，降低焦饼中心温度。

保证装煤量，降低炉顶空间温度及减少煤气在炉顶空间的停留时间，以保证焦饼同时成熟，同时要尽量降低焦饼上部温度。

② 保证配煤水分稳定。水分的波动,不仅影响耗热量,影响焦炉加热制度的稳定及炉体寿命,同时也会影响装煤的堆密度,降低产量和焦炭质量,同时降低配煤水分,可以降低能耗,减轻后续处理工艺生产负担。

③ 选择合理的空气过剩系数。提高空气过剩系数可使能耗降低,但空气过剩系数过大,则增加废气耗热量。

④ 降低废气排出温度,可以提高热效率。废气温度与火道、蓄热室面积、气体沿格子砖分布、换向周期、焦炉结构有关。做好调火,保证火道加热均匀,可以降低火道温度的规定值,降低废气温度;增加蓄热室面积和做好其换热工作,均可降低废气温度。

⑤ 提高炉体严密性和改善炉体的绝热。炉体不严,蓄热室会吸入空气而烧掉煤气;煤气经下降蓄热室、交换开闭器被吸入烟道以及炉体保温效果差均会增加炼焦耗热量。

三、焦炉的加热管理

焦炉加热的热工管理是一项比较复杂的工程,其具体任务是要求按规定的焦炉结焦时间、炭化室装煤量、装煤水分、加热煤气的性质和温度以及焦炉炉体和加热设备的状况等实际情况,测量并调节焦炉加热系统各控制点的温度、压力等,实现全炉所有炭化室在规定的结焦时间内均匀成焦,焦炉均衡生产并达到稳产、优质、低耗、长寿的目的。

焦炉加热管理温度制定包括标准温度、直行温度、冷却温度、横排温度、炉头温度、焦饼中心温度、蓄热室顶部温度、小烟道温度及炉顶空间温度。而压力制度包括集气管压力、煤气支管压力、看火孔压力、烟道吸力、标准蓄热室顶部吸力、风门开度等。

加热制度随焦炉的装煤量、装煤水分、结焦时间以及炼焦温度等因素的变化作相应调整。表 3-7 给出 JN60-82 型焦炉主要加热制度的实例。

表 3-7 JN60-82 型焦炉加热制度实例(炭化室宽 450 mm,结焦时间 19.8 h)

焦炉煤气加热		标准温度/℃		煤气流量/(m^3/h)	煤气压力/Pa	风门开度/mm		烟道吸力/Pa			烟道温度/℃	
热值/(kJ/m^3)	预热温度/℃	机	焦			机	焦	总	机	焦	机	焦
16 206	45	1 230	1 290	6 816	5 500	100×250 100×350	120×250 120×350	350	247	273	240	250

(一) 温度制度

温度制度是加热制度中与温度有关的主要内容。标准温度是确定焦炉加热温度的参照标准,一般选择焦炉燃烧室机侧和焦侧中部各一个立火道为代表,该测温火道的平均温度的控制值即为标准温度,全炉调温应以标准温度为主要依据。

横排温度是指每个燃烧室立火道组成的一组温度,该温度反映了炭化室长向加热均匀性,因为炭化室有锥度,故横排温度应呈相应的梯度变化,焦侧温度较高。

直行温度是焦炉全体燃烧室测温火道组成的温度,规定该温度在焦炉换向后 5 min(或 10 min)后开始测定下降火道温度,并对每个火道因测温时间差导致的差值进行冷却校正,将实测值校正到换向后 20 s 的最高温度值以便控制和比较。为防止焦炉炉体被烧熔,硅砖焦炉测温点换向后的最高温度不得超过 1 450 ℃。

根据直行温度测量值,用直行温度均匀系数 $K_{均}$ 和安定系数 $K_{安}$ 考核评定焦炉加热的均匀性和稳定性。

$$K_{均} = \frac{(M - A_{机}) + (M - A_{焦})}{2M} \tag{3-42}$$

式中　M——全炉燃烧室个数(检修炉和缓冲炉除外);

$A_{焦}$、$A_{机}$——焦、机侧测温火道温度与该侧温度昼夜平均值相差超过±20 ℃的个数(边炉±30 ℃)。

$$K_{安} = \frac{2N - (A'_{焦} + A'_{机})}{2N} \tag{3-43}$$

式中　N——考核期间(如一昼夜)直行温度的测定次数;

$A'_{焦}$、$A'_{机}$——每次测定的焦、机侧平均温度与加热制度规定的该侧标准温度偏差超过±7 ℃的次数。

(二) 压力制度

焦化厂制定了用不同部位不同的压力指标来协调整个焦炉的正常安全运行,这些压力指标称为压力制度。全炉压力分布包括看火孔压力,上升气流时炭化室煤气、空气蓄热室顶部压力,下降气流时炭化室煤气、空气蓄热室顶部压力,也称五点压力分布。

压力制度的确定依据为保证整个结焦周期中,炭化室内煤气压力应始终略大于对应部位加热系统的压力,为此规定正对吸气管炭化室底部压力在结焦末期不小于5 Pa。以该压力为依据确定焦炉集气管的压力控制值。加热系统的压力既要保障燃烧室与炭化室之间的压力关系,又要有利于燃烧室炉顶测温调火。具体按规定的过剩空气系数和看火孔压力保持0～5 Pa进行确定。由看火孔压力确定蓄热室顶部吸力作为加热系统的主要控制值。一般选择两个标准蓄热室(一组)对照控制,用其他蓄热室与标准蓄热室进行比较,上升气流时不超过±2 Pa,下降气流时不超过±3 Pa。

特别指出的是,焦炉用高炉煤气加热时,上升气流蓄热室底部废气盘处必须保持为负压,以防煤气泄漏发生事故。

第四节　炼焦新技术

工业高炉大型化及喷吹技术的应用对焦炭的高温反应性指标如反应性和反应后强度,提出了更高的要求。同时,面对炼焦煤资源日趋不足的现状,扩大炼焦煤资源也是当务之急。因此,研发和应用炼焦新技术已十分必要。目前,捣固炼焦技术已得到了较多应用,配型煤炼焦和干燥预热炼焦等技术也有应用。

一、捣固炼焦

(一) 捣固炼焦的基本原理

捣固炼焦是我国应用最多的一种炼焦新方法,可以更多地利用弱黏结性煤或高挥发分煤炼焦,以期扩大炼焦煤资源,降低生产成本。

捣固炼焦过程通过将配煤在捣固机内捣实成为致密煤饼,增加入炉煤堆密度到1.00～1.15 t/m^3。由于煤料堆密度提高,煤料颗粒间间隙缩小,结焦过程中煤料的胶质体更容易在不同性质的煤粒表面均匀分布浸润;煤粒间的间隙越小,填充间隙所需的胶质体液相产物数量越少,同样的胶质体数量可以均匀分布在更多的煤粒表面,使煤粒间形成较强的界面结合;同时由于煤粒间隙缩小,结焦过程中产生的气相产物不易析出,胶质体的膨胀压力增大,增强了煤粒间的相互挤压，提高了焦炭的致密度，从而改善焦炭质量。

（二）捣固炼焦的工艺及特点

1. 捣固炼焦工艺

捣固炼焦工艺过程与顶装煤炼焦的主要区别在于配煤的预处理和装煤方式的差异。来自配煤塔的原料煤，通过专用捣固机，将散煤捣固成具有一定密度的长方形煤饼，其大小略小于炭化室的体积，然后再利用专用的捣固装煤车，将煤饼整体从机侧推入炭化室进行炼焦，其炼焦过程与后期的化产回收与顶装焦炉相同。其最大优势为可配入高比例的弱黏结性煤，降低生产成本。捣固炼焦工艺示意见图 3-41。

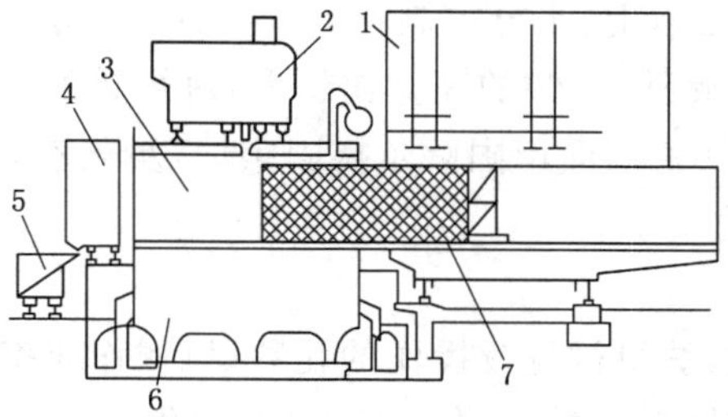

1—捣固机；2—煤气净化车；3—焦炉；4—导焦槽；5—熄焦车；6—蓄热室；7—煤饼。

图 3-41 捣固炼焦工艺示意图

2. 捣固炼焦的特点

(1) 扩大炼焦煤源

焦煤与肥煤是配煤炼焦的基础配煤，资源有限，价格高，在保证焦炭质量的前提下，采用捣固炼焦可以多配入高挥发分煤和弱黏结煤炼焦。一般情况下普通炼焦工艺只能配入气煤 35%左右，而捣固炼焦可以配入 55%左右；另外，捣固炼焦对煤料黏结性可选范围要求较宽，无论是低黏结性煤料，还是高黏结性煤料，通过合理的配煤，均可产出高质量焦炭；也可掺入焦粉和石油焦粉生产优质高炉用焦和铸造用焦，还可用 100%高挥发分煤生产气化焦。

(2) 增加焦炭产量

捣固炼焦的装炉煤堆密度是常规顶装炉煤料堆密度的 1.4 倍左右，但结焦时间延长仅为常规顶装工艺的 1.1～1.2倍，因此，对于同样体积炭化室，可以装入更多的煤料，故焦炭产量增加。

(3) 降低炼焦成本

在炼焦煤料中配入更多的弱黏结性煤，高黏结性煤成本一般较弱黏结性煤高，从而可以降低生产成本，此外，捣固炼焦煤料提高了堆密度，生产能力较顶装炼焦炉提高约 15%，也相应降低了炼焦成本。

(4) 提高焦炭质量

生产实践表明，使用同样的配煤比，捣固炼焦的焦炭质量比常规顶装煤炼焦有所改善和提高，M_{40} 可提高 2%～4%，M_{10} 可改善 3%～5%，如图 3-42所示。但捣固炼焦技术也具有区域性，其主要适应于高挥发分煤和弱黏结煤贮

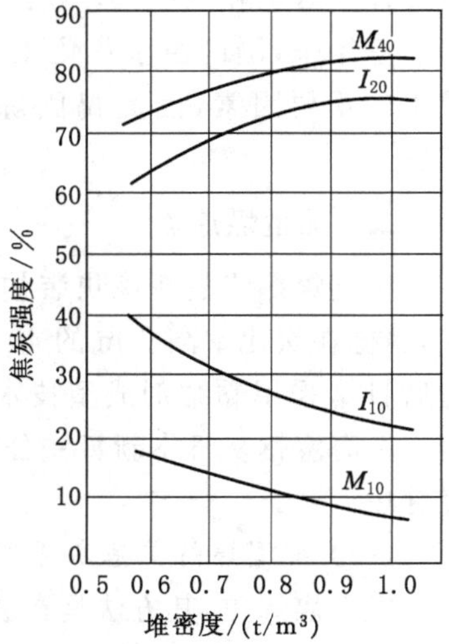

图 3-42 顶装与捣固炼焦焦炭质量对比

量多的地区，实践证实，若黏结性偏好的煤使用该技术，其焦炭质量改善和提高并不明显。

3. 捣固炼焦关键技术

捣固炼焦技术应用过程，需要注意如下关键技术。

(1) 煤饼的稳定性

捣固煤饼的稳定性直接影响生产的正常进行，也是制约捣固焦炉向高大炭化室发展的重要因素，稳定性低，其在推煤过程中易发生倒塌，影响正常生产。煤饼的稳定性与煤料的粒度组成、煤料的水分、煤饼的高宽比及捣固机的捣固强度、捣固程序有关。

(2) 煤料水分和细度

煤料细度一般要求90%以上，水分控制在9%～11%。水分低，煤饼不易捣实；水分过高，对捣固和炭化都不利。此外，煤饼的高宽比越大，对煤饼的稳定性要求越高，JN38-86型捣固焦炉，煤饼高宽比约为8：1，而德国萨尔捣固焦炉，炭化室高6 m，煤饼高宽比是15：1，而煤饼的倒塌率只有万分之一。

(3) 机械作业率

机械作业率是指每台焦炉机械昼夜操作的孔数，机械作业率高，可提高其生产能力。捣固炼焦过程，将煤料捣成煤饼后再推入炭化室(加上推焦的全过程)一般需25～30 min，每套机械作业率只有每天70～90孔，而顶装炼焦工艺一般操作时间仅为10 min左右，机械作业率为每天130～150孔，机械作业率在某种程度上制约了捣固炼焦的发展。目前在德国迪林根中心炼焦厂，每套机械作业率已达到140～150孔。

(4) 操作环境

捣固炼焦由于煤饼在机侧炉门打开条件下推入炭化室，炭化室温度较高，造成装煤时冒烟冒火严重。通常采用消烟除尘的措施与装炉设备配套。可以在炉顶安装消烟除尘车，其方法类似顶装焦炉的烟尘控制方法。此外装煤时可采用高压氨水喷射桥管，造成炭化室负压减少冒烟冒火，同时在炉顶采用倒烟U形管，将装煤时产生的烟气导入相邻炭化室中。目前，比较先进的消烟除尘净化车结合地面除尘站的除尘方式，比较彻底地解决了焦炉装煤饼过程中烟尘和荒煤气外逸污染的问题，但这种方式投资成本较高。

近年来，国内由于焦化工业的快速发展，煤源条件成为制约焦化厂建设和影响焦炭成本的重要因素，因此捣固炼焦技术在国内得到大力发展，建设了一批捣固炼焦生产装置。

二、配型煤炼焦

配型煤炼焦是在炼焦装炉煤料中配入一定比例的成型煤料进行炼焦。20世纪50年代，西德在炭化室高6 m的40孔焦炉上，实现炼焦配煤中混入部分压块煤料的炼焦技术。随后日本采用黏结剂成型技术，改善型煤的加工工艺和设备，促进了成型煤炼焦的快速发展。上海宝钢从日本新日铁公司引进配型煤炼焦技术和设备，在国内首次大规模实现配型煤炼焦。

(一) 配型煤炼焦基本原理

配型煤炼焦，其方法是在装炉煤料中配入一定比例的型煤，然后装炉炼焦。配入型煤炼焦提高焦炭质量的基本原理是：

① 配入成型煤块后，提高了装炉煤料的堆密度，炼焦炭化过程中半焦收缩率降低，从而减少焦炭的裂纹度，提高焦炭的强度。

② 采用黏结剂成型技术，配入型煤中的黏结剂，不仅有利于细粒煤料的成型，其在炭化过程中，由于有机黏结剂的共炭化作用，改善了煤块与周围煤料的界面特征，增强了入炉煤料的黏结性，对提高焦炭质量有利。

③ 型煤堆密度可达 1.1～1.28 t/m³，而一般粉煤装炉时仅为 0.70～0.758 t/m³。成型煤中煤粒相互接触远比粉煤紧密，降低了炭化过程对胶质体数量的要求。当高密度型块与粉煤混合炼焦时，在软化熔融阶段，型块本体产生的膨胀，对周围煤料施加压紧作用，促进了煤料颗粒间的胶结，使焦炭结构更加致密，从而显著地提高了型块煤料的结焦性能。

④ 配有型煤的装炉煤，由于型煤致密，其导热性比粉煤好，升温速度快，较早地达到软化熔融状态，型煤中的熔融成分进入粉煤间隙，可增加粉煤颗粒间的表面结合，延长粉煤的塑性温度区间。

（二）配型煤炼焦工艺及影响

配型煤炼焦比较典型的工艺由日本新日铁开发，采用同样的配煤比，取出 30%装炉煤用黏结剂成型制型煤，然后与其余 70%装炉煤混合装炉炼焦。上海宝钢引进此工艺，型煤生产能力约 2 000 t/d。该工艺主要设备包括混煤机、混捏机、成型机和网式冷却输送机，宝钢选用的 4 台成型机每台干基成型能力为 40 t/h。型煤用焦油沥青做黏结剂，混捏温度约 100 ℃，热压成型。为了提高型煤强度，防止在贮运过程中碎裂和黏结，成型后的热煤球需冷却，使其表面硬化，宝钢采用网式冷却输送机，机械通风冷却，既可保证型煤质量，又可以缩短冷却时间。宝钢成型煤炼焦流程如图 3-43 所示。

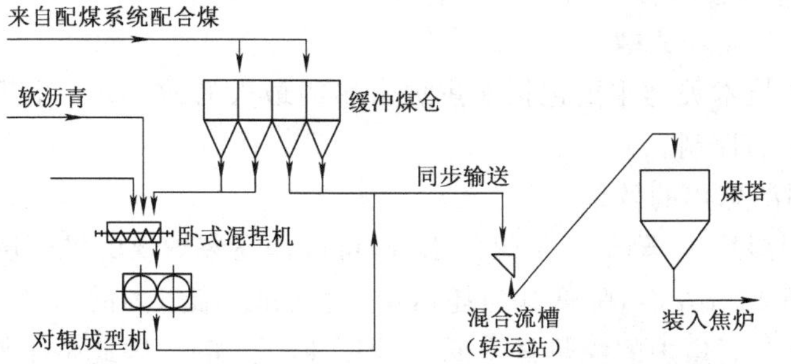

图 3-43　宝钢Ⅲ期成型煤炼焦流程

三、煤干燥与煤调湿炼焦

对入炉煤先进行加热预处理，控制煤的水分，以改善入炉煤的成焦特性。预处理方法包括煤干燥与煤的调湿。

（一）煤干燥与调湿炼焦原理

利用干燥的方法，对装炉煤在炼焦炉外进行干燥脱水，使入炉煤水分干燥至 6%以下后再装炉炼焦。由于煤料水分降低，降低了煤料间水分表面张力，增加了煤料颗粒之间的润滑，可以提高装炉煤的堆密度。同时由于水分降低，炭化室中心煤料和焦饼中心温度在 100 ℃左右停留的时间减少，缩短了结焦时间，提高了炼焦速度，改善了煤料的黏结性，提高了焦炭的质量和产量，降低了炼焦耗热量；此外还可以降低火道温度以减少 NO_x 排放量，同时也减少了焦化厂的剩余氨水量。

（二）煤干燥与调湿炼焦工艺

1. 煤干燥工艺

煤干燥工艺流程包括煤干燥器、除尘装置和输送装置，分属焦化厂备煤车间。通常有两种组合形式，一种是煤干燥装置设置在炼焦配煤之后，对配合煤进行干燥处理；另一种是设置在配煤与粉碎之前，对单种煤进行干燥处理。由于后一种方式在煤粉碎过程中产生大量粉尘，通常采用对配合煤进行干燥处理的方式。

煤干燥典型工艺包括转筒煤干燥工艺、直立管气流式煤干燥工艺、流化床干燥工艺。其共同的特点是干燥热源采用燃烧炉或热风炉。

2. 煤调湿工艺

煤调湿(CMC)工艺比煤干燥工艺复杂。其干燥热源主要来源于对废热源的二次利用。煤调湿工艺较多，包括利用热煤油回收烟道余热及焦炉上升管显热的多管回转干燥式调湿工艺，重庆钢铁公司焦化厂采用此流程；利用焦炉烟气低温余热并辅助高炉煤气的直立干燥管调湿工艺，湘潭钢铁公司焦化厂采用此流程；采用流化床，利用焦炉烟道气加热，将风选粉碎与水分控制技术联合的调湿工艺，本钢焦化厂采用此流程；通过干熄焦蒸汽发电后的低压蒸汽为热源，利用多管回转式干燥器，蒸汽对煤间接加热干燥的调湿工艺，日本新日铁君津焦化厂采用此流程。

在煤调湿工艺的基础上，日本新日铁开发运行了炼焦预压块工艺。该工艺采用流化床干燥器，干燥器后设有筛分装置，筛出的粉煤经集尘器收集后送入对辊成型机成型，型煤与粗粒煤混合后送入焦炉炼焦。

3. 煤干燥及煤调湿炼焦技术关键及效果

（1）干燥及调湿技术关键

干燥及调湿的技术关键主要包括对焦炉余热的最大有效利用、对煤水分的控制及干燥与调湿过程中粉尘的控制。

（2）干燥及调湿炼焦的效果

实现干燥及调湿炼焦，降低入炉煤的水分，可以提高装炉煤的堆密度，缩短干馏时间，焦炉生产能力可提高 11%左右；降低炼焦耗热量，大约每降低 1%的水分，干燥装置的耗热量为 42 kJ/(kg 干煤)，而焦炉的耗热量降低 62 kJ/(kg 干煤)。因此每干燥 1%水分可减少热耗约为 20 kJ/(kg 干煤)，可以多配弱黏结性煤，改善焦炭的质量，降低氨水的排放量，降低 CO_2 排放量等，具有节能、减排、降本、增益的效果。

四、煤预热炼焦

煤预热炼焦，是指炼焦煤料在炉外预热到 150～250 ℃左右，然后装入炭化室内炼焦。

（一）煤预热炼焦基本原理

煤预热后炼焦，在炭化室内，随着结焦过程的进行，其软化、熔融、热解、固化、收缩过程均发生显著变化。预热后煤料在炭化室内的加热速度提高、流动性增强，使得煤分布均匀、堆密度提高，其所形成的塑性层比较厚，煤料在 460～560 ℃软化温度区间内温度梯度最小，亦即胶质体的停留时间较长，这些均有利于改善煤料的黏结性和提高焦炭质量。

（二）煤预热炼焦工艺和影响因素

1. 煤预热炼焦工艺

煤预热炼焦工艺由装炉煤预热、预热煤储运和预热煤装炉三部分组成。目前，工业应用的煤预热炼焦工艺包括西姆卡(Simcar)法、考泰克(coaltak)法和普列卡邦(Precarbon)法。

西姆卡(Simcar)工艺，由双直立气流式预热器和带有除尘设备的装煤车组成。湿煤用抛煤机送入干燥管下部，来自预热管的热气体在干燥管内夹带煤粒并流上升并得到干燥。干燥煤和热气体通过两次分离得到预热煤。

考泰克(Coaltak)工艺由气流式干燥段、粉碎机和流化床预热段三部分组成。湿煤输送到气流式干燥段的中下部，高温气体夹带湿煤颗粒在气流式干燥段内并流向上得到干燥，干燥煤继续上升到流化床预热段，直径＞3 mm 的颗粒落入气流干燥器内置的破碎机粉碎后再次被上升气流夹带到流化床预热段预热得到预热煤。

普列卡邦工艺(Precarbon)主要由低温干燥管、高温预热管、给料器及旋风分离器组成。湿煤由旋转分布器供入干燥管，被来自预热管的热废气加热干燥，然后通过旋风分离器分离，干燥煤经星形给料器和下降管再供入预热管，被高温烟气预热到指定温度再次分离得到预热煤。

由于煤料预热和捣固对焦炭质量的改善具有叠加效果，德国成功将预热和捣固相结合，在添加黏结剂的条件下，将经过预热的煤料捣固后炼焦，从而使生产能力和焦炭质量得以进一步提高。

2. 煤预热炼焦影响因素和效果

(1) 影响因素

预热温度是影响预热煤炼焦的主要因素。预热温度的高低，影响装炉煤的堆密度、炭化室内的温度梯度、炭化过程中胶质体的厚度及塑性区间、焦炉的热耗生产能力及成本。预热温度愈高，则愈容易氧化，虽然在煤预热及热煤贮运和装炉过程中采取措施防止煤与空气接触，但还是不可能完全避免煤的氧化，因此煤的预热温度不宜过高，从预热温度与堆密度对应关系曲线(图 3-44)及预热温度与焦炭性质关系曲线(图 3-45)看出，预热温度一般在 200～250 ℃为好。

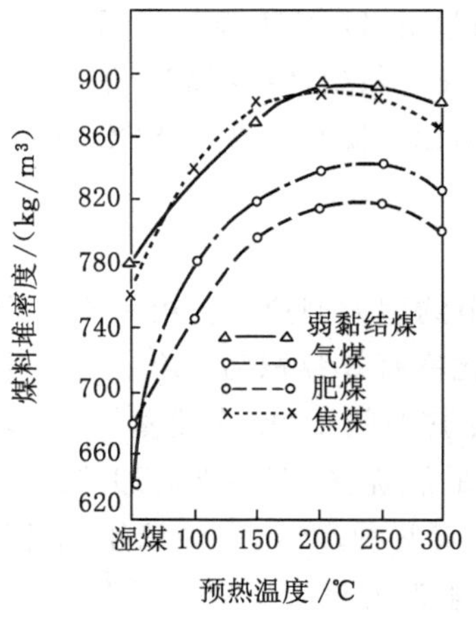

图 3-44　煤料预热温度与堆密度关系

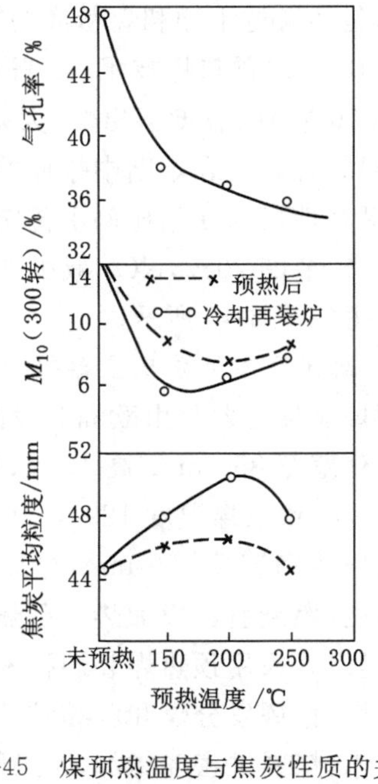

图 3-45　煤预热温度与焦炭性质的关系

(2) 煤预热炼焦效果

① 装炉煤堆密度增大而且均匀化。预热煤表面水膜除尽,煤粒间相对位移阻力变小,煤料均匀流畅,能自动铺平并紧密堆积。

② 降低煤料塑性区间的升温速度,升温速度由常规炼焦的 2～3 ℃/min 下降为 0.7 ℃/min,延长了胶质体的塑性时间,改善了焦炭质量。

③ 装煤炉升温速度加快。焦炉供给炭化室的热量无需蒸发水分,炼焦耗热量可以降低 10%。由于升温速度明显加快,塑性层厚度加大,膨胀压力增大,焦炭气孔率低、反应性低、反应后强度高。同时大幅减少剩余氨水和含酚废水的处理量。

④ 炭化室内距炉墙不同距离处煤料温度梯度减小,胶质层厚度增加,有利于改善结焦过程,提高焦炭质量。

⑤ 焦饼中心温度曲线斜率变大,达到相同焦饼中心温度的时间缩短,提高了焦炉的生产能力。煤料预热到 250 ℃装炉,可以使焦炉的生产能力增加 35%以上。

⑥ 膨胀压力和推焦电流值增大,膨胀压力均比湿煤大 3～10 倍,可以多配收缩性大的低变质煤,节约成本。

(三) 煤预热炼焦设备

工业使用的煤预热器包括转筒干燥器、沸腾层预热器、直立管预热器、旋风预热器和固体热载体预热器以及将流态化技术和固体热载体传热技术联合使用的预热器。沸腾层预热器、直立管预热器、旋风预热器均具有流态化装置的优势,但其热煤粒与废气分离困难,高温废气直接与煤接触,其均匀性难以控制,造成过热而损坏黏结性,动力消耗大。

五、其他炼焦新方法

(一) SCOPE21 炼焦新技术

日本煤炭利用综合中心与日本钢铁联盟历经 10 年共同开发了"21 世纪新焦炉制造技术(SCOPE21)",目的是能有效利用煤炭资源、提高生产率、减少能耗和降低污染。其采用的新技术包括通过干燥和煤粉成型技术来提高煤料的堆密度、扩大弱黏结性煤资源;采用高温(350～400 ℃)预热煤技术、提高炭化室壁的热传导率、均匀加热,在低于通常干馏温度(900～1 000 ℃)的温度下出炉,大幅度缩短结焦时间;采用密封结构传送煤焦,同时避免焦炉漏气,回收荒煤气和烟囱中排放的显热降低能耗。通过 SCOPE21 新技术,可以把非黏结性煤、弱黏结性煤的使用比例由传统工艺的 20%提高至 50%;生产率提高 3 倍;达到无烟无尘封闭生产,节能 20%,NO_x 减少 30%,CO_2 降低 20%,SO_2 降低 10%。SCOPE21 炼焦工艺流程示意如图 3-46 所示。

(二) 欧洲巨型炼焦反应器(JCR)

巨型炼焦反应器是由欧洲开发的节能、环保、资源节约型大型焦炉。第一座巨型炼焦反应器的炭化室宽 850 mm、高 10 m、长 20 m(10 m),炭化室有效容积为 150 m^3,单孔生产能力为 100 t/d,预热煤温度 189 ℃,火道温度 1 350 ℃,结焦时间 24 h,炭化室锥度为零,炉墙用高密度硅砖砌筑,厚 60 mm,每孔炭化室两侧是独立的燃烧室,有独立的加热系统以便调节加热温度,燃烧室三段加热。蓄热室有底置式和侧置式两种,炭化室炉墙用刚性墙(钢或混凝土)锚定。采用预热煤装炉技术。巨型炼焦反应器生产的焦炭反应后强度提高,可以多配高膨胀性、低挥发分煤和弱黏结性或不黏结性煤的高挥发分煤,节能约 8%。由于采用了煤预热技术,煤料堆密度增加,污染物排放量降低,生产成本下降约 10%,但投资有所增加。

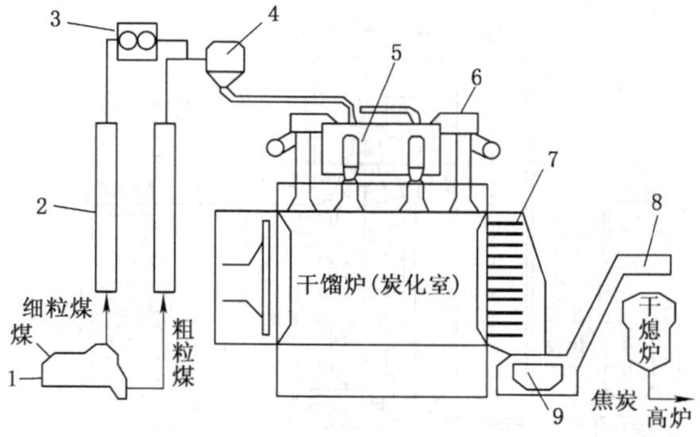

1—流化床干燥器;2—风热系统;3—细粒煤成型设备;4—输煤系统;5—装煤系统
6—除尘系统;7—推焦系统;8—运焦系统;9—熄焦车。

图 3-46 SCOPE21 炼焦工艺流程图

巨型炼焦反应器炭化室采用刚性墙锚定,可承受较高的膨胀压力;炭化室无锥度,砌筑和加热操控更加方便;炭化室炉墙厚度减薄,热效率提高;煤料预热装炉,焦炭质量提高,炼焦用煤范围增大。炭化室容积大,生产能力大,环境效益好。

(三) 带热回收的无副产回收炼焦技术

美国 Jewell 炼焦公司开发成功带热回收的无副产回收炼焦技术,无污染物排放,可以生产优质冶金焦,焦炉排出来的热烟气可用来干燥原料煤,回收废热进行蒸汽发电。

美国弗吉尼亚州 Vansant 市建设生产的 2 座 Jewell-Thompson 焦炉组采取了回收废热发电的炼焦技术,不仅生产出优质焦炭,而且有毒物的排放量为零。此套焦炉发电机综合装置主要由焦炉、热回收和蒸汽生产设备、烟气净化设备和发电机组成。

煤干馏产生的挥发物在系统中燃烧,燃烧烟气进废热锅炉,所有热量以蒸汽形式回收,用以驱动发电机。燃烧产生的废气经充分冷却、洗涤,使 SO_2 和粉尘达标后排放。Jewell-Thompson 炼焦装置可生产优质焦炭,人工操作量少,整个炼焦期间无炉门泄漏,装煤孔盖或上升管有微量有毒排放物,简化了耐火砖型,程序装煤减少了机器周转时间等,但无化产回收,其资源利用不合理。

(四) 干法熄焦及其与煤预热联合技术

干法熄焦工艺利用惰性气体将炽热焦炭冷却,得到的惰性热气体加热锅炉蒸汽,降温的惰性气体再返回系统循环使用,从而回收红焦显热。焦炉推出的炽热焦炭温度高达 1 050 ℃,其显热占炼焦耗热量的 40%左右,利用干法熄焦,可回收其能量,每 1 t 炽热红焦显热约为 1.51~1.67 MJ,干熄焦的热量利用率可达 80%,可产蒸汽 400 kg 以上。瑞士、法国、英国、日本、中国相继发展和引用了干法熄焦技术。德国还在熄焦槽内增设水冷壁,采用直接气冷和间接水冷的联合方法,使熄焦槽本身发生蒸汽,减少循环气用量,降低电耗。宝钢干法熄焦工艺流程见图 3-47。系统包括干熄炉、导焦车、排焦装置、提升机、焦罐、废热锅炉、惰性气体循环系统、消烟除尘系统。

焦炭从炭化室推出,落入焦罐中;焦罐由提升机提升后并平移到干熄炉顶,利用装炉装置将焦炭装入干熄炉。干熄炉内,红焦预存一段时间后随底部排焦的进行,从预存段逐步下降到冷却段,炽热焦炭与惰性气体直接热交换,焦炭冷却至 250 ℃以下,排焦后送入筛焦系统。热惰性气体上升通过一次除尘分离粗颗粒后进入废热锅炉产生蒸汽,由锅炉出来的冷

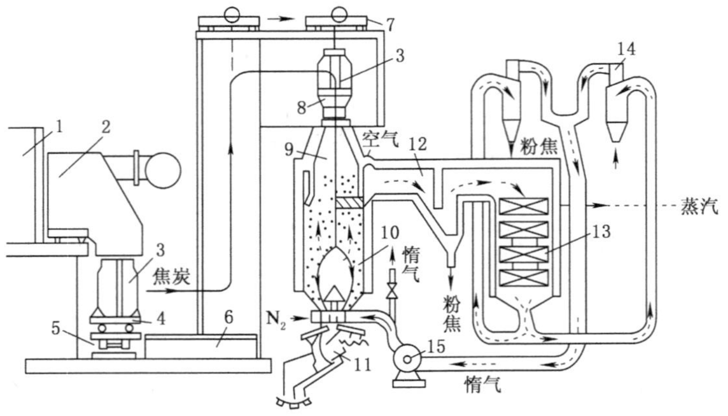

1—焦炉；2—导焦车；3—焦罐；4—横移台车；5—运载车；6—牵引装置；7—吊车；8—装炉装置；9—预存室；10—冷却室；11—排焦装置；12— 一次除尘器；13—锅炉；14—二次除尘器；15—循环风机。

图 3-47 宝钢干法熄焦工艺流程

惰性气体进入二次除尘装置，由风机送入干熄炉冷却室底部循环使用。

干法熄焦装置复杂，技术要求高，基建投资大，操作耗能多。干法熄焦装置可与各种焦炉配套使用，还可与煤预热技术联合使用，形成普列卡邦(Precarbon)工艺。

复 习 题

1. 利用哪些指标评价焦炭质量的优劣？
2. 焦炭光学显微组分的种类及其影响因素有哪些？
3. 简述单种煤的成焦特性。
4. 配煤的基本原则是什么？
5. 简述煤岩配煤的基本方法。
6. 简述炼焦配煤的质量控制指标及其控制范围。
7. 扩大炼焦配煤的途径有哪些？
8. 简述配煤炼焦过程中的粉碎工艺。
9. 简述焦炭气孔结构的影响因素。
10. 简述焦炭的成焦机理。
11. 简述室式炼焦的基本过程。
12. 简述工艺条件对结焦过程的影响。
13. 简述焦炉的基本结构组成及发展趋势。
14. 简述室式焦炉的立火道形成及废气循环方式。
15. 简述焦炉的护炉设备和焦炉的四大车。
16. 荒煤气的导出设备包括哪些？
17. 简述提高焦炉热效率的途径。
18. 简述煤气燃烧过程中空气需求量及废气生成量的计算方法。
19. 简述焦炉的温度制度和压力制度。

20. 简述炼焦新技术及其基本方法。

参考文献

[1] 鞍山焦耐院,等.焦化设计参考资料[M].北京:冶金工业出版社,1979.
[2] 陈启厚.焦炭强度与热性质控制因素分析[J].燃料与化工,2004,35(3):8-11.
[3] 程信章.日本炼焦配煤技术和焦炭强度预测方法[J].炼焦化学,1982,1:52.
[4] 冯进,张伟林.添加焦粉惰性物配煤炼焦试验研究[J].新疆钢铁,2002(2):1-3.
[5] 付利俊,胡红玲.焦炭光学组织与反应性关系的研究[J].包钢科技,2005,31(3):51-53.
[6] 郭树才.煤化工工艺学[M].北京:化学工业出版社,1992.
[7] 韩德馨.中国煤岩学[M].徐州:中国矿业大学出版社,1996:410-417.
[8] 韩永霞,钱湛芬,张雁.无烟煤与肥煤焦炭界面结合[J].华东冶金学院学报,2000,17(4):316-317.
[9] 郝晋.提高焦炭热态性能的途径和措施[J].新疆钢铁,2007(2):13-16.
[10] 胡德生,吴信慈,戴朝发.宝钢焦炭强度预测和配煤煤质控制[J].宝钢技术,2000(3):30-34.
[11] 胡德生,吴信慈,戴朝发.宝钢煤岩配煤方法的研究[J].钢铁,2001,36(1):1-5.
[12] 胡文佳.炼焦过程中煤料塑性层性质与结焦能力[D].鞍山:辽宁科技大学,2021.
[13] 李海宽,王正伏.弱粘结性贫瘦煤在炼焦生产中的应用[J].燃料与化工,2008,39(4):20.
[14] 李运勇,唐小平.焦炭强度影响因素研究[J].煤炭科学技术,2001,29(4):23-26.
[15] 刘李梅.DQJ-50型焦炉捣固小车的设计及应用[J].燃料与化工,2005,36(5):9-11.
[16] 潘立慧,魏松波.炼焦新技术[M].北京:冶金工业出版社,2006.
[17] 庞克亮,刘冬杰,王明国,等.煤岩学在炼焦生产中的应用[J].钢铁,2015,50(10):26-29.
[18] 申峻等.煤化工工艺学[M].北京:化学工业出版社,2020.
[19] 盛建文,王鑫海,江中砥.添加无烟煤配煤的试验[J].燃料与化工,2002,33(5):229-232.
[20] 苏宜春.煤焦工艺学[M].北京:冶金工业出版社,1994:74-78.
[21] 王晓琴.炼焦工艺[M].北京:化学工业出版社,2005.
[22] 武传胜,胡广振,梁启宇,等.最佳配煤炼焦方案的确定[J].节能技术,1999,1:16-17.
[23] 徐绿平,杨凤霞.焦炭显微结构的应用研究[J].首钢科技,1992,(2):30-37.
[24] 许晓海.炼焦化工实用手册[M].北京:冶金工业出版社,1999:68-71.
[25] 杨俊和,李依丽,冯安祖.煤中矿物质对焦炭光学显微组分的影响[J].煤炭转化,1999,22(3):65-69.
[26] 杨敏.冶金焦气化反应前后光学组织的研究[J].燃料与化工,2003,34(5):241-244.
[27] 姚昭章,郑明东.炼焦学[M].3版.北京:冶金工业出版社,2005:57-74.
[28] 虞继舜.试论煤岩配煤的参数及其选择[J].燃料与化工,1985,(5):247.
[29] 张代林,崔平,陈健.炼焦煤中活性组分质量指标的研究[J].燃料与化工,2002,33(5):235-236.
[30] 张殿英,高建国.添加焦粉沥青炼焦的焦炭显微结构研究[J].山东冶金,2002,24(2):38-41.
[31] 张文成,陆永亮.炼焦强黏煤对焦炭热强度影响研究[J].煤炭转化,2008,31(1):38-41.
[32] 张亚云.应用煤岩学基础[M].北京:冶金工业出版社,1990.
[33] 郑明东,水恒福,崔平.炼焦新工艺与技术[M].北京:化学工业出版社,2006.
[34] 周敏,王泉清,马名杰.焦化工艺学[M].徐州:中国矿业大学出版社,2011.
[35] 周师庸,赵俊国.炼焦煤性质与高炉焦炭质量[M].北京:冶金工业出版社,2005.
[36] 周师庸.高炉焦炭质量指标探析[J].炼铁,2002,21(6):22-25.
[37] 周师庸.应用煤岩学[M].北京:冶金工业出版社,1985:348-373.

第四章　炼焦化学产品制备

第一节　炼焦化学产品的生成

一、炼焦化学产品的生成

煤料在焦炉炭化室内隔绝空气进行干馏时，在高温作用下，煤质发生了一系列的物理化学变化。

装入煤在 200 ℃以下蒸发出表面水分，同时析出吸附在煤中的二氧化碳、甲烷等气体；随温度升高至 250～300 ℃，煤的大分子端部含氧化合物开始分解，生成二氧化碳、水和酚类(主要是高级酚)；500 ℃左右时，煤的大分子芳香族稠环化合物侧链断裂和分解，生成脂肪烃，同时释放出氢。

在 600 ℃以下从胶质层析出的和部分从半焦中析出的气体称为初次分解产物，其主要含有甲烷、二氧化碳、一氧化碳、化合水及初焦油，而氢含量很低。

初焦油中主要的族组成如表 4-1 所示。

表 4-1　初焦油主要族组成　　单位：%

成分	链烷烃(脂肪烃)	烯烃	芳烃	酸性物质	盐基类	树脂状物质	其他
含量	8.0	2.8	53.9	12.1	1.8	14.4	7

初焦油中芳烃主要有甲苯、二甲苯、甲基萘、甲基联苯、菲、蒽及其甲基同系物；酸性物质多为甲酚和二甲酚，还有少量的三甲酚和甲基吲哚；链烷烃和烯烃皆为 C_5～C_{32} 的化合物；盐基类主要是二甲基吡啶、甲苯胺、甲基喹啉等。

初次分解产物在炭化室内沿着如图 4-1 所示途径流动，大部分产物是通过炽热的焦炭层和沿温度约为 1 000 ℃的炉墙到达炭化室顶部空间的，其余约 25%的产物则通过温度一般不超过 400 ℃处在两侧胶质层之间的煤料逸出。

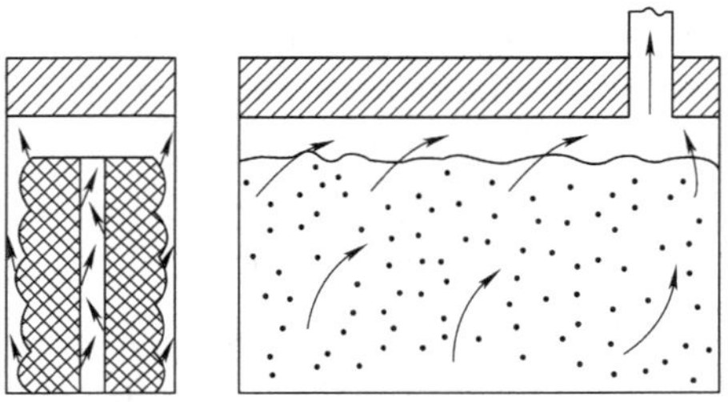

图 4-1　炼焦时煤气在炭化室内的流动途径

沿炭化室炉墙向上流动的碳氢化合物气体，通过炽热的焦炭发生二次热裂解，因受高温作用而发生环烷烃和烷烃的芳构化(生成芳香烃)并析出氢气，从而生成二次热裂解产物。

这是一个不可逆反应过程，由此生成的化合物在炭化室顶部空间就不再发生变化。与此相反，由煤饼中心通过的挥发性产物，在炭化室顶部空间因受高温发生芳构化过程。因此，炭化室顶部空间温度具有特殊意义。此温度在炭化过程的大部分时间里为 800 ℃左右。大量的芳烃是在 700～800 ℃的范围内生成的。

当碳氢化合物热裂解时，主要发生以下几种反应：

① C—C 键断裂引起的结构缩小反应。C—C 键断裂所需的能量较低，先于 C—H 键断裂。烷烃的 C—C 键在焦炭的催化作用下，约在 350 ℃时断裂。在此反应中，分子量较高的碳氢化合物裂解为低分子产物和较小的自由基。例如

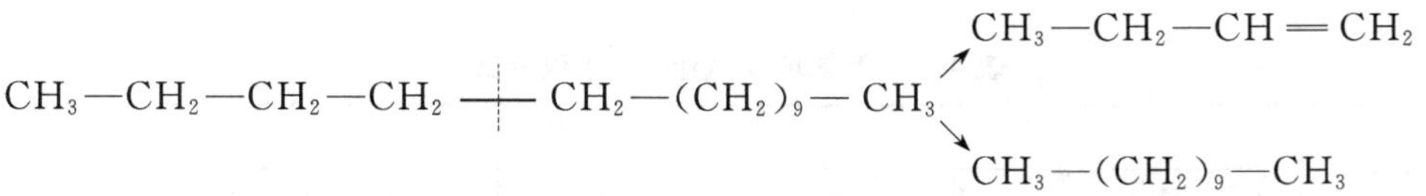

烷烃裂解时，除可生成分子较小的烷烃外，还可生成二烯烃或两个烯烃分子。

② C—H 键裂解引起的脱氢反应。C—H 键发生裂解的温度在 400～550 ℃之间。饱和碳氢化合物裂解生成烯烃，同时析出氢气，例如

$$CH_3—CH_2—CH_2—CH_3 \longrightarrow CH_2═CH—CH_2—CH_3+H_2 \longrightarrow$$
$$CH_2═CHCH═CH_2+2H_2$$

在 500 ℃时开始产生脱氢现象；至 650 ℃时氢的生成量达到最大；在高于 800 ℃时，烯烃产生二次裂解，例如部分乙烯将裂解为甲烷、氢和碳。

③ 按异构化进行的重排反应。在此反应中，碳氢化合物裂解时产生的是复合异构化，即裂解的原始物质要受到异构作用、环化作用及脱氢作用，而不是单纯的异构化（即氢—烃基团的互换），例如

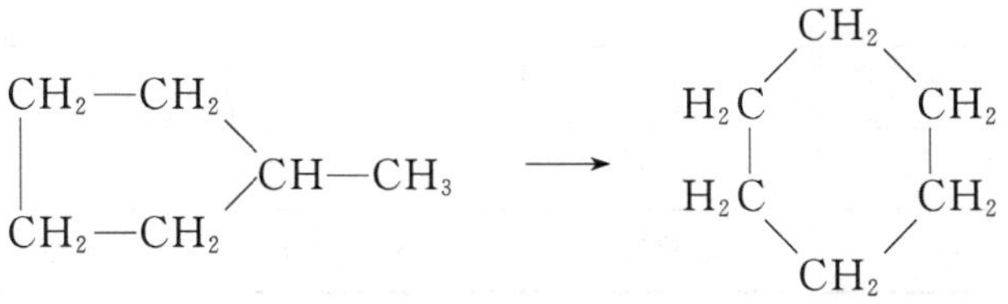

④ 聚合、歧化、缩合引起的结构增大反应。高分子烷烃进行裂解所生成的烯烃和二烯烃及原料中的烯烃之间易进行反应，从而通过聚合或环化生成环烯烃类化合物，并经脱氢而得到芳香族化合物，例如

$$CH_2═CH_2+CH_2═CH—CH═CH_2 \longrightarrow C_6H_8+H_2$$
$$C_6H_8 \longrightarrow C_6H_6+H_2$$

⑤ 其他反应

$$N_2+3H_2 \longrightarrow 2NH_3 \qquad NH_3+C \longrightarrow HCN+H_2 \qquad CO_2+C \longrightarrow 2CO$$

通过上述反应，煤气中的甲烷和重烃（主要为乙烯）的含量降低，氢的含量增高，煤气的密度变小，并形成一定量的氨、苯族烃、萘和蒽等，在炭化室顶部空间最终形成一定组成的粗煤气。

二、炼焦化学产品的产率

从炭化室逸出的粗煤气中除净焦炉煤气外的主要组成及含量见表 4-2。

粗煤气所含的水蒸气，除少量化合水外，大部分来自煤的表面水分。

粗煤气经回收化学产品和净化后所得的煤气即净焦炉煤气，其组成见表4-3。

表4-2 粗煤气中除净焦炉煤气外的主要成分及含量 单位：g/m^3

成 分	含 量	成 分	含 量	成 分	含 量
水蒸气	250～450	焦油气	80～120	苯族烃	30～45
氨	8～16	硫化氢	6～30	其他硫化物	2～2.5
氰化氢等氰化物	1.0～2.5	萘	8～12	吡啶盐基	0.4～0.6

表4-3 净焦炉煤气组成(体积分数) 单位：%

名称	组 分						
	H_2	CH_4	CO	N_2	CO_2	C_mH_n	O_2
干煤气	54～59	24～28	5.5～7	3～5	1～3	2～3	0.3～0.7

由表4-3可见，净煤气的组分有最简单的碳氢化合物、氢、氧、氮及一氧化碳等，这说明煤气是分子结构复杂的煤热分解的最终产品。净煤气的低热值为17 580～18 420 kJ/m^3，密度为0.45～0.48 kg/m^3。

高温干馏化学产品的产率和组成随干馏温度和原料煤质量的不同而波动。在工业生产条件下，煤料高温干馏时各种产物的产率见表4-4。

表4-4 煤料高温干馏产物产率(对干煤的质量) 单位：%

产 物	产 率	产 物	产 率	产 物	产 率
焦 炭	70～78	氨	0.25～0.35	净煤气	15～19
硫化氢	0.1～0.5	焦油	3～4.5	氰化氢	0.05～0.07
水 分	2～4	吡啶类	0.015～0.025	苯族烃	0.7～1.4

三、焦炉煤气处理系统

自焦炉导出的粗煤气温度一般为650～800 ℃，需进行冷却和输送，回收焦油、粗苯、氨、硫及苯族烃等化学产品，此过程同时也净化了煤气。

煤气中含有少量杂质，如萘、焦油蒸气、硫化物、氨、不饱和烃等，对煤气输送和利用有害。萘能以固态析出，堵塞管路；焦油蒸气，有害于回收氨和粗苯操作；硫化物，能腐蚀设备，并不利于煤气加工利用；氨能腐蚀设备，燃烧时形成氧化氮，污染大气；不饱和烃能形成聚合物，引起管路和设备发生故障。对上述物质，根据煤气的用途不同有不同程度的清除要求，因而从煤气中回收化学产品及净化方法和流程也有所不同。

焦化厂从粗煤气回收化学产品和进行煤气净化，采用冷却冷凝的方式析出焦油和水。用鼓风机抽吸和加压以便输送煤气，回收氨和吡啶碱，既得到了有用产品，又防止了氨的危害；回收硫化氢和氰化氢变害为利；回收煤气中的粗苯，获得有用产品。

比较典型的处理方法和工艺系统如图4-2所示。

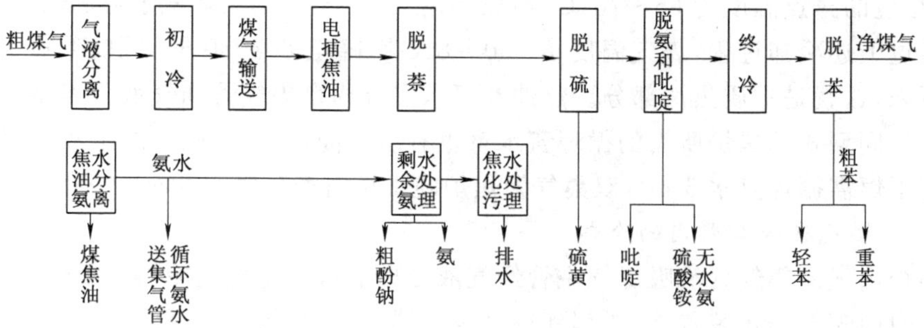

图 4-2 焦炉煤气处理系统

在图 4-2 所示处理系统中，鼓风机位于初冷器后，自风机以后的全系统均处于正压下操作，此工艺应用广泛。经处理后的煤气净化程度可达到表 4-5 所列标准。

表 4-5 焦炉煤气的净化程度

煤气用途	煤气成分/(g/m³)						
	氨	苯类	萘	焦油	硫化氢	有机硫	氰化氢
钢铁厂自用	<0.03～0.1	2～4	0.2～0.7	<0.05	<0.2	<0.5	<0.05～0.5
城市民用	<0.03～0.1	2～4	<0.05～0.1	<0.01	0～0.02	0.05～0.2	0～0.10

第二节 焦炉煤气的初步净化

一、煤气的初冷和焦油氨水的分离

在炼焦过程中，从焦炉炭化室经上升管逸出的粗煤气温度为 650～800 ℃，首先经过初冷，将煤气温度降至 25～35 ℃，粗煤气中所含的大部分水汽、焦油气、萘及固体微粒被分离出来，部分硫化氢和氰化氢等腐蚀性物质溶于冷凝液中，从而可减少回收设备及管道的堵塞和腐蚀；煤气经冷却后，体积变小，从而使鼓风机以较少的动力消耗将煤气送往后续的净化工序；煤气经冷却后，温度降低，是保证炼焦化学产品回收率和质量的先决条件。

煤气的初步冷却分两步进行：第一步是在集气管及桥管中用大量循环氨水喷洒，使煤气冷却到 80～90 ℃；第二步是在煤气初冷器中冷却，可将煤气冷却到 25～35 ℃。

(一) 煤气在集气管内的冷却

煤气在桥管和集气管内的冷却，是用表压为 147～196 kPa 的循环氨水通过喷头强烈喷洒进行的。当细雾状的氨水与煤气充分接触时，由于煤气温度很高而湿度又很低，故煤气放出大量显热，氨水大量蒸发，快速进行着传热和传质过程。传热过程取决于煤气和氨水的温度差，所传递的热量为显热，约占煤气冷却所放出的总热量的 10%～15%。传质过程的推动力是循环氨水液面上的蒸汽分压与煤气中的蒸汽分压之差，氨水部分蒸发，煤气温度急剧降低，以供给氨水蒸发所需的潜热，此部分热量约占煤气冷却所放出总热量的 75%～80%。另有约占所放出总热量 10%的热量由集气管表面散失。

进入集气管前的煤气露点温度同装入煤料的水分含量有关，当装入煤总水分为 8%～

11%，相应的露点温度为65～70 ℃，所以采用72～78 ℃的循环氨水喷洒煤气。

通过上述冷却过程，煤气温度由650～800 ℃降至80～90 ℃，同时约有60%的焦油气冷凝下来，这就是重质焦油部分。焦油和氨水混合物自集气管和气液分离器去澄清槽。

对不同型式的焦炉所需的循环氨水量也有所不同，按经验确定的定额数值为：单集气管焦炉吨干煤需循环氨水5 m^3，双集气管焦炉吨干煤需循环氨水6 m^3。

（二）煤气在冷却器内的冷却

焦炉煤气由集气管沿吸煤气主管经气液分离器流向煤气初冷器。吸煤气主管除将煤气由焦炉引向煤气净化装置外，还起到空气冷却器的作用，煤气可降温1～3 ℃。

煤气进入初冷器前的温度仍很高，且含有大量蒸汽和焦油气，须在初冷器中冷却到25～35 ℃，并将大部分焦油气和蒸汽冷凝下来。

煤气在初冷器中的冷却可以采用不同形式的冷却器。被冷却的煤气与冷却介质直接接触的冷却器，称为直接混合式冷却器，简称为直接冷却器；被冷却的煤气与冷却介质分别从固体壁面的两侧流过，煤气将热量传给壁面，再由壁面传给冷却介质的冷却器，称为间壁式冷却器，简称为间接冷却器。由于采用冷却器的形式不同，煤气冷却所采取的工艺流程方式不同，可分为间接冷却、直接冷却和间冷-直冷混合冷却三种。

目前我国绝大多数焦化厂采用了高效横管间冷工艺。其特点是：煤气冷却效率高，除萘效果好；当煤气温度冷却至20～22 ℃，煤气出口含萘可降至0.5 g/m^3，不需另设脱萘装置即可满足后续工艺操作需要。

高效横管间冷工艺通常分为二段式或三段式初冷工艺。当上段采用循环冷却水，下段采用低温冷却水对煤气进行冷却时，称之为二段式初冷工艺。为回收利用粗煤气的余热，通常在初冷器上部设置余热回收段，即构成三段初冷工艺。采用三段初冷工艺，回收的热量用作冬季采暖或其他工艺装置所需的热源，不仅可以回收利用荒煤气的余热，同时也可节省大量循环冷却水，节能效果显著。

由气液分离器分离后的煤气进入横管式初冷器，煤气在此分三段进行冷却，第一段为高温段，煤气温度从80 ℃冷却到60 ℃，此段高温煤气热量把高温循环水从51 ℃加热到65 ℃；第二段为中温段，煤气温度从60 ℃冷却到40 ℃，初冷器循环水从32 ℃加热到45 ℃；第三段为低温段，煤气温度从40 ℃冷却到25 ℃左右，采用低温水或制冷水冷却，从而达到焦炉煤气初步冷却和净化的目的。由横管式初冷器下部排出的煤气，进入电捕焦油器，除掉其夹带的焦油雾后，再由鼓风机送至下一工序。图4-3为横管式二段式初冷工艺流程。

初冷器中的冷凝液分别由两段排出，这样可以显著降低初冷器下段负荷。初冷器上段排出的冷凝液经水封槽流入上段冷凝液槽，用泵将其送入初冷器上段进行喷洒，多余部分送至机械化氨水澄清槽。初冷器下段排出的冷凝液经水封槽流入下段冷凝液槽，加兑一定量焦油和氨水后，将其用泵送入初冷器下段喷洒装置进行喷洒，多余部分流入上段冷凝液槽。在初冷器顶部用热氨水不定期进行冲洗。采用上述措施可以清除管壁上沉积的焦油和萘等杂质，保证初冷器的冷却效果。

（三）焦油氨水的分离

由气液分离器分离下来的焦油和氨水，首先进入机械化氨水澄清槽，在此进行氨水、焦油和焦油渣的分离。上部的氨水流入循环氨水槽，再由循环氨水泵送至焦炉集气管喷洒冷却煤气。澄清槽下部的焦油靠静压流入焦油分离器，进一步进行焦油与焦油渣的沉降分离，

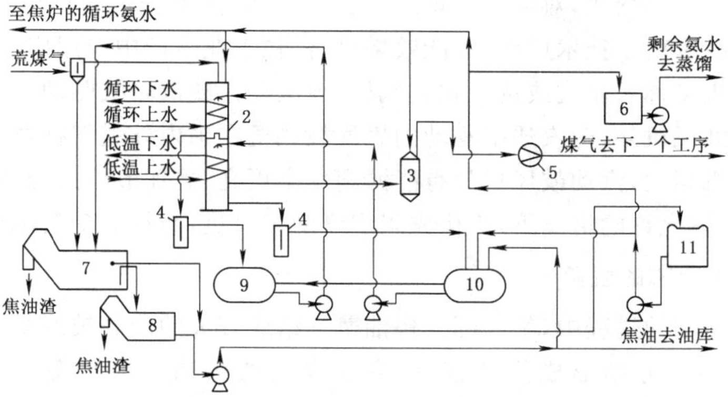

1—气液分离器；2—横管式初冷器；3—电捕焦油器；4—液封槽；5—鼓风机；6—剩余氨水槽；7—机械化焦油氨水澄清槽；8—焦油分离器；9—上段冷凝液槽；10—下段冷凝液槽；11—循环氨水槽。

图 4-3　横管式二段式初冷工艺流程

焦油用焦油泵送至油库。将澄清槽和焦油分离器底部的焦油渣刮至焦油渣车，定期送往煤场，掺入炼焦煤中炼焦。多余的氨水即剩余氨水进入剩余氨水槽，再用剩余氨水泵送至蒸氨装置。

焦油氨水的分离采用混合分离工艺，即从焦炉吸煤气管道气液分离器下来的焦油氨水混合液与初冷器下来的煤气冷凝液混合后，进入焦油氨水分离器内进行分离的工艺。目前，普遍采用的焦油氨水分离工艺有卧式槽分离工艺及立式槽分离工艺两种。

二、煤气的输送

煤气由炭化室出来，经过集气管和吸气管、冷却及回收设备，直到煤气储罐或送回焦炉，整个途中要经过很长的管道及各种设备，为了克服煤气输送的阻力及保持送出的煤气有足够的压力，需要设置煤气鼓风机。同时，在确定煤气净化工艺流程及所有设备时，除考虑工艺要求外，还应该使整个系统煤气输送阻力尽可能小，以减少鼓风机的动力消耗。

（一）煤气输送管道

煤气管道管径的选用和设置是否合理及操作是否正常，对焦化厂生产具有重要意义。

对于吸气主管，允许流速是指除去冷凝液所占截面积后的流速。对于 ϕ800 mm 以上的煤气管道，较短的直管可取较高的流速，一般可取为 14 m/s。

煤气管道应有一定的倾斜度，以保证冷凝液按预定方向自流。吸气主管顺煤气流向倾斜度为 1%；鼓风机前后煤气管道顺煤气流向倾斜度为 0.5%，逆煤气流向倾斜度为 0.7%；饱和器后到粗苯工序前煤气管道逆煤气流向倾斜度为 0.7%～1.5%。

由于萘能够沉积于管道中，所以在可能沉积萘的部位，均设有清扫蒸汽入口。此外，还设有冷凝液导出口，以便将管内冷凝液放入水封槽。

在全部煤气净化设备之后的回炉煤气管道上，设有煤气自动放散装置，以保证焦炉煤气管道煤气压力的规定值。

（二）鼓风机

目前，国内焦化厂煤气鼓风机较多采用电动离心式煤气鼓风机，其流量调节通常采用液力偶合器调速、电机变频调速或鼓风机前导向技术。上述三种煤气鼓风机流量调节技术均可根据煤气输送负荷的变化，对煤气流量进行自动调节，降低鼓风机的电能消耗，降低运行费用；其中，变频技术由于技术成熟，节能效果显著，在工业生产中应用广泛。

离心式鼓风机又称涡轮式或透平式鼓风机，由电动机或汽轮机驱动。

除电动煤气鼓风机外，蒸汽透平驱动的煤气鼓风机在国内外煤气排送工艺中也常采用。由于同电动鼓风机相比，汽动鼓风机具有能源利用率更高、更加节能的特点，因此，从节能角度出发，在蒸汽条件允许的情况下，应优先采用汽动鼓风机，而将电动鼓风机置为备用。

三、煤气中焦油雾的脱除

煤气在初步冷却的过程中，绝大部分焦油蒸气结成较大的液滴被冷凝下来，并从煤气中分离。但还有一小部分则形成焦油雾，以内充煤气的焦油气泡状态或极细小的焦油滴(直径 1～17 μm)存在于煤气中。由于焦油雾又轻又小，其沉降速度低于煤气流速，因而悬浮于煤气中并被煤气带走。

初冷器后煤气中的焦油雾的含量一般为 1.0～2.5 g/m^3。煤气净化工艺要求煤气中焦油雾含量低于 0.02 g/m^3，否则，对化学产品的回收有严重影响。焦油雾若在饱和器中冷凝下来，将使酸焦油量增加，并使母液起泡，密度降低，容易使煤气从饱和器溢流槽中冲出；焦油雾进入洗苯塔内，会使洗油质量变坏，影响粗苯的回收；在脱除煤气中的硫化氢时，焦油雾会使脱硫率变小。

焦化工业常采用电捕焦油器脱除煤气中焦油雾，效率可达 98%以上。

(一) 电捕焦油器工作原理

根据板状电容的物理特性，如在两金属板间维持一很强的电场，使含有尘灰或雾滴的气体通过其间，则两板间的气体分子便发生电离作用，即中性的气体分子电离为带正电的离子和电子。电离而产生的电子，因为能量小而不能长久存在，产生后很快被气体分子所俘获而成为负离子，此时气体的导电就是离子性导电，称作被激放电。

离子在电场中的运动速度，随电场强度的增高而增大。当电场强度高到使离子运动速度超过临界速度时，离子具有非常大的动能，则它与中性分子碰撞时，就能将电荷传给分子。这样形成离子的过程叫碰撞电离。

离子与焦油雾滴的质点相遇而附于其上，使质点带有电荷，即可被电极吸引而从气体中除去。

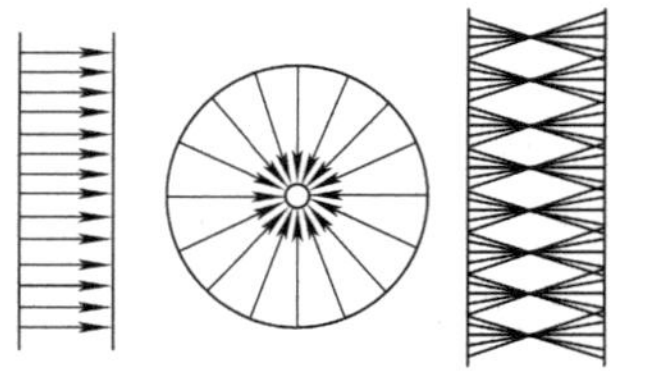

图 4-4　不同电极的电场分布情况

但金属平板形成的是均匀电场，当电压增大到超过绝缘电阻时，两极之间便会产生火花放电，这不仅会导致电能损失，且能破坏净化操作。为了避免火花放电或发生电弧，应用如图 4-4(b)和(c)所示的不均匀电场。图 4-4 中(a)为均匀电场；(b)为管式电捕焦油器所采用的不均匀电场，用金属圆管做正极，沿管中心安装的拉紧导线做负极；(c)为环板式电捕焦油器采用的不均匀电场，用同心圆环形金属板做正极，用设置在其间的金属导线做负极。

在不均匀电场中，如管式电捕焦油器的不均匀电场，其电场强度 E_x 可用下式表示：

$$E_x = \frac{V}{x \ln \frac{R}{r}}$$

式中　E_x——电场强度；

x——该点距中心的距离；

R——金属管半径；

r——导线半径；

V——电压。

可见，x 愈小，E_x 愈大，即导线中心附近 E_x 越大。为防止电极间因火花而引起短路，R/r 应大于 2.72。

在电场强度大的导线附近的离子，能以较大的速度运动，使被碰撞的煤气分子离子化；而离导线中心较远处，电场强度小，离子的速度和动能不能使相遇的分子离子化，因而绝缘电阻只在导线附近电场强度最大处发生击穿，即形成局部电离放电现象。这种现象称为电晕现象。导线周围产生电晕现象的空间称为电晕区，导线称为电晕极。此时两极间的电压称为临界电晕电压或起晕电压。

由于在电晕区内发生急剧的碰撞电离，形成了大量的正离子和负离子。负离子的速度比正离子大（为正离子的 1.37 倍），所以电晕极常取为负极，圆管或环形金属板则取为正极，因而速度大的负离子即向管壁或金属板移动，正离子则移向电晕极。在电晕区内存在两种离子，而电晕区外只有负离子。电晕区占的体积要比总体积小得多，因而在电晕区外的大部分区域均为负离子。焦油雾滴只能成为带有负电荷的质点而向管壁或板壁移动。由于圆管或金属板是接地的，荷电焦油质点到达管壁或板壁时，即放电而沉淀于壁上，故正极也称为沉淀极。

由于存在正离子的电晕区很小，且电晕区内正离子和负离子有中和作用，所以电晕极上沉积的焦油量很少，绝大部分焦油雾均在沉淀极沉积下来。煤气离子经在两极放电后，重新转变成煤气分子，从电捕焦油器中逸出。

（二）电捕焦油器的构造

管式电捕焦油器的构造见图 4-5，电捕焦油器外壳为圆柱形，底部为带有蒸汽夹套的锥形底或凸形底。在每根沉降极管的中心悬挂着电晕极导线，由上部吊架和下部吊架拉紧，并保持偏心度不大于 3 mm。电晕极可采用强度高的直径 3.5～4 mm 的碳素钢丝或直径 2 mm 的镍铬钢丝制作。煤气自底部进入，通过两块气体分布筛板均匀分布到各沉降管中。净化后的煤气从顶部出口逸出。从沉降管捕集下来的焦油集于器底排出，因焦油黏度大，故底部设有蒸汽夹套，以利于排放。

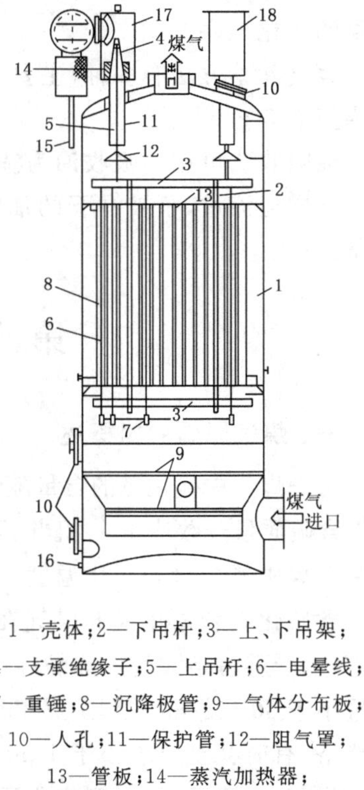

1—壳体；2—下吊杆；3—上、下吊架；
4—支承绝缘子；5—上吊杆；6—电晕线；
7—重锤；8—沉降极管；9—气体分布板；
10—人孔；11—保护管；12—阻气罩；
13—管板；14—蒸汽加热器；
15—高压电缆；16—焦油氨水出口；
17—馈电箱；18—绝缘箱。

图 4-5　电捕焦油器

电捕焦油器顶部设有三个绝缘箱，高压电源由此引入。为了防止煤气中焦油、萘及水汽等在绝缘子上冷凝沉积，采取以下措施：一是将压力略高于煤气压力的氮气充入绝缘箱底部，使煤气不能接触绝缘子内表面；二是在绝缘箱内设有蛇管蒸汽加热器或电加热器，使箱内空间温度保持在80～110 ℃之间(即比煤气露点温度高出50 ℃),并在绝缘箱顶部设调节温度用的排气阀,在绝缘箱底设有与大气相通的气孔。这样既能防止结露,又能调节绝缘箱的温度。

电捕焦油器的工作电压与工艺流程、工艺参数、整流器性能和安装精度等有关。如入口煤气中焦油雾含量高(电捕焦油器配置在鼓风机前),工作电流偏小,为了保证捕集焦油效率,工作电压就会高些;反之,入口煤气中焦油雾含量低(电捕焦油器配置在鼓风机后),工作电流偏大,出口煤气中焦油雾含量容易达到要求,相应的工作电压就会低些。

电捕焦油器通常设置在煤气鼓风机前,以防止煤气经鼓风机升温后煤气焦油中的萘挥发至煤气中,而使煤气中萘含量升高。如果设有单独后续脱萘装置,则电捕焦油器也可设置在煤气鼓风机后。

四、煤气中萘的脱除

煤高温热解形成萘,焦炉煤气中含萘8～12 g/m^3。大部分萘在初冷器中与焦油一起从煤气中析出,由于萘的挥发性很大,初冷后的煤气中萘含量仍很高,其量主要取决于煤气温度。当初冷器后煤气温度为25～35 ℃时,煤气中萘含量约为1.1～2.52 g/m^3。由于鼓风机后煤气温度升高,萘含量增大,其值约为1.3～2.82 g/m^3。煤气中的萘沉积于管道和设备将发生堵塞障碍,严重影响设备生产能力和管道输送能力,甚至导致正常操作被破坏。此外,萘是较贵重的化学品,对其进行回收有利于增加经济效益。所以,焦炉煤气脱萘是非常重要的净化工序。

煤气除萘方法有多种,主要采用冷却冲洗法和油吸收法。其中,油吸收法可将煤气萘含量降至0.5 g/m^3。

油吸收法可用的吸收油为洗油、焦油、蒽油和轻柴油等。在吸收塔内喷淋吸收油,煤气自塔下向上流过,萘被淋下的油吸收,是物理吸收过程。我国焦化厂主要采用焦油洗油吸收萘。

第三节　焦炉煤气脱硫脱氰

一、煤气脱硫脱氰概述

焦炉煤气中硫化氢的含量随煤中含硫量而变,一般煤气中硫化氢的含量为4～10 g/m^3。煤中含硫质量分数达1%,相当于煤气中硫化氢的含量为10 g/m^3。焦炉煤气中氰化氢含量取决于煤中氮含量和炭化温度,一般为1～2.5 g/m^3。

含硫化氢和氰化氢的煤气在输送过程中会腐蚀设备和管道;做燃料燃烧时,生成SO_2和NO_x严重污染大气。焦炉煤气用作城市煤气时,要求硫化氢含量小于20 mg/m^3,氰化氢含量小于50 mg/m^3。焦炉煤气用在冶炼优质钢和化学合成工业时,对硫化氢含量的要求更加严格,有时甚至要求小于1 mg/m^3。所以,焦炉煤气必须脱除硫化氢和氰化氢。

目前,在我国大、中型焦化厂中均设有焦炉煤气脱硫、脱氰装置,以使净化后的煤气中的硫化氢、氰化氢含量符合国家环保标准和各类用户的要求。

通常采用的脱硫方法有以HPF法为代表的氧化法脱硫工艺,以及以真空碳酸盐法为代表的吸收法脱硫工艺。

二、HPF 湿式氧化法

HPF 湿式氧化法脱硫工艺以焦炉煤气自身含有的氨为碱源，HPF 为催化剂，具有脱硫、脱氰效率高(脱硫可达 98%，脱氰可达 80%)，投资省、运行成本低、易于操作等优点，因而在行业内应用广泛。

HPF 脱硫催化剂是由对苯二酚(H)、双核酞菁钴六磺酸铵(PDS)和硫酸亚铁(F)组成的水溶液，对脱硫和再生过程均有催化作用。脱硫液的组成：对苯二酚 0.1～0.3 g/L，PDS 8～12 mg/L，硫酸亚铁 0.1～0.3 g/L，游离氨 4～5 g/L。

(一) 原理

在脱硫塔内，煤气与脱硫液逆流接触过程发生吸收反应和催化化学反应。

吸收反应：

$$NH_3 + H_2O \rightleftharpoons NH_3 \cdot H_2O$$

$$NH_3 \cdot H_2O + H_2S \rightleftharpoons NH_4HS + H_2O$$

$$2NH_3 \cdot H_2O + H_2S \rightleftharpoons (NH_4)_2S + 2H_2O$$

$$NH_3 \cdot H_2O + HCN \rightleftharpoons NH_4CN + H_2O$$

$$NH_3 \cdot H_2O + CO_2 \rightleftharpoons NH_4HCO_3$$

$$NH_3 \cdot H_2O + NH_4HCO_3 \rightleftharpoons (NH_4)_2CO_3 + H_2O$$

催化化学反应：

$$NH_3 \cdot H_2O + NH_4HS + (x-1)S \xrightleftharpoons{HPF} (NH_4)_2S_x + H_2O$$

$$2NH_4HS + (NH_4)_2CO_3 + 2(x-1)S \xrightleftharpoons{HPF} 2(NH_4)_2S_x + CO_2 + H_2O$$

$$NH_4HS + NH_4HCO_3 + (x-1)S \xrightleftharpoons{HPF} (NH_4)_2S_x + CO_2 + H_2O$$

$$NH_4CN + (NH_4)_2S_x \xrightleftharpoons{HPF} NH_4CNS + (NH_4)_2S_{x-1}$$

$$(NH_4)_2S_{x-1} + S \xrightleftharpoons{HPF} (NH_4)_2S_x$$

在再生塔内，进行催化再生反应：

$$NH_4HS + \frac{1}{2}O_2 \xrightarrow{HPF} S\downarrow + NH_3 \cdot H_2O$$

$$(NH_4)_2S + \frac{1}{2}O_2 + H_2O \xrightarrow{HPF} S\downarrow + 2NH_3 \cdot H_2O$$

$$(NH_4)_2S_x + \frac{1}{2}O_2 + H_2O \xrightarrow{HPF} S_x\downarrow + 2NH_3 \cdot H_2O$$

$$NH_4CNS \rightleftharpoons H_2N—CS—NH_2 \xrightleftharpoons{HPF} H_2N—CHS═NH$$

$$H_2N—CS—NH_2 + \frac{1}{2}O_2 \xrightarrow{HPF} H_2N—CO—NH_2 + S\downarrow$$

$$H_2N—CO—NH_2 + 2H_2O \xrightleftharpoons{HPF} (NH_4)_2CO_3 \rightleftharpoons 2NH_4OH + CO_2$$

副反应主要有：

$$(NH_4)_2S_x + NH_4CN \longrightarrow NH_4SCH + (NH_4)_2S_x$$

$$2NH_4HS + 2O_2 \longrightarrow (NH_4)_2S_2O_3 + H_2O$$

$$2(NH_4)_2S_2O_3 + O_2 \longrightarrow 2(NH_4)_2SO_4 + 2S\downarrow$$

（二）工艺流程

HPF 法工艺流程见图 4-6。从冷凝鼓风工段来的约 50 ℃的煤气进入预冷塔，与塔顶喷洒的循环冷却水逆向接触，被冷却至约 30 ℃进入脱硫塔。预冷塔自成循环系统，循环冷却水从塔下部用泵抽送至循环水冷却器，用低温水冷却至约 25 ℃后进入塔内循环喷洒。采取部分剩余氨水更新循环冷却水，多余的循环冷却水排至冷凝鼓风工段的机械化氨水澄清槽。

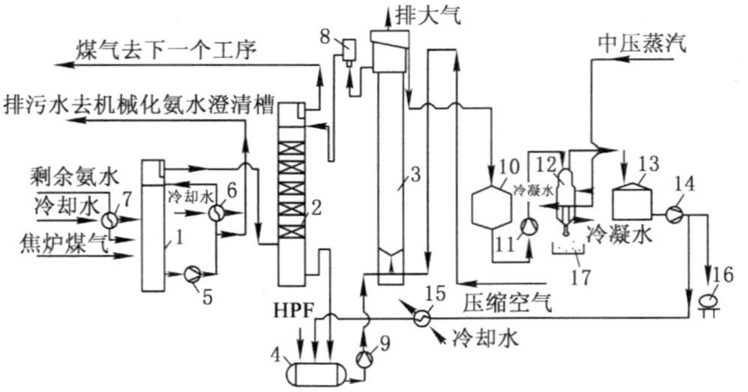

1—预冷塔；2—脱硫塔；3—再生塔；4—反应槽；5—预冷塔循环泵；6—预冷循环水冷却器；
7—剩余氨水冷却器；8—液位调节器；9—脱硫液循环泵；10—泡沫槽；11—泡沫泵；12—熔硫釜；
13—清液槽；14—清液泵；15—清液冷却器；16—槽车；17—硫黄冷却盘。

图 4-6　HPF 法脱硫脱氰工艺流程

预冷后的煤气进入脱硫塔，与塔顶喷淋下来的脱硫液逆流接触以吸收煤气中的硫化氢、氰化氢，同时吸收煤气中的氨，以补充脱硫液中的碱源。脱硫后的煤气进入下一个工序。吸收了硫化氢和氰化氢的脱硫液从塔底流入反应槽，然后用泵送入再生塔，同时自塔底通入压缩空气，使溶液在塔内氧化再生。再生后的溶液从塔顶经液位调节器自流回脱硫塔循环使用。

浮于再生塔顶部扩大部分的硫泡沫，利用位差自流入泡沫槽。硫泡沫经泡沫泵送入熔硫釜加热熔融，釜顶排出的热清液流入清液槽，用泵抽送至冷却器冷却后返回反应槽。熔硫釜底排出的硫黄经冷却后装袋外销。所得硫黄收率在 50％～60％，纯度高于 90％。

（三）影响因素及其控制

1. 操作温度

脱硫塔的操作温度是由进塔煤气温度和循环液温度决定的。操作温度高，会增大溶液表面上的氨气分压，使脱硫液中的氨含量降低，脱硫效率下降；操作温度低，不利于脱硫液再生反应的进行，同时也影响脱硫效率。一般在 35 ℃左右时，HPF 催化剂的活性最好。因此，在生产中煤气温度控制在 25～30 ℃，脱硫液的温度控制在 35～40 ℃。

2. 煤气中的氨硫比

脱硫液中的氨是由煤气供给的，因此煤气中的氨含量直接影响脱硫效率。一般煤气中氨硫质量比大于 0.7 时，可以保证循环液中氨含量达到 4～5 g/L，这样可以获得较好的脱硫效率。否则应向预冷塔补充蒸氨装置来的氨气，或将含氨(质量分数) 10％～12％的氨水加入反应槽。

3. 液气比

增加液气比可以增加气液两相的接触面积，使传质表面迅速更新，增大吸收 H_2S 的推动力，使脱硫效率提高。但液气比增加到一定程度，脱硫效率的提高并不明显，反而增加了循环泵的动力消耗。

4. 再生空气强度

理论上氧化 1 kg H_2S 需要空气量不足 2 m^3，因浮选硫泡沫的需要，再生空气量一般为 8～12 $m^3/(kg\cdot s)$，鼓风强度控制在约 100 $m^3/(m^2\cdot h)$。由于 HPF 在脱硫和再生过程中均有催化作用，故再生时间可以适当缩短，一般控制在 20 min 左右。

5. 煤气中的杂质

进入脱硫塔的煤气焦油含量应低于 50 mg/m^3，萘含量不高于 0.5 g/m^3。否则，不仅脱硫效率降低，还使硫黄颜色发黑。

6. 脱硫液中盐类的累积

由催化再生反应可见，$(NH_4)_2S$ 可以生成 S 和 $NH_3\cdot H_2O$，故脱硫液中 NH_4CNS 的增长速度受到抑制，盐类累积速度缓慢。但盐类浓度若超过 250 g/L，将影响脱硫效率。因此，生产中排出少量废液兑入炼焦配煤中。

三、真空碳酸盐吸收法

以碳酸钠或碳酸钾溶液为吸收剂的脱硫脱氰方法称为碳酸盐法。脱硫液的再生在负压工况下进行，故称为真空碳酸盐法。

真空碳酸盐法脱硫工艺是在消化、吸收国外真空碳酸盐法脱硫工艺技术的基础上开发的脱硫工艺。该工艺的特点是：与煤气初冷工艺结合，直接高效利用荒煤气余热用于富液解吸；吸收和解吸采用两段法，以提高脱硫效率，塔后硫化氢可脱至 200 mg/m^3 或更低。此外，由于真空碳酸盐法脱硫工艺配置在煤气净化工艺流程的最末端，脱硫液再生后产生的硫化氢酸气浓度高、杂质少，可采用湿式或干式接触法工艺制取 98%硫酸，用作焦化厂硫铵装置生产硫酸铵的原料或外销；也可采用克劳斯工艺制取元素硫，其纯度可达 99%以上。

1. 原理

真空碳酸盐法吸收和解吸的反应如下：

$$H_2S+Na_2CO_3 \underset{\text{解吸}}{\overset{\text{吸收}}{\rightleftharpoons}} NaHS+NaHCO_3$$

$$HCN+Na_2CO_3 \underset{\text{解吸}}{\overset{\text{吸收}}{\rightleftharpoons}} NaCN+NaHCO_3$$

$$CO_2+H_2O+Na_2CO_3 \underset{\text{解吸}}{\overset{\text{吸收}}{\rightleftharpoons}} 2NaHCO_3$$

副反应主要有：

$$2NaHS+2O_2 \longrightarrow Na_2S_2O_3+H_2O$$

$$2NaCN+2H_2S+O_2 \longrightarrow 2NaCNS+2H_2O$$

脱硫液解吸时的加热沸腾温度一般不超过 70 ℃，相应的真空度为 80～90 kPa。

2. 工艺流程

图 4-7 为两段吸收-两段再生的真空碳酸盐法工艺流程。脱氨后的焦炉煤气进入两段式脱硫塔的底部，流经各吸收段脱除酸性气体后出塔。脱硫塔底部的富液分为两股送往再生塔再生。一股经与热贫液换热，另一股经与半热贫液换热后进入再生塔顶部。贫液由再生塔底抽出经换热和冷却后，送至脱硫塔上段喷洒，半贫液由再生塔中部抽出经换热和冷却

后，送至脱硫塔下段喷洒。从脱硫塔吸收了 H_2S、HCN 和 CO_2 的热富液在塔内自上而下，被再沸器产生的溶液蒸汽解析出来，碱液得到再生循环使用。再生塔顶逸出的酸气经冷凝冷却后入分离器，再由真空泵抽出去处理，分离出的冷凝液大部分送往循环碱液槽。脱硫液系统需补充软水和新碱，以平衡外排的废碱液和冷凝液所引起的水和碱的消耗。

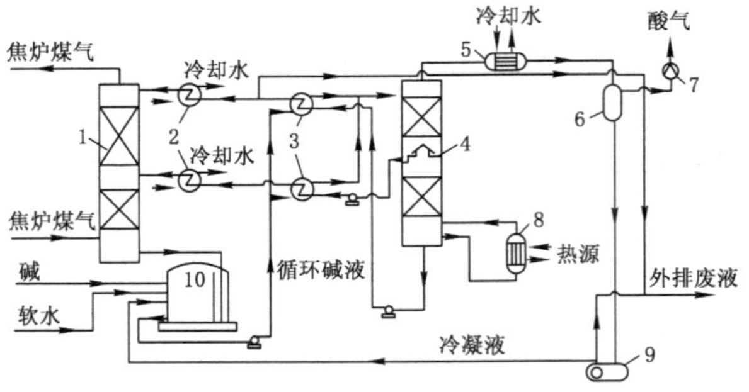

1—脱硫塔；2—冷却器；3—换热器；4—再生塔；5—冷凝冷却器；6—气液分离器；7—真空泵；8—再沸器；9—冷凝液槽；10—碱液槽。

图 4-7　两段吸收-两段再生的真空碳酸盐法工艺流程

第四节　煤气中氨和吡啶的回收

一、煤气脱氨概述

炼焦煤在焦炉干馏过程中，煤中的元素氮大部分与氢化合生成氨，小部分转化为吡啶等含氮化合物，它们随煤气从炭化室逸出。氨的生成量相当于装入煤量的 0.25%～0.35%，粗煤气中的含氨量一般为 6～9 g/m^3。氨是化工原料，又是腐蚀介质，因此必须从焦炉煤气中脱除。从煤气中回收氨有双重意义，首先可将氨制成化肥，其次从净化煤气的观点出发，在焦炉煤气回收粗苯之前，必须将煤气中的氨脱除，以防止以氨为媒介的腐蚀性介质进入粗苯回收系统而造成设备的严重腐蚀。

目前主要有两种回收氨的方法，一是用硫酸吸收煤气中的氨制取硫酸铵，并同时回收轻质吡啶盐基；二是用磷酸吸收煤气中的氨制取无水氨。目前，在我国大中型焦化厂中普遍采用的煤气脱氨工艺是半直接法喷淋饱和器硫铵工艺。

硫酸铵俗称肥田粉，应用广泛，在农业上可作为化肥，在工业上可作为印染剂、食品催化剂、缓冲剂、皮革脱灰剂，是化工、印染、医药工业的原料。

无水氨主要用于制造氮肥和复合肥料，还可用于制造硝酸、各种含氮无机盐及有机物中间体、磺胺药、聚氨酯、聚酰胺纤维和丁腈橡胶等，此外，还常用作制冷剂。

二、硫酸吸收法

（一）原理

硫酸吸收煤气中的氨是迅速的不可逆化学反应：

$$2NH_3 + H_2SO_4 \longrightarrow (NH_4)_2SO_4$$

硫酸过量时，则生成酸式盐：

$$NH_3 + H_2SO_4 \longrightarrow NH_4HSO_4$$

酸式盐被氨进一步饱和而转为中式盐：

$$NH_4HSO_4 + NH_3 \longrightarrow (NH_4)_2SO_4$$

溶液中同时含有硫酸铵和硫酸氢铵，这种硫酸溶液在生产上称为母液。酸式盐和中式盐的比例取决于母液的酸度(以游离酸在母液中的质量分数表示)。当酸度为1%～2%时，反应结果主要生成中式盐，酸度提高时，酸式盐的含量也随着提高。由于酸式盐较易溶于水或稀硫酸中，故在酸度不大的情况下，从饱和溶液中析出的只是硫酸铵结晶。

(二) 喷淋饱和器硫铵工艺

喷淋式饱和器法生产硫酸铵的工艺流程见图4-8。

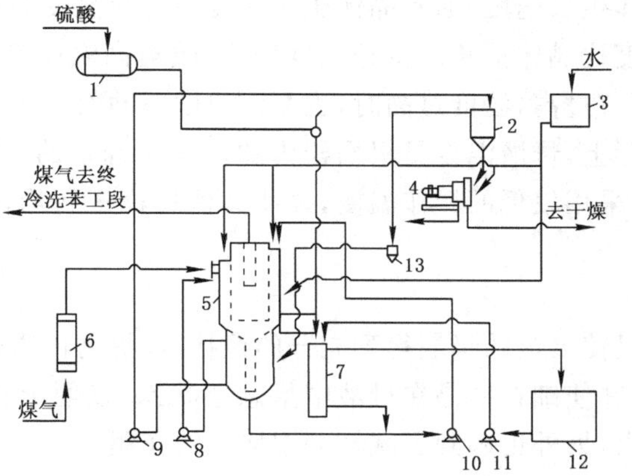

1—硫酸高位槽；2—结晶槽；3—温水槽；4—离心机；5—喷淋式饱和器；6—煤气预热器；
7—满流槽；8—母液循环泵；9—结晶泵；10—小母液循环泵；11—母液泵；12—母液贮槽；13—回流槽。

图4-8 喷淋式饱和器法生产硫酸铵工艺流程

由电捕焦油器捕除焦油雾后的煤气在预热器中预热后，进入饱和器本体上部外筒体和内筒体之间的环形分配箱内，在此用循环泵送入的母液进行喷淋，然后在环形空间一侧集中顺通道上升，再沿水平切线通道进入内筒体和煤气出口管之间旋转向下运动，最后经出口管排出去煤气终冷洗苯工序。

经喷淋吸收氨形成的结晶母液，通过降液管流入饱和器下部结晶槽内，然后向上流动。含小颗粒的硫酸铵结晶母液由上部用母液循环泵抽出循环喷淋煤气，大颗粒硫酸铵结晶沉积在结晶槽底部，定期由结晶泵抽送至结晶槽，然后离心分离，滤出母液后，再用热水洗涤结晶，以减少结晶表面上的游离酸和杂质。离心分离出来的母液与结晶槽满流出来的母液一同自流到回流槽返回饱和器下部。

饱和器下部母液温度和水平衡通过煤气预热器加热煤气维持。正常生产时，满流管用来维持饱和器上部母液液面高度。为补充母液与氨反应所消耗的酸量和保持循环母液酸度的稳定，将补充的新酸加至饱和器满流管出口。母液贮槽中的酸性母液用泵送至满流槽中，再用母液泵抽送至饱和器上部煤气上升通道内，通过喷嘴喷淋上升的煤气。在饱和器上部液面上还设有排焦油管，此管在饱和器外与满流管连通。在饱和器大加酸时，控制满流管出口母液流量可使饱和器上部的液面上升，并使液面上漂浮的焦油随母液流至满流槽中，然后自流至母液贮槽。满流槽及母液贮槽中的焦油定期清除。

在饱和器煤气入口、煤气上升通道、满流槽等处均设有与温水槽相连通的管线，以定期冲洗沉积的结晶和焦油。

（三）硫铵生产的影响因素及其控制措施

1. 母液酸度

母液酸度对$(NH_4)_2SO_4$结晶成长有影响，随母液酸度的提高，结晶平均粒度下降，母液酸度提高，母液黏度增大，增加了硫铵分子扩散阻力，阻碍了晶体正常生长。但母液酸度也不宜过低，过低会使氨吸收率降低，同时还容易造成饱和器堵塞。喷淋式饱和器母液酸度宜控制在3.5%～4.5%。

2. 母液温度

母液温度影响晶体生长速度，通常晶体生长速度随母液温度的升高而增大，且由于晶体各棱面的平均生长速度比晶体沿长向生长速度较快，故提高温度有助于降低长宽比而形成较好晶形，但温度也不宜过高，温度过高时，也会因温度波动而形成局部过饱和程度过高，促使大量晶核形成。实际上，母液温度是根据器内的水平衡确定的。适宜的母液温度是在保证不被稀释的条件下，采用较低的操作温度，并使其保持稳定和均匀，一般母液温度控制在50～55 ℃。

3. 母液循环

母液循环的目的是使器内的母液得到充分的搅拌，以提高传质速率，同时尽量使器内的母液酸度和温度均匀，并使细粒结晶在母液中呈悬浮状态，以便延长其在母液中停留时间，这些均有利于结晶长大，另外也起到了减轻器内堵塞的作用。

4. 晶比

晶比是悬浮于母液中的硫铵结晶的体积对母液和结晶总体积的百分比，晶比太大，相应减少氨与硫酸反应所需的容积，不利于氨的吸收，母液搅拌阻力增加，导致搅拌不良，晶体间摩擦机会多，堵塞情况加剧；晶比太小，不利于晶体长大，母液密度降低，酸焦油与乳化物不易与母液分离而污染产品，对喷淋式饱和器晶比宜控制在35%～40%。

5. 杂质

母液中杂质种类和多少，取决于生产工艺流程、硫酸质量、工业水质量、设备腐蚀及操作条件等，母液中的可溶性杂质主要是由酸和水腐蚀产生的铁、铝、铜、铬、铅、锑及砷等盐类，不溶性杂质主要是由煤气带入的焦油雾、煤尘及泥渣等。

6. 离心分离和水洗

离心分离和水洗效果对产品的游离酸和水分含量影响很大，因此，要求放入离心机的料浆流量和料浆的结晶浓度保持稳定，转鼓内的料层厚度均匀，否则将影响分离效果。洗水温度和洗水量对产品质量也有影响，一般洗水温度在70 ℃以上，洗水量应不大于$(NH_4)_2SO_4$产量的12%。

（四）硫铵生产的主要设备——喷淋式饱和器

喷淋式饱和器的结构如图4-9所示。

喷淋式饱和器全部采用不锈钢制作，由上部的喷淋室和下部的结晶室组成。喷淋室由本体、外套筒和内套筒组成。煤气进入本体后，向下在本体与外套筒的环形室内流动，然后向上出喷淋室，再沿切线方向进入外套筒与内套间，旋转向下进入内套筒，由顶部排出。外套筒与内套筒形成旋风式分离器，起到除去煤气中夹带的液滴的作用。在煤气入口和煤气

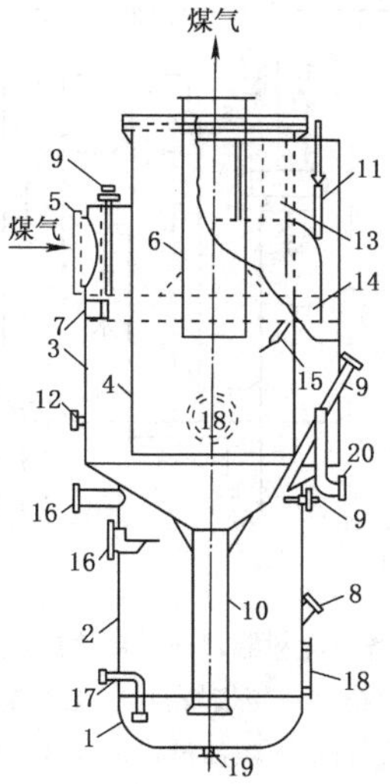

1—封头；2—下筒体；3—外筒体；4—内筒体；5—煤气入口；6—煤气出口；7—循环母液入口；
8—回流母液入口；9—温水喷淋管；10—降液管；11—母液喷淋管；12—蒸汽清扫管；13—切线形煤气通道；
14—母液分配箱；15—循环母液喷淋管；16—母液出口管；17—结晶抽出管；18—人孔；19—放空管；20—溢流管。

图 4-9　喷淋式饱和器结构

出口间分隔成两个弧形分配箱，其内设置喷嘴数个，朝向煤气流。在喷淋室的下部设有母液满流管，控制喷淋室下部的液面，促使煤气由入口向出口在环形室内流动。喷淋室以降液管与结晶室连通，循环母液通过降液管从结晶室的底部向上返，硫铵晶核不断生成和长大，同时颗粒分级，最小颗粒升向顶部，从结晶室上部出口接到循环泵，大颗粒结晶从室下部抽出。在煤气出口设有母液喷淋装置。在煤气入口和煤气出口设有温水喷淋装置，以清洗喷淋室。

三、磷酸吸氨法

（一）原理

磷酸吸氨法也叫弗萨姆(Phosam)法，该方法以磷酸为吸收液吸收焦炉煤气中的氨，吸氨后的富液解吸；解吸所得的氨气冷凝液蒸馏，制取无水氨。

磷铵溶液吸收氨，实质上是磷酸吸收氨。因磷酸为三元酸，所以可得到三种盐，即磷酸一铵、磷酸二铵和磷酸三铵。但是因为磷酸三铵很不稳定，非常容易分解出氨和磷酸二铵，所以，磷铵溶液中主要有磷酸一铵、磷酸二铵。在温度低于 120 ℃时，磷酸二铵的量决定了氨的分压，而磷酸一铵是吸收氨的吸收剂，并生成磷酸二铵，吸收氨以后的富液受热解吸出氨，磷酸二铵又还原为磷酸一铵，作为贫液返回吸收塔循环使用，吸收和解吸反应如下：

$$NH_3+NH_4H_2PO_4 \underset{\text{解吸}}{\overset{\text{吸收}}{\rightleftharpoons}} (NH_4)_2HPO_4$$

因为吸收反应是放热的，所以降低温度可以提高氨的回收率；减少磷铵溶液中磷酸二铵的含量，也同样能提高氨的回收率。

（二）工艺流程

磷酸吸收氨制取无水氨的工艺流程如图 4-10 所示。全部生产工艺由吸收、解吸和精馏工序组成。

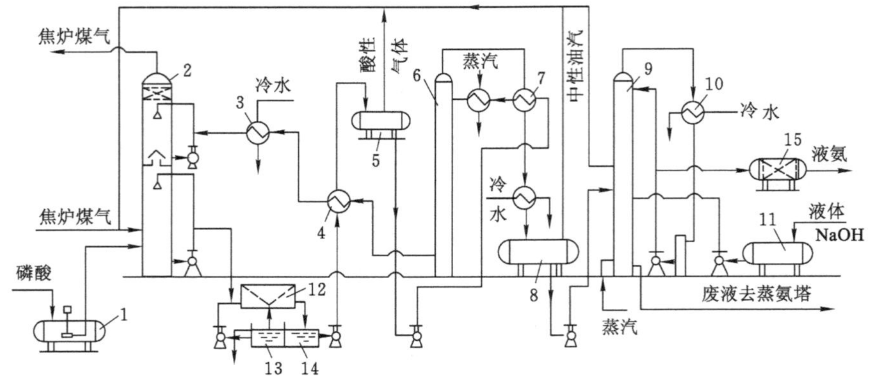

1—硫酸槽；2—吸收塔；3—贫液冷却器；4—贫富液换热器；5—脱气器；6—解吸塔；
7—氨气-富液换热器；8—精馏塔原料槽；9—精馏塔；10—无水氨冷凝冷却器；11—氨气冷凝冷却器；
12—泡沫浮选除焦油器；13—焦油槽；14—溶液槽；15—液氨中间槽。

图 4-10　无水氨生产工艺流程

1. 吸收工序

脱除了焦油雾的煤气由两段空喷吸收塔的底部进入，首先用塔底富液循环喷洒，其量约为送去解吸量的 30 倍。然后煤气进入上段，再用解吸塔底经换热至 50～55 ℃的贫液喷洒，煤气中的氨 98%以上被吸收下来。由吸收塔底排出的小部分富液进入泡沫浮选除焦油器，在此加入发泡剂，以鼓泡浮选的方式将富液中的焦油脱除。

2. 解吸工序

脱除了焦油的富液排入溶液槽，在此加入消泡剂。然后富液与解吸塔底热贫液换热升温至 118 ℃后进入脱气器，在此直接用蒸汽将溶液中吸收和夹带的酸性气体脱除，伴有少量的氨气返回吸收塔。由脱气器底排出的富液，用泵加压至约 1 300 kPa，经氨气-富液换热器，升温至 175 ℃后进入解吸塔上部。解吸塔底直接通入压力约 1 600 kPa 的蒸汽，在与富液逆流接触中将富液中所含的氨部分地解吸出来。塔底排出的贫液温度约为 196 ℃，经与富液换热及用水间接冷却后入吸收塔。

3. 精馏工序

由解吸塔顶逸出的含氨 18%～20%的氨气，温度约 187 ℃，在与富液换热后，在冷凝冷却器中冷凝至约 141 ℃入精馏塔原料槽，再用泵加压至约 1 677 kPa 送入精馏塔。精馏塔底直接通入压力约 1 569 kPa 的蒸汽。塔顶逸出含氨 99.989%的纯氨气，经冷凝冷却后，部分液态无水氨作为回流送至塔顶，用以控制塔顶温度在 38～40 ℃，回流比约为 2。其余作为产品送往压力贮槽。精馏塔底排出的废液，温度约 200 ℃，含氨约 0.1%，可送往蒸氨装置处理。

在精馏塔原料槽内加入质量分数 30%的 NaOH 溶液，与氨水中残存的微量 CO_2、H_2S 等酸性气体反应，以防酸性气体对设备的腐蚀或影响精馏产品质量，生成的钠盐溶于精馏塔底排出的废水中。

此外，在用磷铵溶液吸收氨时，煤气中的乙烯、苯和甲苯等也被微量吸收，并被带入精馏塔内。为防止精馏塔积聚过量的油，需在精馏塔中上部塔盘引出气相侧线，与脱气器和精馏塔原料槽引出的气体一道返回吸收塔的煤气入口管。

（三）影响吸收因素及其控制措施

1. 吸收液的氨与磷酸的摩尔比

在一定的吸收温度下，入塔贫液中的总铵量，一铵和二铵的质量比（可用 NH_3/H_3PO_4 物质的量比表示）是十分重要的。一般喷洒贫液中含磷铵质量分数约 41%，NH_3/H_3PO_4 物质的量比为 1.1～1.3，煤气中 98.9%以上的氨可被吸收下来，塔后煤气含氨约 0.1 g/m^3。如进一步降低塔后煤气含氨量，则需增加解吸塔的直接蒸汽量，降低贫液 NH_3/H_3PO_4 物质的量比，显然是不经济的。正常操量作条件下，富液中含磷铵质量分数约 44%，NH_3/H_3PO_4 物质的量比为 1.7～1.9。富液 NH_3/H_3PO_4 物质的量比过大会吸收过量酸性气体。

2. 吸收液的水平衡

维持吸收液的水平衡也是吸收塔操作的重要方面。一般通过调节入吸收塔贫液温度来控制煤气温度，以调节煤气带出的水量，维持吸收液的水平衡。吸收塔煤气出口温度一般为 48～51 ℃。

3. 循环液量及取出量

吸收塔上下段循环液量约 7～9 L/m^3 煤气，下段循环液量的 3%～4%送至解吸塔再生。

4. 控制解吸塔塔底温度

解吸塔塔底温度在 196 ℃左右，每 1 kg 吸收液供入蒸汽量约 0.2 kg，以保证贫液 NH_3/H_3PO_4 物质的量比，使吸收塔后煤气含氨量达到要求。

5. 精馏塔控制条件

精馏塔是以高纯度浓氨水为原料制取无水氨的蒸馏设备。所用精馏塔的类型有筛板塔、泡罩塔和填料塔。为了保证无水氨质量，要求维持第三十层塔板以上几乎是纯氨，故第三十层塔板温度应接近塔顶温度（约 40 ℃），塔压控制约 1 450 kPa，控制回流比为 2。

四、粗轻吡啶的制取

（一）从硫酸铵母液中制取粗轻吡啶的原理

吡啶具有弱碱性，在饱和器和酸洗塔中，与母液中的硫酸作用生成酸式盐或中式盐，其反应如下：

$$C_5H_5N + H_2SO_4 \longrightarrow C_5H_5NH \cdot HSO_4\text{（酸式盐）}$$

$$2C_5H_5N + H_2SO_4 \longrightarrow (C_5H_5NH)_2 \cdot SO_4\text{（中式盐）}$$

从母液中提取吡啶盐基是用氨气中和母液中的游离酸和使酸式硫酸铵变为中式盐，然后再分解硫酸吡啶，反应如下：

$$2NH_3 + H_2SO_4 \longrightarrow (NH_4)_2SO_4$$

$$NH_3 + NH_4HSO_4 \longrightarrow (NH_4)_2SO_4$$

$$2NH_3 + C_5H_5NHHSO_4 \longrightarrow (NH_4)_2SO_4 + C_5H_5N$$

$$2NH_3 + (C_5H_5NH)_2SO_4 \longrightarrow (NH_4)_2SO_4 + 2C_5H_5N$$

（二）制取粗轻吡啶的工艺流程

中和器法制取粗轻吡啶的工艺流程见图 4-11。从硫酸铵生产工序结晶槽来的母液，连续流入母液沉淀槽，进一步析出硫酸铵结晶，除去浮在表面的焦油，然后进入母液中和器。同时从氨气分凝器来的含氨质量分数为 10%～12%的氨气，泡沸穿越母液层，与母液中和而分解出吡啶。由于大量的反应热和氨气的冷凝热，中和器内母液温度高达 95～99 ℃。在此温度下，吡啶蒸气、氨气、氰化氢、硫化氢、二氧化碳、水蒸气以及少量油气和酚等从中和器逸出，进入冷凝冷却器，冷却到约 30 ℃。冷凝液进入油水分离器，上层的粗轻吡啶流入计量槽后放入贮槽，下层的分离水则返回中和器。中和母液时所生成的硫酸铵，随脱吡啶母液回流至饱和器母液系统。

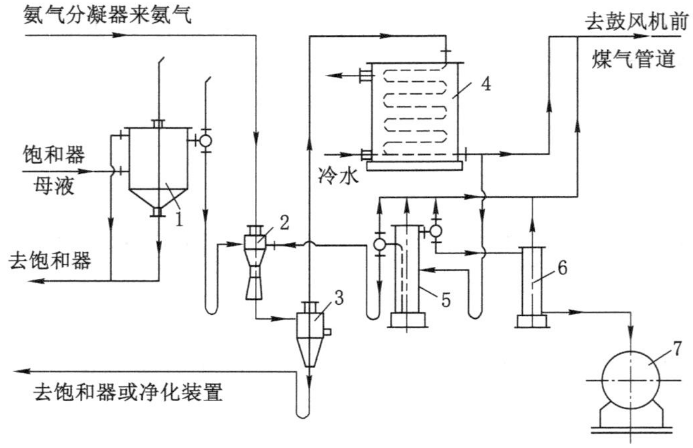

1—母液沉淀槽；2—母液中和器；3—吡啶冷凝器；4—吡啶分离器；5—油水分离器；6—计量槽；7—贮槽。

图 4-11　中和器法制取粗轻吡啶的工艺流程

（三）粗轻吡啶生产的影响因素及其控制

采用饱和器从煤气中回收吡啶的效率，主要取决于母液面上吡啶蒸气压的大小。此蒸气压与母液的温度、酸度及母液中吡啶的含量等有关系。

1. 母液温度

当母液中吡啶含量和酸度一定时，母液面上吡啶蒸气压将随温度升高而增大。当温度高于 60 ℃时，吡啶蒸气压增大特别显著，从而使吡啶吸收过程的推动力随之急剧降低。实践证明，50～60 ℃时同时回收吡啶盐基和氨是适宜的。

2. 母液酸度

母液酸度低，母液面上的吡啶蒸气压大，吡啶损失增加；母液酸度高，母液面上吡啶蒸气压小，吡啶损失降低。但酸度高，硫酸铵结晶颗粒小。实践证明，母液酸度在 4%～6%，温度 50～60 ℃，随煤气带走的吡啶盐基不超过 0.02 g/m^3，同时硫酸铵颗粒适宜。

3. 母液中吡啶含量

在母液酸度一定的情况下，随母液中吡啶含量增加，母液面上吡啶蒸气压也随之增加，这对吡啶的回收是不利的。为此，必须对母液中粗轻吡啶的含量加以限制。为了提高吡啶的回收率，应使母液中粗轻吡啶含量低于 16 g/L。

4. 中和温度和回流母液碱度

中和器出口吡啶蒸气温度一般控制在 98～100 ℃，中和器底部母液温度控制在 102～105 ℃。当通入的氨气各参数不变时，温度偏低是母液量少或游离酸含量低所致，此时回流母液碱度必提高。回流母液碱度按游离氨含量确定，一般控制在 0.35～0.8 g/L。回流母液碱度过高，引起设备腐蚀而形成金属盐，致使硫酸铵着色。母液碱度也不宜低于 0.2 g/L，否则硫酸吡啶分解不完全。

第五节　煤气中粗苯回收与精制

一、概述

苯族烃是宝贵的化工原料，焦炉煤气一般含苯族烃 25～40 g/m³，因此，经过脱氨后的煤气需进行苯族烃的回收并制取粗苯。

从焦炉煤气中回收苯族烃的方法有洗油吸收法、活性炭吸附法和深冷凝结法。其中洗油吸收法工艺简单，经济可靠，因此得到广泛应用。

洗油吸收法依据操作压力分为加压吸收法、常压吸收法和负压吸收法。加压吸收法的操作压力为 800～1 200 kPa，此法可强化吸收过程，适于煤气远距离输送或作为合成氨厂的原料。常压吸收法的操作压力稍高于大气压，是各国普遍采用的方法。负压吸收法应用于全负压煤气净化系统。

吸收了煤气中苯族烃的洗油称为富油。富油的脱苯按操作压力分为常压水蒸气蒸馏法和减压蒸馏法。按富油加热方式又分为预热器加热富油的脱苯法和管式炉加热富油的脱苯法。各国多采用管式炉加热富油的常压水蒸气蒸馏法。

二、用洗油吸收煤气中的苯族烃

（一）吸收苯族烃的工艺流程

用洗油吸收煤气中的苯族烃所采用的洗苯塔虽有多种型式，但工艺流程基本相同。煤气终冷洗苯工艺流程见图 4-12。

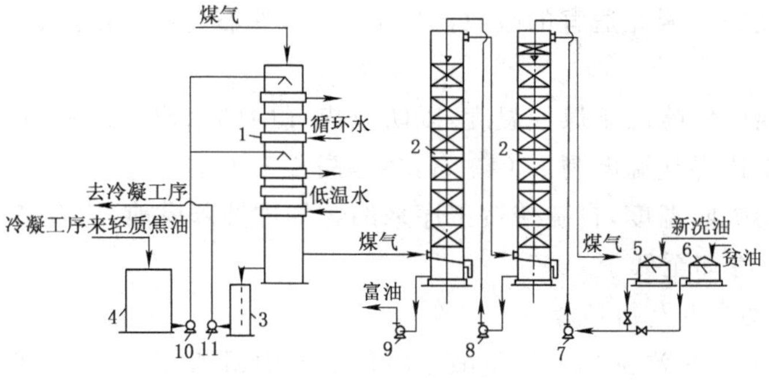

1—横管式终冷器；2—洗苯塔；3—液封槽；4—轻质焦油槽；5—新洗油槽；6—贫油槽；7—贫油泵；8—半富油泵；9—富油泵；10—轻质焦油泵；11—含萘焦油泵。

图 4-12　煤气终冷洗苯工艺流程

煤气经最终冷却器冷却到 25～27 ℃后，依次通过两个洗苯塔，塔后煤气中苯族烃含量一般为 2 g/m³。温度为 27～30 ℃的脱苯洗油（贫油）用泵送至顺煤气流向最后一个洗苯塔的顶部与煤气逆向沿着填料向下喷洒，然后经过油封流入塔底接收槽，由此用泵送至下一个洗苯塔。按煤气流向第一个洗苯塔底流出的含苯质量分数约 2.5%的富油送至脱苯装置。脱苯后的贫油经冷却后再回到贫油槽循环使用。

煤气经过氨回收工段后，温度为 55～60 ℃，但是粗苯回收主要影响因素之一就是回收温度,煤气中苯族烃的含量一定时,如果洗油吸收苯的吸收温度较低,吸收推动力增大,苯回收率增加。实践证明,最适宜的温度是 20～28 ℃。但煤气经过饱和器后,温度一般为 50～65 ℃。为了有效地利用洗油吸收煤气中的粗苯,必须进行煤气的最终冷却。煤气中含萘约 1.3 g/m^3,在冷却煤气的同时,煤气中的萘会部分析出,利用热焦油吸收萘而达到除萘目的。

(二) 影响苯族烃吸收的因素

用洗油吸收煤气中的苯族烃是物理吸收过程,服从亨利定律和道尔顿定律。当煤气中苯族烃的分压(p_g)大于洗油液面上苯族烃的平衡蒸气压(p_L)时,煤气中的苯族烃即被洗油吸收。p_g与 p_L之间的差值愈大,则吸收过程进行得愈容易,吸收速率也愈快。

煤气中的苯族烃在洗苯塔内被吸收的程度称为回收率。回收率是评价洗苯操作的重要指标。回收率大小取决于下列因素:煤气和洗油中苯族烃的含量,煤气流速及压力,洗油循环量及其分子量,吸收温度,洗苯塔的构造及填料特性等。

1. 吸收温度

吸收温度是指洗苯塔内气液两相接触面的平均温度,它取决于煤气和洗油的温度,也受大气温度的影响。吸收温度是通过吸收系数和吸收推动力的变化而影响粗苯回收率的。提高吸收温度,可使吸收系数略有增加,但不显著,而吸收推动力却显著减小。

当煤气中苯族烃的含量一定时,温度愈低,洗油中与其平衡的粗苯含量愈高;温度愈高,洗油中与其平衡的粗苯含量则显著降低。

当入塔贫油含苯量一定时,洗油液面上苯族烃的蒸气压随吸收温度升高而增高,吸收推动力则随之减小,致使洗苯塔后煤气中的苯族烃含量(塔后损失)增加,粗苯的回收率降低。

因此,吸收温度不宜过高,但也不宜过低。在低于 15 ℃时,洗油的黏度将显著增加,使洗油输送及其在塔内均匀分布和自由流动都发生困难。当洗油温度低于 10 ℃时,还可能从油中析出固体沉淀物。因此适宜的吸收温度为 25 ℃左右,实际操作温度波动于 20～30 ℃之间。

操作中洗油温度应略高于煤气温度,以防止煤气中的水汽冷凝而进入洗油中。一般规定洗油温度在夏季比煤气温度高 2 ℃左右,冬季高 4 ℃左右。

为保证适宜的吸收温度,自硫酸铵工序来的煤气进洗苯塔前,应在最终冷却器内冷却至 18～28 ℃,贫油应冷却至低于 30 ℃。

2. 洗油的吸收能力及循环量

当其他条件一定时,洗油的分子量减小将使洗油中粗苯含量增大,即吸收能力提高。同类液体吸收剂的吸收能力与其分子量成反比,吸收剂与溶质的分子量愈接近,则愈相互溶解,吸收愈完全。在含有等量粗苯的情况下,如洗油的吸收能力强,使富油的含苯量高,则循环洗油量也可相应减少。

但洗油的分子量也不宜过小,否则洗油在吸收过程中挥发损失较大,并在脱苯蒸馏时不宜与粗苯分离。

增加送往洗苯塔的循环洗油量,可降低洗油中粗苯的含量,增加吸收推动力,从而可提高粗苯回收率。但循环洗油量也不宜过大,以免过多地增加电、蒸汽的耗量和冷却水用量。

由于石油洗油的分子量比焦油洗油大,因此当用石油洗油从煤气中吸收同一数量的苯族烃时,所需循环洗油量要比焦油洗油大约 30%。

循环洗油的吸收能力比新洗油约下降 10%,为了保证循环洗油的质量,在生产过程中,必须对洗油进行再生处理。

3. 贫油含苯量

贫油含苯量是决定塔后煤气含苯族烃量的主要因素之一。当其他条件一定时，入塔贫油中粗苯含量愈高，则塔后损失愈大。实际生产过程中，一般允许贫油含粗苯质量分数在0.4%～0.6%，此时能保证塔后煤气含苯族烃在2 g/m³以下。如进一步降低贫油中的粗苯含量，虽然有助于降低塔后损失，但将增加脱苯蒸馏时的水蒸气耗量，使粗苯产品在180 ℃前馏出率减少，并使洗油的耗量增加。

4. 吸收面积

为使洗油充分吸收煤气中的苯族烃，必须使气液两相之间有足够的接触表面积（即吸收面积）。填料塔的吸收表面积即为塔内填料表面积。填料表面积愈大，则煤气与洗油接触的时间愈长，回收过程进行得也愈完全。

根据生产实践，当塔后煤气含苯量要求达到2 g/m³时，对于木格填料洗苯塔，每小时1 m³煤气所需的吸收面积一般为1.0～1.1 m²，对于钢板网填料塔，则为0.6～0.7 m²。当减少吸收面积时，粗苯的回收率将显著降低。因此适宜的吸收面积应既能保证一定的粗苯回收率，又使设备费和操作费经济合理。

5. 煤气压力和流速

当增大煤气压力时，吸收系数有所降低。但随着压力的增加，煤气中的苯族烃分压将成比例地增加，使吸收推动力显著增加，因而吸收速率也将增大。

增加煤气流速可提高气膜吸收系数，从而提高吸收速率，强化吸收过程。但煤气流速也不宜过大，以免使洗苯塔阻力和雾沫夹带量过大。对木格填料塔，空塔气速以不高于载点气速的0.8倍为宜。

三、富油脱苯

（一）脱苯原理

脱苯原理实际上是精馏原理，挥发度不同的组分的混合液在精馏塔内多次地进行部分气化和部分冷凝，分离出几乎纯态的组分。在精馏过程中，当加热互不相溶的液体混合物时，如果塔内的总压力等于几个混合组分的饱和蒸气分压之和时，液体开始沸腾，但从富油中蒸出粗苯，要求达到脱苯条件，必须将富油加热到250～300 ℃，这实际上是不可行的。

为了降低蒸馏温度采用水蒸气法蒸馏。这样，在脱苯过程中通入大量的直接水蒸气，当塔内总压力为一定值时，若气相中水蒸气所占的分压愈高，则粗苯和洗油的蒸气分压就愈低，这样就可以在较低的温度下（远低于250～300 ℃），将粗苯完全地从洗油中蒸馏出来。

（二）富油脱苯工艺流程

目前，国内已采用的工艺技术有：单塔蒸馏制取粗苯（兼制取低萘贫油）工艺技术；单塔蒸馏制取轻苯工艺技术以及双塔蒸馏制取轻苯工艺技术。其中，采用较多的为单塔蒸馏制取粗苯工艺技术及单塔蒸馏制取轻苯工艺技术。

1. 单塔蒸馏制取粗苯工艺

单塔蒸馏制取粗苯工艺流程见图4-13。

来自洗苯工序的富油依次与脱苯塔顶的油气和水汽混合物、脱苯塔底排出的热贫油换热后温度达110～130 ℃进入脱水塔。脱水后的富油经管式炉加热至180～190 ℃进入脱苯塔。脱苯塔顶逸出的90～93 ℃的粗苯蒸气与富油换热后温度降到73 ℃左右进入冷凝冷却

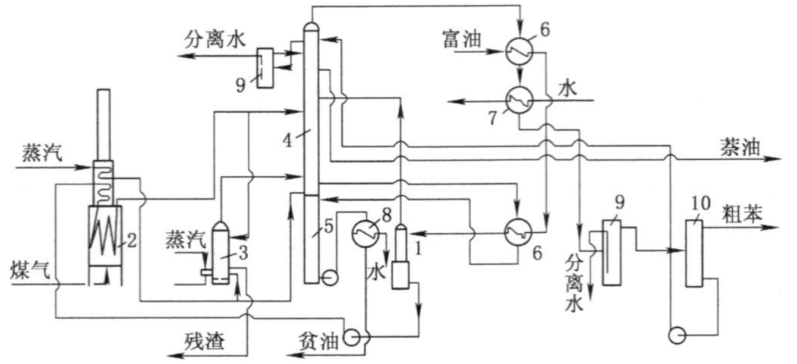

1—脱水塔；2—管式炉；3—再生器；4—脱苯塔；5—热贫油槽；6—换热器；

7—冷凝冷却器；8—冷却器；9—分离器；10—回流槽。

图 4-13　单塔蒸馏制取粗苯工艺流程

器，冷凝液进入油水分离器。分离出水后的粗苯流入回流槽，部分粗苯送至塔顶作为回流，其余作为产品采出。脱苯塔底部排出的热贫油经贫富油换热器进入热贫油槽，再用泵送贫油冷却器冷却至 25～30 ℃后去洗苯工序循环使用。脱水塔顶逸出的含有萘和洗油的蒸气进入脱苯塔精馏段下部，在脱苯塔精馏段切取萘油。从脱苯塔上部断塔板引出液体至油水分离器分出水后返回塔内。脱苯塔用的直接蒸汽是经管式炉加热至 400～450 ℃后经由再生器进入的，以保持再生器顶部温度高于脱苯塔底部温度。

为了保持循环洗油质量，将循环油量的 1%～1.5%由富油入塔前的管路引入再生器进行再生。在此用蒸汽间接将洗油加热至 160～180 ℃，并用蒸气直接蒸吹，其中大部分洗油被蒸发并随蒸气直接进入脱苯塔底部。残留于再生器底部的残渣油，靠设备内部的压力间歇或连续地排至残渣油槽。残渣油中 300 ℃前的馏出量要求低于 40%，洗油再生器的操作对洗油耗量有较大影响。在洗苯塔捕雾及再生器操作正常时，每生产 1 吨 180 ℃前粗苯的焦油洗油耗量可在 100 kg 以下。

2. 单塔蒸馏制取轻苯工艺

轻苯、精重苯和萘溶剂油均从一个脱苯塔采出，见图 4-14。

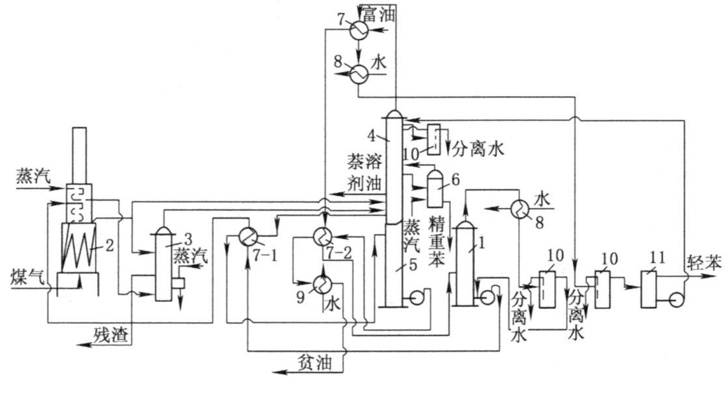

1—脱水塔；2—管式炉；3—再生器；4—脱苯塔；5—热贫油槽；6—汽提柱；7—换热器；

8—冷凝冷却器；9—冷却器；10—分离器；11—回流槽。

图 4-14　一塔式生产三种产品的流程

自洗苯工序来的富油经油气换热器、二段油油换热器进入脱水塔。脱水塔顶部逸出的油气和水汽混合物经冷凝冷却后，进入分离器进行油水分离。脱水后的富油经一段油油换热器和管式炉加热到180～190 ℃进入脱苯塔。脱苯塔顶部逸出的轻苯蒸气经与富油换热、冷凝冷却并与水分离后进入回流槽，部分轻苯送至塔顶作回流，其余作为产品采出。精重苯和萘溶剂油分别从脱苯塔侧线引出。从塔上部断塔板上将塔内液体引至分离器，与水分离后返回塔内。视情况可将精重苯引至汽提柱利用蒸汽蒸吹以提高其初馏点，轻质组分返回塔内。脱苯塔底部热贫油经一段油油换热器进入热贫油槽，再用泵送经二段油油换热器、贫油冷却器冷却后至洗苯工序循环使用。

四、粗苯加氢精制

（一）概述

粗苯加氢精制是在一定的反应温度和氢气压力下，使粗（轻）苯通过催化剂床层与氢气进行一系列加氢反应，脱除含硫化合物等杂质，再经精馏制取苯产品的工艺过程，所得苯产品质量能达到合成用苯的标准，是粗苯加工精制的发展方向。

苯加氢分高温加氢（600～650 ℃）、中温加氢（500～550 ℃）和低温加氢（350～380 ℃）三种。目前国内建成投产的是高温加氢和低温加氢两种，按其发展的趋势是以低温加氢为主。典型的高温及低温加氢比较见表4-6。

表4-6　典型的加氢工艺综合比较

项　目	莱托（LITOL）法	莫菲兰法
1. 加氢原料	粗苯/轻苯	粗苯
2. 加氢原理	催化加氢净化、脱烷基	催化加氢脱硫净化
3. H_2源	加氢反应气体重整制 H_2	焦炉煤气变压吸附制 H_2
4. 加氢催化剂	$CoO-MoO-Al_2O_3$；$Cr_2O_3-Al_2O_3$	$CoO-MoO_2-Fe_2O_3$
5. 反应温度	600～650 ℃	350～380 ℃
6. 反应压力	5.1～5.7 MPa	2.8 MPa
7. 加氢油精制	简单蒸馏	萃取蒸馏
8. 苯类产品	一种苯（纯苯）	苯、甲苯和二甲苯
9. 产品收率	120%（对原料中苯）	＜100%（对原料中苯类）
10. 苯结晶点	5.5 ℃以上	5.48 ℃
11. 苯中噻吩含量	约0.1 mg/kg	＜0.8 mg/kg
12. 流程评价：		
① 加氢	较长	较短
② 加氢油精制	短而简单	长而复杂
③ H_2供给	反应气体制氢装置提供	加氢装置外制氢供给

（二）粗苯加氢精制的基本原理

1. 高温加氢的主要化学反应

催化加氢净化是对轻苯或苯、甲苯和二甲苯混合馏分进行气相催化加氢，以将其中所含烯烃、环烯烃、噻吩等有机硫化物及吡啶等含氮化合物等杂质转化成相应的饱和烃而除去。

在莱托法反应条件下，还发生苯的同系物加氢脱烷基反应，转化为苯及低分子烷烃。催化加氢的主要反应如下：

（1）加氢脱硫

轻苯中的硫化物主要是噻吩及其同系物，噻吩类总质量分数约为 1%。莱托法催化加氢几乎能使噻吩完全氢化分解，得到噻吩含量小于 0.5 mg/kg 的苯类产品。加氢脱硫主要在莱托第一反应器中进行。

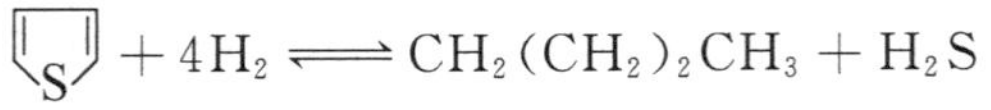

$$C_4H_9SH + H_2 \rightleftharpoons C_4H_{10} + H_2S$$

$$CS_2 + 4H_2 \rightleftharpoons CH_4 + 2H_2S$$

有机硫化物氢解的平衡常数随温度升高而降低，但由于平衡常数相当大，所以为增加有机硫化物的氢解速度，可以采用较高的操作温度，也不致因化学平衡的限制而影响脱硫效果。

有机硫化物氢解的难易程度取决于分子结构，噻吩的氢解比硫醚、二硫化碳和硫醇难，所以噻吩的氢解速度决定着整个原料的脱硫速度。

（2）不饱和烃的脱氢和加氢

轻苯中含有不饱和芳烃、烯烃和环烯烃，其中大部分在预加氢过程被加氢饱和，少部分在莱托反应条件下加氢和脱氢。

① 预反应加氢

预反应加氢是莱托反应正常进行的保护性加氢，属选择性加氢，主要脱除占轻苯质量分数约 2%的苯乙烯及其同系物。

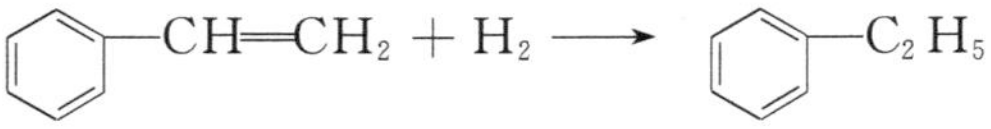

② 主反应加氢

主反应加氢主要进行环烯烃的加氢和脱氢而生成饱和芳烃。

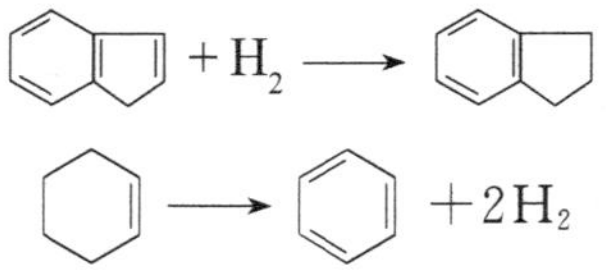

（3）饱和烃的加氢裂解

轻苯中的饱和烃，主要是直链烷烃和环烷烃，莱托加氢使之裂解，转化为低碳分子的饱和烃而被分离出去。

$$C_6H_{12} + 3H_2 \longrightarrow 3C_2H_6$$

$$C_6H_{12} + 2H_2 \longrightarrow 2C_3H_8$$

$$C_7H_{16} + 2H_2 \longrightarrow 2C_2H_6 + C_3H_8$$

饱和烃的加氢裂解主要在莱托第一反应器中进行，它是提高苯产品质量的重要反应，氢主要消耗在这类反应上。加氢裂解是放热反应，由它产生的温升占第一反应器总温升的一半。

（4）环烷烃的脱氢

饱和烃的加氢裂解，消耗相对数量的氢气，但在一定程度上又可以由脱氢反应得到补偿，大约可有50％的环烷烃由于脱氢而生成芳烃和氢气。

$$C_6H_{12} \longrightarrow C_6H_6 + 3H_2$$

$$C_{10}H_{12} \longrightarrow C_{10}H_8 + 2H_2$$

（5）加氢脱烷基

苯的同系物将发生某些加氢脱烷基反应：

$$C_6H_5CH_3 + H_2 \longrightarrow C_6H_6 + CH_4 \quad \text{转化率}70\%$$

$$C_6H_4(CH_3)_2 + H_2 \longrightarrow C_6H_5CH_3 + CH_4$$

$$\qquad \qquad \qquad \qquad \hookrightarrow C_6H_6 + CH_4$$

$$C_6H_5C_2H_5 + H_2 \longrightarrow C_6H_6 + C_2H_4 \quad \text{转化率}95\%$$

也有如下反应：

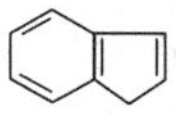

$$+2H_2 \longrightarrow C_6H_5CH_2CH_2CH_3 \xrightarrow{+H_2} C_6H_6 + C_3H_8$$

加氢脱烷基反应主要在莱托第二反应器进行。

（6）加氢脱氮和脱氧

$$C_5H_5N + 5H_2 \longrightarrow CH_3(CH_2)_3CH_3 + NH_3$$

$$C_6H_5OH + H_2 \longrightarrow C_6H_6 + H_2O$$

（7）芳烃的氢化及联苯的生成

$$C_6H_6 \xrightleftharpoons{+3H_2} C_6H_{12} \xrightleftharpoons{+2H_2} 2C_3H_8$$

$$2C_6H_6 \rightleftharpoons C_6H_5C_6H_5 + H_2$$

这两种反应是非选择性反应，前者对产品纯度和结晶点有影响，后者是苯损失的原因，但反应是可逆的，在一定条件下便达到平衡。

2. 低温加氢的主要化学反应

（1）预加氢反应

预加氢反应是保护性加氢，属选择性加氢。当混合油气经过催化剂床层时，将烯烃、CS_2 等易聚合的化合物在低温下加氢为饱和烃，以避免在后续工序中发生聚合反应，引起堵塞事故。预加氢反应如下：

$$CS_2 + 4H_2 \longrightarrow 2H_2S + CH_4$$

$$C_2H_4 + H_2 \longrightarrow C_2H_6$$

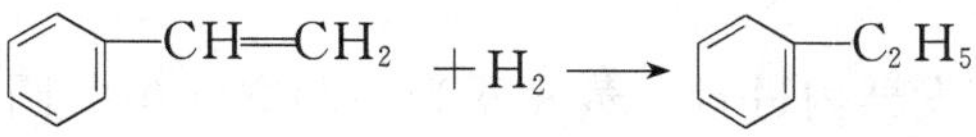

（2）主加氢反应

预反应生成物经过催化剂床层时，主要发生含氧、氮、硫的化合物加氢反应，转化为饱和烃、H_2S、H_2O 和 NH_3，并最大限度地抑制芳烃转化。主加氢反应如下：

$$C_4H_4S + 4H_2 \longrightarrow H_2S + C_4H_{10}$$

$$C_2H_5SC_2H_5 + 2H_2 \longrightarrow H_2S + 2C_2H_6$$

$$C_4H_3SCH_3 + 4H_2 \longrightarrow H_2S + C_5H_{12}$$

$$C_5H_5N + 5H_2 \longrightarrow CH_3(CH_2)_3CH_3 + NH_3$$

$$C_6H_5OH + H_2 \longrightarrow C_6H_6 + H_2O$$

$$C_6H_6 + 3H_2 \longrightarrow C_6H_{12}$$

$$C_6H_5CH_3 + 3H_2 \longrightarrow C_6H_{11}CH_3$$

后两个反应是不希望发生的。

（三）莱托法高温加氢工艺流程

以粗苯为原料的莱托法加氢工艺包括粗苯的预备蒸馏、轻苯加氢预处理、莱托加氢和苯精制工序，如图 4-15 所示。

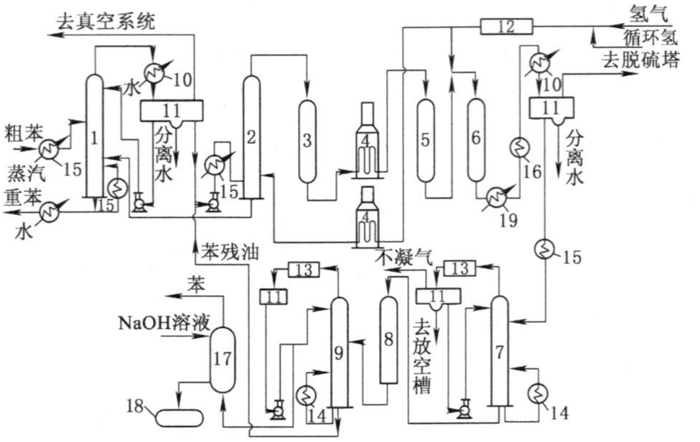

1—预蒸馏塔；2—蒸发器；3—预反应器；4—管式加热炉；5—第一反应器；6—第二反应器；7—稳定塔；8—白土塔；9—苯塔；10—冷凝冷却器；11—分离器；12—冷却器；13—凝缩器；14—重沸器；15—预热器；16—热交换器；17—碱洗槽；18—中和槽；19—蒸汽发生器。

图 4-15　轻苯高温加氢工艺流程

1. 粗苯预备蒸馏

粗苯的预备蒸馏是将粗苯在预蒸馏器中分馏为轻苯和重苯。轻苯作为加氢原料，一般控制 C_9 以上的化合物质量分数小于 0.15%。这不仅降低了催化剂的负荷，而且还保护了生产古马隆树脂的原料资源。

经预热到 90～95 ℃的粗苯进入预蒸馏器，在约 26.7 kPa 的绝对压力下进行分馏。塔顶蒸气温度控制不高于 60 ℃，逸出的油气经冷凝冷却至 40 ℃进入油水分离器，分离出水的轻苯，小部分作为回流，大部分送入加氢装置。塔底重苯经冷却至 60 ℃送往贮槽。

2. 轻苯加氢预处理

（1）轻苯的加热气化

轻苯的加热气化在蒸发器内进行。蒸发器为钢制立式中空圆筒形设备，底部装有氢气喷雾器。

轻苯用高压泵送经预热器预热至 120～150 ℃后进入蒸发器，液位控制在筒体的 1/3～1/2 高度。经过净化的纯度约为 80%的循环氢气与补充氢气混合后，约有一半氢气进入管式炉，加热至约 400 ℃后送入蒸发器底部喷雾器。

蒸发器内操作压力为 5.8～5.9 MPa，操作温度约为 232 ℃。在此条件下，轻苯在高温氢气保护下被蒸吹，大大减少了热聚合，器底排出的残油量仅为轻苯质量的 1%～3%，含苯类约 65%，经过滤后，返回预蒸馏塔。

（2）轻苯预加氢

预加氢的目的是通过催化加氢脱除约占轻苯质量 2%的苯乙烯及其同系物。因为这类不饱和化合物热稳定性差，在高温条件下易聚合，这不但能引起设备和管路的堵塞，还会使莱托反应器催化剂比表面积降低，活性下降。

由蒸发器顶部排出的芳烃蒸气和氢气的混合物进入预反应器，于此进行选择性加氢。预反应器为立式圆筒形，内填充 ϕ3.2 mm，L/D 为 1.4 的圆柱形 $CoO\text{-}MoO_3/Al_2O_3$ 催化剂。在催化剂上部和下部均装有 ϕ6～20 mm 的瓷球，以使气源分布均匀。预反应器的操作压力为 5.8～5.9 MPa，操作温度为 200～250 ℃，温升不大于 25 ℃。预反应器操作温度随原料油中苯乙烯含量的多少而有所变化。

3. 莱托加氢

预加氢后的油气经加热炉加热至 600～650 ℃进入第一反应器，从反应器底部排出的油气温度约 17 ℃，加入适量的冷氢后进入第二反应器，在此完成最后的加氢反应。由第二反应器排出的油气经蒸气发生器、换热器和凝缩器冷凝冷却后，进入高压分离器。分离出的液体为加氢油，分离出的氢气和低分子烃类脱除硫化氢后，一部分送往加氢系统，一部分送往转化制氢系统制取氢气，剩余部分做燃料气使用。

在主加氢过程中，影响转化率的因素有：

① 反应温度。温度过低反应速度慢，温度过高不希望发生的副反应加剧，可采取控制送入的冷氢气量加以控制。

② 反应压力。适当的压力可以使噻吩硫的脱除率达到最高，并且能抑制催化剂床层的积碳，防止出现芳烃加氢裂解反应。

③ 进料速度。其决定物料在反应器中的滞留时间。滞留时间与催化剂的性能有密切关系，性能优异的催化剂可以大大缩短物料滞留时间。

④ 氢气与轻苯的物质的量比值。操作中此值必须大于化学计量比值，以防止生成高沸点聚合物和结焦。

4. 苯精制

苯精制的目的是使加氢油通过稳定塔洗、白土塔洗、苯蒸馏塔洗和产品的碱洗涤处理，得到合格的特级苯。

(1) 稳定处理

由高压闪蒸分离器出来的加氢油，在预热器换热升温至 120 ℃后入稳定塔。稳定塔顶压力约为 0.81 MPa，温度为 155～158 ℃。用加压蒸馏的方法将在高压闪蒸器中没有闪蒸出去的 H_2、小于 C_4 的烃及少量 H_2S 等组分分离出去，使加氢油得到净化。另外，加压蒸馏可以得到温度高的塔底馏出物(179～182 ℃)，以此作为白土精制系统的进料，可使白土活性充分发挥。

稳定塔顶馏出物经冷凝冷却进入分离器，分离出的油作为塔顶回流，未凝气体再经凝缩，分离出苯后外送处理。

(2) 白土吸附处理

经稳定塔处理后的加氢油，尚含有一些痕量烯烃、高沸点芳烃及微量 H_2S。通过白土吸附处理，可进一步除去这些杂质。

白土塔内充填有以 SiO_2 和 Al_2O_3 为主要成分的活性白土。其真密度为 2.4 g/mL，比表面积为 200 m^2/g，孔隙体积为 280 mL/g。白土塔操作温度为 180 ℃，操作压力约为 0.15 MPa。白土可用水蒸气吹扫进行再生，以恢复其活性。

(3) 苯精馏

经过白土塔净化后的加氢油，经调节阀减压后温度约为 104 ℃进入苯塔。苯塔为筛板塔，塔顶压力控制为 41.2 kPa，温度为 92～95 ℃。纯苯蒸气由塔顶馏出，经冷凝冷却至约 40 ℃后入分离器。分离出的液体苯一部分作回流，其余送入碱处理槽，用质量分数 10%的 NaOH 溶液去除其中微量的 H_2S 后，苯产品纯度达 99.9%，凝固点大于 5.45 ℃，每 1 kg 苯全硫含量低于 1 mg。分离出的不凝性气体，可以做燃料气使用。苯塔底部排出的苯残油，返回轻苯贮槽，重新进行加氢处理。

(四) 莫菲兰法低温加氢工艺流程

以粗苯和轻苯各半的混合油为原料的莫菲兰法加氢工艺包括混合油加氢、预蒸馏、萃取蒸馏和二甲苯蒸馏工序。

1. 混合油加氢

混合油首先在多段蒸发器内进行气化，得到的混合气再去加氢。其工艺流程见图 4-16。

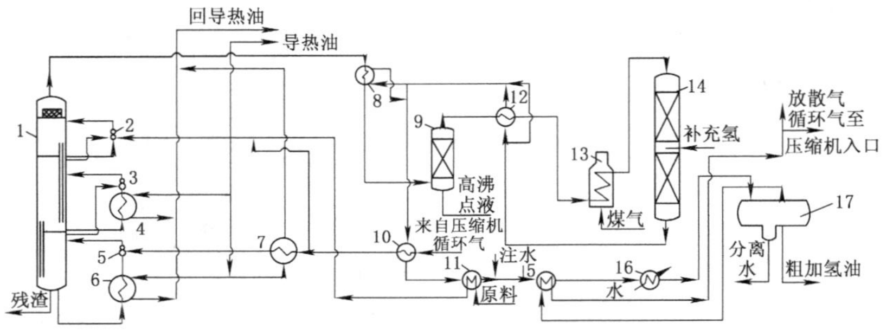

1—多段蒸发器；2—喷嘴 3；3—喷嘴 2；4—二段重沸器；5—喷嘴 1；6——段重沸器；
7—循环气体预热器；8—换热器；9—预反应器；10—循环气体加热器；11—预蒸发器；12—预反应生成物换热器；
13—加热炉；14—主反应器；15—排气加热器；16—主反应生成物冷却器；17—分离器。

图 4-16 低温加氢工艺流程

多段蒸发器分上、中、下三段。混合油经过滤除去颗粒状聚合物后，再由泵加压并与少部分富氢循环气混合，一起与主反应生成物换热升温至 139 ～150 ℃进入上段喷嘴，在此与中段的油气及上段塔板的混合油混合，经喷嘴入蒸发器内。气化的油气经捕雾层排出，作为加氢的原料气。上段未气化的混合油经降液管流入中段塔板，再经重沸器进入中段喷嘴与下段的油气混合后进入蒸发器内。中段未气化的混合油经降液管流入蒸发器底部，经重沸器进入下段喷嘴与预热到 200～250 ℃的循环气体混合后进入蒸发器内。利用喷嘴循环气液混合物，有利于混合油的气化，同时也减轻了热聚合。

多段蒸发器顶部温度 200 ℃，底部温度 210 ℃，底部压力 3～3.5 MPa。

由多段蒸发器排出的油气与主反应器生成物换热到 180～230 ℃进入预反应器，经催化剂床层完成烯烃加氢饱和反应后，与主反应生成物换热，然后从顶部进入主反应器，经催化剂床层完成加氢脱硫、氧、氮化合物反应，抑制芳烃脱烷基反应。出主反应器的生成物依次与预反应生成物、蒸发油气、循环气体、混合油及排气换热后，经冷却至 35～50 ℃进入分离器，在此得到粗加氢油。分离出来的含氢循环气经预热排至压缩机入口，然后循环至多段蒸发器及加氢系统。

在预蒸发器后由定量泵间断地向主反应生成物中注入锅炉给水，以溶解析出 NH_4Cl 及 NH_4HS 等盐类。补充氢由主反应器催化剂上下床之间进入，其作用一是除去氢气中的氧，二是降低因催化反应而引起的升温，避免发生聚合反应。

主反应器加热炉在主反应器开工、主反应器正常运转需补充热量及催化剂再生时运转。

预反应器和主反应器的温度随催化剂的活性变化而改变。一般预反应器的温度在 195～245 ℃，压力为 3～4 MPa；主反应器的温度在 280～355 ℃，压力为 3～4 MPa；分离器压力为 2.4～2.9 MPa；补充氢和循环气体压力均为 3.5 MPa。

2. 加氢油预蒸馏

加氢油预蒸馏工艺流程见图 4-17。

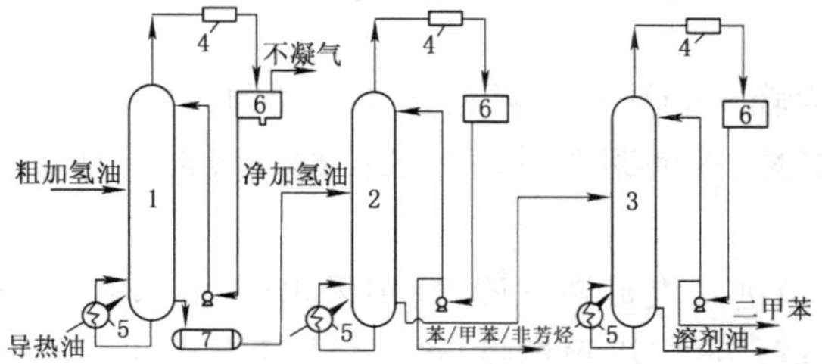

1—稳定塔；2—预蒸馏塔；3—二甲苯蒸馏塔；4—凝缩器；5—重沸器；6—分离器；7—缓冲槽。

图 4-17　加氢油预蒸馏工艺流程

粗加氢油首先进入稳定塔汽提出溶解在其中的不凝性气体（H_2、N_2、NH_3、H_2S 等）。为了减少苯类产品损失，又最大限度地蒸出不凝性气体，稳定塔采用加压操作。稳定塔顶压力 0.5 MPa，塔底压力 0.53 MPa；稳定塔顶温度 88 ℃，塔底温度 155 ℃。

由稳定塔底得到的净加氢油送至预蒸馏塔进行常压蒸馏。塔顶分馏出的苯-甲苯馏分作为萃取蒸馏的原料，塔底残油送至二甲苯塔以制取二甲苯和溶剂油。预蒸馏塔塔顶温度 97 ℃，塔底温度 180 ℃；预蒸馏塔塔顶压力 0.04 MPa，塔底压力 0.09 MPa。

3. 苯-甲苯馏分萃取蒸馏

低温加氢产生的饱和碳氢化合物与苯的相对挥发度很小（如苯与环己烷的相对挥发度 $\alpha_p=1.15$），与苯的沸点差也小，并且能形成共沸混合物，用普通精馏法不能分离，这将使苯的结晶点、密度和折射率降低，严重影响其质量。因此，必须采用萃取蒸馏的方法才能得到苯的纯产品。萃取蒸馏的关键是选择萃取剂，常选择 *N*-甲酰吗啉。将 *N*-甲酰吗啉加入苯-甲苯馏分中，提高了非芳烃与芳烃之间的相对挥发度，对于苯类是良好的溶剂，沸点较高（243 ℃），与待分离组分不形成恒沸物，热稳定性和化学稳定性较好，循环使用过程损失小。也有采用环丁砜和 *N*-甲基吡咯烷酮做萃取剂的。

苯-甲苯馏分萃取蒸馏的工艺流程见图 4-18。

苯-甲苯-非芳烃馏分由萃取塔的中部进入，*N*-甲酰吗啉由塔上部进入，在流经上部填料段过程中，完成了液-液萃取操作，同时净化了由塔顶排出的非芳烃气体。物料经塔下部的浮阀塔盘完成蒸馏过程，塔底排出富溶剂油。萃取塔顶温度 90 ℃，塔底温度 175 ℃；萃取塔塔顶压力 0.2 MPa，塔底压力 1.55 MPa。

萃取塔顶部逸出的含少量溶剂的非芳烃气体进入填料溶剂回收塔，从塔顶分馏出非芳

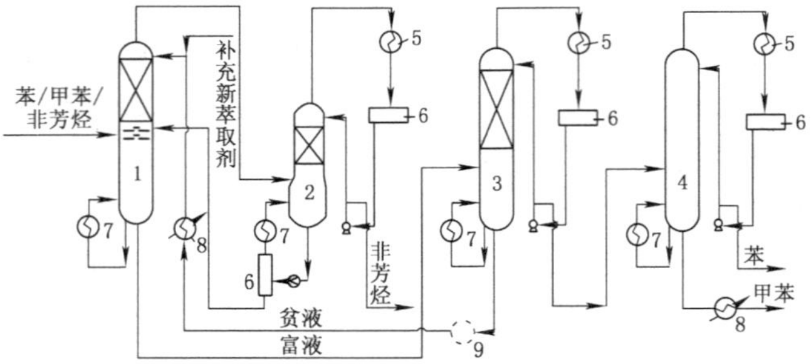

1—萃取塔;2—溶剂回收塔;3—汽提塔;4—苯-甲苯蒸馏塔;5—凝缩器;6—分离器;
7—重沸器;8—冷却器;9—塔底重沸器。

图 4-18　苯-甲苯馏分萃取蒸馏工艺流程

烃,塔底油经分离器分为轻相和重相。轻相含非芳烃和芳烃,强制循环返回溶剂回收塔底部,重相含少量溶剂和芳烃,返回萃取塔填料的下部。溶剂回收塔顶温度 79 ℃,塔底温度 151 ℃。

萃取塔底排出的富液进入汽提塔下段,塔顶采出苯-甲苯馏分,塔底排出贫液。贫液经换热和冷却后进入萃取塔。汽提塔顶温度 56 ℃,塔底温度 185 ℃;汽提塔顶压力－0.005 MPa,塔底压力－0.05 MPa。为了去除萃取剂在循环使用中形成的高聚物及混入的铁锈等固体颗粒,从汽提塔底间歇定量地引入再生槽进行减压蒸馏,再生温度 200 ℃。

由汽提塔得到的苯-甲苯馏分送入蒸馏塔,塔顶采出纯苯,塔底采出甲苯。蒸馏塔顶温度 85 ℃,塔底温度 128 ℃;蒸馏塔顶压力 0.03 MPa,塔底压力 0.06 MPa。

第六节　焦 油 加 工

一、煤焦油分离

煤焦油是煤在高温干馏过程中得到的液体产物,是具有刺激性臭味、黑色或黑褐色、黏稠状液体,产率占炼焦干煤的 3%～4%,是主要由芳香族化合物组成的复杂混合物。其所含组分上万种,已从中分离并认定的单种化合物约 500 余种,约占煤焦油总量的 55%。

煤焦油中的组分相当多,难以将其中的组分只经一次加工就分离出来,通常是分步地把煤焦油中的有用组分逐级分离开来。分离的方法一般是蒸馏、萃取和结晶等。

煤焦油通过蒸馏切取的馏分有如下几种:

① 轻油馏分。为 170 ℃前的馏分,产率为 0.4%～0.8%,密度 0.88～0.90 kg/L,主要含苯族烃,酚的质量分数小于 5%,还含有少量的古马隆和茚等不饱和化合物。

② 酚油馏分。为 170～210 ℃馏分,产率为 1.0%～2.5%,密度 0.98～1.01 kg/L,含有酚和甲酚,质量分数为 20%～30%,其中萘 5%～20%,吡啶碱 4%～6%,其余为酚油。

③ 萘油馏分。为 210～230 ℃馏分,产率为 10%～13%,密度 1.01～1.04 kg/L,主要含萘 70%～80%,酚、甲酚与二甲酚 4%～6%,重吡啶碱 3%～4%,其余为萘油。

④ 洗油馏分。为 230～300 ℃馏分,产率为 4.5%～6.5%,密度 1.04～1.06 kg/L,含甲酚、二甲酚及高沸点酚类,其中酚类 3%～5%,重吡啶碱 4%～5%,萘小于 15%,还含有

甲基萘及少量的苊、芴、氧芴等,其余为洗油。

⑤ 一蒽油馏分。为 280～360 ℃馏分,产率为 16%～22%,密度 1.05～1.10 kg/L。主要组分为蒽(16%～20%)、萘(2%～4%)、高沸点酚类(1%～3%)、重吡啶碱类(2%～4%),其余为一蒽油。

⑥ 二蒽油馏分。初馏点 310 ℃,馏出 50%时为 400 ℃,产率为 4%～6%,密度 1.08～1.12 kg/L,萘含量不大于 3%。

⑦ 沥青。为焦油蒸馏残余物,产率为 54%～56%。

上述各焦油馏分经进一步加工,可分离制取多种产品,所提取的主要产品有如下几种:

① 萘。萘为无色晶体,易升华,不溶于水,易溶于醇、醚、三氯甲烷和二硫化碳,是焦油加工的重要产品。工业萘经氧化制取邻苯二甲酸酐,供生产树脂、工程塑料、塑料增塑剂、染料、医药及油漆之用。萘也可用于生产农药、植物生长刺激素、塑料与橡胶的防老剂等。

② 酚及同系物。酚是无色结晶,可溶于水和乙醇。酚广泛用于生产树脂、工程塑料、染料、油漆和医药等。甲酚可用于生产合成树脂、增塑剂、防腐剂、防老剂和香料。

③ 蒽。蒽是无色片状结晶,有蓝色荧光,不溶于水,能溶于醇、醚、四氯化碳和二硫化碳,主要用于制造蒽醌染料,还可用于制造合成皮革鞣剂等。

④ 菲。菲是白色带荧光的结晶,可用于制取农药等,在焦油中含量仅次于萘,其应用有待进一步开发。

⑤ 咔唑。咔唑是无色小鳞片状晶体,不溶于水,微溶于乙醇、乙醚、丙酮、热苯及二硫化碳等,可用于制造染料和农药。

⑥ 各种油类。前述各馏分提取有关单组分产品后,留下各种油类产品。其中洗油馏分经脱二甲酚和喹啉碱类后得到洗油,主要用作回收苯类的溶剂。提取粗蒽结晶后的一蒽油可用作配制防腐油和生产炭黑的原料油,其他油类可用于制造油漆的溶剂等。

⑦ 沥青。可用于制造屋顶涂料、防潮层、生产沥青焦、电极沥青和针状焦等。

由此可见煤焦油产品应用广泛。目前世界焦油年资源量约 2 000 万 t,其中 70%进行加工精制。国外先进的焦油加工厂已从中提取 200 多种产品,德国可从煤焦油制得 500 种不同的化学品。为了从煤焦油中提取量少价高的产品,煤焦油加工趋向于集中加工、大型化和精细化。

二、煤焦油的初步蒸馏

(一) 焦油蒸馏前的准备

为了保证焦油蒸馏的安全稳定操作,提高设备的生产能力及加强设备的维护,煤焦油在蒸馏前应做好准备工作。

1. 焦油质量的均合

对于焦油加工来说,焦油的喹啉不溶物(QI)、水和灰分含量等指标都十分重要,因为它们会影响焦油蒸馏操作稳定和蒸馏残液沥青的质量。

在焦油蒸馏过程中,焦油萘含量波动 1%,就会严重影响各馏分的质量变化,会给蒸馏操作带来困难。焦油 QI 含量波动大于 1.5%,中温沥青 QI 含量波动在 3%左右,对其应用和改质沥青生产会带来不利影响。而一些大型煤焦油加工厂收购处理很多焦化厂的煤焦油,这些焦油在组成、密度、QI、水和灰分含量等方面均有较大差别,如不经预先均匀混合,对焦油连续蒸馏操作的稳定性会带来很大的影响和不安全因素。煤焦油在进入装置之前进行均质，使其组成和 QI 含量相对稳定，对安全稳定生产、保证产品质量是十分有意义的。

2. 焦油的脱水

焦油在蒸馏前必须将水分除去，脱水的焦油可以减少蒸馏过程的热量消耗，增加设备的生产能力，降低连续蒸馏加热的系统阻力。

焦油脱水分为初步脱水和最终脱水，经最终脱水的焦油称作无水焦油。

焦油初步脱水一般采用加热静置脱水法，即焦油在贮槽内用蛇管加热保温在 80 ℃左右，静置 36 h 以上，焦油与水因密度不同而分离。静置脱水可使焦油中水分初步脱至4%以下。此外，焦油初步脱水还有离心脱水法和加压脱水法等。

焦油最终脱水，主要采取管式炉脱水方法。

连续焦油蒸馏工艺采用管式炉脱水。经初步脱水的焦油送入管式炉连续加热到 120～130 ℃，然后送入一次蒸发器(脱水塔)，脱除部分轻油和水。此时焦油含水量降至 0.3%～0.5%。国内的连续式管式炉焦油蒸馏工艺中，绝大多数厂家最终脱水是在管式炉的对流段进行的。

3. 焦油的脱盐

焦油中含的水实际上是氨水，在这种稀氨水中，一部分氨以 $NH_3 \cdot H_2O$ 的形式存在，另一部分以氯化铵、硫氰化铵、硫酸铵等固定铵盐形式存在，其中主要是氯化铵。它们在焦油最后脱水阶段仍留在焦油中，当被加热到 220～250 ℃时，固定铵盐就会分解成游离酸和氨：

$$NH_4Cl \longrightarrow HCl + NH_3$$

产生的 HCl 存在于焦油中，会引起设备管道的严重腐蚀。同时，铵盐还会使馏分与水起乳化作用，对萘油馏分的脱酚操作十分不利。因此，焦油必须在蒸馏前进行脱盐处理。

焦油脱盐是焦油在最终脱水前加入 8%～12%的碳酸钠溶液，使固定铵盐转化为稳定的钠盐：

$$2NH_4Cl + Na_2CO_3 \longrightarrow 2NH_3 + CO_2 + 2NaCl + H_2O$$

这些钠盐在焦油蒸馏时完全残留在沥青中变成灰分，若除去 0.1 g/(kg 焦油)中的固定铵盐，沥青灰分约增加 0.08%。故碳酸钠的加入量要适当，在选择工艺路线时，使最终脱水前焦油中含水减少，固定铵盐含量也相应减少(因固定铵盐溶解于水而不溶于焦油)。

4. 焦油的脱灰、脱渣

煤焦油中含有少量的机械杂质，它来源于煤炼焦时炭化室的耐火材料、煤粉、焦粒等。这部分机械杂质在焦油蒸馏时全部残留在沥青里，这对焦油蒸馏操作和沥青应用是不利的，应予以除去。一般在焦油蒸馏前用超级离心机进行脱灰、脱渣处理。

(二) 焦油蒸馏工艺

目前，国内运行的煤焦油蒸馏工艺主要有常压蒸馏、减压蒸馏和常减压蒸馏三大类。对于常压蒸馏和减压蒸馏工艺，蒸馏所需的热量主要由 1 台管式炉提供，受管式炉结构限制，单套加工装置处理能力较低，因此这 2 种工艺主要应用于年处理无水焦油 30 万 t 及以下规模的工艺装置。对于常减压蒸馏工艺，焦油馏分在多台蒸馏塔内进行分离，蒸馏所需的热量由多台管式炉分别提供，因此该工艺主要应用于年处理无水焦油 30 万 t 以上大规模或超大规模的工艺装置。

1. 焦油常压两塔式连续蒸馏流程

两塔式连续蒸馏流程是煤焦油连续通过管式炉加热，并在蒽塔和馏分塔中(在常压下)

先后分馏成各种馏分的煤焦油蒸馏工艺。其工艺流程见图 4-19。

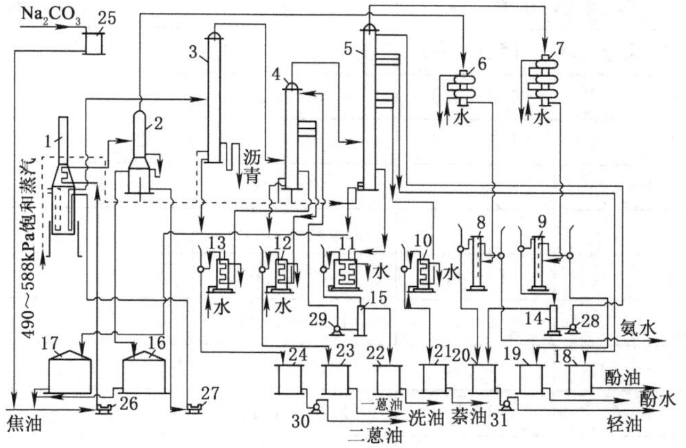

1—焦油管式炉；2—一段蒸发器及无水焦油槽；3—二段蒸发器；4—蒽塔；5—馏分塔；6—一段轻油冷凝冷却器；
7—馏分塔轻油冷凝冷却器；8—一段轻油油水分离器；9—馏分塔轻油油水分离器；10—萘油埋入式冷却器；
11—洗油埋入式冷却器；12—蒽油冷却器；13—二蒽油冷却器；14—轻油回流槽；15—洗油回流槽；
16—无水焦油满流槽；17—焦油循环槽；18—酚油接收槽；19—酚水接收槽；20—轻油接收槽；
21—萘油接收槽；22—洗油接收槽；23—蒽油接收槽；24—二蒽油接收槽；25—碳酸钠高位槽；
26—一段焦油泵；27—二段焦油泵；28—轻油回流泵；29—洗油回流泵；30—二蒽油泵；31—轻油泵。

图 4-19　两塔式焦油连续蒸馏流程

原料焦油用一段焦油泵送入管式炉对流段，加热后进入一段蒸发器。在此，粗焦油中大部分水分和部分轻油蒸发出来，混合蒸气自蒸发器顶逸出，经冷凝冷却和油水分离后得一段轻油和氨水。一段蒸发器排出的无水焦油入器底的无水焦油槽，自其中满流的无水焦油进入满流槽，由此引入一段焦油泵前管路中。

无水焦油用二段焦油泵送入管式炉辐射段，加热至 405 ℃左右，进入二段蒸发器一次蒸发，分离成各种馏分的混合蒸气和液体沥青。

由二段蒸发器底部排出的沥青，送往沥青冷却浇铸系统。从二段蒸发器顶逸出的油气进入蒽塔下数第 3 层塔板，塔顶用洗油馏分打回流，塔底排出二蒽油。自 11、13、15 层塔板的侧线切取一蒽油。一、二蒽油分别经埋入式冷却器冷却后，放入各自的贮槽，以备送出处理。

自蒽塔顶逸出的油气进入馏分塔下数第 5 层塔板。洗油馏分自塔底排出；萘油馏分从第 18、20、22、24 层塔板侧线采出；酚油馏分从第 36、38、40 层采出。这些馏分经冷却后流入各自贮槽。馏分塔顶逸出的轻油和水的混合蒸气经冷凝冷却和油水分离后，水导入酚水槽，用来配制洗涤脱酚时所需的碱液；轻油入回流槽，部分用作回流液，剩余部分送粗苯工段处理。

蒸馏用直接蒸汽经管式炉加热至 450 ℃，分别送入各塔底部。

我国有些工厂在馏分塔中将萘油馏分和洗油馏分合并一起切取，叫作两混馏分。此时塔底油称为苊油馏分，含苊量大于 25%。这种操作可使萘较多地集中在两混馏分中，萘的集中度达 93%～96%，从而提高了工业萘的产率。同时，由于洗油馏分中的重组分已在切取苊油馏分时除去，从而提高了洗油质量。

两塔式焦油蒸馏馏分产率和质量指标见表 4-7，主要操作指标见表 4-8。

表 4-7 两塔式焦油蒸馏馏分产率和质量指标

馏分名称	产率(对无水焦油)/%		密度/(g/cm^3)	组分含量(质量分数)/%		
	窄馏分	两混馏分		酚	萘	苊
轻油馏分	0.3～0.6	0.3～0.6	≤0.88	<2	<0.15	
酚油馏分	1.5～2.5	1.5～2.5	0.98～1.0	20～30	<10	
萘油馏分	11～12		1.01～1.03	<6	70～80	
洗油馏分	5～6		1.035～1.055	<3	<10	
萘洗油混合馏分		16～17	1.028～1.032	3	57～62	
苊油馏分		2～3	1.07～1.09			>25
一蒽油馏分	19～20	17～18	1.12～1.13	<0.4	<1.5	
二蒽油馏分	4～6	3～5	1.15～1.19	<0.2	<1.0	
中温沥青	54～56	54～56	1.25～1.35	软化点 80～90 ℃(环球法)		

表 4-8 两塔式焦油蒸馏操作指标 单位:℃

操作温度	窄馏分	两混馏分	操作温度	窄馏分	两混馏分
一段焦油出口温度	120～130	120～130	二段焦油出口温度	400～410	400～410
一段蒸发器顶部温度	105～110	105～110	二段蒸发器顶部温度	370～374	370～374
蒽塔顶部温度	250～265	250～265	馏分塔顶部温度	95～115	95～115
酚油馏分侧线温度	160～170	160～170	萘油馏分侧线温度	198～200	
洗油馏分(塔底)温度	225～235		两混馏分侧线温度		196～200
一蒽油馏分温度	280～295	280～295	二蒽油馏分(塔底)温度	330～355	330～355

2. 减压焦油连续蒸馏流程

减压焦油连续蒸馏流程是煤焦油连续通过管式炉加热,并在蒸馏塔中负压条件下分馏成各种馏分的煤焦油蒸馏工艺。煤焦油在负压下蒸馏,可降低各组分的沸点,避免或减少高沸点物质的分解和结焦现象,提高各组分的相对挥发度,有利于分离。其工艺流程见图 4-20。

原料焦油用泵送入焦油预热器,用 784 kPa 蒸汽加热,然后进入软沥青热交换器与软沥青进行热交换,再进入预脱水塔。进塔焦油温度依焦油含水量和轻油质量而定,用预热蒸汽量调节。焦油中大部分水分和部分轻油以气态从塔顶逸出,经冷凝冷却和油水分离后,轻油打回流,塔底部的焦油靠压头自流入脱水塔。

脱水塔塔底焦油由循环泵压送入重沸器加热后返回塔内,以供给脱水塔所需热量。重沸器用 3 920 kPa 蒸汽加热。脱水塔顶温度以回流量调节。塔顶逸出的水和轻油蒸气,经冷凝冷却和油水分离后,轻油部分打回流,其余送轻油槽。全部分离水经再次油水分离后,送入氨水槽。

脱水塔底的焦油用泵送入软沥青热交换器,经与分馏塔塔底来的软沥青进行热交换后进入管式加热炉。焦油经管式炉的出炉温度根据原料性质、处理量及分馏塔操作压力等因素而定。管式加热炉用焦炉煤气做燃料,其流量依分馏塔入口焦油温度调节。

经管式炉加热后的焦油进入分馏塔,被分馏成各种馏分。塔顶馏出酚油,从侧线顺次切

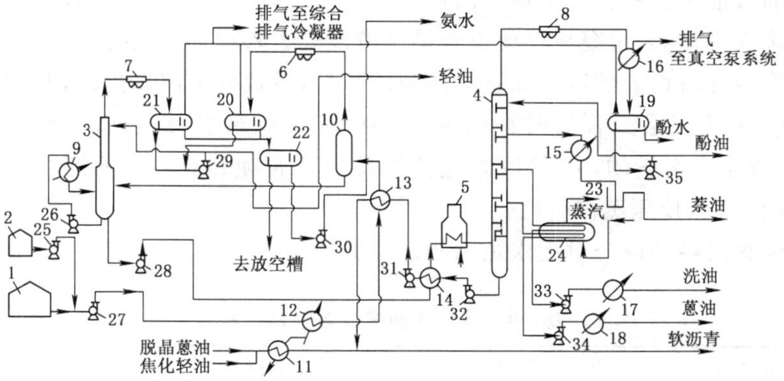

1—焦油槽；2—Na_2CO_3 槽；3—脱水塔；4—分馏塔；5—加热炉；6—1 号轻油冷凝冷却器；
7—2 号轻油冷凝冷却器；8—酚油冷凝器；9—脱水塔重沸器；10—预脱水塔；11—脱晶蒽油加热器；
12—焦油预热器；13—软沥青热交换器 A；14—软沥青热交换器 B；15—萘油冷却器；16—酚油冷却器；
17—洗油冷却器；18—蒽油冷却器；19—主塔回流槽；20—1 号轻油分离器；21—2 号轻油分离器；
22—3 号轻油分离器；23—萘油液封罐；24—蒸汽发生器；25—Na_2CO_3 装入泵；
26—脱水塔循环泵；27—焦油装入泵；28—脱水塔底抽出泵；29—脱水塔回流泵；30—氨水输送泵；
31—软沥青升压泵；32—主塔底抽出泵；33—洗油输送泵；34—蒽油输送泵；35—酚油输送泵（主塔回流泵）。

图 4-20　减压焦油连续蒸馏工艺流程

取萘油、洗油和蒽油馏分，塔底得到软沥青。分馏塔塔顶压力为 13.3 kPa，由减压系统通入真空槽的氮气量来调节。

从塔顶蒸出的酚油气进入空气冷却器冷凝冷却，然后在水冷却器中冷却至约 40 ℃后进入回流槽。空气冷却器内未凝缩的酚油气被引入减压系统。回流槽内酚油大部分打回流，剩余部分送入酚油槽。馏分塔塔顶温度依酚油质量而定，并据此来调节回流量。

萘油馏分经用 60～65 ℃的温水于萘油冷却器冷却到 80 ℃后进入萘油槽。

洗油馏分和蒽油馏分，先通过蒸汽发生器降温至 160 ℃，再用泵送入冷却器用温水冷却后，送至贮槽。

馏分塔底槽内的液面要保持一定，故设有液面调节器以控制软沥青的送出量。塔底排出的软沥青先通过软沥青热交换器与脱水塔来的焦油换热，被冷却到 200 ℃，接着再经一热交换器与原料焦油换热，再被冷却到 140～150 ℃。为保持热交换器内一定的流速，防止管内壁沉积垢物，从与原料焦油换热后的软沥青中引出一小部分循环回到升压泵吸入侧，其余部分经管道内配油调整软化点后送往软沥青贮槽。

馏分塔底排出的软沥青的软化点为 60～65 ℃，为了制取作为生产延迟焦、成型煤的黏结剂以及高炉炮泥的原料，需加入脱晶蒽油和焦化轻油进行调配，使之成为软化点为 35～40 ℃的软沥青。为此，由本装置外部送来的脱晶蒽油及焦化轻油，先经加热器加热至 90 ℃，然后进入温度保持为 130 ℃的软沥青的输送管道中，两者的加入量应依软沥青流量按比例输入。沥青软化点的调整全部于管道输送过程中完成。

馏分塔的减压操作由真空泵及整个减压系统来维持。不凝性气体从酚油冷却器被抽入一气体冷凝器中，用甲基萘油喷洒洗净，然后进入真空罐用真空泵排出。排出的气体经排气洗净塔再次用甲基萘油喷洒洗净，最后经排气液封罐进入加热炉焚烧。

整个焦油蒸馏装置中各个轻油分离器及各种有排气的槽类，均与减压系统连接，排气汇集进入综合排气冷凝器，未凝缩气体也经排气液封罐进入加热炉焚烧。

为了回收馏分塔切取的洗油和蒽油馏分的热量，设置有蒸汽发生器，利用焦油蒸馏及其他装置产生的蒸汽冷凝液（需要时补充锅炉给水）作为供给水，并添加脱氧剂及清罐剂等药液处理（加入量为供水量的 10%）可防止蒸汽发生器腐蚀和结垢。所产生的压力为 294～392 kPa 的蒸汽排入低压蒸汽管网。

减压焦油蒸馏各种馏分对无水焦油的产率见表 4-9。

表 4-9　减压焦油蒸馏各种馏分产率

馏分名称	质量分数/%	馏分名称	质量分数/%
轻油馏分	0.5	洗油馏分	6.4
酚油馏分	1.8	蒽油馏分	16.9
萘油馏分	13.2	软 沥 青	61（软化点 60～65 ℃环球法）

主要操作指标见表 4-10。

表 4-10　减压焦油蒸馏操作指标

项　目	指　标	项　目	指　标
1 号软沥青换热器焦油出口温度/℃	130～135	萘油馏分侧线温度/℃	152
		洗油馏分侧线温度/℃	215
预脱水塔顶部温度/℃	110～120	蒽油馏分侧线温度/℃	264
脱水塔顶部温度/℃	100	分馏塔底部温度/℃	325～330
脱水塔底部温度/℃	185	分馏塔顶部压力/kPa	13.3
管式炉焦油出口温度/℃	330～335	分馏塔底部压力/kPa	33～41
分馏塔顶部温度/℃	118～120		

3. 煤焦油常压-减压连续蒸馏流程

煤焦油常压-减压连续蒸馏流程是煤焦油连续通过管式炉加热，并相继在常压馏分塔和减压馏分塔中分馏成各种馏分的煤焦油蒸馏工艺，特点是各种馏分能较精细地分离，减少高沸点物质的热分解，降低耗热量。煤焦油常压-减压连续蒸馏工艺流程见图 4-21。

煤焦油与甲基萘油馏分、一蒽油馏分和煤焦油沥青多次换热到 120～130 ℃进入脱水塔。煤焦油中的水分和轻油馏分从塔顶逸出，经冷凝冷却、油水分离后得到氨水和轻油馏分。脱水塔顶部馏分送入轻油回流，塔底的无水焦油送入管式炉加热到 250 ℃左右，部分返回脱水塔底循环供热，其余送入常压馏分塔。酚油蒸气从常压馏分塔顶逸出，进入蒸汽发生器，利用其热量产生 0.3 MPa 的蒸汽，供本装置加热用。冷凝的酚油馏分部分作为回流送回塔顶，从塔侧线切取萘油馏分。塔底重质煤焦油送入常压馏分塔管式炉加热到 360 ℃左右，部分返回常压馏分塔底循环供热，其余送入减压馏分塔。减压馏分塔顶逸出的甲基萘油馏分蒸气，在换热器中与煤焦抽换热后冷凝，经气液分离器分离得到甲基萘油馏分，部分作为回流送入减压馏分塔顶部，从塔侧线分别切取洗油馏分、一蒽油馏分和二蒽油馏分。各馏

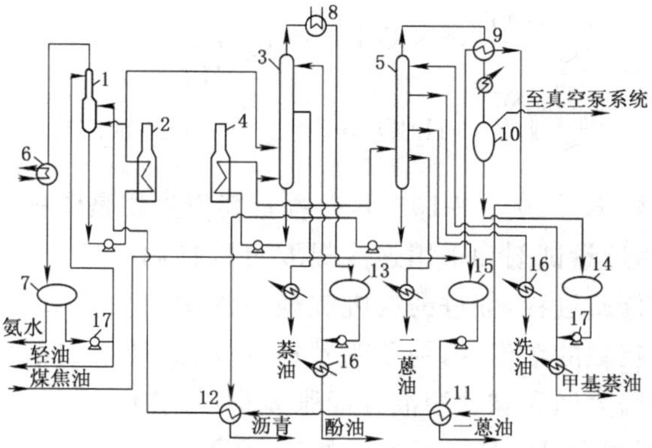

1—脱水塔；2—脱水塔管式炉；3—常压馏分塔；4—常压馏分塔管式炉；5—减压馏分塔；6—轻油冷凝冷却器；7—油水分离器；8—蒸汽发生器；9—甲基萘油换热器；10—气液分离器；11—蒽油换热器；12—沥青换热器；13—酚油回流槽；14—甲基萘油回流槽；15—蒽油中间槽；16—馏分冷却器；17—油泵。

图 4-21　煤焦油常压-减压连续蒸馏工艺流程

分流入相应的接收槽，分别经冷却后送出，塔底沥青经沥青换热器同煤焦油换热后送出。气液分离器顶部与真空泵连接，产生减压蒸馏系统的负压。

各种馏分对无水焦油的产率见表 4-11。

表 4-11　煤焦油常压-减压连续蒸馏各种馏分的产率

馏分名称	质量分数/%	馏分名称	质量分数/%
轻油馏分	0.5～1.0	洗油馏分	4～5
酚油馏分	2.0～2.5	一蒽油馏分	14～16
萘油馏分	11～12	二蒽油馏分	6～8
甲基萘油馏分	2～3	沥青	54～55(软化点 80～90 ℃环球法)

煤焦油常压-减压连续蒸馏的主要操作指标见表 4-12。

表 4-12　煤焦油常压-减压连续蒸馏的主要操作指标

操作条件	指标	操作条件	指标
沥青换热器煤焦油出口温度/℃	120～130	脱水塔顶部温度/℃	100～110
脱水塔管式炉煤焦油出口温度/℃	250～260	常压馏分塔顶部温度/℃	170～185
萘油馏分侧线温度/℃	200～210	常压馏分塔管式炉重质煤焦油出口温度/℃	360～370
减压馏分塔顶部压力/kPa	＜26.6		

三、煤焦油馏分的加工

（一）馏分脱酚和吡啶碱

焦油馏分中含酚类和吡啶碱，它们呈酸性或碱性，与酸或碱反应可生成溶于水的盐类。一般用 NaOH 和 H_2SO_4 来提取，其反应如下：

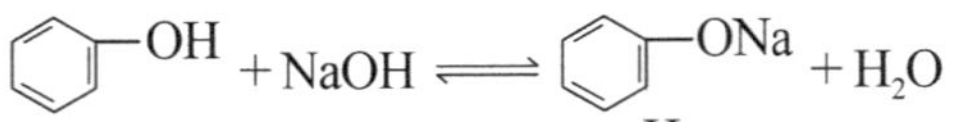

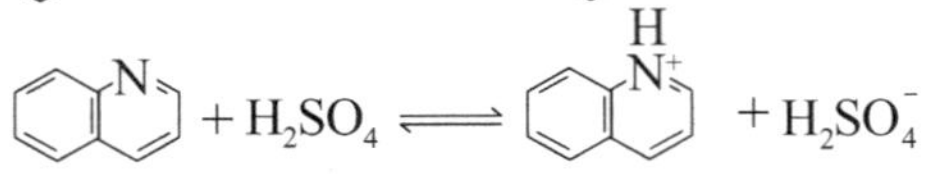

酚是弱酸(解离常数 $K=10^{-10}\sim10^{-9}$),喹啉及其衍生物是弱碱($K=10^{-10}$),因此,水解能影响其提取度。利用过量试剂和采用逆流提取可以抑制水解。由于平衡关系,酚或吡啶碱不能提取完全,强化传质过程,促进酚或吡啶碱由油中向外扩散,有助于提取。因为油的黏度大,油中含酚和吡啶碱的浓度低,为了改善提取度,必须增加萃取时间,或者强化混合。但混合情况不能过度,因为油和碱的溶液界面张力小,易乳化。

酚的提取度还受到油中碱性成分存在的影响,在油中相互作用,形成络合物:

上式相互作用能为 25～33 kJ/mol。上述作用是可逆的,当溶液中酚或吡啶碱的含量降低时,反应向左移动,络合物分解。此平衡与酚或吡啶碱含量有关,如油中酚含量大于吡啶碱量时,所形成的络合物在酸洗时不易分解;反之,则碱洗时不易分解。故若吡啶碱含量比酚含量大,则应先脱吡啶碱;反之,则应先脱酚。此外,吡啶碱能溶于酚盐中,影响酚类纯度。因此,实际上焦油馏分的洗涤是酸洗与碱洗交替进行的。

洗涤时碱液和酸液浓度对提取度有重要影响。提高浓度则提取度高,但所得产品中有较多的中性油,影响产品质量。碱浓度大、油的黏度大和馏分在萃取前贮存时间长,中性油形成乳化液的程度就加大。此外,油贮存时生成树脂状物质,它使乳化液稳定。

为了减少中性油在产品中的夹带,在新鲜馏分油中提取酚或吡啶碱时,萃取用碱液浓度不高于 8%～10%,萃取用酸液浓度不高于 20%～30%。为了降低黏度,酚油馏分萃取温度为 60 ℃,萘油馏分萃取温度为 80～90 ℃。

提取酚时用过量碱,使用量是化学反应需要量的 140%,即 1 t 酚用 100% NaOH 量为 0.5 t。欲得碱性酚盐时,碱用量为上述值的 2.5～3 倍。

酸洗脱吡啶可与碱洗脱酚在同一设备中进行。馏分脱吡啶需进行两遍,第一遍使用酸性硫酸吡啶进行洗涤,得中性硫酸吡啶;第二遍用新的稀硫酸洗涤,得酸性硫酸吡啶,作为第一遍脱吡啶溶液。

脱 1 kg 吡啶碱需用 100%硫酸 0.62 kg,实际用量为 0.65～0.7 kg,欲得酸性硫酸吡啶时,加酸量为上述值的 2 倍。

连续洗涤酚时分成两段进行,第一段用碱性酚盐洗涤,得产物中性酚盐;第二段用新碱液洗涤,得产物碱性酚盐,作为第一段的洗涤溶液。连续洗涤吡啶碱时,与脱酚过程类似。

(二) 粗酚的制取

馏分碱的酚钠组成为:酚类 20%～25%,油和吡啶碱等 3%～10%,碱与水 70%～80%。其中油和吡啶碱等杂质会混入粗酚,需要脱除。粗酚钠先经净化,再进行酚钠盐分解得粗酚产品。

粗酚钠净化由脱油、用 CO_2 分解酚钠或用硫酸分解酚钠和苛化等部分组成。

酚钠水溶液脱油、粗酚钠脱油是在脱油塔中用蒸汽蒸吹,塔底有再沸器加热,同时塔底通入直接蒸汽，控制塔底温度为 108 ～112 ℃，塔底得到净酚钠；塔顶温度为 100 ℃，塔顶馏出物经换热冷凝后进行油水分离，回收脱出油。

酚钠盐遇到比酚强的酸即可分解，酚游离析出。酚钠分解过去多用硫酸法，现在倾向于用二氧化碳法。

二氧化碳分解酚钠的反应式如下：

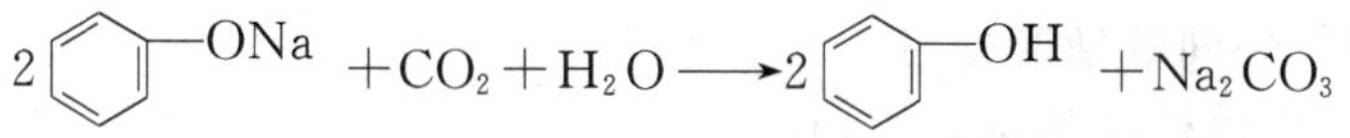

二氧化碳过量时，反应生成 $NaHCO_3$，表明酚钠已完全分解。

为使氢氧化钠能循环使用，可用石灰将产生的碳酸钠溶液苛化，反应式如下：

$$Na_2CO_3+CaO+H_2O \longrightarrow NaOH+CaCO_3\downarrow$$

氢氧化钠回收率约为 75%。

分解所需的二氧化碳，可以来自石灰窑烟气、锅炉烟气以及高炉煤气。脱掉油的酚钠水溶液入分解塔底，分解气也进入分解塔底，鼓泡上行，与溶液并流接触，发生分解反应。一次分解控制在 85%～90%，过量分解则生成 $NaHCO_3$。一次分解物分出 Na_2CO_3 后，再于二次分解塔进行二氧化碳的二次分解。分解反应温度控制在 58～62 ℃。

酚钠经二氧化碳分解，分解率达到 97%～99%，还残留的酚钠需用 60%稀硫酸进一步分解，即得到粗酚。

（三）精酚生产

生产精酚原料为粗酚，其来源有二：一是焦油馏分脱酚而得，二是含酚废水萃取所得。粗酚中各组分含量和沸点见表 4-13。此外，粗酚中还含有高级酚。

表 4-13　粗酚组成及性质

化合物	含量/%	沸点/℃	熔点/℃	化合物	含量/%	沸点/℃	熔点/℃
苯酚	37.2～43.2	182.2	40.8	邻甲酚	7.62～10.35	191.0	32
间甲酚	1.9～37.8	202.7	10.8	对甲酚	1.9～37.8	202.5	36.5
3,5-二甲酚	7.27～8.92	221.8	64	2,4-二甲酚	4.88～6.2	211.0	26
2,5-二甲酚	4.88～6.2	211.2	75	3,4-二甲酚	0.74～2.45	227.0	65
2,6-二甲酚	0.76～2.54	201.0	45				

粗酚经过脱水和精馏分离得到精制产品，工艺流程见图 4-22。

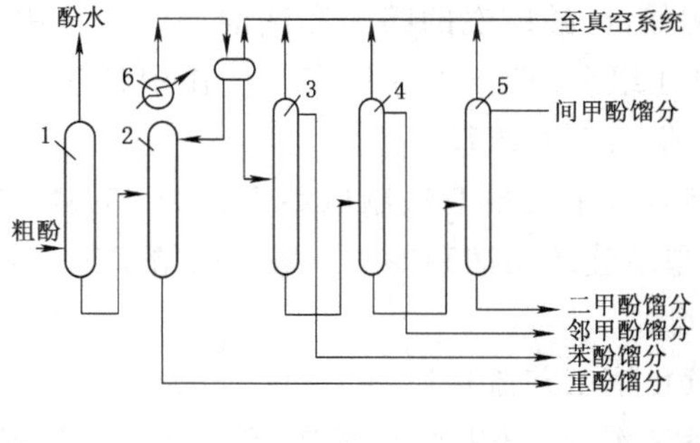

1—脱水塔；2—两种酚塔；3—苯酚塔；4—邻甲酚塔；5—间、对甲酚塔；6—冷凝器。

图 4-22　粗酚连续精馏流程

除了脱水塔之外，有 4 个连续精馏塔。为了降低操作温度，采用减压操作。在两种酚塔顶得到苯酚和甲酚的轻组分，塔底得二甲酚以上的重组分，去间歇蒸馏进一步分离。苯酚塔的进料来自两种酚塔顶的轻馏分，塔顶产物为苯酚馏分，再去进行间歇精馏，即得纯产品苯酚。苯酚塔底再沸器用 2 940 kPa 蒸汽加热，塔底残油为甲酚馏分，去邻甲酚塔，甲酚馏分在邻甲酚塔顶分出邻甲酚。塔底残液入间、对甲酚塔，塔顶馏出物为间甲酚。塔底残液作为生产二甲酚的原料，去间歇精馏分离。

粗酚连续精馏塔操作条件见表 4-14。

表 4-14　粗酚连续精馏塔操作条件

塔　名	压力/kPa		温度/℃		塔　名	压力/kPa		温度/℃	
	塔顶	塔底	塔顶	塔底		塔顶	塔底	塔顶	塔底
两种酚塔	10.6	23.3	124	178	邻甲酚塔	10.6	33.3	122	167
苯酚塔	10.6	43.9	115	170	间、对甲酚塔	10.6	30.6	135	169

（四）吡啶精制

焦化厂粗吡啶来源如下：一是从硫酸母液中得到的粗轻吡啶，二是由焦油馏分进行酸洗得到的粗重吡啶。轻、重吡啶加工得到的精制产品，是制取医药、染料中间体及树脂中间体的重要原料，也是重要溶剂、浮选剂和腐蚀抑制剂。

由硫酸母液中得到的粗轻吡啶规格为：水分不大于 15%，吡啶碱 60%～63%，中性油 20%～23%，于 20 ℃时密度为 1.012 g/cm³。其精制过程包括脱水、粗蒸馏和精馏。

粗吡啶中含有水分约 15%，溶于吡啶中，能形成沸点为 940 ℃的共沸溶液。为脱除吡啶中水分，可利用苯与水互不溶而在常压下却能于 69 ℃共沸馏出的特点，采用加苯恒沸蒸馏法。此温度下，轻吡啶不蒸出，可达到脱水目的。

脱水后的粗轻吡啶，利用间歇蒸馏得精制产品：纯吡啶、α-甲基吡啶馏分、β-甲基吡啶馏分和溶剂油。

焦油馏分酸洗得到的重硫酸吡啶，可采用氨水法及碳酸钠法进行分解，得到重吡啶。经过减压脱水、初馏和精馏，得到浮选剂、2,4,6-三甲基吡啶、混二甲基吡啶和工业喹啉等。

（五）工业萘的生产

已脱掉酚和吡啶碱的含萘馏分可用于制取工业萘。含萘馏分中的组分复杂，含酚类、吡啶碱类以及中性油分。例如，已酸碱洗的萘油和洗油混合馏分中含酚类 0.7%～1.0%，吡啶碱类 3%左右，以及中性组分 95.5%～96.5%。在中性组分中，含萘 60.5%，甲基萘 15.9%，二甲基萘 2.1%，苊 5.7%，氧芴 2.1%。

从含萘馏分中提取萘普遍采用精馏法制取萘含量为 95%的工业萘。所采用的工艺有双炉双塔连续精馏、单炉单塔连续精馏和单炉双塔连续精馏等工艺。

1. 双炉双塔连续精榴

双炉双塔工业萘连续精馏工艺流程见图 4-23。

经过静置脱水后的萘洗混合分，由原料泵送至工业萘换热器，温度由 80～90 ℃升至 200 ℃左右，进入设有 70 层浮阀塔板的初馏塔。初馏塔顶逸出的酚油蒸气经冷凝冷却和油

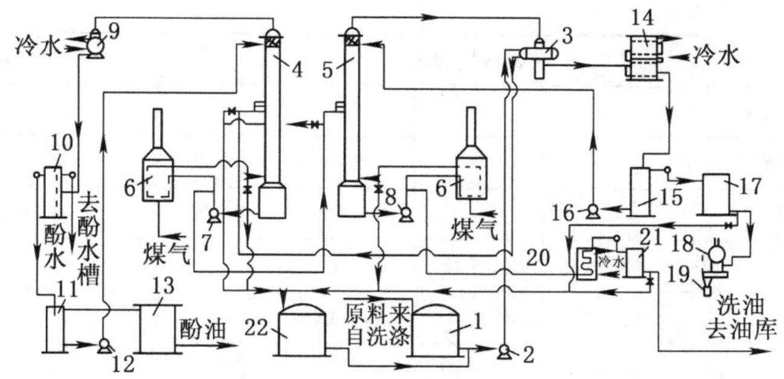

1—原料槽；2—原料泵；3—原料与工业萘换热器；4—初馏塔；5—精馏塔；6—管式炉；
7—初馏塔热油循环泵；8—精馏塔热油循环泵；9—酚油冷凝冷却器；10—油水分离器；11—酚油回流槽；
12—酚油回流泵；13—酚油槽；14—工业萘汽化冷凝冷却器；15—工业萘回流槽；16—工业萘回流泵；
17—工业萘贮槽；18—转鼓结晶机；19—装袋自动称量装置；20—洗油冷却器；21—洗油计量槽；22—中间槽。

图 4-23 双炉双塔工业萘连续精馏工艺流程

水分离后进入回流槽。在此大部分作初馏塔回流，少部分从回流槽满流入酚油槽。已脱除酚油的萘洗塔底油用热油泵送往初馏塔管式炉加热后返回初馏塔底，以供给初馏塔热量。同时在热油泵出口分出一部分萘洗油打入精馏塔。精馏塔顶逸出的工业萘蒸气，在热交换器中与原料油换热后进入汽化冷凝冷却器，液态的工业萘流入回流槽，一部分作精馏塔回流，一部分经转鼓结晶机冷却结晶，则得到含萘质量分数大于95%的工业萘产品。精馏塔塔底残油用热油泵送至管式炉加热后返回塔底，以供给精馏塔热量。同时在热油泵出口分出一部分残油做低萘洗油，经冷却后进入洗油槽。操作指标见表4-15。

表 4-15 工业萘生产操作指标

项目		双炉双塔流程			单炉单塔流程		
原料		三混馏分	二混馏分	萘油馏分	三混馏分	二混馏分	萘油馏分
原料含萘质量分数/%		48～52	60～65	＞70	48～52	60～65	＞70
原料槽油温/℃		65	75	85	65	75	85
原料预热或换热温度/℃		～200	～200	～200			
管式炉油出口温度/℃	初馏	～270	270～275	250～255	250(对)	230～240(对)	245～250(对)
	精馏	～300	～290	265～270	303(辐)	310～315(辐)	280(辐)
塔顶温度/℃					195	194～198	210～220
初馏/℃		185	194	188			
精馏/℃		221	219	220			
塔底温度/℃					281	272～278	260～270
初馏/℃		250	～248	237			
精馏/℃		280	～268	258			
工业萘侧线采出温度/℃					222	219	220～230
冷凝冷却器出口温度/℃	酚油	90	85	60～70	～80	～80	68～70
	工业萘	～100	～100	100～110	114	110	～95

表 4-15(续)

项目		双炉双塔流程			单炉单塔流程		
回流比（对产品）	初馏	15	30	20			
	精馏	2	3	3.5	5	3～5	3～4
热油循环比（对原料）					23～32	18～46	21～45
初馏		18～28	26～40	15～22			
精馏		18～28	26～40	15～22			
浮阀塔塔板数		60～70	60～70	50～55	≥70	70	～70

2. 单炉单塔连续精馏

单炉单塔工业萘连续精馏工艺流程见图 4-24。该流程与双炉双塔连续精馏工艺流程不同之处是采用一炉一塔；原料经管式炉对流段加热后进入工业萘精馏塔，塔底的洗油送至管式炉辐射段加热后返回塔内，以供给精馏塔热量；工业萘由精馏塔侧线采出。

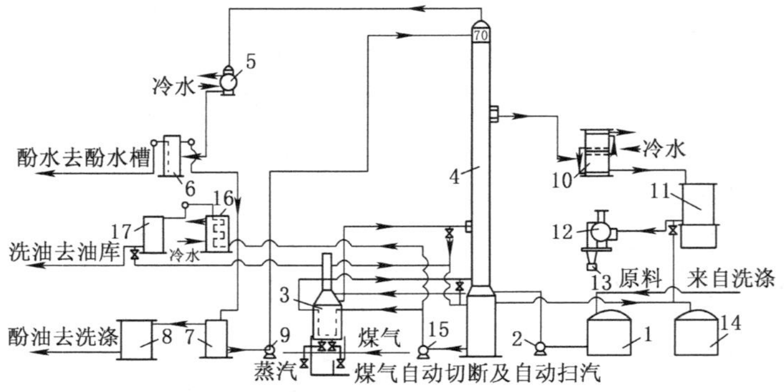

1—原料槽；2—原料泵；3—管式炉；4—工业萘精馏塔；5—酚油冷凝冷却器；6—油水分离器；7—酚油回流槽；8—酚油槽；9—酚油回流泵；10—工业萘汽化冷凝冷却器；11—工业萘贮槽；12—转鼓结晶机；13—工业萘装袋自动称量装置；14—中间槽；15—热油循环泵；16—洗油冷却器；17—洗油计量槽。

图 4-24 单炉单塔工业萘连续精馏工艺流程

3. 单炉双塔加压连续精馏

单炉双塔工业萘加压连续精馏工艺流程见图 4-25。

脱酚后的萘油经第一换热器和第二换热器分别与萘精馏塔底的甲基萘油和萘塔回流槽来的工业萘换热后进入初馏塔。从初馏塔顶逸出的酚油气，经第一凝缩器将热量传递给锅炉给水，使其产生蒸汽。冷凝液再经第二凝缩器而进入回流槽。在此大部分作回流返回初馏塔顶，少部分经冷却后作为脱酚的原料。初馏塔底液被分成两路，一部分用泵送入萘塔，另一部分用循环泵抽送入重沸器，与萘塔顶逸出的萘气换热后返回初馏塔，以供给初馏塔热量。为了利用萘塔顶逸出的萘蒸气的余热，萘塔采用加压操作。此压力是靠调节阀自动调节加入系统内的氮气量和向系统外排出的氮气量而实现的。从萘塔顶逸出的萘蒸气经初馏塔重沸器冷凝后入萘塔回流槽。在此，一部分送到萘塔顶作回流，另一部分送入第二换热器和冷却器冷却后作为产品排入贮槽。回流槽的未凝气体排入排气冷却器冷却后，用压力调节阀减压至接近大气压，再经过安全阀喷出气凝缩器而进入排气洗净塔。在排气冷却器冷

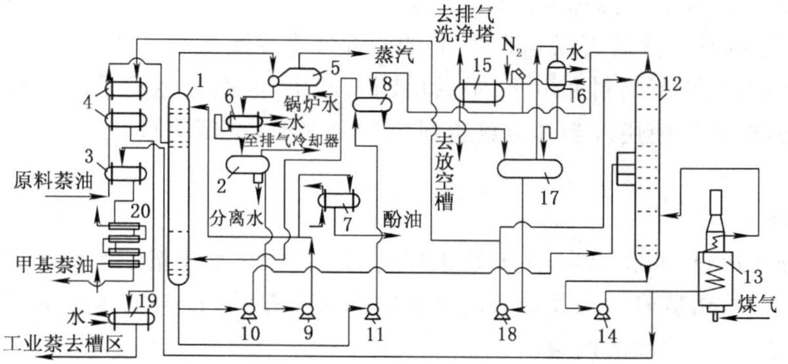

1—初馏塔；2—初馏塔回流液槽；3—第一换热器；4—第二换热器；5—初馏塔第一凝缩器；
6—初馏塔第二凝缩器；7—冷却器；8—重沸器；9—初馏塔回流泵；10—初馏塔底抽出泵；
11—初馏塔重沸器循环泵；12—萘塔；13—加热炉；14—萘塔底液抽出泵；15—安全阀喷出气凝缩器；
16—萘塔排气冷却器；17—萘塔回流液槽；18—萘塔回流泵；19—工业萘冷却器；20—甲基萘油冷却器。

图 4-25 单炉双塔工业萘加压连续精馏工艺流程

凝的萘液流入回流槽。萘塔底的甲基萘油，一小部分与初馏原料换热，再经冷却排入贮槽；另外大部分通过加热炉加热后返回萘塔，供给精馏所必需的热量。该工艺的主要操作指标见表 4-16。

表 4-16 操作指标

初馏系统		精馏系统	
第一换热器萘油温度/℃	125	萘塔顶部压力/kPa	225
第二换热器萘油温度/℃	190	萘塔顶温度/℃	276
初馏塔顶温度/℃	198	第二换热器工业萘温度/℃	193
初馏塔重沸器出口温度/℃	255	冷却器出口工业萘温度/℃	90
第一凝缩器酚油温度/℃	169	加热炉出口油温/℃	311
第二凝缩器酚油温度/℃	130	循环冷却水温度/℃	80

（六）粗蒽和精蒽

1. 粗蒽生产

粗蒽是一蒽油馏分（或蒽油馏分）经冷却、结晶和离心分离后得到的一种黄绿色结晶物。粗蒽是混合物，其中含蒽 28%～32%，菲 22%～33%，咔唑15%～20%，是生产蒽、咔唑和菲的原料。

制取粗蒽的工艺有两种，即蒽油馏分一段冷却结晶法和二段冷却结晶法。此处介绍一段冷却结晶法。

蒽油一段冷却结晶工艺流程见图 4-26。

将一蒽油馏分装入高置槽内，温度保持在 70～80 ℃，由此装入机械化结晶机内进行结晶。结晶机外部用冷却水喷洒冷却，机内用带刮刀的搅拌器搅

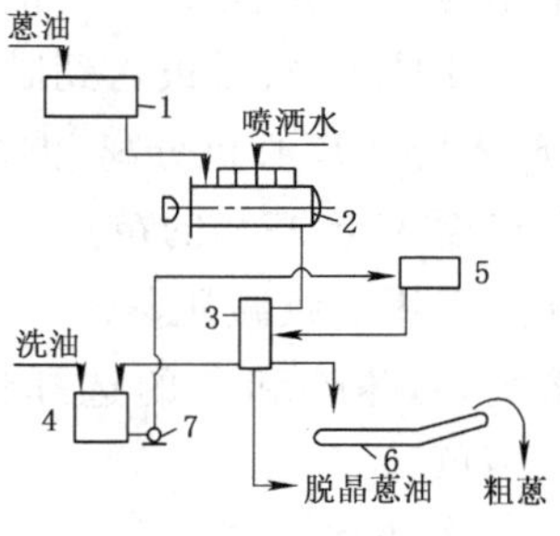

1—蒽油高置槽；2—机械化结晶机；
3—离心分离机；4—洗网液中间槽；
5—洗网液高置槽；6—刮板输送机；7—泵。

图 4-26 蒽油一段冷却结晶工艺流程

拌。开始时以 2 ℃/h 的降温速度进行冷却，经过 16～18 h，物料温度由 80～90 ℃降至 40～50 ℃，析出粗蒽结晶。然后再以 0.5 ℃/h 的降温速度冷却至 38～40 ℃。形成的结晶液送入离心分离机，反复进行给料和甩干，最后由刮刀卸出，经螺旋运输机送入粗蒽贮斗。洗网液自流入中间槽，循环使用。当其含蒽达到 8%～9%时，全部更换，送一蒽油馏分槽或原料焦油槽。

2. 精蒽生产

把粗蒽分离成蒽、菲和咔唑，主要是根据它们在不同溶剂中溶解度的不同和蒸馏时相对挥发度的差异。从粗蒽或一蒽油中分离出蒽的方法有多种，目前工业上生产方法可分为两类：一是溶剂法，二是蒸馏溶剂法。

(1) 溶剂洗涤结晶法

一般用重苯和糠醛为溶剂，对粗蒽进行热溶解洗涤，冷却结晶完成后，进行真空抽滤。这样的洗涤结晶进行 3 次，得精蒽产品，精蒽纯度可达 90%。

(2) 粗蒽减压蒸馏苯乙酮洗涤结晶法

德国吕特格公司精蒽生产采用粗蒽减压蒸馏苯乙酮洗涤结晶法，其工艺流程见图 4-27。

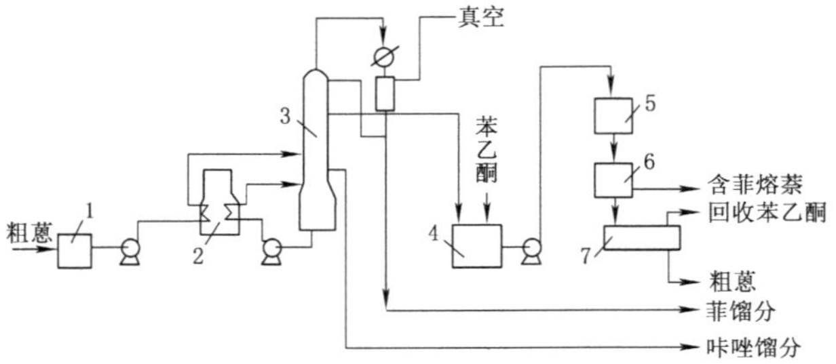

1—熔化器；2—管式加热炉；3—蒸馏塔；4—洗涤器；5—结晶机；6—离心机；7—干燥器。

图 4-27 粗蒽减压蒸馏苯乙酮洗涤结晶法工艺流程

原料粗蒽熔化后，经加热炉加热至 150 ℃进入蒸馏塔中部，塔底液由加热炉加热至350 ℃返回塔底循环供热。塔顶产物为粗菲，其中含蒽 1%～2%，冷凝后一部分回流，其余为产品。半精蒽从塔上部切取，含蒽 55% ～60%。粗咔唑由塔下部切取，含咔唑 55%～60%。

半精蒽与加热至 120 ℃的苯乙酮以 1∶(0.5～2)的质量比加入洗涤器，温度维持在 120 ℃一段时间，然后被送到卧式结晶机，在 10 h 内冷至 60 ℃。结晶机内物料冷至规定时间后，放入卧式离心机分离，湿蒽运至盘式干燥器，在 120～130 ℃下干燥，除去残留溶剂，就可得到纯度大于 95%的精蒽。

此法采用连续减压蒸馏，处理量大，同时可得菲、蒽和咔唑的富集馏分。苯乙酮是比较好的溶剂，对咔唑和菲的选择性、溶解性好，所以只需洗涤结晶一次，就可得到纯度大于 95%的精蒽。

(七) 煤焦油沥青

煤焦油沥青是焦油蒸馏提取馏分后的残留物。煤焦油沥青常温下为黑色固体，无固定的熔点，呈玻璃相，受热后软化继而熔化。按其软化温度高低可分为低温、中温和高温沥青。沥青的性质及组成与炼焦煤的性质、炼焦工艺条件、焦油蒸馏条件及沥青的生产工艺有关。

按煤焦油-塔式连续蒸馏所切取的煤沥青产率为54%～56%。

煤沥青品种较多，我国焦化企业生产4种规格的沥青：

① 低温沥青(软沥青)：环球法软化点为35～75 ℃；

② 中温沥青：环球法软化点为75～95 ℃；

③ 高温沥青(硬沥青)：环球法软化点为95～120 ℃；此外，根据用户要求，焦化厂可生产软化点为120～250 ℃特高温沥青。

④ 改质沥青：改质沥青是以中温沥青为原料制取的。普通中温沥青中苯不溶分BI约为18%，喹啉不溶分QI为6%左右。当此种沥青进行热处理时，沥青中芳烃分子在热缩聚过程中产生氢、甲烷及水。同时沥青中原有的β树脂一部分转化为二次α-树脂，苯溶物的一部分转化为β-树脂，α成分增长，黏结性增加，沥青得到了改质。这种沥青称为改质沥青。

煤沥青广泛应用于炭材料黏结剂、耐火材料、浸渍剂、针状焦、沥青涂料等产品的生产原料。

复习题

1. 为什么要对粗煤气进行处理？典型的焦炉煤气处理系统包括哪些主要工艺过程？
2. 煤气在集气管内冷却为什么要采用72～78 ℃氨水进行？
3. 简述电捕焦油器工作原理。
4. 煤气的初步冷却分哪两步进行？冷却温度参数如何控制？
5. 试述HPF湿式氧化法脱硫工艺的原理及主要影响因素。
6. 喷淋式饱和器法生产硫铵的过程中影响因素有哪些？
7. 粗轻吡啶生产的影响因素有哪些？
8. 简述无水氨的生产工艺过程及影响因素。
9. 煤气进入洗苯塔前为什么要进行最终冷却？
10. 洗苯过程中，焦油洗油为什么要进行再生？
11. 简述富油脱苯的原理及工艺过程。
12. 比较莱托法、莫菲兰法两种粗苯加氢工艺的优缺点。
13. 焦油加工之前，需要脱水和脱盐的原因是什么？
14. 简述焦油常压蒸馏与减压蒸馏的特点。
15. 工业萘生产中常用的工艺有哪些？分别阐述其特点。
16. 简述如何从煤焦油中提取蒽。

参考文献

[1] 白建明，李冬，李稳宏，等.煤焦油深加工技术[M].北京：化学工业出版社，2016.

[2] 鄂永胜，刘通.煤化工工艺学[M].北京：化学工业出版社，2015.

[3] 牛梦龙.煤焦油加氢处理工艺与转化机理[M].北京：中国石化出版社，2020.

[4] 邱泽刚，李志勤.煤焦油加氢技术[M].北京：化学工业出版社，2020.

[5] 申俊等. 煤化工工艺学[M].北京：化学工业出版社，2020.

[6] 宋永辉，汤洁莉. 煤化工工艺学[M]. 北京：化学工业出版社，2016.
[7] 汪建新，陈晓娟，王昌. 煤化工技术及装备[M]. 北京：化学工业出版社，2015.
[8] 张飚，白效言. 煤焦油加工[M]. 北京：中国石化出版社，2017.
[9] 周安宁，张亚婷. 煤化工工艺学[M]. 徐州：中国矿业大学出版社，2019.
[10] 朱银惠，郭东萍. 煤焦油工艺学[M]. 北京：化学工业出版社，2017.

第五章　煤炭气化技术

第一节　煤炭气化技术的分类

气化过程是煤炭的一个热化学加工过程。它是以煤或煤焦为原料，以氧气(空气、富氧或纯氧)、水蒸气、二氧化碳、氢气或者这些气体的混合气作为气化剂(或称气化介质)，在高温高压下通过化学反应将煤或煤焦中的可燃部分转化为可燃性气体的工艺过程。气化时所得的可燃气体称为气化煤气，气化煤气的主要用途是能源资源或液体燃料和化学品等合成的原料。

随着煤炭气化技术的发展，迄今为止已开发的煤炭气化技术有很多种。煤炭气化技术虽有很多种不同的分类方法，但大致可按下列方式分类。

一、按制取煤气的热值分类

按照煤气热值的不同，可以分为高热值煤气(热值在 33.5 MJ/m^3 以上)，中热值煤气(热值在 16.7 MJ/m^3 左右)和低热值煤气(热值在 8.4 MJ/m^3 以下)。根据制取煤气的热值，可将气化方法分为：① 制取低、中、高热值煤气的气化方法；② 制取中、高热值煤气的气化方法；③ 仅制取低热值煤气的气化方法。

二、按供热方式分类

煤的热解气化反应需要吸收大量的热，按气化炉供热方式不同可分为内热式气化和外热式气化。其供热方式有以下几种途径：

① 部分氧化法。利用一部分煤与气化剂中的氧进行燃烧反应放出热量，以供吸热的气化所需。这是目前大多数气化方法所采用的供热方式。

② 加氢气化法。利用加氢反应所放出的热量供吸热的气化反应所需。

③ 固体热载体供热法。采用流化床系统，使载热固体在加热与冷却区之间循环。

④ 电加热法。

⑤ 利用核能加热等间接加热法。用氮作为传热介质在气化炉与核反应堆间循环，其最大优点在于减少燃料的消耗来生产 H_2 或 CH_4。

三、按原料煤的运动状态分类

按原料煤在气化炉中的运动状态，气化方法可分为：① 固定床(移动床)气化法；② 流化床气化法；③ 气流床气化法；④ 熔融床气化法。

四、按气化炉操作压力分类

根据气化炉操作压力不同，气化方法可分为：① 常压气化法，如 W-G 炉、K-T 炉等；② 中压气化法，压力可达 3.0 MPa，如鲁奇气化法；③ 高压气化法，压力为 7.0 MPa 以上，目前工业上还较少应用。

五、按原料煤粒度分类

按原料煤的粒度不同，气化方法可分为：① 块煤气化法；② 细粒煤气化法；③ 粉煤气化法。

六、按气化炉的排渣方式分类

按气化炉的排渣方式不同，气化方法可分为：① 固态排渣气化法；② 液态排渣气化法。

第二节　煤炭气化的基本化学反应

煤炭气化包含一系列物理、化学变化，一般包括干燥、热解、气化和燃烧四个阶段。干燥属于物理变化，随着温度的升高，煤中的水分受热蒸发。其他三个阶段属于化学变化，燃烧也可以认为是气化的一部分。煤在气化炉中干燥以后，随着温度的进一步升高，煤分子发生热分解反应，生成大量挥发性物质（包括干馏煤气、焦油和热解水等），同时煤黏结成半焦。煤热解后形成的半焦在更高的温度下与通入气化炉的气化剂发生化学反应，生成以一氧化碳、氢气、甲烷及二氧化碳、氮气、硫化氢、水等为主要成分的气态产物，即粗煤气。气化反应包括很多的化学反应，主要是固体燃料中碳与气化剂中氧、水蒸气、二氧化碳和氢的反应，也有碳与产物以及产物之间进行的反应。其中碳与氧的反应又称燃烧反应，提供气化过程的热量。

一、碳与氧的反应

在气化炉中，碳与氧发生下列反应：

碳完全燃烧反应

$$C+O_2 = CO_2+394.1\ kJ/mol \tag{5-1}$$

碳不完全燃烧反应

$$C+1/2O_2 = CO+110.4\ kJ/mol \tag{5-2}$$

一氧化碳燃烧反应

$$CO+1/2O_2 = CO_2+283.7\ kJ/mol \tag{5-3}$$

二氧化碳还原反应

$$C+CO_2 = 2CO-173.3\ kJ/mol \tag{5-4}$$

碳完全燃烧反应和不完全燃烧反应为初始物质间的反应，所以称为第一次反应，一氧化碳燃烧反应和二氧化碳还原反应为初级产物与初始物质之间的反应，称为二次反应。

二、碳与水蒸气的反应

当水蒸气通入煤气发生炉中，水蒸气与热碳发生下列主要反应：

水煤气反应

$$C+H_2O = CO+H_2-135.0\ kJ/mol \tag{5-5}$$

$$C+2H_2O = CO_2+2H_2-96.6\ kJ/mol \quad (5\text{-}6)$$

水煤气平衡反应(或称一氧化碳变换反应)

$$CO+H_2O = CO_2+H_2+38.4\ kJ/mol \quad (5\text{-}7)$$

三、甲烷生成反应

煤气中的甲烷,一部分来自气化原料挥发物热裂解的产物,一部分则是碳与煤气中氢等反应的结果。碳与氢等发生下列反应:

$$C+2H_2 = CH_4+84.3\ kJ/mol \quad (5\text{-}8)$$

$$CO+3H_2 = CH_4+H_2O+219.3\ kJ/mol \quad (5\text{-}9)$$

$$CO_2+4H_2 = CH_4+2H_2O+162.8\ kJ/mol \quad (5\text{-}10)$$

$$2C+2H_2O = CH_4+CO_2-12.2\ kJ/mol \quad (5\text{-}11)$$

所有合成甲烷的反应都是体积缩小的反应,都是在催化剂存在的情况下进行的。

以上讨论只涉及煤中碳的转化反应。将煤加热到热裂解反应的反应温度时,煤发生干馏形成焦以及液体和气体产物,这些物质按反应的条件与气化剂反应,生成气化产物。一般来讲,热裂解的形式为:

$$煤 \longrightarrow CH_4+气体烃+焦油+CO、CO_2、H_2+H_2O+焦 \quad (5\text{-}12)$$

另外煤中还含有少量的元素氮(N)和硫(S),它们与气化剂 O_2、H_2O 和 H_2 以及与反应中产生的产物进行反应,生成煤气中的含硫和含氮产物。

第三节　煤炭气化反应特性

一、煤炭气化过程的共性

煤炭气化是煤在高温、常压或加压的情况下与气化剂反应,转化为气体产物和少量残渣的过程。气化剂主要是水蒸气、空气(氧气)、二氧化碳或它们的混合气体。煤的气化反应比较复杂,包括了一系列均相与非均相的化学反应。在不同的气化方式和不同的气化剂下,煤炭气化反应有其特殊性,但也有明显的共性。煤炭气化过程的共性表现在:在气化炉内,煤一般都要经历干燥、热解、燃烧和气化过程。

(一) 干燥

原料煤(块煤、碎煤、粉煤、煤浆)加入气化炉后,由于煤与炉内热气流之间的传热(对流或辐射),煤中的水分蒸发,即:

$$湿煤 \xrightarrow{加热} 干煤+H_2O$$

煤中水分的蒸发速率与煤颗粒的大小及传热速率密切相关,颗粒越小,蒸发速率越快;传热速率越快,蒸发速率也越快。对于以干煤粉或水煤浆为原料的气流床气化过程,由于大部分煤颗粒小于 200 目,炉内平均温度在 1 300 ℃以上,可认为水分是在瞬间蒸发的。

(二) 热解

煤是由矿物质、有机大分子化合物等组成的极其复杂的物质,在受热后煤自身会发生一系列复杂的物理和化学变化,这一过程传统上称为“干馏”,现在一般称为热解或热分解。炼焦过程就是一个典型而完整的煤热解的例子。气化过程中煤的热解,除与煤的物理化学特性、岩相结构等密切相关外,还与气化条件密不可分。

在以块状或大颗粒煤为原料的固定床气化过程中，煤与气化后的气体产物逆向接触，进行对流传热，升温速率相对较慢，此过程热解温度通常在 700 ℃以下，属于低温热解。

在以粉煤或水煤浆为原料的气流床气化过程中，煤颗粒的平均直径只有几十微米，气化炉内温度极高，水分蒸发与热解速率极快，热解与气化反应几乎同时发生，此过程属于高温快速热解。

煤气化过程，特别是气流床气化过程中，煤颗粒和气流的流动属于复杂的湍流多相流动，流动与混合过程对煤的升温速率和热解产物的二次反应有显著影响，这种热解过程与炼焦过程的热解明显不同。

（三）气化过程中的化学反应

煤气化反应涉及高温、高压、多相条件下复杂的物理和化学过程的相互作用，是一个复杂的体系。对于气流床和流化床气化，由于涉及多相条件下的湍流流动与化学反应，过程就更为复杂。传统上，气化反应主要指煤中碳与气化剂中的氧气、水蒸气的反应，也包括碳与反应产物以及反应产物之间进行的反应。随着对气流床气化过程研究的深入，发现这样的认识有一定的局限性，比如在以纯氧为气化剂的气流床气化过程中，第一阶段的反应显然以挥发分的燃烧反应为主，当氧气消耗殆尽后，气化过程将以气化产物与残碳的气化反应为主。

1. 挥发分的燃烧反应

气化过程中主要的可燃挥发分有 CO、H_2、CH_4、C_2H_6 等，它们与气化剂中的氧气将发生下列燃烧反应。

$$CO+1/2O_2 = CO_2$$

$$H_2+1/2O_2 = H_2O \tag{5-13}$$

$$CH_4+2O_2 = CO_2+2H_2O \tag{5-14}$$

$$C_2H_6+7/2O_2 = 2CO_2+3H_2O \tag{5-15}$$

2. 焦炭的燃烧反应

化学反应必须要有分子之间的接触，从这个角度讲，挥发分的燃烧反应要比焦炭的燃烧反应更加容易进行，焦炭的燃烧反应主要为：

$$C+1/2O_2 = CO$$

$$CO+1/2O_2 = CO_2$$

焦炭与氧气首先生成 CO，CO 与氧气进一步反应，将生成 CO_2，上面两个反应可看作一个串联反应过程，将上面两个反应相加得到：

$$C+O_2 = CO_2$$

3. 焦炭的气化反应

当氧气消耗殆尽后，气化剂中的 H_2O、燃烧过程生成的 H_2O 和 CO_2 将与焦炭发生下列气化反应：

$$C+H_2O = CO+H_2$$

$$C+CO_2 = 2CO$$

研究表明，焦炭的气化反应速率大小次序为 $(C+H_2O) \gg (C+CO_2)$，反应 $(C+H_2O = CO+H_2)$ 大约比反应 $(C+CO_2 = 2CO)$ 快一个量级。

4. 挥发分的转化反应

$$CH_4 + H_2O \xlongequal{} CO + 3H_2 \tag{5-16}$$

$$CH_4 + CO_2 \xlongequal{} 2CO + 2H_2 \tag{5-17}$$

5. 关于甲烷的形成

还有研究者认为，焦炭与氢气会发生甲烷化反应，即

$$C + 2H_2 \xlongequal{} CH_4$$

研究表明，焦炭的气化反应速率大小次序为($C+H_2O$) ≫ ($C+CO_2$) ≫ ($C+H_2$)，其中($C+H_2$)的反应要比($C+H_2O$)和($C+CO_2$)的反应慢几个量级，因此从动力学的角度而言，反应($C+2H_2$)发生的可能性是很小的；再从热力学的角度讲，无论何种气化技术，气化过程首先发生的必然是煤的裂解，裂解过程中会产生大量的CH_4，尽管一部分甲烷会发生燃烧反应，但甲烷的存在会从平衡的角度抑制反应($C+2H_2$)的发生。因此，在实际的气化过程中，可以不考虑反应($C+2H_2$)的影响，特别是在气流床气化过程中，由于高温快速热解，实际的挥发分析出量要远远高于煤中工业分析的挥发分量，甚至高出60%以上，在这种条件下，反应($C+2H_2$)显然可以忽略不计。

二、气化与燃烧的比较

可以把煤的气化过程看作煤的富燃料燃烧的一种，从这个角度讲，煤的气化和燃烧存在诸多相似的方面，诸如使用相同的原料煤的处理方法，如煤的制备、研磨、干燥及煤浆的制备等。当然，煤气化和燃烧也有许多差异之处，表5-1比较了煤直接燃烧与气化的不同之处。

表5-1　煤直接燃烧与气化的比较

项　目	直接燃烧	气　化
操作温度	较低	较高
工作压力	通常为常压	通常为高压
排灰	通常为干灰	通常为熔渣
反应介质	空气	氧气、蒸汽
主要气体产物	CO_2、H_2O等	CO、H_2、CH_4、H_2O等
污染物	SO_2、NO_x等	H_2S、HCN、NH_3等
煤焦油产物	无	有时有
残碳的反应速率	快(主要和O_2反应)	慢(主要和H_2O、CO_2反应)
目的	高温气体，利用热量	燃料气或合成气

三、气化过程中的催化作用

煤炭气化过程是一复杂的多相反应过程，在影响反应过程速率的诸因素中，已经发现固相中某些组分(化合物)对煤-气化剂间的反应有催化作用。

Montay等早在1867年首先报道了其在碳的催化气化方面的研究工作，指出在含碳物料中添加碱金属或碱土金属氢氧化物，可以明显地降低气化温度。

Krupp发现把含碳物料浸渍于碳酸钾(或碳酸钠)的浓溶液中，可以降低气化温度和减少一氧化碳的生成量。

后来通过大量实验，用纯石墨添加各种化合物，或用脱灰的煤添加各种化合物来研究其催化作用。多数实验结果表明：碱金属、碱土金属及过渡金属是最有效的催化剂，它们不仅影响气化速率，而且影响反应活化能 E。当有催化剂存在时，碳与氧及碳与二氧化碳等反应的 E 值均有所下降，同时催化剂还可以改变煤气组成。

综合起来，对 4 种主要气化反应有催化作用的金属元素如表 5-2 所示。

表 5-2　对气化反应有催化作用的金属元素

气化反应	有催化作用的金属元素	气化反应	有催化作用的金属元素
$C+O_2$	Fe、Co、Ni	$C+H_2O(g)$	K、Na、Ni
$C+CO_2$	K、Na、Ni、Li、Co、Fe、Ca	$C+H_2$	K、Ni(Fe)

影响催化剂催化效果的主要因素如下：

① 催化剂的化学形态。催化剂的化学形态对其催化效果影响显著，已经发现 Fe、Ni 在其元素状态，或在反应中转变为元素状态更有催化作用；钾、钠等碱金属元素催化效果好的化学形态为碳酸盐类，而磷酸盐类催化效果最差；各类金属盐类化合物中，有机盐类比无机盐类催化效果好；铁及过渡金属氧化物对 $C+CO_2$、$C+H_2O(g)$ 反应体系效果好，尤其低价氧化物更有效。

② 催化剂的物理形态。一般说，催化剂以什么形态添加到煤炭中去，对其催化剂效应至关重要。这里的物理形态指催化剂添加方法，常用的方法可分为浸渍法和物理混合法，实验证明浸渍法催化效果优于物理混合法。

③ 催化剂配用的数量。在一定范围内，催化剂配用量与催化作用成正比。但常常催化剂在配用量上有一个所谓“饱和点”，即中间最佳量。催化剂配用量不及或超过此点，催化效应均有下降，甚至得到负催化效应。

④ 催化剂使用的反应条件。一般地说，催化气化时的温度越高，催化剂的效果越差。

催化剂提高气化反应总速度最根本所在是催化剂改变了反应途径，降低了活化能。如在 $C+O_2$ 反应中，把胶体铁涂在石墨上，该反应的活化能就从 192.6 kJ/kmol 降低到 41.9 kJ/kmol。在 $C+CO_2$ 反应中，把 7% 铁浸渍在粉焦上，活化能从 256.2 kJ/kmol 下降到95.5 kJ/kmol。

近几十年来，世界各国对煤催化气化进行了较为广泛的研究。煤催化气化具有以下优越性：① 可以加快煤气化速度，提高碳转化率；② 在同样气化速率下可以降低气化温度，减少能量消耗；③ 在加压下气化可以促进甲烷反应，提高甲烷的收率和煤气热值；④ 可以降低煤的黏结性，扩大气化用煤范围，使用适当的粉煤和型煤。表 5-3 列出了长焰煤气化时有无催化剂的几项技术经济指标。

表 5-3　催化剂对长焰煤的技术经济指标

指标名称	无催化剂	有催化剂	指标名称	无催化剂	有催化剂
气化温度/℃	800～820	720～740	气化速率/(%/min)	0.4	2.0
水蒸气分解率/%	20	35	气化率/%(达到时间)	99(6h)	99(2.5h)
加入煤量/(t/a)	186 000	478 000	合成煤气/(10^6 m^3/a)	512	1 530

四、气化反应的化学平衡

设有如下可逆反应(基元反应)：

$$eE+gG \rightleftharpoons aA+bB$$

气化过程中的化学反应在进行正反应的同时，反应产物也相互作用形成逆反应。当正反应与逆反应的速率相等时，化学反应就达到动态平衡。

根据质量作用定律，以各组分气体分压表示的平衡常数 K_p 如下式：

$$K_p=\frac{p_A^a p_B^b}{p_E^e p_G^g}$$

式中，p_A、p_B、p_E 和 p_G 各为 A、B、E 和 G 气体组分的分压。

(一) 温度的影响

温度对平衡常数的影响可用 $C+CO_2 \rightleftharpoons 2CO$ 表示：即在 800～1 000 ℃温度下发现几乎所有的 CO_2 均反应生成 CO。$C+CO_2 \rightleftharpoons 2CO$ 反应在不同温度下的平衡组成见表 5-4。

表 5-4　$C+CO_2 \rightleftharpoons 2CO$ 反应在不同温度下的平衡组成

温度/℃	φ_{CO_2}/%	φ_{CO}/%	温度/℃	φ_{CO_2}/%	φ_{CO}/%
450	97.8	2.2	850	5.9	94.1
650	60.2	39.8	900	2.9	97.1
700	41.3	58.7	950	1.2	98.8
750	24.1	75.9	1 000	0.9	99.1
800	12.4	87.6			

(二) 压力的影响

若反应的进行伴随着气相体积的增加或减少，则升高总压力时，反应向减少总压力的方向(即减少体积)的方向进行。反之，降低总压力时，将使反应向增加总压力的方向(即增加体积的方向)进行。

从反应方程式 $C+CO_2 \rightleftharpoons 2CO$ 中不难看出，有

$$\frac{d\ln K_p}{dT}=\frac{\Delta H^{\ominus}}{RT^2} \tag{5-18}$$

式中，$\Delta H^{\ominus}$ 为标准状态下的反应热效应。

由上式可知，若反应是吸热的，则 $\Delta H^{\ominus}>0$、$\frac{d\ln K_p}{dT}>0$，平衡常数值随温度的升高而增加，即温度上升，平衡向吸热方向进行。若反应是放热的，则 $\Delta H^{\ominus}<0$、$\frac{d\ln K_p}{dT}<0$，平衡常数值随温度的升高而减小，即温度降低，平衡向放热方向进行。

例如，二氧化碳还原反应：

$$C+CO_2 \rightleftharpoons 2CO \quad \Delta H=173.3\ kJ/mol$$

当该反应平衡时，气相中只有 CO 与 CO_2，则平衡常数 K_p 可表示为：

$$K_p=\frac{p_{CO}^2}{p_{CO_2}} \tag{5-19}$$

由表 5-4 可见，随着温度升高，在煤气混合物中 CO 含量显著增加，在 1 000 ℃时达到

99%，于反应前后体积发生变化，因而($CO+CO_2$)混合气体的总压力相应变化，这种变化势必影响平衡时二者的含量。图 5-1 所示为反应 $C+CO_2 \rightleftharpoons 2CO$ 中平衡混合物组成与压力的关系。

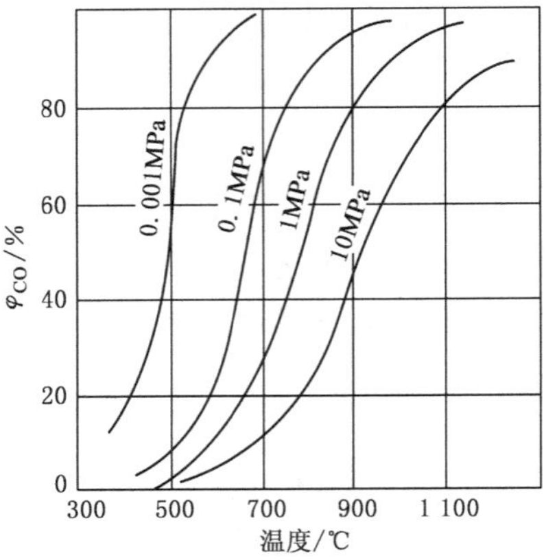

图 5-1 混合物中 CO 组成与压力的关系

由图 5-1 可以看出，在反应温度 800 ℃、混合气体压力为 0.1 MPa 时，CO 平衡含量为 92%；在 1 MPa 时，混合气体中的 CO 含量降至 58%；而在 10 MPa 时则降至 24%。

与此相反，若压力降为 0.01 MPa 时，CO 的平衡含量却可以增加到 92%～97%。在反应温度为 800 ℃、总压力为 0.001 MPa 时，CO_2 的平衡含量达到可以忽略的程度。

按理想气体计算出的热力学关系应符合 $pV=nRT$ 状态方程式。实际上，接触到的气体都是真实气体，在加压下其性质如按理想气体考虑将存在很大差异，上述的热力学相互关系，在此情况下是不准确的。如平衡常数 K_p 不仅是温度的函数，而且同时也随着总压力而变化。

对非理想系统应用热力学定律时，可使用称之为逸度的某些有效压力以替代实验分压，则以 K_f 替代 K_p。

$$K_f = \frac{f_A^a f_B^b}{f_E^e f_G^g}$$

式中，f_A、f_B、f_E、f_G 为物质 A、B、E、G 的分逸度，对理想气体 $p=f$，即逸度与压力相同。

在低压下，由理想气体导出的热力学相互关系也可用于实际气体，因为当 $p \to 0$ 时，$f \to p$。

一般情况下，逸度与压力具有以下关系：

$$f=rp$$

式中 r——活度系数。

对于气相混合组分则相应为：

$$f_i=r_i p_i$$

式中 r_i——该组分的活度系数；

p_i——该组分的分压力。

则 K_f 与 K_p 之间的相互关系可用下式表示：

$$K_f = K_p \cdot \frac{r_A^a r_B^b}{r_E^e r_G^g} \tag{5-20}$$

（三）煤气平衡组成的计算

下面就空气煤气的平衡组成举例说明。

当用空气鼓风制取煤气时，氮随空气中氧一起进入煤气发生炉，此时发生的气化反应为 $C+O_2 = CO_2$，$CO_2+C = 2CO$。设 CO_2 的转化分数为 α，则有：

$$C+O_2+3.76N_2 = 2\alpha CO+3.76N_2+(1-\alpha)CO_2$$

那么

$$p_{CO_2}=p\frac{1-\alpha}{4.76+\alpha}, p_{CO}=p\frac{2\alpha}{4.76+\alpha}$$

代入 $K_p=\frac{p_{CO}^2}{p_{CO_2}}$ 得：

$$\left(1+\frac{4p}{K_p}\right)\alpha^2+3.76\alpha-4.76=0 \tag{5-21}$$

由不同温度下的 K_p 值计算出相应的 α 值，即得出不同温度下的平衡组成，见表 5-5。

表 5-5 0.1 MPa 下空气煤气的平衡组成 单位：%

温度/℃	平衡组成			$\frac{CO}{CO_2+CO}$
	CO_2	CO	N_2	
650	10.8	16.9	72.3	61.0
800	1.6	31.9	66.5	95.2
900	0.4	34.1	65.5	98.8
1 000	0.2	34.4	65.4	99.8

计算示例：800 ℃下空气煤气平衡组成。

由 $\ln K_p=-\frac{21\,000}{T}+21.4=-\frac{21\,000}{800+273.15}+21.4=1.831$

则 $K_p=6.243$，代入式(5-21)得：

$$\left(1+\frac{4\times1}{6.243}\right)\alpha^2+3.76\alpha-4.76=0$$

$$\alpha=\frac{-3.76+\sqrt{3.76^2+4\left(1+\frac{4}{6.243}\right)4.76}}{2\times\left(1+\frac{4}{6.243}\right)}\approx\frac{-3.76+6.737}{2\times1.640\,7}=0.907$$

$$p_{CO_2}=\frac{1-\alpha}{4.76+\alpha}p=\frac{1-0.907}{4.76+0.907}\times1\approx1.6\%$$

$$p_{CO}=\frac{2\alpha}{4.76+\alpha}p=\frac{2\times0.907}{4.76+0.907}\approx32.0\%$$

五、气化反应动力学

煤的气化反应主要是非均相反应，其中既包含了化学过程——化学反应，又包含了物理过程——吸附、扩散、流体力学、热传导等。因此，气化反应动力学的研究包括化学反应机理及物理因素两方面，它对研究气化工艺过程有重要的意义。

(一) 气化反应的历程

气化炉中的主要气化反应是煤与气体介质之间的反应。在气化炉中煤首先进行脱挥发分和热分解，得到固体残留物——半焦。随后将发生半焦与气化剂间的反应，它是典型的气-固多相反应，其总的气化历程通常经过如下 7 步：

① 反应气体从气相扩散到固相表面(外扩散)；

② 反应气体再通过颗粒的通道进入小孔的内表面(内扩散)；

③ 反应气体分子吸附在固体表面上，形成中间络合物；

④ 吸附的中间络合物之间或吸附的中间络合物与气相分子进行反应，这称为表面反应步骤；

⑤ 吸附态的产物从固体表面脱附；

⑥ 产物分子通过固体颗粒的内部孔道扩散出来(内扩散)；

⑦ 产物分子从颗粒表面扩散到气相中(外扩散)。

煤气化过程的示意图如图 5-2 所示。

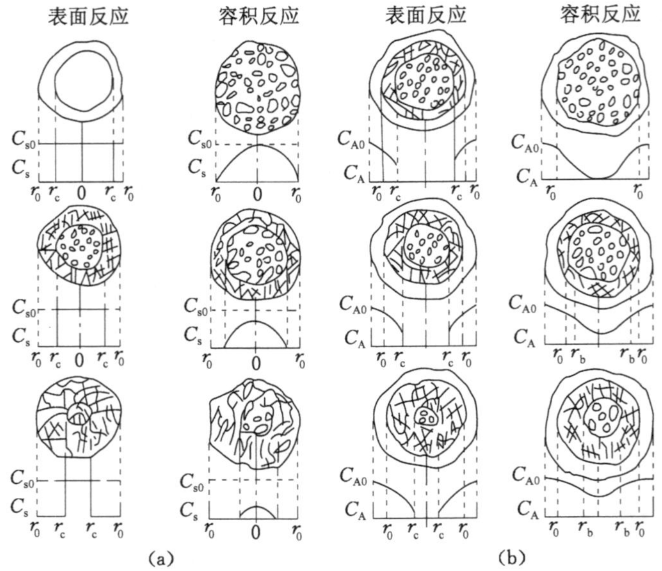

图 5-2　煤炭气化过程的示意图

由此可见，在总的反应过程中包括了扩散过程①、②、⑥、⑦和化学过程③、④、⑤。扩散过程又分为外扩散与内扩散；化学过程又包括吸附、表面反应和脱附。由于各步骤的阻力不同，反应过程的总速率将取决于阻力最大的步骤，即速度最慢的步骤，该步骤就是速度控制步骤。

当总反应受化学反应速率控制时，称为化学动力学控制；当总反应受扩散过程的速率控制时，称为扩散控制。扩散控制又分为内扩散控制和外扩散控制。

煤炭气化过程属于孔隙性固体气化过程，包括气-固多相反应的基本步骤，即气相扩散、孔隙扩散和固体表面的化学反应。哪一个是速度控制者呢？前人做过许多研究，这里介绍依据三区域图来判别。

温度是影响反应速率的重要因素之一，反应速率随温度增加而增加。若把反应速率的对数值作为纵坐标，反应温度的倒数作为横坐标作图，就可得到图 5-3。图中下半部还绘出了在各种情况下反应物在气-固界面和固相内部的浓度分布状况，R 是颗粒半径，c_g 是反应物气相浓度，δ 是滞流边界层厚度。

由图 5-3 可见，理论上可把气-固反应的反应速率随反应温度的变化划分为 3 个区域和 2 个过渡区。

① 低温区Ⅰ。在区域Ⅰ中，化学反应速率大大低于反应物能够通过传质和孔隙扩散传递到固体表面的速率。这时总反应速率由化学反应速率控制，反应物的浓度在整个碳颗粒内外近似相等，可以假定固体内部浓度近似为 c_g，实验测得的静观活化能 E_a 等于真活化能

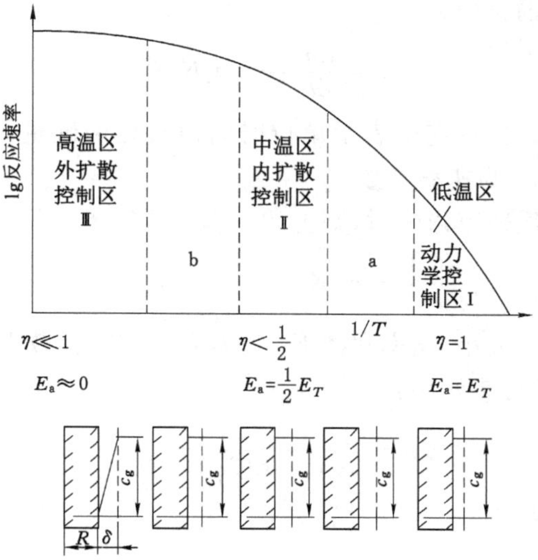

图 5-3　反应温度范围内气-固反应的反应速率区域划分图

E_t。假设固体颗粒内表面所接触的反应物浓度都是 c_g 时的反应速率为 r_0，而接触的反应物浓度只有图中所示的各种情况的实际反应速率为 r，定义表面利用系数 $\eta=\frac{r}{r_0}$，则在化学动力区 $\eta=1$。

② 中温区Ⅱ。这时总反应速率由表面反应及内扩散控制，又称内扩散控制区。实验测得的表观活化能 $E_a=\frac{1}{2}E_t$，气相反应物的掺入深度小于颗粒半径 R，即在小于 R 的地方反应物浓度等于“零”，表面利用系数 $\eta<1/2$。

③ 高温区Ⅲ。这时总反应速率由外扩散控制。化学反应和孔隙扩散的速率都快，反应物浓度在固体表面已接近为“零”，因此内表面利用系数 $\eta\ll1$。实验测得的表观活化能 $E_a\approx0$，温度对总反应速率只有轻微的影响。

应该注意，不能固定不变地来看待反应系统的控制步骤，条件的改变可以导致各步相对阻力的改变，进而使控制步骤改变。反应系统在某一条件范围内为扩散控制，当变到另一条件范围内则又将是动力学控制。在动力学控制区和内扩散控制区之间以及内扩散和外扩散控制区域之间都有一个过渡控制区。当两类过程的阻力相差不大时，则应同时考虑两种阻力对总速率的影响。

（二）气固相气化反应的动力学方程

在不同的控制区反应系统有不同的动力学特征，而且同一反应在不同的条件下可能从一个控制区过渡到另一个控制区。为此，下面介绍内扩散控制区及外扩散控制区的特征以及有关的动力学方程。

1. 内扩散控制的动力学方程

处理内扩散的动力学问题时有两种方法：表观反应动力学和效率因子法。这里只讨论效率因子法。所谓效率因子法就是设法求出效率因子 η，然后将动力区的动力学方程乘以相应的效率因子就可以了。

若在动力学控制区的方程为：

$$\omega = \frac{dn}{dt} = -m_c K_V C_A \tag{5-22}$$

这是一级反应方程。方程左边表示单位时间内气化的碳量，m_c是固体燃料的总碳量，C_A为各反应物的浓度，K_V为速率常数。

当过程速率受到传质速率影响时，则上述方程可改写成：

$$\frac{dn}{dt} = -m_c K_V \eta C_A = -m_c D_{eff} C_A \tag{5-23}$$

效率因子η与碳粒子大小、速率常数K_V以及孔内有效扩散系数D_{eff}有关。对于直径为d_P的球形颗粒，效率因子可表示为：

$$\eta = \frac{1}{\varphi}\left(\frac{1}{\tanh(3\varphi)} - \frac{1}{3\varphi}\right) \tag{5-24}$$

式中　φ——Thiele 模数。

φ可表示为：

$$\varphi = \frac{d_P}{6}\sqrt{\frac{K_V \rho}{D_{eff}}} \tag{5-25}$$

式中　ρ——固体密度。

当$\eta < 1/3$、$\varphi > 3$时，由式(5-24)、式(5-25)得：

$$\eta = \frac{6}{d_P}\sqrt{\frac{D_{eff}}{K_V \rho}} \tag{5-26}$$

$$\frac{dn}{dt} = -m_c \frac{6}{d_P}\sqrt{\frac{K_V D_{eff}}{\rho}} \cdot C_A \tag{5-27}$$

2. 外扩散控制的动力学方程

在较高温度下，反应速率非常快，任何气体一达到外表面就立即与固体反应而消耗光，这时穿过边界层的扩散就成为速率的决定步骤：

$$\frac{dn}{dt} = -m_c A\beta C_A \tag{5-28}$$

式中　A——固体的外表面积；

β——传质系数，它与气体扩散系数以及边界层厚度有关。

传质系数β可由下式计算：

$$\frac{\beta d_P}{D} = sh = 1.5Re^{0.55} \tag{5-29}$$

式(5-29)适用范围为Re大于40且小于4 000，其中，sh是舍伍德数(Sherwood number)，表征的是对流传质与扩散传质的比值。

球形颗粒的比表面积$A = \frac{6}{\rho d_P}$。

3. 碳气化的动力学方程

$$\frac{dn}{dt} = -m_c K_{eff} C_A \tag{5-30}$$

式(5-30)中K_{eff}取值：在动力学控制区，$K_{eff} = K_V$；在内扩散学控制区，$K_{eff} = \eta K_V$；在外扩散学控制区，$K_{eff} = A\beta$。所以，K_{eff}一般表达式为：

$$K_{\text{eff}} = \left[\frac{1}{\eta K_{\text{V}}} + \frac{1}{A\beta}\right]^{-1} \quad \text{m}^3/(\text{kg} \cdot \text{s}) \tag{5-31}$$

当考虑到碳转化率的影响时，这时根据效率因子 η 的定义，可得：

$$\eta = \frac{\left(D_{\text{eff}} \dfrac{\text{d}C_{\text{A}}}{\text{d}r}/r_0\right)4\pi r_0^2}{\left(\dfrac{4}{3}\pi r_0^3\right)\left[a'_{\text{V}} K_{\text{V}} C_{\text{A}} C_{\text{s0}}(1-x)\right]} \tag{5-32}$$

式中 C_{s0}——固相的初始浓度；

D_{eff}——有效扩散系数，在反应期间它也可能变化，与转化率的关系是 $D_{\text{eff}}=D_{\text{e0}}g(x)$，其中 D_{e0} 是在转化率 $x=0$ 时煤焦的有效扩散系数；$g(x)$ 为转化率 x 的函数值；

a'_{V}——等于 $\dfrac{a_{\text{V}}}{g(x)}$。

方程式(5-32)可由合适的边界条件得到：

$$\eta = \frac{3}{M}\left(\frac{1}{\tanh M} - \frac{1}{M}\right) \tag{5-33}$$

$$M = \varphi_0\left[(1-x)a'_{\text{V}}\right]^{\frac{1}{2}} \tag{5-34}$$

$$\varphi_0 = r_0\sqrt{\frac{K_{\text{V}}C_{\text{s0}}}{D_{\text{e0}}}} \tag{5-35}$$

（三）气化反应机理

气化反应机理是气化反应动力学研究内容之一。一般通过实验手段分析单个反应的反应步骤、反应机理、反应级数和活化能等。气化反应机理的研究有助于深入了解反应过程。

1. 碳的氧化反应机理

实验证明，碳和氧的反应随着温度、流体力学条件和鼓风中氧组分的分压不同，所制得的煤气中碳的氧化物比例 $\varphi_{\text{CO}}:\varphi_{\text{CO}_2}$ 也不同，其变化范围是很大的。对此反应曾进行了大量的研究，最初，认为 C 与 O_2 直接结合生成 CO_2，而 CO 是所生成的 CO_2 与 C 之间的二次反应产物。以后，有人认为 CO 是 C 与 O_2 的一次反应产物，而 CO_2 是生成的 CO 与 O_2 进一步反应而生成的。最后，较多的实验研究结果认为 C 与 O_2 作用的结果首先生成中间配合物，而后中间配合物分解，同时产生 CO 与 CO_2。

李特和惠勒(Rhead & Wheeler)于 1910 年用木炭在低温下对氧化过程进行了研究，首先提出了 CO 与 CO_2 同时生成的结论，并提出氧在碳的表面形成不明组成的碳氧中间配合物。他们提出了下述过程机理。

① 按下式形成复杂的中间碳氧配合物；

$$x\text{C} + \frac{1}{2}y\text{O}_2 \longrightarrow \text{C}_x\text{O}_y$$

② 随反应条件的不同，复杂的碳氧配合物热分解，同时生成不同比例的 CO 与 CO_2。

$$\text{C}_x\text{O}_y \longrightarrow m\text{CO}_2 + n\text{CO}$$

此后，许多学者研究认为固相的碳氧配合物的分解有气态的氧分子参加。如采用炽热的石墨丝在真空状态下通入氧气流时，在不同温度范围测得的反应结果是不同的。

当实验在 $T<1\ 200$ ℃下进行时，测得的结果是 CO 与 CO_2 两种产物分子数量相等，观

察过程如下：首先是两个溶解的氧分子渗入石墨晶格中并使之活化。其次是由气相空间来的第三个氧分子与碳氧配合物进行如下反应：

$$4C+3O_2 \longrightarrow 2CO_2+2CO$$

上述反应为一级反应。在较高的温度 $T>1\,600$ ℃下，氧分子仅与碳周围的原子进行反应。而所形成的碳氧配合物在高温下直接发生热分解，所得氧化产物之比 $\frac{\varphi_{CO_2}}{\varphi_{CO}}\approx 0.5$，且反应速率具有零级特征，反应按下式进行：

$$3C+2O_2 \longrightarrow CO_2+2CO$$

在多数情况下，由实验得到的反应速率方程的形式如下：

$$W = K_s p^n \tag{5-36}$$

式中，p 是反应气体氧的分压，n 是反应级数。反应速率常数 K_s 可表示为修正的阿伦尼乌斯公式形式。

$$K_s = AT^N \exp(-E/RT) \tag{5-37}$$

式中，对于指数 N，大多数研究者取为零。反应级数 n 和频率因子 A 要用实验方法确定，对于不同的原料测得的活化能 E 的变化范围相当大，而得到的反应级数 n 值在 0～1 之间变化。

2. 碳与二氧化碳的反应机理

碳与二氧化碳的还原反应是一个重要的气固相反应，一般在 800 ℃以上明显地进行反应，该反应在一定程度上确定了气化炉中生产所获得的煤气的质量。在该反应的研究过程中，除了考虑二氧化碳的吸附和形成某种碳氧配合物外，同时要注意到所形成的一氧化碳在反应自由表面上是否覆盖而致“中毒”。也有采用放射性同位素 ^{14}C 或 $^{14}CO_2$ 分别对上述反应机理进行研究的。

由于不同研究者采用不同的原料和反应条件，因而得到了几种反应机理和基元反应，一般都有表面碳氧配合物的生成阶段。

有人在 4 MPa 压力下进行碳与二氧化碳反应的研究，并提出下述过程：

$$C_f+CO_2 \longrightarrow CO+C(O)$$

$$C(O) \longrightarrow CO+C_f$$

$$CO+C_f \rightleftharpoons C(CO)$$

$$CO_2+C(CO) \longrightarrow 2CO+C(O)$$

$$CO+C(CO) \longrightarrow CO_2+2C_f$$

式中，C_f——碳表面上的活性中心。

不少研究者用来拟合反应速率的方程式——朗缪尔(Langmuir)等温吸附形式。

$$W = \frac{k_1 p_{CO_2}}{1+k_2 p_{CO}+k_3 p_{CO_2}} \tag{5-38}$$

式中，k_1、k_2、k_3 分别为表面氧化物的分解生成 CO 并逸入气相及 CO 的解吸等过程的个别阶段的常数。

最近也有研究者选用如下的公式作为碳与二氧化碳的反应速率公式：

$$W = Km(C^*)(p_{CO_2})^n \tag{5-39}$$

式中，$m(C^*)$指没有反应的剩余碳质量。

3. 碳与水蒸气的反应机理

碳与水蒸气的相互作用由下列多相化学反应组成：

$$C + H_2O \longrightarrow CO + H_2$$

$$C + 2H_2O \longrightarrow CO_2 + 2H_2$$

此外，还可能进行二次反应，即：

$$C + CO_2 \longrightarrow 2CO$$

下述反应为一个单相的被称为一氧化碳变换或水煤气反应。

$$CO + H_2O \longrightarrow CO_2 + H_2$$

因此，当水蒸气与碳发生接触时，具有多相的性质。

由于存在二次反应，所以碳与水蒸气的反应比碳与二氧化碳的反应要复杂，类似于 C 与 O_2 和 C 与 CO_2 的反应。碳与水蒸气的反应过程中同样形成表面碳氧配合物。如认为有以下过程。

反应的第一阶段是水蒸气在碳表面的物理吸附。

$$C + H_2O \rightleftharpoons C + \underset{(吸附)}{H_2O}$$

第二阶段是生成碳氧配合物，这是化学吸附过程，而水蒸气中的氢在中间配合物生成的同时分离出来并为碳表面所吸附，然后在高温作用下脱附。

$$C + \underset{(吸附)}{H_2O} \rightleftharpoons C_xO_y + \underset{(吸附)}{H_2}$$

$$\underset{(吸附)}{H_2} \rightleftharpoons H_2$$

所形成的中间配合物既可在高温下分解，也可能由于气相中的水蒸气与之反应而生成 CO。

$$C_xO_y + H_2O \rightleftharpoons H_2 + \underset{(吸附)}{CO}$$

$$C_xO_y \rightleftharpoons C + \underset{(吸附)}{CO}$$

$$\underset{(吸附)}{CO} \rightleftharpoons CO$$

一般较多应用如下反应速率方程式：

$$W = \frac{k_1 p_{H_2O}}{1 + k_2 p_{H_2} + k_3 p_{H_2O}} \tag{5-40}$$

式中　p_{H_2}、p_{H_2O}——氢和水蒸气的分压；

k_1——在碳表面上水蒸气的吸附速率常数；

k_2——氢的吸附和解吸平衡常数；

k_3——碳与吸附的水蒸气分子之间的反应速率常数。

式(5-40)预示氢将作为一种“抵制剂”起作用，在实验中确实发现是这样的情况。据研究认为，H_2 比 CO 能更快地被表面所吸附，从而阻碍水蒸气的分解反应进行。

六、气化过程的热力学平衡

(一) 气化过程的独立反应

以水煤浆气化过程为例，离开气化炉的气体组成包括 H_2、CO、CO_2、CH_4、N_2、Ar、H_2S、COS、NH_3、HCN、H_2O 等 11 个主要组分和灰渣中的残碳，其中 Ar 为惰性组分，本身不参加化学反应。根据 J. M. Smith 概括出的经验法则，即复杂反应系统中的独立反应数，通常等于系统中组分由其元素生成的反应数，减去不单独存在于系统中的元素数。因此，根据该经验法则，确定煤气化过程的独立反应数为6，根据影响气体出口组成和残碳气化反应的因素，一般确定以下六个反应为煤气化过程中的独立反应。

$$CO + H_2O \longrightarrow CO_2 + H_2$$

$$CH_4 + H_2O \longrightarrow CO + 3H_2$$

$$C + H_2O \longrightarrow CO + H_2$$

$$H_2S + CO \longrightarrow COS + H_2$$

$$NH_3 \longrightarrow \frac{1}{2}N_2 + \frac{3}{2}H_2$$

$$HCN + 3H_2 \longrightarrow NH_3 + CH_4$$

（二）平衡常数表达式

化学反应达到平衡时，所有组分处于相同的温度、压力之下，此时自由焓变化为零，即化学反应平衡的条件是：

$$(\mathrm{d}G)_{T,p} = 0 \tag{5-43}$$

由此可得到：

$$-RT\ln K = \Delta G^{\ominus} \tag{5-44}$$

式中 $\Delta G^{\ominus}$——反应物、产物均处于标准态下的自由焓变化，kJ/mol；

R——气体常数，8.314 5 kJ/(kmol·K)；

T——温度，K；

K——以逸度表示的标准平衡常数。

根据热力学参数的有关定义，可导出反应平衡常数与温度的关系式：

$$\frac{\mathrm{d}\ln K}{\mathrm{d}T} = \frac{\Delta H^{\ominus}}{RT^2}$$

式中 $\Delta H^{\ominus}$——标准状态下反应的热效应，亦即标准焓变。

对上式进行积分得到：

$$\ln K = \frac{1}{R}\int \frac{\Delta H^{\ominus}}{T^2}\mathrm{d}T + I \tag{5-45}$$

式中，I 为积分常数，由于：

$$\left(\frac{\partial H}{\partial T}\right)_p = C_p \tag{5-46}$$

由式(5-46)积分得到：

$$\Delta H_i^{\ominus} = \int \Delta C_{p,i}^{\ominus}\mathrm{d}T + \Delta H_{0,i} \tag{5-47}$$

式中，$\Delta H_{0,i}$为积分常数。

对于某一反应系统，标准自由焓焓变为

$$\Delta G^{\ominus} = \sum \nu_i \Delta G_i^{\ominus} \tag{5-48}$$

$$\Delta H^{\ominus} = \sum \nu_i \Delta H_i^{\ominus} \tag{5-49}$$

式中，ν_i为化学方程式中组分 i 的化学计量系数，为了计算方便，将反应物 ν_i定义为负，生成物 ν_i定义为正。

理想气体组分的热容可用下面的多项式表示：

$$C_{p,i}^{\ominus} = A_i + B_i T + C_i T^2 + D_i T^3 \tag{5-50}$$

将式(5-50)代入式(5-47)积分得：

$$\Delta H_i^{\ominus} = \Delta H_{0,i} + A_i T + \frac{B_i T^2}{2} + \frac{C_i T^3}{3} + \frac{D_i T^4}{4} \tag{5-51}$$

将式(5-48)、式(5-49)、式(5-50)、式(5-51)代入式(5-45)积分，并通过 298.15 K 时的组分标准自由焓和标准生成焓，分别确定积分常数 I 和 $\Delta H_{0,i}$，可得到反应的平衡常数多项式为：

$$\ln K_f = \frac{A_0}{T} + A_1 \ln T + A_2 T + \frac{A_3 T^2}{2} + \frac{A_4 T^3}{3} + F_0 \tag{5-52}$$

其系数分别与 298.15 K 时的标准自由焓变化、标准生成焓变化和反应组分的热容系数之差有关。

第四节　固定床气化技术

固定床气化也称移动床气化。固定床气化一般以块煤或焦炭为原料。煤或焦炭由气化炉顶加入，气化剂由炉底加入，煤与气化剂呈逆流接触。相对于气化炉内上升的气流速度，煤的下降速度很慢，可以视为固定不动，所以称为固定床气化。而实际上煤在气化过程中是以很慢的速度向下移动，因此固定床气化也称移动床气化。

一、基本原理

在固定床气化过程中，煤从气化炉顶部加入，气化剂由气化炉底部加入，固定床气化一般以褐煤、长焰煤、无烟煤、焦炭等为原料，气化剂有空气、空气-水蒸气、氧气-水蒸气、氧气-水蒸气-二氧化碳等。煤样自上而下依次经过干燥层、干馏层、还原层、氧化层和灰渣层。

在气化炉最底层灰渣层中，温度较低，气化剂只与灰渣进行换热，不发生反应，气化剂吸热温度升高，灰渣则被冷却。在气化炉炉箅子上，灰渣结构疏松并存在许多孔隙，气化剂能均匀分布，灰渣层还起到保护炉箅子的作用。

灰渣层厚度对整个气化装置的正常运行影响很大，要严格控制。灰渣层厚度一般控制在 100～400 mm 较为合适，视具体情况而定。排灰太少，灰渣层加厚，增加气化炉内的阻力，影响气化操作的正常进行；排灰太多，灰渣层变薄，灰渣容易出现熔化烧结，还可能烧坏炉箅子，影响煤气质量和气化能力。

氧化层在灰渣层的上部，氧化层主要进行炭的燃烧反应，O_2 被全部耗尽，放出大量热量，产生的热量是维持气化炉正常操作的必要条件。氧化层的反应都是放热反应，因而氧化层的温度是最高的。还原层在氧化层的上部，在还原层，炽热的炭与水蒸气或二氧化碳发生还原反应，生成氢气和一氧化碳。习惯上把氧化层和还原层统称为气化层。气化层厚度分煤气出口温度紧密相关，研究表明，气化层越厚，出口温度越低，因此，在实际操作中以煤气出口温度调控气化层厚度。

干馏层位于还原层的上部，在干馏层，煤中的挥发分发生裂解，生成甲烷、烯烃和焦油等物质，同时，也产生硫化氢和焦油等。干燥层位于干馏层的上面，在干燥层，主要是预热煤样，煤炭中的水分受热蒸发。

二、主要特征

原料适应范围广，从褐煤到无烟煤及焦炭均能气化，可气化较小粒度的碎煤，同时还能可使用水分、灰分高的劣质煤。煤气热值是各类气化工艺中最高的,固定床气化最适合制城市煤气。

三、典型的固定(移动)床技术

(一) UGI 煤气化工艺

1882 年,第 1 台常压固定床空气间歇气化炉完成设计,并实现工业化。1913 年后,美国联合气体改进公司(United Gas Improvement Company)对该技术进行完善,形成了 UGI 炉。UGI 气化技术以块状无烟煤或焦炭为原料,以空气和水蒸气为气化剂,在常压下生产合成原料气或燃料气。UGI 气化技术属于间歇式气化,技术成熟,工艺可靠,投资较低,不需要空分制氧装置,设备制造容易,操作简单。20 世纪 50 年代以来在我国以焦炭或无烟煤为原料的中小氮肥厂大多选用该技术,以生产合成氨或者燃气为主,最多时全国有 4 000 多台 UGI 气化炉在运行,气化炉最大直径为 3.6 m。其内部结构如图 5-4 所示。

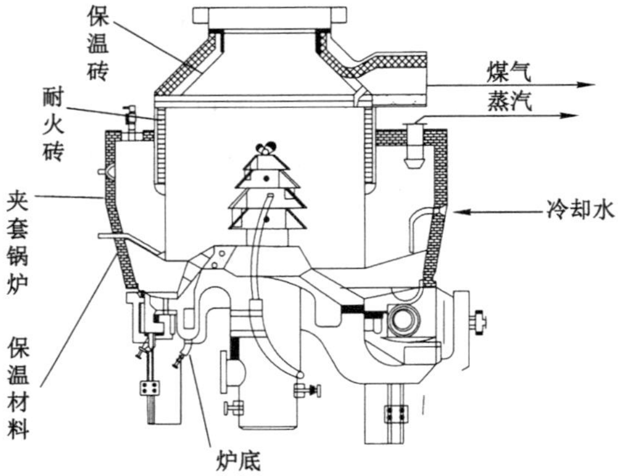

图 5-4　UGI 气化炉

UGI 气化炉工作过程中,应避免煤气和空气在炉内相混形成爆炸性混合气体,应尽可能稳定燃料层中气化层的温度、厚度和位置。UGI 气化工艺流程如图 5-5 所示。

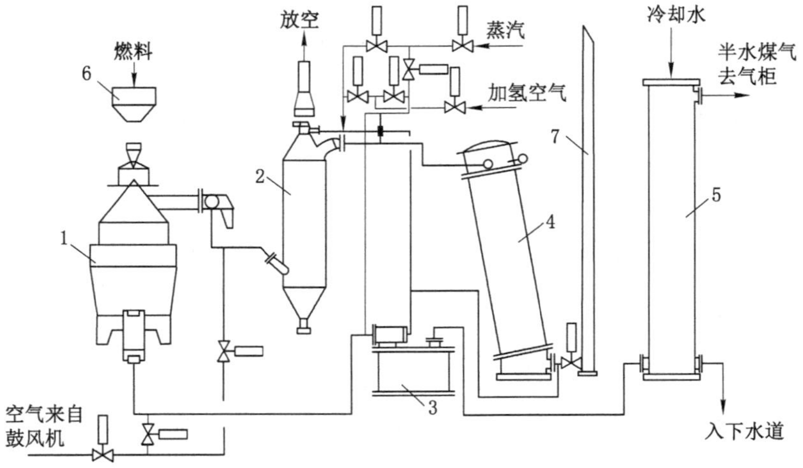

1—煤气发生炉;2—燃烧室;3—洗气箱;4—废热锅炉;5—洗气塔;6—燃料贮仓;7—烟囱。

图 5-5　UGI 气化工艺流程

用 UGI 气化炉制水煤气时，从上一次送入空气开始到下一次再送入空气为止称为制气的一个工作循环，一个工作循环所用的时间叫作循环周期。一个制气循环过程分为吹风、蒸汽吹净、上吹、下吹、二次上吹、空气吹净 6 个阶段。

UGI 固定床煤气化技术单炉生产能力小，单炉产气量仅有 12 000 m^3/h 左右，使得气化炉数量增多、布局困难。UGI 气化炉气化过程中需要经常维持气化区的适当位置，并且一个制气循环过程大约有 1/3 的时间用于吹风和倒换阀门，部件容易损坏，有效制气时间少，操作与管理比较烦琐。另外，粗煤气中 $CO+H_2$ 的含量，只占 70%左右，出口气体温度低，气体中含有相当数量的煤焦油，给气体净化带来困难，大量吹风气排空量大，每吨合成氨吹风气放空多达 5 000 m^3/h，放空气中含 CO、CO_2、H_2、H_2S、SO_2、NO_x 及粉尘，对大气污染较大；煤气冷却洗涤塔排出的污水含有焦油、酚类及氰化物，造成环境严重污染。20 世纪 60 年代后，该技术在国外逐渐被两段固定床气化技术和德国鲁奇(Lurgi)公司开发的加压固定床气化技术替代。

(二) 鲁奇(Lurgi)煤气化工艺

鲁奇煤气化工艺是 20 世纪 30 年代由德国鲁奇(Lurgi)公司开发的气化方法，属第一代煤气化工艺，技术成熟可靠，是目前世界上建厂数量最多的煤气化技术。鲁奇煤气化工艺产物粗煤气中含有 10%～12%的甲烷和不饱和烃，经过分离和蒸汽转化后，主要用于生产城市煤气和合成原料气。鲁奇气化炉如图 5-6 所示。

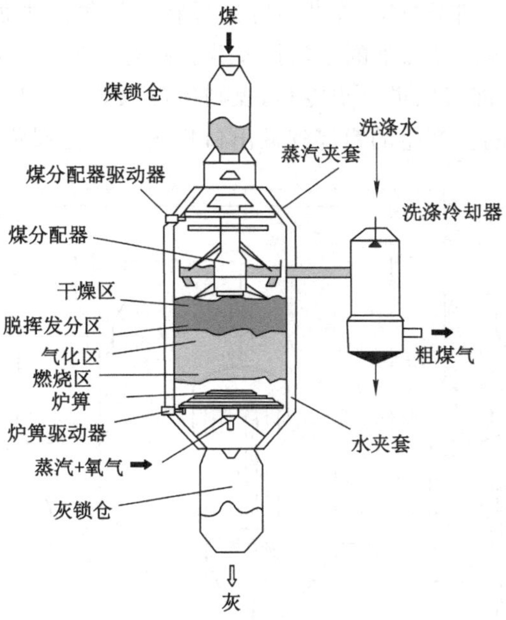

图 5-6　鲁奇气化炉

鲁奇气化炉操作温度为 800～900 ℃，操作压力为 2.5～4.0 MPa，固态排渣。气化床层自上而下分干燥、干馏、还原、氧化和灰渣等层。但低温焦油及含酚废水处理难度较大，环保问题不易解决。

鲁奇气化技术的特点如下：

① 原料适应范围广，从褐煤到无烟煤均可气化，包括水分、灰分较高的劣质煤；可副产

焦油、轻质油及酚等多种高价值产品。从经济性方面考虑，鲁奇炉尤其适于低阶煤和高灰煤的气化。相对气流床干粉或水煤浆进料备煤系统简单，投资及运行费用大为降低，运行可靠性大幅提高。气化过程进行得比较完全，而且热量利用合理，具有较高的热效率(最高可达94%)，其冷煤气效率明显高于气流床。煤气与灰渣的热回收比干粉进料的废热锅炉流程简单可靠。

② 氧气消耗低于流化床及气流床，氧气单耗仅为干粉煤气流床的50%～70%，显著降低空分设备投资。粗煤气中甲烷含量高(10%或更高)，特别适用于生产城市煤气和煤制天然气。粗煤气中 H_2/CO 在 2 左右，当用褐煤为原料时 H_2/CO 可达 2.7，对于 F-T 合成、甲醇合成、合成天然气的生产可减轻煤气变换负荷。技术成熟可靠，在无备用的情况下单台气化炉年运转率超过 93%，气化岛年运转率大于 98%。对于相同的产品规模，气化岛加上配套空分的投资约比水煤浆气化低 20%。

鲁奇气化炉煤气化单元工艺流程如图 5-7 所示。鲁奇气化工艺采用碎煤加压式供料方式，首先，连接在炉体上部的煤锁将煤块升压，来自煤气冷却装置的粗煤气(现在工艺过程中也有采用 CO_2 作为充压气体)和来自气化炉的粗煤气使煤锁分两步充压，从常压充至气化炉的操作压力，打开煤锁，煤以间歇操作方式加入气化炉。在向气化炉加完煤后，煤锁再卸压至常压，以便开始下一个加煤循环过程。煤块加入气化炉的预热层后，下移至反应层，煤在反应层气化，反应热量取自气化剂与燃烧形成的燃烧层。大部分合成气在气化/还原层生成，然后合成气继续上升到干馏层，在此下降的煤在惰性氛围中加热，分解出富碳的固体残渣(煤焦)和含有气体、蒸汽和焦油的富氢挥发分。随着气体进一步上升，来自干馏区的挥发分及合成气在气化炉上部得以进一步冷却，煤则得以预热和干燥。最终离开气化炉的气体温度在 480～700 ℃之间。产生的粗煤气从出口排出。气化剂蒸汽和氧气通过位于气化炉

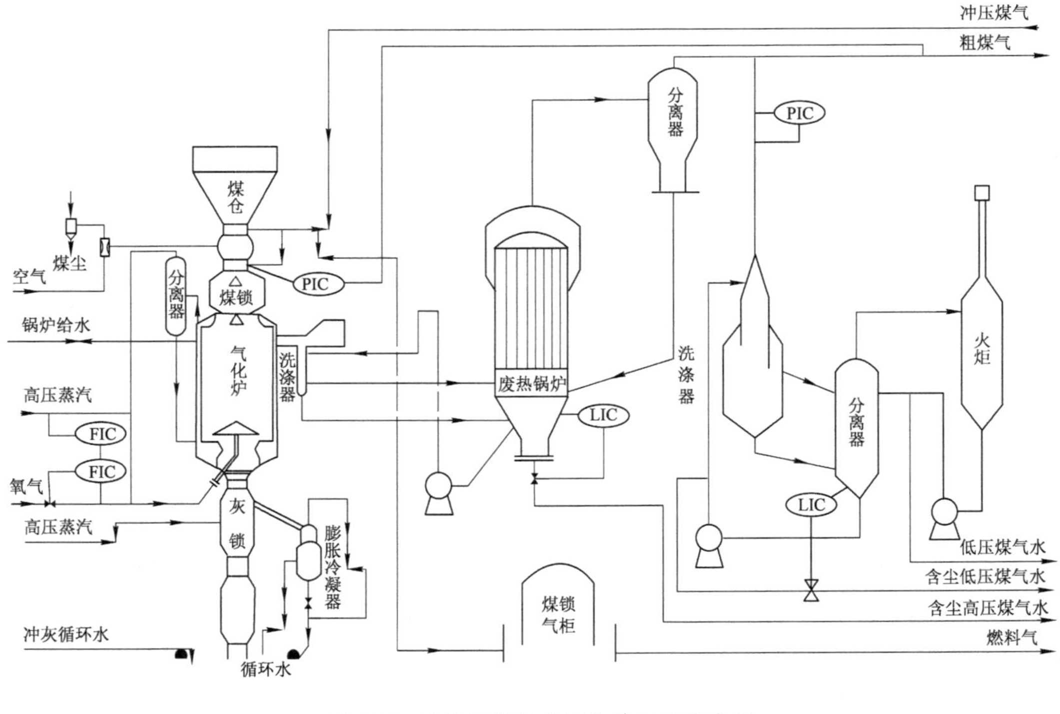

图 5-7　鲁奇气化炉煤气化单元工艺流程

底部的回转炉箅进行分布。燃烧区温度控制在灰软化温度和熔融温度之间，防止熔渣形成，使灰顺利排入灰锁。炉箅上方的灰渣从底部出口排到下方连接的灰锁中，所以气化炉与煤锁、灰锁构成了一体的气化装置。

鲁奇炉的代表炉型即第三代 MARK-Ⅳ型 ϕ3800 mm 加压气化炉，炉体由内外壳组成，其间形成 50 mm 的环形水冷夹套，用作保护炉的过热保护和产生蒸汽，结构更为合理。在气化过程中，在外壁和内壁间(即夹套)维持一定的锅炉给水液位，以保护外层承压壳体免受高温。同时，通过气化炉内壁传递热量，在夹套中产出与气化压力接近的饱和蒸汽，该蒸汽加入气化过程所用的高压过热蒸汽中。

鲁奇炉气化工艺用于煤制天然气项目，与其他炉型对比，具有前期投资低、生产运营成本低的先天优势，在工艺和生产管理上非常成熟，操作简单、生产稳定、运行周期长、国产化程度高、维修和维护成本低，是大型煤化工项目选择的理想工艺。与其他煤气化工艺相比，在污水处理上存在弊端，也在一定阶段成为安全环保生产的瓶颈。

近年来，国内煤化工企业在鲁奇炉气化工艺上采用 CO_2 作为煤锁一次充压介质和气化剂使用。将低温甲醇洗富集的 CO_2 作为气化剂送回气化炉内，替代部分水蒸气作为气化剂使用，生成的合成气中 CO_2 含量增加了 1.57%，CO 含量增加了 3.89%，CH_4 含量减少了 1.1%，明显减少整个工艺中 CO_2 的产生，节约了蒸汽用量，减轻了后续工艺含酚废水的处理量，同时优化了净煤气中 H_2/CO 的比例。

（三）BGL 煤气化工艺

1984 年，在德国鲁奇公司协助下，英国燃气公司在原鲁奇加压固定床气化炉基础上进行改进，开发了 BGL(British Gas-Lurgi)液态排渣气化炉，将固体燃料全部气化生产燃料气和合成气。BGL 煤气化工艺适用于褐煤、不黏结性或弱黏结性的煤，要求褐煤成型或选择 6～50 mm 的碎煤作为原料，BGL 气化炉操作压力为 2.5～3.0 MPa，气化温度为 1 100～1 300 ℃，灰渣以液态形式排出。BGL 气化炉煤锁和炉体的上部结构与干法排渣的鲁奇炉大致相同，不同的是用渣池代替炉箅。块煤(最大粒度 50 mm)通过顶部的闸斗仓进入加压气化炉，助熔剂(石灰石)和煤一起添加。2010 年，德国泽玛科清洁能源技术有限公司完成了对 BGL 固定床熔渣气化技术的收购。我国内蒙古中煤鄂尔多斯能源化工有限公司图克大化肥项目共建设 7 台 BGL 气化炉，主要采用长焰煤作为气化原料。

BGL 气化炉结构比鲁奇炉简单，取消了转动炉箅，如图 5-8 所示。在气化炉的下部设有 4～6 个喷嘴，喷嘴将水蒸气和氧的混合物以 60 m/s 的速率喷入燃料层底部，在喷口周围形成一个处于扰动状态的燃烧空间维持炉内的高温，高温使灰熔化，并提供热用于煤气化反应。液态灰渣排到炉底渣池里，后自动排入水冷装置。灰渣在水冷装置中形成玻璃态熔渣固体，然后排出。BGL 气化工艺流程如图 5-9 所示。

BGL 气化技术特点如下：BGL 气化工艺将高温熔渣气化与鲁奇气化进行了结合。在 1 300 ℃以上的气化温度下，99.5%的碳被气化，在氧耗相当时，气化剂的汽/氧比为 1.1～1.2，蒸汽用量大幅降低，90%～95%的蒸汽分解。采用高温熔渣气化后，去掉了大型排渣炉箅和传动设备，改变了气化剂的输入模式，在炉下部沿周向安装了一组喷嘴，将气化剂高压喷向炉内。碎煤或型煤从气化炉顶部进入，在气化炉内加热、干燥、干馏、气化，熔渣均匀恒定地间歇液态排出。气化炉顶出来的气体温度为 300～600 ℃，进入激冷器后，用循环煤气水激冷后入废热锅炉。单炉产粗煤气 58 000～68 000m^3/h，粗煤气产率 1 600～2 000 m^3/t 煤。

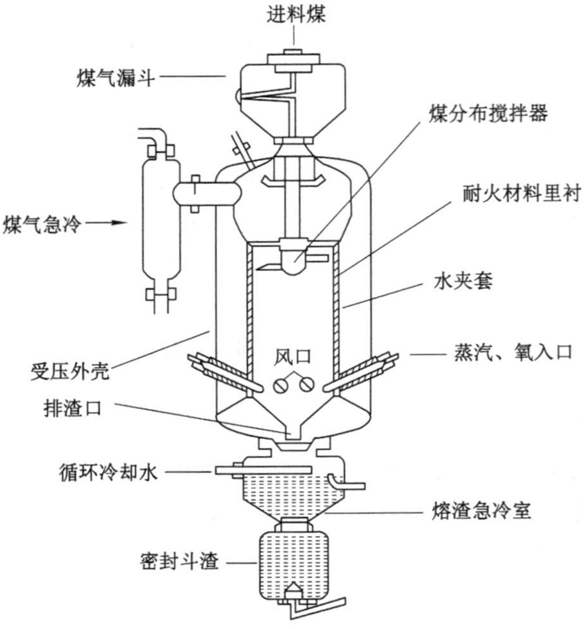

图 5-8　BGL 气化炉

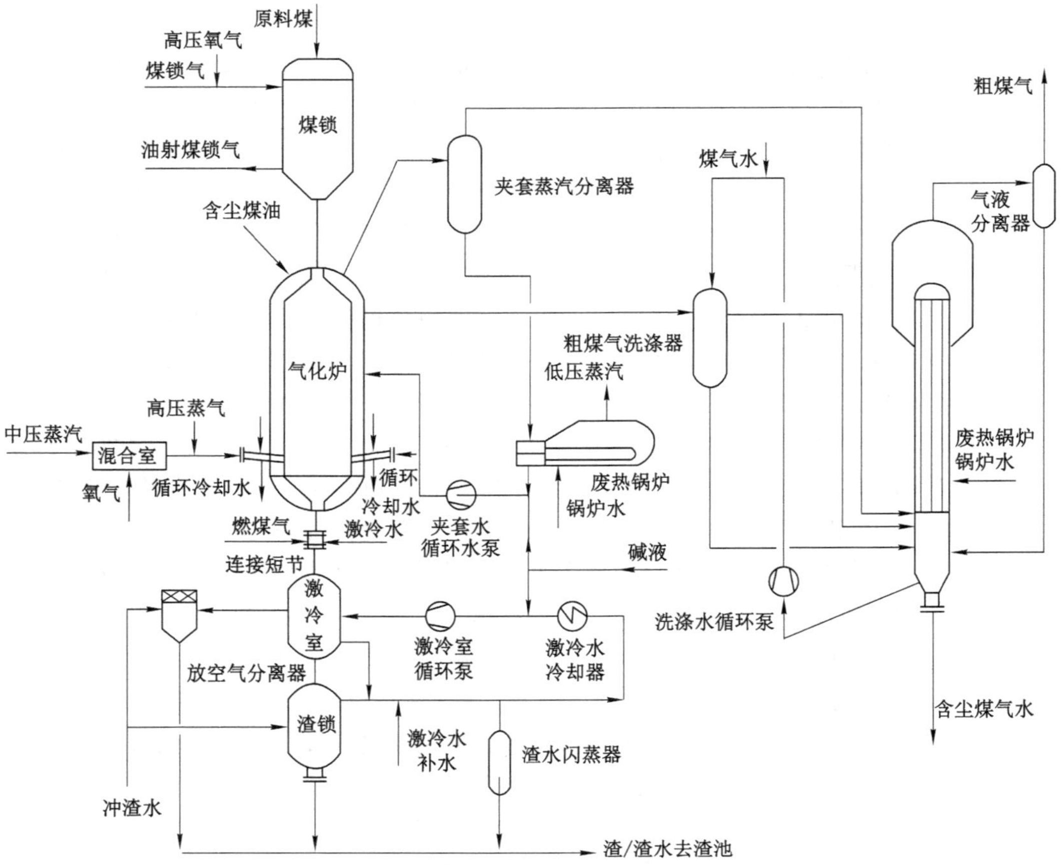

图 5-9　BGL 气化工艺流程

（四）几种固定床气化炉工艺对比

表 5-6 给出了几种固定床气化炉的技术参数及工艺特点对比。

表 5-6　常见固定床气化炉的技术参数及工艺特点

项目	UGI 气化炉（常压固定床间歇式气化炉）	鲁奇气化炉（固定床加压气化炉）	BGL 气化炉（固定床加压激冷气化炉）
气化工艺	固定床；间歇固态排渣	固定床；连续固态排渣	固定床；连续液态排渣
气化温度/℃	950～1 250	900～1 050	1 100～1 300
操作压力/MPa	常压	2.0～4.0	2.0～3.0
气化剂	空气＋水蒸气	氧气＋水蒸气	氧气＋水蒸气
适用煤种	无烟煤、焦炭	褐煤、次烟煤、无烟煤等	石油焦、无烟煤、烟煤、次烟煤、褐煤
工艺特点	由风箱、底盘、灰斗、炉箅、水夹套、绝热筒体、破渣条和炉顶等结构组成，结构简单，安装方便；需后续安装自动控制系统、水处理系统和尾气处理系统	主要用于气化褐煤、不黏结性或弱黏结性煤，要求原料煤热稳定性高、化学活性好、灰熔点高、机械强度高、不黏结性或弱黏结性，适用于生产城市煤气和燃料气	炉体简单，采用常规压力容器材料制成。配有常规耐高温炉衬及循环冷却水夹套，其中喷嘴、渣池及液态排渣系统设计为核心专有技术
有效气含量/%	63～85	65	90
冷煤气效率/%	74	65～75	89
碳转化率/%	97	98	99.5
应用	全部小氮肥和大多数中氮肥企业	义马气化厂、山西天脊化肥厂、云南解化等	内蒙古金鑫化工公司、内蒙古国电乌兰浩特煤制气、中煤图克化肥

由表 5-6 可见，UGI 固定床间歇式气化技术具有能耗高、气化效率低、单炉产气量小、环保性较差且间歇造气等缺点，已被国家发改委列入逐步淘汰的技术行列。鲁奇气化技术在应用中不断发展，气化炉直径逐步放大；尽管鲁奇炉单台生产能力达到日处理上千吨煤，但与加压气流床气化技术相比生产能力还不够大，不能气化粉煤，蒸汽分解率低，过程中产生大量的焦油和酚水。在未来一段时间内，气流床气化技术在国内完全成熟可靠之前，针对煤制天然气项目，仍具有一定的竞争性。BGL 气化技术是在成熟的鲁奇气化技术基础上开发的，该技术结合了鲁奇炉和液态排渣技术的特点，某些方面具有固定床和气流床技术的双重优点，易于消化吸收，工程化难度低，设备简单，易于国产化，投资低于气流床技术。BGL 技术可用于合成氨、甲醇、合成油等化学品的制造，也适用于 IGCC 发电及生产代用天然气。

第五节　流化床气化技术

自固体流态化技术发展以后，温克勒（F. Winkler）首先将流态化技术应用于小颗粒煤的气化，开发了流化床（或称沸腾床）气化技术。由于流化床气化采用的原料煤颗粒较细（0～10 mm），气化剂流速很高，炉内煤料处于剧烈的搅动和不断返混的流化状态，炉床内温度均匀，气固相接触良好，有利于气固反应速率的提高。流化床气化技术自 1926 年开发以来得到了迅速发展和不断提高。

一、常压流化床气化原理

流化床气化采用0～10 mm的小颗粒煤作为气化原料。气化剂同时作为流化介质，通过气化炉内的气体分布板(炉箅)自下而上经过床层。根据所用原料的粒度分布和性质，控制气化剂的流速，使床内的原料煤全部处于流化状态，在剧烈的搅动和返混中，煤粒的气化剂充分接触，同时进行着化学反应和热量传递。利用碳燃烧放出的热量，给煤粒进行干燥、干馏和气化。生成的煤气在离开流化床床层时，夹带着大量细小颗粒(包括70%的灰粒和部分未完全气化的炭粒)由炉顶离开气化炉。部分密度较大的渣粒由炉底排灰机构排出。

在流化床气化炉内，主要进行的反应有：碳的燃烧反应、二氧化碳还原反应、水蒸气分解反应及水煤气变换反应等，这些反应见式(5-1)、式(5-4)、式(5-5)、式(5-6)及式(5-7)。

二、常压流化床(温克勒炉)气化工艺

温克勒气化工艺是最早的以褐煤为原料的常压流化床气化工艺，在德国的莱纳(Leuna)建成第一台工业炉。以后在气化炉及废热锅炉的设计上进行了不断的开发和改进，但其基本原理没有变化。

(一) 温克勒气化炉

图5-10为温克勒气化炉的示意图。由图可见，该炉是一个高大的圆筒形容器。它在结构和功能上可分为两大部分：下部的圆锥部分为流化床，上部的圆筒部分为悬浮床，其高度为下部流化床高度的6～10倍。将0～10 mm的原料煤由螺旋加料器加入圆锥部分的腰部。一般沿筒体的圆周设置两个或三个进口，互成180°或120°。

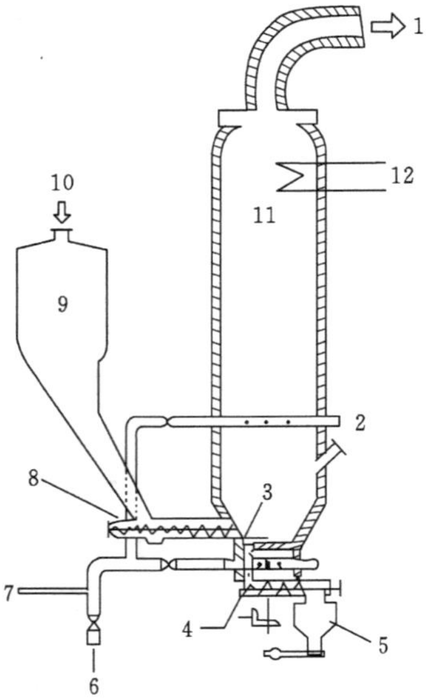

1—煤气出口；2—二次气化剂入口；3—灰刮板；4—除灰螺旋；5—灰斗；6—空气入口；7—蒸气入口；8—供料螺旋；9—煤仓；10—加煤口；11—气化层；12—散热锅炉。

图5-10 温克勒气化炉

温克勒炉采用的炉箅安装在圆锥体部分，炉箅直径比上部炉膛的圆柱形部分的直径小，鼓风气流沿垂直于炉箅的平面进入炉内。这样的结构为床层中的颗粒进行正规和均匀的循环创造了良好条件。当灰渣直接落在炉箅平面上时，虽可借刮灰板将灰刮去，但难以彻底清

除。灰渣在炉箅上的堆积，往往会引起结渣现象，因而限制了炉温的提高，同时也不利于气化剂的均匀分布。

氧气（空气）和水蒸气作为气化剂自炉箅下部供入，或由不同高度的喷嘴环输入炉中。通过调整气化介质的流速和组成来控制流化床温度不超过灰分的软化点。富含灰分的较大粒子，由于其密度大于煤粒，均沉积在流化床底部，由螺旋排灰机排出。在温克勒炉中，30%左右的灰分由床底部排出，其余由气流从炉顶夹带而出。

为提高气化效率和适应气化活性较低的煤，在气化炉中部适当的高度引入二次气化剂，在接近于灰熔点的温度下操作，使气流中所带的炭粒得到充分气化。

废热锅炉安装在气化炉顶部附近，由沿内壁配置的水冷管组成。产品气由于废热锅炉的冷却作用，使熔融灰粒在此重新固化。

（二）温克勒气化工艺流程

温克勒气化工艺流程如图5-11所示。

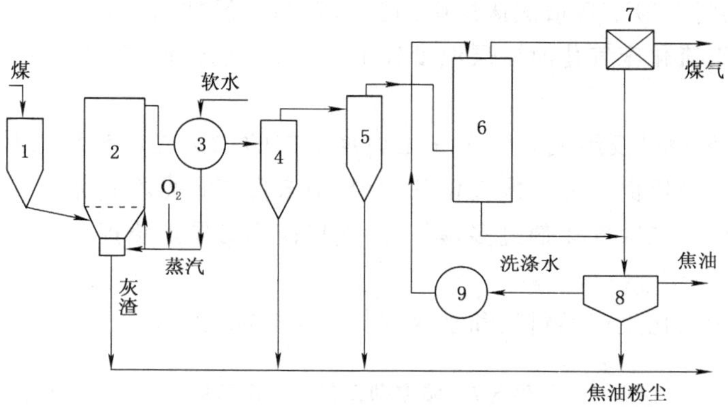

1—料斗；2—气化炉；3—废热锅炉；4，5—旋风除尘器；6—洗涤塔；7—煤气净化装置；
8—焦油水分离器；9—泵。

图5-11　温克勒气化工艺流程

1．原料的预处理

原料预处理包括以下方面：

① 原料经破碎和筛分制成0～10 mm级的入炉料，为了减少带出物，有时将0.5 mm以下的细粒筛去，不加入炉内。

② 利用烟道气余热干燥，控制入炉原料水分在8%～12%左右。经过干燥的原料，加料时不致发生困难，同时可提高气化效率，降低氧气消耗。

③ 对于有黏结性的煤料，需经破黏处理，以保证床层内正常的流化工况。

2．气化

经预处理后的原料进入料斗，料斗中充以氮或二氧化碳气体，用螺旋加料器将原料送入炉内。一般蒸气-空气（或氧气）气化剂的60%～70%由炉底经炉箅送入炉内，调节流速，使料层全部流化，其余的30%～40%作为二次气化剂由炉筒中部送入。生成的煤气由气化炉顶部引出，粗煤气中含有大量的粉尘和水蒸气。

3．粗煤气的显热回收

粗煤气出炉温度一般在900 ℃左右，且粗煤气含有大量粉尘，这给煤气的显热利用增加了困难。一般采用辐射式废热锅炉，生产压力为1.96～2.16 MPa的水蒸气，蒸汽产量为0.5～0.8 kg/m³干煤气。

由于煤气含尘量大，对锅炉炉管的磨损严重，应定期保养和维修。

4. 煤气的除尘和冷却

粗煤气经废热锅炉回收热量后，经两级旋风除尘器及洗涤塔，可除去煤气中大部分粉尘和水汽，使煤气的含尘量降至5～20 mg/m³，煤气温度降至35～40 ℃。

（三）温克勒气化工艺条件及气化指标

1. 气化工艺条件

① 操作温度。实际操作温度的选定，取决于原料的活性和灰熔点，一般为900 ℃左右。

② 操作压力。约为0.098 MPa。

③ 原料。粒度为0～10 mm的褐煤、不黏煤、弱黏煤和长焰煤等均可使用，但要求具有较高的反应性。使用具有黏结性的煤时，由于在富灰的流化床内，新鲜煤料被迅速分散和稀释，故使用弱黏煤时一般不致造成床层中的黏结问题。但黏结性稍强的煤有时也需要进行预氧化破黏。由于流化床气化时床层温度较低，碳浓度也较低，故不适宜使用低活性、低灰熔点的煤料。

④ 二次气化剂用量及组成。引入气化炉身中部的二次气化剂用量和组成须与被带出的未反应碳量成适当比例。如二次气化剂过少，则未反应碳得不到充分气化而被带出，造成气化效率下降；反之，二次气化剂过多，则产品气将被不必要地烧掉。

2. 气化指标

温克勒流化床气化生产燃料气和水煤气的气化指标见表5-7。

表5-7 温克勒工艺的气化指标

指标		褐煤①	褐煤②	指标		褐煤①	褐煤②
1. 对原料煤的分析	水分/%	8.0	8.0	2. 产品组成及热值分析	$\varphi(H_2S)$/%	0.8	0.3
	w_C/%	61.3	54.3		焦油和轻油/(kJ/m³)	—	—
	w_H/%	4.7	3.7		产品气热值/(kJ/m³)	4 663	10 146
	w_N/%	0.8	1.7	3. 条件	(汽/煤)/(kg/kg)	0.12	0.39
	w_O/%	16.3	15.4		(氧/煤)/(kg/kg)	0.59	0.39
	w_S/%	3.3	1.2		(空气/煤)/(kg/kg)	2.51	—
	灰分/%	13.8	23.7		气化温度/℃	816～1 200	816～1 200
	热值/(kJ/kg)	21 827	18 469		气化压力/MPa	约0.098	约0.098
2. 产品组成及热值分析	φ_{CO}/%	22.5	36.0		炉出口温度/℃	777～1 000	777～1 000
	φ_{H_2}/%	12.6	40.0	4. 结果	煤气产率/(m³/kg)	2.91	1.36
	φ_{CH_4}/%	0.7	2.5		气化强度/[kJ/(m³·h)]	20.8×10^4	20.8×10^4
	φ_{CO_2}/%	7.7	19.5		碳转化率/%	83.0	81.0
	φ_{N_2}/%	55.7	1.7		气化效率/%	61.9	74.4
	$\varphi_{C_mH_n}$/%	—	—				

（1）流化床（温克勒）气化工艺的主要优点

① 单炉生产能力大。当炉径为 5.5 m,以褐煤为原料,蒸汽-氧气常压鼓风时,单炉生产能力为 60 000 m^3/h;蒸汽-空气常压鼓风时,单炉生产能力为 100 000 m^3/h,均大大高于常压固定床气化炉的产气量。

② 气化炉结构较简单。如炉箅不进行转动,甚至改进的温克勒炉不设炉箅,因此操作维修费用较低。每年该项费用只占设备总投资的 1%～2%,炉子使用寿命较长。

③ 可气化细颗粒煤(0～10 mm)。随着采煤机械化程度的提高,原煤中细粒度煤的比例亦随之增加,现在,一般原煤中小于 10 mm 的细粒度煤要占 40%甚至更多。流化床气化时可充分利用机械化采煤得到小于 10 mm 的细粒度煤,可适当简化原煤的预处理。

④ 出炉煤气基本上不含焦油。由于煤的干馏和气化在相同温度下进行,相对于移动床干馏区来说,其干馏温度高得多,故煤气中几乎不存在焦油,酚和甲烷含量也很少,排放的洗涤水对环境污染影响较小。

⑤ 运行可靠,开停车容易。负荷变动范围较大,可在正常负荷的 30%～150%范围内波动,而不影响气化效率。

(2) 流化床(温克勒)气化工艺的主要缺点

① 气化温度低。为防止细粒煤中灰分在高温床中软化和结渣,以致破坏气化剂在床层截面上的均匀分布,流化床气化时的操作温度应控制在 900 ℃左右,所以必须使用活性高的煤为原料,因此对进一步提高煤气产量和碳转化率起了限制作用。

② 气化炉设备庞大。由于流化床上部固体物料处于悬浮状态,物料运动空间比固定床气化炉中燃料层和上部空间所占的总空间大得多,故流化床气化时以容积计的气化强度比固定床时要小得多。

③ 热损失大。由于炉床内温度分布均匀,出炉煤气温度几乎与炉床温度一致,故带走热量较多,热损失较大。

④ 带出物损失较多。由于使用细颗粒煤为原料,气流速度又较高,颗粒在流化床中磨损使细粉增加,故出炉煤气中带出物较多。

⑤ 粗煤气质量较差。由于气化温度较低,不利于二氧化碳还原和水蒸气分解反应,故煤气中 CO_2 含量偏高,可燃组分含量(如 CO、H_2、CH_4 等)偏低,因此为净化压缩煤气耗能较多。

温克勒气化工艺的缺点主要是操作温度和压力偏低造成的。为克服上述存在的缺点,需提高操作温度和压力。为此,发展了高温温克勒法(HTW)气化工艺和流化床灰团聚气化工艺,如 U-Gas 气化法。

三、高温温克勒(HTW)气化法

(一) 基本原理

1. 温度的影响

已知提高气化反应温度有利于二氧化碳还原和水蒸气分解反应,可以提高气化煤气中一氧化碳和氢气的浓度,并可提高碳转化率和煤气产量。要提高反应温度,同时要防止灰分严重结渣而影响过程的正常进行。在原料煤中可添加石灰石、石灰或白云石来提高煤的软化点和熔点。但这只有在煤中灰分具有一定碱性时才合适,否则添加上述石灰石等不仅不能提高灰分的软化点和熔点,甚至会产生相反的效果。

2. 压力的影响

采用加压流化床气化可提高流化质量，消除一系列常压流化床所存在的缺陷。采用加压，增加了反应器中反应气体的浓度，减小了在相同流量下的气流速度，增加了气体与原料颗粒间的接触时间。在提高生产能力的同时，可减少原料的带出损失。在同样生产能力下，可减小气化炉和系统中各设备的尺寸。

① 对床层膨胀度的影响。当气流的质量流量不变时，随着压力的提高，床层膨胀度急剧下降，为使膨胀度达到保证正常流化所需的值，则需提高气体的线速度，即增加鼓风量。研究发现，膨胀度相同的流化床在常压和加压下的运行状态有明显差别。在负荷、粒度组成、膨胀度均相同的条件下，加压下流化床可得到较均匀的床层，气泡含量很少，颗粒的往复运动均匀，并具有相当明显的上部界限。所以，加压流化床的工作状态比常压下稳定。

② 对带出物带出条件的影响。随着流化床反应器中压力的提高，气流密度增大，气流速度减小，床层结构改善，这些都为减少气流从床层中带出粉末创造了有利条件。即不仅带出量减少，而且带出物的颗粒尺寸也减小了。所以，当床层膨胀度不变时，压力升高，将使带出量大大减少。

③ 加压流化床与常压流化床相比，可使气化炉的生产能力有很大的提高。试验证明，使用水分为 24.5%、粒度为 1～1.6 mm 的褐煤为原料，在表压分别为 0.049 MPa 和 1.96 MPa 下，当用水蒸气-空气气化时，气化强度可由 930 kg/(m^2 · h)增加到 2 650 kg/(m^2 · h)；当用水蒸气-氧气气化时，气化强度可由 1 050 kg/(m^2 · h)增加到 3 260 kg/(m^2 · h)。在床层膨胀度和气化剂组成相同的条件下，气化强度随压力增加而增加，约与两种压力的比值的平方根成正比，这与移动床气化时的规律相同。

④ 压力提高，有利于甲烷的生成，使煤气热值得到相应提高。甲烷生成伴随着热的释放，相应降低了气化过程中的氧耗。

（二）高温温克勒（HTW）气化工艺

高温温克勒气化工艺是在温克勒炉的基础上，提高气化温度和气化压力而开发的一项新工艺。高温温克勒气化工艺流程如图 5-12 所示。

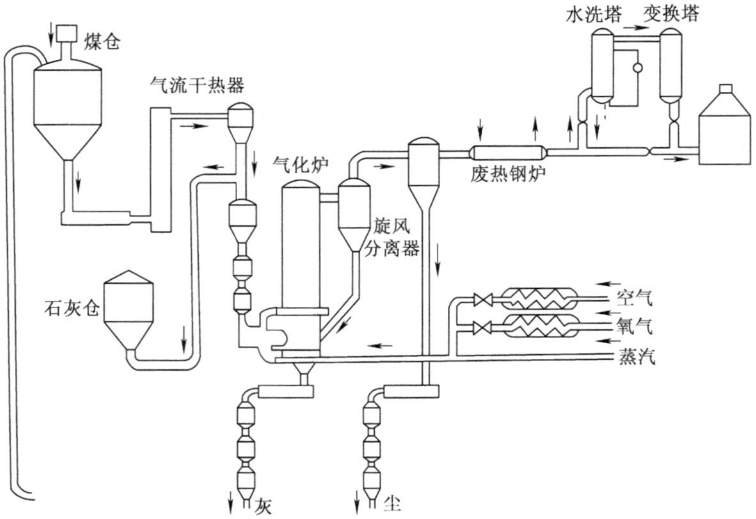

图 5-12　HTW 气化工艺流程

含水分 8%～12%的干褐煤输入充压至 0.98 MPa 的密闭料锁系统后，经螺旋加料器加入气化炉内。白云石、石灰石或石灰也经螺旋加料器输入炉中。煤与白云石类添加物在炉内与经过预热的气化剂(氧气/蒸汽或空气/蒸汽)发生气化反应。携带细煤粉的粗煤气由气化炉逸出，在第一旋风分离器中分离出来的较粗的煤粉循环返回气化炉。粗煤气再进入第二旋风分离器，在此分离出细煤灰并通过密闭的灰锁系统将灰排出。除去煤尘的煤气经废热锅炉生产水蒸气以回收余热，然后进入水洗塔使煤气最终冷却和除尘。

褐煤水分超过 8%～12%时，需经预干燥，使煤中水分含量不大于 10%。

高温温克勒工艺在加压下气化，大大提高了气化炉的生产能力。气化压力提高至 0.98 MPa，气化强度达 5 000 $m^3(CO+H_2)/(m^2 \cdot h)$，是常压温克勒炉的两倍多。由于提高气化反应温度和使煤气中夹带的煤粉经分离后返回气化炉使用，碳转化率上升为 96%。

四、灰团聚气化法

灰团聚气化法是一种细粒煤流化床气化技术。其特点是灰渣的形成和排渣方式是团聚排渣。与传统的固态和液态方式不同，它是在流化床中导入氧化性高速射流，使煤中的灰分在软化而未熔融的状态下，在一个锥形床中相互熔聚而黏结成含碳量较低的球状灰渣，有选择性地排出炉外。灰团聚气化法与固态排渣法相比，降低了灰渣中的碳损失，与液态排渣法相比，减少了灰渣带走的显热损失，从而提高了气化过程的碳利用率，是煤气化排渣技术的重大发展。典型的灰团聚气化法是 U-Gas 气化工艺和灰融聚气化工艺的结合。

(一) U-Gas 气化法

U-Gas 气化工艺是美国煤气工艺研究所(I.G.T)在研究了煤灰团聚过程的基础上开发的流化床灰团聚煤气化工艺。于 1974 年建立了炉径为 0.9 m 的 U-Gas 气化炉，在该装置上做了系统的开发工作，使用了世界各地多种煤样约 3 600 t。长期试验结果表明，该工艺基本上可达到原定的三个主要目标：① 可利用各种煤有效地生产煤气；② 煤中的碳高效转化成煤气而不产生焦油和油类；③ 减少对环境的污染。

中国科学院山西煤炭化学研究所(简称中科院山西煤化所)也对灰团聚气化过程进行了开发研究，并取得了可喜的进展。

1. U-Gas 气化炉

U-Gas 中试气化炉如图 5-13 所示。U-Gas 气化炉是加压单段流化床气化炉，炉箅呈倒锥格栅型。在气化炉内，共完成四个重要功能：煤的破黏、脱挥发分、气化及灰的熔聚，并使团聚的灰渣从半焦中分离出来。

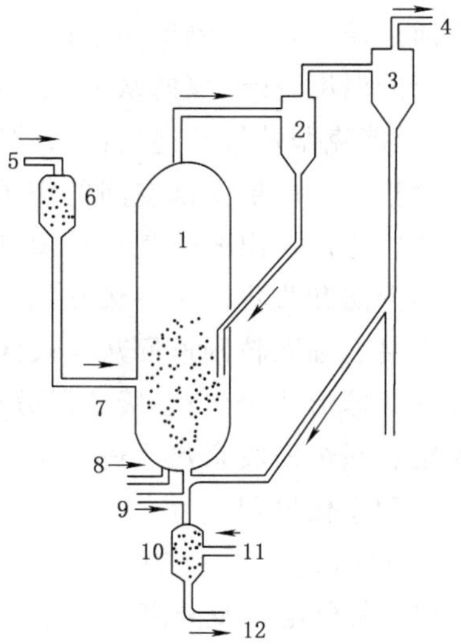

1—气化炉；2—Ⅰ级旋风除尘器；
3—Ⅱ级旋风除尘器；4—粗煤气出口；
5—原料煤入口；6—料斗；7—螺旋给料机；
8，9—空气(或氧气)和蒸汽的入口；
10—灰斗；11—水入口；
12—灰水混合物出口。

图 5-13　U-Gas 气化炉

2. U-Gas 气化工艺流程

U-Gas 气化工艺流程如图 5-14 所示。

首先将原料煤破碎至 6 mm 以下，然后将 0～6 mm 级的煤料进行干燥，直到能满足输送的要求。通过闭锁料斗，用气动装置将煤料喷入气化炉内；或用

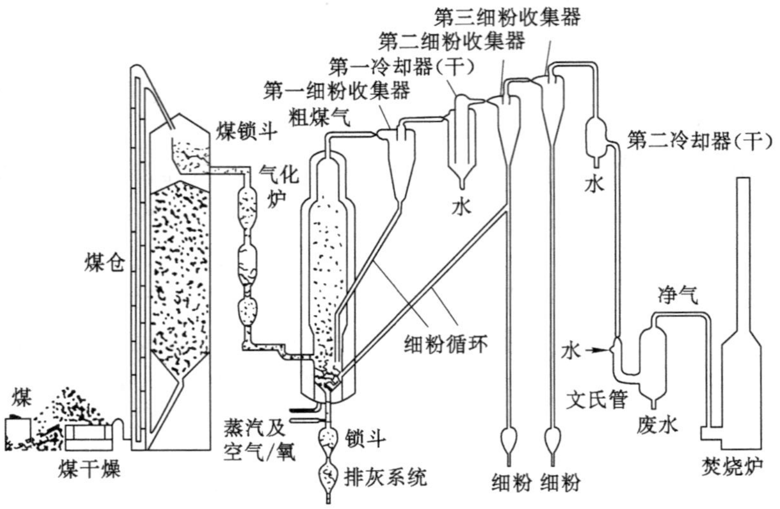

图 5-14　U-Gas 工艺流程图

螺旋加料器与气动阀控制进料相结合的方式，将煤料均匀、稳定地加入气化炉内。在流化床中，煤与水蒸气及氧气(或空气)在 950～1 100 ℃下进行反应。操作压力视煤气的最终用途而定，可在 14～2.41 MPa 范围内变动，煤很快被气化成煤气。煤气化过程中，灰分被团聚成球形粒子，从床层中分离出来。

气化剂一部分自下而上流经炉箅，创造流化条件；另一部分则通过炉子底部中心文氏管高速向上流动，经过倒锥体顶端孔口，进入锥体内的灰熔聚区域，使该区域的温度高于周围流化床的温度，接近煤的灰熔点。在此温度下，含灰分较多的粒子互相黏结、逐渐长大、增重，直至能克服从锥顶逆向而来的气流阻力时，即从床层中分离出来，排到充满水的灰斗中，呈粒状排出。床层上部空间的作用是裂解在床层内产生的焦油和轻油。

从气化炉逸出的煤气在炉顶排出时温度为 930～1 040 ℃，其中携带的煤粉由三级旋风分离器分离和收集。由一级旋风分离器收集的稍粗颗粒返回流化床内气化区；二级旋风分离器收集的细颗粒则返回灰熔聚区，在该区内被气化，而后与床层中的灰一起熔聚，最终以团聚的灰球形式排出；三级旋风分离器收集的细粉经锁斗系统直接外排。经除尘后的煤气进入废热锅炉回收余热后进一步冷却、净化。粗煤气实际上不含焦油和油类，因而有利于热量回收和净化过程。

3. U-Gas 气化工艺的特点

(1) 灰分熔聚及分离

U-Gas 气化工艺的主要特点是流化床中灰渣与半焦的选择性分离，即煤中的碳被气化，同时灰被熔聚成球形颗粒，并从床层中分离出来。

气化所形成的含灰较多的颗粒表面熔化和团聚成球形颗粒，并从床层中分离出来。

灰粒的表面熔化或熔聚成球是一个复杂的物理化学过程。为使在气化过程中实现灰的熔聚和分离，气化炉中灰熔聚区域的几何形状、结构尺寸及相应的操作条件都起着重要的作用。操作条件包括：文丘里管(颈部)内的气速、流经文丘里管和流经炉箅的氧气量与水蒸气量的比例、熔聚区的温度以及带出细粉的循环量等因素。

① 文丘里管内的气流速度。文丘里管内的气流速度及气化剂中的汽氧比极为重要，它直接关系到床层高温区的形成。文丘里管颈部的气流速度控制着灰球在床层中的停留时间，相应地决定了灰球中的含碳量。当灰球中的含碳量在允许范围以内时，停留时间越短越好，以免由于停留时间过长，床层中灰含量过高，导致结渣现象的发生。

② 熔聚区的温度。熔聚区的温度是灰团聚成球的最重要的影响因素。它由煤和灰的性质所决定，必须控制在灰不熔化而又能团聚成球的程度。实验发现，此温度常比煤的灰熔点（T_1）低 100～200 ℃，与灰分中铁的含量有关。有的理论认为，煤中灰分的团聚是依靠灰粒外部生成黏度适宜的一定量的液相将灰粒表面润湿，在灰粒相互接触时，由于表面张力的作用，灰粒发生重排、熔融、沉积以及灰粒中晶粒长大。而黏度适宜的一定数量的液相只有在合适的温度下才能产生。温度过低，灰粒外表面难以生成液相，或生成的液相量太少，灰分不能团聚；温度过高，灰分熔化黏结成渣块，破坏了灰球的正常排出。一般通过文丘里管的气化剂的汽氧比比通过炉箅的气化剂的汽氧比低得多，这样才能形成灰熔聚所必需的高温区。

③ 带出细粉的再循环。U-Gas 气化工艺借助两个旋风分离器实现细粉循环并进一步气化，生成的细灰与床层中的熔聚灰一起形成灰球排出。

由于细粉直接返回床层和熔聚区，在返回过程中细粉的冷却和热量损失，气化反应的吸热，使得细粉的循环量对灰熔区的温度有一定的影响。故要选择好细粉返回床层的适宜位置，加强返回系统的保温，使其对灰熔区温度的影响变得较小，达到既提高煤的利用率，又保证熔聚成球的正常进行。

（2）对煤种有较广泛的适应性

U-Gas 气化工艺的主要优点在于它具有较广泛的煤种适应性和高的碳转化率。中试结果表明，粒度为 0～6 mm 的煤料用作气化原料时，无须除去任何细粉。具有一定黏结性的煤，可不需经预氧化处理直接用于气化。2012 年，在中国义马市化工园区建设的年产 30 万 t 甲醇工业化示范装置中，采用了 U-Gas 技术，运行压力 1.0 MPa。

（二）山西煤化所灰熔聚气化法

从 20 世纪 80 年代开始，中科院山西煤化所开始“灰熔聚流化床粉煤气化”技术研发，先后建立了处理能力为 1 t/d 煤的小型试验装置和 24 t/d 煤的中型试验装置。2009 年，在晋城无烟煤矿业集团天溪煤制油分公司 10 万 t/a 煤经甲醇制汽油工程中，应用了这一气化技术。

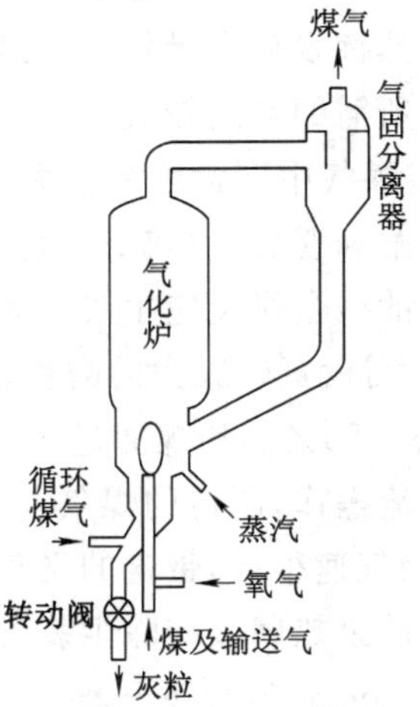

图 5-15　山西煤化所灰熔聚气化炉

山西煤化所的灰熔聚流化床粉煤气化技术的原理与 U-Gas 气化工艺类似，气化炉见图 5-15。它以空气或氧气和蒸汽为气化剂，在适当的煤粒度和气速下，使床层中粉煤沸腾，气固两相充分混合接触，在部分燃烧产生的高温下进行煤的气化。该工艺根据射流原理，在流化床底部设计了灰团聚分离装置，形成炉床内局部高温区，使灰渣团聚成小球，借助重量的差异达到灰团与半焦的分离，提高了碳利用率，降低了灰渣的含碳量，这是灰熔聚流化床气化不同于一般流化床气化的技术关键。

第六节　气流床气化技术

一、气流床气化的基本原理和特点

（一）气流床气化基本原理

当气体流过固体床层时，进一步提高气体流速至超过某一数值，则床层不能再保持流化态，固体颗粒与气体质点被分散悬浮在气流中，被气流带出容器，此种形式称为气流床。

所谓气流床气化，一般是将气化剂（氧气和水蒸气）夹带着煤粉或煤浆，通过特殊喷嘴送入炉膛内，在高温辐射下，氧煤混合物瞬间着火、迅速燃烧，产生大量热量，火焰中心温度可高达 2 000 ℃左右，所有干馏产物均迅速分解，煤焦同时进行气化，生成含一氧化碳和氢气的煤气及熔渣。

气流床气化炉内的反应基本上与流化床内的反应类似。

在反应区内，煤粒悬浮在气流中，随着气流并流运动。煤粒在受热情况下进行快速干馏和热解，同时煤焦与气化剂进行着燃烧和气化反应，反应产物间同时存在着均相反应，煤粒之间被气流隔开。所以，基本上煤粒单独进行膨胀、软化、燃尽及形成熔渣等过程，煤粒相互之间的影响较小，从而原料煤的黏结性、机械强度、热稳定性对气化过程基本上不起作用。故气流床气化除对熔渣的黏度-温度特性有一定要求外，原则上可适用于所有煤种。

（二）气流床气化主要特征

① 气化温度高、气化强度大。气流床反应器中由于煤粒和气流的并流运动，煤料与气流接触时间很短，而且由于气流在反应器中的短暂停留，故要求气化过程在瞬间完成。为此，必须保持很高的反应温度（达 2 000 ℃左右）和使用煤粉（＜200 网目）作为原料，以纯氧和水蒸气为气化剂，所以气化强度很大。

② 煤种适应性强。气化时对原料煤除要注意熔渣的黏度-温度特性外，基本上可适用所有煤种。但褐煤不适于制成水煤浆加料。

当然挥发分含量较高、活性好的煤较易气化，完成反应所需要的空间小，反之，为完成气化反应所需的空间较大。

③ 煤气中不含焦油。由于反应温度很高，炉床温度均一，煤中挥发分在高温下逸出后迅速分解和燃烧，生成二氧化碳和水蒸气，并放出热量。二氧化碳和水蒸气在高温下与脱挥发分后的残余炭反应生成一氧化碳和氢，因而制得的煤气中不含焦油，甲烷含量亦极少。

④ 需设置较庞大的磨粉、余热回收、除尘等辅助装置。由于气流床气化时需用粉煤，要求 70%～80%的粉煤通过 200 网目筛，故需较庞大的制粉设备，耗电量大。此外，由于气流床是并流操作，制得的煤气与入炉的燃料之间不能产生热交换，故出口煤气温度很高。同时，因为气速很高，带走的飞灰很多，因此，为回收煤气中的显热和除去煤气中的灰尘需设置较庞大的余热回收和除尘装置。

二、Shell 煤气化工艺

Shell 煤气化工艺（Shell coal gasification process）简称 SCGP，是由荷兰 Shell 国际石油公司开发的一种加压气流床粉煤气化技术。Shell 煤气化工艺由 20 世纪 70 年代初期开始开发，至90年代投入工业化应用。1993年采用Shell煤气化工艺的第一套大型工业化生产装置在荷兰布根伦市建成，用于整体煤气化燃气-蒸汽联合循环发电，发电量为250 MW。设计采用单台气化炉和单台废热锅炉，气化规模为2 000 t/d煤。煤电转化总(净)效率大于43%(低位发热量)。1998年该装置正式投入商业化运行。

(一) Shell煤气化工艺特点

Shell煤气化工艺属加压气流床粉煤气化工艺，以干煤粉进料，纯氧做气化剂，液态排渣。干煤粉由少量的氮气(或二氧化碳)吹入气化炉，对煤粉的粒度要求也比较灵活，一般不需要过分细磨，但需要经热风干燥，以免粉煤结团，尤其含水量高的煤种更需要干燥。气化火焰中心温度随煤种不同约在1 600～2 200 ℃之间，出炉煤气温度约为1 400～1 700 ℃。产生的高温煤气夹带的细灰尚有一定的黏结性，所以出炉需与一部分冷却后的循环煤气混合，将其激冷到900 ℃左右后再导入废热锅炉，产生高压过热蒸汽。干煤气中的有效成分$CO+H_2$可高达90%以上，甲烷含量很低。煤中约有83%以上的热能转化为有效气，大约有15%的热能以高压蒸汽的形式回收。表5-8列出了Shell煤气化工艺在德国汉堡(Shell-Koppers)中试装置的设计条件和不同煤种的试验结果。

表5-8　Shell-Koppers中试装置的设计条件和试验结果

项　目	数　据	
设计条件		
处理煤量/(t/h)	150	
操作压力/MPa	3.0	
最高气化温度/℃	1 700～2 000	
单炉生产能力/(m^3/h)	8 500～9 000	
主要试验结果		
煤种	Wyodak褐煤	烟煤
气体组成/%		
CO	66.1	65.1
CO_2	2.5	0.8
H_2	30.1	25.6
CH_4	0.4	
H_2S+COS	0.2	0.47
N_2	0.7	8.03
氧/煤/(kg/kg)	1.0	1.0
产气率/(m^3/kg)		2.1
碳转化率/%	>98	99.0

加压气流床粉煤气化(Shell气化炉)是20世纪末实现工业化的新型煤气化技术，是21世纪煤炭气化的主要发展途径之一。其主要工艺特点如下：

① 煤种适应性宽。Shell气化炉可用石油焦、褐煤、烟煤、无烟煤作为气化原料。对于气化高硫、高灰、高灰熔点的煤种在技术上没有太大的限制，但从经济上考虑，应该尽量选择那些低灰、低灰熔点的煤作为气化原料。

② 气化温度高。Shell气化炉气化温度约为1 500～1 600 ℃，碳转化率高达99%以上，

煤气成分单一，不含焦油、酚等，气体净化工艺简单，对环境污染小。有效气体成分(H_2+CO)高达90%以上，尤其适合做合成气。

③ 热效率高。冷煤气效率为83%(GE冷煤气效率为75%)。其余15%的热能被回收为中压或高压、高温蒸汽，总的热效率为98%左右。热损失仅为1%～2%。

④ 炉渣可用作建材。气化炉内的高温熔渣经冷却后，变成玻璃状的颗粒，其性质稳定，可用作建筑材料外卖，提高企业的经济效益。

⑤ 采用膜式水冷壁。Shell气化炉的炉壁采用膜式水冷壁结构。它的作用主要有：吸收炉内热辐射，将水加热成饱和蒸汽；保护炉墙，简化炉墙结构，减轻炉墙质量，这主要是由于水冷壁吸收炉内热辐射，使炉墙温度降低；吸收炉内热量，使液态灰渣覆盖在水冷壁表面，保护了水冷壁。膜式水冷壁是水冷壁的一种，它将许多鳍片管沿纵向依次焊接起来，组成一个整块的水冷壁受热面。膜式水冷壁对炉墙的保护作用非常彻底，故炉墙只需保温材料，无需耐火材料，使炉墙厚度和重量都大为减少。这些优点都是传统的耐火砖衬里所不具备的。

⑥ 氧耗低。由于Shell气化炉采用干煤粉进料，所以其氧耗也低。其耗氧比水煤浆气化法低15%～25%。

⑦ 气化炉喷嘴安全可靠。Shell公司气化炉喷嘴保证寿命为8 000 h，Demkolec电厂使用的喷嘴在4年中未出现问题。4个喷嘴位于炉子下部同一水平面上，沿圆周均匀布置，借助撞击流以强化热质传递过程，使炉内横截面气速趋于均匀。由于其设置的特点，气化炉调节负荷方便，关闭一对喷嘴，负荷降低一半。

（二）Shell煤气化工艺流程

Shell煤气化工艺流程见图5-16，从示范装置到大型工业化装置均采用废热锅炉流程。

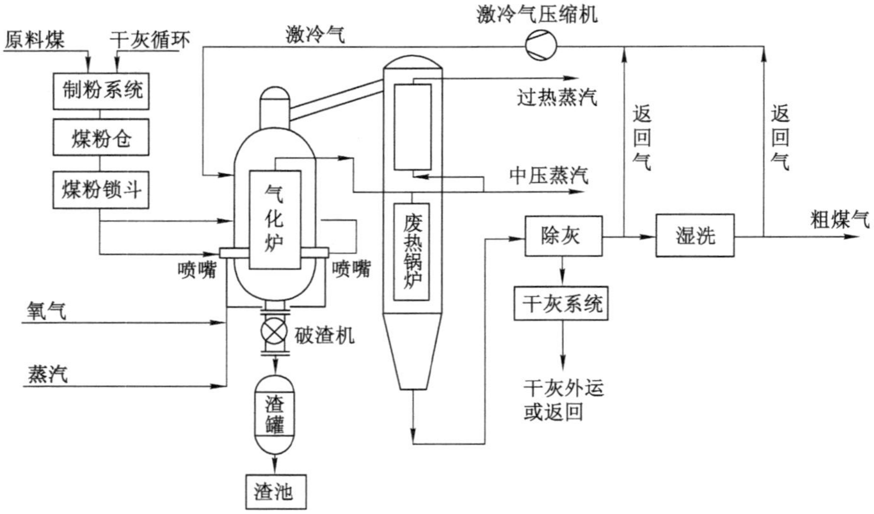

图5-16 Shell煤气化工艺(SCGP)流程示意图

来自制粉系统的干燥粉煤由氮气或二氧化碳气经浓相输送至炉前煤粉储仓及煤锁斗，再经由加压氮气或二氧化碳加压将细煤粒由煤锁斗送入径向相对布置的气化烧嘴。气化所需氧气和水蒸气也送入烧嘴。通过控制加煤量，调节氧量和蒸汽量，使气化炉在1 400～1 700 ℃范围内运行。气化炉操作压力为2～4 MPa。在气化炉内煤中的灰分以熔渣的形式排出。绝大多数熔渣从炉底离开气化炉，用水激冷，再经破渣机进入渣锁系统，最终泄压排出系统。熔渣为一种惰性玻璃状物质。

出气化炉的粗煤气夹带着飞散的熔渣粒子被循环冷却煤气激冷，使熔渣固化而不致黏在冷却器壁上，然后再从煤气中脱除。合成气冷却器采用水管式废热锅炉，用来产生中压饱和蒸汽或过热蒸汽。粗煤气经省煤器进一步回收热量后进入陶瓷过滤器除去细粉尘（<20 mg/m^3）。部分煤气加压循环用于出炉煤气的激冷。粗煤气经脱除氯化物、氨、氰化物和硫（H_2S、COS）、HCN 转化为 N_2 或 NH_3，硫化物转化为单质硫。工艺过程中大部分水循环使用。废水在排放前需经生化处理。如果要将废水排放量减小到零，可用低位热将水蒸发。剩下的残渣只是无害的盐类。

（三）Shell 煤气化炉

Shell 煤气化装置的核心设备是气化炉。气化炉结构简图见图 5-17。

Shell 煤气化炉采用膜式水冷壁形式。它主要由内桶和外桶两部分构成，包括膜式水冷壁、环形空间和高压容器外壳。膜式水冷壁向火侧敷有一层比较薄的耐火材料，一方面为了减少热损失；另一方面是为了挂渣，充分利用渣层的隔热功能，以渣抗渣，以渣护炉壁，可以使气化炉热损失减少到最低，以提高气化炉的可操作性和气化效率。环形空间位于压力容器外壳和膜式水冷壁之间。设计环形空间的目的是容纳水、蒸汽的输入输出和集气管，另外，环形空间还有利于检查和维修。气化炉外壳为压力容器，一般小直径的气化炉用钨合金钢制造，其他用低铬钢制造。对于日产 1 000 t 合成氨的生产装置，气化炉壁设计温度一般为 350 ℃，设计压力为 3.3 MPa(气)。

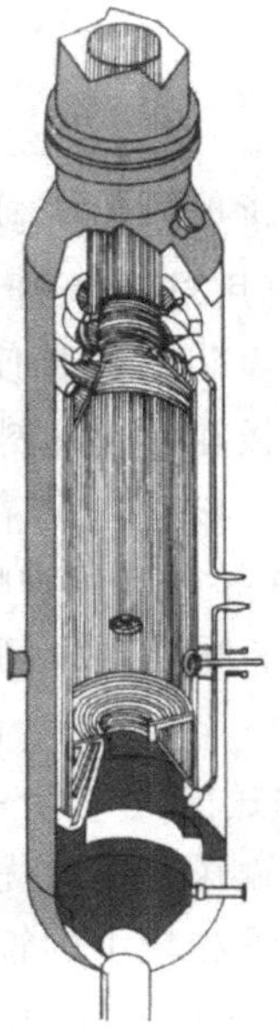

图 5-17　Shell 煤气化炉结构

气化炉内筒上部为燃烧室（或气化区），下部为熔渣激冷室。煤粉及氧气在燃烧室反应，温度为 1 700 ℃左右。Shell 气化炉由于采用了膜式水冷壁结构，内壁衬里设有水冷管，副产部分蒸汽，正常操作时壁内形成渣保护层，用以渣抗渣的方式保护气化炉衬里不受侵蚀，避免了由于高温、熔渣腐蚀及开停车产生的应力对耐火材料的破坏而导致气化炉无法长周期运行。由于不需要耐火砖绝热层，Shell 气化炉运行周期长，可单炉运行，不需备用炉，可靠性高。

1995 年以后，我国已相继引进 20 多套 Shell 装置，自 2006 年 5 月湖北双环的 Shell 装置开车后，这些装置的运转令人失望。Shell 技术用于合成气合成化学品生产有待实践检验。

三、GSP 粉煤气化法

德国黑水泵煤气厂从 1977 年开始开发了干法进料的加压粉煤气化方法，开始建立的中试装置处理量为 100～300 kg/h，后来达到 10 t/h。到 1983 年又建成了大型装置。大型装置的工艺流程如图 5-18 所示。进入系统的煤经粉碎后在干燥器内用 700～800 ℃烟气干燥到水分为 10%，干燥后烟气 120 ℃，经过滤器后排空。干燥后的煤，在球磨机中磨碎到 80%的煤粒径小于 0.2 mm，然后送入粉煤储仓。

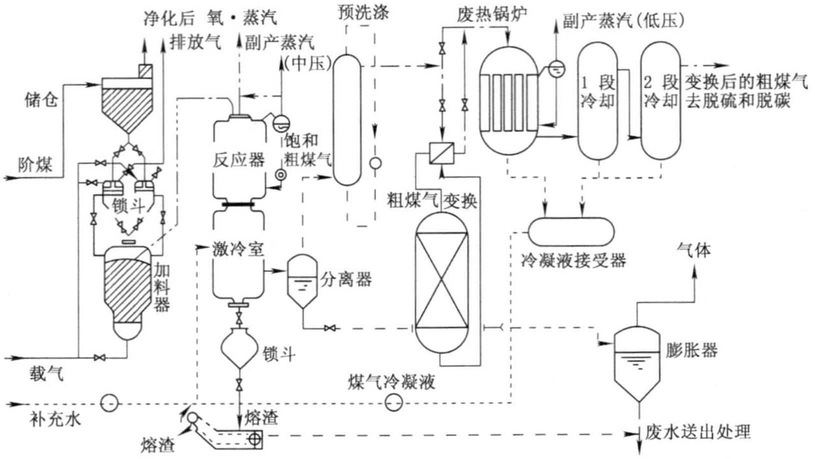

图 5-18　GSP 粉煤气化工艺流程图

为了将煤粉加压到 4 MPa，交替使用加压密封煤锁，低压侧用球阀隔开。加料状况由流量装置检测。通过加压煤斗的交替使用，计量加料器可连续供料，气流分布板在计量加料器的下部，在其上部形成松散的流化床。松动的粉煤以密相形式，由载气吹入输送管道中，并导入气化炉喷嘴。一个计量加料器可连接许多喷嘴。采用这种高密度褐煤粉的运行参数是：传送速度 3～8 m/s；粉状褐煤的负载密度 250～450 kg/m^3；输送能力 800～1 200 $kg/(cm^2 \cdot h)$。

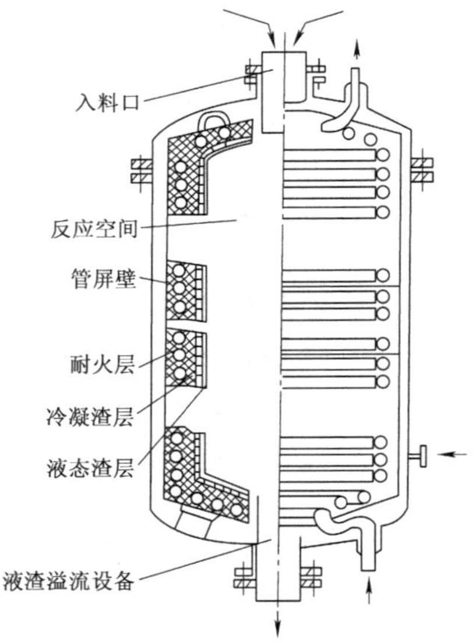

图 5-19　GSP 粉煤气化炉

这个输送系统的优点是采用了最小的损耗、最低的载气耗量和较小的管道截面积，输送气体可用自产煤气，工业氮或 CO_2 可根据煤气的用途而定。

反应器如图 5-19 所示，粉煤和氧、蒸汽进行火焰反应，停留时间为 3～10 s。火焰温度为 1 800～2 000 ℃，设计压力为 1～5 MPa，反应剂以轴向的平行方向通过喷嘴进入，热煤气和熔渣由下部出口导出。反应器壁上布满了排管，在排管中用冷却水进行冷却或可设计成锅炉系统。排管内压力通常比反应器高一些。这种结构已通过多年运行的考验。冷却排管移去热量占总输出量的 2%～3%。

粗煤气同液态渣一起离开反应室后进入激冷室，用水激冷，液渣固化成为颗粒状。粗煤气进入激冷室的温度为 1 400～1 600 ℃，被冷却到 200 ℃，并被蒸汽饱和，同时除去渣粒和未气化的粉状燃料的残余物。

两种煤得到的煤气组成列于表 5-9，可见用东爱尔勃褐煤时，由于煤气中氧的含量较高，粗煤气中 CO_2 含量高达 10%～12%。

表 5-9　两种粉煤气化参数

项目		东爱尔勃褐煤	西爱尔勃褐煤	
			有助熔剂	无助熔剂
煤气产量/[m^3/h 粗煤气(干)]		25 000～52 000	40 000	40 000
粉煤消耗率/[kg/m^3 粗煤气(干)]		0.65～0.67	0.645	0.646
气化效率/%		72～75	69	72.5
碳转化率/%		99.5	99.7	99.5
粗煤气组成（干）	φ_{H_2}/%	35～39	39～42	36～41
	φ_{CO}/%	46～50	39～43	36～41
	φ_{CO_2}/%	10～12	11～13	15～19
	φ_{N_2}/%	2.5～3.0	2.5～3.9	3.1～4.0
	φ_{CH_4}/%	0～0.4	0～0.4	0～0.4
	$\varphi_{(CO+H_2)}$/%	约 85	约 85	约 79

GSP 工艺已经经过多年大型装置的运行，业已证明可以气化高硫、高灰分和高盐煤。煤气中 CH_4 含量很低，可做合成气，气化过程简单，气化炉能力大。中试试验表明，这一方法也可以气化硬煤和焦粉。此法具有 Shell 法和德士古法的优点，又避开了它们的缺点，目前受到中国有关企业的广泛重视。

四、德士古(Texaco)气化法

德士古气化法是一种以水煤浆为进料的加压气流床气化工艺。它是在德士古重油气化工业装置的基础上发展起来的煤气化装置。2004 年 5 月德士古气化技术被 GE 公司收购，所以，德士古(Texaco)气化技术称为 GE 气化技术，但本书按照习惯，依然称之为德士古(Texaco)气化技术。

德国鲁尔化学公司(Ruhrchemie)和鲁尔煤炭公司(Ruhr-Kohle)取得了德士古气化专利，于 1977 年在奥伯豪森-霍尔顿建成日处理煤 150 t 的示范工厂。此后，德士古气化技术得到了迅速发展，单炉生产能力已达到 1 832 t/d。

（一）基本原理和气化炉型

德士古水煤浆加压气化过程属于气流床并流反应过程，德士古气化炉如图 5-20 所示。

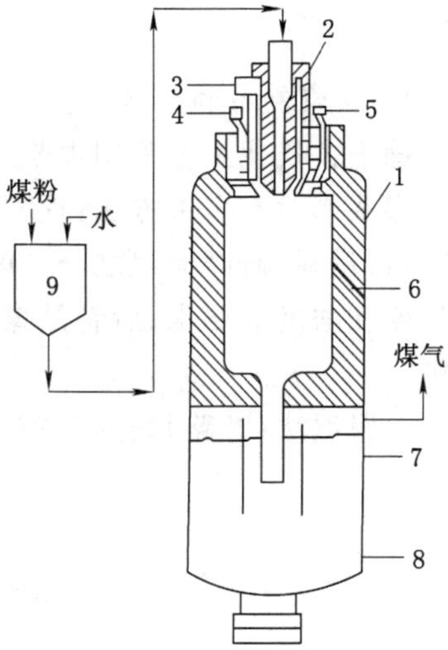

图 5-20　德士古气化炉

德士古气化炉为一直立圆筒形钢制耐压容器，炉膛内壁衬以高质量的耐火材料，以防热渣和粗煤气的侵蚀。气化炉近似绝热容器，故热损失很少。气化炉由喷嘴、气化室、激冷室(或废热锅炉)组成。其中喷嘴为三通道，工艺氧走一、三通道，水煤浆走二通道，介于两股氧射流之间。

水煤浆通过喷嘴在高速氧气流作用下破碎、雾化喷入气化炉。氧气和雾状水煤浆在炉内受到耐火衬里的高温辐射作用，迅速经历着预热、水分蒸发、煤的干馏、挥发物的裂解燃烧以及碳的气化等一系列复杂的物理、化学过程。最后生成以一氧化碳、氢气、二氧化碳和水蒸气为主要成分的湿煤气及熔渣，一起并流而下，离开反应区，进入炉子底部急冷室水浴，熔渣经淬冷、固化后被截留在水中，落入渣罐，经排渣系统定时排放。煤气和所含饱和蒸汽进入煤气冷却净化系统。

气化炉内除主要进行反应(5-1)、(5-4)、(5-5)、(5-7)、(5-8)、(5-9)外，还进行以下反应：

$$C_mH_n = (m-1)C + CH_4 + \left(\frac{n}{2}-2\right)H_2$$

$$C_mH_n + \left(m+\frac{n}{4}\right)O_2 = mCO_2 + \frac{n}{2}H_2O$$

（二）德士古气化工艺流程

图 5-21 所示为德士古气化工艺流程简图。由图 5-21 可见，德士古气化工艺可分为煤浆制备和输送、气化和废热回收、煤气冷却净化等部分。

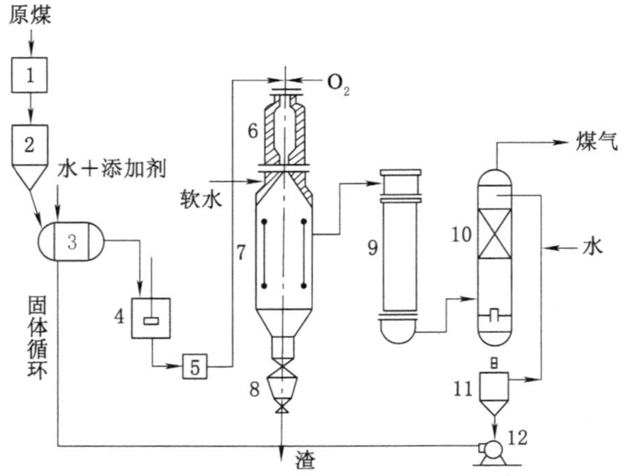

1—输煤装置；2—煤仓；3—球磨机；4—煤浆槽；5—煤浆泵；6—气化炉；7—辐射式废热锅炉；8—渣锁；9—对流式废热锅炉；10—气体洗涤器；11—沉淀器；12—灰渣泵。

图 5-21 德士古气化工艺流程

1. 煤浆制备和输送

德士古气化工艺采用煤浆进料，比干式进料系统稳定、简单。

煤浆制备有多种方法，现国外较多采用一段湿法制水煤浆工艺，同时又有开路(不返料)和闭路(返料)研磨流程之分。前者是煤和水按一定比例一次通过磨机制得水煤浆，同时满足粒度和浓度的要求；后者是煤经研磨得到水煤浆，再经湿筛分级，分离出的大颗粒再返回磨机。

一段湿法(开路)如图 5-22 所示。

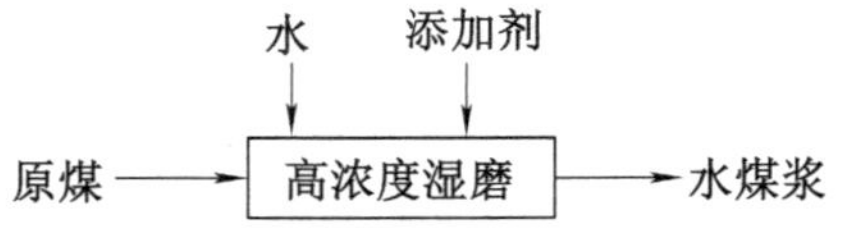

图 5-22 一段湿法(开路)

一段湿法制浆工艺具有流程简单、设备少、能耗低、无须二次脱水等优点(尤其是开路流程)。当使用同样物料研磨到相同细度时，湿法比干法可节省动力约30%。所谓干法，即不用湿磨，而是将原煤用干磨研磨成所要求的筛分组成的煤粉，再按比例加入水和添加剂混合制成水煤浆。

2. 气化和废热回收

气化炉是气化过程的核心。在气化炉结构中，喷嘴是关键设备。喷嘴结构直接影响到雾化性能，并进一步影响气化效率，还会影响耐火材料的使用寿命。喷嘴的良好设计可把能量从雾化介质中转移到煤浆中去，为氧气和煤浆的良好混合提供有利条件。要求喷嘴能以较少的雾化剂和较少的能量实现雾化，并具有结构简单、加工方便、使用寿命长等性能。据报道，一个设计良好的喷嘴，能使碳转化率从94%提高到99%。

喷嘴按物料混合方式不同，可分为内混式或外混式；按物料导管的数量不同，可分为双套管式和三套管式等。

国外使用的喷嘴结构基本上是三套管式，中心管导入15%氧气，内环隙导入煤浆，外环隙导入85%氧气，并根据煤浆的性质可调节两股氧气的比例，以促使氧、碳反应完全。

水煤浆气化炉对向火面耐火材料的要求很高。因该处除承受热力腐蚀、机械磨蚀外，还将遭受灰渣的物理、化学等腐蚀作用。影响耐火材料性质的主要因素有温度、煤灰性质、熔渣流速及热态机械应力等，而其中以炉温为最重要的因素。

由于高温下反应，有相当多的热量随煤气以显热的形式存在，因此，煤气化的经济性必然与副产蒸汽相联系。

3. 煤气的冷却净化及三废处理

根据煤气最终用途不同，粗煤气可有三种不同的冷却方法。

① 直接淬冷法。多见于生产合成氨原料气或氢气等生产流程。

高温煤气和液态熔渣一起，通过炉子底部的急冷室，与水直接接触而冷却；或在气化室下部用水喷淋冷却。在粗煤气冷却的同时，产生大量高压蒸汽，混合在粗煤气中一起离开气化炉。

② 间接冷却法。即采用废热锅炉的间接冷却法，多见于生产工业燃料气、联合循环发电用燃气、合成用原料气等。

在气化炉下部直接安装辐射式冷却器(废热锅炉)。粗煤气将热传给水冷壁管而被冷却至700 ℃左右。熔渣粒固化、分离，落入下面的淬冷水池，后经闭锁渣斗排出。辐射式冷却器的水冷壁管内产生高压蒸汽，做动力和加热用。离开辐射冷却器的煤气导入对流冷却器(水管锅炉)进一步冷却至300 ℃左右，同时回收显热和生产蒸汽。

③ 间接冷却和直接淬冷相结合的方法。热粗煤气先在辐射式冷却器中冷却至700 ℃左右，使熔渣固化，与煤气分离，同时产生高压蒸汽。然后，粗煤气用水喷淋淬冷至200 ℃左右。

经回收废热的粗煤气，需进一步冷却和脱除其中的细灰，可通过煤气洗涤器或文丘里喷嘴等加以洗涤冷却。

煤气中不含焦油，故不需设置脱焦油装置。

废水中含有极少量的酚、氰化氢和氨，只需常规处理即可排放。

固体排放物(固体熔渣)不会造成对环境的污染，并可用作建筑材料。

(三) 德士古气化工艺条件及气化指标

影响德士古气化炉操作和气化的主要工艺指标有:水煤浆浓度、粉煤粒度、氧煤比及气化压力、操作温度等。

1. 水煤浆浓度

水煤浆浓度对气化的影响为:随着水煤浆浓度的提高,煤气中的有效成分增加,气化效率提高。氧气耗量下降,如图 5-23 和图 5-24 所示。

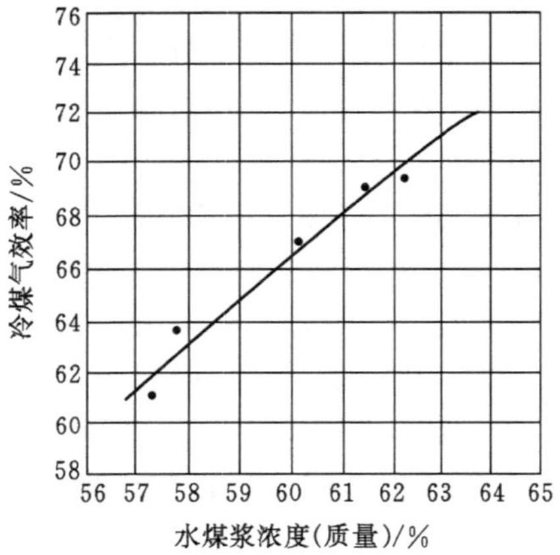

图 5-23 水煤浆浓度与冷煤气效率的关系

气化压力 2.45 MPa(表压);气化温度 1 380 ℃;入煤量(干)1.00~1.05 t/h;氧煤比 1.0 kg/kg;铜川煤

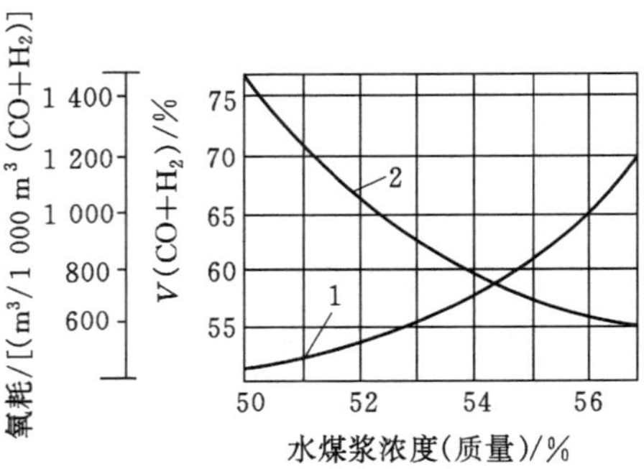

1—$CO+H_2$ 含量;2—氧气耗量。

图 5-24 水煤浆浓度与煤气质量及氧耗的关系

为了维持正常的气化生产,煤浆的可泵送性和稳定性等也很重要。故研究水煤浆的成浆特性和制备工艺,寻求提高水煤浆质量的途径是十分必要的。

选择合适的煤种(活性好、灰分和灰熔点都较低),调配最佳粒度和粒度分布是制备具有良好流动性和较为稳定的高浓度水煤浆的关键。适宜的添加剂也能改变煤浆的流变特性,且煤粉的粒度越细,添加剂的影响越明显。

一般来说,褐煤的内在水分含量较高,其内孔表面大,吸水能力强,在成浆时,煤粒上能吸附的水量多。因而,在水煤浆浓度相同的条件下,自由流动的水相对减少,以致流动性较差;若使其具有相同的流动性,则煤浆浓度必然下降。故褐煤在目前尚不宜作为水煤浆的原料。

2. 粉煤粒度

粉煤的粒度对碳的转化率有很大的影响。一方面,因为煤颗粒在炉内的停留时间及气固反应的接触面积与颗粒大小的关系非常密切,较大的颗粒离开喷嘴后,在反应区中的停留时间比小颗粒短;另一方面颗粒比表面积又与颗粒大小成反比,这双重影响的结果必然使小颗粒转化率高于大颗粒。

煤粉越细虽有利于转化率,但当煤粉中细粉含量过高时,水煤浆表现为黏度上升,不利于配制高浓度的水煤浆。故对反应性较好的煤种,可适当放宽煤粉的细度。

3. 氧煤比

氧煤比是气流床气化的重要指标。当其他条件不变时,气化炉温度主要取决于氧煤比,如图 5-25 所示。提高氧煤比可使碳的转化率明显上升，如图 5-26 所示。

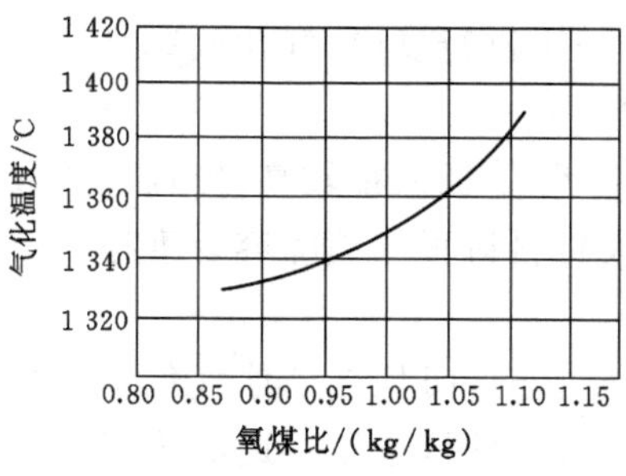

图 5-25　氧煤比与气化温度的关系
气化压力 2.45 MPa(表压)；
入炉煤量(干)1.00～1.05 t/h；
煤浆质量分数为 60%；铜川煤

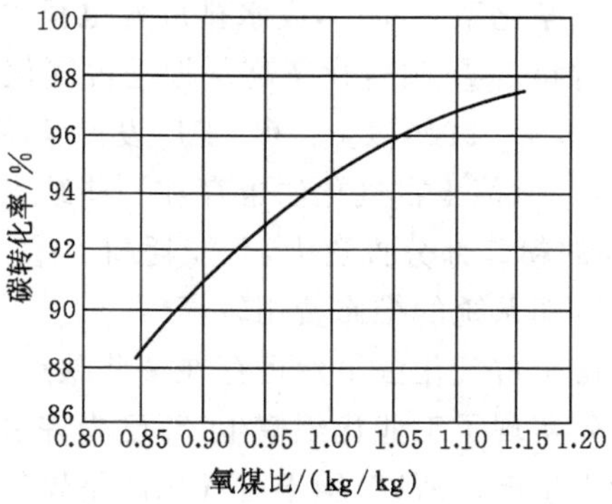

图 5-26　氧煤比与碳转化率的关系
气化压力 2.45 MPa(表压)；气化温度 1 380 ℃；
入炉煤量(干)1.00～1.05 t/h；
煤浆质量分数为 60%；铜川煤

但是，当氧气用量过大时，部分碳将完全燃烧，生成二氧化碳，或不完全燃烧而生成的一氧化碳，又进一步氧化成二氧化碳，从而使煤气中的有效组分减少，气化效率下降。并且随氧煤比的增加，氧耗明显上升，煤耗下降。故操作过程中应确定合适的氧煤比。

4. 气化压力

气流床气化压力的增加，不仅增加了反应物浓度，加快了反应速率，同时延长了反应物在炉内的停留时间，使碳的转化率提高。气化压力的提高，既可提高气化炉单位容积的生产能力，又可节省压缩煤气的动力。故德士古工艺的最高气化压力可达 10 MPa，一般根据煤气的最终用途，选择适宜的气化压力。

5. 操作温度

德士古气化工艺采用的是液态排渣，因此操作温度要大于煤的灰熔点温度，一般为 1 300～1 500 ℃。当煤的灰熔点高于 1 300 ℃时，需要加入助熔剂（CaO 和 Fe_2O_3）来降低煤的灰熔点。

（四）德士古气化法评价

德士古气化炉的特点是单炉生产能力大，能使用除褐煤以外的各种灰渣的黏度-温度特性合适的粉煤为原料，故使用的煤种较宽。本法所制得的煤气中甲烷及烃类含量极低，最适宜用作合成气。由于德士古气化法系在加压下操作，它可配合不同的合成工艺，进行等压操作。工艺过程中所产生的三废少且易于处理，并可考虑使用排出的废水制备水煤浆。为防止水中可溶性盐类的积累，可适当排出少量废水，按常规的方法处理即可。因此，德士古气化法的主要优点为：① 采用水煤浆，进料方便、稳定。采用湿法进料可连续供料，保证操作稳定，同时解决了干法磨碎、煤的进料及加压下煤锁进料等问题，取消了气化之前的干燥，因此减少了相应消耗的能量及安全技术所增加的费用。② 煤种适应性广。德士古气化法可气化除褐煤以外的各种灰渣的黏度-温度特性合适的煤粉，还可气化石油渣和煤液化残渣等。③ 单炉生产能力大。在加压条件下气化，单炉生产能力大。④ 气化炉结构简单，炉顶无机械传动装置，也无结构件。⑤ 负荷适应性广。在 50%的负荷下仍能正常工作。⑥ 环境污染极少。德士古气化法制的煤气洁净，不含焦油、酚等污染物，甲烷及烃类含量极少，因此煤气净化系统简单，废水排放量也很少，固体排放物灰渣不会对环境造成污染，并可用作建筑材料。⑦ 碳转化率高。德士古气化法在高温、高压下进行反应，气化效率高，碳转化率高达98%～99%以上。⑧ 工厂设计紧凑，占地面积小。

当然，德士古气化法也存在一些缺点，其主要缺点为：① 耗氧量较高，冷煤气热效率低。② 煤的粉碎部分投资大，且能耗高。③ 气化炉的耐火材料衬里与喷嘴容易磨损，气化炉和煤气冷却系统的维修费用较高。

德士古气化法虽然也存在一些缺点，但其优点是显著的，而且与其他气化技术相比较，它最先实现了工业化规模生产，已为许多国家所采用。在中国，近年引进的该气化工艺，都已投入生产。所以，德士古气化法是煤气化领域中一个成功的范例。

复 习 题

1. 煤炭气化过程的实质是什么？煤炭气化过程的化学反应有哪些？
2. 煤炭气化技术可分成哪几类？各类气化技术中典型气化炉型是什么？
3. 理想空气煤气的组成是什么？简述水煤气的制气原理。
4. 间歇法制造水煤气的工作循环分为哪几个阶段？每个阶段的作用是什么？
5. 加压液态排渣气化炉与加压固态排渣气化炉比较有什么优缺点？
6. 综合计算法的步骤包括哪些？实际数据计算法的步骤包括哪些？
7. 流化床气化过程有什么特征？它对气化原料有何要求？
8. 流化床气化炉与固定床气化炉比较，有哪些优缺点？
9. 什么是气流床气化？气流床气化有什么特点？
10. Shell 煤气化工艺有何特点？
11. 德士古(Texaco)气化工艺流程包括哪几部分？其工艺有何优缺点？

参考文献

[1] 高鹍，吴晋沪，王洋. 灰熔聚流化床气化炉的 CFD 模拟研究[J]. 燃料化学学报，2006，34(6)：670-674.
[2] 郭树才. 煤化工工艺学[M]. 2 版. 北京：化学工业出版社，2006.
[3] 贺永德. 现代煤化工技术手册[M]. 北京：化学工业出版社，2004.
[4] 吕佐周，王光辉. 燃气工程[M]. 北京：冶金工业出版社，2001.
[5] 沙兴中，杨南星. 煤的气化与应用[M]. 上海：华东理工大学出版社，1995.
[6] 申峻等. 煤化工工艺学[M]. 北京：化学工业出版社，2020.
[7] 王同章. 煤炭气化原理与设备[M]. 北京：机械工业出版社，2001.
[8] 于遵宏，王辅臣，等. 煤炭气化技术[M]. 北京：化学工业出版社，2010.
[9] 张德祥. 煤化工工艺学[M]. 北京：煤炭工业出版社，1999.
[10] ADANEZ J，LABIANO F G. Modeling of moving-bed coal gasifiers[J]. Industrial & Engineering Chemistry Research，1990，29(10)：2079-2088.
[11] AMUNDSON N R，ARRI L E. Char gasification in a countercurrent reactor[J]. AIChE Journal，1978，24(1)：87-101.

[12] BHATIA S K. Modeling the pore structure of coal[J]. AIChE Journal,1987,33(10):1707-1718.

[13] CHOI Y C,LI X Y,PARK T J,et al. Numerical study on the coal gasification characteristics in an entrained flow coal gasifier[J]. Fuel,2001,80(15):2193-2201.

[14] GUO Y. A multi-fluid model for simulating turbulent gas-particle flow and pulverized coal combustion [J]. Fuel,2000,79(12):1467-1476.

[15] MACAK J,MALECHA J. Mathematical model for the gasification of coal under pressure[J]. Industrial & Engineering Chemistry Process Design and Development,1978,17(1):92-98.

第六章　煤炭直接液化技术

第一节　煤炭直接液化发展历史

石油是现代社会最重要的能源，油价近年来波动较大。目前我国每年石油的消耗量约有一半依赖进口，实现能源独立对一个国家至关重要，应充分利用各种有效措施补充国内石油供给不足。我国煤炭储量丰富，发展煤炭直接液化技术，实施煤制油替代能源技术将成为保证我国能源安全的战略选择。

早在 1869 年，M. BerthElot 最早用氢进行煤的加氢研究。1913 年，德国的 Bergius 研究了煤通过高温、高压加氢液化生产液体燃料，获得了世界上第一个煤炭直接液化技术专利，然而由于没有使用催化剂，煤转化效率很低。1926 年，德国 IG 公司研制出煤炭高效加氢催化剂，奠定了工业应用基础。1927 年，德国 IG 公司建立了世界上第一个煤炭直接液化厂，规模为 10 万 t/a，原料为褐煤或褐煤焦油，采用铁系催化剂，氢压 20～30 MPa，反应温度 430～490 ℃。

当时德国缺乏石油，煤炭储量又相对丰富，为了战争需要，煤炭直接液化技术发展很快。1935 年，德国的 IG 公司在 Scholven 工厂建立了一座 20 万 t/a 汽油的烟煤液化生产装置。1937—1940 年，IG 公司在 Gelsenberg 工厂，采用铁系催化剂，在氢压 70 MPa 和反应温度 480 ℃的工艺条件下，建立了三座 70 万 t/a 汽油的烟煤液化厂。至 1939 年第二次世界大战爆发，德国共有 12 套煤炭直接液化装置建成投产，生产能力达到 423 万 t/a，为德国提供了 2/3 的航空燃料、50％的汽油和装甲车用油。

20 世纪 50 年代，由于中东地区大量廉价石油开发，煤炭液化项目逐渐失去了竞争力，煤炭加氢液化厂相继停产。美国取代德国成为研究和开发煤炭直接液化技术的主要国家，在 50 年代和 60 年代进行了大量的基础研究工作。

1973 年世界能源危机发生以后，煤炭在能源中的地位有所回升，煤转化技术的开发又活跃起来。美国、日本、德国、英国、澳大利亚、加拿大和苏联等世界发达国家都进行了煤炭直接液化技术的研发工作。美国的能源独立计划、洁净煤计划和日本的阳光计划促进了煤炭液化技术的新发展。美国于 1973 年 4 月制订的能源发展计划，强调在节约能源的基础上开发包括煤炭液化在内的新能源，并由现在的美国能源部负责技术开发。日本在 1974 年 4 月推出了阳光计划，在进行太阳能、地热资源、氢能开发的同时，也致力于研究开发煤的液化、气化技术。

20 世纪 70 年代以后，德国、美国、日本等主要发达国家，相继开发了煤炭直接液化新工艺，并进行了中间放大试验，为建立大规模工业生产打下了基础。具有代表性的有德国液化新工艺（IGOR）、美国的氢煤法（H-COAL）和溶剂精炼煤（SRCⅠ、SRCⅡ）、日本的NEDOL工艺。我们知道，煤炭直接液化是在溶剂油存在的条件下，通过高压加氢使煤液化的方法。根据煤炭液化中使用溶剂油和催化剂的不同、热解和加氢方式以及反应工艺条件的不同，其可分为多种工艺。近几年世界原油价格逐渐上涨，煤炭液化技术愈来愈受到重视，相继出现了多种新工艺。

表6-1列出了主要发达国家煤炭直接液化技术的开发情况。与德国旧工艺相比，现在的煤炭液化新工艺反应条件大大缓和，液化油产率也有大幅度提高，煤炭液化技术的经济性得到大幅改善。

表6-1 各国煤炭直接液化技术开发情况表

国家	装置名	规模/(t/d)	试验时间	地点	开发机构	试验煤种
美国	SRCⅠ/Ⅱ	50	1974—1981	Fort Lewis	Gulf	Illinois 烟煤
	SRC	6	1974—1992	Wilson vile	EPRI Catalytic Inc.	高硫烟煤，次烟煤
	EDS	250	1979—1983	Bayton	Exxon	Illinois 烟煤，Wyo ming 次烟煤，Texas 褐煤
	H-COAL	600	1979-1982	Catlettsburg	HRI	Illinois，Wyo ming
德国	IGOR	200	1981—1987	Bottrop	RAG VEBA	鲁尔烟煤
	PYROSOL	6	1977—1988	Saar	SAAR Coal	烟煤
日本	NEDOL	150	1992—1999	日本鹿岛	NEDO	烟煤
	BCL	50	1986—1990	澳大利亚	NEDO	烟煤
英国	LES	2.5	1988—1992	Point of Ayr	British Coal	次烟煤
苏联	ST-5	5	1986—1990	图拉市	ИГИ	褐煤

我国从20世纪70年代开始研究煤炭直接液化技术与工艺，其主要目的是利用我国丰富的煤炭资源生产汽油、柴油等运输燃料和芳烃等化工原料。原煤炭科学研究总院北京煤化学研究所通过国家“六五”、“七五”科技攻关，对中国的上百个煤种进行了直接液化实验。通过选择液化性能较好的28个煤种在小型连续试验装置上进行了56次运转试验，选出了15种适合液化的中国煤，液化油收率可达50%以上（无水无灰基煤）。并对其中4个煤种进行了煤炭直接液化的工艺条件研究，开发了高活性的煤炭直接液化催化剂。利用国产加氢催化剂，成功地将煤液化粗油加工成合格的汽油、柴油和航空煤油。

1997—2000年，煤炭科学研究总院分别同德国、日本、美国等有关政府部门和公司合作，完成了神华煤、云南先锋煤和黑龙江依兰煤在国外已有中试装置上的放大试验以及这3个煤的直接液化示范厂预可行性研究。结果表明，建设一座年产100万t油的煤直接液化厂，总投资约100亿元人民币，全部投资内部收益率8%～15%，投资回收期为9～13年，产品油成本1 000～1 200元/t，显示出较好的经济效益。

2001年，我国第一个煤炭液化示范项目建议书获国务院批准。2002年与ABB鲁玛斯公司关于神华煤液化项目PMC管理合同在北京签字，标志着我国煤炭液化项目进入了全面实施阶段。2004 年，国家发改委批准神华鄂尔多斯煤直接液化项目动工，设计规模为年产 500 万 t，一期规模 320 万 t/a，第一条 108 万 t/a 工业化示范装置已于 2008 年的 10 月建成，并开始单机试车，2008 年年底全线贯通。

第二节　煤炭直接液化的基本原理

一、煤炭液化的概念

煤炭液化也称为煤变油或煤制油，是指在一定温度、压力和催化剂条件下，煤炭经过一系列物理的或化学的变化，转化为可用于发动机燃料的液态油的过程。

从工艺区别上，煤炭液化可以分为直接液化和间接液化两大类。

直接液化是把固体状态的煤在高压和一定温度下直接与氢气反应（加氢），使煤炭直接转化成液体油品的工艺技术。直接液化过程如下：

煤 —加氢→ 液化油 —提质加工→ 成品油

间接液化是把固体状态的煤炭在更高温度下与氧气和水蒸气反应，使煤炭全部气化、转化成合成气（一氧化碳和氢气的混合物），然后再在催化剂的作用下合成液体燃料的工艺技术。间接液化过程如下：

煤 —气化→ 合成气 —合成→ 合成油 —精炼→ 成品油

二、煤与液体燃料的区别

众所周知，煤是固体，而燃料油是液体。除此之外，还有以下几个方面的区别。

（一）元素组成

虽然煤与液体燃料都是由碳、氢、氧等元素组成的，但其含量各不相同。煤与石油、汽油相比，氢的含量低，氧的含量高；H/C 原子比低，O/C 原子比高。例如高挥发分烟煤，氢含量为 5.5％，H/C 原子比为 0.82，氧含量达 11％，而石油的氢含量为 11％～14％，H/C 原子比为 1.76，氧含量为 0.3％～0.9％。表 6-2 给出了不同煤化程度煤和汽油、原油的元素含量对比数据。

表 6-2　煤与液体油的元素含量对比

元素	无烟煤	中等挥发分煤	高挥发性烟煤	褐煤	泥炭	原油	汽油
C	93.7	88.4	80.3	72.7	50～70	83～87	86
H	2.4	5	5.5	4.2	5.0～6.1	11～14	14
O	2.4	4.1	11.1	21.3	25～45	0.3～0.9	
N	0.9	1.7	1.9	1.2	0.5～1.9	0.2	
S	0.6	0.8	1.2	0.6	0.1～0.5	1.0	
H/C 原子比	0.31	0.67	0.82	0.87	0.0～1.0	1.76	1.94

（二）分子结构

石油主要是由烷烃、环烷烃及芳烃所组成的混合物，而煤的分子结构极其复杂。一般认为煤的有机质主要是由数个结构单元缩合而成的呈立体结构的高分子化合物，其基本结构单元通常由数个含硫、氧、氮官能团的芳香环，非芳烃部分（$—CH_2—$，$—CH_2—CH_2—$或氢化芳香环）或醚键连接起来而构成，如图 6-1 所示。另外，在煤高分子立体结构中还通常嵌有一些低分子化合物，如树脂、树蜡等（主要存在于低阶煤中），并存在 π—π 作用力（高阶煤中）、氢键作用和范德瓦耳斯力等。随着煤化程度的增加，结构单元的芳香性增加，侧链与官能团数目减少，如图 6-2 所示。

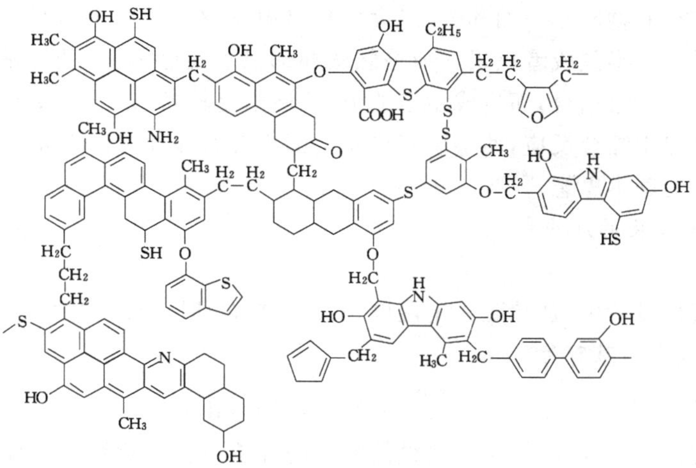

图 6-1　一种年青褐煤的分子结构模型

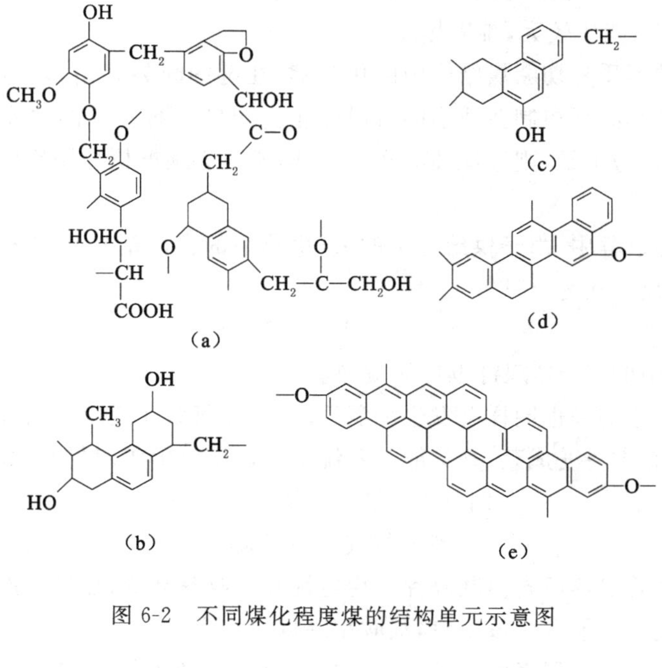

图 6-2　不同煤化程度煤的结构单元示意图

煤的分子量很大，一般认为在5 000～10 000之间或更大些；而石油的平均分子量较小，一般为200左右，汽油的平均分子量为110左右。所以由煤变成油类燃料，必须进行煤的裂解反应和加氢反应等。

三、煤炭直接液化的基本原理

为了将煤中有机质部分转变为低分子化合物，必须使煤的化学结构中的化学键断裂；为了提高H/C原子比，就必须向煤中加入足够的氢。

煤在高温裂解下热分解可得自由基碎片。在煤热解过程中，如果外界不向煤中加入足够的氢，这些自由基碎片只能靠自身的氢发生再分配作用，而生成很少量H/C原子比较高、相对原子质量较小的物质——油和气，绝大部分自由基碎片发生缩合反应，而生成H/C原子比更低的物质——半焦或者焦炭。如果能从外部供给足够的氢，使热解过程中断裂下来的自由基碎片马上与氢结合，而生成稳定的H/C原子比较高、分子量较小的物质，这样就可以在较大程度上抑制缩合反应，使煤中有机质全部或者大部分转化成液体燃料油，这就是煤炭直接加氢液化的基本思想。

（一）煤加氢液化的反应

1. 热裂解反应

煤在加氢液化过程中，加热到一定温度（300 ℃左右）时，煤的化学结构中键能最弱的部位开始断裂，生成自由基碎片。

$$\text{煤}\xrightarrow{\text{热分解}}\text{自由基碎片}(R')$$

随着温度的进一步升高，煤中一些键能较高的部位也相继断裂，变为自由基碎片。

研究表明，煤的化学结构中苯基醚C—O键，C—S键（如Ar—CH_2—O—Ar、Ar—CH_2—S—Ar、Ar—CH_2—O—Ar—CH_2、Ar—CH_2—O—R，Ar为芳环，R为脂肪烃），还有连接芳环的C—C键的解离能较小，容易热断裂；芳香核中的C—C键和次乙基苯环之间相连接的C—C键解离能比较大，难以热断裂。

煤加氢液化的实质是切断煤结构中的化学键，在键的断裂处用自由基氢来弥补。而切断煤结构中的化学键必须控制在适当的阶段停止。如果切断进行得过分，则生成气体产物太多，如果切断进行得不足，则液体油的产率较低，所以必须严格控制反应条件。

2. 加氢反应

在加氢液化的过程中，由于供给充足的氢，煤热解的自由基碎片与氢结合，生成稳定的低分子化合物，其反应式为

$$R'+H\longrightarrow RH$$

此外，煤结构中的C═C双键也可能被加氢。

加氢液化的一些溶剂也同样会发生加氢反应，如四氢萘在反应中，它能直接供给煤液化所需要的氢原子，它本身变成萘，萘又能与系统中的氢反应生成四氢萘，其反应为：

$$\text{四氢萘}+R'\longrightarrow R'—H+\text{萘}$$

$$\text{萘}+\text{氢气}\longrightarrow\text{四氢萘}$$

加氢反应关系着煤热解自由基碎片的稳定性和油收率高低，如果不能及时充分地加氢，那么自由基碎片就可能缩合生成半焦，油收率降低。

影响煤加氢反应难易程度的因素主要是煤本身的稠环芳烃结构，稠环芳烃结构越密和

分子量越大，加氢越困难。煤的固体形态也阻碍煤与氢的相互作用。

3. 脱氧、硫、氮等杂原子的反应

在加氢液化过程中，煤有机质结构中的一些氧、硫、氮也产生断链，分别生成 H_2O(或 CO、CO_2)、H_2S 和 NH_3 等气体而脱除。煤中杂原子脱除的难易程度与其存在形式有关，一般侧链上的杂原子较芳香环上的杂原子容易脱除。

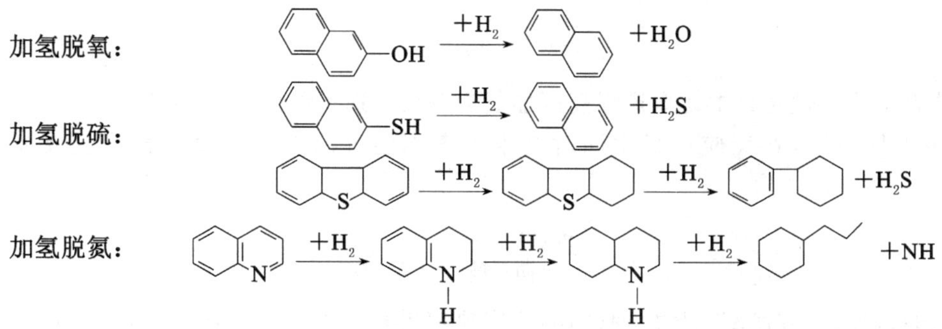

煤结构中的氧多以醚基、羟基、羧基、醌基形式存在。醚基、羧基在比较缓和的条件下就能断裂脱去，而羟基不能，需要在苛刻的条件下才能脱去。通常脱氧率在 60%左右。

煤结构中的硫以硫醚、硫醇和噻吩等形式存在。加氢液化过程中，硫醚键、硫羟基易断裂而将硫脱除，脱硫率一般在 40%～50%。

煤结构中的氮以吡咯、吡啶等形式存在。脱氮反应比脱氧、脱硫反应难以进行，在轻度加氢时，氮含量几乎没有减少。一般脱氮需要苛刻的反应条件和有催化剂存在的条件下才能进行，而且是先被氢化后进行脱氮，耗氢量很大。

4. 缩合反应

在加氢液化的过程中，由于温度过高或供氢不足，煤自由基碎片、反应物分子或产物分子会发生缩合反应，生成半焦或焦炭。缩合反应将使液化产率低，是煤加氢液化中不希望进行的反应。为了提高液化效率，必须严格控制反应条件和采取有效措施，抑制缩合反应，加速裂解、加氢等反应。

（二）煤加氢液化机理

煤在溶剂、催化剂和高压氢气存在的条件下，随着温度的升高，煤开始在溶剂中膨胀形成胶体系统，有机质进行局部溶解，发生煤质的分解、破坏，同时在煤有机质和溶剂间发生氢分配，在 350～450 ℃区间生成沥青质含量很高的高分子物质。在煤有机质分裂的同时，有分解、加氢、聚合以及脱氧、脱氮、脱硫等一系列平行和相继的反应发生，从而生成水、CO、CO_2、H_2S 和 NH_3 等气体。随着温度逐渐升高(450～480 ℃)，溶剂中氢的浓度增加，氢在各物质间重新分配程度也相应增加，也就是使煤加氢液化过程逐步加深，主要发生分解加氢作用，同时也存在一些异构化作用，从而使前期生成的沥青质部分进一步转变为低分子物质——油和气。

S. Weller 最早提出煤加氢液化的反应机理。他认为煤加氢液化反应的中间产物是沥青烯(或称沥青质)，沥青烯经过逐次反应生成油，即

$$\text{煤}\xrightarrow{K_1}\text{沥青质}\xrightarrow{K_2}\text{油}$$

通过测定煤加氢裂解的反应速率和沥青烯加氢裂解的反应速率，得知两个反应均属一

级反应。由煤向沥青烯的反应速率很快，而沥青烯向油的转化速率却很慢，$K_1/K_2=10\sim25$。虽然这个机理过于简单，但为以后的研究提供了方向。

E. Fallkum 等认为，由煤生成的沥青烯也会发生聚合反应，生成半焦状的物质（煤 2），考虑初期的快速阶段和后期的缓慢阶段，其反应机理为：

煤(1)⟶沥青烯⟶油
↕
煤(2)

石井忠雄等通过对日本北海道煤高压加氢裂解反应速率的研究，认为日本煤与 S. Weller 等研究的煤不同，在反应过程中同时产生由煤不经过沥青烯阶段而直接生成油的反应。即

煤 ⟶ 油(1)
煤 ⟶ 沥青烯 ⟶ 油(2)

生成油(1)的反应速率和生成油(2)的反应速率表现出的规律不同。生成油(1)的初期反应快，而后期反应慢。

Squires 等根据对溶剂精炼煤产品的研究，提出抽提液化的反应机理，如图 6-3 所示。他们认为煤镜质组分在供氢溶剂中加热到 400 ℃时，比较易断裂的键断开，生成自由基，被供氢溶剂供给的氢所稳定，生成液化中间产物——前沥青烯、沥青烯、油和少量残渣。在前沥青烯向沥青烯和油转化的慢速低分子化反应中，尚有脱杂原子反应，低分子向高分子转化的聚合反应。

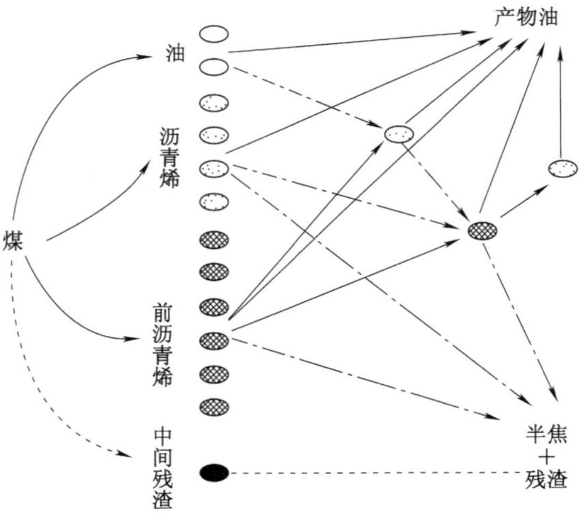

图 6-3　煤抽提液化的反应机理

（图中左侧曲线表示快速反应中易断裂的键断开，迅速形成液化中间产物；
右侧实线表示慢速的低分子化反应；点画线表示慢速的高分子化反应）

此外，还有不少研究者提出不同的反应机理，这里不再多述。通过综合分析对比，对煤加氢液化反应机理可以得出以下几点比较公认的看法：

① 煤组成是不均一的，既存在少量的易液化成分，如嵌布在高分子立体结构中的低分

子化合物，也有一些极难液化的惰性组分。但是，如果煤的岩相组成比较均一，为了简化起见，也可以将煤当成均一的反应物看待。

② 虽然在煤液化反应初期有少量气体和轻质油生成，不过数量不多，在比较温和的条件下更少，所以反应以顺序进行为主。

③ 沥青烯是主要中间产物，但后来的研究证明，在沥青烯之前还存在前沥青烯中间产物。前沥青烯的分子量大约为 1 000，比沥青烯大近一倍。对主要经过前沥青烯还是沥青烯，尚没有一致意见。

④ 逆反应可能发生。当反应温度过高、氢压不足、反应时间过长时更容易发生。已生成的前沥青烯、沥青烯以及煤裂解生成的自由基碎片等可能缩聚成不溶于任何有机溶剂的焦，油也可以裂解、聚合生成气态烃和分子量更大的产物。

如果将煤看作是组成均一的反应物，根据上述看法反应机理可用图 6-4 表示。

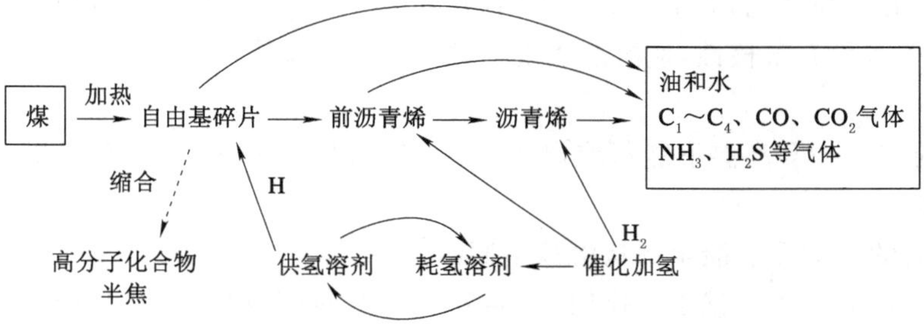

图 6-4　煤液化反应机理

（三）煤加氢液化反应动力学

有关煤加氢液化反应动力学模型的论述很多，由于每个研究者所用原料煤的组成、性质不同，采用的反应条件以及产物的分析方法等不同，所得到的煤加氢液化反应动力学模型也很不一致。

Wiser 等研究了犹他烟煤在四氢萘溶剂中热溶解的动力学。他们认为，在供氢体萃取过程初期，煤的热溶解是氢分压的二级反应，活化能为 120.58 kJ/mol，但后期反应变为一级。并且提出氢原子传递到自由基碎片的反应是速率控制步骤。

Wen 等采用间歇高压釜研究了烟煤初始阶段的溶解过程。通过实验数据分析，认为煤溶解的第一阶段是一级反应，煤迅速分解，生成的主要产物是前沥青烯。

Guin 等假设溶解是由热引发的，但解聚的净速率取决于溶剂的性质和它促使自由基碎片加氢的效果。供氢溶剂的供氢性能越好，促进煤热溶解就越有效。认为溶剂再氢化是总速率的控制步骤，因此在动力学模型中，氢在煤-溶剂料浆里的溶解度很重要。

第三节　煤炭直接液化的溶剂和催化剂

一、煤炭直接液化的溶剂

（一）溶剂的分类

许多有机溶剂能在一定条件下溶解一定量的煤。Oele 等根据溶解效率和溶解温度将溶剂分为下面 5 类。

1. 非特效溶剂

在 100 ℃下能溶解微量煤的溶剂称为非特效溶剂，如乙醇、苯、乙醚、氯仿、甲醇和丙酮等。萃出物可能是嵌布在煤基体中的树脂和树蜡，它们不是构成煤基体的主要部分，因此，这种萃取没有实现工业化的价值。

2. 特效溶剂

这类溶剂在 200 ℃下能溶解 20%～40%的煤，萃出物的化学组成与不溶残渣相似。将这类溶剂对煤的溶解可看成是无选择性的，因此特效溶剂对煤的萃取用于研究煤的化学结构比用于煤炭加工方面更有实际意义。属于这类溶剂的有：吡啶、带有或不带有芳烃或烃基取代基的伯脂肪胺和杂环碱等。

Dryden 认为伯胺类优于仲胺和季铵，这可能是空间效应的结果。与氧化物相比，氮化物一般是更好的溶剂，它们的萃取效率被归结为分子中一个氮原子或氧原子上存在非共享电子对，此电子对具有亲核性，使溶剂表现得像一个极性流体。

3. 降解溶剂

这类溶剂在 400 ℃高温下能萃取煤炭高达 90%以上，如菲、联苯和菲啶等。这类溶剂具有如下特点：

① 萃取后的溶剂几乎能全部从溶液中回收。

② 降解溶剂的作用依赖于热作用，在温度 400 ℃时煤发生热分解，产生更小和更可溶的碎片。

③ 产生聚合作用。例如将煤置于 400 ℃恒温的萘和十二烷中加热，开始由于热分解，溶解度随时间延长而增加，而后因高分子量煤碎片的重新聚合，溶解度下降。

④ 某些降解溶剂如菲、萘等能起氢传递或氢穿梭的作用，即氢来回穿梭于煤的不同部分之间。多芳烃溶剂虽然不是纯氢供体，但却能参与氢穿梭，帮助氢在煤碎片中分配。在萃取中这些溶剂总的看来似乎不产生变化，但实际上能与煤发生相互作用。

4. 反应性溶剂

反应性溶剂也称活性溶剂，如酚、四氢喹啉等，在 400 ℃高温下与煤质发生化学反应。其萃出物不同于降解溶剂萃取物，溶剂在萃取时有明显的变化。回收后，萃取物和残渣的总重量常大于原料煤重，说明有些溶剂结合在萃出物上。活性溶剂与煤相互作用后，能促进煤分散、增溶及转化为可溶性产物。活性溶剂的萃取和热降解与氢的传递反应有关，这些溶剂能把氢供给到煤或碎片上，或起到传递氢的作用。

5. 气体溶剂

在超临界温度下，物质只以气相存在，无论多大压力都不能使其液化。挥发性小的物质与超临界气体溶剂接触，能使物质的蒸气压增大，在超临界气体中气化。利用超临界气体萃取煤得到的萃出物为气相，容易与残渣分离。压力越高，萃出率越大，一般可达 20%～30%，有时高达 60%～70%。对煤进行超临界萃取的溶剂，临界温度应在 300～400 ℃范围，如甲苯(315 ℃)、二甲苯(343 ℃)、三甲苯(364 ℃)、十二烷(385 ℃)等，均接近煤的萃取温度。

（二）溶剂的作用

在煤炭加氢液化过程中，溶剂所起的作用主要表现在热溶解煤、溶解氢气和供氢等方面：

① 与煤配成煤浆，便于煤的输送和加压；

② 热溶解煤，防止煤热解产生的自由基碎片缩聚；溶解在溶剂中的煤呈分子状态或自由基碎片状态，增大了固体催化剂与溶解状态氢的接触面积，加快了反应的进行，同时又对提高煤的液化率有利。

煤在溶剂中的热溶解包括煤的热膨胀、溶剂吸附，溶剂引起的溶胀、煤碎裂、增塑、传质和煤与溶剂的化学反应等，所以煤的热溶解不是单纯的物理溶解过程，还包括一些化学反应。

煤的溶解首先是煤在热溶剂中进行热膨胀或溶胀而成为胶体系统，在此过程中镶嵌在煤孔隙中的物质和煤结构中连接最弱的部分先断裂进入液相。其次，随着温度升高，较强的键也相继断裂于溶剂中。这时需要供给足够的氢与断裂下来的自由基碎片结合而生成稳定低分子可溶物。如果供氢不足，自由基碎片会相互结合生成更大的不可溶分子。所以加热和氢传递对煤的热溶解是非常重要的。关于煤的溶解机理，Whitehurst 指出煤在热溶剂中需要经过多次断链，并与氢结合才能溶解。煤的溶解速度不仅与受热时的裂解作用有关，而且还与生成的不溶性中间物与供氢物之间的反应有关。煤在溶剂中的溶解是缓慢过程，溶解能够加速加氢反应，加氢反应又促进煤的溶解。

③ 溶解气相氢，使氢分子向煤或催化剂表面扩散；氢气溶解在煤中有利于煤、固体催化剂与氢气的接触，加快加氢反应的进行。

④ 自由基碎片直接供氢和传递氢。加氢液化中，有些溶剂除热溶解煤和氢气外，还具有供氢和传递氢作用。如用四氢萘做溶剂时，发生的供氢过程为：四氢萘供给煤质变化所需要的氢原子，本身变成萘；萘又可以从系统取得氢而变成四氢萘，即有如下的反应过程：

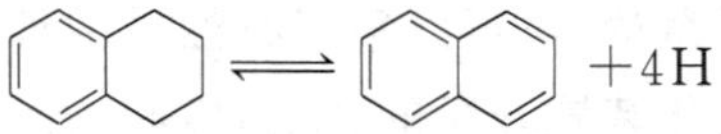

常见的供氢溶剂是一些部分氢化的多环芳烃，如四氢萘、二氢萘、二氢菲等。由于煤焦油和煤部分加氢的产物含上述多环芳烃较多，因此也可以用作供氢溶剂。煤液化工艺上常使用煤加氢液化过程中生成的重质油类做循环溶剂，就是基于此原理。

溶剂的供氢作用，既可促进煤裂解的自由基碎片的稳定化，提高煤炭液化的转化率，同时减少煤炭液化过程中的氢耗量。供氢溶剂传递给煤的氢量，在很大程度上取决于供氢溶剂的脱氢能力，而不是溶剂的氢含量。一般认为，部分氢化芳烃的结构处于不稳定状态，这部分氢化的氢容易失去，也容易结合；完全氢化的结构却比前者稳定，如四氢萘的供氢能力强于十氢萘。所以，煤液化时，不是采用含氢量最大的溶剂作为供氢溶剂，而是要选用那些结构上有易进行氢传递反应的化合物做供氢溶剂。

有研究证明，供氢溶剂中的添加物对供氢能力是有影响的，如四氢萘中添加酚类物质有促进作用，而添加酮、醌、醚类含氧物却起反作用，见表 6-3。

表 6-3　四氢萘溶剂中添加含氧物对煤液化率的影响

添加物	无	苯酚	二苯甲酮	1,4-萘醌	二苯醚
煤的转化率/%	56.8	89.5	44.5	47.6	41.6

注：溶剂/煤质量比为 3，反应温度 435 ℃，反应时间 30 min，氢初压 1.96 MPa，添加物占溶剂体积比 0.12%。

（三）工业中实际应用的溶剂

根据相似相溶原理，溶剂结构与煤分子相似的多环芳烃对煤热解的自由基碎片有较强的溶解能力。溶剂溶解氢气的量符合亨利定律，氢气压力越高，溶解的氢气越多。溶解系数与溶剂性质以及体系温度有关，但氢气有一个反常的特点，温度越高溶解系数越大。溶剂直接向自由基碎片的供氢是煤液化过程中溶剂的特殊功能，研究发现部分氢化的多环芳烃（如四氢萘、二氢菲、二氢蒽、四氢蒽等）具有很强的供氢能力。

表 6-4 是不同的供氢溶剂的煤液化的实验结果。从表中可以清楚看出：萘分子中只有芳环，它的供氢性能很差；十氢萘分子中只有饱和环，十个碳原子已全部氢化，这样的分子也没有供氢性；四氢萘和二氢萘分子中有一个芳环，还有一个六元环被氢分子部分饱和，这样的分子才具有供氢能力。

表 6-4　不同溶剂对煤转化率的影响

溶剂名称	分子式	煤转化率/%	溶剂名称	分子式	煤转化率/%
萘	$C_{10}H_8$	29.7	1,2-二氢萘	$C_{10}H_{10}$	71.3
十氢萘	$C_{10}H_{18}$	32.5	1,4-二氢萘	$C_{10}H_{10}$	81.4
四氢萘	$C_{10}H_{12}$	70.2			

在实际煤液化装置的连续运转中，工业使用的溶剂是煤直接液化生产的重质油和中质油的混合油，称为循环溶剂，主要组成是 2～4 环的芳烃和氢化芳烃。循环溶剂经过预先加氢，提高了溶剂中氢化芳烃的含量，可以提高溶剂的供氢能力。

液化装置开车时没有循环溶剂，则需要采用外来的其他油品作为起始溶剂。起始溶剂可以采用高温煤焦油中的脱晶蒽油，也可以采用石油重油催化裂化装置产出的澄清油或石油常减压装置的渣油。在煤液化装置开车的初期，由起始溶剂完全置换到煤液化自身产生的循环溶剂需要经过 10 次以上的循环。

二、煤炭直接液化的催化剂

（一）催化剂的作用

催化剂在煤加氢液化中的主要作用有以下几个方面：

① 加快反应速率，提高煤炭液化的转化率和油收率。煤炭加氢液化是煤热解呈自由基碎片，然后加氢呈稳定低分子物质的过程。对于系统中供给足量的氢气时，由于分子氢的键合能比较高，难以直接与煤热解产生的自由基碎片反应，因此需要催化剂的催化作用，使反应容易地进行。对于煤的有机质最初裂解，有些研究者认为，固体催化剂不能加速反应。其原因是固体煤和固体催化剂的接触不良，但对于溶解于溶剂中的煤，催化剂能促进煤的 C—C 键断裂，加速煤的裂解反应，提高转化率和油收率。

② 促进溶剂的氢化和反应的氢传递。催化剂在供氢溶剂中的主要作用是促进溶剂的氢化，维持或增大氢化芳烃化合物的含量和供体的活性，有利于氢源与煤之间的氢传递，提高液化的反应速率。

③ 选择性作用。煤在加氢液化中的反应很复杂，其中包括热裂解、加氢、脱杂原子、异构化、脱氢和缩合反应等。为提高油收率和油品质量，减少残渣和气体产率，要求催化剂能加速前四个反应，抑制后两个反应，且对裂解反应要求能进行到一定程度就停止。目前工业

上使用的催化剂不能同时具有良好的裂解，加氢，脱 O、N、S 杂原子和异构化性能，因此必须根据加工工艺目的的不同来选择相应的催化剂。

为了加速煤加氢液化速率，提高转化率、油收率和设备的处理能力，降低反应压力和生产成本，改善油品性质，选用的加氢催化剂应具有活性高、选择性好、抗毒性强、价格低及来源广等特点。

（二）几种煤加氢液化的催化剂

适合煤加氢液化的催化剂有很多，但是有工业价值的催化剂主要有：铁系催化剂，钼、镍氧化物催化剂及金属卤化物催化剂等。下面主要介绍这几种催化剂的催化性能。

1. 铁系催化剂

铁系催化剂价格低、来源广，常被工业上采用。在直接液化过程中，这类催化剂与煤一起进入反应系统，并随反应物排出，经产物的分离和净化过程后仍存在于液化残渣中，并最终弃去，因此，常称为可弃型催化剂。最常用的此类催化剂为含有硫化铁和氧化铁的矿物或冶金废铁，如天然黄铁矿（FeS_2）、高炉飞灰（Fe_2O_3）、铝厂废渣（又称赤泥，主要成分氧化铁、气化铝和少量氧化钛）等。

早在第二次世界大战前，德国 Leuna 液化厂就是使用赤泥做催化剂。使用时需添加 0.1%～0.3%（占煤重量）的 Na_2S，其目的一是在高压加氢反应器中促进氧化铁转化为活性较高的硫化铁；二是减轻煤中氯所形成的氯化物对设备的腐蚀。

Tokutani 研究了赤泥与硫的催化作用。结果表明：单独用赤泥（10%重量）时，催化活性低，煤的转化率只有 41.5%；而同时使用赤泥和硫（5%重量）时，催化活性好，煤的转化率提高到 92.5%；单独使用赤泥催化剂时，在氢气中加入少量的 H_2S，转化率明显增加，达 92%。

一般认为，在液化条件下，加入 S 或 H_2S，能使赤泥中的氧化铁转变为硫化铁，硫化铁可促进 H_2S 分解，生成活泼氢，从而加速煤的加氢液化。其反应过程如下：

$$H_2 + S \xrightarrow{Fe_2O_3} H_2S$$

$$Fe_2O_3 + 2H_2S + H_2 \longrightarrow 2FeS + 3H_2O$$

$$FeS + H_2 \longrightarrow Fe + H_2S$$

$$H_2S \xrightarrow{FeS} H_2 + S$$

$$\text{煤} + H_2 \cdot \longrightarrow \text{气、水、油、沥青烯} + \text{未反应的煤}$$

常规使用的铁系催化剂（如 Fe_2O_3 和 FeS_2 等），粒度一般在数微米到数十微米范围内，由于分散不好，催化效果受到限制。20 世纪 80 年代以来，人们发现如果把催化剂磨得更细，在煤浆中分散得好些，不但可以改善液化效率，减少催化剂用量，而且催化残渣以及残渣中夹带的油分也会下降，可以达到改善工艺条件、减少设备磨损、降低产品成本和减少环境污染的多重目的。

研究表明，将天然粗粒黄铁矿（粒径小于 74 μm）在 N_2 保护下干法研磨或在油中搅拌磨至约 1 μm，液化油收率可提高 7%～10%。然而，靠机械研磨来降低催化剂的粒径，达到微米级已经是极限。为了使催化剂的粒度更小，近年来美国、日本和中国的煤液化专家先后开发了纳米级粒度、高分散的铁系催化剂。通常用硫酸铁和硝酸铁溶液处理煤粉并和氨水反应制成 FeO(OH)，再添加单质硫，分步制备煤浆。另外一种方法是把铁系催化剂先制成纳米级(10～100 nm)粒子,加入煤浆使其高度分散。

制备纳米级催化材料的方法较多,如逆向胶束法,即在介质油中先加入铁盐水溶液,再加入少量表面活性剂,使其形成油包水型微乳液,然后再加入沉淀剂。还有是将铁盐溶液喷入高温的氢氧焰中,形成纳米级铁的氧化物。我国煤炭科学研究总院开发了一种纳米级铁系煤液化催化剂,其活性达到了国外同类催化剂的水平。

研究结果表明,纳米级铁系催化剂的用量可由原来的3%左右降到0.7%左右,减少了煤浆中带入的无机物含量,有助于提高反应器溶剂利用率和减少残渣量,从而提高了液化油收率。

2. 钼、镍催化剂

钼、镍等有色金属是石油加氢常用的催化剂活性物质,对煤直接液化也同样有效,但其价格较高,必须考虑催化剂的回收。此类催化剂在使用过程中随着使用时间的增加,催化剂的活性逐渐下降,需取出进行再生,因此又称高价可再生催化剂。钼灰具有很高的活性,它是钼矿冶炼烟道气中的飞灰,主要成分是 MoO_3,且粒度较细。钼灰实验的沥青烯产率很低,说明钼的高活性主要表现在把沥青烯加氢转化为油。但钼灰的价格太高,需要研究其回收方法。

苏联可燃物研究院将高活性钼催化剂以钼酸铵水溶液的油包水乳化形式加入到煤浆之中,随煤浆一起进入反应器,这种催化剂具有高活性、添加量少等优点,最后废催化剂留在残渣中一起排出液化装置。该研究院还开发了一种从液化残渣中回收钼的方法,大致是将液化残渣在1 600 ℃高温下燃烧,这时钼以 MoO_3 的形式随烟道气挥发出来,然后将烟道飞灰用氨水洗涤萃取,可把灰中的氧化钼转化为水溶性的钼酸铵。据报道,钼的回收率可达到90%,但运转成本如何还有待研究。

美国的H-Coal工艺采用了石油加氢的载体Mo-Ni催化剂,在流化床反应器中表现出很高的活性,但活性降低很快。此工艺设计了一套新催化剂在线高压加入和废催化剂在线排出装置,使反应器内的催化剂既保持了相对较高的活性,排出的废催化剂又可以去再生重复使用,但再生次数也有一定限度。

3. 熔融金属卤化物催化剂

金属卤化物在煤加氢液化过程中的催化作用早被人们重视,尤其是氯化锌和氯化锡。卤化物催化剂的主要特点是能有效地使沥青烯转化为油类,转化为汽油的选择性较高,加氢液化的效果优于金属硫化物和氧化物。

Zielke和Gorin等研究指出,使用足够的高活性熔融金属卤化物做催化剂,无论是煤还是其抽提物,很有可能在比较缓和的条件下转化为高辛烷值汽油。

表6-5是几种金属卤化物的活性和主要产物的对比。由表6-5可知,活性最好的是卤化铝,但用于煤的液化,活性太高,主要液化产物为轻烃;中等活性的金属卤化物适用于生产汽油馏分,如 $ZnCl_2$ 特别适用于多核芳烃的加氢和环的开裂,而对苯几乎完全惰性,催化剂产生的异烷烃与正烷烃比值非常高;活性稍差的金属卤化物催化剂,如 $SnCl_2$,在煤加氢液化时主要生成重质油,异构烷烃与正构烷烃比值较低。

由于 $ZnCl_2$ 催化剂熔融成本低,性质稳定,适合生产高辛烷值汽油,且容易回收等,其作为金属卤化物催化剂得到了开发应用。如果在 $ZnCl_2$ 催化剂中添加抑制剂或减少催化剂用量,其加氢催化活性也随之降低,产物向使用低活性卤化物时的产物分布转移。使用卤化物做催化剂时,在 H_2 中加入适量的HCl,煤液化的转化率比单用 H_2 时要高,且主要增加油收率。

表 6-5　金属卤化物的活性与主要产物

活性	高活性	中等活性	低活性
金属种类	Al	Sb,As,Bi,ZA,Ga,Ti	Sn,Hg
主要产物	轻质烷烃和焦油	汽油	重油

卤化物催化剂具有腐蚀性,同时能与 K、Na 起作用而失去活性,损失也大,如果煤中含 K、Na 多时,则不宜采用。

不管是铁系一次性可弃催化剂还是钼、镍系可再生催化剂,它们的活性形态都是硫化物。在催化剂加入反应系统之前,有的催化剂是呈氧化物形态,所以必须转化为呈硫化物形态。铁系催化剂的氧化物转化方式是加入元素硫或硫化物,与煤浆一起进入反应系统,在反应条件下元素硫或硫化物被氢化为 H_2S,H_2S 再把铁的氧化物转化为硫化物,然后再使用。反应时,为了维持催化剂的活性,气相中必须保持一定的硫化氢浓度以防止硫化态的催化剂被氢气还原成金属态。一般称硫是煤直接液化的助催化剂。

研究证明,少量的 Ni、Co、Mo 作为铁的助催化剂也起协同作用。

(三) 影响催化剂活性的因素

各种催化剂的活性是不相同的,造成催化剂活性不同的决定性因素是催化剂的化学性质和结构。当催化剂的化学性质和结构确定后,催化剂在使用过程中显示出的活性大小还与下列因素有关。

1. 催化剂用量

对某一种催化剂都有显示其活性的最低浓度,从这点开始,煤的转化率随催化剂浓度的增加而提高,但是当催化剂浓度增至一定值后,转化率变化却很缓慢。Hank 等用不同量的 Sn 或 Mo 做催化剂,在未加溶剂、温度 450 ℃、H_2 初压 6 894 kPa、反应时间 1 h 的条件下,对高挥发性烟煤进行液化。图 6-5 试验结果表明,催化剂用量增加,煤的转化率提高,当催化剂用量增至 0.5%~1% 以后,转化率增加不多,而沥青烯生成量随催化剂用量增大有一个最高点。

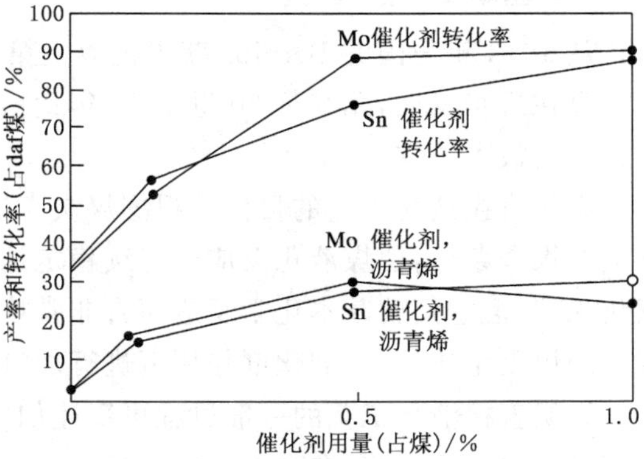

图 6-5　催化剂用量对煤液化的影响

催化剂用量不仅影响煤的转化率,而且也影响产物的分布。

2. 催化剂加入方式

煤加氢液化是非均相催化反应,催化剂与反应物之间的接触状态很重要,而接触性好坏取决于催化剂与煤的混合方式。在无溶剂时,催化剂与煤混合,接触性最差,显示的活性也最低;将煤浸渍在催化剂的水溶液中,接触性最好,显示的活性最高;将煤和催化剂在球磨机中粉碎,接触性和活性介于两者之间。

3. 煤中矿物质

煤中的矿物质对煤加氢液化有催化作用,但能减弱其他催化剂的催化作用。

矿物质对催化剂活性的负面影响,主要是煤中金属有机化合物或可溶灰沉积在催化剂孔隙中,使之失去活性。

研究表明,碱金属(Na)和碱土金属(Ca、Mg)易使加氢催化剂中毒,而酸性成分(Ti、P、Si)对催化剂的活性的影响较小。催化剂活性衰减速率不仅是总可溶灰量的函数,而且还随可溶灰中碱金属氧化物与碱土氧化物的含量增多而增大。

4. 溶剂的影响

液化过程中催化剂的活性,随其使用的溶剂不同而异。如果使用非供氢溶剂(苯或煤焦油馏分),催化剂的作用很明显,催化剂添加量的影响也比较明显。使用供氢溶剂时,催化剂的作用及用量影响较小。

5. 碳沉积和蒸汽烧结

碳沉积指煤在液化过程中产生的有机蒸气发生裂解,生成游离碳沉积在催化剂表面上,导致催化剂失去活性。这个过程进行得很快,催化剂的碳含量迅速达到稳态,随后的操作时间内变化缓慢。碳沉积使催化剂失活,属暂时性中毒,可通过高温将碳烧掉,使催化剂恢复活性。

煤裂解时生成的水蒸气,能使催化剂载体发生烧结,造成催化剂表面积减少、活性下降。温度愈高,这种影响越大。

第四节　煤炭直接液化典型工艺

一、基本工艺过程

从 1913 年德国的 Bergius 获得世界上第一个煤炭直接液化专利以来,煤炭直接液化工艺一直在进步发展,尤其是 20 世纪 70 年代初石油危机后,煤炭直接液化工艺的开发更引起了各国的极大关注。

煤炭直接液化工艺的目标是根据煤炭直接液化机理,通过一系列设备的组合,创造液化反应的操作条件,使煤液化反应能连续稳定地进行。虽然开发了多种不同种类的煤炭直接液化工艺,但它们就基本化学反应而言非常接近,共同特征都是在高温、高压下使高浓度煤浆中的煤发生热解,在催化剂作用下进行加氢和进一步分解,最终成为稳定的液体分子。

煤炭直接液化工艺的一般过程可简述如下:首先将煤磨成粉,再和自身产生的液化重油(循环溶剂)配成煤浆,在高温(400～470 ℃)和高压(20～30 MPa)下直接加氢,将煤转化成液体产品。整个过程分成如图 6-6 所示的 4 个主要工艺单元。

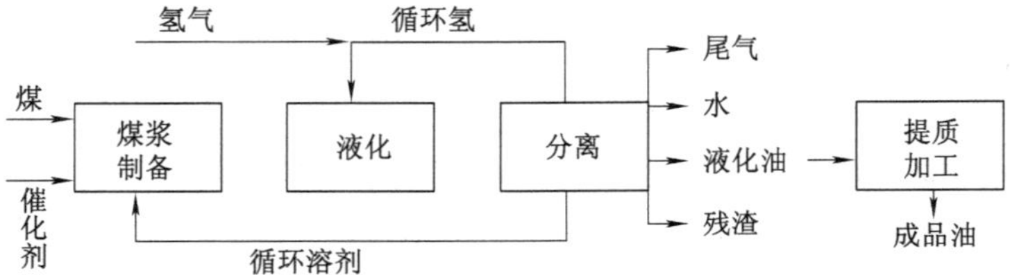

图 6-6　煤炭直接液化原理

① 煤浆制备单元。将煤破碎至粒径小于 0.2 mm 以下,并与溶剂、催化剂一起制成煤浆。

② 反应单元。在反应器内高温、高压下进行加氢反应,生成液体物。

③ 分离单元。分离出液化反应生成的气体、水、液化粗油和固体残渣。

④ 提质加工单元。将液化粗油进一步加工成汽油、柴油等成品油。

煤炭直接液化是目前由煤生产液体产品最有效的线路，液体产率超过 70%（以无水无灰基煤计算），工艺的总热效率通常在 60%～70%。

二、典型的煤液化工艺

在众多的煤直接液化工艺中，仅对近些年开发的、具有工业化价值的工艺进行简单介绍。

（一）德国 IGOR 工艺

IGOR 直接液化工艺流程如图 6-7 所示。其大致可以分为煤浆制备、液化反应、两段催化加氢、液化产物分离和常减压蒸馏等工艺过程。

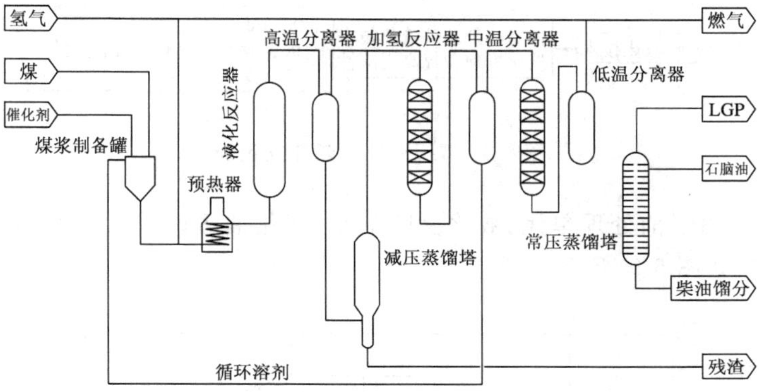

图 6-7　德国 IGOR 工艺示意图

煤与循环溶剂及催化剂配成煤浆，与氢气混合预热后进入液化反应器。反应器操作温度为 470 ℃，反应压力为 30 MPa。反应器顶端排出的液化产物进入高温分离器，在此将轻质油气、难挥发的重质油及固体残渣等分离开来。重质油及固体残渣进入高温分离器下部的真空闪蒸塔，在此分离成残渣和闪蒸油，前者进入气化制氢工序，后者将从高温分离器分离出的气相产物一并送入第一固定床加氢反应器。该反应器温度为 350～420 ℃。加氢的产物进入中温反应器，从底部排出的重质油作为循环溶剂使用，从顶部出来的馏分油气送入第二固定床反应器再次加氢处理，由此得到的加氢产物送往气液低温分离器。低温分离器分离出的轻质油气送入气体洗涤塔，回收其中的轻质油后所得的富氢气体则循环使用。低温分离器分离出的液体经常压精馏后得柴油、石脑油（汽油）和液化气等馏分。

IGOR 工艺一段加氢液化所用的催化剂为可弃性铁系催化剂——赤泥，二、三段固定床加氢精制用的催化剂为 Ni-Mo/Al_2O_3。

IGOR 工艺有如下特点：

① 液化反应和液化油提质加工在同一个高压系统内进行，既缩短和简化了工艺过程，也可以得到质量优良的精制燃料油。

② 以闪蒸塔作为固液分离装置，生产能力大，效率高。

③ 以加氢后的油作为循环溶剂，溶剂具有更高的供氢性能，有利于提高煤液化过程的转化率和液化油产率。

（二）日本 NEDOL 工艺

NEDO 在日本多家公司研究成果的基础上，集中各家工艺的特点优化组合形成了日本烟煤液化工艺(称为 NEDOL 工艺),它的液化对象主要是次烟煤和低品质烟煤。NEDOL 工艺的开发过程如图 6-8 所示。

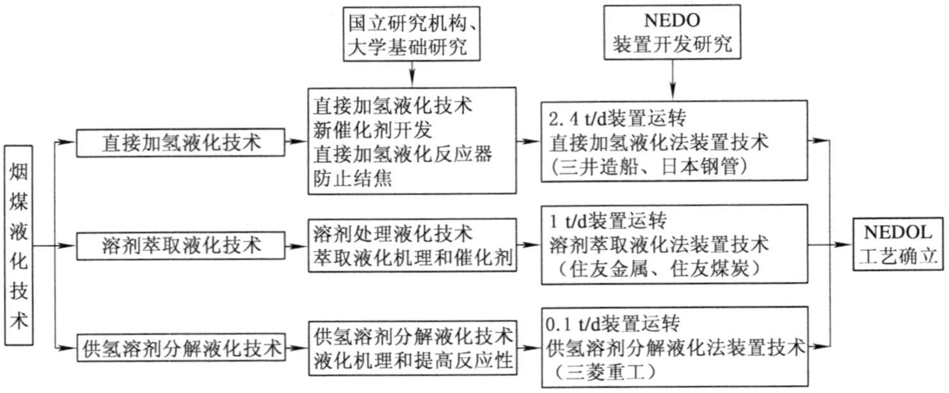

图 6-8　NEDOL 工艺开发过程

NEDOL 工艺由煤前处理单元、液化反应单元、液化油蒸馏单元以及溶剂加氢单元等 4 个主要单元组成,如图 6-9 所示。

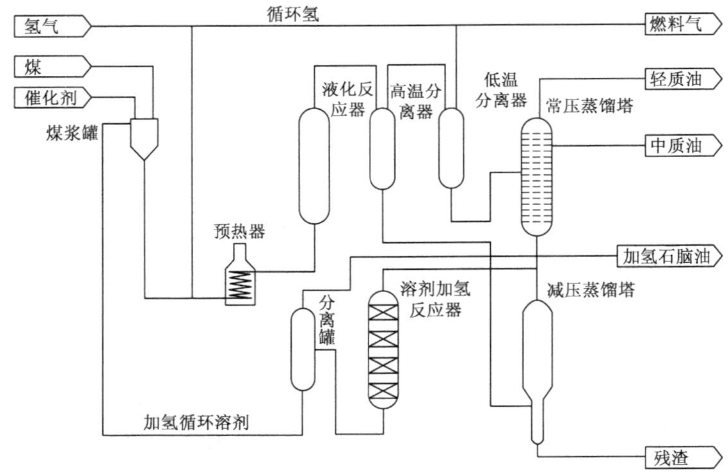

图 6-9　NEDOL 煤直接液化工艺流程

煤、催化剂与循环溶剂配成煤浆,煤浆与氢气混合预热后进入液化反应器;反应器操作温度 430～465 ℃,压力 17～19 MPa;煤浆的表观平均停留时间约 1 h,实际的液相停留时间为 90～150 min;反应物经冷却、减压后至常压塔,蒸出轻质产品。

常压蒸馏塔底物进入减压蒸馏塔,脱除重质和中质部分。大部分中质油和全部重质油经加氢处理后作为循环溶剂。减压蒸馏塔底物含有未反应的煤、矿物质和催化剂,可作为制氢原料。从减压蒸馏塔来的中油和重油混合后,加入溶剂的加氢反应器。反应器为下流式固定床催化加氢反应器,操作温度 320～400 ℃,压力 10 MPa,使用的催化剂是在传统炼油工业中馏分油加氢脱硫催化剂的基础上改进而成的,平均停留时间约 1 h。反应产物在一定温度下减压至闪蒸器,在此取出加氢后的石脑油产品。闪蒸得到的液体产品作为循环溶剂至煤浆制备单元。

（三）美国 HTI 工艺

此工艺是两段催化液化工艺的改型。其主要特点是：反应温度 440～450 ℃，反应压力 17 MPa，采用两个串联的内循环沸腾床（悬浮床）反应器，达到全返混反应器模式；催化剂是采用 HTI 专利技术制备的铁系胶状高活性催化剂，用量少；在高温分离器后面串联有在线加氢固定床反应器，对液化油进行加氢精制；固液分离采用 Kerr-Mcgee 溶剂抽提工艺（即临界溶剂萃取的方法），从液化残渣中最大限度回收重质油，提高了液化油收率。

将煤、催化剂与循环溶剂配成煤浆，与氢气混合预热后加入沸腾床反应器的底部。该反应器中装有载体催化剂，一般是以铝为载体的镍钼催化剂。催化剂在反应器内部循环过程中被流态化。反应器具有连续搅动釜式反应器温度均匀的特征。溶剂作为供氢体，在第一个反应器中通过将煤的内部结构打碎到一定程度来使煤溶解。第一反应器操作压力 17 MPa，温度 400～410 ℃。第一反应器的产物直接进入第二段沸腾床反应器中，操作压力与第一段相同，但温度稍高，通常达 430～440 ℃。第二反应器也有载体催化剂，这些催化剂与第一反应器的催化剂可以相同，也可以不同。

第二反应器的产物进入高温分离器。在高温分离器的底部分离得含固体的物料，此物料减压后部分循环至煤浆制备单元，称为粗油循环，其余部分进入减压蒸馏塔。在减压蒸馏塔内蒸出瓦斯油后，底部物料进入临界溶剂萃取单元，进一步回收重质馏分油。临界溶剂萃取单元回收的重质油直接作为循环溶剂去配置煤浆。临界溶剂萃取单元的萃余物料为液化残渣。

高温分离器分离出的气相物料进入在线加氢反应器，产品经加氢后品质提高，并进入低温分离器。分离出的气相富氢气体作为循环氢使用，液相产品减压后进入常压蒸馏塔，蒸馏切割出产品油馏分。常压蒸馏塔塔底油也作为溶剂循环至煤浆制备单元。

HTI 工艺流程图如图 6-10 所示。HTI 工艺的主要特点是：

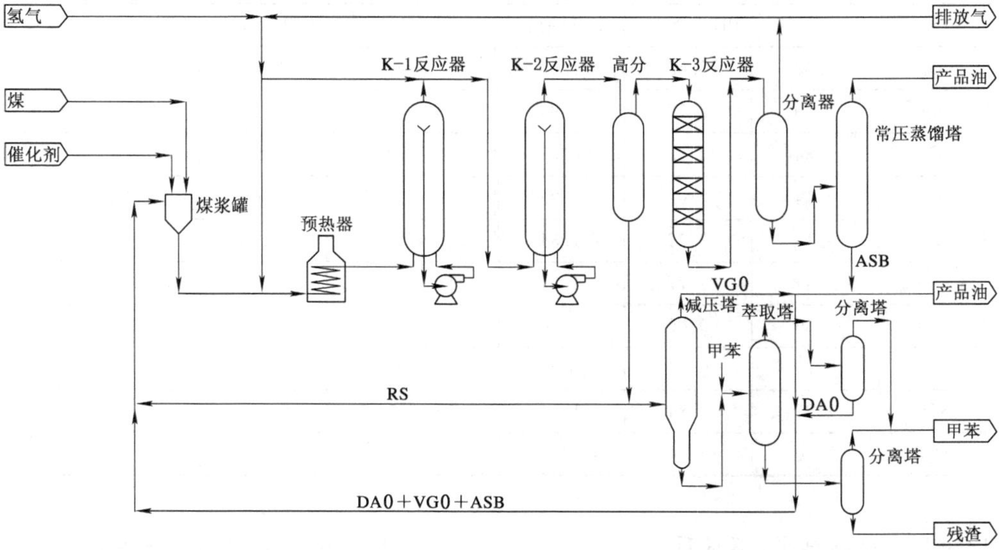

图 6-10　HTI 工艺流程图

① 反应条件比较缓和，反应温度 400～450 ℃，反应压力 17 MPa；

② 采用特殊的循环沸腾床反应器，达到全返混反应器模式；

③ 催化剂是采用 HTI 专利技术制备的铁系胶状高活性催化剂，用量少；

④ 在高温分离器后面串联有在线加氢固定床反应器，对液化油进行加氢精制；

⑤ 固液分离采用临界溶剂萃取的方法，从液化残渣中最大限度回收重质油，从而大幅度提高了液化油收率；

⑥ 循环油由高温分离器粗油、溶剂脱灰油、常压蒸馏塔底油和减压塔顶瓦斯油四路组成。

（四）我国神华直接煤液化项目简介

1997 年，神华集团与美国 HTI 公司签订了利用 HTI 工艺共同进行神华煤直接液化可行性研究的协议。在可行性研究期间，共进行了 4 次神华煤的 HTI 工艺试验，具体的试验时间、规模、试验煤样和目的汇总于表 6-6 中。其中上湾煤的 3 次试验结果列于表 6-7 中。

表 6-6　试验时间、规模和试验煤样

时间	规模	试验煤样	试验天数	试验目的
1997 年 10 月～11 月	CFU	柠条塔	29	评价 HTI 工艺对神华煤的适应性、反应条件的优化
1998 年 11 月	CFU	上海	24	改变原料煤产地后检验上海煤的液化特性、确定 PDU 试验的工艺条件
2000 年 8～9 月	PDU	上海	16	放大试验和取得工艺设计依据
2001 年 12 月～2002 年 1 月	CFU	上海	31	验证液化厂工艺包设计参数、考察中国催化剂原料

表 6-7　上湾煤试验结果对比(daf 煤)　　单位：%

		CFU(1998)	PDU(2000)	CFU 验证		CFU(1998)	PDU(2000)	CFU 验证
气产率	C_1	4.53	3.58	4.54	氢耗	8.81	7.12	7.91
	C_2	3.69	2.12	3.99	转化率	93.61	92.0	94.82
	C_3	4.84	2.63	4.07	水产率	14.50	10.83	11.42
	C_4	3.14	2.04	2.93	IBP～177 ℃	9.47	16.22	12.42
	C_5	9.18	0.72	1.34	177～343 ℃	28.51	38.47	31.76
	C_6+C_7	1.41	0.77	1.84	343～454 ℃	14.71	7.53	15.08
	CO	0.39	0.06	0.90	454～524 ℃	0.77	1.81	4.55
	CO_2	0.75	0.34	1.6	524 ℃以上	5.30	11.28	5.63
	NH_3	1.23	0.84	1.14	C_4～454 ℃	66.42	65.75	65.57
	H_2S	0.00	−0.46	−0.14	C_4～524 ℃	67.19	67.56	70.12

比较几次试验结果，不难看出氢耗量一般在 7%～8%，几次试验的转化率均在 92%～94%，液化油产率在 65%以上，说明 HTI 工艺的确是比较先进的技术。但 HTI 工艺有一个明显的缺点，它采用的催化剂是 HTI 公司的专利催化剂(GelCat)，除了必须向该公司支付一定的专利费用外，所用原料硫酸铁和钼酸铵的成本很高，折算到每吨需 120 元，已高于当

时原料煤的成本。

三、煤液化粗油提质加工

煤直接液化工艺生产的液化粗油，与石油制品相比，芳烃含量高，氮、氧杂原子含量高，色相与储存稳定性差，如果要得到和石油制品一样的品质，必须要进行提质加工。

从煤液化粗油的成分来看，煤液化粗油的杂原子含量非常高。氮含量为0.2%～2%（质量分数，下同），是石油氮含量的数倍至数十倍，可能以喹啉、氮杂菲、氮蒽等形式存在。硫含量低于石油的平均硫含量，大部分以苯并噻吩和二苯并噻吩衍生物的形态存在。煤液化粗油中的氧含量范围可以从1.5%到7%以上，具体取决于煤种和液化工艺。无论在线加氢或离线加氢的液化工艺，液化粗油经过了一次加氢精制，液化粗油中的杂原子含量大为降低。

煤液化粗油中灰含量取决于固液分离方法。采用旋流分离、离心分离、溶剂萃取沉降分离的液化粗油中含有灰，这些灰在催化剂的提质加工过程中，会存在严重的隐患。采用减压蒸馏进行固液分离的液化粗油中不含灰。

煤液化粗油中的金属元素种类及含量与煤种和液化催化剂有很大关系，一般含有铁、钛、硅、铝等。

煤液化粗油中馏分分布与煤种和液化工艺有很大关系，一般将其馏分分为轻油、中油和重油三部分。轻油（沸点82～180 ℃）占液化粗油的15%～30%，中油（沸点180～350 ℃）占50%～60%，重油（沸点为350～500 ℃）占10%～20%。

液化粗油中的烃类化合物的组成广泛，含有60%～70%的芳香族化合物，通常含有1～6环，有较多的氢化芳香烃。饱和烃含量约25%，一般不超过4个碳长度。另外还含有10%左右的烯烃。

（一）日本的液化粗油提质加工工艺

液化粗油提质加工工艺的研究工作除日本外，目前大部分停留在实验室的研究阶段，距工业化应用还有一定距离。

日本的液化粗油提质加工工艺流程见图6-11。

日本的液化粗油提质加工工艺流程描述如下：

日本的液化粗油提质加工工艺由液化粗油全馏分一次加氢部分、一次加氢的柴油馏分的二次加氢部分、一次加氢的石脑油馏分的二次加氢部分、二次加氢石脑油部分的催化重整等4个部分构成。

在一次加氢部分，将全馏分液化粗油，通过加料泵升压，并与氢气为主的循环气体混合，在加热炉内预热后送入一次加氢反应器。一次加氢反应器为固定床反应器，采用Ni/W催化剂进行加氢反应。加氢后的液化粗油经气液分离后送往分馏塔，在分馏塔内被分离为石脑油馏分和柴油馏分，分别送往石脑油二次加氢和柴油二次加氢。一次加氢精制产品油的质量目标是精制产品油的氮含量在1 000 μg/g以下。

柴油馏分二次加氢与一次加氢基本相同。将一次加氢的柴油馏分通过柴油加料泵升压，并与以氢气为主的循环气体混合，在加热炉内预热后送入柴油二次加氢反应器。柴油二次加氢反应器也为固定床反应器，采用Ni/W催化剂进行加氢反应。加氢后的柴油馏分经气液分离后送往柴油分馏塔。将柴油分馏塔上部的轻质油取出混入重整后的石脑油中，塔底的柴油送产品罐。柴油馏分二次加氢的目的是提高柴油的十六烷值，使产品油的质量达到氮含量小于 10 μg/g、硫含量小于 500 μg/g、十六烷值在 35 以上。从完成的实验结果来看，经过二次加氢的柴油十六烷值可达 42。

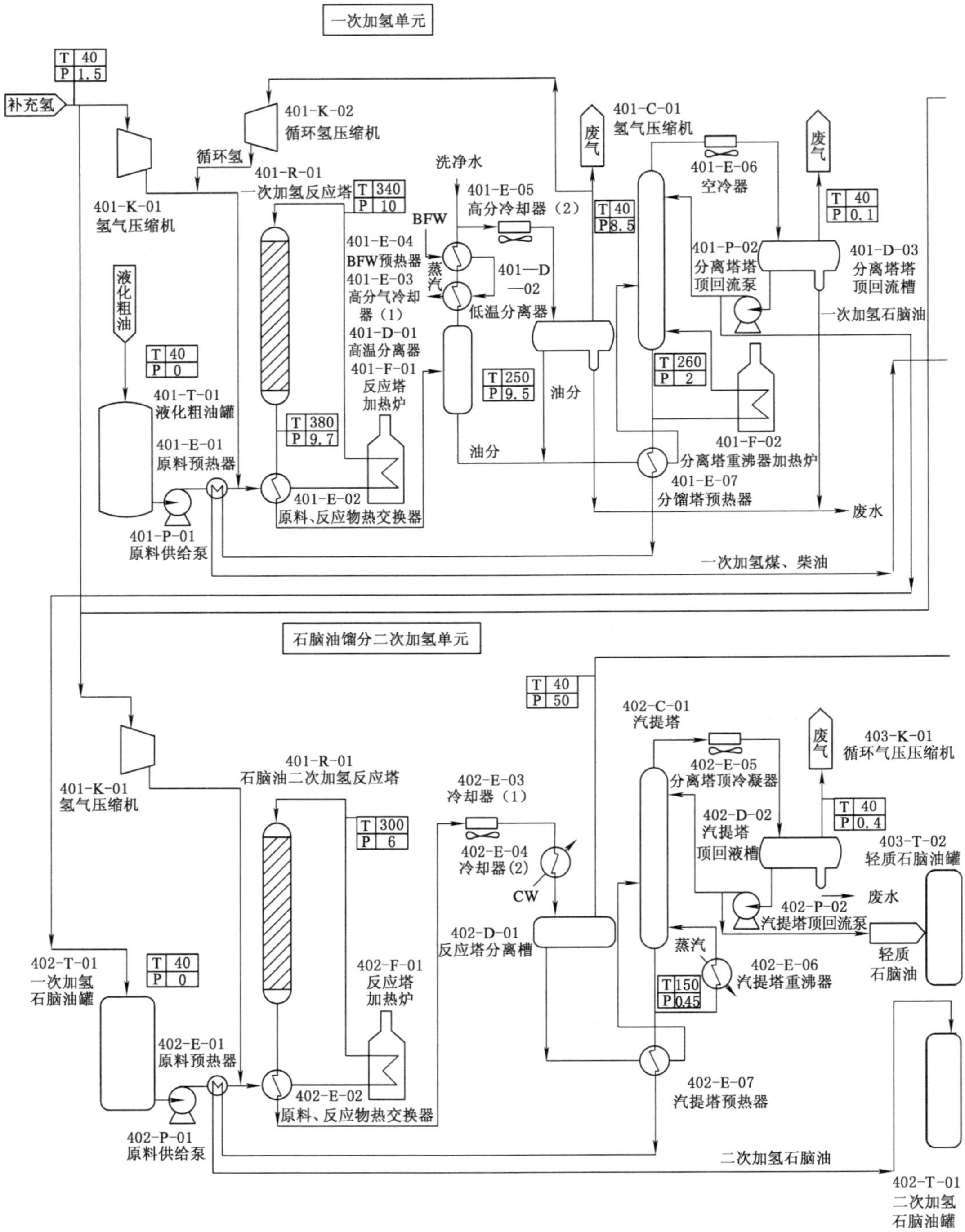

图 6-11　日本的液化粗油提质加工工艺流程图(左)

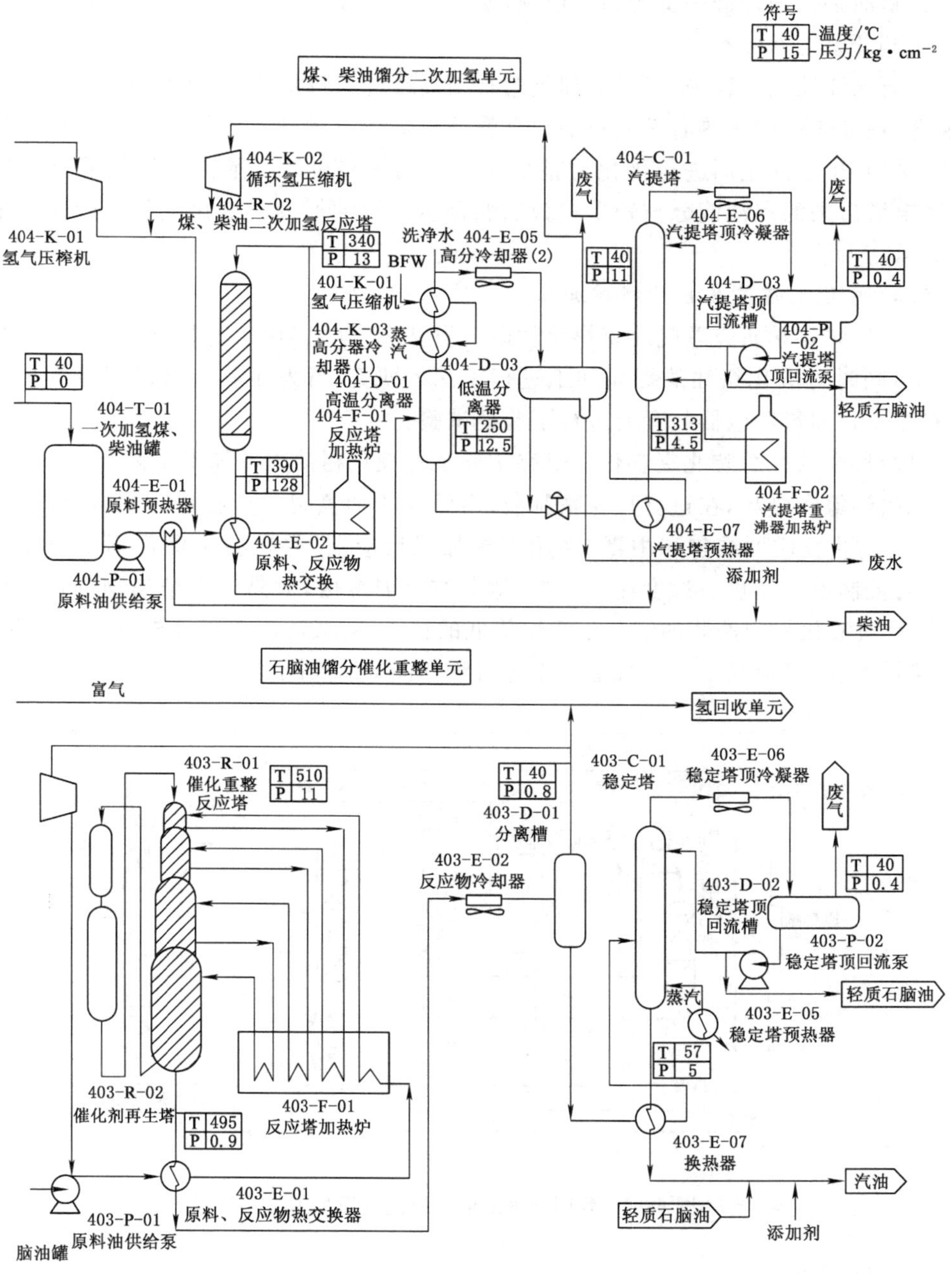

图 6-11　日本的液化粗油提质加工工艺流程图(右)

石脑油馏分二次加氢与一次加氢基本相同。将一次加氢的石脑油馏分通过石脑油加料泵升压,并与以氢气为主的循环气体混合,在加热炉内预热后送入石脑油二次加氢反应器。石脑油二次加氢反应器也为固定床反应器,采用 Ni/W 催化剂进行加氢反应。加氢后的柴油馏分经气液分离后送往石脑油分馏塔。将石脑油分馏塔上部的轻石脑油取出混入重整后的石脑油中,塔底的重石脑油进行热交换后送重整反应。石脑油馏分二次加氢的目的是防止催化重整催化剂中毒,由于催化重整催化剂对原料油的氮、硫含量有较高要求,一次加氢精制石脑油必须进行进一步的加氢精制，使石脑油馏分二次加氢后产品油的氮、硫含量均在 1 μg/g 以下。

在石脑油催化重整中，将二次加氢的石脑油通过加料泵升压，并与以氢气为主的循环气体混合，在加热炉内预热后送入石脑油重整反应器。石脑油重整反应器为连续再生重整反应器，采用 Pt 系催化剂进行催化重整反应。催化重整后的石脑油经过气液分离后送稳定塔，稳定塔出来的汽油馏分与轻质石脑油混合达到汽油标准。催化重整使产品的辛烷值达到 90(ROM)。

（二）中国的煤液化粗油提质加工

我国煤炭科学研究总院北京煤化学研究所从 20 世纪 70 年代末开始从事煤直接液化技术研究，同时对液化粗油的提质加工进行了深入研究，开发了具有自己特色的提质加工工艺，并在 2 L 加氢反应器装置上进行了验证试验。

煤炭科学研究总院北京煤化学研究所开发的液化粗油提质加工工艺有以下特点：① 针对液化粗油氮含量高，在进行加氢精制前，用低氮的加氢裂化产物进行混合，降低原料氮含量；② 为防止反应器结焦和中毒，采用了预加氢反应器，并在精制催化剂中添加脱铁催化剂，同时控制反应器进口温度在 180 ℃，避开结焦温度区，对易缩合结焦物进行预加氢和脱铁；③ 针对液化精制油柴油馏分十六烷值低的特点，对柴油以上馏分进行加氢裂化，既增加了汽柴油产量，又提高了十六烷值。工艺流程如图 6-12 所示。

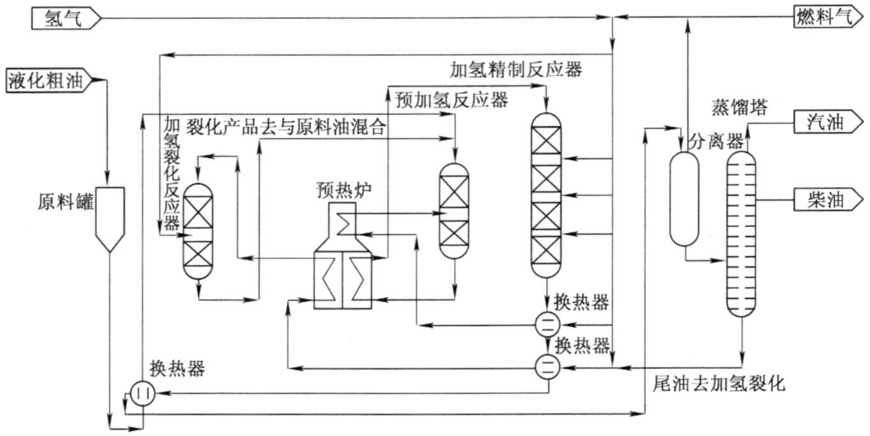

图 6-12　我国开发的液化粗油提质加工工艺流程

工艺过程如下：

煤液化粗油由加料泵打入高压系统，与精制产物换热至 180 ℃，在预反应器入口与加氢裂化反应器出口的高温物料汇合(降低氮含量)并进入预反应器，在预反应器中部注入经换热和加热的 400 ℃混合气，进一步提高预反应器温度，预反应器装有 3822 和 3923 催化剂，进出口温度分布在 180～320 ℃。在预反应器中进行饱和加氢和脱铁。

出预反应器的物料通过预热炉加热至 380 ℃后进入加氢精制反应器。加氢精制反应器内填装 3822 催化剂，分四段填装，每段之间注入冷混合气作控制温度用。出加氢精制反应器的产物经 3 个换热器后进入冷却分离系统，富氢气体经循环氢压机压缩后与新氢混合；液体产物减压后进入分馏塔，切割出汽油、柴油；釜底油通过高压泵升压后，与加氢精制反应器产物换热,并通过预热炉加热至 360 ℃进入加氢裂化反应器。加氢裂化反应器填装 3825 催化剂,下部装有后精制催化剂 3823,通过冷氢控制反应温度。加氢裂化反应器出口产物与加氢原料混合。

第五节　煤炭直接液化的主要设备

一、煤炭直接液化反应器

直接液化反应器是液化工艺中的核心设备,在高温高压临氢环境下操作,且进入该反应器内的物料中往往含有硫和氮等杂质,将与氢反应分别形成具有腐蚀性的硫化氢和氨。该反应器通常是一种气、液、固三相浆态鼓泡床或沸腾床反应器,反应器内气、液、固三种工质在化学反应中起着不同作用,见表 6-8。另外,由于加氢液化反应是个放热反应,反应过程中放热较大,会使床层温度升高,但又不能出现局部过热现象,同时也要保证液固气三相传热、传质。

表 6-8　气、液、固三种工质在液化反应中起的作用

类　别	在直接液化反应中起的作用
气　体	反应物、生成物、容纳生成油蒸气
液　体	溶剂、反应物、生成物、传递氢、传热介质
固　体	反应物煤、催化剂、惰质组

煤炭直接液化反应器实际上是一个耐高压的圆柱形容器,通常它的操作条件见表6-9。

表 6-9　煤炭液化反应器的操作条件

操作参数	单位	数值	操作参数	单位	数值
压　力	MPa	15～30	停留时间	h	1～2
温　度	℃	440～465	气含率		0.1～0.5
气 液 比	标准状态(*V*/*V*)	700～1 000	进出料方式	下部进料,上部出料	

(一) 液化反应器的结构

反应器的结构是否合理对设备的安全使用有很大的影响。在加氢反应器技术发展的过程中,曾有许多因为局部结构设计得不完善或不合理而带来各种损伤的实例。所以,对反应器最基本的要求应该是使所采用的结构在设计时就能证明是安全的,而且应该使各个部位的应力分布得到改善,使应力集中减至最小。另外,还应方便生产中的维护。

煤炭直接液化反应器实际上是能耐高温(470 ℃左右)、耐氢腐蚀的高压容器。在商业化的液化厂,一台反应器可以是有数百立方米体积、上千吨重量的庞然大物。工业化生产装置反应器的最大尺寸取决于制造商的加工能力和运输条件,一般最大直径在 4 m 左右,高度可达 30 m 以上。

反应器的结构形式可以分为冷壁和热壁两种形式。冷壁式反应器是在耐压筒体的内部有隔热保温材料,保温材料是耐高温、耐硫化氢腐蚀的不锈钢内胆,但它不耐压,所以在反应器操作时保温材料夹层必须充惰性气体至操作压力。冷壁式反应器的耐压壳体材料一般采用高强度锰钢。热壁式反应器的隔热保温材料在耐高压筒体的外侧，所以实际操作时反应器筒体壁处于高温下，筒体材料一般采用特殊的合金钢(如 3Cr1MoVTiB)，内壁再堆砌一层耐硫化氢腐蚀的不锈钢。

反应器内设计性能的优劣将与催化剂性能一道体现出所采用加氢工艺的水平。在实际生产装置中曾有过由于分配器的分配效果很差而引起工艺过程失败的实例。由于加氢过程存在着气、液、固三相状态，所以反应器内特别是流体分配盘的设计，关键是要使反应进料有效地接触，防止煤中矿物质和催化剂固体在床层内发生流体偏流；针对加氢反应为放热反应的特点，在反应塔高度方向上还应设置有效的控温结构(如冷氢入口)，以保证生产安全。

（二）液化反应器分类

1. 鼓泡床

德国在第二次世界大战期间曾经使用过的煤炭液化反应器都是柱塞流鼓泡反应器，油煤浆和氢气三相之间缺少相互作用，液化效果欠佳。

德国和日本开发的煤炭直接液化新工艺的反应器仍采用三相鼓泡床反应器，由于氢气和油煤浆在反应器内流动基本属于柱塞流，即平推流，混合程度低，在反应器中易产生固相沉积，影响反应器空间，这一现象在德国早期开发的煤炭液化工艺中经常遇见。

从德国的液化实践可以看出，对于三相鼓泡床反应器，早期的串联式反应器，轻、重组分在反应器内停留时间几乎相同，导致液体产率不高；改用一个大的反应器，重质组分停留时间延长，结果增加液体产品收率，但仍需要定期从反应釜下部排除固体沉积物。

鼓泡床有以下优点：① 几乎无内部构件，设备制造简单；② 气含率较高，有利于气液传质；③ 利用吹冷氢控制温度。

同时其也有如下缺点：① 液相速率低，固体颗粒会发生沉降；② 气含率高，使反应器容积有效利用率降低。

2. 悬浮床反应器

从 20 世纪 70 年代开始，液化反应器研究主要集中于美国，如 HTI 的前期 H-Coal 工艺采用固、液、气三相沸腾床催化反应器，HTI 工艺的全返混浆态反应器采用外循环方式加大油煤浆混合程度，促使固、液、气三相充分接触，加速煤加氢液化反应过程，提高煤液化反应转化率。美国 H-Coal 工艺采用固、液、气三相沸腾床催化反应器增加反应器与催化剂之间的接触，使反应器内物料分布均衡，温度均匀，反应过程处于最佳状态，有利于加氢液化反应进行，并可以克服鼓泡床反应器液相流速低、煤的固体颗粒在反应器内沉积的问题。我国神华煤直接液化工程一期采用 HTI 外循环全返混悬浮床反应器，从理论上说有利于加氢液化反应的进行，但因没有大规模中试和工业化生产，循环泵的磨损和固液分布仍需长时间考验，可见反应器开发对液化过程影响很大，还具有较大的研究潜力。

全返混三相床反应器的主要问题有：① 直径增加，导致床层三相分布时的温度分布不均；② 固体颗粒粒径随反应进行逐渐变小，而发生结焦和 Ca 迁移时部分颗粒粒径又有增大趋势，会不会沉积？③ 催化剂与煤颗粒密度差大，如催化剂为黄铁矿能否悬浮？④ 气流分布板是否会堵塞？⑤ 三相滞留量、流速、轴向和径向扩散系数的控制和优化；⑥ 循环泵耐用性等。对这些问题还须进一步深入研究。

总结以上得出悬浮床的优点如下：① 气含率低，从而增加了液相停留时间；② 液体循环量大，从而使反应器温度分布均匀，不需注冷氢；③ 液相速度高于鼓泡床反应器，正常时不会发生固体颗粒的沉积。

其缺点是：循环泵操作条件苛刻，设备昂贵，容易抽空。

3．环流床反应器

当前开发液化反应器的一个热点是研究内循环浆态反应器。但由于油煤浆的密度差相对较大，煤中矿物质和未转化的煤密度远大于液化溶剂油，一般的内循环反应器因循环动力不够，难以避免反应器内固体颗粒沉降。增加加氢反应能力，是煤液化新型反应器开发的重点，也是现代煤炭直接液化技术所要研究的关键技术之一。

环流床反应器内部有导流筒，利用气体在导流筒内上升的浮力，使液体形成上下有规律的循环，也是全返混模式。

环流床反应器的优点是：① 液体线速度达到 0.1～0.2 m/s，大于强制循环悬浮床，避免固体颗粒的沉积；② 气含率略高于鼓泡床，有利于传质；③ 不需要注冷氢；④ 省去高温高压循环泵；⑤ 内部构件比强制循环简单。

图 6-13　内循环反应器结构示意图

其缺点是：含气率高，反应器容积利用率降低。

内循环反应器的结构如图 6-13 所示。

（三）反应器的运行及故障

在反应器的运行过程中，要注意反应器的热平衡和温度控制。

煤液化的反应是强放热反应，直接液化的反应热一般在 46～54 kJ/molH_2（消耗的 H_2）之间。根据反应空速和转化率计算，液化反应器的放热强度一般在 350～500 MJ/(m^3 · h)。为了把反应温度控制在工艺要求的温度，必须把反应热及时、有效地传递出反应系统，有多种可供选择的传出反应热的方式。直接液化反应器一般采用向反应器内注入冷氢或冷油的方法来控制温度，虽然冷氢的吸热量是有限的，但注入氢气后扩大了气体流量，使更多的液化油轻组分蒸发而吸热。强制循环的反应器（如美国的 HTI 反应器）内液体流速大大增加，提高了反应器内上下液体的返混和传热速率，使反应器的温度分布十分均匀，上下温差不到 2 ℃，而反应热的移出采用降低进口物料温度的方法来实现。这种反应器不但简化了温度控制系统，而且充分利用了反应热，降低了进料煤浆加热炉的热负荷。

煤炭直接液化反应器在运行过程中，温度控制是十分重要的环节。由于是强放热反应，如果反应热没有及时移出，温度会不断上升，这种温度急剧上升的现象称为飞温。这样的恶性循环很可能使温度上升到高压容器耐压钢材强度极限以上的危险程度，甚至引发非常重大的恶性事故。所以，在反应器温度控制的设计和运行过程中要采取多种措施，绝对避免飞温现象的发生，万不得已时必须紧急放空泄压。

煤液化反应器内，煤中矿物质会发生积聚现象。长大后的颗粒会沉积在反应器下部，并积聚越来越多，引起的后果是减少了反应器的有效空间，严重时甚至会造成反应器底部的阻塞。为了防止这种现象的发生，最简单而有效的措施是从反应器底部定期排出少量煤浆，根据相关计算，排出量只要维持进料量的 0.005 5%，即可防止矿物质大颗粒的沉积现象。

二、高温气体分离器

反应产物和循环气的混合物，从反应塔出来，进入高温气体分离器。在高温气体分离器中气态和蒸气态的碳氢化合物与由未反应的固体煤炭、灰分和固体催化剂组成的固体物和凝缩液体分开。在高温气体分离器中，分离过程是在高温（约 455 ℃）下进行的。气体和蒸汽从设备的顶端引出，聚集在分离器底部（锥形部分）的液体和残渣进入残渣冷却器。为了防止在液体出来和排除残渣时漏气，在分离器底部自动地维持一定的液面。最常用的高温分离器结构如图 6-14 所示。分离器的主要零件是高压筒、顶盖和底盖、保护套（接触管）、产品引入管、底部保温斗、冷却系统和液面测量系统。

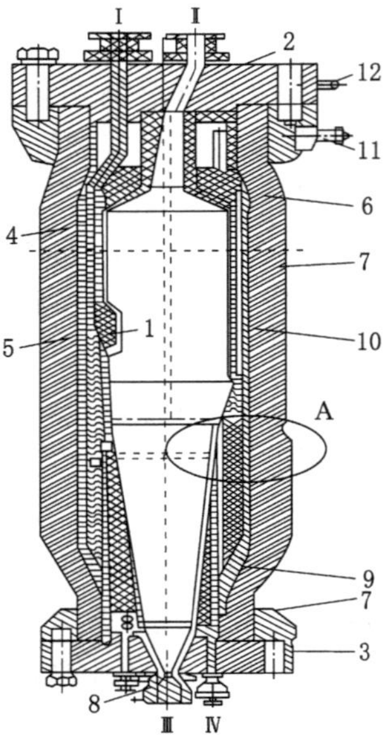

1—高温气体分离筒；2—顶盖；3—底管；4—产品引入管；5—分配总管；6—顶部蛇管；7—底部蛇管；8—双蛇管冷却器；9—底部锥形保温斗；10—保护套管；11—筒体安装用吊轴；12—顶盖安装用吊轴；Ⅰ—产品入口；Ⅱ—气体、蒸气混合物出口；Ⅲ—残渣出口；Ⅳ—冷气入口。

图 6-14 高温分离器

气体分离器中分离的同时还进行着各种化学过程，其中包括影响设备操作的结焦过程。结焦是在氢气不足、温度很高以及液体和残渣长时间停留在气体分离器底部的情况下进行的。由于分离器底部焦沉淀，分离器的溶剂减少，以至难于维持规定的液面和堵塞残渣的出口。在这种情况下，应立即将设备和系统分开。

因为随着温度的降低，结焦的危险性就减少，所以在高温分离器中，温度应保持比反应塔中温度低 15～20 ℃。

高温分离器中的反应产物通过冷却蛇管的冷氢来冷却。在某些结构的分离器中，将冷气直接打入分离器的底部来进行冷却。然而，应该指出，由高温分离器出来的气体和蒸汽的温度降得很低，降低了换热器中热量回收的效率，在有些情况下会降低装置的生产能力。

三、高压煤浆泵

高压煤浆泵的作用是把煤浆从常压送入高压系统内，除了有压力要求外，还必须达到所要求的流量。煤浆泵一般选用往复式高压柱塞泵，小流量可用单柱塞或双柱塞，大流量情况下要用多柱塞并联。柱塞材料必须选用高硬度的耐磨材料，还可以向柱塞根部注入少量密封油（通常用循环溶剂）的方式将煤浆与柱塞隔开，避免煤浆对柱塞的磨损。

高压煤浆泵的进出口煤浆止逆阀一般采用两个串联的圆球止逆阀结构，材料与结构必须适应煤浆中固体颗粒的沉积和磨损。

四、煤浆加热炉

煤浆加热炉的作用是在煤浆进反应器前，把煤浆加热到接近反应温度，使煤浆在加热炉内升温达到 300 ℃左右。小型装置的加热方式采用电加热炉，大型装置采用燃气加热炉。

煤浆在升温过程中的黏度变化很大，图 6-15 是美国肯塔基煤用 SRC-I 溶剂配成不同浓度的煤浆在升温过程中的黏度测定曲线。图中黏度曲线可分为四个阶段：① 423 K 前，随温度升高，煤浆黏度不断降低，这个阶段煤浆黏度的对数与温度的倒数成正比；② 约在 423～523 ℃之间，煤浆黏度呈平缓趋势或缓慢上升；③ 约在 523～583 K 之间，煤浆黏度突然上升到一个新高度；④ 温度高于 583 K 以后，黏度曲线又急剧下降到相当低的水平。随着煤浆浓度的提高，煤浆黏度的变化曲线更趋于剧烈，此现象说明煤浆黏度的升高是由煤的特性引起的。煤浆黏度在第二、第三阶段上升的原因可以解释为煤的颗粒在此温度下发生了膨胀、塑化而使煤浆成为胶体状，随着温度的进一步提高，煤的颗粒发生了分解，产生的自由基分散在溶剂中，并被溶剂供氢，所以黏度又很快下降到低值。

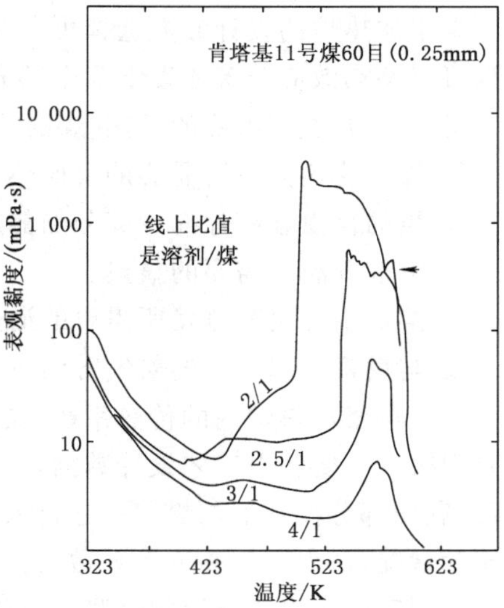

图 6-15 美国肯塔基煤不同煤浆浓度的温度-表观黏度曲线

煤种不同，其煤浆黏度-温度曲线也不同，图 6-16 是美国怀俄达克煤和伊利诺斯烟煤的黏度-温度曲线，从图中可以看出褐煤的煤浆黏度曲线没有呈现上升的特征，而烟煤煤浆黏度在一定的温度范围内会上升而出现一个峰值。

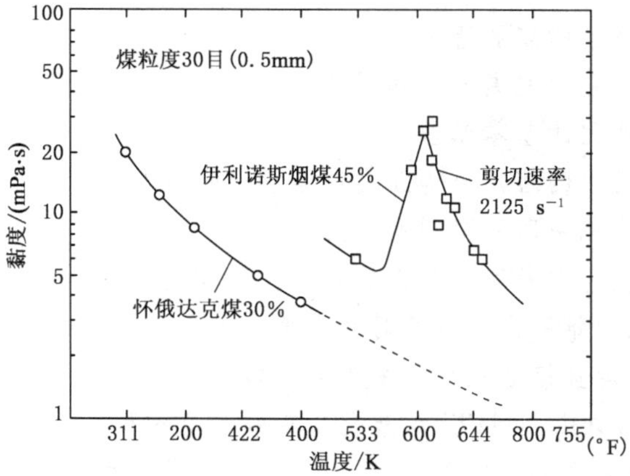

图 6-16 不同煤种的煤浆黏度-温度曲线

对煤浆加热炉来说,在煤浆的高黏度阶段传热系数有较大幅度降低,如果此时传热强度过高(即炉壁温度过高)会造成煤浆在炉管内壁处局部温度过高而结焦,这是煤浆加热炉设计和运行中必须注意的问题。解决的办法除了传热强度不宜过高外,煤浆在管内的流动状态必须是湍流。对大规模的生产装置,煤浆加热炉的炉管需要并联,此时,为了保证每一支路中的流量一致,最好每一路炉管配一台高压煤浆泵。还有一种解决预热器结焦堵塞的办法是取消单独的预热器,煤浆仅通过高压换热器升温至340 ℃左右后直接进入反应器,根据日本NEDO经验,可以使煤浆加热炉的热负荷降至原来的40%。如果采用HTI工艺的强制循环反应器,甚至可以省去煤浆加热炉,把煤浆换热到340 ℃左右后直接进入反应器,靠加氢反应放热和对循环气体加热,使煤浆在反应器内升至反应所需温度。

煤浆加热炉的设计参数选择可参照石油炼制加热炉的设计经验。煤浆加热炉的热负荷计算可以将热效应分解成以下几个部分:

① 煤粉升温所需要的显热[煤的比热值,参考值1.7 kJ/(kg·℃)]。

② 煤粉受热分解所需要的反应热(吸热,参考值550~580 kJ/kg)。

③ 煤的自由基碎片有少部分加氢放出的反应热。

④ 溶剂升温所需要的显热。

⑤ 溶剂中轻组分蒸发所需要的潜热。

⑥ 与煤浆一起进入的氢气升温所需的显热。

关于煤浆加热炉内的传热系数,文献的报道根据都是对应某种特定煤种和特定工况,数据差别很大。要获得工艺设计数据,只有通过PP装置试验实际测得。不过,为了提高传热系数,利用部分循环氢与煤浆一起进入加热炉是必要的,这样一方面提高了流动速度,改善了流动状况,从而可提高流动系数;另一方面使溶剂中有溶解氢,有利于对煤的自由基供氢。

大型工业化生产装置的煤浆加热炉总热负荷高达20 MW以上,为了缩短加热炉的长度和减少压降,在低温段需要高的传热强度,但在高温段为了防止结焦,又必须严格控制传热强度。加热炉管的布置最好采用垂直U形排列,以防止水平排列管中发生气液分层问题。

复 习 题

1. 简述煤制油对我国的重要意义。
2. 简述煤炭直接液化的发展历程和现状。
3. 说明煤炭直接液化的基本原理。
4. 煤炭加氢液化所用的溶剂分哪几类?各有何特点?
5. 简述煤炭直接液化中所用溶剂的作用。
6. 简述煤炭直接液化中所用催化剂的种类及其作用。
7. 分析反应温度、初始压力和时间对煤炭直接液化过程的影响。
8. 从原理上讲,煤炭直接液化过程主要包括哪些单元?
9. 简述IGOR、NEDOL和HTI煤液化工艺的主要过程。
10. 分析煤液化粗油主要含有哪些成分,为什么要进行加工提质?
11. 简述日本和我国煤液化粗油提质加工的主要工艺过程。

12. 思考煤液化残渣的主要应用途径。

参考文献

[1] 付长亮，张爱民．现代煤化工生产技术[M]．北京：化学工业出版社，2009.

[2] 高晋生，张德祥．煤液化技术[M]．北京：化学工业出版社，2005.

[3] 郭树才．煤化工工艺学[M]．2 版．北京：化学工业出版社，2006.

[4] 舒歌平．煤炭液化技术[M]．北京：煤炭工业出版社，2003.

[5] 王力．煤与废塑料共液化处理及其氢转移的示踪研究[D]．北京：煤炭科学研究总院，2000.

[6] 魏贤勇．煤液化化学[M]．北京：科学出版社，2002.

[7] 曾蒲君，王承宪．煤基合成燃料工艺学[M]．徐州：中国矿业大学出版社，1993.

第七章　煤炭间接液化技术

第一节　煤炭间接液化技术概述

一、煤炭间接液化发展历史概况

所谓间接液化是相对于被称为直接液化的煤高压加氢路线而言的，是指先将煤气化制成合成气，然后通过催化合成，得到以液态烃为主要产品的技术。1923 年，F. Fischer 和 H. Tropsch 用 $CO+H_2$ 合成气在铁系催化剂上合成含烃类油较多的产品，后来称为费托(F-T)合成法。这是合成石油工业的开始，也是煤炭间接制取烃类油的一种方法。

F-T 合成的基本原料为合成气，即 CO 和 H_2。F-T 合成工艺中合成气来源主要有煤、天然气和生物质。以煤为原料，通过加入气化剂，在高温条件下将煤在气化炉中气化，然后制成合成气(H_2+CO)，接着通过催化剂作用将合成气转化成烃类燃料、醇类燃料和化学品的过程便是煤的间接液化技术。

早在 20 世纪 20 年代，德国就开始了煤的间接液化技术研究，并于 1936 年首先建成工业规模的合成油厂。该厂采用常压钴基催化剂气相固定床合成，生产发动机燃料。以后又开发了中压(0.5～2 MPa)钴基催化剂合成和中压(1～3 MPa)铁基催化剂合成，到 1939 年德国已建成 9 座 F-T 合成油厂，生产能力达 75 万 t/a。与此同时，日本、中国、美国等也相继建成了 F-T 合成油厂。到 20 世纪 50 年代，世界上已有 18 个合成油工厂，总生产能力约 100 万 t/a。

第二次世界大战之后，由于石油的迅速兴起，煤炭间接液化技术一度处于停滞状态。20 世纪 50 年代，南非由于当时特殊的国际政治环境和本国的资源条件，决定采用煤炭间接液化技术解决本国油品供应问题，于 1950 年成立南非煤油气公司，由于地处 Sasolburg，故称为 Sasol 公司。Sasolburg 矿区的煤为高挥发分高灰分劣质煤，更适合于间接液化对煤种的要求。故该公司分别与鲁奇、鲁尔化学和凯洛克三家公司合作，用他们的煤气化(鲁奇炉)、煤气净化(鲁奇低温甲醇洗)和合成技术(鲁尔化学固定床和凯洛克气流床)于 1955 年建成 Sasol 工厂，规模为 3×10^5 t/a。1973 年西方石油危机后，该公司于 1980 年和 1982 年又先后建成 SasolⅡ厂和 SasolⅢ厂。目前在南非商业化运行的煤间接液化厂年处理煤炭总计达 4 590 万 t，主要产品为汽油、柴油、蜡、氨、乙烯、丙烯、聚合物、醇、醛、酮等 113 种，总产量达 760 万 t，其中油品占 60% 左右，保证了全南非 28%的汽油、柴油供给量。2000 年 Sasol 与卡塔尔石油总公司(QGPC)和 Phillips 合资建厂，规模为 140 万 t/a。壳牌(Shell)公司多年致力于工业化 F-T 合成油技术，1993 年 Shell 在马来西亚民都鲁市(Bintulu)建成 50 万 t/a

合成油工业化装置。另外，Syntroleum 公司和 Exxon 公司也建设了不同规模 F-T 合成油装置。

我国由于能源结构的特殊性，对煤间接液化十分重视。我国在 20 世纪 50～60 年代初曾在锦州运行过规模为 5 万 t/a 装置。20 世纪 80 年代，中国科学院山西煤化所开发出了固定床两段法合成(简称 MFT)工艺和浆态床-固定床两段合成(简称 SMFT)工艺，先后完成了 MFT 工艺的小试、模试、中间试验、工业性试验及 SMFT 工艺的模试，另外也进行了两类合成催化剂的长周期运行试验，为我国煤炭间接液化技术的进一步开发奠定了良好的技术基础和人才基础。经过多年的不懈努力，我国煤炭间接液化技术已进入商业化发展阶段。上海兖矿能源科技研发有限公司从 2002 年起开展煤炭间接液化技术的研发工作，成功开发了三相浆态床低温费托合成和高温固定流化床费托合成技术。中科合成油技术股份有限公司开发了高温浆态床费托合成和油品加工成套技术，形成了"基础研究—工程化技术研发—工程设计—催化剂生产—特种专用设备加工制造"的一体化技术研发和产业化支撑体系；采用中科合成油技术建成投产的世界单套规模最大的神华宁煤 400 万 t/a 煤炭间接液化制油工业示范装置于 2016 年 12 月 21 日成功投产，2017 年 12 月 17 日全线实现满负荷稳定运行，标志着我国在能源战略技术储备方面迈出了实质性步伐。截至 2018 年年底，我国已经建成 7 个煤炭间接液化项目，总产能达到 770 万 t/a，目前示范项目均实现了长周期的稳定运行。随着这些示范工程的成功运行，我国煤制油技术工艺得到了进一步的验证。目前，国家能源投资集团有限责任公司已将发展目标明确为"重点建设、发展新疆能源基地和以新疆为支点的神华煤制油化工体系，打造千万吨级煤制油化工基地"。中科合成油技术股份有限公司及其合作伙伴也在新疆伊犁、准东和吐哈地区开展多个百万吨级煤制油项目产业化示范。

二、煤基 F-T 合成单元过程

煤基 F-T 合成流程框图见图 7-1。煤或焦炭气化生成粗合成气，通过煤气净化脱出硫、CO_2 并调整合成气比，合成气经过 F-T 合成反应生成产物，分离和精制得到各种产品。F-T 合成除了能获得汽油主要产品外，还能合成一些重要的基本有机化学品，例如乙烯、丙烯、乙醇、丙酮等含氧化合物。

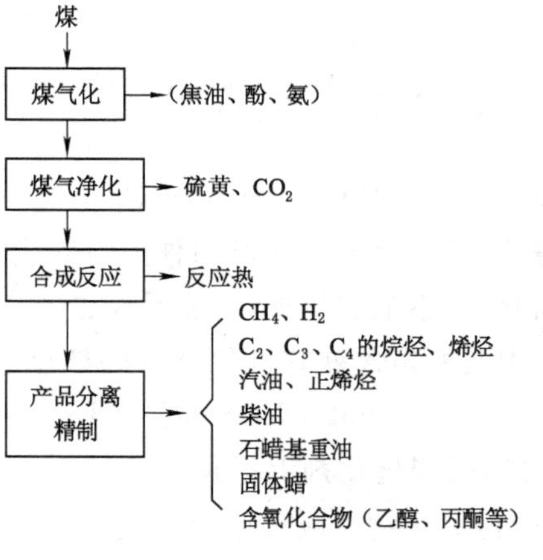

图 7-1 煤基 F-T 合成流程框图

第二节 F-T 合成基本原理

一、F-T 合成反应

F-T 合成反应是 CO 和 H_2 在催化剂的作用下，生成以烃类产品为主的复杂反应体系，实质就是一个 CO 加氢和碳链增长的反应过程。在 F-T 合成反应中，由于煤制合成气占产品总成本的 60%～80%，F-T 合成的具有经济性的烃类产品，必须是高产率的合成烃类。而只有当原料气 H_2/CO 的组成比等于消耗比时，才能获得产品的高产率。因此，有必要了解主要反应和次要反应的化学计量关系。F-T 合成反应条件一般选择在压力 0.5～3.0 MPa、温度 200～350 ℃的范围内，在这样的条件下，F-T 合成反应可表示为：

烷烃生成反应

$$nCO+(2n+1)H_2 \longrightarrow C_nH_{2n+2}+nH_2O \tag{7-1}$$

烯烃生成反应

$$nCO+2nH_2 \longrightarrow C_nH_{2n}+nH_2O \tag{7-2}$$

醇类生成反应

$$nCO+2nH_2 \longrightarrow C_nH_{2n+1}OH+(n-1)H_2O \tag{7-3}$$

酸类生成反应

$$nCO+(2n-2)H_2 \longrightarrow C_nH_{2n}O_2+(n-2)H_2O \tag{7-4}$$

醛类生成反应

$$(n+1)CO+(2n+1)H_2 \longrightarrow C_nH_{2n+1}CHO+nH_2O \tag{7-5}$$

酮类生成反应

$$(n+1)CO+(2n+1)H_2 \longrightarrow C_nH_{2n+1}CHO+nH_2O \tag{7-6}$$

酯类生成反应

$$nCO+(2n-2)H_2 \longrightarrow C_nH_{2n}O_2+(n-2)H_2O \tag{7-7}$$

变换反应(WGS)

$$CO+H_2O \rightleftharpoons CO_2+H_2 \tag{7-8}$$

积碳反应

$$CO+H_2 \longrightarrow H_2O+C \tag{7-9}$$

歧化反应

$$2CO \longrightarrow CO_2+C \tag{7-10}$$

由以上反应形式不难看出，F-T 合成反应产物种类与数量繁多，是一个非常复杂的反应体系，除了 CO 加氢生成饱和烃和不饱和烃外，合成反应也能生成含氧化合物，如式(7-3)～式(7-7)为生成醇类、酸、醛、酮及酯等含氧有机化合物的副反应。另外，在 F-T 合成体系中还伴随有水煤气变换反应(water gas shift，WGS)，它对 F-T 合成具有一定的调节作用。式(7-9)是积碳反应，析出游离碳，引起催化剂上积碳。式(7-10)是一氧化碳歧化反应。

在实际应用中，由于副产物氧化物生成反应、积碳反应以及歧化反应等反应程度较低，同时，反应生成的烃类产物的平均碳原子数较大，因此，可将 F-T 合成反应简化为以下两个基本的反应式：

第一个基本反应式

$$CO + 2H_2 \longrightarrow (—CH_2—) + H_2O \quad \Delta H_{r(500\ K)} = -165\ kJ/mol \tag{7-11}$$

第二个基本反应是水煤气变换反应，它对合成反应具有一定的调节作用。

$$CO + H_2O \longrightarrow H_2 + CO_2 \quad \Delta H_{r(500\ K)} = -39.8\ kJ/mol \tag{7-12}$$

反应式(7-11)是用钴催化剂时的反应，而用铁催化剂时，考虑水煤气变换反应，其总反应式为：

$$2CO + H_2 \longrightarrow (—CH_2—) + CO_2 \quad \Delta H_{r(500\ K)} = -204.7\ kJ/mol \tag{7-13}$$

二、F-T 合成反应热力学

（一）合成反应热

在 F-T 合成反应条件下发生各种各样的放热反应，反应中放出大量的热，每立方米合成气转化时大约放出 2 500 kJ 的热量。如此多的热量若不及时从反应区移出，足以将反应气体加热至 1 500 ℃以上，所以 F-T 合成反应器必须具备良好的散热条件，以防止整体和局部过热。催化剂一旦过热，就会发生积碳和烧结，大大降低其反应活性甚至完全失活，同时产物组成发生变化。合成反应的热效应 ΔH 可以从产物与反应物生成热或燃烧热之差计算求得，也可根据下式求得：

$$\frac{d\ln K}{dT} = \frac{\Delta H}{RT^2} \tag{7-14}$$

CO 和 H_2 生成烃类和水的反应热列于表 7-1。由表 7-1 可见，同碳数不同烃类的反应热大小呈现的顺序为烷烃＞环烷烃＞烯烃＞芳香烃。反应热随温度的变化很小，这与实际合成反应体系中观察到的热效应是一致的。随碳数增加，不同烃类之间的反应热趋于接近。

表 7-1　CO 和 H_2 生成烃类的反应热

名称	化学式	反应热/(kJ/mol)		
		400 K	500 K	600 K
甲烷	CH_4	−210.7	−214.6	−220.5
乙烷	C_2H_6	−335.1	−361.5	−370.6
丙烷	C_3H_8	−508.5	−517.0	−528.8
正丁烷	C_4H_{10}	−663.6	−673.8	−688.2
正己烷	C_6H_{14}	−973.7	−988.4	−1 008.2
正辛烷	C_8H_{18}	−1 282.9	−1 301.8	−1 326.9
正癸烷	$C_{10}H_{22}$	−1 592.1	−1 615.2	−1 645.5
乙烯	C_2H_4	−216.2	−221.0	−227.9
丙烯	C_3H_6	−382.5	−389.7	−400.0
丁烯	C_4H_8	−535.5	−544.5	−556.8
1-己烯	C_6H_{12}	−846.2	−859.3	−877.0
1-辛烯	C_8H_{16}	−1 155.6	−1 160.2	−1 195.8
1-癸烯	$C_{10}H_{20}$	−1 464.6	−1 487.5	−1 514.3

表 7-1(续)

名称	化学式	反应热/(kJ/mol)		
		400 K	500 K	600 K
环己烷	C_6H_{10}	−920.7	−945.4	−964.0
苯	C_6H_6	−718.8	−729.5	−743.8
碳	C	−132.7	−133.8	−135.2

另外，三种醇类化合物的反应热列于表 7-2。由表 7-2 可见，生成醇类的反应热随其中碳原子数的增加而增加，即高碳醇的反应热大于低碳醇的反应热，与同样碳原子数的烷烃相比，醇类的反应热要低很多。

表 7-2　CO 和 H_2 生成醇类化合物的反应热

醇类	$\Delta H/(\mathrm{kJ/mol})$	$(\Delta H/n)/(\mathrm{kJ/mol})$
甲醇	−100.0	−100.0
乙醇	−246.4	−123.2
1-丙醇	−410.0	−136.7

（二）反应的吉布斯自由能

F-T 合成反应中包含许多平行反应和顺序反应，相互竞争又相互依存。根据某一温度下吉布斯自由能的变化，可以判断该温度是否对反应有利。依据式(7-15)可以判断这些反应能否进行和进行到何种程度。

$$-\Delta G = RT\ln K_p \tag{7-15}$$

式中　ΔG——反应标准自由能，kJ/mol；

K_p——反应平衡常数。

$\Delta G<0$ 表示反应能向右进行，ΔG 为负值时其绝对值越大，反应越易进行；$\Delta G>0$ 表示反应不能向右进行；$\Delta G=0$，反应平衡常数为 1。此时的温度 T 为反应能向右进行的最高温度。

F-T 合成反应体系中生成不同产物反应的吉布斯自由能随温度的变化如表 7-3 所示。

表 7-3　F-T 合成若干重要反应的标准吉布斯自由能 ΔG①

反应		$\Delta G_0/(\mathrm{kJ/mol})$			$\Delta G_2/(\mathrm{kJ/mol})$	T_1/K	
		423 K	523 K	623 K	623 K	0.1 MPa	2.0 MPa
1	$CO+2H_2 \rightarrow CH_2+H_2O$	−53	−26	+1.5	−33	619	779
2	$4CO+9H_2 \rightarrow C_4H_{10}+4H_2O$	−268	−171	−77	−201	701	895
3	$3CO+7H_2 \rightarrow C_3H_8+3H_2O$	−215	−146	−79	−169	738	933
4	$CO+3H_2 \rightarrow CH_4+H_2O$	−115	−91	−71	−103	909	1153
5	$0.25C_4H_{10} \rightarrow C+1.25H_2$	−8	−17	−27	−12	343	458
6	$2CO \rightarrow C+CO_2$	−98	−80	−62	−78	973	1 143

表 7-3(续)

反　应		ΔG_0/(kJ/mol)			ΔG_2/(kJ/mol)	T_1/K	
		423 K	523 K	623 K	623 K	0.1 MPa	2.0 MPa
7	$CO+2H_2 \rightarrow 0.5C_2H_4+H_2O$	−37	−18	−2.5	−26	637	811
8	$C_2H_4+H_2 \rightarrow C_2H_6$	−85	−73	−60	−76	1083	1373
9	$C_2H_5OH \rightarrow C_2H_4+H_2O$	−9	−24	−35	−19	370	448
10	$CH_3CHO+H_2 \rightarrow C_2H_5OH$	−21	−9	+3	−13	598	753

注：① ΔG_0 为 0.1 MPa 压力下，ΔG_2 为 0.2 MPa 压力下，T_1 为 $\Delta G=0$ 时的温度。

从表 7-3 中数据可知，所有 F-T 合成反应的 ΔG 在较低温度下都小于零，均能够自发地进行，且能进行到较高的程度，说明反应在热力学上是可行的。温度升高，反应的 ΔG 绝对值呈减小趋势，从热力学角度看，升高温度对反应不利。另外，温度的改变对产物的分布也有影响，低温时，产物主要包括烷烃、烯烃、含氧化合物等，产物分布广；温度升高，对主要产物的生成均不利。

（三）反应的平衡常数

平衡常数是化学反应限度的量度，是温度的函数。平衡常数越大，反应推动力越大，反应进行得越完全。表 7-4 为由 CO 和 H_2 生成烃类和水若干反应的平衡常数，表 7-5 为主要副反应的反应平衡常数。图 7-2 为反应平衡常数与温度的关系，以 $\ln K_p$ 对温度 T 作图所得。

表 7-4　由 CO 和 H_2 生成烃类和水的反应平衡常数 $\ln K_p$

名称	分子式	$\ln K_p$					$K_p=1$ 时的温度/K
		400 K	500 K	600 K	700 K	900 K	
甲烷	CH_4	35.927	23.164	14.497	8.223	−0.267	893
乙烷	C_2H_6	50.908	29.369	14.776	4.225	−10.030	749
丙烷	C_3H_8	68.359	37.534	16.673	1.605	−18.704	713
丁烷	C_4H_{10}	86.305	46.125	18.946	−0.684	−27.092	696
正己烷	C_6H_{14}	121.966	62.990	0.113	−5.616	−44.286	678
正辛烷	C_8H_{18}	157.278	79.587	27.113	−10.742	−54.703	668
正癸烷	$C_{10}H_{22}$	192.581	96.179	31.083	−15.658	−78.940	663
乙烯	C_2H_4	24.398	11.174	2.240	−4.244	−13.021	631
丙烯	C_3H_6	46.445	23.222	7.483	−3.907	−19.291	662
丁烯-1	C_4H_8	63.950	31.469	9.500	−6.371	−27.758	656
己烯-1	C_5H_{10}	99.941	48.656	14.000	−11.011	−44.663	652
辛烯-1	C_8H_{16}	135.249	67.558	17.979	−16.132	−61.990	649
癸烯-1	$C_{10}H_{20}$	170.589	81.850	21.944	−21.255	−79.322	646
乙炔	C_2H_2	−14.541	−16.956	−18.658	−19.931	−21.704	—
苯	C_6H_6	95.675	52.140	22.733	1.515	−27.028	708
环己烷	C_6H_{10}	113.729	57.341	19.215	−8.289	−45.250	666
碳	C	23.286	15.388	9.892	6.028	0.857	944

表 7-5 F-T 合成反应中副反应的反应平衡常数 ln K_p

名称	分子式	ln K_p					$K_p=1$ 时的温度/K
		373 K	473 K	573 K	673 K	773 K	
甲醇	CH_4O	6.76	−0.62	−5.56	−9.12	−11.79	916
乙醇	C_2H_6O	27.4	9.43	−2.49	−11.00	−17.37	789
乙酸	$C_2H_6O_2$	22.93	8.12	−1.64	−11.00	−17.37	756
丙酸	$C_3H_6O_2$	43.56	18.17	1.43	−12.88	−22.95	741
乙醛	C_2H_4O	26.76	5.14	−17.33	−32.32	−40.50	726
丙酮	C_3H_6O	57.98	28.76	−1.34	−21.26	−32.09	717
乙酸乙酯	$CH_3COOC_2H_5$	50.73	21.96	−7.49	−26.89	−37.40	712
$CO+H_2$	—	8.11	5.35	3.58	2.37	1.50	702
$C+H_2O$	—	26.20	17.10	11.10	6.84	3.64	722
CO_2+C	—	34.46	22.62	14.91	9.50	5.50	714

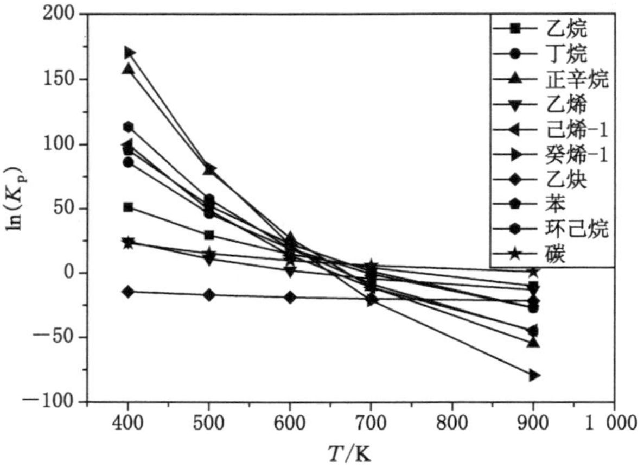

图 7-2 CO 和 H_2 生成烃类和水的反应平衡常数与温度的关系

由表 7-4 和图 7-2 可以看出，反应平衡常数随着反应温度的升高而减小，高温不利于反应的进行。在较低温度下，生成烃类的反应平衡常数的数量级都非常大，反应进行得非常完全，且随着碳原子数的增加，反应平衡常数增大，反应在热力学上都能够自发进行，是不可逆反应。从烃类化合物类型讲，烷烃最易生成，其次是烯烃、双烯烃、环烷烃和芳烃。温度升高，对主要产物的生成均不利，尤其是多碳烃类和醇类。相比较，温度高有利于烷烃特别是低碳烷烃的生成，温度低有利于不饱和烃和含氧化合物的生成。

综上所述，可以根据实际的需求控制反应温度来得到所需要的烃类产品，同时可以开发具有高选择性的 F-T 合成催化剂，从动力学角度尽量抑制副反应的发生。由于温度较低时，反应在动力学上不利，温度较高时，反应在热力学上不利，因此 F-T 合成烃类产品应考虑热力学和动力学两方面的因素，选择适当的反应温度。

（四）二次反应的热力学

在 F-T 合成中产物的二次反应也是很复杂的，有烃类自身的裂解和异构等反应，也有不同烃类产物之间的反应，如烷烃和烯烃之间的反应。另外还有产物与 CO 和 H_2 的反应等。这些反应均为 F-T 合成主反应的热力学竞争反应。现选择几类重要反应介绍。

1. 烃类的裂解和异构化反应

不管是烷烃还是烯烃在一定温度下都能裂解生成碳和氢，温度高于 200 ℃时只有甲烷比较稳定，而在 500 ℃以上甲烷也不稳定。因此，烃类一旦生成，不宜在高温下长时间停留。异构化反应属于常见反应，现以戊烷和戊烯为例将有关异构化反应的平衡常数列于表 7-6。由表 7-6 可知，不管戊烷还是戊烯，异构化的反应概率均不高；温度升高对异构化反应不利，所以 F-T 合成反应产物正构烃占绝对优势。

表 7-6　戊烷和戊烯的异构化反应平衡常数

烃类	$\ln(K_p)$*		
	400 K	500 K	600 K
戊烷的异构化体			
2-甲基丁烷	1.76	1.29	0.95
2,2-二甲基丙烷	0.84	−0.32	−1.08
戊烯的异构化体			
2-顺戊烯	1.93	1.37	0.98
2-反戊烯	2.60	1.92	1.45
2-甲基-1-丁烯	3.94	2.98	2.34
3-甲基-1-丁烯	0.68	0.28	0.11
2-甲基-2-丁烯	5.38	3.98	3.03

* K_p 的量纲为 1

2. 烃类之间的反应

烃类相互反应生成多碳烃的反应平衡常数列于表 7-7。从表中可以看出，烃类和甲烷作用生成碳数增加 1 的烷烃实际上是不可能进行的，而烷烃临氢裂化生成甲烷和碳数少的烷烃在热力学上是完全可能的；在热力学上，在较低温度下烷烃与烯烃或烯烃与烯烃产生分子量和碳数增加的烷烃和烯烃是有可能的。

表 7-7　烃类之间反应的平衡常数

反应	$\ln(K_p)$①			$K_p=1$ 时的温度/K
	300 K	500 K	700 K	
$CH_4+C_2H_4 \rightarrow C_3H_8$	16.26	3.19	−2.38	598
$CH_4+C_4H_8 \rightarrow C_5H_{12}$	11.70	0.02	−4.93	563
$CH_4+C_4H_{10} \rightarrow C_5H_{12}+H_2$	23.39	14.46	−10.62	600
$2C_2H_4 \rightarrow C_4H_8$	25.65	9.12	−2.12	794
$C_2H_4+C_4H_8 \rightarrow C_6H_{12}$	21.19	6.01	−0.04	683
$C_2H_6+C_2H_4 \rightarrow C_4H_{10}$	20.32	−5.58	−0.46	671
$C_8H_{18}+C_2H_4 \rightarrow C_{10}H_{22}$	20.34	5.42	−0.88	663

注①：K_p 的单位为 $MPa^{\sum \nu_i}$，其中 ν_i 为组分的化学计量数。

3. 低分子烃类与 CO 和 H_2 的反应

甲烷和乙烯等与 CO 和 H_2 反应生成不同碳数的烷烃和烯烃，从某种意义上相当于碳链的增长，其反应式如下：

$$xCH_4+(n-x)CO+(2n+1-3x)H_2 \longrightarrow C_nH_{2n+2}+(n-x)H_2O \qquad (7\text{-}16)$$

$$xCH_4+(2n-2x)CO+(n+1-2x)H_2 \longrightarrow C_nH_{2n+2}+(n-x)CO_2 \qquad (7\text{-}17)$$

$$yC_2H_4+(n-2y)CO+(2n+1-4y)H_2 \longrightarrow C_nH_{2n+2}+(n-2y)H_2O \qquad (7\text{-}18)$$

这些反应在 F-T 合成条件下是可能发生的。另外，在 F-T 合成反应中，催化剂在 CO 和 H_2 作用下也会发生氧化还原、生成碳化物和羰基化合物的竞争反应。对于这些副反应的热力学研究，有利于优化操作条件和尽可能抑制这些副反应。

三、F-T 合成反应机理

（一）H_2 和 CO 在催化剂表面的活性吸附

F-T 合成反应的第一步是反应物 H_2 和 CO 在催化剂表面的化学吸附。普遍认同的观点是：H_2 和 CO（主要是 CO）在催化剂的表面活性中心上的解离是 F-T 合成最基本的重要步骤。一般认为具有 3d 和 4f 键合能级的Ⅷ族过渡金属特别适合这一类化学吸附过程，因为这些金属有特殊的电子结构和性质，对 H_2 和 CO 有适当的亲和作用。

H_2 和 CO 在催化剂的表面活性中心上的解离基元步骤如下：

$$H_2+2M \rightleftharpoons 2HM$$

$$CO+M \rightleftharpoons COM$$

$$COM \rightleftharpoons CM+OM$$

$$CO+M \rightleftharpoons CM+OM$$

式中　M——催化剂的活性位（本章中若无特殊说明，均以 M 表示催化剂的活性位）。

（二）产物生成机理

阐明清楚反应机理是深入研究反应的引发、链的增长、产物分布和动力学规律的前提。F-T 合成反应机理比较复杂，因为在不同反应条件下，产物不同，并且产物也比较复杂，产品碳数分布较宽。关于 F-T 合成反应机理的研究，迄今为止尚未能有一个通用的机理模型足以预言和解释各种反应条件下的产物分布。这反映了 F-T 合成反应的复杂性，并非一个简单的机理模型所能描述。下面总结几种经典的 F-T 合成反应机理。

1. 表面碳化物机理

表面碳化物机理首先由 F. Fischer 和 H. Tropsch 提出。根据 Fe、Ni、Co 等金属单独和 CO 反应时都可生成各自的碳化物，而后者又能加氢转化为烃类的事实，认为当 CO 和 H_2 同时和催化剂接触时，CO 首先在催化剂表面吸附解离形成活性金属碳化物，后者经还原形成亚甲基（$-CH_2-$）中间体，然后聚合生成烯烃、烷烃产物（图 7-3）。这是最早提出的 F-T 合成反应机理，可以很好地描述直链烃类产物的生成，但其缺陷在于不能合理解释支链或含氧化合物的生成，同时不能解释 CO 生成表面碳化物的速率明显低于液态烃的生成速率的原因。

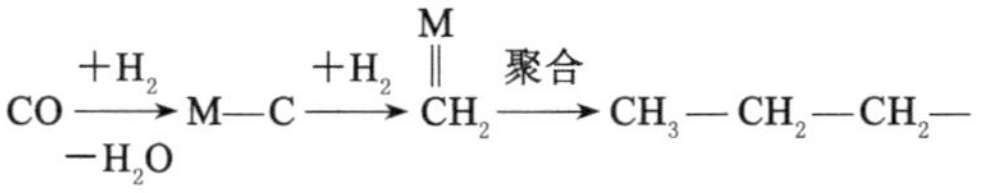

图 7-3　表面碳化物机理

不同催化剂作用下的反应历程不同，举例如下：

在 Co 催化剂上的反应历程主要为：

$$2Co+CO \longrightarrow CoC+CoO$$

$$CoO+H_2 \longrightarrow Co+H_2O$$

$$CoC+H_2 \longrightarrow Co+(—CH_2—)$$

$$n(—CH_2—) \longrightarrow C_nH_{2n} \xrightarrow{+H_2} C_nH_{2n+2}$$

在 Fe 催化剂上的反应历程主要为：

$$3Fe+4CO \longrightarrow Fe_3C_2+2CO_2$$

$$Fe_3C_2+H_2 \longrightarrow Fe_3C+(—CH_2—)$$

$$n(—CH_2—) \longrightarrow C_nH_{2n} \xrightarrow{+H_2} C_nH_{2n+2}$$

值得注意的是，金属 Ru 并不能形成稳定的碳化物，但它在 F-T 合成中却是非常有效的催化剂。

2. 烯醇机理

烯醇机理的提出是为了解释含氧化合物的生成原理，该机理认为在催化剂表面上 CO 和 H_2 同时进行化学吸附，CO 通过 C 吸附在金属上，使 C—O 键削弱，有利于与 H 反应。COM 和 HM 反应生成表面烯醇络合物 HOCHM，脱水后亚甲基生成 C—C 链，然后氢化，一个碳原子从催化剂表面释放，形成 C_2 络合物，以后再次脱水、氢化，从而实现了链增长。链终止是由于烷基化的羟基碳烯开裂生成醛或脱去羟基碳烯生成烯烃，而后再分别加氢生成醇或烷烃。然而，含氧中间体 HOCHM 缺乏直接的事实证明，目前无法检测出反应过程中在催化剂表面存在含氧中间体，还有待于进一步验证。具体反应历程见图 7-4。

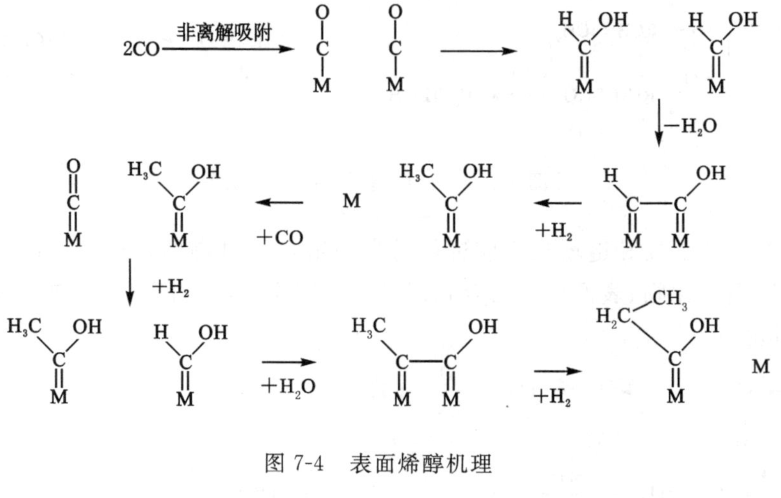

图 7-4　表面烯醇机理

3. 一氧化碳插入机理

该机理认为 CO 不断插入金属与氢或与烷基的化学吸附键之间，再进行加氢脱氧实现 C—C 键的形成与增长，具体反应历程见图 7-5。该机理清楚地解释了直链烃类的形成过程，还解释了含氧化合物是通过非完全氢化情况下的脱附所形成的，但是，这一机理的广泛应用还有待于对活性中间体羰基还原过程的进一步深入研究。

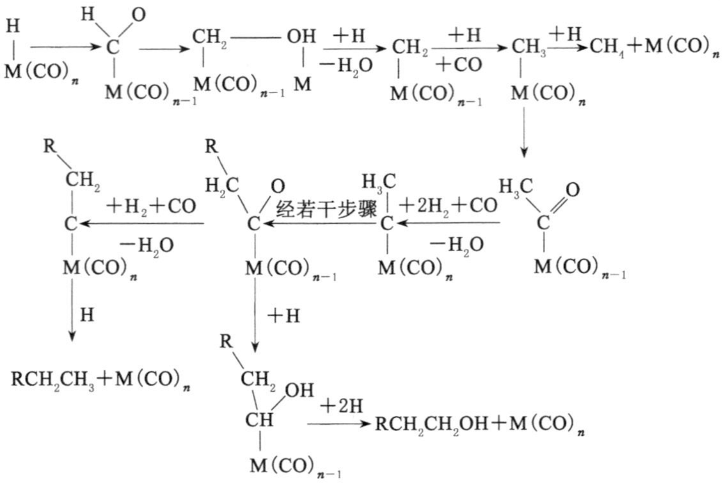

图 7-5 一氧化碳插入机理

4．综合机理

由于 F-T 合成产物的分布较广，生成许多不同链长和不同官能团的产物，而不同官能团意味着不同的反应途径和中间体，催化剂和操作条件的改变引起产物分布的变化说明了反应途径的多样性，合成过程一定包括链引发（CO 吸附和加氢）、碳链增长、碳链终止和产物脱附等阶段，其中链引发和链增长分别有六种和五种可能的形式，具体反应历程见图 7-6。

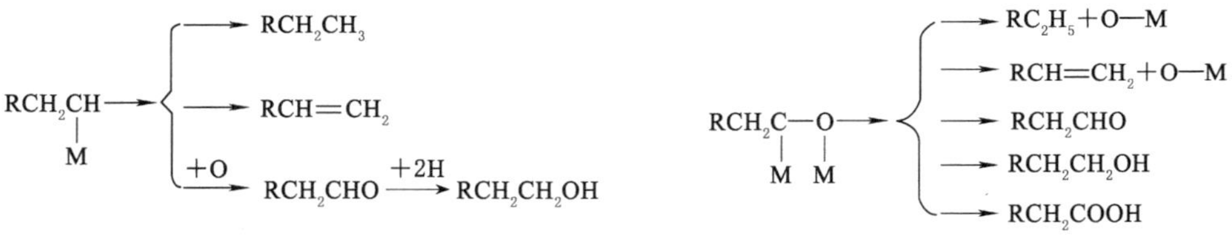

图 7-6 综合机理反应路径示意图

通过对各种链引发和链增长反应进行适当的组合可以得到各种不同的机理模式，该机理考虑到了表面碳化物、表面烯醇络合物以及 CO 的插入，相当全面，故被较多的人所认可。

① 链引发

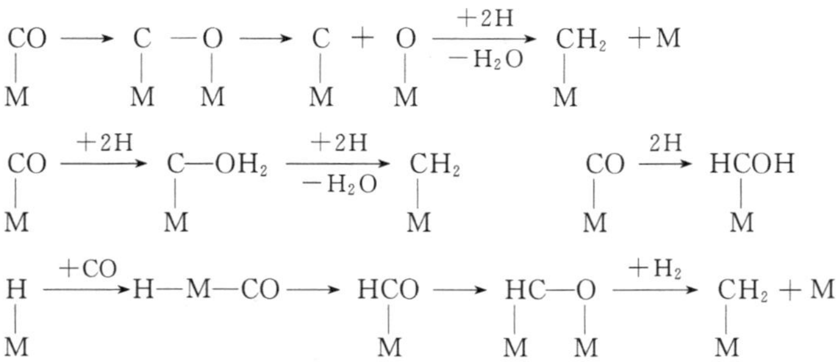

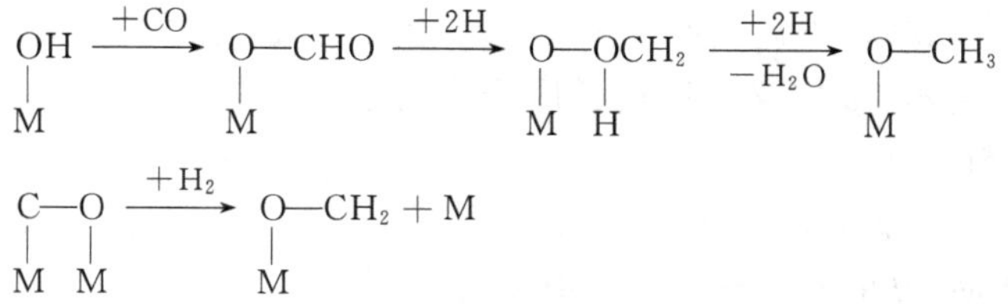

② 链增长

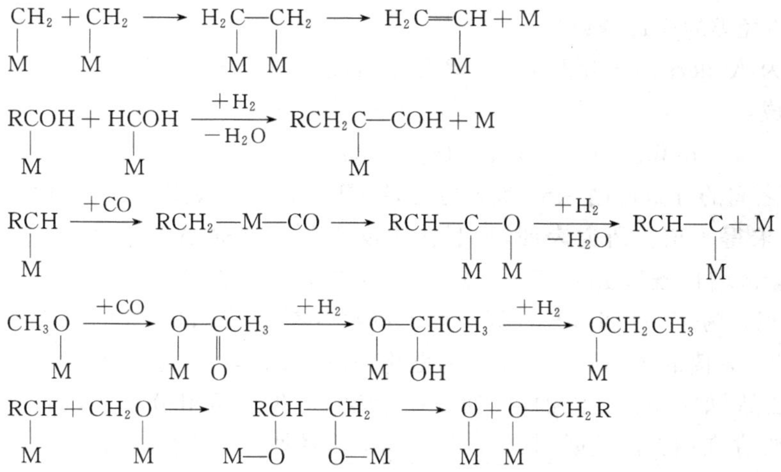

③ 链终止

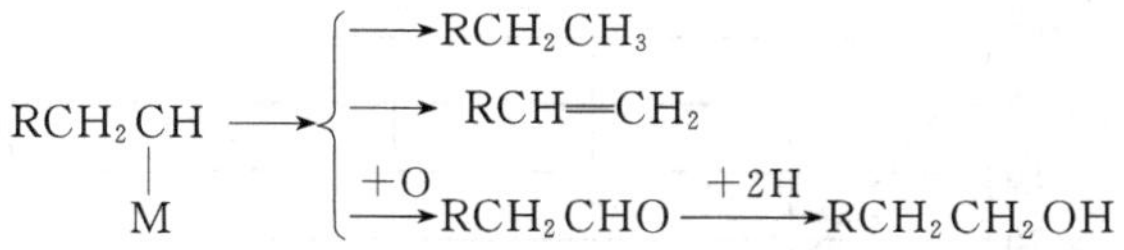

总结起来，关于 F-T 合成产物生成的机理不少于 10 多种，比如还有：烷基化机理、碳烯插入机理、环状金属配合物中间体机理、C_2 活性中间体机理等。由以上多种 F-T 合成反应机理来看，单一的反应机理不能较好地解释 F-T 合成的所有过程，可能是几种反应机理共同存在，只是在不同反应中占据主导位置的机理不一样。F-T 合成反应机理的研究是在提出、修正和完善中逐步发展起来的，可以相信，随着 F-T 合成反应的深入研究和先进实验技术的不断涌现，F-T 合成反应机理的研究还一定会有新的进展与突破。

四、F-T 合成产物分布

(一) F-T 合成产物的 ASF(Anderson-Schulz-Flory)分布模型

根据前面所述 F-T 反应合成机理，F-T 合成是碳一加成的链增长与链终止相竞争的聚合过程，可用式(7-19)概括描述：

$$\begin{array}{ccccccc} \xrightarrow{k_p} & A_n & \xrightarrow{k_p} & A_{n+1} & \xrightarrow{k_p} & A_{n+2} & \xrightarrow{k_p} \\ & \downarrow k_t & & \downarrow k_t & & \downarrow k_t & \\ & G_n & & G_{n+1} & & G_{n+2} & \end{array} \tag{7-19}$$

A_n为链增长中碳原子数为 n 的碳链；G_n为链终止生成碳原子数为 n 的烃类或含氧有机化合物；k_p和 k_t分别为链增长和链终止速率常数，并假设与链增长和链结构无关。稳定条件下，有：

$$k_p A_n = (k_p + k_t) A_{n+1} \tag{7-20}$$

$$A_{n+1}/A_n = k_p/(k_p + k_t) = r_p/(r_p + r_t) = \alpha \tag{7-21}$$

式中 r_p为链增长速率，r_t为链终止速率。α 定义为链增长因子或概率。

同样方法推出链终止概率 β 为：

$$\beta = k_t/(k_p + k_t) = r_t/(r_p + r_t) = 1 - \alpha \tag{7-22}$$

根据 Anderson、Schulz 和 Flory 提出的聚合物产物分布公式：

$$W_n/n = \alpha^{n-1}(1-\alpha)^2 \tag{7-23}$$

式中 W_n是碳数为 n 的烃类的质量分数。

式(7-23)通常称为 Anderson-Schulz-Flory 聚合方程，也称为 ASF 法则。

式(7-23)也可写成：

$$\ln(W_n/n) = n\ln\alpha + \ln[(1-\alpha)^2/\alpha] \tag{7-24}$$

如果产物在碳数之间的分布遵循 ASF 聚合方程，$\ln(W_n/n)$ 对 n 之间存在线性关系，作图后由截距和斜率可求得 α 值。研究表明，F-T 合成反应基本遵守 ASF 产物分布规律。F-T合成产物分布与碳链增长概率 α 的关系见图 7-7。由图 7-7 可知，各种烃类的产率随链增长概率 α 而变化。当 α 为某一值时，某种烃类的产率出现最大值，如汽油的最大产率为 47%，对应 α 值为 0.75。α 值的大小取决于使用的催化剂组成、结构、粒度以及反应条件。α 值低，可生产轻组分油品，如石脑油、汽油、柴油等；α 值高，可生产重组分产品，如石蜡等。F-T 合成产物的选择性存在内在的关联，某一碳数产物的选择性发生改变，其他产物的选择性也会发生变化。

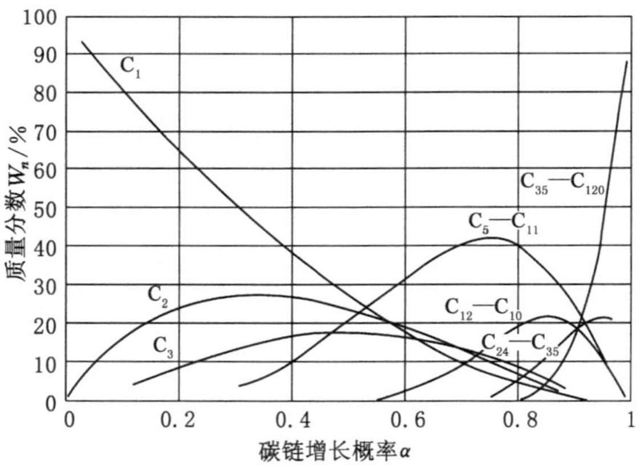

图 7-7　链增长概率 α 与各种烃类的选择性

（二）双 α 分布机理

铁系催化剂的 F-T 合成产物 W_n/n 与碳原子数并不成正比关系，而是呈一根折线（图 7-8）。针对 F-T 合成产物常出现的双 α 分布，Huff 等提出了双活性位模型来解释这种现象，即催化剂表面存在两类不同的活性中心，其中一类活性位上生成较重组分产物，这类活性位上进行的链增长速率远大于链终止速率。另一类活性位则相反，生成轻组分产物，链增长速率较小。根据双活性位理论，ASF 的表达式变为：

$$m_n = \chi(1-\alpha_1)\alpha_1^{n-1} + (1-\chi)(1-\alpha_2)\alpha_2^{n-1} \tag{7-25}$$

式中　m_n——碳原子数为 n 的产物占总产物的摩尔分数；

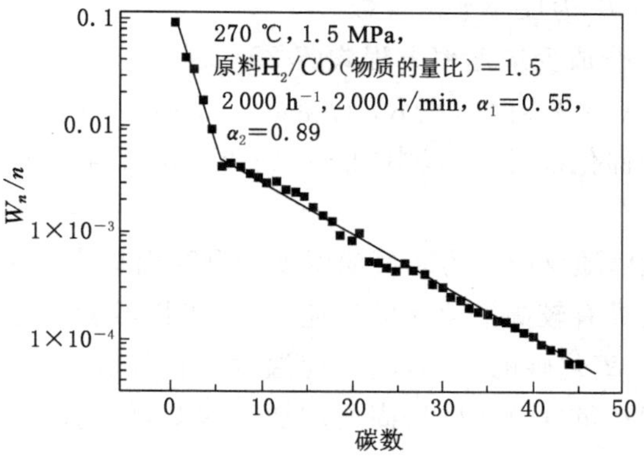

图 7-8　F-T 合成产物双 α 分布图

α_1，α_2——活性位 1 和 2 上的链增长概率；

χ——活性位 1 上生成物的摩尔分数；

$1-\chi$——活性位 2 上生成物的摩尔分数。

在铁催化剂上，α_1 一般在 0.50～0.70，α_2 在 0.70～0.93 之间。影响 α_1 和 α_2 变化的主要因素有原料气 H_2/CO 比、合成反应温度和催化剂等。随原料气 H_2/CO 比值的减小，α_1 值逐渐增加。在合成温度范围内，随反应温度的升高，α_1 值无明显变化，α_2 值逐渐降低。

五、F-T 合成反应动力学

因催化剂对 F-T 合成反应的影响甚大，故动力学研究多结合具体催化剂进行。除了催化剂之外，合成气组成、反应条件以及通过催化剂的流动状态也对动力学有影响。由于 F-T 合成反应的复杂性和大量变数的影响，现在还没有一个普遍适用的宏观动力学方程来描述 F-T 合成反应。然而在特定条件下，对各种催化剂和工艺，已经提出了几个半经验公式。在限定的条件下，一些动力学研究结果，对于不同催化剂和反应过程提出了一些反应速率方程式。

钴催化剂反应速率方程式：

$$r = k \cdot \frac{p_{H_2}^2}{p_{CO}} \tag{7-26}$$

式中　k——反应速率常数，它不明显地考虑了催化剂的活性。

式(7-26)的表观活化能为 87.9 kJ/mol。该速率方程中，反应速率与原料气中一氧化碳的分压成反比，与氢气分压平方成正比。

对于熔铁催化剂，在 $CO/H_2=1$ 的条件下，提出速率方程式(7-27)：

$$\ln(1-x) = -kp\exp(-E/RT)/(SV) \tag{7-27}$$

式中　x——H_2+CO 的转化率；

SV——容积空速，h^{-1}；

E——活化能，其值为 83.7 kJ/mol。

对于沉淀铁催化剂，提出速率方程式(7-28)：

$$r = k\left(\frac{p_{H_2}^m}{p_{CO}}\right) \cdot \left[1 + K\left(\frac{p_{CO}+p_{H_2O}}{p_{CO}+p_{H_2}}\right)^n\right]^{-1} \tag{7-28}$$

式中 $m=1\sim2$，$n=4\sim7$，K 为反应平衡常数。

对铁基催化剂 F-T 合成反应速率方程式(7-29)：

$$r = k\exp(-E/RT)p_{CO}p_{H_2}/(p_{CO}+Kp_{H_2O}) \tag{7-29}$$

当用作高温流化床催化剂时，上式中的 $E=25$ kJ/mol；当用作低温固定床催化剂时，则 $E=63$ kJ/mol。

F-T 合成的反应速率随反应压力和反应温度的升高而提高。由于各个反应具有不同的活化能，提高温度，增大具有较高活化能的反应速率，可以改善其选择性。副反应的反应速率，如 CO 分解为碳和二氧化碳的速率，随反应温度的提高和 CO 分压的增大而增加；甲烷的生成速率随反应温度和氢气分压的提高而增加。因此，较高的合成反应温度受不希望生成物甲烷和碳的限制。

第三节　F-T 合成催化剂

在化学反应中，加入某些物质可以改变反应的速率，而这些物质本身在反应前后，不论是质量还是化学性质，都没有明显的变化。人们把这种物质称为催化剂，这些物质的作用称为催化作用。

一、催化剂的组成与工业要求

催化剂可以是一种物质，也可以由几种物质组成，其结构是非常复杂的体系。催化剂的存在状态，可以是气体、液体或固体。对 F-T 合成，目前工业上用的是多组分固体催化剂。多组分固体催化剂一般由主催化剂、助催化剂和载体(也有不用的)三部分组成。主催化剂也叫活性组分，这是多组分催化剂的主体，是必须具备的组分。没有它就缺乏所需要的催化作用。助催化剂则是添加到催化剂中的少量物质。这种物质本身没有活性或者活性很小，甚至可以忽略，但却能显著地改善催化剂效能，包括催化剂活性、选择性及稳定性等。载体是多组分催化剂中含量较多的组分，一般作为活性组分和助催化剂的骨架或支撑者。同时通过载体的化学、物理效应，提高催化剂的活性、选择性、稳定性和机械强度。通常选用一些比表面积较大、导热性较好和熔点较高的物质做载体。

工业生产要求催化剂具有较高的活性，良好的选择性、稳定性和较长的寿命。催化活性是催化剂对反应加速的程度，或者说是判断催化剂加速某反应能量高低的量度。催化活性实际上等于催化反应的速度。在工业和实验室中，经常采用转化率表示催化剂的活性。此外，还可以用催化反应的活化能高低，一定转化率下所需反应温度的高低来比较催化剂活性大小。通常反应活化能越低或所需反应温度越低，催化剂活性越高。催化剂除了加速化学反应外，还可以使反应向某一特定产物的方向进行，这就是催化剂的选择性。选择性好，可以减少反应过程中的副反应，降低原材料的消耗和产品回收提纯的难度，从而降低产品成本。催化剂在使用条件下具有稳定活性的时间越长，催化稳定性越好。催化剂寿命的长短是决定催化剂能否在工业上应用的主要条件之一。只有活性好、选择性好、经久耐用，而且能经受外界条件在一定范围内波动的催化剂，才有实际使用价值。

二、F-T 合成催化剂

F-T 合成用的催化剂，主要有铁、钴、镍和钌。目前，已经用于大规模生产的 F-T 合成催化剂包括钴基催化剂和铁基催化剂。

（一）钴基催化剂

钴基 F-T 合成催化剂加氢活性介于镍基催化剂与铁基催化剂之间，具有较高的链增长能力，低温活性好且不易积碳，水煤气变换反应活性较弱，适用于高氢碳比的天然气基合成气 F-T 合成过程，产物主要以重质烃、石蜡为主。提高反应温度，甲烷选择性明显增大，因此钴基催化剂只能适用于低温 F-T 合成过程。

钴基催化剂以沉淀法制得的活性高。早期的“标准”钴催化剂就是通过悬浮着硅藻土的金属硝酸盐溶液与 Na_2CO_3 溶液快速沉淀制备而成的，硅藻土主要提供大孔结构，典型的催化剂组成为 100 gCo/18 gThO_2/100 g 硅藻土。沉淀法制得的催化剂通常分散度高，组分间相互作用较强，但是沉淀法的不足在于催化剂的物理结构难于控制，金属用量大且易造成钴物种的包埋，活性组分得不到有效利用。因此，钴基催化剂通常以浸渍法制备。浸渍法具有活性组分用量少、催化剂机械强度高以及操作简单等优点。

采用钴基催化剂进行 F-T 合成反应时，当 $H_2/CO=2$，反应温度为 160～200 ℃，压力为 0.5～1.5 MPa 时，产品产率最高，催化剂的寿命最长，但与常压下合成相比，产品中石蜡和含氧物增多，所以制取合成石油时宜采用常压钴催化剂合成；如果为了制取较多的石蜡和含氧物酸、醇等可采用中压钴催化剂合成。

钴基催化剂的 F-T 合成反应活性相是金属态钴，因此，如何提高催化剂的还原度和分散度是提高催化剂活性的关键。工业上钴基催化剂的还原采用纯氢气，并尽可能采用低压高空速以降低产物水的影响。与沉淀铁催化剂不同，CO 气氛下还原钴催化剂会造成催化剂破碎严重，同时发生明显的积碳现象，催化剂几乎没有活性，而还原气氛为 H_2 时，钴基催化剂的甲烷选择性最低。通常钴催化剂的还原温度高于其 F-T 合成反应的温度，因此钴基催化剂的还原及使用情况与反应器类型有关。固定床反应器通常采用原位还原法，而浆态床反应器使用钴催化剂需要预先在固定床反应器内还原，然后在惰性气体保护下转移至浆态床反应器中。

F-T 合成反应中导致钴催化剂失活的主要原因是中毒和较高的水分压引起的氧化失活。引起钴催化剂中毒的主要毒物有硫化物、卤化物和 NH_3/HCN。钴催化剂的中毒可以通过在 F-T 合成反应进行之前先将原料气净化脱除来避免，目前已在工业装置上采用的技术有：① 将原料气通过脱除硫化物的 ZnO 保护床；② 将原料气通过碱式硫酸铁水洗塔脱除硫化物、含氮化合物等杂质。钴催化剂的表面因氧化失活，在温和的条件下用氢气还原再生，基本可以恢复催化剂的活性。另外小粒径的钴颗粒烧结引起的活性位数量减少也是钴基催化剂失活的重要因素。

（二）铁基催化剂

铁基催化剂是较早用于 F-T 合成研究的催化剂，因其储量丰富、价格低廉而备受关注。铁基催化剂有较宽的操作温度（220～350 ℃），即使在较高的反应温度下，甲烷选择性也能保持相对较低，产物选择的灵活性大，但是由于铁基催化剂具有较高的水煤气变换反应活性，降低了 CO 的使用效率，因此比较适用于低氢碳比的煤基合成气 F-T 合成过程。目前 F-T 合成工业上应用的铁基催化剂有低温铁基催化剂和高温铁基催化剂两大类。

1. 低温铁基催化剂

低温沉淀铁催化剂的使用温度一般为 220～250 ℃，活性高于熔铁催化剂或烧结铁催化剂，适用于固定床反应器和浆态床反应器，主要产物为长链重质烃，经加工可生产优质柴油、汽油、煤油、润滑油等，同时副产高附加值的硬蜡。

低温铁基催化剂一般采用沉淀法制备，典型的制备过程如下：接近沸腾的硝酸铁和硝酸铜混合溶液（Fe∶Cu 质量比为 20∶1），在剧烈搅拌下，快速加入热的碳酸钠溶液中，经沉淀反应生成水合氧化铁，当反应液的 pH 值在 7 左右时，停止加入硝酸盐混合溶液。反应结束，沉淀物（水合氧化铁）用热蒸馏水洗涤去除 Na^+ 后，再与硅酸钾溶液进行浸渍反应，加入适量硝酸调节反应液 pH 值，然后除去多余的 K^+，最后得到组成为 100 g Fe∶5 g Cu∶25 g SiO_2∶5 g K_2O 的催化剂湿泥饼。湿泥饼经挤条成型后干燥，制备得到列管式固定床反应器使用的低温铁基催化剂；或将湿泥饼加水重新浆化，经喷雾干燥和焙烧，制得浆态床反应器使用的颗粒状低温铁基催化剂。固定床催化剂一般不需要焙烧就有足够的抗挤压强度，而浆态床催化剂必须经高温焙烧（400～500 ℃）提高催化剂的机械强度，以适应浆态床反应器中流体高度湍流的操作特性。

低温沉淀铁催化剂的主要组分为 α-Fe_2O_3，通常添加的助剂有 K_2O、CuO 和 SiO_2。一般认为铁基催化剂中的活性相为碳化铁，因此催化剂必须经过还原活化才具有 F-T 合成活性。尽管 CO 活化沉淀铁催化剂效果最佳，但是工业上通常采用 H_2 还原催化剂，因为 H_2 容易纯化，也较经济。应用于固定床的低温沉淀铁催化剂在使用前一般需要经过预还原，这样可以增加固定床催化剂的装填量，还原后催化剂用蜡包裹防止再被氧化。催化剂装填后先用 H_2 将反应器温度提高到 220 ℃，然后缓慢引入合成气，直至达到 F-T 合成工艺条件。

低温铁基催化剂失活的主要原因有四种：一是活性表面积减小（如烧结，是固定床反应器出口处催化剂失活的主要原因）；二是高分子量产物在催化剂孔道内的积聚，增大了扩散阻力效应（如低温固定床反应过程中液体石蜡在催化剂孔道内的滞留）；三是活性相转化为非活性相（如碳化铁转化为氧化铁）；四是化学物质中毒（如 S 中毒，是固定床反应器入口处催化剂失活的主要原因）。

2. 高温铁基催化剂

高温铁基催化剂的使用范围为 310～350 ℃，产物以烯烃、化学品、汽油和柴油为主。高温铁基催化剂主要分为高温熔铁催化剂和高温沉淀铁催化剂。高温熔铁催化剂的制备方法与合成氨催化剂的制备方法类似，即氧化铁（一般选用磁铁矿 Fe_3O_4）与各种助剂一起在电弧炉内熔融。熔融温度在 1 700 ℃左右。然后将熔融的氧化铁水倒入冷却盘中快速冷却，冷却后的铁锭经破碎、碾磨、筛分，制得粒度分布适合流化床反应器使用的高温 F-T 合成反应催化剂。

由于熔铁催化剂的机械强度高，可以在较高的空速下合成（通常在 1 000 h^{-1} 左右），因而生产能力比采用其他催化剂合成高 5～13 倍，适合于流化床、气流床合成，其转化率和反应温度、反应压力有关。在同一空速下，反应温度稍高，有利于转化率提高。但是反应温度高于 340 ℃时，会产生碳沉积，影响油收率。反应压力升高，转化率增加，一般在 1.0～3.0 MPa 合成。另外由于熔铁催化剂没有担体，导热率高，反应器的散热面积可以减少。

然而由于熔铁催化剂比表面积较小，必须加入助剂增加催化剂的比表面积，其中 Al_2O_3、TiO_2 和 Cr_2O_3 等最为有效。碱金属则会降低催化剂的比表面积，SiO_2 自身对熔铁催化剂比表面积的影响不大，但是由于能与碱金属发生化学反应，降低碱金属的负面作用，间接提高了催化剂的比表面积。制备过程中助剂含量不易控制且助剂分布不均匀导致熔铁催化剂的活性及选择性受到制约，因此近年有公司研发出了高温沉淀铁催化剂，并成功应用于年产 1 万 t 规模的中试装置。

高温沉淀铁催化剂与低温沉淀铁催化剂制备方法不尽相同，典型的高温沉淀铁催化剂制备方法为：在室温下，将定量的硝酸铁溶液快速加入剧烈搅拌的碳酸氢铵（氨水或碳酸铵）溶液中，反应结束后用氨水调节反应液 pH 值达到 7 左右，沉淀物经过滤和洗涤，重新加水成浆，然后加入定量的硝酸钾、硝酸铜、硝酸铬和硝酸钠助剂，经喷雾干燥成球形颗粒，最后经高温煅烧制得成品催化剂。

高温熔铁催化剂和高温沉淀铁催化剂被还原后才具备足够的 F-T 合成反应活性。通常熔铁催化剂使用纯 H_2 还原，其还原温度为 350～450 ℃。还原生成的水会显著降低催化剂的还原速率，因此，应选择在较高空速下还原熔铁催化剂，以降低还原反应器中的水分压。活化后的熔铁催化剂如果直接暴露在 F-T 合成气氛下，金属铁会快速转变成碳化铁，此转化过程是强放热的，易引起催化剂表面局部温度过高，造成催化剂烧结、结焦或过量碳沉积，严重影响催化剂活性。因此，正常操作的熔铁催化剂是先用循环 H_2 或 N_2 提高反应器的压力和温度，然后在一定时间内用合成气置换 H_2 或 N_2，最后达到稳定操作。对于高温沉淀铁催化剂，H_2、CO 或（H_2＋CO）均可用来活化，其还原温度低于熔铁催化剂，一般在 340 ℃左右。

高温熔铁催化剂的失活原因与高温沉淀铁催化剂失活原因基本一致，主要是碳沉积造成活性组分损失，高碳沉积物结焦覆盖活性中心位和化学物质中毒（如 S 中毒）等。

第四节　F-T 合成反应器

F-T 合成反应器是 F-T 合成过程中的关键设备，由于 F-T 合成反应是放热反应，而且放出的热量很大，每立方米（CO＋H_2）合成原料气反应时，将放出 2 721～2 930 kJ 热量，如果考虑到原料气中的惰性气体存在以及转化不完全等因素，实际放热量约为 1 674 kJ/m^3 原料气，这样多的热量若不设法从反应器中导出，可将反应气加热至 1 500 ℃左右。另外，F-T 反应对温度的敏感性很大，各种合成过程要求的适宜温度范围很窄，当反应器中温度梯度大时，会降低目的产物的产率和缩短催化剂的寿命，因此需要反应在等温条件下进行。保证反应器内部温度恒定均匀，是设计 F-T 合成反应器首要考虑解决的问题。

用于工业生产的 F-T 合成反应器有三类：固定床反应器、流化床反应器和浆态床反应器。F-T 合成反应器的选型主要考虑使用条件、反应器生产能力、催化剂及产品性质和经济成本等因素。低温 F-T 合成主要生产一些分子量相对较大的烃类产品，可加工成特种石蜡或经加氢裂化/异构化生产优质柴油、润滑油基础油、石脑油馏分等，主要采用固定床反应器或浆态床反应器。高温 F-T 合成主要生产一些分子量相对较小的汽油、柴油、溶剂油、烯烃和其他化学品等，主要采用流化床反应器。

一、固定床反应器

流体通过静止不动的固体催化剂而进行的 F-T 反应装置称为固定床反应器。固定床反应器是 F-T 合成最早采用的反应器，在工业上得到应用的固定床反应器有常压平行薄层反应器、套管反应器和高空速 Arge 列管式反应器。

常压平行薄层反应器是最早用于工业生产的反应器，该反应器空速低（80～100 h^{-1}），气体流速低（0.5～0.1 m/s），散热系数小，所以反应器散热面积甚大，结构复杂，消耗大量钢材，而且生产能力低，目前工业上已不采用。

双套管反应器为圆筒形，内装有 2 044 根同心套管，套管内催化剂置于管间环隙内。恒温散热的压力水在内管的内部及水管的外部循环，将反应热带出。与薄层反应器相比，其热传递和生产能力有一定提高，但还不是很高，所以目前工业上也未能继续采用。

高空速 Arge 列管式反应器由圆筒体和内部竖置的管束组组成。目前在南非 Sasol 公司运行的 Arge 合成反应器就属于列管式合成反应器。Arge 固定床反应器结构如图 7-9 所示，反应器的直径为 3 m，全高 17 m。反应器内有 2 052 根装有催化剂的反应管，反应管内径为 50 mm，长为 12 m，共装 40 m^3 铁基催化剂。管子间有冷却水来移走反应热，通过调节蒸汽压力来控制反应温度。管内的气速在标准状态下达 5 m/s，在湍流区操作，因此大大改变了原有固定床的传热特性，增加了从催化剂到冷却套的传热。

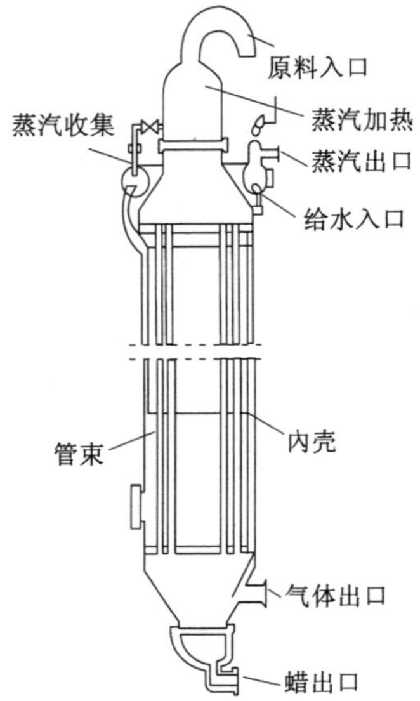

图 7-9　Arge 固定床反应器结构简图

Sasol-Ⅰ厂采用的 Arge 固定床反应器原料气空速为 500～700 h^{-1}，尾气循环比为 1.2～1.5，操作压力为2.7 MPa，操作温度为 220～250 ℃，生产能力为 1.8 万 t/a。Sasol 的运行结果表明，高气速固定床反应器是可靠的，尽管新鲜原料气的负荷比原有固定床增加了许多倍，但结果并没有发现催化剂的过热和积碳。高气速固定床反应器与薄层反应器和双套管式反应器相比，其时空产率提高了 5～6 倍，而冷却面积仅为薄层反应器的 5%、套管式反应器的 7%。

F-T 合成固定床反应器的优点是结构简单、操作方便，返混相对较小，合成气中微量硫化物可由反应器顶部床层催化剂吸附，整个装置受硫化物影响有限。无论 F-T 合成产物是气态、液态或混合态，在较宽温度范围内均可使用，不存在从催化剂上分离液态产品问题，适宜 F-T 合成石蜡的生产。

固定床反应器的主要缺点是由于反应热靠管子的径向传热导出，装催化剂的管子直径放大受到限制；不能用于高温 F-T 合成，原因是催化剂在高温下会积碳膨胀，造成床层堵塞，压降增加，严重时无法运行；不能使用细粒催化剂，否则流体阻力增大，催化剂床层压降增大，尾气回收（循环）压缩费用高，压降提高亦会导致催化剂的破裂；催化剂更换需在停车过程中进行，更换不方便。

二、流化床反应器

流化床反应器具有较高的总包传热系数，其移热性能优于固定床。由于在生产能力、移热性能、催化剂更换和再生及产物分布等方面流化床反应器均优于固定床反应器，所以南非 Sasol-Ⅱ工厂和 Sasol-Ⅲ工厂均采用了流化床反应器。流化床反应器分为循环流化床反应器（circulating fluidized bed，CFB）和固定流化床反应器（fixed fluidized bed，FFB）。

（一）循环流化床反应器

循环流化床 F-T 合成反应器又称 Synthol 反应器，其结构如图 7-10 所示。经过预热后的原料气从反应器底部进入，与降料竖管中经滑阀流下的催化剂混合；反应器由两个冷却段移出反应热；催化剂沉降（分离）室装有两台二级旋风分离器，气体在催化剂沉降后进入旋风分离器进一步除去催化剂细粉部分，进入下游加工工程。

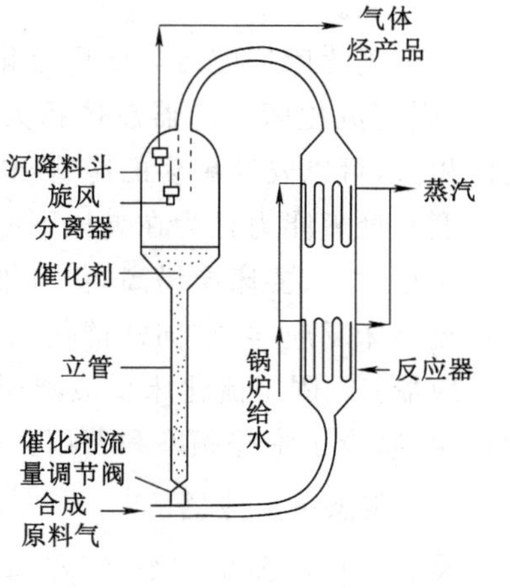

图 7-10　循环流化床反应器结构简图

该反应器是目前世界上生产能力最大的 F-T 合成反应器，其内径 2.3 m，总高约 46 m，生产规模为 10^5 m^3/h 合成原料气。新鲜原料气与循环尾气混合后在进入反应系统前预热至 160 ℃，混合气被返回的催化剂在水平输送管道很快加热至 315 ℃。F-T 反应将在提升管和反应器内进行。反应器内装有换热装置，移出反应热的 30%～40%，反应器顶部温度维持在 340 ℃。反应尾气与催化剂经沉降室内的旋风分离器进行分离。该反应器使用约 74 μm 的粒状熔铁催化剂。

循环流化床反应器操作生成碳量少，可在较高温度下操作，采用活性较小的熔铁催化剂，生成气态的和较低沸点的产品，能阻止生成蜡。液体产品中约 78% 为石脑油，7% 为重油，其余为醇和酸等。循环流化床反应器相对于 Arge 固定床反应器具有产量高、在线装卸催化剂容易、运转时间长、热效率高、压降低、反应器径向温差小等特点，但存在装置结构复杂、投资高、操作繁琐、检修费用高、反应器进一步放大困难、对原料气硫含量要求高，旋风分离器容易被催化剂堵塞，反应器的高温操作可能导致催化剂的积碳和破裂，使催化剂耗量增加等缺点。

（二）固定流化床反应器

Sasol 公司针对 Synthol 循环流化床反应器存在的缺点与美国 Badger 公司合作开发固定流化床反应器，取消了催化剂的连续大循环和外部热交换，改为固定流化床，同时在床层内设冷却器移出反应热。1995—1999 年，Sasol 公司用 4 台直径 8 m、4 台直径 10.7 m 的固定流化床反应器取代了 Sasol-Ⅱ、Sasol-Ⅲ 厂的全部 16 台循环流化床反应器。直径 8 m 和直径 10.7 m 的固定流化床反应器生产能力分别为 11 000 桶/天和 20 000 桶/天。

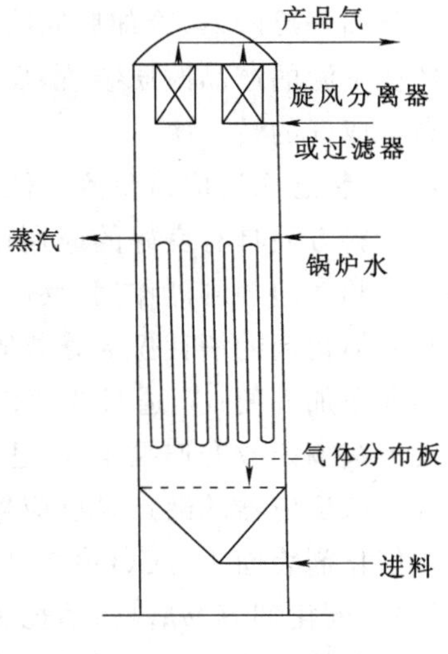

图 7-11　固定流化床反应器结构简图

固定流化床反应器（FFB）结构如图 7-11 所示。反应气体经预热到 200 ℃左右后从反应器底部经气体分布器进入反应床层，反应床层内的催化剂颗粒粒度为 60 μm 左右，在气体作用下呈乳相流化状态。反应气体在催化剂颗粒表面反应并放出反应热，反应器内设有垂直管束水冷换热装置，其蒸汽温度控制在 260～310 ℃，反应热经换热移出并产生 4 MPa

左右的中压蒸汽，反应后气体经旋风分离器除去所夹带的催化剂颗粒后，离开反应器进入后续加工过程。

固定流化床反应器与循环流化床反应器相比，具有如下优点：① 与循环流化床反应器相比，固定流化床反应器总体积大为减少；② 固定流化床的床层体积比循环流化床反应床层体积大，可以安装更多的冷管，移出更多反应热，因此固定流化床反应器极大地提高了生产强度和处理能力且为在高压下操作提供可能；③ 固定流化床反应器内催化剂由于积碳而密度减小时，只要床层增高，仍可维持高的转化率和生产能力，对催化剂积碳的容忍度高于循环流化床反应器，在同样催化剂装填量下，固定流化床反应器的转化率远远大于循环流化床反应器；④ 固定流化床反应器压降小，减少循环气体的压缩耗能，基本不存在设备管道磨蚀现象，减少了维修频率和费用。

三、浆态床反应器

浆态床反应器是一个气、液、固三相鼓泡塔式反应器，床内为高温液体（一般为熔蜡），催化剂微粒（<50 μm）悬浮其中，合成气以鼓泡形式通过。

浆态床反应器结构见图 7-12，主要包括四部分部件：入口气体分布器，换热管部件，固液分离部件，出口除尘除沫器部件。反应器下部为气体分布器，顶部为气液（固）分离器，外部设有液面控制器，内装有移热盘管。反应器在温度 250 ℃、压力 2.0～2.5 MPa 下操作。经预热的合成气从反应器底部进入，通过气体分布板以气泡形式进入浆态床反应器，经液相扩散到悬浮的催化剂颗粒表面进行反应，生成烃和水。其中重质烃混入浆液中，而气态烃和未反应的合成气经液相扩散至气流分离区。反应热经浆液传递到冷却盘管，盘管内水汽化生成蒸汽，重质烃和浆液经分离工艺予以分离。未反应的气体经气液（固）分离装置除去夹带的液滴和细颗粒催化剂后从反应器上部离开反应器，冷却后回收轻组分和水，获得的烃物流送往下游的产品改质装置，反应水送往水回收装置处理，未反应的气体则循环回反应器以提高合成气的转化率。

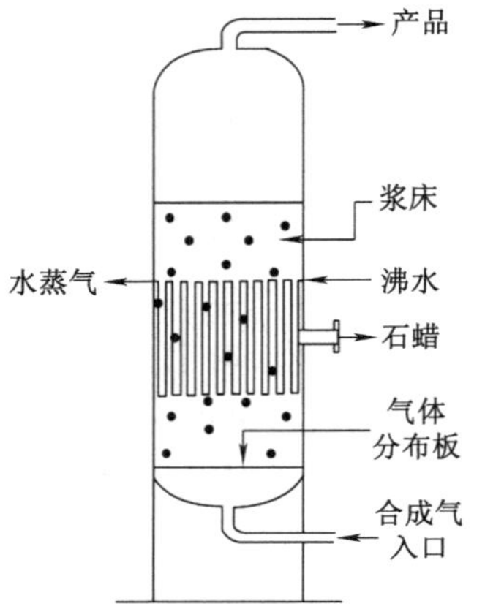

图 7-12 浆态床反应器结构简图

目前，浆态床反应器受到广泛的重视和应用，是当前国际上重点发展的技术，在 F-T 合成液体燃料方面具有良好的应用前景。浆态床反应器的优点是：① 床层内反应物混合好，因为浆液和气泡的剧烈作用，反应热移走容易，浆液接近等温，温控灵活；② 催化剂耗量低，每吨产品催化剂的消耗仅为管式固定床反应器的 20%～30%；③ 床层压降较低；④ 催化剂的更换和添加方便；⑤ 通过改变催化剂组成、反应压力、反应温度、原料组成及空速等条件，可在较大范围内改变产品组成，适应市场需求的变化；⑥ 结构简单、易于放大、投资较低。

浆态床反应器的缺点是反应器内传质阻力较大，CO 和 H_2 存在明显的浓度梯度，容易造成在催化剂表面 H_2/CO 摩尔比增大，不利于重质烃的生成。另外，浆态床反应器内流体湍动剧烈，催化剂容易磨损、消耗和失活，催化剂和产品分离困难。浆态床反应器中催化剂对于硫中毒较敏感，因此在使用浆态床反应器时必须对合成气进行有效的脱硫处理。

四、不同类型反应器的比较

不同类型的合成反应器的条件和产品比较见表 7-8。不同类型反应器的产品分子量分布不同，Synthol 循环流化床比 Arge 固定床反应器生成的烯烃多，浆态床反应器生成低分子烃的选择性好。从反应器本身来看，浆态床反应器均比固定床反应器和流化床反应器结构简单。但浆态床反应器涉及气、液、固三相反应，其液相循环的辅助系统、操作过程中液相性质的改变以及由于三相所引起的更为复杂的问题。蜡和催化剂颗粒的分离是浆态床 F-T 合成的一个关键问题，如果催化剂粒径≤0.5 μm，将会给液固分离带来一定困难。固定流化床比循环流化床单台生产能力大、结构简单、便于操作、催化剂消耗小。

表 7-8　F-T 反应器比较

反应器类型	列管式固定床	循环流化床	固定流化床	浆态床
工艺名称	Arge	Synthol	SAS	SSPD
反应温度/℃	220～250	300～350	340	250
反应压力/MPa	4.5	2.0～2.3	2.5	3.0
主要产品	柴油、煤油和蜡	汽油和轻烯烃	汽油和轻烯烃	高品质柴油、煤油和石脑油

第五节　F-T 合成工艺

F-T 合成工艺有许多种，按反应器分为固定床、流化床和浆态床等工艺；按主要产品分有普通 F-T 工艺、中间馏分工艺、高辛烷值汽油工艺等；按操作压力分为常压、中压 F-T 合成工艺；按反应温度分为低温 F-T 合成工艺（温度低于 280 ℃）和高温 F-T 合成工艺（温度高于 300 ℃），低温 F-T 合成一般采用固定床或浆态床反应器，高温 F-T 合成采用流化床反应器。

一、南非 Sasol 公司 F-T 合成工艺

南非 Sasol 公司，即南非煤油气公司（South African Coal，Oil and Gas Corp，简称 Sasol）于 1950 年成立。1955 年建成第一座由煤间接液化生产燃料油的 Sasol-Ⅰ厂，规模为 30 万 t/a。20 世纪 70 年代石油危机后，1980 年和 1982 年相继建成了 Sasol-Ⅱ厂和 Sasol-Ⅲ厂，Sasol-Ⅲ厂基本上是 Sasol-Ⅱ厂的翻版，规模均为 230 万 t/a。目前三个厂年处理煤炭总计达 4 590 万 t（其中 Sasol-Ⅰ 650 万 t/a，Sasol-Ⅱ厂和 Sasol-Ⅲ厂年处理 3 940 万t/a），是世界上规模最大的以煤为原料生产合成油及化工产品的化工厂。主要产品为汽油、柴油、蜡、氨、乙烯、丙烯、聚合物、醇、醛、酮等，总产量达 760 万 t/a，其中油品占 60%。

Sasol 公司应用的煤气化技术是德国鲁奇加压气化技术，全公司有 97 台气化炉，其中 Sasol-Ⅰ厂有 17 台，Sasol-Ⅱ厂和 Sasol-Ⅲ厂各有 40 台。鲁奇加压气化使用 5～75 mm 的块煤，操作压力 2.8～3.5 MPa，利用水蒸气和氧气作为气化剂。所得粗煤气中含有焦油、CO_2、氨、硫化氢等杂质，煤气必须净化，采取水洗除尘和焦油；采用低温甲醇洗脱除煤气中的烃类、硫化物和 CO_2；采用 Sasol 公司开发的 Sulpholin 硫化氢液相氧化法回收硫；采用鲁奇公司的 Phenolsolvan 法净化污水，最后得到的纯净合成气（$CO + H_2$）中含有约 14%

的 CH_4。

Sasol-Ⅰ建厂初期选择了德国的 Arge 固定床反应器和美国 Kelloge 公司的 Synthol 流化床 F-T 合成反应器。目前 Sasol-Ⅰ厂仍有 6 台 Arge 固定床反应器和 1 台浆态床反应器(代替了 3 台 Synthol 流化床反应器)。Sasol-Ⅰ厂产品主要是汽油、柴油和蜡，其中蜡的产量占总产量的 50%～60%，该厂的工艺流程框图见图 7-13。净化的合成气送入两类 F-T 合成反应器，Arge 固定床反应器生成的蜡多，浆态床反应器生成的汽油多。合成产物冷却至常温，分离出液态烃和水，余气大部分循环使用，循环气占合成原料气的 2/3，新鲜合成气占 1/3。为了提高合成油产率，气化煤气和 F-T 合成反应生成的甲烷要进行甲烷蒸汽转化。

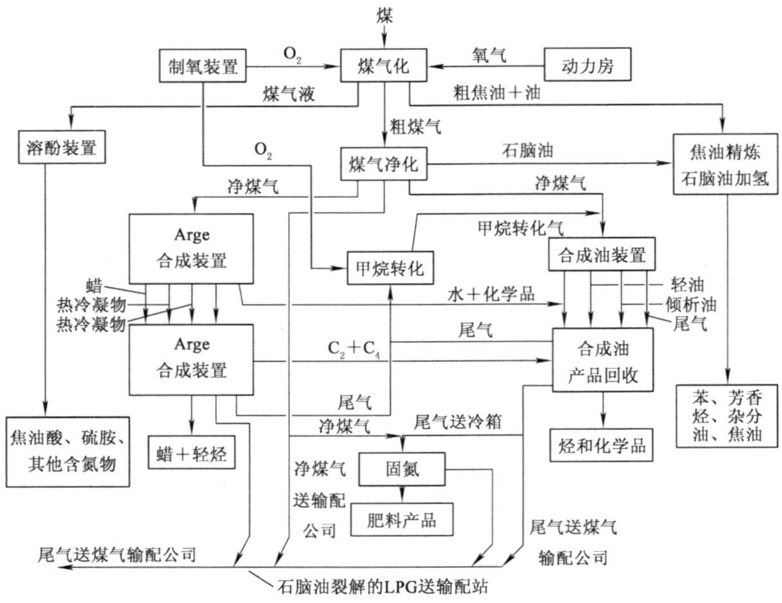

图 7-13　Sasol-Ⅰ厂工艺流程框图

Sasol-Ⅱ厂或 Sasol-Ⅲ厂的生产能力是 Sasol-Ⅰ厂的 8 倍，考虑到放大 Arge 固定床反应器尺寸的困难，另外，流化床合成反应器乙烯的产率要比固定床大几倍，Sasol-Ⅱ厂和Ⅲ厂采用了放大的 Synthol 反应器，Sasol-Ⅱ厂和 Sasol-Ⅲ厂的主要产品为汽油、柴油和烯烃等化学品。Sasol-Ⅱ厂的工艺流程框图见图 7-14。Sasol-Ⅱ厂与 Sasol-Ⅰ厂的工艺流程有一些差别，Sasol-Ⅱ厂将余气先脱除 CO_2，然后进行深冷分离甲烷富气、C_2 烃馏分等，C_2 烃去乙烯装置，乙烷裂解制乙烯；甲烷富气通过甲烷转化成合成气。

(一) Sasol 固定床 F-T 合成工艺

Sasol-Ⅰ厂采用的固定床反应器为 Arge 列管式反应器，采用铁基催化剂，其合成工艺流程见图 7-15。新鲜气和循环尾气升压至 2.5 MPa 进入换热器，与反应器出来的产品气换热后从顶部进入反应器，反应温度保持在 220～235 ℃，反应器底部采出石蜡。气体产物先经换热器冷凝后采出高温冷凝液(重质油)，再经两级冷却，所得冷凝液经油水分离器分出低温冷凝物(轻油)和反应水。石蜡、重质油、轻油以及反应水进行进一步加工处理，尾气一部分循环返回反应器，一部分送去低碳烃回收装置。

Arge F-T 合成系统操作压力 2.4～2.5 MPa，催化剂使用初期反应温度约为 200～

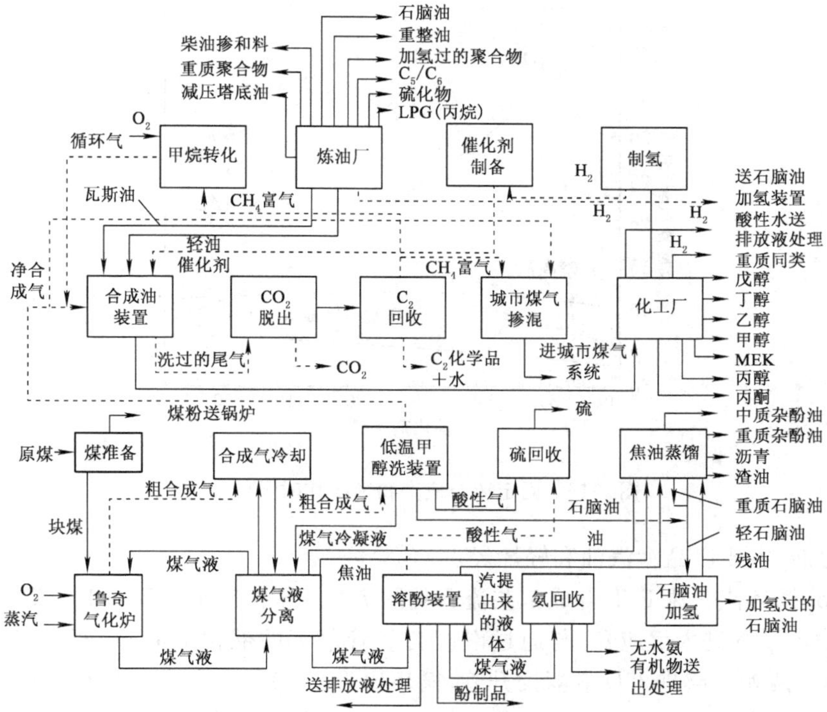

图 7-14　Sasol-Ⅱ厂工艺流程框图

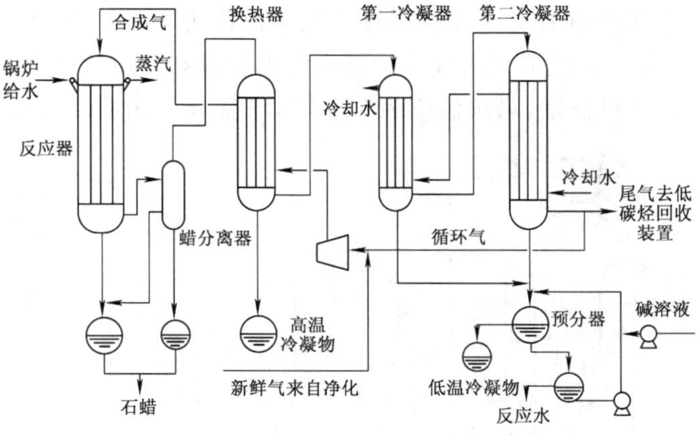

图 7-15　Sasol 固定床 F-T 合成工艺流程

230 ℃，运行过程中由于硫中毒和积碳，其活性缓慢下降，随着催化剂在线时间的延长，为保持 CO 和 H_2 的转化率，操作温度必须逐步提高，约提高 25～30 ℃。由于操作温度的变化，产品组成也略有变化，产物选择性向轻质烃、醇酸类含氧化合物移动。由图 7-16 可见，前面 50 天和后面 100 天的产品组成有明显不同，固体石蜡的产率明显下降，轻烃产率相应增加。反应器在线操作时间一般为 95～215 天。

（二）Sasol 流化床 F-T 合成工艺

Sasol 公司高温 F-T 合成工艺有 Synthol 循环流化床工艺和 SAS 固定流化床工艺，采

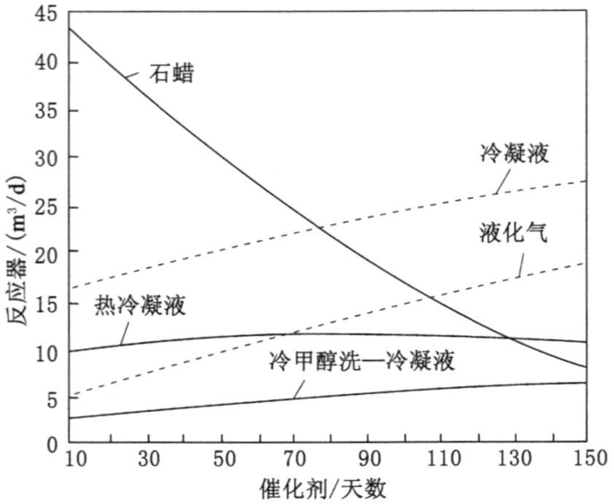

图 7-16　固定床合成产物随操作时间的变化

用熔铁催化剂，主要产品为汽油和轻烯烃。

Synthol 循环流化床 F-T 合成工艺流程见图 7-17。原料气预热到约 160 ℃，通过一根直径为 1 m 的水平管进入反应器，与通过滑阀自竖管落下的催化剂混合，原料气温度上升至 300～315 ℃，两者一起进入反应器提升管，循环比为 2～3。反应器内设置 2 个冷却器，产生 1.2 MPa 蒸汽，反应器顶部出口温度维持在 340 ℃。物料通过鹅顶式连接管进入催化剂沉降室分离段，通过两套两级旋风分离器将尾气与催化剂颗粒分开，落下的催化剂经过调节阀和滑阀再次进入反应系统。被气体带走损失的催化剂相当于循环量的 0.002%（质量分数），这部分损失由新催化剂补充来保持平衡。反应温度为 300～340 ℃，压力为 2.0～2.3 MPa，反应器开工率为 0.8，反应可由气体中催化剂承载量和反应温度来控制。从旋风分离器出来的气体进入热油洗涤塔，塔顶温度为 145 ℃，塔釜分出热重油，由后者抽出一部分用

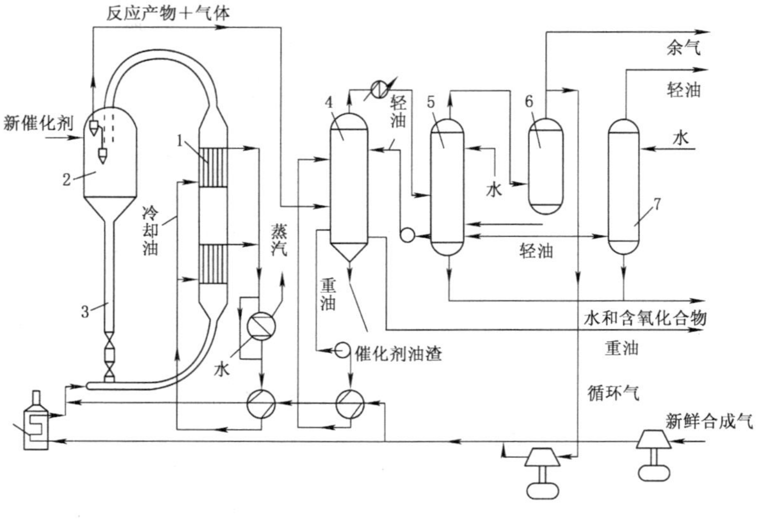

1—反应器；2—催化剂沉降室；3—竖管；4—油洗塔；5—气体洗涤分离塔；6—分离器；7—洗塔。

图 7-17　Sasol 循环流化床 F-T 合成工艺流程

于预热原料气再回到洗涤塔，其他做产品。塔顶气体经过除雾器进入冷凝冷却器冷却至38 ℃，再进入气液分离器，分出冷凝液后的气体一部分作为循环气返回反应器，另一部分作为尾气进入尾气洗涤塔，用溶液除去气体中微量有机酸，然后送回收装置，通过油吸收塔回收气体中 C_3～C_4。分离出 C_3～C_4 的气体作为外循环尾气送甲烷转化装置。气液分离器分出的冷凝液分为油相和水相两层，油相作为分散相进入填料塔，用水洗去其中一部分含氧有机物，然后送油品加工装置。水溶液并入水相，送化工产品回收装置。该工艺 CO 转化率为85%，产品产率约为 119 g/m³。

由于循环流化床反应器操作的固有缺点，如催化剂循环量大、损耗高，Sasol 公司用固定流化床反应器取代，开发出 SAS(Sasol advanced synthol)工艺。SAS 工艺流程见图 7-18。SAS 工艺采用的是固定流化床反应器，取消了催化剂的连续大循环和外部热交换，在床层内设冷却器移出反应热。SAS 工艺合成反应器床层内设有垂直管束水冷换热装置，其蒸汽温度控制在 260～310 ℃，该反应器将催化剂全部置于反应器内，并维持一定料位高度，以保持足够的反应接触时间，其上方提供了足够的自由空间以分离出大部分催化剂，剩余的催化剂则通过反应器顶部的旋风分离器或多孔金属过滤器分离并返回床层。由于催化剂被控制在反应器内，因而取消了催化剂回收系统，节省投资。其他优点还有催化剂粉化得到缓解，消耗降低 40%，反应器直径已放大至 8 m 和 10.7 m，单台设备生产能力比 Synthol 反应器高出 1 倍多；循环比降低和催化剂床层压降低，气体压缩的运行成本和装置维修成本均明显下降。

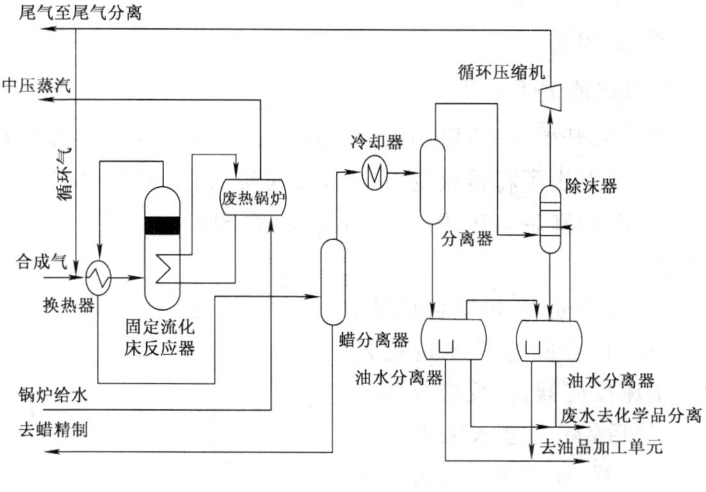

图 7-18　Sasol 固定流化床 F-T 合成工艺流程

（三）Sasol 浆态床合成 F-T 合成工艺

Sasol 公司的低温浆态床 F-T 合成工艺是基于低温 F-T 合成反应开发的浆态床合成中间馏分油工艺，其工艺流程图见图 7-19。

该工艺采用的反应器称为 SSPD(Sasol slurry phase distillate)反应器。反应器直径5 m，高 22 m，生产能力 2 500 桶/天，采用铁催化剂。反应温度控制在 240 ℃下，操作压力3.0 MPa，合成气处理量 1.1×10^5 m³/h。以反应器内液状石蜡油为介质，与催化剂细粉调和成浆体，预热的合成气从反应器底部经分布器进入反应器，在浆液中鼓泡，合成气在催化

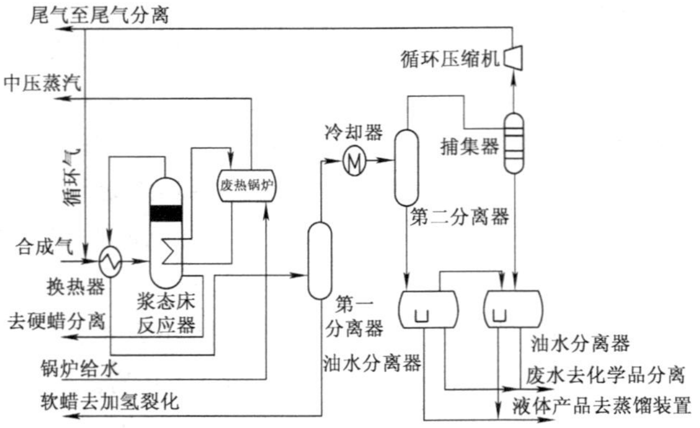

图 7-19 Sasol 浆态床 F-T 合成工艺流程

剂作用下发生反应，生产不同碳数组成的烃类化合物。反应热由冷却排管以产生蒸汽的方式移出。在维持一定料液面的前提下，排出反应产生的重质液态烃（石蜡）。这里的关键技术是进行有效液固分离，让催化剂返回反应器。气态产品和反应尾气由塔顶流出，经冷凝冷却分出轻组分和水，剩余的以 CO 和 H_2 为主的不凝性气体做循环气返回系统。当反应温度降低至 216～230 ℃，并适当降低空速时，＞320 ℃烃类产物占总产物的比例可增加到 67%，在 C_3^+ 产物中占 75%。可见浆态床有利于以高选择性合成重质长链烃。另外，产物中烯烃比例较高，如前面已提到 Sasol 浆态床产物（包括含氧化物在内）C_5～C_{12} 中烯烃占 64%，C_{13}～C_{18} 中烯烃占 50%。

二、中科院山西煤化所 F-T 合成工艺

自 20 世纪 70 年代末开始，中科院山西煤化所一直从事煤炭间接液化技术的开发，并取得了令人瞩目的成绩，开发出了将传统的 F-T 合成与沸石分子筛特殊形选作用相结合的固定床两段合成（简称 MFT）和浆态床-固定床两段（简称 SMFT）工艺。

（一）MFT 合成工艺

MFT 合成工艺又称改进的 F-T 合成法，流程图见图 7-20。MFT 合成的基本过程是采用两个串联的固定床反应器，使反应分两步进行。合成气经净化后，首先进入装有 F-T 合成催化剂的一段反应器，在这里进行传统的 F-T 合成烃类的反应，生成 C_1～C_{40} 宽馏分烃类和水以及少量含氧化合物等混合物，根据需要，或简单分离出高熔点硬蜡，或不经分离连同未反应的合成气，立即进入装有分子筛催化剂的第二段反应器，进行烃类改质的催化转化反应，如低级烯烃的聚合、环化与芳构化，高级烷烯烃的加氢裂解和含氧化合物脱水反应等；经过上述复杂反应之后，改质为 C_5～C_{11} 汽油馏分，选择性得到了更好的改善。由于两类催

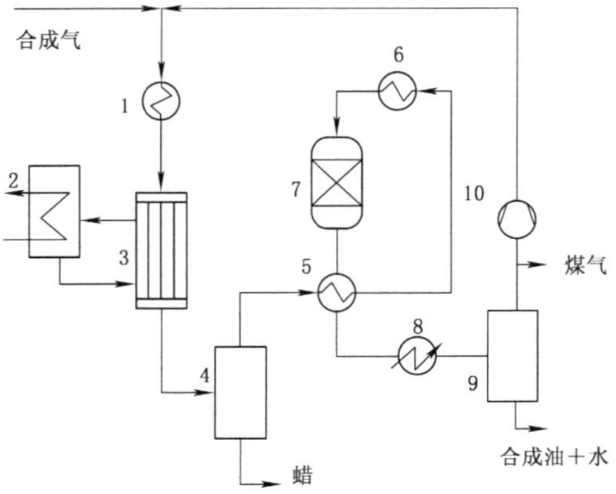

1—加热炉对流段；2—导热油冷却器；
3——段反应器；4—分蜡罐；5——段换热器；
6—加热炉辐射段；7—二段反应器；8—水冷器；
9—气液分离器；10—循环压缩机。

图 7-20 MFT 合成工艺流程

化剂分别装在两个独立的反应器内，各自可调控到最佳反应条件，充分发挥各自的催化性能。MFT工艺过程明显地改善了传统F-T合成的产物分布，较大幅度地提高了液体产物（主要是汽油馏分）的比例。

（二）SMFT合成工艺

SMFT合成工艺是为解决传统方法制备的铁基催化剂在F-T合成中存在着产物分布宽、汽油选择性差和能源利用率低等问题而开发的新工艺。该工艺利用超细粒径铁基催化剂，在ZSM-5分子筛上将过程产物转化为高辛烷值汽油，显著提高了F-T合成过程的效率和液体燃料组分的收率。该工艺分别进行了反应气为100 mL、1 L和5 L的试验，完成了3 500 h以上连续稳定运行，CO平均转化率为93%，F-T合成油C_5^+收率全程平均为120 g/m^3（CO+H_2），最佳反应条件下达141 g/m^3（CO+H_2）。该工艺汽油馏分中含有97.8%的C_5～C_{11}组分，其富含芳烃和异构烷烃，辛烷值达90，是高质量的优质汽油。

2002年建成千吨级浆态床合成油中试装置，累计运行超过3 000 h，积累了运行经验，为工业装置的建设提供了工程数据。千吨级浆态床合成油中试装置的反应器内径为350 mm、静液高14 m、总床高25 m，最大气量860 m^3/h，最大生产能力500～900 t/a。

2006年4月，在多年煤基合成油技术研究和工程化开发的基础上，由山西煤化所和多家大型企业共同出资组建成立了中科合成油技术股份有限公司。建设了三套（16～20）万t/a浆态床F-T合成工业示范装置，分别是伊泰集团、潞安集团、神华集团16万～20万t间接液化煤转油示范厂。内蒙古伊泰集团煤间接液化工业化示范装置实际运行表明，装置各项指标达到设计要求，所生产柴油车尾气排放符合欧洲Ⅴ号标准，用于柴油车要比普通柴油节油8%～12%。该油品也可作为调和油，使普通柴油变为优质柴油。该装置技术性能具有三大特点：一是催化剂性能好，吨出油率比国外先进水平高2.2倍，催化剂活性和抗硫性能高；二是碳转化率高，达91%左右，比国际先进水平的81%还高；三是能源利用率高，达47%左右。经过2009～2011年的成功运行，我国煤间接液化制油示范项目已经取得成功，并开始推广百万吨级升级示范。2016年12月，采用中科合成油技术股份有限公司煤制油技术建设的国家能源集团宁夏煤业有限责任公司400万t/a煤炭间接液化项目生产出高品质清洁柴油，煤制油全流程贯通。该工程采用的高温铁基浆态床煤炭间接液化核心技术，F-T合成催化剂活性、选择性与产油能力等关键技术指标均处于国际领先水平，具有完全自主知识产权。2017年12月17日，该示范项目油品双线实现满负荷运行。

三、上海兖矿能源科技研发有限公司F-T合成工艺

近年来上海兖矿能源科技研发有限公司分别自主研发了低温（230～240 ℃）和高温（340～360 ℃）F-T合成工艺。低温F-T合成工艺采用三相浆态床反应器、铁基催化剂，由F-T合成、产品分离及催化剂活化三部分组成。主要工艺流程框图见图7-21。

来自净化工段的新鲜合成气和循环尾气混合，经循环压缩机加压后，预热到160 ℃进入F-T合成反应器，在催化剂的作用下部分转化为烃类物质，反应器出口气体进入激冷塔进行冷却、洗涤。冷凝后液体，经高温冷凝物槽冷却后进入过滤器过滤，过滤后的液体作为高温冷凝物送入产品贮槽。在激冷塔中未冷凝的气体，经激冷塔冷却器进一步冷却至40 ℃，进入高压分离器，液体和气体在高压分离器得到分离，液相中的油相作为低温冷凝物，送入低

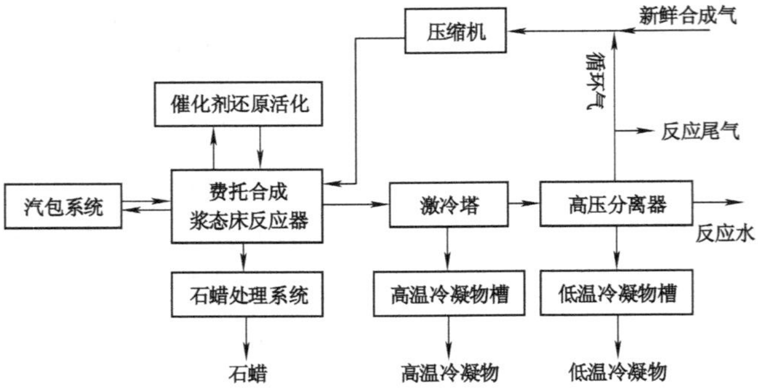

图 7-21　兖矿低温 F-T 合成工艺流程框图

温冷凝物储槽。水相作为反应水，送至废水处理系统。高压分离器顶部排出的气体，经过高压分离器闪蒸槽闪蒸后，一小部分放空进入燃料系统，其余与新鲜合成气混合后，经循环压缩机加压，并经原料气预热器预热后，返回反应器。反应产生的石蜡经反应器内置液固分离器与催化剂分离后排放至石蜡收集槽，然后经石蜡冷却器冷却至 130 ℃，进入石蜡缓冲槽闪蒸，闪蒸后的石蜡进入石蜡过滤器过滤，过滤后的石蜡送入石蜡储槽。反应热通过汽包中产生蒸气压的方式将热量移走。

低温 F-T 合成中试装置采用三相浆态床反应器，直径 0.9 m，高 25 m，在温度 230～240 ℃、压力 2.4 MPa 操作条件下进行合成反应，所得产品中气态烃选择性低，液态烃选择性高，甲烷选择性 3.56%，C_{5^+} 选择性大于 80%。

上海兖矿能源科技研发有限公司开发的高温 F-T 合成工艺在较高温度(340～360 ℃)下，其主要工艺流程与低温 F-T 合成基本相同，只是反应过程不再产生石蜡，也无需石蜡处理环节。

四、荷兰 Shell 公司的 SMDS 工艺

荷兰 Shell 公司的 SMDS(shell middle distillate synthesis，中间馏分油合成)工艺以天然气为原料，产品主要是沸程为 150～300 ℃范围的中间馏分(即煤油和粗柴油)。SMDS 工艺主要包括四个部分，即造气、F-T 合成、中间产品转化和产品分离，其工艺流程框图见图 7-22。在造气部分，采用非催化甲烷部分氧化转化成 CO 和 H_2(SGP)，由天然气和纯 O_2 生产出 H_2/CO 约为 1.7 的合成气，同时由 F-T 合成过程中生成的 C_1～C_4 组分经水蒸气重整后生产 H_2，其中一部分补给造出的合成气，使合成气进 F-T 合成反应器的 H_2/CO 为 2。F-T 合成反应采用固定床反应器，合成长链重质烃石蜡，此过程称为 HPS(heavy pareffin synthesis)过程。合成过程分两段进行，第一段设置了三个反应器，第二段设置了一个反应器，每一段设有单独的循环气体。大约总产量的 85%在第一段生成，其余 15%在第二段生成。反应压力 2.0～4.0 MPa，反应温度 200～240 ℃。使用热稳定性较好的钴基催化剂高选择性地合成长链石蜡烃，其链增长概率 α 值可控制在 0.80～0.96，催化剂性能稳定，可就地再生，合成气转化率为 96%，液体产品的选择性为 90%～95%。从重质烃合成过程出来的石蜡先经加氢饱和烯烃，再在各蒸馏塔中蒸出溶剂(C_6～C_8)和洗涤剂原料(C_{10}～C_{17})，部分多余的石蜡与蒸馏残留物一起进入加氢裂化装置，采用专用催化剂得到中间馏分油，在反

应温度为300～350 ℃、反应压力3.0～5.0 MPa条件下，将蜡产品经异构化和加氢裂化反应，最大限度地生产出中间馏分油。此过程称为HPC过程(heavy pareffin conversion)。最后产品分离。

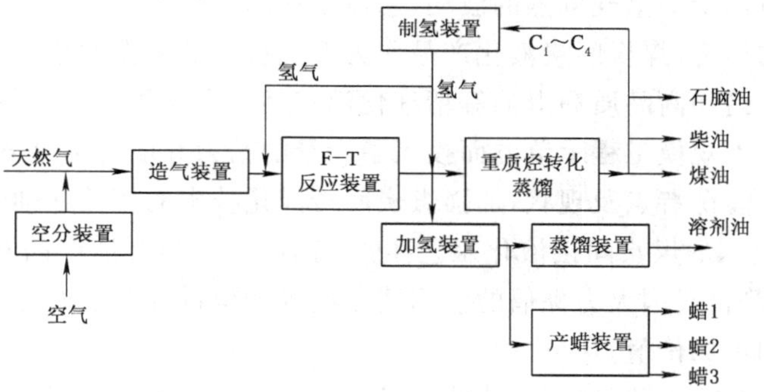

图7-22　SMDS工艺流程框图

SMDS工艺主要产品为柴油、航空煤油、石脑油和石蜡，可实施以柴油为主的产品方案[柴油60%(质量分数)，煤油25%(质量分数)，石脑油15%(质量分数)]，也可实施以煤油为主的产品方案[煤油50%(质量分数)，柴油25%(质量分数)，石脑油25%(质量分数)]，煤油的烟点大于45 mm，柴油的十六烷值大于70，产品性能见表7-9。SMDS工艺生产的柴油和煤油具有极优异的燃烧性质，且不含硫氮氧与芳烃，大大减少了排气污染。

以天然气为合成气原料的F-T合成工艺还有Exxon公司开发的AGC-21(advanced gas conversion technology 21st century)工艺和Syntroleum公司F-T合成工艺。AGC-21工艺在装有该公司开发的钴基催化剂(载体为TiO_2，含少量Re和Ru)的新型浆态床反应器中进行F-T合成反应，生成分子量范围很宽的以石蜡为主的烃类产物，最后将中间产品石蜡经固定床加氢异构改质为液态烃产品。Syntroleum公司F-T合成工艺采用流化床反应器及钴基催化剂，直接合成链长在一定范围内的液体燃料，其第二代钴催化剂称为限制链长的催化剂，产物分布主要在C_5～C_{20}。

表7-9　SMDS工艺产品性质

性　质	柴　油	煤　油
沸点范围/℃	250～360	150～250
密度/(kg/m^3)	780	750
倾点/℃	−10	—
十六烷值	75	—
烟点/mm	—	>50
冷冻点/℃	—	−47

第六节　煤炭间接液化技术的发展

近年来国际石油价格呈现剧烈的波动，总体是在高油价下振荡，以石油为原料路线的生产面临越来越大的压力，煤炭间接液化产品作为石油替代品将发挥重要的作用。同时，煤炭间接液化还可生产诸如高品质润滑油等精细化学产品。在这种背景下各国在煤炭间接液化技术的研究开发和大规模工程示范方面投入了大量的精力并取得了可喜的进展。

结合我国化石能源特点及现状，加强煤炭间接液化技术的相关基础研究，积极研发先进的依托 F-T 合成技术的煤炭间接液化工艺生产汽油、柴油等石油产品和化工产品，从而提高煤炭利用效率，符合我国大力提倡的使用清洁能源和建设环境友好型社会的发展需求，具有极大市场前景和市场价值。

煤炭间接液化过程工艺复杂，工艺路线长，产物选择性差，投资高。煤炭间接液化发展趋势及方向有如下几方面：

① 提高能源的利用效率，产品多元化，污染物和温室气体低排放。要开发新的煤气化技术，极大减少气化装置能耗和二氧化碳排放，使煤炭间接液化过程经济上具备竞争力，减少污染物和碳排放，满足环保要求。要大力开发煤炭间接液化与其他技术相结合的联产技术，通过与煤炭直接液化技术、电力生产技术、甲醇生产技术以及石油炼制等技术的耦合和联合生产，最大限度地实现资源、能源、公用工程和产品特点的耦合、共享和互补，真正做到资源利用最大化、能源利用高效化、产品种类多元化、生产过程清洁化。

② 高效、高选择性催化剂的开发。服从 ASF 法则的 F-T 合成，产物分布范围广，影响产品的经济性。通过对催化剂的修饰、助剂的选择和配方优化，提高反应的选择性。铁基催化剂具有良好的 F-T 合成反应催化活性，同时对水煤气有很好的催化活性。催化剂的改进、催化剂的高选择性和高反应活性能够实现 F-T 合成最大目标产品的生产和过程效率的提高。催化剂结构的精细化和多功能化可能会是实现这一目的的良好途径。

③ 深入细致地开展关于 F-T 合成反应机理的研究。F-T 反应机理复杂，产物众多，使现有的机理模型均存在一定的片面性。由于研究手段的限制，目前对 F-T 合成反应机理研究是基于催化剂表面或反应的宏观表现获得的信息，无法深入 F-T 反应本质。借助于原位分析表征和表面科学技术的进步，未来从催化剂活性中心角度研究 F-T 合成反应行为，并从几种机理综合考虑来阐释 F-T 反应本质。

④ 开发更加高效和可靠的新型合成反应器，简化工艺流程、优化工艺参数，实现过程最优化，如浆态床反应器具有结构简单、温度易于控制等优点。即便如此，浆态床反应器在工业应用时表现出气体分布不均，移热量大，催化剂颗粒和液相产物分离困难等不足，需要对浆态床反应器的结构进行更加细致合理的设计，如通过引入内构件等方法解决上述问题，充分发挥浆态床反应器的优点。

⑤ 由于高温 F-T 合成技术和低温 F-T 合成技术在产品结构方面均有局限性，因此开发高温与低温 F-T 合成工艺联产系统，可充分集成低温 F-T 合成和高温 F-T 合成技术在工艺和产品方面的优点，提高燃料品质，产品方案更加灵活，进而提高企业抵抗市场价格波动的能力，具有显著的经济效益和社会效益。

经过多年的不懈努力，我国在煤炭间接液化技术和工程设计方面打破了国外技术垄断，开发出了拥有自主知识产权的煤炭间接液化工程体系，已走在世界前列，并呈现蓬勃发展之势，正在朝着更大的突破和跨越而努力。可以相信的是随着对煤炭间接液化原理和技术的不断深入探究，煤炭间接液化技术一定能更好地保障我国的能源供给和服务国民经济的发展。

复　习　题

1. 与煤炭直接液化相比，煤炭间接液化有何优势？

2. ASF 模型的核心假定是什么？据 ASF 模型和化学反应工程原理（不考虑其他因素），可以推出哪些调控产物分布的办法？

3. 如何改变 F-T 合成的反应条件来减少副反应的发生，获得尽可能多的目标产物？

4. 分析 F-T 合成反应需在等温条件下进行的原因。

5. 简述固定床、流化床和浆态床反应器各自的特点，并作比较。

6. 简述催化剂的组成及其各部分在反应中的作用，F-T 合成反应中铁系催化剂包括哪些类型？

7. 比较 Sasol-Ⅰ与 Saso-Ⅱ流程的异同点。

8. 比较 Arge 固定床合成工艺与 Synthol 流化床合成工艺的主要产物分布。

9. 为什么 Sasol-Ⅱ厂和 Sasol-Ⅲ厂初期采用了 Synthol 循环流化床工艺而不是 Arge 固定床工艺，后期 Synthol 循环流化床工艺又被 SAS 固定流化床工艺所代替？

10. 简述 MFT 和 SMFT 工艺流程的特点。

参 考 文 献

[1] 高晋生，张德祥. 煤液化技术[M]. 北京：化学工业出版社，2005.

[2] 郭树才. 煤化工工艺学[M]. 2 版. 北京：化学工业出版社，2006.

[3] 马文平，刘全生，赵玉龙，等. 费托合成反应机理的研究进展[J]. 内蒙古工业大学学报，1999，18(2)：121-127.

[4] 申文杰，周敬来，张碧江. F-T 合成反应机理的研究[J]. 煤炭转化，1993，16(1)：1-11.

[5] 申文杰，周敬来，张碧江. FT 合成反应器概述[J]. 化学工程，1995，23(6)：7-13.

[6] 苏海全，张晓红，丁宁，等. 费托合成催化剂的研究进展[J]. 内蒙古大学学报(自然科学版)，2009，40(4)：499-513.

[7] 孙启文. 煤炭间接液化[M]. 北京：化学工业出版社，2012.

[8] 王学云，胡发亭，王光耀. 煤间接液化合成油技术研究现状及展望[J]. 洁净煤技术，2020，26(1)：110-120.

[9] 卫小芳，王建国，丁云杰. 煤炭清洁高效转化技术 进展及发展趋势[J]. 中国科学院院刊，2019，34(4)：409-416.

[10] 吴春来. 南非 SASOL 的煤炭间接液化技术[J]. 煤化工，2003，31(2)：3-6.

[11] 吴建民，孙启文，高腾飞，等. 费托合成反应体系的热力学计算与分析[J]. 化学工程，2012，40(3)：30-34.

[12] 相宏伟，钟炳. 天然气制取液体燃料工艺技术进展[J]. 化学进展，1999，11(4)：385-393.

[13] 曾蒲君王承宪. 煤基合成燃料工艺学[M]. 徐州：中国矿业大学出版社，1993.
[14] 周敬来，张志新，张碧江. 煤基合成液体燃料的 MFT 工艺技术[J]. 燃料化学学报，1999，27(增刊)：58-64.
[15] CLAEYS M，VAN STEEN E. Basic studies[M]//Studies in Surface Science and Catalysis. Amsterdam：Elsevier，2004：601-680.
[16] STEYNBERG A P，DRY M E，DAVIS B H，et al. Fischer-tropsch reactors[M]//Studies in Surface Science and Catalysis. Amsterdam：Elsevier，2004：64-195.

第八章　煤制甲醇和含氧化合物

第一节　煤制含氧化合物概述

煤制含氧化合物是指通过煤的化学转化，利用煤中的碳、氢等元素与氧元素结合制备含有氧的化合物。这一技术路径为现代煤化工的发展提供了新的方向和机遇。煤制含氧化合物技术致力于将煤转化为高附加值的化学品，如甲醇、二甲醚、乙二醇、乙醇、醋酸、碳酸二甲酯(DMC)、甲基丙烯酸甲酯(MMA)、聚甲氧基二甲醚(DMMn)等。产品品种多、下游产品丰富、生产技术多样的煤基含氧化合物作为现代煤化工高端化、多元化、低碳化发展的主攻方向，具有明显的现实意义。近年来，我国在煤基含氧化学品新领域开拓方面取得了一系列创新和突破，提高了煤化工产品竞争力，推动了煤化工产品差异化发展。煤制含氧化合物被认为是推动煤化工技术升级和绿色发展的重要途径之一。

煤制含氧化合物是一种将煤作为原料，通过化学反应转化为含氧化合物的技术路径。相比传统的煤炭利用方式，煤制含氧化合物具有以下几个特点：

1. 高效利用煤炭资源

煤制含氧化合物技术能够将煤中的碳、氢等元素转化为含氧化合物。相比传统的煤炭直接燃烧或者炼焦等方式，煤制含氧化合物技术能够更充分地利用煤炭资源，提高资源利用效率。

2. 多样化的产品应用

煤制含氧化合物技术可以生产多种含氧化合物产品，这些产品不仅可以作为清洁燃料使用，也可以作为化工原料，用于合成各种有机化合物。煤制含氧化合物技术的多样化产品应用能够满足不同领域的需求，将为我国现代煤化工高质量发展提供新的产品路径及创新思路。

3. 能源结构多样化

我国传统的石油和天然气资源有限，而煤炭作为一种相对丰富的化石能源，具有巨大的潜力。通过煤制含氧化合物技术的发展，可以实现对煤炭资源的高效利用，部分替代传统能源，减少对传统能源的依赖，提高能源供应的稳定性和安全性。煤制含氧化合物技术能够促进能源结构的多样化，推动能源的可持续发展。

第二节　甲醇合成的基本原理

一、甲醇的主要理化性质及主要用途

（一）物理性质

甲醇又称木醇，是最简单的饱和醇，分子式为 CH_3OH，分子量为 32.04。常温常压下，纯甲醇是无色透明、易流动、易挥发、可燃、略带醇香味的液体。甲醇属于强极性有机化合物，可以和水、乙醇、乙醚等许多有机液体无限互溶，但不能与脂肪烃类化合物互溶。此外，甲醇对二氧化碳和硫化氢的溶解能力也很强。甲醇具有毒性，人口服中毒最低剂量约为 100 mg/kg(体重)，经口摄入 0.3～1 g/kg 可致死，空气中允许最高甲醇蒸气浓度为 0.05 mg/L。甲醇蒸气与空气在一定范围内可形成爆炸性混合物。甲醇的主要物化性质见表 8-1。

表 8-1　甲醇的主要物化性质

性质	数据	性质	数据
密度	0.810 0 g/mL(0 ℃)	黏度	0.594 5 MPa·s(20 ℃)
相对密度	0.791 3	导热系数	2.09×10^{-3} J/(m·s·K)
沸点	64.5～64.7 ℃	表面张力	22.55×10^{-3} N/m
熔点	−97.8 ℃	折射率	1.328 7(20 ℃)
闪点	16 ℃(开杯);12 ℃(闭杯)	蒸发潜热	35.295 kJ/mol(64.7 ℃)
自燃点	473 ℃(空气中);461 ℃(氧气中)	熔融热	3.169 kJ/mol
临界温度	240 ℃	燃烧热	727.038 kJ/mol(25 ℃液体)
临界压力	7.97 MPa		742.738 kJ/mol(25 ℃气体)
临界体积	118 mL/mol	生成热	238.798 kJ/mol(25 ℃液体)
临界压缩系数	0.224		201.385 kJ/mol(25 ℃气体)
蒸气压	$1.287\ 9\times10^{4}$ Pa	膨胀系数	0.0011 9(20 ℃)
比热容	2.51～2.53 J/(g·℃)(20～25 ℃液体)	腐蚀热	在常温无腐蚀性，对铅、铝例外
	45 J/(g·℃)(25 ℃气体)	爆炸性	6.0%～36.5%(体积)(在空气中爆炸范围)

（二）化学性质

甲醇的化学性质很活泼，化学反应主要发生在羟基上，典型的化学反应有：

① 氧化反应。甲醇在铁钼系或银催化剂作用下经空气或纯氧氧化生成甲醛，甲醛进一步氧化后可得到甲酸。

② 酯化反应。甲醇可以与多种无机酸和有机酸发生酯化反应，如：甲醇与甲酸反应生成甲酸甲酯，甲醇与硫酸反应生成硫酸氢甲酯、硫酸二甲酯。

③ 羰基化反应。如：甲醇可与 CO 发生羰基化反应生成醋酸或醋酐，甲醇也可在氧气作用下与 CO 反应生成碳酸二甲酯。此外，甲醇和光气发生羰基化反应生成氯甲酸甲酯，进一步反应生成碳酸二甲酯等。

④ 胺化反应。甲醇与氨反应生成甲胺(一甲胺、二甲胺、三甲胺)。

⑤ 生成醚的反应。如:甲醇脱水反应生成二甲醚,甲醇与异丁烯反应生成甲基叔丁基醚,甲醇与炔烃反应生成甲基乙烯基醚等。

⑥ 氯化反应。甲醇与 HCl 反应生成一氯甲烷、二氯甲烷、三氯甲烷。

⑦ 裂解反应。甲醇裂解产生 CO 和 H_2,若裂解过程中有水蒸气存在,则生成 CO_2 和 H_2。

⑧ 其他反应。甲醇与苯反应生成甲苯,甲醇与二氧化碳反应生成二甲基硫醚,进一步氧化生成二甲基亚砜,甲醇催化生成低碳烯烃等。

(三) 甲醇的主要用途

甲醇是重要的基础化工原料,截至 2024 年年底,我国甲醇总产能达到 1.1 亿 t,远高于大宗化工产品中乙烯、丙烯和苯的产量,已经成为我国产量最大的有机合成原料和液体燃料。其广泛用于有机中间体、医药、农药、染料、涂料、塑料、合成纤维、合成橡胶等其他化工生产中,此外,还可用作溶剂及燃料。目前,甲醇用于化工生产的产品达数百种,主要衍生物有:乙烯、丙烯、甲醛、甲基叔丁基醚、醋酸、甲胺、二甲醚、甲酸甲酯、硫酸二甲酯、对苯二甲酸甲酯、甲基丙烯酸甲酯、氯甲烷类、汽油等。甲醇的主要下游产品见图 8-1。

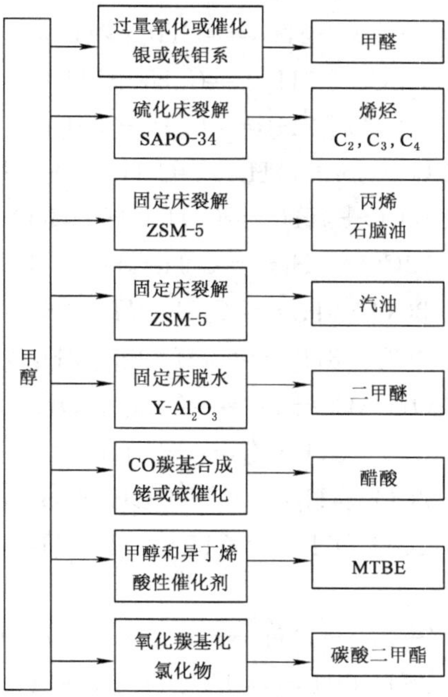

图 8-1 甲醇化工产品图

近年来,国内甲醇利用的主要增长点是甲醇制烃(MTO/MTP/MTG/MTA),2021 年甲醇制烃消耗甲醇量占甲醇总产量的 53%以上,传统消费领域如甲醛、醋酸、医药和农药等行业稳步发展,这些行业的甲醇消费量也稳中有增。在传统消费途径如甲醛、甲基叔丁基醚(MTBE)、*N*,*N*-二甲基甲酰胺(DMF)等对甲醇的消耗量增长较慢的现状下,醇醚燃料甲醇掺混汽油和二甲醚正在成为甲醇消费量增长的重要力量,但醇醚燃料的发展仍待国家相关标准和规范的进一步引导。

二、合成甲醇的化学反应

煤制甲醇是以煤和空气为主要原料，采用适宜的气化技术制备粗合成气，经 CO 变换、酸性气体脱除及净化得到满足甲醇合成要求的精制合成气，再经合成和精馏制取精甲醇的工艺过程。目前，我国大型煤制甲醇工艺基本上都是采用煤气化制甲醇工艺。

合成气 CO 和 H_2 通入甲醇合成反应器，在一定的温度和压力条件下，CO 和 H_2 在催化剂的作用下发生如下可逆反应：

$$CO+H_2 \rightleftharpoons CH_3OH,\Delta H_{298\ K}=-90.8\ kJ/mol \tag{8-1}$$

反应气中存在 CO_2 时，还将发生如下反应：

$$CO_2+3H_2 \rightleftharpoons CH_3OH+H_2O,\Delta H_{298\ K}=-49.5\ kJ/mol \tag{8-2}$$

同时 CO_2 和 H_2 还将发生如下反应：

$$CO_2+H_2 \rightleftharpoons CO+H_2O,\Delta H_{298\ K}=41.3\ kJ/mol \tag{8-3}$$

此外还伴有一些副反应发生，生成少量的烃、醇、醚、酸和酯等化合物。

烃类：

$$CO+3H_2 \rightleftharpoons CH_4+H_2O$$
$$2CO+2H_2 \rightleftharpoons CH_4+CO_2$$
$$CO_2+4H_2 \rightleftharpoons CH_4+2H_2O$$
$$2CO+5H_2 \rightleftharpoons C_2H_6+2H_2O$$
$$3CO+7H_2 \rightleftharpoons C_3H_8+3H_2O$$
$$nCO+(2n+1)H_2 \rightleftharpoons C_nH_{2n+2}+nH_2O$$

醇类：

$$2CO+4H_2 \rightleftharpoons C_2H_5OH+H_2O$$
$$3CO+3H_2 \rightleftharpoons C_2H_5OH+CO_2$$
$$3CO+6H_2 \rightleftharpoons C_3H_7OH+2H_2O$$
$$4CO+8H_2 \rightleftharpoons C_4H_9OH+3H_2O$$
$$CH_3OH+CO+H_2 \rightleftharpoons C_nH_{2n+1}OH+H_2O$$

醛：

$$CO+H_2 \rightleftharpoons HCHO$$

醚类：

$$2CO+4H_2 \rightleftharpoons CH_3OCH_3+H_2O$$
$$2CH_3OH \rightleftharpoons CH_3OCH_3+H_2O$$

酸类：

$$CH_3OH+nCO+2(n-1)H_2 \rightleftharpoons C_nH_{2n+1}COOH+(n-1)H_2O$$

酯类：

$$2CH_3OH \rightleftharpoons HCOOCH_3+2H_2$$
$$CH_3OH+CO \rightleftharpoons HCOOCH_3$$
$$CH_3COOH+CH_3OH \rightleftharpoons CH_3COOCH_3+H_2O$$
$$CH_3COOH+C_2H_5OH \rightleftharpoons CH_3COOC_2H_5+H_2O$$

元素碳：

$$2CO \rightleftharpoons C+CO_2$$

三、合成甲醇反应的热效应

CO 与 H_2 合成甲醇是体积缩小的放热反应，在 298 K 时反应热 $\Delta H=-90.8\ kJ/mol$。常压下反应热随温度的变化关系如下：

$$\Delta H_T=-75\ 013-66.1T+4.78\times10^{-2}T^2-11.3\times10^{-6}T^3 \tag{8-4}$$

式中　ΔH_T——常压下合成甲醇反应热，J/mol；

T——温度，K。

由式(8-4)计算得到不同温度下的反应热见表 8-2。

表 8-2　常压下甲醇合成反应在各温度下的反应热效应

T/K	373	473	513	573	623	673	773
ΔH_T/(kJ/mol)	−93.29	−96.14	−96.97	−98.24	−98.99	−99.65	−100.4

在合成甲醇反应中，反应热效应不仅与温度有关，而且还与反应压力有关。甲醇合成反应热效应与温度和压力的关系见图 8-2。

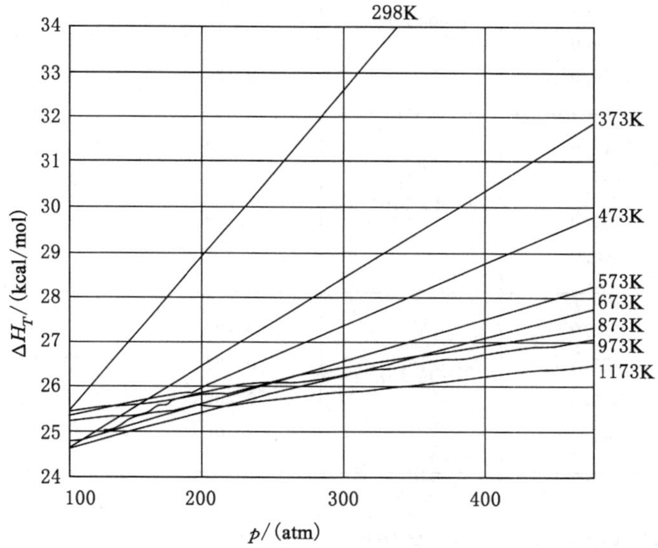

1 atm=101 325 Pa

图 8-2　合成甲醇反应热 ΔH_T 与温度和压力的关系

由图 8-2 可见，甲醇合成反应的热效应变化范围是比较大的。在高压低温下反应热大，且当温度低于 473 K，反应热随压力变化的幅度大于反应温度时，298 K、373 K 等温线比 573 K 等温线的斜率大。所以合成甲醇在低于 673 K 条件下操作比高温条件下操作要求严格，温度与压力波动大时容易失控。而在压力 200 atm 左右、温度大于 573 K 进行反应时，反应热随温度与压力的变化不大，合成甲醇操作容易控制，采用此种条件对甲醇合成比较有利。

四、合成甲醇反应的化学平衡

CO 和 H_2 合成甲醇是一个气相可逆反应，压力和温度对反应起着重要作用。已知在气相反应中，由逸度表示的平衡常数 K_f 与逸度系数、分压、摩尔分数表示的平衡常数 K_r、K_p、K_N 和总压有下述关系：

$$K_f = K_r \cdot K_p = K_r \cdot K_N \cdot p^2 \tag{8-5}$$

$$K_r = r_{CH_3OH}/(r_{CO} \cdot r_{H_2}^2) \tag{8-6}$$

$$K_p = p_{CH_3OH}/(p_{CO} \cdot p_{H_2}^2) \tag{8-7}$$

$$K_N = N_{CH_3OH}/(N_{CO} \cdot N_{H_2}^2) \tag{8-8}$$

K_f 与温度的关系可以由下式直接求得：

$$\lg K_f = 3\,921T^{-1} - 7.971\lg T + 2.499 \times 10^{-3}T - 2.953 \times 10^{-7}T^2 + 10.20 \tag{8-9}$$

K_r 可由相关图表查得，由式(8-5)～式(8-9)可算出平衡常数值，合成甲醇反应的平衡常数见表 8-3。

表 8-3　合成甲醇反应的平衡常数

温度/K	压力/MPa	K_f	K_r	K_p	K_N
473	10.0	1.909×10^{-2}	0.453	4.21×10^{-2}	4.20
	20.0		0.292	6.53×10^{-2}	26.0
	30.0		0.177	10.80×10^{-2}	97.0
	40.0		0.130	14.67×10^{-2}	234
573	10.0	2.42×10^{-4}	0.576	3.58×10^{-2}	3.58
	20.0		0.486	4.97×10^{-2}	19.9
	30.0		0.338	7.15×10^{-2}	64.4
	40.0		0.252	9.60×10^{-2}	153.6
673	10.0	1.079×10^{-5}	0.782	1.38×10^{-2}	0.14
	20.0		0.625	1.73×10^{-2}	0.69
	30.0		0.502	2.08×10^{-2}	1.87
	40.0		0.400	2.70×10^{-2}	4.18

根据化学计算得出的平衡转化率如图 8-3所示[计算用的合成气组成(体积含量)为：H_2 64%，CO 29%，CO_2 2%，惰质组 5%]。

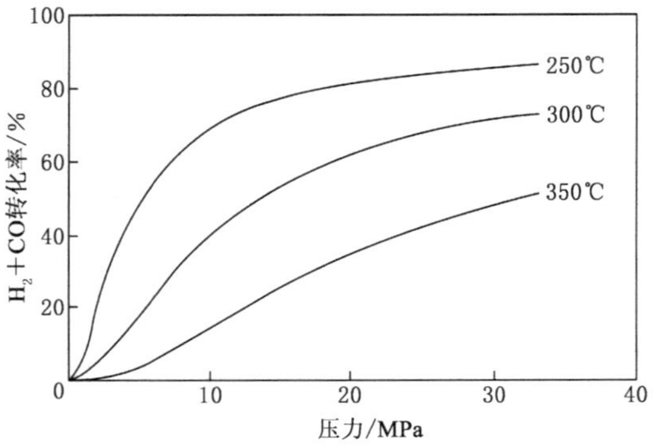

图 8-3　甲醇合成平衡转化率与温度和压力的关系

通过热力学分析可以看出，提高反应压力和降低反应温度都有利于甲醇的生成，但同时也有利于副反应的发生。因此，要达到合成甲醇的目的，就必须选择合适的催化剂，严格控制反应条件，以提高主反应的选择性，抑制副反应的发生。

合成甲醇是一个多相催化反应，同时也是放出大量热量的可逆反应。反应过程中除生成主产物甲醇外，还伴随发生一系列的副反应，生成烃、醇、醚、醛、酸等众多甲醇衍生物。通常在单程反应中，CO 和 CO_2 的转化率都很难达到 100%，因此未参加反应的 CO、CO_2 和 H_2 需要与甲醇分离，再压缩循环至主反应器中反应，以提高合成气的转化率和利用率。

五、合成甲醇的反应机理

自 CO 加氢合成甲醇工业化以来，有关合成反应机理一直在不断探索和研究之中。早期认为合成甲醇是通过 CO 在催化剂表面吸附生成中间产物而合成的，即 CO 是合成甲醇的原料。但 20 世纪 70 年代以后，通过同位素示踪研究，证实合成甲醇中的原子来源于 CO_2，所以认为 CO_2 是合成甲醇的起始原料。为此，分别提出了 CO 和 CO_2 合成甲醇的反应机理，见图 8-4。在该机理中，认为合成气中 H_2、CO 和 CO_2 中各组分首先吸附到催化剂的表面，与活性位点相结合生成活性 H、CO 和 CO_2，然后活性组分在催化剂表面发生合成反应，其中甲氧基的生成为限速步骤。在该反应机理中，可以看出，表面反应过程实际是以 CO_2 为起始反应物，所以在甲醇合成的原料气中需要保留一定量的 CO_2 组分，一般 CO_2 的体积含量在 3%～8%左右。

① 吸附

$H_2(g)+2* \longrightarrow 2H*$

$CO(g)+* \longrightarrow CO*$

$CO_2(g)+* \longrightarrow CO_2*$

② 表面反应

$CO_2*+H* \longrightarrow HCOO*+*$

$HCOO*+H* \longrightarrow H_2COO*+*$

$H_2COO*+H* \longrightarrow H_3CO*+O*$

$H_3CO*+H* \longrightarrow CH_3OH*+*$

$CH_3OH* \longrightarrow CH_3OH(g)+*$

③ 催化剂再生

$CO*+O* \longrightarrow CO_2*+*$

$2H*+O* \longrightarrow H_2O*+2*$

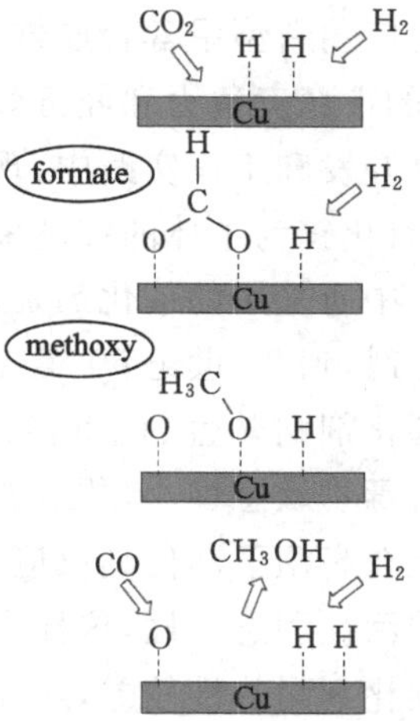

图 8-4 甲醇合成机理

为了阐明甲醇合成反应的模式，1987 年朱炳辰等使用 C301 型铜基催化剂，分别对仅含有 CO_2 或 CO 或同时含有 CO_2 和 CO 三种原料气进行了甲醇合成动力学实验测定，三种情况下均可生成甲醇，实验结果显示：在一定条件下，CO 和 CO_2 均可在铜基催化剂表面加氢生成甲醇。因此基于化学吸附的 CO 连续加氢而生成甲醇的反应机理被人们普遍接受。但时至今日，有关甲醇合成的机理还在不断地探索中。

对甲醇合成而言，无论是锌铬催化剂还是铜基催化剂，其多相(非匀相)催化过程按下列过程进行：

① 扩散——气体自气相扩散到气体-催化剂界面；

② 吸附——各种气体组分在催化剂活性表面上进行化学吸附；

③ 表面吸附——化学吸附的气体，按照不同的动力学路径进行反应形成产物；

④ 解析——反应产物的脱附；

⑤ 扩散——反应产物自气体-催化剂界面扩散到气相中去。

甲醇合成反应的速度，是上述五个过程中的每一个过程进行速度的总和，但全过程的速度取决于最慢步骤的完成速度。研究证实，过程①与⑤进行得非常迅速，过程②与④的进行速度较快，而过程③分子在催化剂活性界的反应速度最慢，因此，全部反应过程的速度取决于表面反应的进行速度。

从动力学角度出发，提高压力、升高温度均可使甲醇合成反应速度加快，但从热力学角度分析，由于 CO、CO_2 和 H_2 合成甲醇的反应是强放热的体积缩小反应，提高压力、降低温度有利于化学平衡向生成甲醇的方向移动，同时也有利于抑制副反应的进行。

第三节 甲醇合成的催化剂和反应器

一、甲醇合成的催化剂

甲醇合成催化剂是衡量合成甲醇工业技术水平高低的关键技术之一。随着甲醇工业的快速发展，对甲醇合成催化剂的研究开发也提出了更高的要求。目前，国内外相关企业及科研机构都在积极开发应用新型甲醇合成催化剂，以提高产品的数量和质量，达到节约能源、降低成本、提高企业的市场竞争力和经济效益、促进甲醇工业发展的目的。

在长时间的研究开发和工业实践中，现代甲醇工业广泛使用的合成甲醇催化剂主要有两大系列：一种是以氧化锌为主体的锌基催化剂，一种是以氧化铜为主体的铜基催化剂。早期合成甲醇工业生产中所采用的催化剂是由德国 BASF 公司于 1923 年首先开发成功的锌铬（ZnO/Cr_2O_3）催化剂，到 20 世纪 60 年代，英国 ICI 公司和德国 Lurgi 公司先后研制成功铜基催化剂。锌基催化剂耐热性、抗毒性以及机械性能都较好，而且锌基催化剂使用范围宽、操作控制容易、对毒物敏感性小，操作的适宜温度为 350～400 ℃，压力为 25～35 MPa（寿命为 2～3 年），但在高温下却使副反应发生的概率增加，产品质量差、能耗高；铜基催化剂在低温下有较高的活性和选择性，这样大大地降低了反应温度和压力，通常用于低、中压工艺流程。但铜基催化剂耐热性较差，对硫、氯及其化合物敏感，易中毒，操作的适宜温度为 220～270 ℃，压力为 5～10 MPa（一般寿命为 2～3 年）。通过操作条件的对比分析，可知使用铜基催化剂可大幅度节省投资费用和操作费用，降低成本。随着脱硫技术的发展，使用铜基催化剂已成为甲醇合成工业的主要方向，1966 年以后世界上几乎所有的甲醇合成厂都用铜基催化剂，锌基催化剂逐渐被淘汰。

铜基催化剂（$CuO\text{-}ZnO\text{-}Al_2O_3$ 或 $CuO\text{-}ZnO\text{-}Cr_2O_3$）因具有良好的低温活性、较高的选择性，近年来得到了广泛的应用。铜基催化的组成和特性如下。

（一）催化剂组成

铜基催化剂的主要化学成分是 $CuO\text{-}ZnO\text{-}Al_2O_3$ 或 $CuO\text{-}ZnO\text{-}Cr_2O_3$，其活性组分是 Cu 和 ZnO，同时还要添加一些助催化剂，促进催化剂的活性。Cr_2O_3 的添加可以提高铜在催化剂中的分散度，同时又能阻止分散的铜晶粒在受热时被烧结、长大，延长催化剂的使用寿命，但 Cr 为有毒重金属，不利于催化剂的后续回收和无害化处理。添加 Al_2O_3 助催化剂也可以提高催化剂活性，而且 Al_2O_3 价廉、无毒，用 Al_2O_3 代替 Cr_2O_3 的铜基催化剂得到了更广泛的应用。

国内外常用的甲醇合成铜基催化剂的组成、性能和操作条件见表 8-4 和表 8-5。

表 8-4 国外常用的甲醇合成铜基催化剂

国别	公司	型号	组分/%				操作条件		反应器
			CuO	ZnO	Al_2O_3	Cr_2O_3	压力/MPa	温度/℃	
美国	UCI	C79-2	√	√			1.5～11.7	220～330	
		G106	√	√	√		4.9		
英国	ICI	51-1	60	30	10		4.9～6.1	210～270	分段冷激型
		51-2	60	30	10		4.9～6.1	210～270	
		51-3	60	30	10		7.8～11.8	190～270	
德国	Lurgi	LG104	51	32	4		4.9	210～240	管壳型
丹麦	Topsøe	LMK	40	10		50	9.8	220～270	径向型
		LMK-2R	33	46		18	9.8	210～350	
		MK101	√	√	√		2.0～14.7	200～310	
日本	三菱瓦斯	M-5	√	√			5.0～15.5	230～285	多段冷激型
苏联		CHM-1A	53	26	5.5		4.9	210～290	
		CHM-1B	53	26	5.5		9.8～14.6	210～290	
		CHM2	√	√			29.4	215～285	

注："√"表示有该种组分。

表 8-5 国产工业甲醇合成铜系催化剂

型号	C207	C301	C302	C303	C307
成分	CuO-ZnO-Al_2O_3	CuO-ZnO-Al_2O_3	CuO-ZnO-Al_2O_3-V_2O_5	Cu-Zn-Cr	CuO-ZnO-Al_2O_3
规格 ϕ/(mm×mm)	5×5	4.5×1.5		5×5	5×(4～5)
外观	棕黑色，有光泽，圆柱	黑色，有光泽，圆柱	灰黑色，有光泽	黑色，有光泽，圆柱	两端为球面的黑色圆柱体
堆密度/(kg/L)	1.4～1.6	1.5～1.8	1.3～1.6	2.0～2.2	1.4～1.6
侧压强度/(N/m)	≥14×10³	≥16×10³	≥10×10³	10×10³	20×10³
使用压力/MPa	≥10	5.0～30.0	5.0～10.0	3.0～15.0	3.0～15.0
使用温度/℃	235～290	210～290	210～280	210～290	190～300
主要生产单位	南化公司	南化研究院	西南化工研究院	南化研究院	南化研究院

（二）还原与氧化

氧化铜对甲醇合成无催化活性，投入使用之前需将氧化铜还原成单质铜，工业上采用氢气、一氧化碳作为还原剂，对铜基催化剂进行还原。其反应如下：

$$CuO+H_2 = Cu+H_2O+Q$$

$$CuO+CO = Cu+CO_2+Q$$

氧化铜的还原反应是强烈的放热反应，而且铜基催化剂对热比较敏感，因此要严格控制氢或一氧化碳浓度和温度，还原升温要缓慢，出水均匀，以防温度猛升和出水过快，影响催化剂的活性和寿命。

还原后的催化剂与空气接触时，产生下列反应：

$$Cu+1/2O_2 \longrightarrow CuO+Q$$

如果与大量的空气接触，放出的反应热将使催化剂超温烧结。因此，停车卸出之前，应先通入少量氧气逐渐进行氧化，在催化剂的表面形成一层氧化铜保护膜，这一过程称为催化剂的钝化。

铜基催化剂最大的特点是活性高、反应温度低、操作压力低。其缺点是对合成原料气中杂质要求严格，特别是原料气中的 S、As，必须精脱硫。

（三）其他类型的催化剂

铜锌铝、铜锌铬催化剂是当前甲醇合成工业的主要催化剂，但近年来，新型催化剂的研制一直在进行，新型催化剂的研制方向在于进一步提高催化剂的活性、改善催化剂的热稳定性以及延长催化剂的使用寿命，如钯系催化剂、钼系催化剂和低温液相催化剂，这些催化剂虽然在某些方面弥补了铜锌铝、铜锌铬催化剂的不足，但因其活性不理想或对甲醇的选择性差等自身缺点，还只停留在研究阶段而没有实现工业化的应用。

（四）铜基催化剂的中毒和寿命

铜基催化剂对硫的中毒十分敏感，一般认为其原因是 H_2S 和 Cu 形成 CuS，也可能生成 Cu_2S，反应如下：

$$Cu+H_2S \longrightarrow CuS+H_2$$

$$2Cu+H_2S \longrightarrow Cu_2S+H_2$$

因此原料气中硫含量应小于 0.1 mg/m^3，与此类似的是氢卤酸对催化剂的毒性。

催化剂使用的寿命与合成甲醇的操作条件有关，铜基催化剂比锌铬催化剂的耐热性差得多，因此防止超温是延长寿命的最重要措施。

合成甲醇工业的进展，很大程度上取决于新催化剂的研制成功及质量的改进。在合成甲醇的生产中，很多工艺指标和操作条件都由所用催化剂的性质决定。国内外关于甲醇合成催化剂的研发都在向高活性和高寿命的方向发展。国内甲醇合成催化剂的研究开发已具有相当的水平，大大缩短了同国外的差距。

二、甲醇合成反应器

甲醇合成反应器（合成塔）是甲醇合成工艺的核心设备，反应器形式的不同，导致反应热的回收效率不同，设计合理的反应器，可以达到及时带走反应热，防止催化剂因过热而降低活性的作用。

（一）甲醇合成工艺对合成塔的基本要求

从操作、结构、材料及维修等方面考虑，对甲醇合成反应器的基本要求如下：

① 能保证催化剂在升温、还原过程中操作正常、还原充分，尽可能地提高催化剂的活性，达到最大的生产强度。

② 能有效地移去反应热，合理地控制催化剂层温度分布，使其逼近最佳操作温度线，提高甲醇净值和催化剂的使用寿命。

③ 能保证气体均匀地通过催化剂层，阻力小，气体处理量大，甲醇产量高。

④ 充分利用空间，尽可能多装催化剂，提高容积利用系数。

⑤ 操作稳定、调节方便，能适应各种操作条件的变化。

⑥ 结构简单，运转可靠，装卸催化剂方便，制造、安装和维修容易。

⑦ 妥善处理各个内件的连接与保温，避免产生热应力，使内件在塔内能自由胀缩等。

（二）甲醇合成塔的结构与分类

甲醇合成塔的类型很多，可按不同的分类方法进行分类。

① 按冷却介质种类，可分为自热式甲醇合成塔和外冷式甲醇合成塔。

甲醇合成反应为可逆放热反应，在反应过程中必须排出热量，否则反应热将使反应混合物的温度升高。为了利用反应热，在甲醇合成工业中，常采用冷原料气作为冷却剂来使催化剂床层得到冷却，而原料气则被加热到略高于催化剂的活性温度，然后进入催化剂床层进行合成反应，这种合成塔称为自热式甲醇合成塔。若冷却剂采用其他介质，则这种合成塔称为外冷式甲醇合成塔。

② 按操作方式分，可分为连续换热式和多段换热式两大类。

连续换热式合成塔的基本特征是反应气体在催化剂床层内的反应过程与换热过程是同时进行的。在合成塔内装有许多换热管作为反应气体与冷却剂之间的换热面。连续换热式合成塔既有自热式的，也有外冷式的。

多段换热式合成塔的特点是反应过程与换热过程分开进行的。即在绝热情况下进行反应，反应后的气体离开催化剂床层与冷却剂换热而降低温度，再进行下一段绝热反应，使绝热反应和换热过程依次交替进行多次。多段换热式合成塔又可分为多段间接换热式和多段直接换热式两种。多段间接换热式催化反应器的段间换热过程是在间壁式换热器中进行的。多段直接换热式是向反应混合气体中加入部分冷却剂，两者直接混合来降低反应混合物的温度，所以又称为冷激式，冷却剂多采用原料气。

③ 按气体流向分，可分为轴向式、径向式和轴径向复合式。

轴向式合成塔中的反应气在催化剂床层中轴向流动并进行化学反应，流动阻力较大。径向式合成塔中反应气在催化剂床层中则是径向流动，可减少流动阻力，节约动能消耗。而轴径向合成塔中既有轴向层也有径向层。

（三）几种典型的甲醇合成塔

甲醇合成反应器是甲醇合成工艺的关键设备，由于反应器形式的不同，带来反应热的回收效率不同，其关键是设计合理的反应器，及时带走反应热，防止催化剂因过热而降低活性。现今世界上先进的反应器有以下几种。

1．多段冷激式甲醇合成塔

多段冷激式甲醇合成塔是一种固定床冷激式绝热轴向流动甲醇合成反应器。在中低压条件下，使用铜基催化剂进行甲醇合成反应，其热量通过特殊设计的菱形分布系统将冷激气体喷入床层中间带走，以调节合成塔内温度，ICI 工艺甲醇合成塔即属于这种形式。

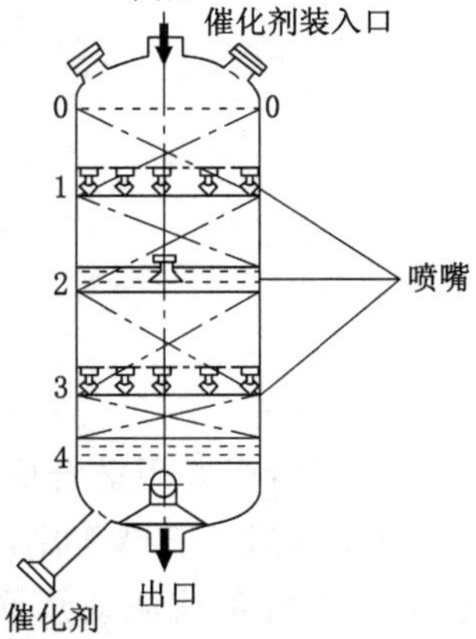

图 8-5　冷激式甲醇合成塔

如图 8-5 所示，多段冷激式合成塔主要由塔体、气体喷头、气体进出口、催化剂装卸口等组成。催化剂由惰性材料支撑，分成数段。反应气体由上部进入反应器，冷激气在段间经喷嘴喷入，喷嘴分布于反应器的全部截面上，以便冷激气与反应气混合均匀。混合后的温度控制为反应温度的下限,混合气进入下一段床层进行反应。单个催化剂床层中进行的反应为绝热反应,释放的反应热使反应气体温度升高,但未超过反应温度上限,于下一段间再与冷激气混合降温后进入再下一段床层进行反应。反应器床层轴向温度分布情况见图 8-6,其中横坐标为催化剂的床层距离,1、2、3、4 分别代表 1 至 4 层催化剂床层的最底部,从中可以看出,多段激冷式甲醇合成塔的特点之一是床层温差较大。

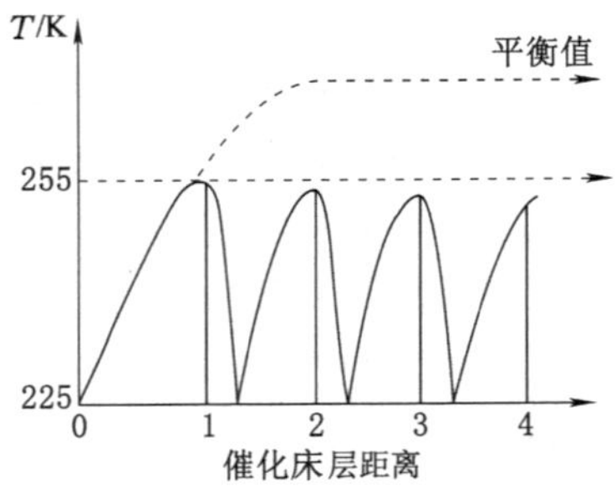

图 8-6 冷激式合成塔温度分布

冷激式合成塔有以下特点:合成塔单系列生产能力大,适应大型或超大型装置;甲醇合成塔设备结构简单,催化剂装卸方便;ICI 采用特殊设计的菱形分布系统进行冷激,温度控制较为方便。这种塔的不足之处在于:不能回收甲醇合成产生的高位热能;合成回路循环气量大;床层温差大;反应器因有部分气体与未反应气体之间的返混,合成塔出口甲醇含量低;催化剂的时空产率不高,用气较大。

2. 管束式甲醇合成塔

管束式甲醇合成塔是等温反应器,设备管内装填催化剂,在中低压条件下进行甲醇合成反应,由管间沸水汽化移出热量,以控制床层温度,延长催化剂寿命,减少副反应的发生。Lurgi 甲醇合成塔即为此种形式,结构示意见图 8-7。

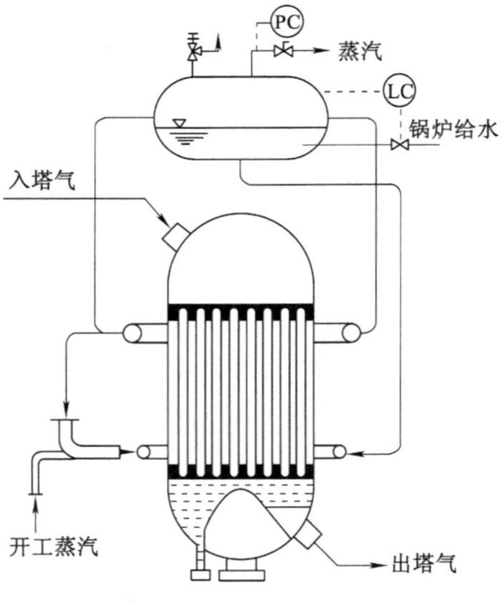

图 8-7 Lurgi 甲醇合成塔结构示意图

与多段冷激式甲醇合成塔相比,管束式合成塔有以下特点:甲醇反应条件温和,副反应较少,可基本避免石蜡等副产物的形成;利用壳程饱和蒸气汽压力控制催化剂床层的温度,并能适应系统负荷波动及原料气温度的改变;回收高位能的甲醇合成反应热,热量利用合理;甲醇合成塔出口气体的甲醇含量较高,循环气量小;开工方便,不需另设电加热器,开工时可用壳程蒸汽加热。但 Lurgi 甲醇合成塔结构复杂、设备制造困难、不利于维修,相比于

ICI 合成塔，单位设备体积的催化剂填装量小，单台(套)设备生产能力没有 ICI 的大且对材料也有很高的要求，这是它的不足之处。

3．绕管式合成塔

绕管式合成塔是德国 Linde 公司开发的，属于等温型合成塔。与 Lurgi 合成塔相比，区别在于绕管式合成塔将冷却的垂直管改为盘管并埋在催化剂床内，其结构类似于高效盘管换热器。与传统型 Lurgi 合成塔相反，Linde 合成塔盘管内走沸水，盘管外置催化剂。与传统型 Lurgi 合成塔相比，绕管式合成塔具有以下特点：

(1) 同样甲醇合成能力下，合成塔尺寸大为缩小；

(2) 回收热能效率高，副产高压蒸汽；

(3) 提高了甲醇的净值，减少了循环气量。

4．多段径向甲醇合成塔

日本 TEC 公司开发了一种新的甲醇合成反应器，它是多段、间接冷却、径向流动的反应器，简称为 MRF 反应器，该反应器由外筒、催化剂筐以及许多垂直的沸水管，即反应器的冷却管组成，冷却管埋于催化剂层中，合成气由中心管进入，然后径向流动通过催化剂层进行反应，反应后的气体汇集于环形空间，由上部出去。冷却管吸收反应放出的热量产生蒸汽，根据反应的放热速率和移热速率，合理选择冷却管的数量和间距，使反应过程按最佳温度曲线进行，MRF 反应器有以下特点：

(1) 气体径向流动，流道短，流通截面大，因此压降很小，约为轴向反应器的十分之一；

(2) 床层与冷管之间的传热效率也很高，每吨甲醇能产生 1 吨多蒸汽(在给水预热的条件下)；

(3) 单程转化率高，循环气量小；

(4) 反应过程按最佳温度曲线进行。

5．双套管甲醇反应器

日本的 MHI(Mitsubishi Heavy Industries)和 MGC(Mitsubishi Gas Chemical Company)两公司联合开发了超级甲醇合成塔，简称 SPC。此合成塔相当于一个垂直的简单双套管换热器，催化剂装在内管和外管之间，沸水则在管壳间循环，原料气从下面进入内管，被加热后的气体进入催化剂床，反应气被外面的沸水冷却，同时被里面的气体冷却，催化剂的温度在进口较高而出口较低，使操作温度更接近最佳温度曲线。该反应器的特点是：

(1) 单程转化率高，8 MPa 压力下，可以得到 14%的出口甲醇浓度；

(2) 能量回收好，每吨甲醇可副产 1～1.1 t 的中压蒸汽(在给水预热的条件下)；

(3) 合成塔相当于一个预热器来预热入口气体；

(4) 压降较大。

6．绝热式甲醇合成塔

对于大型或超大型的单系列甲醇装置，丹麦 Topsøe 工艺采用三台串联绝热式甲醇合成塔，在第一、第二甲醇合成塔出口设废热锅炉回收热量，第三甲醇塔出口气体预热第一甲醇合成塔的入口气体，Topsøe 的绝热式甲醇合成塔与多段冷激合成塔相比有以下优点：

(1) 较高的单程转化率；

(2) 较低的催化剂用量；

(3) 热量回收好；

(4) 设计简单,设备制造容易,便于运输;

(5) 单系列生产能力大。

缺点是设备台数多,流程复杂,投资较大。

7. 国内拥有自主知识产权的甲醇合成塔

国内,低压合成甲醇塔主要有中国成达工程有限公司的列管型,华东理工大学的绝热-列管型,以及杭州林达化工技术工程有限公司开发的JW均温型合成技术。

目前国内甲醇塔国产化技术已有一定的基础,国内已掌握了管束式甲醇合成塔的设计和制造,尤其是国产甲醇合成催化剂已达到国外先进水平。近年来,国内杭州林达化工技术工程有限公司开发出一种JW低压均温甲醇合成塔技术。JW低压均温甲醇合成塔技术突破国外低压甲醇合成塔的结构形式,不同于ICI分段绝热反应冷激气降温,也不同于Lurgi反应管内装催化剂,管外用水冷却,而采用将原料气加热和反应过程中移热结合,反应器和换热器结合连续移热。该公司发明了独特的反向排列套装的双U形管冷管胆作为换热元件,巧妙地使每二根相邻冷管内气体流动方向互为逆流,达到等温均温反应的目的,催化剂层温差低达5～10 ℃以内,开发了反应器的全自由伸缩复合密封结构,消除热应力,结构简单可靠,化整为零,创造多层独立冷管胆套装,突破制造大塔径甲醇塔的难关,但是该塔内件复杂,催化剂装填麻烦。

第四节　甲醇合成的典型工艺

一、甲醇合成的工艺条件选择

为了减少副反应,提高甲醇产率,除了选择适当的催化剂之外,选定合适的温度、压力、空速以及原料组成等工艺条件也是很重要的。

(一) 反应温度

由于合成气合成甲醇的反应为可逆放热反应,其总速度是正、逆反应速度之差。随着反应温度的增加,正、逆反应的速度都要增加,但是吸热方向(逆反应)反应速度增加得更多。因此,可逆放热反应的总速度的变化有一个最大值,此最大值对应的温度即为“最适宜温度”,它可以从反应速度方程式计算出来。

实际生产中的操作温度取决于一系列因素,如催化剂、压力、原料气组成、空间速度和设备使用情况等,尤其取决于催化剂。高压法锌铬催化剂上合成甲醇的操作温度是低于最适宜温度的,在催化剂使用初期为380～390 ℃,后期提高到390～420 ℃。温度太高,催化剂活性和机械强度很快下降,而且副反应严重。低、中压合成甲醇时,铜基催化剂特别不耐热,温度不能超过300 ℃,而200 ℃以下反应速度又很低,所以最适宜的操作温度确定为240～270 ℃。反应初期,催化剂活性高,可控制在较低的反应温度240 ℃,后期随着催化剂的活性逐渐降低,反应温度也逐渐升高到270 ℃。

(二) 反应压力

与副反应相比,合成甲醇的主反应是摩尔数减少最多而平衡常数最小的反应,因此增加压力对提高甲醇的平衡浓度和加快主反应速率都是有利的。反应压力越高,甲醇生成量越多。但是增加压力要消耗能量,而且还受设备强度限制,因此需要综合各项因素确定合理的操作压力。如传统高压法生产甲醇时，常用 $ZnO-Cr_2O_3$ 系催化剂，因反应温度高，受主反应化学平衡限制，必须采用高压以提高其推动力。而现在采用铜基催化剂时，由于其活性高，反应温度较低，反应压力也相应降至 5～10 MPa。

（三）原料气组成

甲醇合成反应原料气的理论化学计量比 H_2 ∶ CO 为 2 ∶ 1，但生产实践证明，一氧化碳含量高时，不仅对温度控制不利，而且会引起羰基铁在催化剂上的积聚，使催化剂失去活性，故一般采用氢过量。氢过量可以抑制高级醇、高级烃和还原性物质的生成，提高粗甲醇的浓度和纯度。同时，过量的氢可以起到稀释作用，且因氢的导热性能好，有利于防止局部过热和控制整个催化剂床层的温度。

原料气中氢气和一氧化碳的比例对一氧化碳生成甲醇的转化率也有较大影响，如图 8-8所示，增加氢浓度，可以提高一氧化碳转化率。但是，氢过量太多会降低反应设备的生产能力。工业生产上采用铜基催化剂的低压法甲醇合成，一般控制氢气与一氧化碳的物质的量比为(2.2～3.0) ∶ 1。

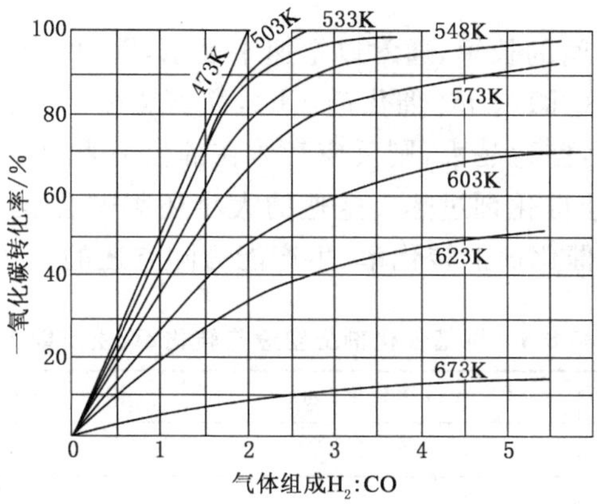

图 8-8　原料气中 H_2/CO 物质的量比与一氧化碳转化率的关系

当甲醇合成中采用的催化剂为铜基催化剂时，根据反应机理，在低温条件下，二氧化碳在催化反应中更易生成甲氧基团，进而生成甲醇，是低温反应条件下的引发剂。此外，二氧化碳的比热容比一氧化碳高，其加氢反应热效应较小，故原料气中有一定含量的二氧化碳时，可以降低反应峰值温度，二氧化碳的存在还可抑制二甲醚的生成。对于低压法合成甲醇合成气中需要含有一定量的二氧化碳，一般二氧化碳的体积分数为 3%～8%时甲醇收率较高，工艺设计中常采用的碳氢比例可按下式计算：

$$\frac{V_{H_2} - V_{CO_2}}{V_{CO} + V_{CO_2}} = 2.0 \sim 2.1 \tag{8-10}$$

式中 V 表示原料气中各组分的体积。

近年来，随着二氧化碳排放量的不断增加，以及我国碳达峰、碳综合“双碳”目标的提出，二氧化碳的综合利用成了人们研究的热点。各个能源企业尤其是煤化工对二氧化碳催化加氢制甲醇技术表现出极大的关注，目前采用绿碳和绿氢，通过 CO(生物质气化)或 CO_2(大气或工业尾气捕获)加绿氢合成的甲醇为绿色甲醇，发展很快。二氧化碳加氢合成甲醇反应可以由以下 3 个反应组成：

$$CO_2+H_2 = CO+H_2O \qquad \Delta H=-41.112\ kJ/mol$$

$$CO+2H_2 = CH_3OH \qquad \Delta H=-90\ kJ/mol$$

$$CO_2+3H_2 = CH_3OH+H_2O \qquad \Delta H=-49.143\ kJ/mol$$

除了以上主反应之外，还会发生生成二甲醚等其他醇醚类化合物的副反应。因此，就目前二氧化碳加氢制甲醇技术来说，除去氢的来源制约过程和成本之外，催化剂转化率和选择性差的问题是该技术运用于实际的最大困扰。而二氧化碳加氢产物中还有大量的水和其他副产物，在工艺生产中增加了后续甲醇精馏的成本，这也是在合成气中限制二氧化碳含量的因素之一。

除了以上原料气组成之外，当原料气中有氮、甲烷等惰性气体存在时，会降低氢气及一氧化碳的分压，导致反应器效率下降。由于合成甲醇放热量大，单程转化率低，反应器尾气气体中未转化的氢气和一氧化碳，必须循环使用。为了避免在气体循环过程中惰性气体的不断积累，必须将部分循环气从反应系统中排出，使反应系统中的惰性气体含量保持在一定浓度范围。工业生产上一般控制循环气量为新鲜原料气量的 3.5～6 倍。

（四）空间速度

气体与催化剂接触时间的长短，通常以空速来表示，即单位时间内单位体积催化剂所通过的气体量，其单位是 m^3(标)/(m^3 催化剂・h)，简写为 h^{-1}。空速的倒数称为接触时间，在操作状态不变的情况下，空速越大，则反应气体在催化剂表面接触的时间越短。增加空速有利于反应热的移出，防止催化剂过热。空速的大小还影响合成甲醇反应的选择性和转化率。表 8-6 列出了在铜基催化剂上转化率、生产能力随空速的变化数据。

表 8-6　铜基催化剂上空速与转化率、生产能力

空间速度/h^{-1}	CO 转化率/%	粗甲醇产量/[m^3(标)/(m^3 催化剂・h)]
20 000	50.1	25.8
30 000	41.5	26.1
40 000	32.2	28.4

从表 8-6 可以看出，增加空速在一定程度上能够增加甲醇产量。但空速太高，转化率降低，导致循环气量增加，从而增加能量消耗。同时，空速过高会增加分离设备和换热负荷，引起甲醇分离效果降低；甚至由于带出热量太多，造成合成塔内的催化剂床层温度难以控制。适宜的空速与催化剂的活性、反应温度及进塔气体的组成有关。采用铜基催化剂低压法合成甲醇时，工业生产上一般控制空速为 10 000～20 000 h^{-1}，采用锌基催化剂时，空速一般控制为 35 000～40 000 h^{-1}。

二、甲醇合成的典型工艺流程

甲醇合成的工艺流程有多种，其发展的过程与新催化剂的应用以及净化技术的进展分不开。最早实现工业化的是应用锌铬系催化剂的高压工艺流程。该法是在压力 30 MPa、温度 360～400 ℃条件下操作，此法的特点是技术成熟，投资及生产成本较高。自铜基催化剂的发现以及脱硫净化技术解决后，出现了低压工艺流程，操作压力 5MPa 左右，温度 200～300 ℃，其代表性工艺流程有 ICI(Davy)低压法和 Lurgi 低压法。由于低压法操作压力低，设备体积相当庞大，不利于甲醇生产的大型化，因此发展了压力为 10 MPa 左右的甲醇中压合成工艺，它能更有效地降低建厂费用和甲醇生产成本。高、中、低压工艺常见的操作条件如表 8-7 所示。

表 8-7　不同合成法的反应条件

方法	催化剂	条件		备　注
		压力/MPa	温度/℃	
高压法	$ZnO-Cr_2O_3$二元催化剂	30	300～400	1924 年工业化
低压法	$CuO-ZnO-Cr_2O_3$或 $CuO-ZnO-Al_2O_3$三元催化剂	5～10	200～300	1966 年工业化
中压法	$CuO-ZnO-Al_2O_3$三元催化剂	10～15	200～300	1971 年工业化

（一）低压甲醇合成工艺流程

典型的低压法工艺有 ICI 工艺和 Lurgi 工艺，其主要区别在于反应器的设计和反应热的回收利用方式的不同。ICI 工艺采用冷激式反应器，以原料气冷激的方式控制反应温度、以大循环量移走反应热；Lurgi 工艺则采用管式等温反应器，以副产蒸汽的方式控制反应温度、回收反应热。

1. ICI 低压甲醇合成工艺

ICI 低压法甲醇合成工艺流程见图 8-9。ICI 合成反应器采用激冷式，设备结构简单，单系列生产能力大，投资小，其缺点是用原料气激冷控制温度，床层温度有波动时，循环比较大，操作费用高，需专设开工加热炉。ICI 工艺的能量回收系统最近也作了一系列改进，如利用低位能反应热预热锅炉给水，采用冷凝式蒸汽透平代替背压式透平机等。

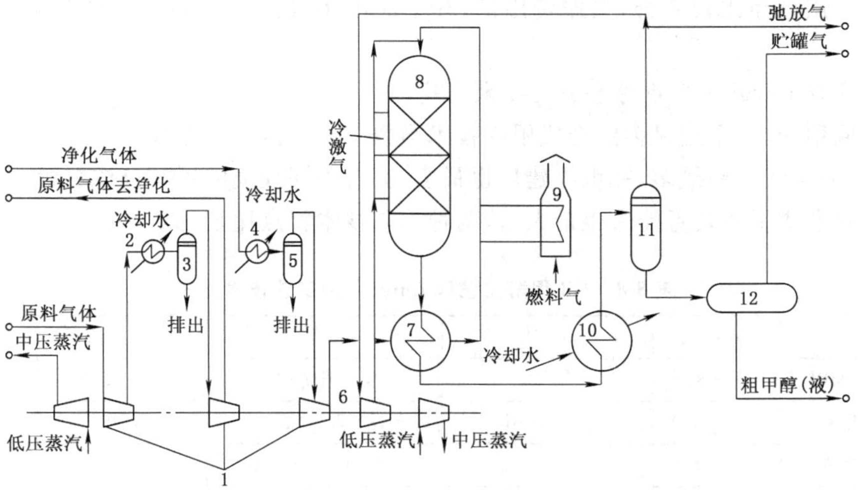

1—原料气压缩机；2—冷却器；3—分离器；4—冷却器；5—分离器；6—循环气压缩机；7—热交换机；8—甲醇合成塔；9—开工加热器；10—甲醇冷凝器；11—甲醇分离器；12—中间贮槽。

图 8-9　ICI 低压法甲醇合成工艺流程

2. Lurgi 低压甲醇合成工艺

Lurgi 低压甲醇合成工艺流程见图 8-10。合成气经压缩、换热后，进入甲醇合成反应器，在铜基催化剂床中进行合成反应，反应热通过循环沸腾水汽化热带出。从反应器出来的反应气体中约有7%体积含量的甲醇，它们经过换热器换热后进入水冷凝冷却器冷凝，然后通过分离器将液态甲醇与未反应的气体分离，获得粗甲醇。将粗甲醇送入低沸物塔，将压力降至0.35 MPa左右，闪蒸出溶解的气体后再送去精制。在分离器分出的气体中还含有大量未参加反应的 H_2 和CO，部分排出系统，以使系统内的惰性气体在一定浓度范围内。排放出去的气体可做燃料用，其余气体与合成气相混以便继续循环利用。

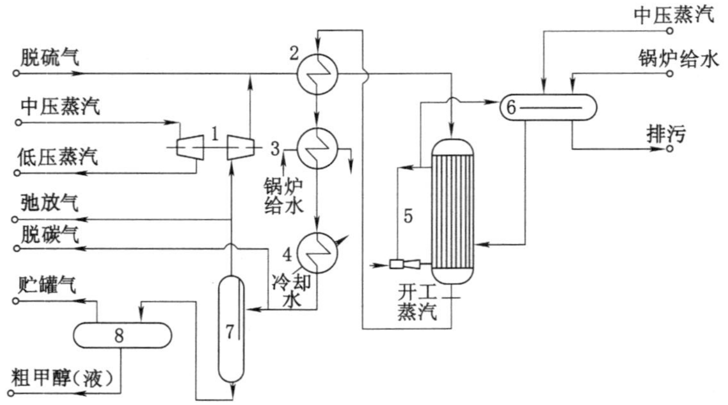

1—透平循环压缩机；2—热交换器；3—锅炉水预热器；4—水冷却器；5—甲醇合成塔；6—汽包；
7—甲醇分离器；8—粗甲醇储罐。

图8-10　Lurgi低压甲醇合成工艺流程图

Lurgi合成反应器为列管式等温反应器，反应气转化率高，副反应少，系统对于反应热的回收和利用已经比较完善，操作费用低，开工时不用设开工锅炉。其缺点是反应器结构复杂。

3. ICI与Lurgi低压甲醇合成的技术比较

目前应用最广、采用最多的合成甲醇技术当数Lurgi和ICI技术，这两种技术发展历史最长，积累的实践经验最多，在世界建厂也最多，拥有不同规模的甲醇合成装置，并且目前达到的单系列合成甲醇装置能力也最大，这两种工艺技术特点比较见表8-8。

表8-8　ICI甲醇工艺和Lurgi甲醇工艺技术比较

项目	Lurgi法	ICI法	项目	Lurgi法	ICI法
合成压力/MPa	5～8	5～10	合成温度/℃	225～250	230～270
催化剂组成	Cu-Zn-Al-V	Cu-Zn-Al	时空收率/[t/(m³·h)]	0.65	0.33
进塔气CO含量/%	～12	～9	出塔气 CH_3OH 含量/%	5～7	3～4
循环气/合成气	5∶1	10∶1	合成塔形式	管束式	激冷式
设备尺寸	设备紧凑	设备较大	合成开工设备	不设开工加热炉	要设开工加热炉
甲醇精制	三塔流程	两塔、三塔和四塔流程			

由表8-8可见，Lurgi法的催化活性高，时空收率比ICI法高一倍左右，使生产费用大为减少；其次合成塔每生产1 t甲醇还可副产4～5 MPa的中压蒸汽，热能利用好。此外，Lurgi法的循环气与合成气的比例低，不仅减少了动力消耗，而且还缩小了设备与管线管件的

尺寸，节省了设备费用。ICI 法有副反应，生产烃类，在 270 ℃易生产石蜡，石蜡在冷凝分离器内析出，而 Lurgi 法则采用管式等温反应器，能严格控制反应温度而不会生成石蜡。因此，Lurgi 法技术经济先进，对于新建的甲醇厂具有技术竞争力。ICI 法的最大特点是设备结构简单。ICI 法和 Lurgi 法甲醇合成工艺各具特色，ICI 法设备简单、投资少，而能量利用情况较差，Lurgi 法设备复杂、投资较多，但能量利用情况较好。

Lurgi 公司为了实现甲醇装置的超大型化，还推出了"气冷式反应器＋水冷式反应器"两段等温甲醇合成技术，单系列甲醇生产能力可达 5 000 t/d，见图 8-11。其技术主要特点是：水冷反应器中反应控制简单，近似等温操作，反应初期大部分床层温度在 220～230 ℃之间，温度变化小；甲醇收率高，能量效率高，副产中压蒸汽；能准确、灵敏地控制反应温度，催化剂床层的温度可以通过控制反应器壳程中水的饱和蒸汽压力来调节；气冷反应器平衡驱动力高、转化率高，无催化剂中毒的可能，不需要反应器给料预热器。该项合成技术单系列生产能力大，循环比为 1.5，循环气量较低，而且回路设备体积小；反应器出口甲醇含量可达 15%（摩尔分数），投资成本低、可靠性高。

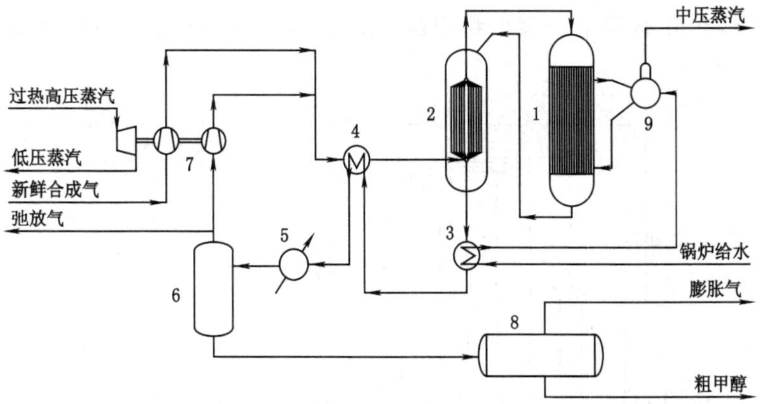

1—水冷反应器；2—气冷反应器；3—锅炉水预热器；4—入塔气预热器；5—水冷器；6—甲醇分离器；7—合成气/循环压缩机；8—膨胀槽；9—汽包。

图 8-11　Lurgi 两段等温甲醇合成工艺

（二）中压甲醇合成工艺流程

随着甲醇单系列规模的大型化（目前已有日产 2 000 t 的装置甚至更大单系列的装置），如采用低压法，势必导致工艺管道和设备非常庞大，因此在低压法的基础上，适当提高合成压力，即为中压法。中压法仍采用与低压法相同的铜系催化剂，反应温度也与低压法相同，因此它具有与低压法相似的优点，但由于提高了合成压力，相应的动力消耗略有增加。中压法甲醇合成工艺流程见图 8-12。

（三）高压甲醇合成工艺流程

高压甲醇合成工艺流程一般指的是使用锌铬催化剂，在高温高压下合成甲醇的流程，见图 8-13。由压缩工段送来的新鲜原料气，先进入油过滤器，在此与循环压缩机送来的循环气汇合。这两种气体中的油污、水雾及羰基化合物等杂质同时在油过滤器中除去，然后进入甲醇合成塔。CO 与 H_2 在塔内于压力 30 MPa 左右和温度 360～420 ℃下，在锌铬催化剂上反应生成甲醇。转化后的气体经塔内热交换预热刚进入塔内的原料气，

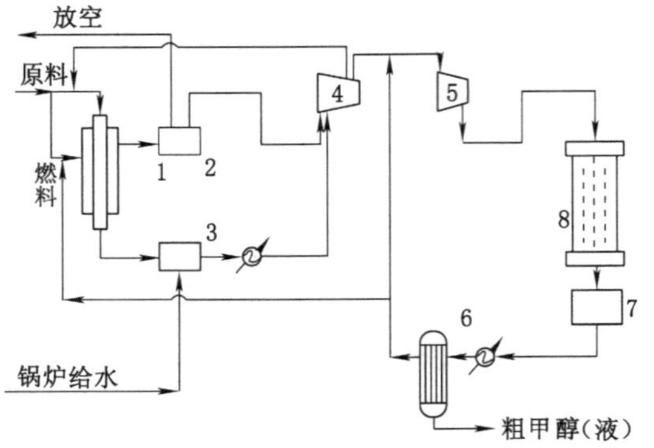

1—转化炉;2,3,7—换热器;4—压缩机;5—循环压缩机;6—甲醇冷凝器;8—合成塔。

图 8-12　中压法合成甲醇工艺流程图

温度降至 160 ℃以下,甲醇含量约为 3%。经塔内热交换后的转化气体混合物出塔,进入水冷器,甲醇冷凝,在分离器中分离出粗甲醇,未反应的气体进入循环压缩机以补充压力损失,使气体循环使用。

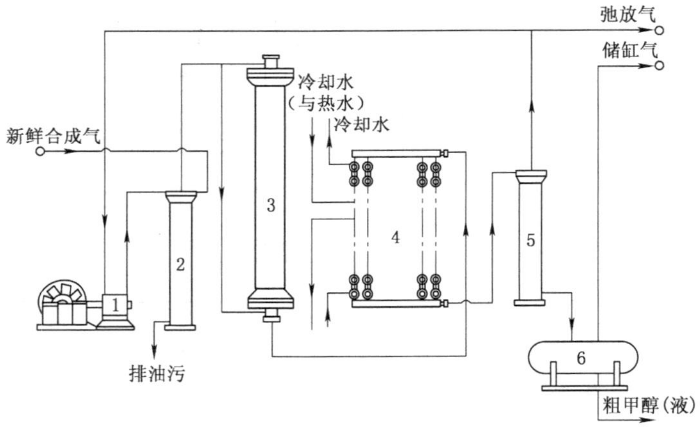

1—循环压缩机;2—油过滤器;3—甲醇合成塔;4—水冷却器;5—甲醇分离器;6—中间贮槽。

图 8-13　高压法甲醇合成工艺流程

（四）其他甲醇合成工艺

上述甲醇合成工艺均为气相固定床工艺,由于甲醇合成是一个强放热反应,气-固相催化反应器受到传热的限制,反应单程转化率都较低,大量未转化的合成气需要循环使用,这必将大大提高反应所需的能耗。

受 F-T 浆态床的启发,Sherwin 和 Blum 于 1975 年首先提出甲醇的液相合成方法,提高了单程转化率。

甲醇的液相合成工艺(浆态床甲醇合成工艺)所使用的催化剂为 Cu-CrO_2/$KOCH_3$ 或 CuO-ZnO/Al_2O_3,以惰性液态烃为反应介质,催化剂呈极细的粉末状分布在溶剂中。CO 和 H_2 合成原料气压缩后,从反应器底部以鼓泡形式进入浆态床中,进行甲醇合成反应,而且反应热被液态烃所吸收。反应后的气体和液态烃类从塔顶排出,进入初期气液分离器,分离出的液体烃经换热后返回反应器。气体与原料气进行热交换，并在初级气液分离器中进一步分离。甲醇产品经冷却、分离和脱气后送甲醇贮槽。未经转化的气体少部分放空，大部分继续循环使用。浆态床法的最大优点是反应温度低（80～160 ℃），压力适中（4.0～6.5 MPa），单程转化率高，产物选择性好。

三、国内外甲醇合成技术的发展趋势

近年来，世界甲醇技术发展迅速，在原料路线、生产规模、节能降耗、原料精制、催化剂开发、过程控制与优化以及与其他产品联合生产等各个领域都有新的突破。国内外甲醇合成技术发展主要趋势如下。

1. 生产装置大型化

随着煤制甲醇行业的发展和下游甲醇制烯烃等工艺对甲醇的大量需求，人们不断开发出单台套设备生产能力大于50万 t/a的甲醇合成设备，使甲醇生产装置不断向着大型化迈进。

由于高压设备尺寸的限制，在20世纪60年代甲醇合成反应器的单系列生产能力一般不超过100～200 t/d，但近十几年来，单系列能力可达1 000～3 000 t/d，如：英国ICI多段冷激式甲醇合成塔生产能力可达2 500 t/d以上，Lurgi管壳式合成塔生产能力可达1 500 t/d以上，2020年5月投产的宁夏宝丰能源集团二期甲醇装置，采用Davy甲醇合成工艺，单台甲醇合成塔产能已达3 300 t /d。

2. 合成气净化精细化

我国煤制甲醇的主要工艺问题之一是催化剂寿命短，造成这一现象的主要原因是煤制合成气中硫含量高导致的硫中毒和催化剂操作温度高。当合成气体中残硫即使达到1 mg/m^{3}也是不可忽略的，这部分硫也会大大降低催化剂寿命，所以合成气脱硫必须要达到0.1 mg/m^{3}以下。所以，合成气净化技术的精细化就成了甲醇合成行业的重要问题。目前，国内外装置中的低温甲醇洗涤法，甲醇、二乙醇胺常温洗涤法，聚乙二醇、二甲醚洗涤法都是良好的湿法脱硫技术，也有的企业在湿法脱硫的基础上，配合干法脱硫技术（精脱硫）以确保脱硫效果。

3. 催化剂高效化

甲醇合成催化剂的发展已经历三个阶段，第一阶段为锌-铬催化剂阶段，锌-铬催化剂活性温度高（350～420 ℃），由于受平衡影响，需在高压（约30～32 MPa）下操作，且粗甲醇产品质量较差。第二阶段为铜-锌系列催化剂，从20世纪60年代后期使用至今，其活性温度低（220～280 ℃），可在较低压力下操作，比较著名的有ICI51-1、Topsøe、MK101、LurgiGL-04、三菱MGC、BASF等。现在已进入开发新一代铜系催化剂的阶段，国内生产甲醇合成催化剂（单醇）的南京化学化工研究院开发的型号有C301～C307等，四川天一科技股份有限公司开发的型号有XNC-98等。

新型催化剂的开发大大地提高了催化效率，提高了甲醇的收率。如C307型甲醇合成催化剂在中国石化川维化工公司770 kt/a甲醇生产装置上的应用证明了该国产催化剂在长时间满负荷工艺气流量2.1×10^5 m^3/h运行情况下，合成塔压差最大值也未超过0.055 MPa，催化剂床层温度分布均匀，反应可控，CO单程转化率为62%～65%，平均碳收率高达91.65%，优于进口催化剂的83.29%，且产生的杂质总量较低。

4. 节能降耗经常化

甲醇生产中能源费用占较大比重。甲醇生产的技术改进重点之一是如何采用低能耗制备甲醇，并充分回收与合理利用能量。国家发展改革委等部门2021年发布的《高耗能行业

重点领域能效标杆水平和基准水平(2021 年版)》(〔2021〕1609 号)中明确规定了煤制甲醇的单位产品综合能耗。

甲醇合成节能的主要方向有:采用低压合成,降低合成压力可减少压缩机功耗,甲醇合成压力一般均为 5 MPa;甲醇合成反应热的利用,如 Lurgi 和 Davy 型甲醇合成反应器,其突出特点是可产生 4.0 MPa 的蒸汽,产量约 1～1.1 t 蒸汽/t 甲醇;降低合成塔阻力,如采用 Davy、Topsøe、Casale、Linde 式径向甲醇合成塔,可增大循环量,并采用较小粒度催化剂;合成气压缩机一般已由离心式代替往复式,用装置本身生产的蒸汽作为动力推动透平机组,生产能力大,占地小,投资与能耗低。

5. 联合生产普遍化

国内大多数甲醇装置都是与其他化工产品实现联合生产的,甲醇装置成为大型化肥厂、焦化厂、煤制烯烃厂的一个组成部分。其中具有代表性的是合成氨联产甲醇与焦炉煤气联产甲醇等。我国大多数合成氨工厂均联产甲醇,合成氨联产甲醇可充分利用合成氨生产中原需除去的一氧化碳、二氧化碳,并利用了系统的压力,工艺简单合理。联产甲醇后送往铜洗的 CO 负荷降低,变换气 CO 含量较高,也降低了变换工序的负荷。联醇是在 10～12 MPa 下合成的,经过联醇后,反应掉一部分气体,进压缩机高压段的气体量减少,降低了压缩机电耗。

焦炉气联产甲醇是为了解决焦化行业产生的大量剩余焦炉煤气而产生的一种联产技术。结合焦炉气“氢多碳少”的特点,利用剩余焦炉煤气制甲醇,可以达到节约资源、治理环境的目的。采用煤、焦、化一体化的联合流程,不仅将能源和环境的发展结合起来,而且将该技术与传统的焦化工业、化学工业有机地结合起来。

此外,还有利用含 CO、CO_2 和 H_2 的尾气、废气生产甲醇的工艺。目前已投产的有乙炔尾气、电石尾气制甲醇等。

第五节 焦炉煤气制甲醇

焦炉煤气制甲醇是以煤高温干馏产生的焦炉煤气为主要原料生产工业甲醇的技术,是近二十几年来发展较好的一种新工艺,是综合利用焦炉煤气的一条有效途径,其工艺流程简单,投资少,生产成本低。以焦炉煤气制甲醇为代表的煤气资源化利用在我国取得了快速发展。2004 年年底,云南曲靖大为焦化制供气有限公司用焦炉煤气生产甲醇装置投入生产;2006 年 12 月,年产 20 万 t 的当时世界上最大的用炼焦煤气生产甲醇装置在山东兖矿国际焦化有限公司成功运行;2008 年,旭阳集团建设了首套 20 万 t/a 焦炉煤气催化转化制甲醇成套技术,标志着我国炼焦煤气生产甲醇发展进入一个新阶段。至“十三五”末期,焦化行业焦炉煤气制甲醇能力达到 1 400 万 t/a 左右,约占全国甲醇总产能的 16%。

一、焦炉煤气制甲醇的工艺原理及工艺流程

(一) 焦炉煤气制甲醇的工艺原理

焦炉煤气制甲醇是以煤高温干馏产生的焦炉煤气为主要原料生产工业甲醇的技术。焦炉煤气中含有 25%～28%左右的 CH_4,将焦炉煤气中的 CH_4 转化为 H_2、CO 后和焦炉煤气原含有的 CO、H_2、CO_2 一起加工达到甲醇合成催化剂要求的压力和温度,合成粗甲醇,对粗甲醇进行精制达到精甲醇的质量要求。

（二）焦炉煤气制甲醇的工艺流程

焦炉煤气制甲醇工程由工艺装置和辅助设施组成，工艺装置包括焦炉煤气缓冲存储、焦炉煤气预处理、加氢脱硫（精脱硫）、转化、压缩、合成、精馏等单元，辅助设施包括火炬、罐区、装卸车、空分等系统。

由于焦炉气中氢含量高、甲烷含量高、CO 和 CO_2 含量低，这样的气体经净化后虽然可以直接用于甲醇合成，但原料和动力消耗将非常高。为了充分利用焦炉煤气生产甲醇，降低原料和动力消耗，焦炉煤气必须进行转化生产出合成甲醇较理想的合成气，再进行甲醇合成。另外，在甲醇合成之前，必须将气体中的硫、焦油、萘等有“毒”成分清除干净，以避免甲醇催化剂中毒失活。

根据焦炉煤气的组成以及甲醇合成对原料气体的要求，可确定工艺生产路线如下。由焦化厂送来的焦炉煤气，首先进入焦炉气气柜缓冲稳压，焦炉气压缩机从气柜抽气并增压至 2.5 MPa 后，进入精脱硫装置，将气体中的总硫脱至 0.1×10^{-6} 以下。焦炉气中甲烷含量达 26%左右，可采用纯氧催化部分氧化转化工艺（目前采用该工艺的较多），将气体中的甲烷及少量多碳烃转化为合成甲醇的有用成分一氧化碳和氢，转化后的气体成分满足甲醇合成原料气的基本要求。转化后的气体经合成气压缩机压至 6.0 MPa，进入甲醇合成装置。甲醇合成采用 6.0 MPa 低压合成技术，精馏采用三塔流程。甲醇合成的弛放气一部分用作转化装置预热炉的燃料气，剩余部分送出界区作为燃料气。甲醇精馏送出的产品精甲醇在成品罐区贮存。转化装置中需要纯氧供给气体转化，故项目设置空分装置。焦炉煤气制甲醇的主要工艺路线见图 8-14。

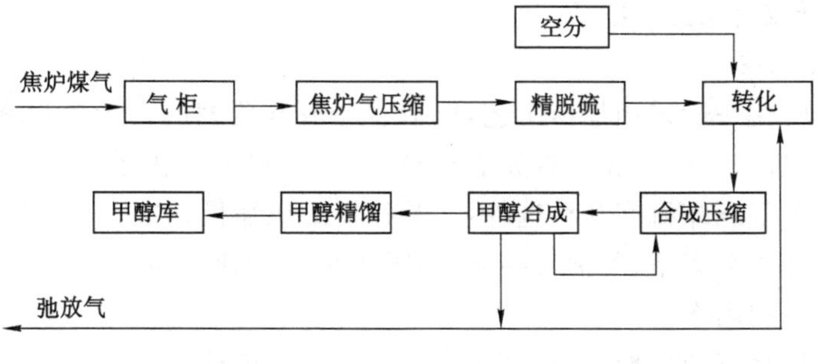

图 8-14　焦炉煤气制甲醇工艺流程简图

二、焦炉煤气制甲醇各装置工艺技术方案比较和选择

（一）焦炉气缓冲存储（气柜系统）

从焦化装置送来的焦炉气经管道送到焦炉气预处理系统的风机进口。由于焦化装置送来的焦炉气压力仅几百毫米水柱，且供气过程有可能出现波动，为保证甲醇装置供气稳定，在焦化装置与甲醇装置之间的焦炉气管线上设气柜缓冲。

当供气量大于甲醇装置用气量时，气柜活塞上升，贮气量增大；当供气量小于甲醇装置用气量时，气柜活塞下降。气柜活塞设有高限和低限的报警和联锁，当达到报警位置时，报警系统会向主控人员发出声光报警，提醒操作人员及时处理；如果操作人员在报警后未及时处理，活塞继续运动到联锁位置时，联锁系统会自动从系统中泄放部分焦炉气到火炬系统燃烧处理或使焦炉气预处理系统的风机打回流，甚至让风机停车。

（二）焦炉煤气预处理（焦炉煤气除萘、除焦油）

从焦化装置送来的焦炉气中还含有大量萘、焦油、粉尘等易凝或易结晶的物质，在常温常压下，这些物质也许还不会凝结或结晶，但经加压后，由于其分压得以上升，造成部分这样的物质得以凝结为液滴或固体颗粒，如果不将这些物质尽量除去，将对后续工序造成危害甚至危及整个装置的安全。

如果焦炉气压缩机采用离心式压缩机，凝结的液滴或固体颗粒将对离心式压缩机高速转子造成损坏。如果离心式压缩机高速转子受到损害，高速转子的动平衡将受到破坏，轻则压缩机振动加剧，重则造成全装置停车甚至压缩机报废。

如果焦炉气压缩机采用活塞式压缩机，凝结的液滴或固体颗粒将对活塞式压缩机阀瓣造成堵塞或损坏，造成压缩机阀瓣大量回气甚至阀瓣不动作，严重影响压缩机的打气量、压缩机打气压力，甚至会停车检修，缩短装置连续运转周期。

凝结的液滴或固体颗粒还会堵塞压缩机级间冷却器，使级间冷却器阻力越来越大，造成压缩机必须经常停车以清除级间冷却器中堵塞的凝结物质，甚至更换级间冷却器的换热内件。凝结的液滴或固体颗粒还可能对压力表测压管造成堵塞，使控制系统得到的压力信号为假信号。如果这个压力信号是用于控制系统压力的，将可能使系统压力超压甚至造成安全事故。此外，凝结的液滴或固体颗粒加热到精脱硫需要的温度时会严重结焦，会对焦炉气加热设备造成堵塞并沉积在加氢催化剂和精脱硫剂的表面，缩短焦炉气加热设备检修周期及加氢催化剂和精脱硫催化剂的使用寿命。

因此，焦炉气在送到后工序之前应先进行预处理，以除去可能对后工序造成危害的萘、焦油、粉尘等易凝或易结晶的物质。

（三）焦炉气压缩

焦炉煤气的转化一般采用加压工艺，以节省合成气压缩的动力消耗和转化系统设备投资。因此，焦炉气进入甲醇装置后首先必须经过压缩，根据转化系统的压力要求，兼顾空分的设备选型。焦炉气压缩机有几种选择：一是往复式压缩机；二是离心式压缩机；三是螺杆式压缩机。焦炉气中含有萘、焦油等杂质，同时焦炉气的成分也会有波动，这些都是在压缩机选型时必须考虑的因素。

往复式压缩机具有造价低、有备机的特点，但是也有易损件多、维修量大、单台打气量低、需要配置较多机器的缺点。焦炉气中的杂质通常会造成往复式压缩机活塞、气阀堵塞，损坏气缸，还会造成段间换热器换热管堵塞。

离心式压缩机单机打气量大，易损件少，不需备机，但是对被压缩气体的质量要求较高，一般固体和液体的含量不能大于5 mg/m^3，同时结构复杂，技术要求高，造价也较高。焦油和粉尘对离心压缩机来说更是会对高速运转的转子造成损害，虽然已经有了采用喷水技术压缩焦炉煤气的案例，但使用效果有待实际运行一定时间后方能确定。

虽然采用喷水的无油润滑螺杆压缩机在压缩过程中可以通过喷水来去除焦炉气中的焦油和萘，因此能适应焦炉煤气中高焦油、高萘的特点，能满足装置长周期生产要求，但是目前国内尚不能生产该类型的机器，需要引进国外压缩机。目前世界上主要的生产商只有日本神户制钢和德国曼透平。

此外，还需要焦化装置的化产回收，从源头把关，控制好焦炉气中的焦油、粉尘和萘含量。

（四）精脱硫

焦炉气压缩机出来的焦炉气中 H_2S 含量小于 100 mg/m^3，有机硫含量约 250 mg/m^3，无机硫脱除相对容易，有机硫不容易直接脱除，必须先转化为无机硫，再进行脱除。加氢转化反应属可逆反应，采用有机硫两级转化和无机硫两级脱除有利于有机硫转化反应的进行，并容易保证脱硫精度。

有机硫转化催化剂主要有钴钼加氢催化剂、铁钼加氢催化剂和湖北省化学研究所等单位开发的水解催化剂。钴钼加氢催化剂价格昂贵，过去主要用于天然气脱硫，经过研究加入有效助剂后，可以用于焦炉气脱硫，克服了甲烷化的缺点，并且对噻吩有很高的转化率；水解催化剂主要用于水解羰基硫，对噻吩基本不起作用；铁钼加氢催化剂价格适中，对各种有机硫有着较高的转化率，适合焦炉气脱硫，并且在许多焦化厂制取合成氨和甲醇装置中得到检验。为保证脱硫精度，可采用两级铁钼加氢转化，串两级干法脱硫，脱硫后总硫控制在 0.1×10^{-6} 以下。

（五）转化

焦炉气转化可以采用蒸汽转化、催化部分氧化和非催化部分氧化法。

蒸汽转化法不需要空分装置，转化炉可以借鉴天然气一段转化炉，焦炉气与工艺蒸汽进行水碳比调节，混合气在对流段预热至 500 ℃以上进入转化炉管，在转化炉管内进行甲烷转化反应，生成 H_2、CO、CO_2 等组分。转化炉管出口温度视炉型（顶烧炉和侧烧炉）和转化管材料而有所不同，一般为使转化炉管出口甲烷含量最低和得到尽可能高的 CO 含量，尽量提高转化炉出口温度。炉管采用耐高温的高镍铬合金管，蒸汽转化是吸热反应，需消耗大量的焦炉气作为燃料，提供反应所需的热量，能耗较高，操作成本高于催化部分氧化法。虽然蒸汽转化法不需要空分装置，但转化炉管价格昂贵，两种转化方法的投资基本相同。蒸汽转化法由于 H_2O/C 高，转化炉出口 H/C 较高，造成甲醇合成弛放气量大，甲醇产率低。

催化部分氧化法不需要昂贵的镍铬转化炉管，只需一段转化，转化炉类似于蒸汽转化法的二段炉，流程简单。采用纯氧自热式部分氧化，避免了蒸汽转化法外部间接加热的形式，反应速度比蒸汽转化法快，有利于强化生产，燃料气消耗低，焦炉气利用率高，投资省。

非催化部分氧化法不用催化剂，反应温度约 1 400 ℃，烃类转化率高，不用贵重的镍催化剂和高镍铬合金钢材，设备体积小，对原料的硫含量要求不高，可以省掉精脱硫装置。缺点是转化炉反应温度高，内衬金刚玉，造价高；焦炉气及氧气耗量高，甲醇产量低。非催化裂解生成较多炭黑，增加了后处理的困难，因此对于较易转化的焦炉气，一般不采用此法。

（六）甲醇合成

低压合成法是目前国内外普遍采用的方法，几种主要的低压法工艺过程大致相同，技术都比较成熟，主要区别在于各种工艺所采用的反应器不同，反应热回收的方式也不同。目前，我国的低压甲醇技术日趋成熟，甲醇合成铜系催化剂性能也在不断提高，设备管道材料的供应及加工已完全可立足国内。

（七）甲醇精馏

甲醇精馏可采用两塔精馏流程、三塔精馏流程甚至四塔精馏流程，但以两塔精馏和三塔精馏最常用。

两塔精馏流程是先在预蒸馏塔中蒸出粗甲醇中溶解的气体及低沸点杂质，然后在主蒸馏塔中蒸出合格的产品甲醇。

三塔精馏流程是将主蒸馏塔一分为二：第一塔为加压操作，另一塔为常压操作。用第一塔塔顶汽相的冷凝潜热作为常压塔塔釜再沸器的热源，使常压塔不需外供热源，从而降低能耗。

一般来说，两塔流程投资较少而能耗稍高，三塔流程则投资稍高而能耗稍低，尤其是以蒸汽作为精馏热源时，三塔流程节能效果比较明显（每吨甲醇可节省低压蒸汽 0.4～0.6 t）。因此，甲醇精馏大多采用三塔精馏工艺，以转化气低位废热作为热源，可大大节省甲醇精馏用蒸汽消耗。

第六节 甲醇制二甲醚

一、二甲醚的性质和用途

（一）二甲醚的性质

二甲醚（dimethyl ether，缩写为 DME），又称甲醚、木醚，室温下的蒸气压约为 0.5 MPa，是一种无色可燃性气体或压缩液体，燃烧时火焰里常带光亮。二甲醚具有轻微的醚香味，对金属无腐蚀性，对人体不刺激皮肤，不致癌。二甲醚主要特性见表 8-9。

表 8-9 二甲醚的主要特性

分子式	CH_3OCH_3	分子量	46.07
物理性质	气体易于液化，火焰无色	沸点	－24.9 ℃
熔点	－141.5 ℃	闪点（开杯法）	－41.4 ℃
液体密度	0.661 g/mL	临界压力	5.32 MPa
临界温度	128.80 ℃	自燃温度	350 ℃
爆炸极限（体积）	3.45%～26.7%	燃烧热	1 455 kJ/mol
蒸发热	467.4 kJ/kg	十六烷值	55～60

二甲醚（DME）在一定压力下为液体，其液化气的物理性能与液化石油气（LPG）性能相似，其主要物化性质及燃烧性质见表 8-10。

表 8-10 二甲醚与液化石油气和柴油的主要物化性质及燃烧性质比较

物　性	二甲醚（DME）	柴油	液化石油气（LPG）
分子式	CH_3OCH_3	C_xH_y	C_3H_8，C_4H_{10}
分子量	46	190～220	44～58
沸点/℃	－24.9	180～360	－42.1
液态密度/(g/cm³)	0.668	0.840	0.501
化学计量空气与燃料比值/(kg/kg)	9.0	14.6	12.7
十六烷值	55～60	40～55	
汽化潜热/(kJ/kg)	460(－20 ℃)	270	427
低热值/(MJ/kg)	28.43	42.50	46.36

表 8-10(续)

物　性	二甲醚(DME)	柴油	液化石油气(LPG)
着火点/℃	235	250	470
爆炸下限/%	3.5		1.7
液体黏度/(Pa·s)	0.15	4.4～5.4	
含碳量/%	52.2	86.0	81.8
含氢量/%	13.0	14.0	18.2,17.2
含氧量/%	35	0	0
在 20 ℃下的气体压力/Pa	5.1×10^5	0	8.4×10^5
理论空气量/(m^3/kg)	6.96		11.32
预混气热值/(kg/m^3)	4 219		3 909
理论燃烧温度/℃	2 250		2 055

从表 8-10 可以看出，二甲醚的性质和液化石油气(LPG)十分相近，在较低压力(5.1×10^5 Pa)下就是液态，故液化石油气的基础设施可以用于 DME。由于 DME 含氧量达 35%，其热值较低，是 LPG 的 61%，是柴油的 67%，相当于乙醇，是汽油的 67%，但燃烧完全，非常适合压燃式发动机，是柴油发动机理想的替代燃料。

(二) 二甲醚的用途

二甲醚是重要的化工原料，用于许多精细化学品的合成，可替代部分氟氯卤代烃，用作汽溶胶喷射剂和制冷剂。二甲醚最大的潜在用途是作为城市煤气和液化石油气的代用品，更具战略意义的是补充替代柴油作为汽车燃料。

1. 燃料

DME 与液化石油气具有相似的蒸气压，在低压下 DME 为液体，在常温、常压下为气态，易燃，毒性很低，在 37.8 ℃时，蒸气压低于 1 380 kPa，符合《液化石油气》(GB 11174—2011)标准要求，二甲醚可以作为民用清洁燃料使用。

常规发动机代用燃料液化石油气、天然气、甲醇，它们的十六烷值都小于 10，只适合于点燃式发动机。DME 的十六烷值(约 55)高于普通柴油，可直接压燃，并且燃烧过程可实现低氮氧化物、无硫和无烟排放，是柴油理想的替代燃料。国内外大量实验研究表明，DME 液化后可直接用作汽车燃料，其燃烧效果优于甲醇燃料，除具有甲醇燃料所有优点外，还克服了甲醇低温启动性能和加速性能差的缺点。DME 作为液化石油气和柴油汽车燃料的代用品条件已经成熟。由于 DME 是一种优良的清洁能源，其日益受到国内外的广泛重视。

2. 化工原料

二甲醚是一种重要的化工原料，可用来合成许多种化工产品或参与许多种化工产品的合成。它可以羰基化制乙酸甲酯、乙酸乙酯、乙酐、醋酸乙烯；可做甲基化剂制硫酸二甲酯、烷基卤以及二甲基硫醚等用于制药、农药与染料工业；可做偶联剂，用于合成有机硅化合物。DME 可与氢氰酸反应生成乙腈，与环氧乙烷反应生成乙二醇二甲醚等，DME 脱水可生产低碳烯烃，同时 DME 还是一种优良的有机溶剂。

3. 制冷剂和发泡剂

二甲醚易液化的特性也引起人们的重视，它沸点较低，汽化热大，汽化效果好，在冷凝和蒸发特性等方面与氟氯烃接近，因此 DME 可用作冰箱、空调等的制冷剂，以替代氟利昂。同时，DME 可用作聚苯乙烯、聚氨基甲酸乙酯、热塑聚酯泡沫的发泡剂。二甲醚作为发泡剂，能使泡沫塑料等产品孔洞大小均匀，柔韧性、耐压性增强，并具有良好的抗裂性，在国外已相继开发利用。

4. 气雾剂

从二甲醚消费领域看，气雾剂推进剂是二甲醚的主要用途之一。气雾剂产品以其特有的包装特性，深受消费者欢迎，以前气雾剂产品大量使用氟氯烷做抛射剂，由于使用时氟氯烷全部释放到大气，对大气臭氧层造成严重破坏，从而影响人类健康、动植物生长和地球生态环境。因此，世界各国都在致力于寻找氟氯烷的替代品，我国从 1998 年起禁止气雾剂中使用氟氯烷（医疗用品除外）做抛射剂，氟氯烷的替代品现有 LPG、DME、压缩气（CO_2、N_2、N_2O）、氢氯氟碳（HCFC）、氢氟碳（HFC）。DME 在气雾剂工业中的应用正以其良好的性能及相对较好的安全性能逐步替代压缩气体、氟利昂及丙（丁）烷气，成为第四代抛射剂的主体，DME 使用量无论是在国外还是在国内都居 LPG 之后，居世界第二位，约有 25%～30% 的气雾剂以 DME 做抛射剂。

二、二甲醚的合成工艺

目前由合成气生产二甲醚主要有两大类工艺技术路线：一类是两步法，先由合成气出发制得甲醇，再在脱水催化剂的作用下由甲醇脱水制得二甲醚；另一类是一步法，由合成气在催化剂上直接一步合成二甲醚，即甲醇合成与甲醇脱水过程在同一反应器中进行。此外，学者也研究了由温室气体 CO_2 出发制备二甲醚以及可再生资源生物质合成二甲醚等工艺。

（一）两步法合成二甲醚

两步法也称甲醇脱水法，是目前全球二甲醚生产基本工艺，发生的基本化学反应如下：

第一步：$2H_2+CO \longrightarrow CH_3OH$

$3H_2+CO_2 \longrightarrow CH_3OH+H_2O$

第二步：$2CH_3OH \longrightarrow CH_3OCH_3+H_2O$

根据两步法反应的甲醇状态不同，又可分为气相脱水法和液相脱水法。

1. 甲醇液相脱水法

甲醇液相脱水法是以合成气制备的甲醇为原料，在浓硫酸存在条件下，由甲醇脱水生成 DME 的方法，过程主要涉及以下两个反应：

$$CH_3OH+H_2SO_4 \longrightarrow CH_3HSO_4+H_2O$$

$$CH_3HSO_4+CH_3OH \longrightarrow CH_3OCH_3+H_2SO_4$$

总反应为：

$$2CH_3OH \longrightarrow CH_3OCH_3+H_2O$$

甲醇液相脱水制二甲醚工艺流程见图 8-15。甲醇首先在浓硫酸存在的液相环境中进

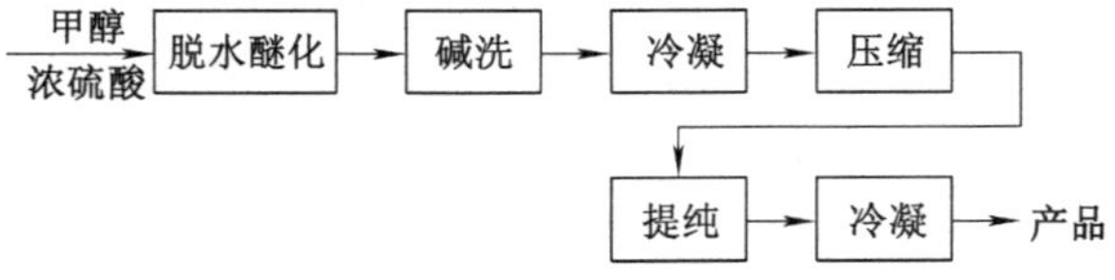

图 8-15　液相甲醇法工艺流程框图

行脱水醚化，再进行碱洗脱酸，之后冷凝，进入压缩机压缩，压缩后的产物进入提纯塔提纯，最后再对其进行冷凝处理得到满足所需纯度的产品 DME。

甲醇液相脱水法制二甲醚工艺流程反应条件相对温和，一般反应温度区间在 130～160 ℃，且转化率相对较高(可达 85%～90%)、选择性好(>98%)，同时所得目标产物二甲醚的纯度保持在 99.6%以上。该工艺流程易操作，且生产方式灵活，既能采取连续式生产又能采用间歇式生产，但随着研究规模的扩大也暴露了该工艺流程的诸多弊端。首先催化剂浓硫酸对装置及设备的腐蚀极其严重，其次反应过程中生成的硫化物、残液及废水对生态环境影响严重，且中间产物 CH_3HSO_4 毒性较强，极容易对人体产生危害，因此限制了该工艺过程在工业中的规模化生产及长期应用。目前，只有小规模的厂家还有应用，新建生产企业已很少采用该技术。

2. 甲醇气相脱水法

鉴于甲醇液相脱水法制二甲醚过程中存在诸多弊端，甲醇气相脱水法制二甲醚应运而生，该方法解决了设备腐蚀、环境污染、产物毒性大等问题，其工艺原理是使甲醇蒸气通过固体催化剂，发生非均相反应，甲醇脱水生成二甲醚。

生成二甲醚的主反应为：

$$2CH_3OH \longrightarrow CH_3OCH_3 + H_2O$$

主要副反应：

$$CH_3OH \longrightarrow CO + H_2$$

$$CH_3OCH_3 \longrightarrow CH_4 + H_2 + CO$$

$$CO + H_2O \longrightarrow CO_2 + H_2$$

气相脱水法工艺流程见图 8-16。甲醇经汽化与反应器出来的反应产物换热后进反应器进行气相催化脱水反应，反应产物经换热后用循环水冷却冷凝。冷却冷凝后的物料进行

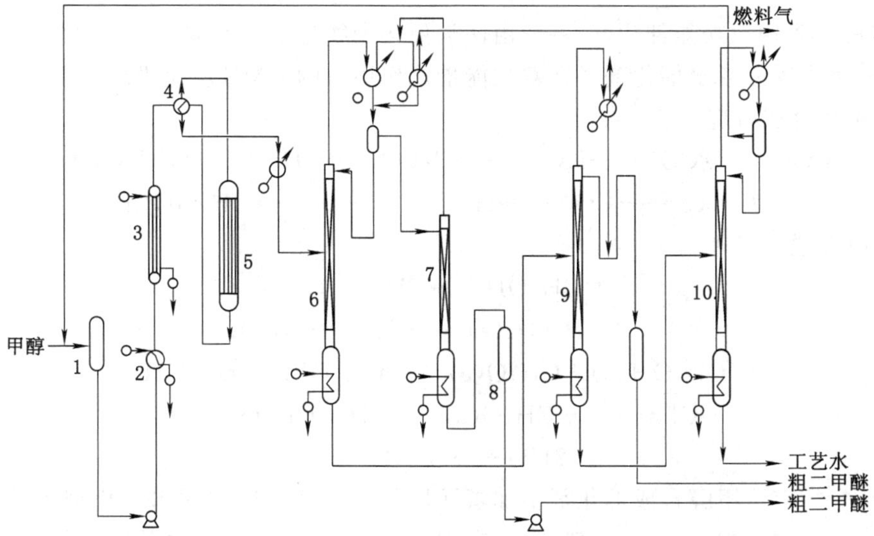

1—原料缓冲罐；2—预热器；3—汽化器；4—进出料换热器；5—反应器；6—二甲醚精馏塔；
7—脱烃塔；8—成品中间罐；9—二甲醚回收塔；10—甲醇回收塔。

图 8-16　甲醇气相脱水法制二甲醚工艺流程图

气液分离，气相送洗涤塔用甲醇或甲醇-水溶液吸收回收二甲醚，液相也就是粗二甲醚送精馏分离。不同厂家采用甲醇气相脱水的工艺也略有不同，主要区别在原料要求以及反应器结构形式上。原料可采用精甲醇或粗甲醇，从而使原料成本有所不同；反应器可采用绝热式固定床、换热式固定床、多段冷激式固定床和等温管式固定床等形式。

气相甲醇脱水法其工艺特点是操作简单，自动化程度较高，少量废水废气排放，排放物含量低于国家规定的排放标准。该技术生产 DME 采用固体催化剂，常用的催化剂为活性氧化铝、结晶硅酸铝等，反应温度为 200 ℃，压力为 1.5 MPa 左右，甲醇转化率达到 75%～85%，DME 选择性大于 98%，产品 DME 质量分数≥99.9 %，甲醇制 DME 的工艺生产过程包括甲醇加热、甲醇蒸发、甲醇脱水、甲醚冷却、冷凝及粗醚精馏，该法是目前国内外二甲醚的主要生产方法。

尽管目前两步法工艺已经成熟，但是由于甲醇合成及甲醇脱水过程需在不同反应装置中进行，大大增加了工艺装置投资成本，且甲醇供求量与国际甲醇市场息息相关，因此其市场价格波动相对较大，风险也就相对较高。所以由甲醇脱水制备 DME 这一工艺路线仍存在一些弊端。所以，流程短的一步法制 DME 工艺逐渐发展起来。

（二）一步法合成二甲醚

1. 反应原理

一步法直接合成 DME，即以合成气为原料，在双功能催化剂作用下，于一个反应器中一步获得目标产物 DME。该工艺方法打破了两步法中甲醇合成的热力学限制，同时不再直接受到甲醇市场的影响，且合成气的来源丰富。一步法制备二甲醚工艺流程简单，投资少，能耗低。

合成气直接合成二甲醚其化学反应式如下：

$$3CO+3H_2 \longrightarrow CH_3OCH_3+CO_2$$

$$2CO+4H_2 \longrightarrow CH_3OCH_3+H_2O$$

一步法多采用双功能催化剂，一般由两类催化剂物理混合而成，其中一类为甲醇合成催化剂，另一类为甲醇脱水催化剂。在双功能催化作用下的 DME 反应机理如下：

(1) 甲醇合成机理

$$CO(g) \longrightarrow CO^* \longrightarrow HCO^* \longrightarrow H_2CO \longrightarrow CH_3O^* \longrightarrow CH_3OH(g)$$

$$CO_2(g) \longrightarrow CO_2^* \longrightarrow HCOO^* \longrightarrow O^* \longrightarrow CH_3OH(g)$$

(2) 甲醇脱水机理

$$CH_3OH \longrightarrow CH_3OH(a)$$

$$O+CH_3OH(a) \longrightarrow CH_3O(a)+OH$$

$$CH_3OH(a)+CH_3O(a) \longrightarrow CH_3OCH_3(g)+OH$$

$$CH_3O(a)+CH_3O(a) \longrightarrow CH_3OCH_3(g)+O$$

$$2HO \longrightarrow H_2O(g)+O$$

其中，“*”表示甲醇合成催化剂中加氢活性位；“a”表示甲醇脱水催化剂中酸性位。两种活性位间存在“协同作用”。一般来说，它们之间接触越紧密，自由基转移就越容易，催化剂活性也就越好。甲醇合成催化剂常见的有：Cu-Zn-Al(O)基催化剂，如 BASF、S3-85 和 ICI-512 等。甲醇脱水催化剂常见的有：氧化铝、多孔 SiO_2-Al_2O_3、Y 型分子筛、ZSM-5 分子筛、丝光沸石等。

2. 工艺流程

目前合成气一步法制二甲醚国内外存在着多种工艺流程及方法。国外早期开始研究该工艺的有丹麦的托普索公司、美国的空气化工产品公司(APCI)、日本的钢管公司(NKK)等。工艺根据使用反应器的不同,可以分为采用固定床反应器的气固两相法和采用浆态床反应器的气固液三相法。

(1) 气固两相法

气固两相法也称气相一步法,其反应器形式为固定床,合成气在固体催化剂表面上进行反应生成二甲醚,工艺流程见图 8-17。

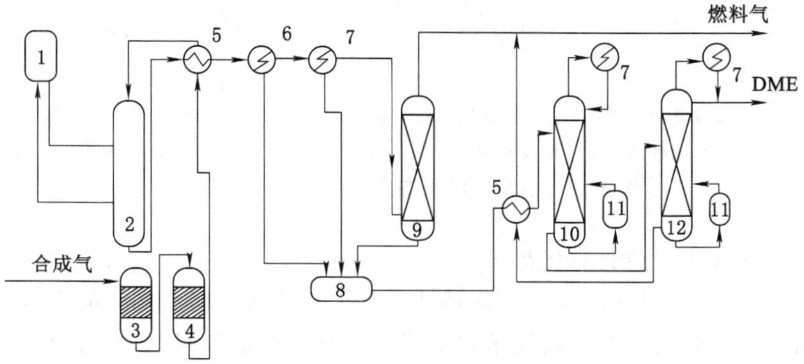

1—气包;2—反应塔;3—脱硫塔;4—脱氧塔;5—换热器;6—冷却器;7—冷凝器;
8—中间贮罐;9—吸收塔;10—预精馏塔;11—再沸器;12—精馏塔。

图 8-17　固定床一步合成二甲醚工艺流程图

合成气经过脱硫和脱氧塔净化后,进入固定床反应器在双效催化剂的作用下合成 DME,反应放出的热量由冷却水蒸发吸收,同时副产低压蒸汽,控制催化剂床层温度。合成的二甲醚等产物经换热器、冷却器、冷凝器逐级冷却后,进入后续的蒸馏工段进行精制。

由于气相一步法二甲醚合成反应为强放热过程,此过程在固定床反应器中进行时,反应热不易移出,因此存在传热性能差、温度控制难、时空产率低等缺点,并在低转化率和高空速的情况下操作,未反应的合成气大量循环,因而工程放大问题是该工艺工业化的关键问题。

(2) 气固液三相法

气固液三相法也称为液相一步法。针对气相一步法合成二甲醚的固定床反应器传热能力差、无法将反应热及时移出、温度控制困难等问题,国内外相关研究单位都开发了液相一步法合成二甲醚的工艺,工艺流程见图 8-18。

液相一步法工艺采用的是浆态床,将甲醇合成和甲醇脱水复合催化剂磨细,以极细的粒子与溶剂形成浆状液体,合成气首先溶解于惰性介质溶液,然后通过扩散作用与催化剂颗粒接触,发生甲醇合成与脱水的反应,生成二甲醚。因此反应在气、液、固三相中进行,故而称为气固液三相法。

与气相一步法相比,浆态床技术具有传热、传质效果好,反应基本在等温条件下进行的特点。浆态床反应器结构简单,易操作,可在线装卸催化剂,开停车方便,催化剂寿命长,投资少,操作方便。与传统甲醇脱水工艺相比,它工艺装置结构简单,便于移出反应热,可直接利用 CO 含量高的煤基合成气,还可在线装卸催化剂,具有较高的 CO 单程转化率和二甲醚

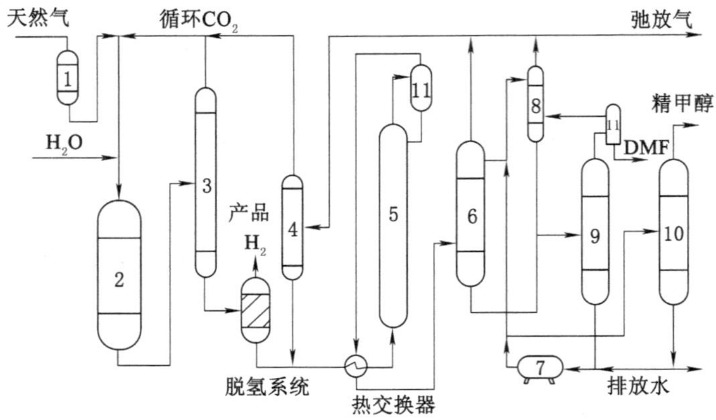

1—脱硫塔;2—转化塔;3—脱碳塔Ⅰ;4—脱碳塔Ⅱ;5—DME合成塔;6—吸收塔;
7—贮液罐;8—尾气吸收塔;9—DME精馏塔;10—甲醇精馏塔;11—分离罐。

图 8-18 清华大学浆态床二甲醚生产工艺流程

产率,使二甲醚在成本上更具有优势。

"一步法"合成二甲醚在反应上的优越性早已得到公认。但在实际的中试过程中也暴露了工艺上的缺点,或者说存在目前技术水平还不易解决的诸多问题,如:催化剂容易失活,反应机理表明,甲醇脱水催化剂的酸中心和甲醇合成催化剂相互作用导致加速失活。两种催化剂的最佳温度范围不匹配,提高反应温度,势必降低催化剂寿命;"一步法"反应产物二甲醚与合成气共存,由于二甲醚的沸点低,分离过程复杂化,需吸收、解吸等复杂的工艺过程,造成了设备投资及操作费用的增加,二甲醚损失大,成本高。因此,一步法目前还未实现大规模的工业化。

(三)二甲醚生产方法比较

将生产二甲醚的甲醇液相催化脱水法、甲醇气相催化脱水法和一步合成法进行简要对比,见表 8-11。

表 8-11 二甲醚生产方法技术经济的比较

项　目	甲醇液相催化脱水法	甲醇气相催化脱水法	一步合成法
催化剂	硫酸	固体酸催化剂	多功能催化剂
反应温度/℃	130～160	200～400	250～300
反应压力/MPa	常压	0.1～0.5	3.5～6.0
转化率/%	约 90	75～85	90
二甲醚选择性/%	>99	>99	>65
1 000 t/a 投资/万元	280～320	400～500	700～800
车间成本/(元/t)	4 500～4 800	4 600～4 800	3 400～3 600
二甲醚纯度/%	≤99.9	≤99.9	约 99

由表 8-11 可见，生产二甲醚的一步法和两步法各有优势。一步法中由合成气生成的甲醇很快脱水生成二甲醚，抑制了甲醇逆反应的发生，生成的水又进一步被 CO 所消耗，可推动平衡不断向甲醇和二甲醚方向迁移。因此，一步法中 CO 的转化率远高于二步法中 CO 的转化率。和甲醇脱水法相比，一步法工艺具有流程短、投资省、能耗低等优点，可获得较高的单程转化率。但在一步法中，由于甲醇合成和二甲醚合成反应必须同时发生，且各个反应均为放热反应，这就要求所用的催化剂有很好的耐热性，在高温下具有高选择性。另外，由于反应的连续性，催化剂还必须具有适当的催化活性位分布。如采用一步法生产高纯度二甲醚，还需进一步分离提纯。一般一步法生产二甲醚主要用作醇醚燃料。在两步法中，虽然转化率不如一步法，但因它生产工艺成熟、装置适应性广、后处理简单等特点，可直接建在甲醇生产厂，也可建在其他公用设施好的非甲醇生产厂，也具有广阔市场。

（四）二氧化碳制二甲醚

随着工业化生产不断发展，二氧化碳的排放量持续增多，学术界对于温室气体 CO_2 的捕获及利用也越发关注，尤其是随着我国“双碳”目标的提出，很多学者开始致力于二氧化碳的合理化利用研究，其中，二氧化碳催化活化制备 DME 就是其中的一个重要方向。Frusteri 等利用固定床反应器研究了 CO_2 一步合成 DME 的反应，研究中采用了共沉淀法制备的 Cu-ZnO-ZrO_2/H-ZSM-5 催化剂体系，经过评价及系列表征发现，当沉淀剂为碳酸铵时，催化效果最好，在反应条件为 3.0 MPa、200～240 ℃、10 000 h^{-1}时，其 DME 的时空收率最高，可达 0.225 kg/(kg 催化剂・h)。并指出 CO_2 一步法制甲醇的反应路径涉及多个活性位点的共同作用，即在金属 Cu 上 H_2 的解离吸附以及强碱位点上 CO_2 的解离吸附生成甲醇，甲醇在酸性位点的作用下再脱水生成 DME。

王康军等也对 CO_2 一步合成 DME 反应进行了系统研究，实验结果表明，在实验所设计的反应条件范围内，在 Cu-Zn-Al_2O_3-ZrO_2/H-ZSM-5 分子筛催化剂的作用下，DME 的选择性随反应温度的升高而降低，而随着反应压力的升高，DME 选择性则呈现上升趋势。实验数据表明，在 H-ZSM-5 分子筛的硅铝比为 50，反应条件为 3.0 MPa、250°C 时，CO_2 转化率最高可达 19.6%，目标产物 DME 的选择性为 47.0%，收率 9.2%。

目前国内外对于二氧化碳一步法制 DME 的研究主要集中在 Cu-ZnO-ZrO_2/H-SM-5、CuO-ZnO-Al_2O_3/H-ZSM-5、CuO-Fe_2O_3-ZrO_2/H-ZSM-5 等催化剂体系的研究，同时对其制备方法以及添加不同助剂的影响也做了深入研究，但目前对其机理研究还相对较少。

第七节　煤制乙二醇

一、概述

乙二醇(ethyleneglycol)又名“甘醇”、“1,2-亚乙基二醇”，简称 EG。其化学性质与乙醇相似，主要能与无机或有机酸反应生成酯，一般先只有一个羟基发生反应，升高温度、增加酸用量，可使两个羟基都形成酯。如与混有硫酸的硝酸反应，则形成二硝酸酯。酰氯或酸酐容易使两个羟基形成酯。

乙二醇在催化剂(二氧化锰、氧化铝、氧化锌或硫酸)作用下加热，可发生分子内或分子间失水。乙二醇能与碱金属或碱土金属作用形成醇盐。在制革和制药工业中，乙二醇分别用作水合剂和溶剂。乙二醇的衍生物二硝酸酯是炸药。乙二醇的单甲醚或单乙醚是很好的溶剂，如甲溶纤剂 $HOCH_2CH_2OCH_3$ 可溶解纤维、树脂、油漆和其他许多有机物。乙二醇的溶解能力很强，但它容易代谢氧化，生成有毒的草酸，因而不能广泛用作溶剂。乙二醇是一个抗冻剂，60%的乙二醇水溶液在－40 ℃时结冰。作为化工基础原料的乙二醇也可广泛应用于生产聚酯纤维、表面活性剂、涂料以及油墨等。

二、乙二醇生产工艺路线

生产乙二醇的技术路线有石油路线和非石油路线，如图 8-19 所示。目前乙二醇的工业生产方法主要是由乙烯经过银催化剂上的气相氧化生成环氧乙烷，再进行液相非催化水合制得乙二醇产品。从天然气或煤制得的合成气出发制乙二醇工艺分为直接工艺和间接工艺。直接工艺即由合成气直接合成乙二醇；间接工艺则由合成气经某种中间化合物如甲醇、甲醛等后再转化为乙二醇。而基于煤化工和天然气的合成气法制取乙二醇的路线在与传统的乙烯路线竞争中，逐渐体现出它的原料来源广泛、价格低廉、工艺流程短、技术经济性高等多种优势，成为研究的热点。

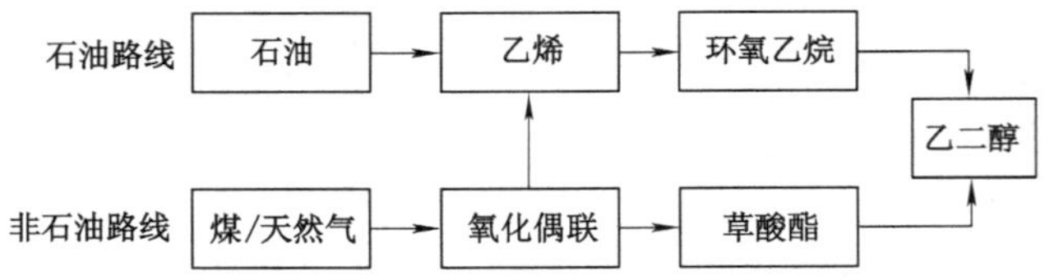

图 8-19　乙二醇生产路线

生产乙二醇的传统方法为石油化工路线，即环氧乙烷水合法。该方法工艺流程长、水比（H_2O/EO）高、能耗大，乙二醇的选择性相对较低。乙烯氧化法的路线有两种：

① 原油—石脑油—乙烯—环氧乙烷（ethylene oxide，简称 EO）—EG，其产能占全球总产能的 80%左右；

② 乙烷—乙烯—EO—EG，其产能占全球总产能的 20%左右（中东地区及加拿大采用）。

三、合成气法合成乙二醇

合成气法合成乙二醇可分为直接法和间接法，其中直接法即 CO 和 H_2 在催化剂的作用下反应直接生成乙二醇，该方法符合原子经济性的要求，但由于合成压力过高（50 MPa）以及高温下（230～260 ℃）催化剂活性和稳定性之间的矛盾等问题，工业化应用有一系列技术难题需要解决；间接法主要分为草酸酯合成法和甲醇甲醛合成法，其中草酸酯合成法对工艺条件的要求不高，反应条件相对温和，是目前距大规模工业化生产最近的方法，值得重点关注。

如表 8-12 所示，与直接法相比，间接法具有反应条件温和、选择性高等优点，但反应步骤多，能量消耗大。从目前的研究情况看，由合成气出发制取乙二醇的许多过程均可与传统的乙烯路线相竞争。

表 8-12　合成气直接合成与间接合成乙二醇比较

项目内容	直接合成	间接合成
优点	原子利用率高，排放少，经济价值高	草酸酯合成法是比较经典的工艺路线，并建有 20 万 t/a 工业示范装置
缺点	反应条件苛刻，高温高压，需要催化剂，距工业化有较大差距	合成气通过乙烯制乙二醇工艺流程长，制乙烯过程有丙烯生成

（一）直接合成法

以合成气为原料合成乙二醇是最直接的方法，反应如式(8-11)。从热力学上看，该反应自发进行是较困难的，反应需在高温、高压和催化剂存在下进行。

$$2CO+3H_2 \longrightarrow HOCH_2CH_2OH \quad \Delta G_{500℃}=65.92\ kJ/mol \tag{8-11}$$

美国 DuPont 公司于 20 世纪 50 年代首先开发出由合成气制乙二醇技术，采用羰基钴为催化剂，反应在高压(340 MPa)下进行，反应条件十分苛刻，乙二醇收率低，难以满足工业化要求。

目前，由合成气直接合成乙二醇仍处于研究阶段，所得结果与实现工业化仍有相当距离，主要问题是合成压力太高，所用催化剂在高温下稳定性较差。改进催化剂和助剂，开发出在较低压力和温度下具有高活性且稳定的催化剂，成为实现一步法合成工艺的研究重点。

（二）间接合成法

间接合成法主要由煤气化衍生物经二次反应合成二甲醇，主要方法如下：

1. 甲醇氧化偶联法

从分子结构式来看，甲醇分子脱氢二聚除去甲基上的氢就成为乙二醇。常规酸、碱或配合物催化剂难以对该过程发生作用，但在引发剂存在下，通过自由基反应机理，由甲醇生成·CH_2OH 自由基，然后两个·CH_2OH 自由基氧化偶联可形成乙二醇。

在 H_2O_2 存在下，以紫外光照射氮气饱和的甲醇溶液，生成乙二醇的选择性为 85%～94%，量子产率最大为 0.73；当用 KrF 激光照射时，乙二醇的选择性为 94%，量子产率可达 0.94。紫外光做激发光源时汞在 250 mm 紫外光激发下形成三线态 Hg(3P1)，激发态的 Hg 与甲醇反应，甲醇脱去·H 自由基形成 MeO·，进一步反应生成乙二醇，收率达 97%，反应式为：

$$MeOH \longrightarrow MeO\cdot + H\cdot$$
$$MeOH\cdot CH_2OH \longrightarrow MeOH + \cdot CH_2OH$$
$$2\cdot CH_2OH \longrightarrow HO—CH_2CH_2—OH \tag{8-12}$$

甲醇氧化偶联法的优点是原料甲醇价廉易得，乙二醇的收率也较高，若生产规模能扩大，该路线很有吸引力。

2. 甲醛法

甲醛与合成气反应得乙醇醛，后者加氢即得乙二醇，甲醛原料为三聚甲醛或多聚甲醛。反应方程为：

$$HCHO \xrightarrow{CO+H_2} HOCH_2CHO_2 \xrightarrow{H_2} HOCH_2CH_2OH \tag{8-13}$$

最初，甲醛氢甲酰化采用羟基铑催化剂，但产率在 50%以下，反应速率低，约 0.1 mol/

(L·h)。美国孟山都公司(Monsanto)运用 $HRh(CO)_2(PPh)_3$ 胺系多组分均相催化剂，在120 ℃、2.6 MPa 条件下，使甲醛转化为乙醇醛的反应速率提高到 2.5 mol/(L·h)，甲醛转化率为 95%，乙醇醛选择性达到 78%。日本鸟取大学(Tottori University)用铑系催化剂在70 ℃、4.9 MPa 的温和条件下，甲醛转化率接近 100%，最高收率可达 98%。甲醛氢甲酰化法的缺陷是只有采用三聚甲醛或多聚甲醛才有高的转化率，但成本较高，且甲醛易还原成甲醇，并与形成的聚糖缩合。

3. 甲醛羰基化法

甲醛羰基化法由美国杜邦公司开发。方法是以甲醛、CO 为原料，在 150～225 ℃、50.6～101.3 MPa 下，经 H_2SO_4 或 BF_3 催化剂催化缩合成乙醇酸。乙醇酸在 H_2SO_4 催化下，在210～215 ℃、81.0～91.1 MPa 下用甲醇酯转化为乙醇酸甲酯。后者在 210～215 ℃、3.04 MPa、空速 2 000.0 h^{-1} 过量氢存在的条件下，用亚铬酸铜催化剂还原生成乙二醇；甲醇则循环使用。每步反应收率都为 90%～95%。按甲醛原料计，乙二醇总收率达 90%。反应过程如下：

$$\begin{gathered}CH_2O+CO+H_2O \longrightarrow HOCH_2COOH\\ HOCH_2COOH+CH_3OH \longrightarrow HOCH_2COOCH_3+H_2O\\ HOCH_2COOCH_3+2H_2 \longrightarrow HOCH_2CH_2OH+CH_3OH\end{gathered} \tag{8-14}$$

4. 甲醛缩合法

A. H. Weiss 等研究了在沸石催化剂上，使质量分数为 30% 的甲醛水溶液与等体积 NaOH 反应，醛缩合形成乙醇醛，然后在 94 ℃、常压、空速 1.21 h^{-1} 和镍催化剂条件下加氢还原为乙二醇。甲醛转化率为 100%，乙醇醛选择性为 75%。NaOH 起到防止甲酸破坏沸石的作用，系统中通入氢气有利于乙二醇的生成。该法工艺流程简单，合成条件相对温和，产品成本的关键是甲醛的消耗，每吨乙二醇需耗 113 t 甲醛，原料成本高于乙烯法。其反应式为：

$$2HCHO \xrightarrow[\text{分子筛}]{NaOH} HOCH_2CHO \xrightarrow[Ni/H_2]{94\ ℃} HOCH_2CH_2OH \tag{8-15}$$

5. 甲醛与甲醇反应(Redox 法)

以甲醛和甲醇为原料，在过氧化物、氧、紫外光照射下，通过自由基引发氧化还原反应，生成乙醇。美国 Redox 公司和美国 Celanese 公司采用二叔丁基过氧化物(DTBP)引发剂，甲醛与甲醇通过自由基发生液相缩合反应，过程中温度 125～200 ℃，压力 2.4～4.0 MPa，反应式如下：

$$HCHO+CH_3OH \xrightarrow[2.4\sim4\ MPa]{125\sim200\ ℃} HOCH_2CH_2OH \tag{8-16}$$

6. 甲醛与甲酸甲酯偶联

由甲醛与甲酸甲酯在酸(如硫酸或有机磺酸)催化下合成乙二醇，首先缩合生成乙醇酸甲酯和甲氧乙酸甲酯(MMAc)，随后乙醇酸甲酯催化加氢生成乙二醇，MMAc 水解、加氢得到乙二醇。反应过程为：

$$\begin{gathered}HCHO+HCOOCH_3 \longrightarrow HOCH_2COOH_3\\ HOCH_2COOCH_3+2HCHO \longrightarrow CH_3OCH_2COOCH_3+HCOOH\\ HOCH_2COOCH_3+2H_2 \longrightarrow HOCH_2CH_2OH+CH_3OH\end{gathered}$$

$$CH_3OCH_2COOCH_3 + 2H_2 + H_2O \longrightarrow HOCH_2CH_2OH + 2CH_3OH \tag{8-17}$$

德国赫斯特(Hoechst)公司采用 Kieselguhr 催化剂(10.6%Pd～2.3%Re)，在 172 ℃、20 MPa 反应条件下得到 97%的乙二醇，其选择性达到 93.6%。甲酸甲酯是煤化工开发的大宗化工产品，该方法对开发其下游产品、解决甲酸甲酯储运难的问题具有重要意义。乙醇酸甲酯和 MMAc 是具有广泛用途的有机化工原料和中间体，特别是目前国内尚无乙醇酸甲酯生产厂家。但反应采用三聚或多聚甲醛作为甲醛来源，成本高；以液体矿物酸为催化剂，存在环境污染和设备腐蚀等问题，偶联产物收率较低。

7. 草酸二酯法(氧化偶联法)

CO 气相催化合成草酸、草酸酯及乙二醇，即以煤为原料，由 CO 采用两步法工艺生成乙二醇。第一步由 CO 进行气相反应生成草酸酯，第二步草酸酯加氢生成乙二醇。该技术不但能实现用煤或天然气(油田气)代替石油乙烯的两步间接合成乙二醇的战略目标，而且能使合成气资源全部得到充分利用。首先，把煤或天然气(油田气)制成合成气($CO+H_2$)；然后通过变压吸附或膜分离技术，把其中的氢气分离出来，作为草酸酯加氢生成乙二醇的氢源；余下的 CO 气体用脱氢催化剂进行脱氢净化，就可以用作羰基化合成草酸酯的 CO 原料。这样，就把合成气的两个组分 CO 和 H_2 全部充分利用了。

草酸酯合成乙二醇的方法主要是指由 CO 气体与亚硝酸酯首先合成草酸二酯，再经过催化加氢来制取乙二醇。采用 C_1～C_4 的醇与 N_2O_3(由 NO 和 O_2 反应得到)反应生成亚硝酸酯，再与 CO 催化偶联合成草酸二酯，然后实现草酸二酯加氢制得乙二醇。氧化偶联制草酸二酯过程中产生的 NO 可循环使用；草酸二酯加氢过程中醇类释放出来，可以再利用，因此，草酸酯合成法总过程其实不消耗 NO 和醇类。

工艺原理：

羰化：$2CH_3ONO + 2CO \longrightarrow (COOCH_3)_2 + 2NO$

酯化再生：$2CH_3OH + 2NO + 1/2O_2 \longrightarrow 2CH_3ONO + H_2O$

加氢：$(COOCH_3)_2 + 4H_2 \longrightarrow (CH_2OH)_2 + 2CH_3OH$

总反应式：$2CO + 4H_2 + 1/2O_2 \longrightarrow (CH_2OH)_2 + H_2O$　　(8-18)

1978 年，宇部兴产公司和美国 UCC 公司联合开发了合成草酸二酯的新工艺路线，采用 2%Pd/C 催化剂，在亚硝酸酯存在下，使 CO 与醇发生偶合。醇可以是甲醇或乙醇，通常用丁醇，反应条件为 90 ℃、9.8 MPa。该液相反应工艺解决了设备腐蚀问题，并建成一套 6 000 t/a的草酸二酯生产装置。但该方法存在草酸二酯生成速率慢、副产物多等问题。为此，宇部兴产公司又开发了气相工艺，即 CO 和亚硝酸甲酯或亚硝酸丁酯反应生成草酸酯，进而气相加氢得到乙二醇。反应方程为：

$$2CO + 2RONO \longrightarrow (COOR)_2 + 2NO \tag{8-19}$$

宇部兴产公司在气相法制草酸二甲酯基础上，开发出气相法草酸二甲酯加氢还原制乙二醇技术，采用 Cu-Cr 催化剂，乙二醇选择性为 95%，反应方程为：

$$(COOCH_3)_2 + H_2 \longrightarrow HOCH_2CH_2OH + 2CH_3OH \tag{8-20}$$

四、国内合成气制乙二醇技术进展

(一) 技术进展

我国在世界上已率先实现了煤制乙二醇(CO 气相催化合成草酸酯和草酸酯催化加氢合成乙二醇)成套技术的工业化应用。煤制乙二醇路线系通过 CO 气相偶联合成草酸酯，草酸酯再加氢制取乙二醇，实践表明：草酸酯转化率可达100%，乙二醇选择性高于95%。另外，乙二醇生产采用环氧乙烷水合路线，其水的用量超过理论值的20倍，而且约有9%生产二甘醇，1%生产三甘醇和更高分子量的聚乙二醇，从而降低了单乙二醇的选择性。因而降低水比的催化工艺已经成为乙二醇新工艺的开发热点。基于乙烯路线经环氧乙烷的乙二醇生产，由于石油和天然气资源的短缺、煤资源的相对丰富，因而开发以合成气为基础的各种新乙二醇生产工艺十分引人关注。

国内各研究单位的共同点都具备如下几个主工序：原料气净化、草酸酯合成、酯化再生、乙二醇合成、乙二醇精馏。其中对催化剂性能依赖较大的工序为草酸酯合成和乙二醇合成。这两种催化剂的收率直接决定了产品和副产品后期处理的能耗和原料利用率，也是各科研单位的重点研究对象。

20世纪70年代以来，国内外对草酸酯加氢进行了大量的研究，并取得了较大的进展。根据催化剂的使用情况，草酸酯加氢可以分为液相法和气相法，由于草酸酯液相加氢反应压力高，反应时间长，乙二醇选择性低，且存在催化剂金属活性组分钌价格昂贵、均相催化剂和产物难分离等问题(表8-13)，进而重心转移到气相加氢研究之中。国内对草酸酯加氢制乙二醇的研究以气相法为主。

表8-13　国内研究单位的草酸酯加氢催化剂反应性能

单位名称	催化剂	温度/℃	氢酯物质的量比	转化率/%	选择性/%
福建物质结构研究所	Cu/Cr	208～230	46～60	99.8	95.3
天津大学	Cu-Zn/SiO_2	220	100	>99	>90
华东理工大学	Cu/SiO_2	205	80	100	99.1
上海石油化工研究院	Cu-Cr/α-Al_2O_3	210～230	70～100	100	>90

国内中国科学院福建物质结构研究所、华东理工大学、上海石油化工研究院、天津大学、浙江大学和上海焦化有限公司等也对气相法合成草酸酯进行了深入的研究。催化剂的研究多以α-Al_2O_3为载体，以Pd为活性组分，但催化剂助剂有差异。催化剂反应性能如表8-14所示。

表8-14　国内研究单位的气相法合成草酸酯催化剂反应性能

单位名称	催化剂成分	温度/℃	转化率/%	选择性/%
福建物质结构研究所	Pd-Zr/α-Al_2O_3	100～150	63.9	>95
天津大学	Pd-Ti-Ce/α-Al_2O_3	120	30～58	>96
天津大学	Pd-Fe/α-Al_2O_3	80～90	20～60	>96
华东理工大学	Pd/纳米碳纤维	80～140	>85	100
上海石油化工研究院	Pd/α-Al_2O_3	120～160	>80	>99
上海焦化有限公司	Pd-Ir/α-Al_2O_3	125～150	85～95	—
浙江大学	Pd-Ga/α-Al_2O_3	100～110	35～55	85

(二) 国内草酸酯催化加氢制备乙二醇工艺

草酸酯催化加氢制备乙二醇工艺流程如图 8-20 所示：

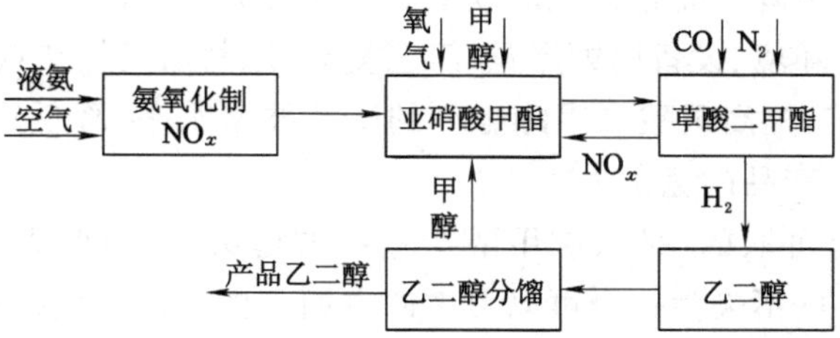

图 8-20　草酸酯催化加氢制备乙二醇工艺

一氧化碳与化学计量配比的氧气一起通过管道送入由热水保温的脱氢反应器，原料一氧化碳中少量氢气与氧气反应生成水，经冷却换热器冷凝后排出，脱氢后的 CO 气体进入分子筛干燥塔，除去气体中微量的水分后进入羰基化工序。经干燥合格的 CO 气体由管道送入反应预热器，预热到 140 ℃后进入羰化反应器，与酯化工序由管道送来的亚硝酸甲酯在 0.5 MPa 的压力下反应生成草酸酯和 NO。经气液分离后 NO 由管道送入酯化再生工序，草酸酯进入加氢工序。将羰化工序来的草酸酯泵入加热炉，通入氢气，一起加热至 210 ℃后去加氢反应器进行加氢反应，生成乙二醇及甲醇。反应产物泵入甲醇蒸馏塔回收甲醇，循环回到酯化工序；回收甲醇后的物料经脱酯后再泵入精馏塔，得到产品乙二醇。

第八节　煤制羰基化合物

羰基合成是煤化工领域最重要的工艺之一，由合成气产生的 CO、H_2 以及合成出来的甲醇、二甲醚等都可以作为原料进行羰基化合成转化生产下游产品，其相关技术的研发深刻影响着煤化工产业链的发展。本节重点介绍由煤气化合成气经过羰基合成制备碳酸二甲酯及醋酸的生产工艺。

一、煤气化羰基合成碳酸二甲酯

(一) 概述

碳酸二甲酯，英文名称：Dimethylcarbonate(DMC)，分子式：$C_3H_6O_3$，$(CH_3O)_2CO$，CH_3O—$COOCH_3$，分子量：90.07。常温时是一种无色透明、略有气味、微甜的液体，熔点 4 ℃，沸点 90.1 ℃，密度 1.069 g/cm^3，难溶于水，但可以与醇、醚、酮等几乎所有的有机溶剂混溶。碳酸二甲酯结构如下所示：

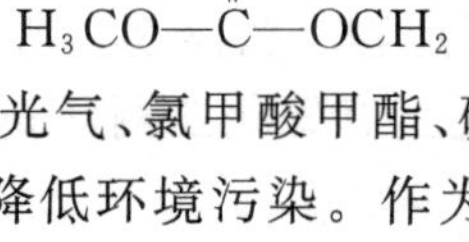

由于 DMC 无毒，可替代剧毒的光气、氯甲酸甲酯、硫酸二甲酯等作为甲基化剂或羰基化剂使用，提高生产操作的安全性，降低环境污染。作为溶剂，DMC 可替代氟利昂、三氯乙烷、三氯乙烯、苯、二甲苯等用于油漆涂料、清洁溶剂等。作为汽油添加剂，DMC 可提高其辛烷值和含氧量，进而提高其抗爆性。此外，DMC 还可作为清洁剂、表面活性剂和柔软剂的添加剂。由于用途非常广泛，DMC 被誉为当今有机合成的“新基石”。

(二) 碳酸二甲酯生产工艺

目前国内 DMC 生产企业普遍采用酯交换工艺,新技术开发及应用不足,这造成了工艺相对落后,产品竞争力下降。而且传统的碳酸二甲酯合成工艺,如光气法、酯交换法、甲醇氧化羰化法等,存在污染环境、设备腐蚀严重、工艺复杂、原料昂贵等缺点。从原料和催化剂方面开发 DMC 合成工艺,提高碳酸二甲酯生产的工艺技术水平,降低产品的生产成本,则可以从根本上提高 DMC 产品的竞争力。

用煤制取 DMC 是可取的,是煤制甲醇产业链的延续,在当前煤化工比较旺盛的情况下,一旦甲醇过剩,DMC 不失为一个可以考虑的方向。图 8-21 所示是煤气化制取 DMC 的流程图。实际上前半部分是典型的煤制甲醇工艺,煤气化的方式可根据煤种确定。后半部分的工艺选取典型的甲醇液相羰基氧化法,但此技术并不是唯一的工艺。

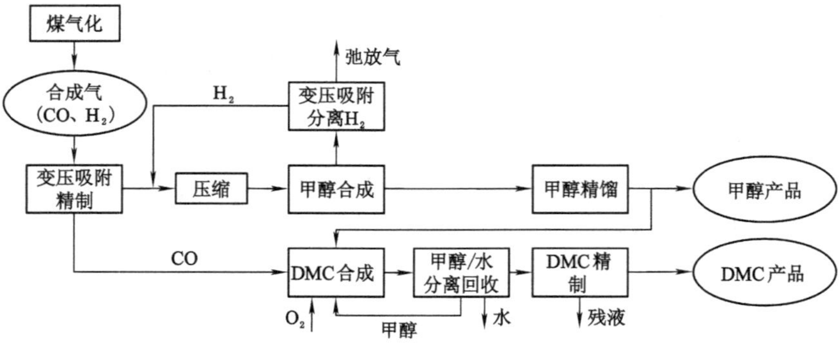

图 8-21　煤气化制取 DMC 的流程图

以下是几种羰基化法制备 DMC 工艺:

1. 甲醇氧化羰基化法

甲醇氧化羰基化法是近几年发展起来的合成 DMC 方法,利用甲醇、CO 和 O_2 为原料直接氧化羰基化合成 DMC,过程如下:

$$2CH_3OH+CO+1/2O_2 \longrightarrow (CH_3O)_2CO+H_2O$$

该法原料便宜易得,不用光气,毒性低,工艺简单,产品质量高,成本低,因此是近年来研究最多、最有发展前途的方法。此法世界各大化学公司几乎无一不涉足其间,其技术关键之一是催化剂的选择。按工艺条件,可分为液相法和气相法。所用催化剂以Ⅷ、ⅠB、ⅡB 族金属化合物为主,分为铜系、钯系、硒系以及复合体系。此外,碱金属、碱土金属或其他过渡金属化合物、含氧有机化合物等助催化剂的引入,可提高 DMC 的生成速率、选择性和催化剂稳定性。

2. 液相羰基化法

液相羰基化法甲醇过量(既为反应物又为溶剂),所用催化剂加入甲醇中,再通入 CO 和 O_2,控制压力为 1～3 MPa,所用催化剂有氯化亚铜(CuCl)、硒和钯催化剂体系,其中氯化亚铜体系实现了工业化。

采用液相氧化羰基化合成 DMC,存在反应压力高、产物收率低、游离氯影响催化剂寿命和产品质量并引起设备腐蚀等问题。国外一些公司提出了气相羰基化法,比较典型的有美国的 DOW 气相法和日本的 UBE(宇部兴产)常压气相法。DOW 气相法由 1988 年 DOW

化学公司开发成功，此法用一种浸渍过无水氯化铜的活性炭，加入氯化钾、氯化镁和氯化镧等助催化剂的固体催化剂，在 100～150 ℃、2 MPa 条件下合成 DMC。日本 UBE 公司于 1992 年开发了采用 Pd 系催化剂的常压非均相甲醇氧化羰基化合成 DMC 技术，以 CO 和甲醇为原料，采用固定床催化剂，在低压下气相一步反应制得 DMC。该法收率高、操作安全、设备费用低、稳定性好、产品含氯量低(仅为光气法的 1/10)，是一种很有前途的方法。反应过程为：

$$CO+1/2O_2+2CH_3OH \longrightarrow (CH_3O)_2CO+H_2O$$

该反应实际上分两步进行，第一步是 CO 与亚硝酸甲酯反应生成 DMC 和 NO：

$$CO+2CH_3ONO \longrightarrow (CH_3O)_2CO+NO$$

第二步是 NO 与甲醇和氧气反应再生成亚硝酸甲酯：

$$2NO+1/2O_2+2CH_3OH \longrightarrow 2CH_3ONO+H_2O$$

该工艺的主要副产品是草酸二甲酯[$(CH_3O)_2C_2O_2$ 简称 DMO]，此反应也生成少量的甲酸甲酯、CO、醋酸甲酯和甲缩醛，并能生成 HNO_3。

3. 氧化羰基化法

甲醇、一氧化碳和氧气在催化剂作用下直接合成碳酸二甲酯。此法原料便宜易得，毒性小，工艺简单，是最有前途的方法。按工艺条件分类，可分为液相法和气相法，气相法又可分为一步法和两步法。其中，甲醇液相氧化羰基化法和气相氧化羰基化两步法已实现工业化，而甲醇气相氧化羰基化一步法尚在开发中。

CO 气相氧化羰基化两步法合成碳酸二甲酯(DMC)反应体系是以 CO、CH_3OH、O_2 为原料，以 CH_3ONO 为反应循环剂、N_2 为稀释气体。反应分两步进行，第一步为生成亚硝酸甲酯(MN)的反应，反应原料为 CH_3OH、O_2 和体系自身生成的 NO，产物经分析主要是 MN 和 H_2O；第二步为 MN 和 CO 催化反应合成 DMC，反应原料为 MN 和 CO，产物经分析主要是 DMC 和 NO，少量的草酸二甲酯。

所涉及的化学反应如下：

$$2CH_3OH(l)+2NaNO_2(s)+H_2SO_4(l) \longrightarrow 2CH_3ONO+Na_2SO_4+2H_2O(l)$$

副反应如下：

$$2CO+2CH_3ONO \longrightarrow H_3COOCCOOCH_3+2NO$$

$$H_3COOCCOOCH_3+H_2O \longrightarrow HCOOCH_3+CO_2+CH_3OH$$

$$H_3CONO+CH_3OH \longrightarrow CH_3CH_2OCH_3+NO+H_2O$$

4. 二甲醚、CO、O_2 氧化羰化合成法

二甲醚氧化羰化直接合成 DMC 属于“原子经济性反应”，与甲醇羰化反应相比，它避免了反应后产物一系列的分离问题，在经济上有着相当的优势，而且在越来越强调“绿色化工”的今天，它更符合环保理念。目前该工艺路线的研究正处于起步阶段。

该法以二甲醚、CO、O_2 为原料来合成 DMC，如下所示：

$$CH_3OCH_3+CO+1.5O_2 \longrightarrow CH_3O(CO)OCH_3$$

从热力学角度出发，在标准状况及 300～1 000 K 时，反应的焓变值和吉布斯自由能变值均小于零，反应能够自发进行，而且反应放热。随着温度的升高，反应焓变值逐渐增大，但是变化较小；吉布斯自由能变值增大趋势明显，但仍小于零。由此可知，升高温度，从热力学上讲，不利于反应的进行；从动力学上讲，可以提高反应速率，因此需要确定最适宜的反应温

度。当温度不变时，随着压力的增大，反应在热力学上和动力学上都是有利的。

目前对于该工艺来说，催化剂的选择性和活性均有待提高。寻找一种活性高、选择性好的催化剂是技术突破的关键。此外，要从反应历程上做相关的研究以便获得该反应的反应机理，为这一热力学上占优势的反应实现工业化提供基本技术支持。

二、煤气化羰基合成醋酸

（一）概述

醋酸的化学名为乙酸，英文名称 Acetic acid。乙酸分子中含有两个碳原子的饱和羧酸，是烃的重要含氧衍生物。分子式 $C_2H_4O_2$，结构简式 CH_3COOH，官能团为羧基。因是醋的主要成分，又称醋酸。例如在水果或植物油中主要以其化合物酯的形式存在；在动物的组织内、排泄物和血液中以游离酸的形式存在，普通食醋中含有 3%～5%的乙酸。乙酸是无色液体，有强烈刺激性气味。熔点 16.6 ℃，沸点 117.9 ℃，相对密度 1.049 2(20～4 ℃)，密度比水大，折光率 1.371 6。纯乙酸在 16.6 ℃以下时能结成冰状的固体，所以常称为冰醋酸。易溶于水、乙醇、乙醚和四氯化碳。当水加到乙酸中，混合后的总体积变小，密度增加，直至分子比为 1∶1，相当于形成一元酸的原乙酸 $CH_3C(OH)_3$，进一步稀释，体积不再变化；分子量：60.05。

纯的无水乙酸（冰醋酸）是无色的吸湿性液体，凝固点为 16.6 ℃(62 ℉)，凝固后为无色晶体。尽管根据乙酸在水溶液中的离解能力，它是一个弱酸，但是乙酸是具有腐蚀性的，其蒸气对眼和鼻有刺激性作用。乙酸是一种简单的羧酸，是一个重要的化学试剂。乙酸也被用来制造电影胶片所需要的醋酸纤维素和木材用胶黏剂中的聚乙酸乙烯酯，以及很多合成纤维和织物。

（二）醋酸生产的主要工艺方法

现代工业生产醋酸的方法主要有乙醛氧化法、饱和烃液相氧化法以及甲醇羰基合成法三种。

1. 乙醛氧化法

乙醛生产使用的主要原料有乙炔、乙醇和乙烯，因而按原料又可将乙醛氧化法分为乙炔-乙醛氧化法、乙醇-乙醛氧化法和乙烯-乙醛氧化法。

乙炔-乙醛氧化法生产醋酸，是先用乙炔水合法制取乙醛，而乙醇-乙醛氧化法或乙烯-乙醛氧化法是先将乙醇或乙烯氧化成为乙醛，制得的乙醛再氧化成为醋酸。

乙炔-乙醛氧化法 1914 年在德国工业化生产；乙醇-乙醛氧化法在 1930 年开始工业化运行；60 年代，随着石油化学工业的大力发展，开发了乙烯-乙醛氧化法醋酸工艺（Hoechst-Wacker 工艺），从而成为乙醛氧化法中的主导工艺，但随之被下述工艺所取代。

2. 饱和烃液相氧化法

饱和烃液相氧化法主要有正丁烷和石脑油两条路线。原料正丁烷或石脑油液相氧化成醋酸、丙酮、甲酸、丙酸等，氧化产物经多次分离精馏得到产品醋酸，副产甲酸、丙酮、丙酸等。

饱和烃液相氧化法氧化产物组成复杂，回收的副产物价值较低，醋酸分离成本较高，因此在醋酸生产中此法不再被广泛采用。

3. 甲醇羰基合成法

甲醇羰基合成法均以甲醇和一氧化碳为原料生产冰醋酸，甲醇羰基合成法有 BASF 高压甲醇羰基合成法、Monsanto 低压甲醇羰基合成法以及 Daicel/Celanese/BP 低压低水甲醇羰基合成法三种技术。

高压甲醇羰基合成法由于操作压力和操作温度高、合成效率低、副产物多，已很长时间不采用了。

低压甲醇羰基合成法 30 多年来一直在醋酸生产上占主导地位，其操作条件温和、合成效率高、选择性高。最近 10 年来，Daicel、Celanese 和 BP 在低压甲醇羰基合成法基础上，各自开发了一种新的改进工艺，这种工艺的反应介质水浓度较低，从而提高了装置的工艺性能。

随着国内制造业和催化剂技术水平的提高，国内醋酸技术也得到了很大的进步。近年来国内对醋酸羰基合成工艺的改进、催化剂的开发、装备制造改进以及新原料合成技术等方面等做了许多工作，中国科学院大连化学物理研究所、上海浦景化工技术股份有限公司、昊华骏化集团有限公司、江苏索普化工股份有限公司、山东兖矿国拓科技工程股份有限公司等均是该领域的技术拥有者。

（三）典型煤气化羰基合成醋酸工艺

图 8-22 为煤制醋酸工艺典型技术路线图。原煤经过气化制备合成气，经过精制一部分直接合成甲醇，另一部分提取 CO，生成的甲醇经过精馏与 CO 羰基反应制备醋酸。此工艺是目前国内认知度比较高的主流煤制醋酸工艺路线。

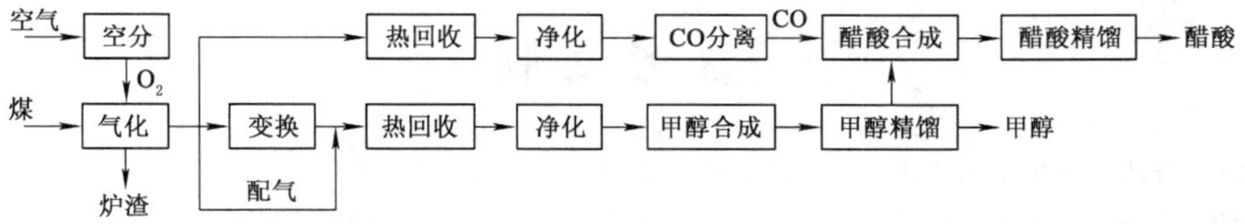

图 8-22 煤制醋酸工艺典型技术路线图

从煤开始制取醋酸有低压和高压法，其区别是依据不同催化剂而采用的不同羰基化合成醋酸的反应条件。低压是采用 Rh 或 Ir 为催化活性中心，活性好，压力低；高压是采用 Co 为活性金属，反应压力高。

1. 低压法

低压法的煤气化压力在 0.1～2.5 MPa 之间。此法主要是采用流化床或固定床的煤气化方法，通常用的是国外的 Lurgi、恩德炉气化法。工艺过程是煤气化、废锅加激冷、前压缩、部分变换、低温甲醇洗、压缩、合成、精馏、膜分离回收 H_2 等流程。压缩后的流程是典型的煤制甲醇流程，是比较成熟的组合。然后用 PSA 分离其中约 50%的 CO。合成醋酸后进行醋酸精馏。

2. 高压法

这个方法的煤气化主要是采用气流床的水煤浆气化或干煤粉气化的方法，通常用的是国外 GE(Texaco)、Shell 或 GSP 气化法，国内的两段式气化法、多喷嘴气化或多元料浆气化法。气化后采用激冷流程、部分变换、脱硫脱碳净化（低温甲醇洗、NHD），得到 H_2/CO 为 1.0 左右的合成气。用 PSA 分离其中约 50%的 CO，合成醋酸后进行醋酸精馏。这一流程适合大中型醋酸生产装置使用。合成甲醇的弛放气经 PSA-H_2 后，分离出的 H_2 返回系统重新使用，尾气送燃料库。

复 习 题

1. 简述煤气化制甲醇技术的工艺原理。
2. 简述焦炉煤气制甲醇的工艺原理。
3. 甲醇合成的反应机理是什么?
4. 甲醇合成的工艺条件是什么?
5. 工业用甲醇合成催化剂有哪几种?各有什么特点?
6. 简述温度、压力、空速、惰性气体含量对合成反应的影响。
7. 简述ICI低压甲醇合成流程及其技术特点。
8. 简述Lurgi低压甲醇合成流程及其技术特点。
9. 甲醇合成工艺对甲醇合成塔的结构有哪些要求?如何实现?
10. 分析比较焦炉煤气中甲烷转化的工艺技术方案。
11. 乙二醇生产过程中的关键步骤有哪些?
12. 简述甲醇制二甲醚的生产方法及发展趋势。
13. 简述一步法和两步法合成二甲醚的主要特点。

参考文献

[1] 卞湘海.合成气制甲醇研究进展[J].生物化工,2021,7(4):138-141.

[2] 陈嵩嵩,张国帅,霍锋,等.煤基大宗化学品市场及产业发展趋势[J].化工进展,2020,39(12):5009-5020.

[3] 仇冬,刘金辉,黄金钱.甲醇合成催化剂技术的发展与展望[J].化学工业与工程技术,2005,26(3):37-40.

[4] 储根云,范英杰,张大伟,等.煤制乙二醇关键单元技术与低碳集成工艺的研究进展[J].化工进展,2022,41(3):1654-1666.

[5] 杭州林达化工技术工程有限公司.低压甲醇合成反应器技术的理论和实践[J].化工催化剂及甲醇技术,2005,(6):14-16.

[6] 金嘉璐,俞珠峰,王永刚.新型煤化工技术[M].徐州:中国矿业大学出版社,2008.

[7] 李芮,李万林,武海梅,等.煤基甲醇合成工艺技术选择及生产效率影响因素浅析[J].中氮肥,2020(6):49-54.

[8] 李万林,李芮,孙乖绪,等.Davy,Lurgi,Topsøe甲醇合成工艺对比分析及其应用情况[J].中氮肥,2021,(5):41-45.

[9] 李忠,谢克昌.煤基醇醚燃料[M].北京:化学工业出版社,2011.

[10] 刘宏建,盛于蓝.Lurgi和ICI低压甲醇合成工艺比较[J].煤化工,2001(11):18-19.

[11] 刘建卫,张庆庚.焦炉煤气生产甲醇技术进展及产业化现状[J].煤化工,2005,33(5):12-15.

[12] 罗漫,阎建民,李学刚,等煤制乙二醇主要工艺单元技术新进展[J].煤化工,2023,51(2):1-6.

[13] 任光.我国煤制甲醇的工业现状及发展趋势分析[J].化肥设计,2016,54(5):5-7.

[14] 孙晋东.大型煤制烯烃项目甲醇合成工艺比选[J].煤炭加工与综合利用,2018(4):1-6.

[15] 唐宏青.现代煤化工新技术[M].2版.北京:化学工业出版社,2016.

[16] 汪寿建.大型甲醇合成工艺及甲醇下游产业链综述[J].煤化工,2016,44(5):23-28.

[17] 魏明. 甲醇合成工艺条件优化[J]. 化工设计通讯,2012,38(1):8.
[18] 肖二飞,钱胜涛,王佳欣,等. 碳酸二甲酯合成技术进展[J]. 广东化工,2023,50(11):73-75.
[19] 谢克昌,房鼎业. 甲醇工艺学[M]. 北京:化学工业出版社,2010.
[20] 熊楚安,张劲勇,张宏森. 生产工业甲醇用焦炉煤气的质量要求[J]. 洁净煤技术,2017,11(6):8-10.
[21] 徐春华. 大型甲醇合成工艺技术研究进展[J]. 化学工程与装备,2019(5):230-232.
[22] 杨跃平,阎承信. 焦炉煤气利用技术[M]. 北京:化学工业出版社,2021.
[23] 杨振江. 大型甲醇装置 Lurgi 与 Davy 合成技术对比[J]. 中氮肥,2017(3):1-3.
[24] 应卫勇. 煤基合成化学品[M]. 北京:化学工业出版社,2010.
[25] 赵忠治. 煤制甲醇合成工艺技术发展与分析[J]. 化工管理,2021(33):111-113.

第九章　甲醇制烃类化合物

第一节　概　　述

现代化工体系当中，大规模制取低碳烃类的方法主要有两大类，一类是石油途径，另一类为非石油途径。石油途径是指通过石脑油、轻柴油的催化裂化、裂解制取低碳烯烃的工艺路线。迄今为止，石油途径仍是世界上大多数国家获得低碳烃类的方法。非石油途径一般是指以天然气或煤为原料经由合成气制备烃类的工艺路线，对于贫油富煤的国家或地区，该途径是制备低碳烃类产品的优选技术路线。目前常见的非石油路线制取低碳烃的技术路线有 4 种，详见图 9-1。

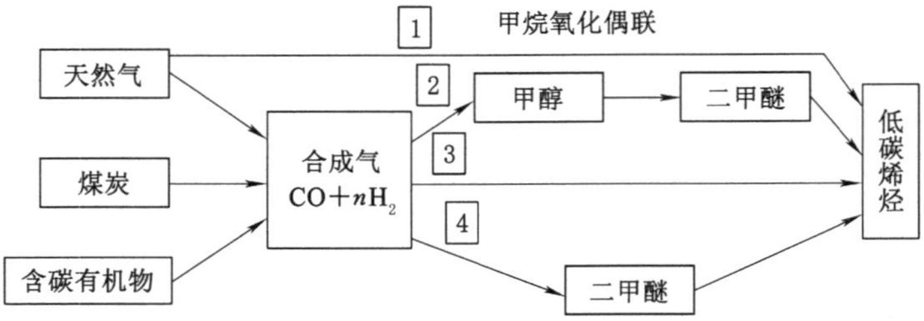

图 9-1　非石油路线制取低碳烃的技术路线示意图

天然气一步法制低碳烃技术是以天然气为原料，通过甲烷氧化偶联或本森法制取低碳烯烃。由于甲烷氧化偶联反应本身受动力学控制，甲烷的转化率、C_2 的单程回收率都较低，产物中乙烯和丙烯的总含量不足 10%，其余为水、CO_2 和大量未反应的甲烷，因而导致产物分离困难。除此之外，能使甲烷转化率、C_2 选择性之和大于或接近 100% 的催化剂为数不多，催化剂的筛选成为该技术工业化的重要障碍。

以煤为原料经气化制备合成气，再由合成气生产甲醇或二甲醚后制取低碳烯烃技术是重要的非石油原料路线。甲醇制烃(methanol to hydrocarbons，MTH)是指在分子筛催化剂上甲醇转化为烃类化合物的过程。利用分子筛孔径和性质的不同，可以得到不同组成的目的产物。根据目的产物组成不同，甲醇制烃工艺可分为四种：甲醇制烯烃(methanol to olefins，MTO)、甲醇制丙烯(methanol to propylene，MTP)、甲醇制汽油 (methanol to gasoline，MTG)和甲醇制芳烃 (methanol to aromatics，MTA)。

当前世界范围内的石油资源日益短缺，随着石油类产品需求量的增加，烃类原料生产的成本也不断上升。为了保证烃类尤其是烯烃的高效生产，实现化工行业的可持续发展，需要寻找新型的烃类产品原料来源。其中甲醇制烃是传统烃类产品生产技术的最重要的补充和替代途径。该工艺不依赖石油资源，开辟了由煤炭生产基础有机化工原料的新工艺路线，有利于改变传统煤化工的产品格局，是实现煤化工向石油化工延伸发展的有效途径。

发展以煤炭气化为源头的合成烃类产品的技术有利于缓解我国油气资源的短缺、煤炭低值利用等问题，对部分替代石油、保障能源安全和“双碳”目标的达成具有特别重要的意义。

第二节 甲醇制烃基础理论

一、甲醇制烃反应机理

甲醇转化为烃类的过程十分复杂，一般认为在一定温度、压力和催化剂条件下，甲醇蒸气先脱水生成二甲醚，然后二甲醚与原料甲醇的平衡混合物脱水继续转化为以乙烯、丙烯为主的低碳烯烃，少量 $C_{2^=} \sim C_{5^=}$ 的低碳烯烃由于环化、脱氢、氢转移、缩合、烷基化等反应进一步生成分子量不同的饱和烃、芳烃、C_{6^+} 烯烃及焦炭等产物。其反应过程见图 9-2。

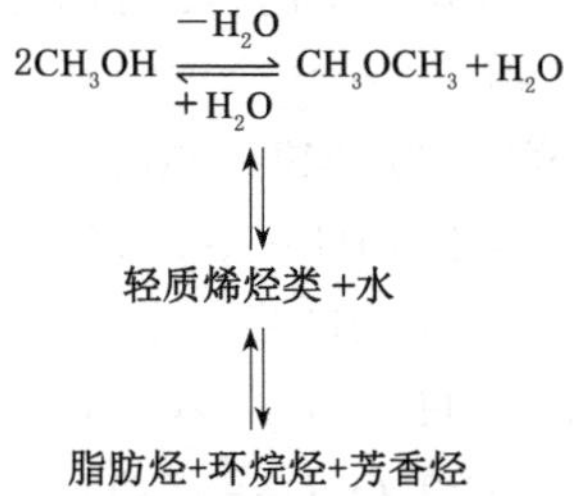

图 9-2 甲醇制烃反应历程

一般认为 MTH 反应过程可分为三个阶段：脱水阶段、裂解反应、芳构化反应阶段，各阶段发生的主要化学反应各不相同。

(一) MTH 过程发生的主要化学反应

在脱水阶段发生的主要反应为：

$$2CH_3OH \longrightarrow CH_3OCH_3 + H_2O \qquad (1)$$

这一反应在各种不同的 MTH 过程均会发生。

裂解反应阶段主要是二甲醚和少量未转化的原料甲醇进行催化裂解反应，包括：

(1) 生成烯烃的反应(MTO、MTP 的主反应)

$$2CH_3OH \longrightarrow CH_2{=}CH_2 + 2H_2O \qquad (2)$$

$$3CH_3OH \longrightarrow C_3H_6 + 3H_2O \qquad (3)$$

$$4CH_3OH \longrightarrow C_4H_8 + 4H_2O \qquad (4)$$

(2) 生成烷烃、碳氧化合物和积碳反应(MTO、MTP 的副反应)

$$CH_3OH \longrightarrow CO + 2H_2 \qquad (5)$$

$$CH_3OCH_3 + 2H_2 \longrightarrow 2CH_4 + H_2O \qquad (6)$$

$$CO + H_2O \longrightarrow CO_2 + H_2 \qquad (7)$$

$$2C_3H_6 \longrightarrow C_2H_4 + C_4H_8 \tag{8}$$

$$C_4H_8 \longrightarrow 2C_2H_4 \tag{9}$$

$$CH_3OH + C_2H_4 \longrightarrow C_3H_6 + H_2O \tag{10}$$

$$CH_3OH + C_3H_6 \longrightarrow C_4H_8 + H_2O \tag{11}$$

$$C_2H_4 + H_2 \longrightarrow C_2H_6 \tag{12}$$

$$C_3H_6 + H_2 \longrightarrow C_3H_8 \tag{13}$$

$$C_4H_8 + H_2 \longrightarrow C_4H_{10} \tag{14}$$

$$C_3H_8 \longrightarrow C_2H_4 + CH_4 \tag{15}$$

$$C_4H_{10} \longrightarrow C_3H_6 + CH_4 \tag{16}$$

$$CO + H_2 \longrightarrow CH_4 \tag{17}$$

$$2CO + 2H_2 \longrightarrow CH_4 + CO_2 \tag{18}$$

$$2CO \longrightarrow C + CO_2 \tag{19}$$

以上产物有气态（CO、H_2、H_2O、CO_2、CH_4等烷烃、芳烃等）和固态（大分子量烃和焦炭）之分。

MTG 和 MTA 过程的主要产品为 $C_5 \sim C_{10}$ 的烃类，因此该过程可认为是 $C_2^= \sim C_5^=$ 的低碳烯烃在催化剂作用下，进一步发生缩合、环化、烷基化、芳构化等反应，生成汽油沸程内的烃类和苯、甲苯、二甲苯等芳香类产物。

（3）生成多碳烯烃、烷烃、芳烃的反应（MTG、MTA 的主反应）

$$C_4H_8 + CH_3OH \longrightarrow C_5H_{10} + H_2O \tag{20}$$

$$C_5H_{10} + CH_3OH \longrightarrow C_6H_{12} + H_2O \tag{21}$$

$$C_6H_{12} + CH_3OH \longrightarrow C_7H_{14} + H_2O \tag{22}$$

$$C_7H_{14} + CH_3OH \longrightarrow C_8H_{16} + H_2O \tag{23}$$

$$C_4H_8 + H_2 \longrightarrow C_4H_{10} \tag{24}$$

$$C_5H_{10} + H_2 \longrightarrow C_5H_{12} \tag{25}$$

$$C_6H_{12} + H_2 \longrightarrow C_6H_{14} \tag{26}$$

$$C_7H_{14} + H_2 \longrightarrow C_7H_{16} \tag{27}$$

$$C_8H_{16} + H_2 \longrightarrow C_8H_{18} \tag{28}$$

$$2C_4H_8 \longrightarrow C_3H_6 + C_5H_{10} \tag{29}$$

$$2C_5H_{10} \longrightarrow C_4H_8 + C_6H_{12} \tag{30}$$

$$C_7H_{14} \longrightarrow C_7H_8 + 3H_2 \tag{31}$$

$$C_8H_{16} \longrightarrow C_8H_{10} + 3H_2 \tag{32}$$

$$C_7H_8 + CH_3OH \longrightarrow C_8H_{10} + H_2O \tag{33}$$

$$C_8H_{10} + CH_3OH \longrightarrow C_9H_{12} + H_2O \tag{34}$$

$$2C_8H_{10} \longrightarrow C_7H_8 + C_9H_{12} \tag{35}$$

$$CH_3OCH_3 \longrightarrow C_2H_4 + H_2O \tag{36}$$

$$3CH_3OCH_3 \longrightarrow C_6H_{12} + 3H_2O \tag{37}$$

$$3CH_3OCH_3 \longrightarrow C_6H_6 + 3H_2 + 3H_2O \tag{38}$$

$$3.5CH_3OCH_3 \longrightarrow C_7H_8 + 3H_2 + 3.5H_2O \tag{39}$$

$$4CH_3OCH_3 \longrightarrow C_8H_{10} + 3H_2 + 4H_2O \tag{40}$$

$$4.5CH_3OCH_3 \longrightarrow C_9H_{12} + 3H_2 + 4.5H_2O \quad (41)$$

$$CH_3OCH_3 \longrightarrow 2C + 2H_2 + H_2O \quad (42)$$

（二）MTH 的反应机理

研究甲醇制烃反应机理对了解反应过程，明确催化剂结构与反应活性及选择性的关系，建立完善的反应动力学至关重要。经研究认为在反应温度 260～540 ℃时，甲醇和二甲醚整体沿着图 9-2 的反应方式进行。MTH 过程可分为四个步骤：表面甲氧基和二甲醚的生成、第一个 C—C 键的形成、C_3 和 C_4 的生成，以及烷烃、芳烃、高碳烯烃的生成。

1. 二甲醚的生成

MTH 反应中首先发生甲醇脱水生成二甲醚的反应已得到广泛认同。稳定的表面甲氧基的生成是 MTH 反应的关键步骤。在催化剂 SAPO-34 表面甲氧基形成过程如图 9-3 所示。

甲醇首先在分子筛表面反应生成二甲醚和水，反应可逆，并迅速达到热力学平衡，形成甲醇、二甲醚和水的平衡物。甲醇与分子筛表面 Brönsted 酸中心作用，通过亲核反应脱水形成表面甲氧基，高活性的甲氧基再与甲醇分子作用生成二甲醚，二甲醚与 B 酸位作用同样可以脱去一个甲醇分子生成甲氧基，而甲氧基又可以与水反应重新生成甲醇，从而使整个反应生成甲醇、二甲醚和水的平衡物。根据该机理推断反应过程可能生成两种甲氧基，结构如图 9-4 所示。

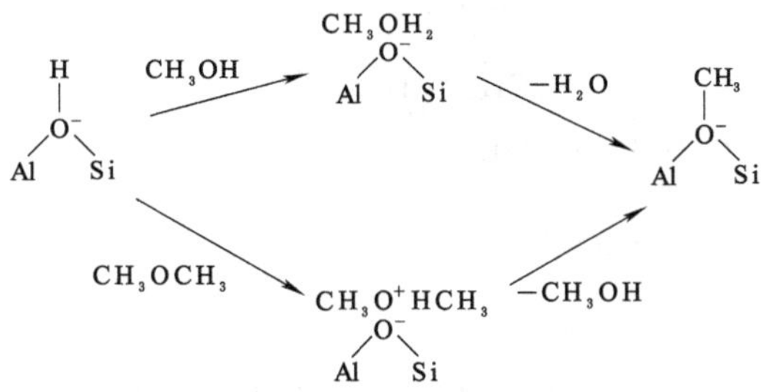

图 9-3 SAPO-34 分子筛表面甲氧基形成过程

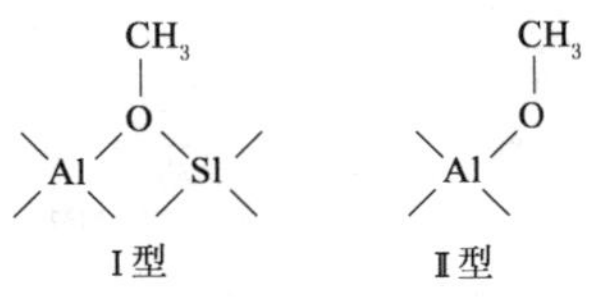

图 9-4 SAPO-34 分子筛表面形成的两种甲氧基

第一种甲氧基是由甲醇/二甲醚分子和 Brönsted 酸中心作用生成的，这种甲氧基在 MTH 反应过程中对第一个 C—C 键的生成起到关键作用，第二种甲氧基是由甲醇/二甲醚分子与端羟基作用生成的，对第一个 C—C 键的生成可能不起作用。

无论哪种 MTH 技术中发生的化学反应，均认为以下三个步骤是获得相应产物的关键：第一个 C—C 键的形成、C_3 和 C_4 的生成及在 $C_2^{=} \sim C_5^{=}$ 生成后经过烷基化、芳构化等反应最终得到烷烃、烯烃和芳烃等烃类物质。

2. 第一个 C—C 键形成机理

在该过程中，对于没有 β—H 的甲醇和二甲醚，通过何种途径生成第一个 C—C 键成为反应机理中的关键问题。研究者们提出了 20 多种不同的反应机理，较为被人们认可的机理主要有 Oxium Ylide 机理、Carbene(卡宾)机理、氧合内合盐机理、Hydrocarbon Pool 机理、消去机理、烷基化机理等。本书仅对部分反应机理作简单介绍。

(1) Oxium Ylide 机理

该机理认为甲氧基中一个C—H质子化生成$C—H^+$，与甲醇分子中—OH作用形成氢键，然后生成乙基氧鎓进而生成第一个C—C键。过程如图9-5所示。

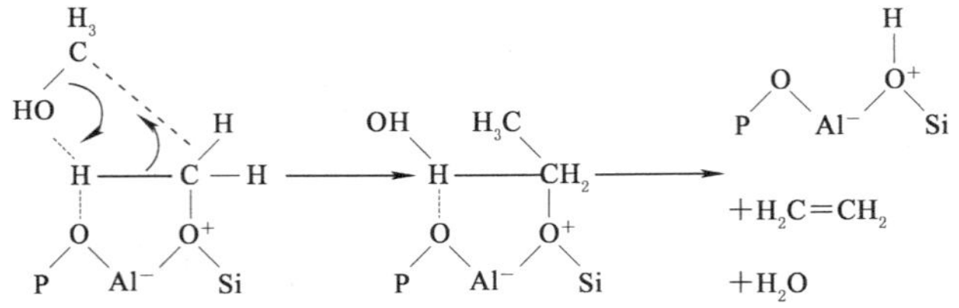

图9-5 Oxium Ylide机理示意图

(2) Carbene(卡宾)机理

该理论认为反应过程中存在一种甲醇分子通过α-H原子消去反应、脱水生成的[∶CH_2]，它可以直接生成低碳烯烃，也可以与甲醇和二甲醚通过sp^3轨道的C—H键插入生成乙烯，反应过程如图9-6所示。图中a为甲醇α—H消去生成卡宾；b为甲醇脱水生成正碳离子；c为卡宾与正碳离子作用生成烯烃。迄今为止，尚没有直接测定到过渡态卡宾的存在。也有人认为，卡宾机理还需要进一步验证，因为卡宾机理的能垒太高，会导致反应速率很慢，而实际的反应速率远高于卡宾机理得出的反应速率。

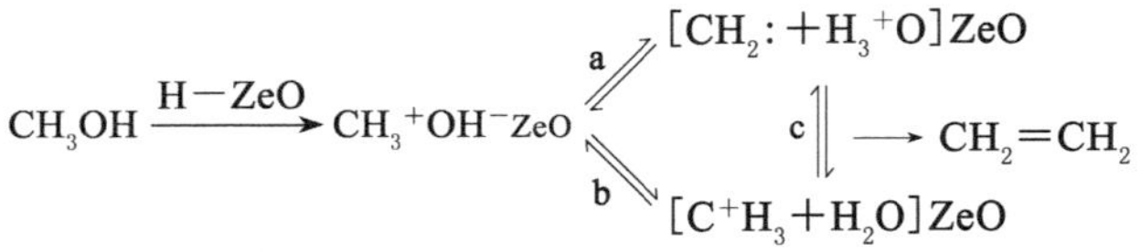

图9-6 Carbene(卡宾)机理示意图

(3) 氧合内合盐机理

该机理认为甲醇脱水后得到的二甲醚与固体酸表面的质子酸作用形成二甲基氧合离子，之后又与另一个二甲醚反应生成三甲基氧合内氧盐，接着脱质子形成与催化剂表面相聚合的二甲基氧合内合盐。该物质或者经分子内的Stevens重排形成甲乙醚，或者是分子间甲基化形成乙基二甲基氧合离子。两者都通过消除反应生成乙烯，反应过程见图9-7。

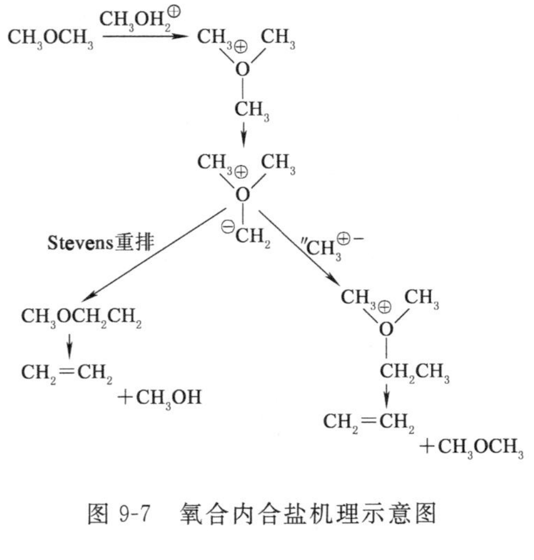

图9-7 氧合内合盐机理示意图

(4) Hydrocarbon Pool机理

该机理认为甲氧基与分子筛内预先形成的“碳池”(carbon pool)中间物作用，可以同时形成乙烯、丙烯、丁烯等烯烃，“碳池”物种包括C_6～C_{12}烯烃和芳烃，如多甲基己烯、烷基辛二烯、多甲基苯等。甲醇进入分子筛孔道与碳池物种作用，经并行反应形成烃类产物。过程如图9-8所示。

通常的新鲜催化剂中是不含有芳烃类物质的，而以富氢和氧的甲醇为原料在分子筛微孔内形成芳烃类并不容易，因此在适当的条件可以发现甲醇转化为烃类的反应存在诱导期。“碳池”一旦形成，后续形成烯烃的反应是快速反应，因此，也可以实验中观察到 MTH 反应具有自催化的特征。

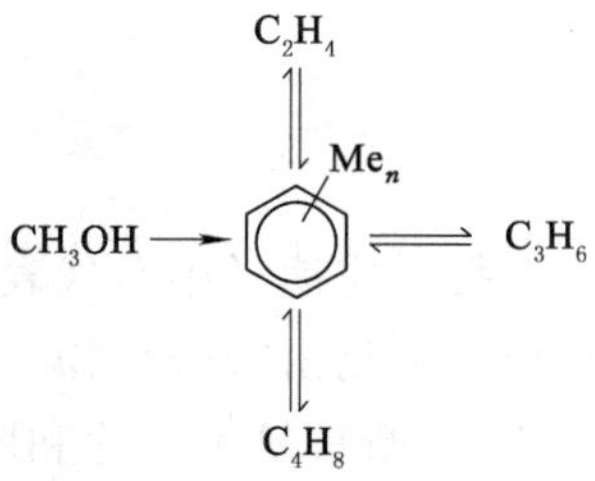

图 9-8　Hydrocarbon Pool 机理示意图

在 MTH 反应中，多甲基苯以何种方式或何种过渡态形式转化成烯烃是碳池机理的根本问题。关于“碳池”物种形成的机理目前也尚无定论，其中消去机理和甲苯侧链烷基化机理的认可度较高。

（5）消去机理

消去机理认为多甲基取代苯与酸中心作用后通过分子重整生成了环戊烯物质，其环上的侧链通过消去反应生成丙烯，而反应生成的环戊烯正碳离子随后又通过去质子和重整反应重新生成了低甲基取代苯。反应历程见图 9-9。

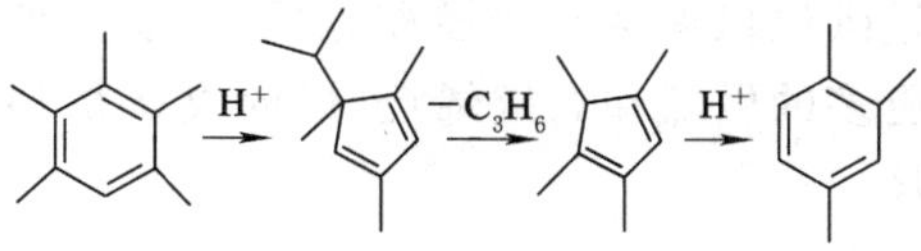

图 9-9　消去机理示意图

（6）烷基化机理

甲苯侧链烷基化机理认为苯环上的甲基可以进一步与甲醇反应生成烷基，烷基脱离苯环后形成乙烯。反应历程见图 9-10。

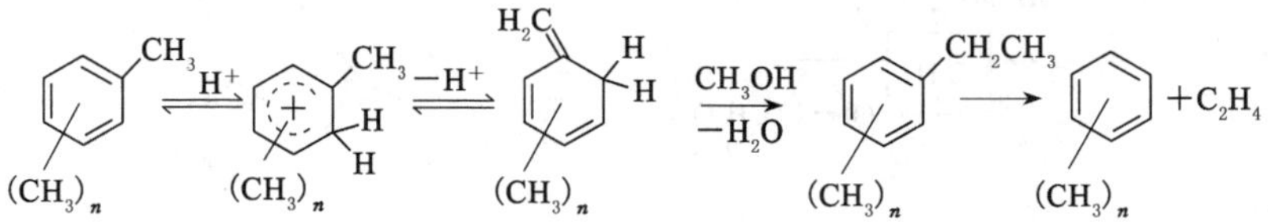

图 9-10　甲苯侧链烷基化机理示意图

3. C_3 和 C_4 的生成

在第一个 C—C 键生成之后，C_3 和 C_4 等烯烃通过何种路径生成也是一个有争议的问题。其生成途径可归纳为串联反应和平行反应两种方式。

（1）串联反应方式

$$2C_1 \longrightarrow C_2H_4 + 2H_2O \qquad (43)$$

$$C_2H_4 + C_1 \longrightarrow C_3H_6 + H_2O \qquad (44)$$

$$C_3H_6 + C_1 \longrightarrow C_4H_8 + H_2O \qquad (45)$$

式中 C_1 来自甲醇，并通过多步加成生成各种烯烃。

串联反应路径中比较有代表性的理论为 Carbene 和 Carbeniumion 等机理。这些理论认为第一个 C—C 键生成之后，反应沿着一种“自催化”途径进行，即在乙烯生成后连续反应生成 C_3 和 C_4 烃类以及其他烃类化合物。

（2）平行反应方式

$$2C_1 \longrightarrow C_2H_4 + 2H_2O \tag{46}$$

$$3C_1 \longrightarrow C_3H_6 + 3H_2O \tag{47}$$

$$4C_1 \longrightarrow C_4H_8 + 4H_2O \tag{48}$$

平行反应途径中有代表性的理论是“碳池”反应机理，该机理认为所有的 C_3 和 C_4 烃类以及积碳都是由“碳池”物种形成的。碳池物种能够在反应过程中与甲苯、二甲苯等建立动态平衡，不断重复甲基化和脱除乙烯、丙烯以及丁烯的过程，如图 9-11 所示。

4．烷烃、芳烃、高碳烯烃的生成

由于甲醇制烃过程采用酸性沸石类催化剂，类似于催化裂化(FCC)过程，必然伴随着一定量的烯烃二次反应。烯烃的二次反应主要包括烯烃的低聚、裂解以及甲醇对烯烃的甲基化反应。二次反应最大的争论在于最终产物中丙烯和高碳烯烃的来源。碳池机理认为丙烯主要来自多甲基取代苯的消去反应。也有研究者认为丙烯和高碳烯烃更多是来自甲基化和裂解反应，并由此提出了双循环机理解释反应最终产物的分布，双循环机理如图 9-12 所示。该机理认为甲醇既可以通过碳池机理生成烯烃和芳烃，又能与产物中的丙烯通过甲基化链增长和烯烃裂解反应生成更多的丙烯和高碳烯烃，同时高碳烯烃通过芳构化和氢转移反应生成甲苯等碳池物种及烷烃。

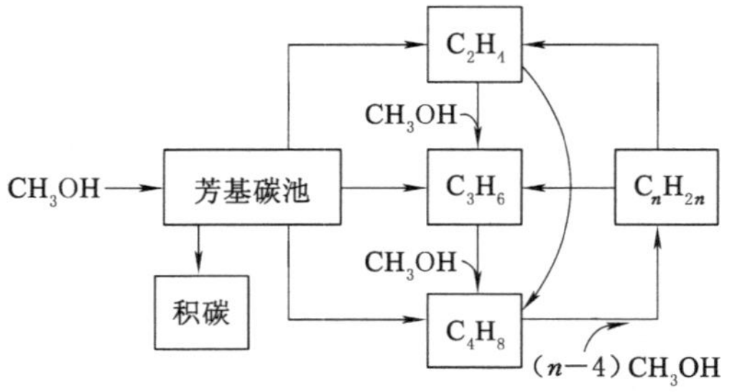

图 9-11　碳池机理解释 C_3、C_4 生产示意图

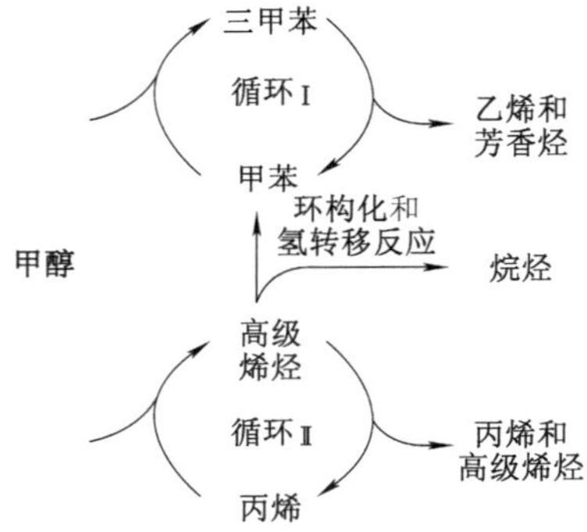

图 9-12　HZSM-5 沸石上双循环机理示意图

5．积碳和失活

产物中烷烃和芳烃主要来源于氢转移和成环反应，这也是催化剂积碳失活的主要原因。MTH 类的分子筛催化剂表面，甲基取代碳正离子成为反应的活性中间物，通过甲基化和分子重整反应，如：甲基取代苯碳正离子可以转变为甲基萘碳正离子，并进一步转化为菲、芘等稠环芳烃正碳离子，最后脱去质子生成相应的芳烃衍生物。当生成的大分子占据了分子筛的孔道或笼结构时，反应物和产物的扩散受到限制，空间反应无法进行，最终导致催化剂失活。

MTH 催化剂积碳主要来源于分子筛外表面的石墨炭沉淀。由于分子筛类催化剂具有中孔结构，其孔道内无法形成甲基苯或稠环芳烃等需要大空间反应的物质，因此孔内没有积碳生成。

二、甲醇制烃的催化剂

MTH 工业化的主要难点之一在于催化剂的选择及制备，它是 MTH 各种工艺产业化的关键。1976 年，Mobile 公司开发了以 ZSM-5 中孔沸石分子筛为催化剂的 MTG 工艺，在研究中发现，随着催化剂活性降低，反应温度升高，烯烃生成速度超过芳构化反应速度，产物向烯烃转化，这一发现立即掀起了后来的 MTO 研究热潮。1984 年，UCC 公司发明了孔径更小的硅磷铝非沸石分子筛（简称 SAPO 分子筛）。这类分子筛的孔径比 ZSM-5 分子筛更小（0.4 nm 左右），用于甲醇制烯烃，产物中乙烯、丙烯等低碳烯烃的含量显著增加，C_{5^+} 组分的含量显著减少，且几乎没有芳烃生成。由此发展成了以 UOP 公司和 Norsk Hydro 公司为主的甲醇制烯烃（MTO）技术。20 世纪 80 年代初，UCC 公司成功开发出了 SAPO 系列分子筛。其中，SAPO-34 分子筛催化剂在用于 MTO 反应时表现出优异的催化性能。因此，随后的 30 余年，MTO 催化剂研究的焦点主要集中在 SAPO-34 催化剂或其改性上。

从 20 世纪 70 年代一直到现在，世界上各大公司投入 MTH 工艺研究中的很大一部分工作集中在高性能催化剂的研制上。MTG、MTO、MTP、MTA 工业化装置及实验装置多采用 ZSM-5、SAPO-34 及它们的改性催化剂。

（一）ZSM-5 及金属离子改性 ZSM-5 催化剂

ZSM-5 是最早开发成功的沸石催化剂，是由 Na_2O、Al_2O_3 和 SiO_2 相互连接而成的高硅沸石，具有如图 9-13 所示的中、大孔结构。

图中线条代表含硅构架中的氧原子，为四面体连接，由 8 个五元环组成构型结构单元。这些单元通过边缘连接成条状或片状，得到如图 9-14 所示的三向结构，ZSM-5 的晶胞参数 $a=2.007$ nm，$b=1.992$ nm，$c=1.342$ nm。ZSM-5 有两种相互交叉孔道：椭圆形十元环直孔道和圆形正弦状弯曲孔道。直孔道的截面积约为 0.54 nm×0.56 nm，正弦孔道截面积约为 0.51 nm×0.55 nm，这些孔道的孔径大小正好与 C_{10} 分子直径相当，限制了分子链的增长，因此催化产物以 C_5～C_{10} 为主的芳烃和正构烷烃，其沸点范围恰为汽油馏分。

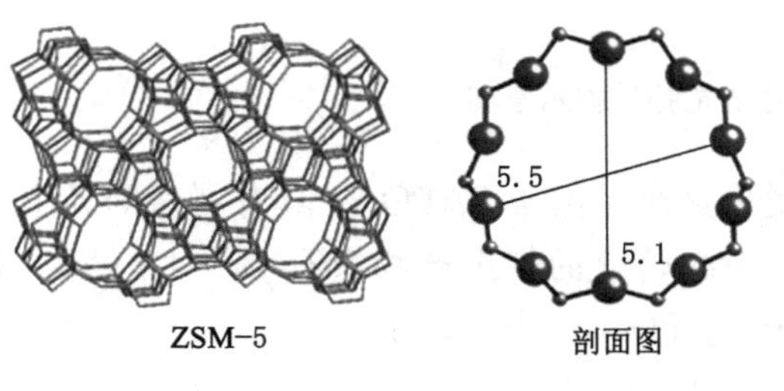

图 9-13　ZSM-5 催化剂拓扑结构示意图

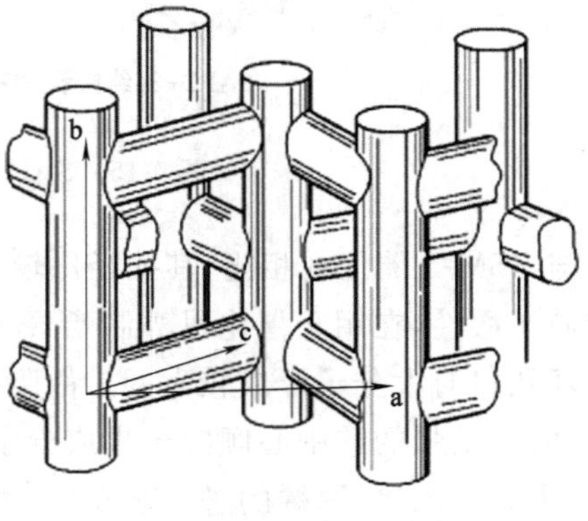

图 9-14　ZSM-5 三向结构

由于在大孔沸石上的反应会迅速积碳，乙烯收率通常较低。为了提高催化剂在 MTO 反应中乙烯的选择性，研究人员通过引入金属离子及限制催化剂扩散参数的方法对 ZSM-5 催化剂性能进行改进。金属离子的引入及对催化剂的扩散参数有效限定可使分子筛的酸性、酸分布和孔径大小发生变化，提高催化剂在高温条件下的稳定性及对乙烯的选择性。主要的金属改性方法列举如下。

① Ni 浸渍对 HZSM-5 催化剂的改性。HZSM-5 为 ZSM-5 的酸性形式，前者为后者在

80 ℃时用 NH_4Cl 和 NH_4^+ 交换沸石中的 Na^+，并在 600 ℃的高温下焙烧分解而得。Ni 降低了分子筛表面的酸性，使甲醇转化率降低，催化剂稳定性升高，而且再生以后可以完全恢复活性。Ni 的质量分数为 1%时最合适，可防止甲醇转化率大幅度下降，具有较好的稳定性。

② Ca 对 HZSM-5 催化剂的改性。Ca 对催化剂改性后转化产物中低碳烯烃的总选择性与催化剂的稳定性均显著提高，丙烯选择性由 Ca 改性前的 30%提高到 40%，Ca 的加入有效调节了分子筛的酸中心数量和酸中心强度，使催化剂寿命延长。

③ Mg 对 HZSM-5 催化剂的改性。Mg-HZSM-5 在甲醇制烯烃反应中显现出较好的催化性能，镁含量以 MgO 计为 4%(质量分数)左右时，甲醇转化率达 96%以上，乙烯和丙烯的选择性分别为 29.23%、43.06%。

(二) SAPO-34 型催化剂

SAPO-34 分子筛催化剂是 1984 年美国 UCC 公司研制开发的一种结晶磷硅酸铝盐，由 SiO_2、AlO_2^- 和 PO_2^+ 三种四面体单元相互连接而成，具有三维交叉孔道，其孔体积约为 0.4 cm^3/g。该分子筛为氧八元环构成的椭球形笼、圆形或起皱形结构，孔口直径范围为 0.43～0.50 nm。Si 原子拥有多种微环境，相对含量为 Si(4Al)≫Si(3Al)，Si(2Al)，Si(1Al)，Si(OAl)；Al 原子一般以四面体配位的形式存在或六配位的形式存在；P 原子仅以一种 P(4Al)的形式存在。图 9-15 为 SAPO-34 分子筛的骨架拓扑结构。

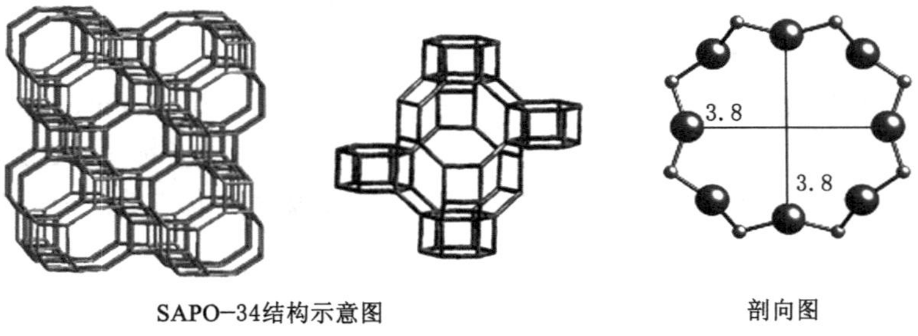

图 9-15　SAPO-34 催化剂拓扑结构示意图

与 ZSM-5 催化剂相比，其孔径比较小、孔道密度高。由于 SAPO-34 具有特殊的孔道结构和质子酸性，在用于催化甲醇制烯烃反应时，甲醇转化的气态产物只有 C_1～C_5 烃类，其八元环孔口对大分子形成较大的扩散阻力，唯有 C_2 和 C_3 烃类可以很容易地扩散出晶体外。另外，酸性太强的酸中心倾向于生成分子量较大的烃，而 SAPO-34 所具有的中等强度的酸中心，限制了乙烯、丙烯的进一步反应，使 SAPO-34 在甲醇转化制烯烃的反应中表现出突出的优越性，低碳烯烃选择性高达 90%，C_{5^+} 产物和支链异构物很少。

SAPO-34 还具有较好的吸附性能、热稳定性和水稳定性，其骨架崩塌温度为 1 000 ℃，在 20%的水蒸气环境中，600 ℃下处理仍可保持结晶结构。这一点对 MTO 工艺的连续反应和催化剂再生操作具有十分重要的作用。SAPO 的发现使 MTO 工艺取得突破性的进展。

ZSM-5 与 SAPO-34 两类催化剂的主要特点对比见表 9-1。

表 9-1　催化剂 ZSM-5 与 SAPO-34 比较一览

催化剂	ZSM-5	SAPO-34
结构特点	沸石催化剂是一种典型的高硅沸石，具有椭圆形十元环直孔道和圆形正弦状弯曲孔道，中、大孔结构	非沸石催化剂，是一种结晶磷硅酸铝盐，具有特殊的强择形八元环构成的椭球形笼和三维孔道结构，孔口直径为 0.43～0.50 nm，小孔结构
优点	积碳量少，稳定性较好，再生周期长	具有较高的活性、良好的中等酸性、水热稳定性、烯烃选择性，可有效抑制芳烃生成
缺点	酸性太强，烯烃的生成选择性低，副产物多，通常得到大量的芳烃和正构烷烃	易积碳失活，耐磨性不理想，需要反复再生使用
适用工艺	MTG、MTP、MTA	MTO、MTP

SAPO 催化剂改性的重要手段之一是将各种金属元素引入 SAPO-34 分子骨架上，得到 MAPO 或 ELPSO 的分子筛。金属离子的引入会引起分子筛酸性及孔口大小的变化。酸中心强度的调变形成中等强度的酸性中心，有利于烯烃的生产，而孔口变小可以限制大分子的扩散，有利于提高小分子烯烃的选择性。表 9-2 中列出了 Exxon 公司利用碱土金属对 SAPO-34 改性后催化剂的催化性能变化。

表 9-2　掺入不同金属离子 SAPO-34 催化性能比较

项　目	催　化　剂			
	SAPO-34	Sr-SAPO-34	Ca-SAPO-34	Ba-SAPO-34
乙烯收率(质量分数)/%	49.2	67.1	52.3	50.3
丙烯收率(质量分数)/%	34.0	22.4	34.7	35.3
总收率(质量分数)/%	83.2	89.5	87.0	85.6
乙烯/丙烯物质的量比	1.3	2.3	1.5	1.4

1988 年，UOP 基于 SAPO-34 研制，开发成功 MTO-100 型催化剂。该催化剂在分子级上的可选择特性使 MTO 的乙烯选择性比 ZSM-5 提高 3 倍。MTO 流化床工艺要求开发一种具有足够强度、耐磨和一定筛分粒度的催化剂，为此，UOP 放大了催化剂制造规模并生产出几批示范产品。该催化剂在连续流化床工艺条件下考察了耐磨损耗性及稳定性。结果表明，MTO-100 催化剂不仅耐磨损耗性相似于或超过其他流化床催化剂，而且可以在小型流化床装置上完成反应，再生 450 次以上仍然能够维持甲醇转化的高活性和乙烯、丙烯的高选择性。

SAPO-34 分子筛催化剂专利为 UOP/Hydro 所有，专利使用费高，所用模板剂昂贵，催化剂成本高。我国大连化物所自行研制的 DO123，催化性能与 UOP/Hydro 所用催化剂相当，但模板剂为三乙胺或二元胺，大大地降低了催化剂的生产成本，因此在我国开发以 SAPO-34 为催化剂的 MTO 工艺有一定的经济优势。

（三）复合催化剂

由于具有 AEI 结构的 SAPO-18 和具有 CHA 结构的 SAPO-34 在 MTO 反应中的催化性能相差不大，而且两者化学组成相近，Norsk Hydro 公司的 Wendelbo 等从延长催化剂寿命的角度考虑，合成出了多批混合相分子筛催化剂，其中将 SAPO-18 和 SAPO-34 按照一定比例合成的 RUW-19 型催化剂，与其他比例的两混合相催化剂相比，在保证较高的选择性基础上，显著延长了催化剂寿命。Exxon-Mobil 公司 Janssen 等从减少副产物丙烷的角度，合成了一系列 AEI/CHA 混合分子筛催化剂，通过调整 SiO_2/Al_2O_3 配比，在保证低碳烯烃选择性的基础上，有效地降低了丙烷选择性。

三、甲醇制烃反应热力学

（一）反应热效应

MTH 反应的主产品有烷烃、烯烃和芳烃等。在 600 K 的条件下生产直链烷烃、直链端位烯烃和甲苯的反应焓随碳数的变化曲线见图 9-16。总体上看 MTH 反应都是放热过程。

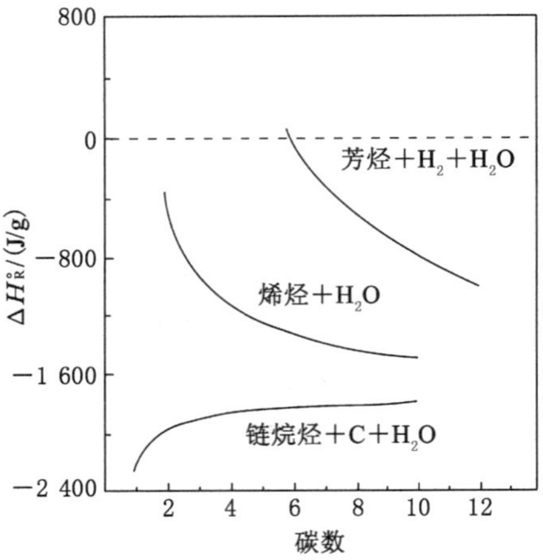

图 9-16　MTH(600 K)的反应焓

根据甲醇制低碳烯烃中可能发生的主、副反应，可知产物组成为 H_2、CO、CO_2、CH_4、C_2H_4、C_2H_6、C_3H_6、C_3H_8、CH_3OCH_3、C_4、C_{5^+}、H_2O、CH_3OH 等。

气体的恒压热容 C_p $(J \cdot mol^{-1} \cdot K^{-1})$计算式：

$$C_p = a + bT + cT^2 + dT^3 + eT^4$$

其中 a、b、c、d、e 为常数。

反应体系组分的标准生成焓、标准熵，a、b、c、d 常数列于表 9-3 中。

表 9-3　甲醇制烯烃反应体系组分的热力学数据

物质	$\Delta_f H^{\ominus}_{m,298\,K}$ /(kJ/mol)	$\Delta_f G^{\ominus}_{m,298\,K}$ /(kJ/mol)	a	b	c	d	e
			J/(mol·K)				
CH_3OH	−201.88	−162.42	40.046	−0.038 29	2.45×10^{-4}	-2.2×10^{-7}	5.99×10^{-11}
CH_3OCH_3	−184.05	−112.93	34. 668	0.070 293	1.65×10^{-4}	-1.8×10^{-7}	4.93×10^{-11}
H_2O	−241.818	−228.572	33.933	−0.008 42	2.99×10^{-5}	-1.8×10^{-8}	3.69×10^{-12}
H_2	0	0	25.399	0.020 178	-3.9×10^{-5}	3.19×10^{-8}	-8.8×10^{-12}
CO	−110.54	−137. 28	29.556	−0.00 658	2.01×10^{-5}	-1.2×10^{-8}	2.26×10^{-12}
CO_2	−393.51	−394.38	27.437	0.042 315	-2×10^{-5}	4×10^{-9}	-3×10^{-13}
C_2H_4	52.30	68.24	32.083	−0.014 83	2.48×10^{-4}	-2.4×10^{-7}	6.83×10^{-11}
C_3H_6	20.42	62.84	31.298	0.072 449	1.95×10^{-4}	-2.2×10^{-7}	6.3×10^{-11}
C_4H_8	−0.13	71.30	24.915	0.206 48	5.98×10^{-5}	-1.4×10^{-7}	4.71×10^{-11}
CH_4	−74.85	−50.84	34.942	−0.039 96	1.92×10^{-4}	-1.5×10^{-7}	3.93×10^{-11}
C_2H_6	−84.68	−32.80	28.146	0.043 447	1.89×10^{-4}	-1.9×10^{-7}	5.33×10^{-11}
C_3H_8	−103.85	−23.56	28.277	0.116	1.96×10^{-4}	-2.3×10^{-7}	6.87×10^{-11}
C_4H_{10}	−126.15	−17.15	20.056	0.281 53	-1.3×10^{-5}	-9.5×10^{-8}	3.41×10^{-11}

温度 T 下各反应的反应焓变由式(9-1) 计算：

$$\Delta_r H(T) = \Delta_r H_{m,298\ K}^{\ominus} + \int_{298}^{T} \Delta C_p \, dT \tag{9-1}$$

温度 T 下各反应的吉布斯自由能变可由吉布斯-亥姆霍兹方程(9-2)得出：

$$\Delta G_T = \frac{T\Delta G_{r,298\ K}}{298} - T\int_{298}^{T} \frac{\Delta H_{r,T}(T)}{T^2} dT \tag{9-2}$$

温度 T 下不同反应的平衡常数由式(9-3) 计算：

$$K = \exp[-\Delta G_r(T)/RT] \tag{9-3}$$

根据华东理工大学吴文章等的计算结果，将甲醇制低碳烯烃的部分反应焓变 $\Delta_r H$、吉布斯自由能变 $\Delta_r G$ 和平衡常数 k 列于表 9-4 中。

通过表 9-4 中数据可知，甲醇制烯烃的大多数反应，特别是烯烃甲基化反应(2)、(3)、(4)、(10)、(11)，都是强放热反应，且生成烯烃的碳数越高，反应放热越多。烯烃裂化反应(9)则为强吸热反应，烯烃加氢生成烷烃反应(12)、(13)、(14)都是剧烈的强放热反应。因此，在甲醇制烯烃反应过程中应合理控制反应条件，以避免因生成高碳烯烃和烷烃的副反应使反应器超温。

表 9-4　不同温度下各反应的反应焓变、吉布斯自由能变和平衡常数

反应序号	$\Delta_r H(T)/(kJ/mol)$			$\Delta_r G(T)/(kJ/mol)$			k		
	350 ℃	450 ℃	550 ℃	350 ℃	450 ℃	550 ℃	350 ℃	450 ℃	550 ℃
(1)	−18.89	−18.08	−17.37	−12.08	−11.05	−10.13	10.3	6.29	4.39
(2)	−22.43	−21.58	−21.01	−106.30	−119.83	−133.46	8.18×10^{8}	4.54×10^{8}	2.96×10^{8}
(3)	−91.40	−90.00	−89.02	−178.83	−181.98	−207.29	9.90×10^{14}	8.76×10^{13}	1.44×10^{13}
(4)	−147.82	−145.39	−143.46	−253.19	−238.42	−263.93	—	—	—
(5)	101.81	103.71	105.09	−51.94	−76.77	−101.83	2.27×10^{4}	3.52×10^{5}	2.91×10^{6}
(7)	−38.76	−37.85	−36.94	−15.62	−11.97	−8.45	20.4	7.33	3.44
(9)	102.96	102.22	101.44	22.60	9.76	−2.98	1.27×10^{-2}	0.197	1.55
(10)	−68.97	−68.42	−68.01	−72.53	−73.15	−73.83	1.21×10^{6}	1.93×10^{5}	4.85×10^{4}
(11)	−56.42	−55.39	−54.44	−56.36	−56.44	−56.64	5.32×10^{4}	1.20×10^{4}	3.94×10^{3}
(12)	−141.72	−142.57	−143.14	−59.62	−46.38	−33.03	9.98×10^{4}	2.24×10^{3}	1.25×10^{2}
(13)	−128.37	−128.80	−128.87	−43.05	−29.32	−15.55	4.07×10^{3}	1.31×10^{2}	9.70
(14)	−129.68	−130.23	−130.58	−45.68	−32.16	−18.57	6.77×10^{3}	2.10×10^{2}	15.1

注：反应序号所代表的反应与第二节反应原理所列反应的序号一致。

从表中可以看出，在 350～550 ℃条件下，大多数反应的吉布斯自由能均小于零，表明反应能自发进行。烯烃甲基化反应的吉布斯自由能随着温度的升高而减少，烯烃加氢生成烷烃的反应则随着温度的升高而增加，说明升高反应温度有利于生成低碳烯烃的主反应进行。

（二）化学平衡

1. 温度对反应平衡常数的影响

从表 9-4 中数据可以看出，(1)反应即甲醇脱水生成二甲醚的平衡常数较小，且随反应温度的升高平衡常数减小。烯烃的甲基化反应(2)、(3)、(4)、(10)、(11)的平衡常数都较大，说明烯烃甲基化反应几乎可以进行完全,可视为不可逆反应。烯烃裂化反应(9)的平衡常数较甲基化反应小得多,但随反应温度的升高而增大,因此高温有利于高碳烯烃裂化生成低碳烯烃。烯烃加氢生成烷烃反应(12)、(13)、(14)的平衡常数都很大,350 ℃时平衡常数均大于1 000,但随反应温度升高平衡常数显著下降,因此提高反应温度有利于抑制烷烃的产生。甲醇分解副反应(5)的平衡常数很大,可视为不可逆反应。水汽变换反应(7)的平衡常数较小,受热力学平衡限制 CO 不能完全转化。

2. 水蒸气对反应平衡的影响

从反应原理可以看出所有主、副反应均有水蒸气生成。根据化学热力学平衡移动原理,特别是考虑到副反应生成水蒸气对副反应的抑制作用,因而在反应物(即原料甲醇)中加入适量的水或在反应器中引入适量的水蒸气,可使化学平衡向左移动,抑制裂解副反应,提高低碳烯烃的选择性,减少催化剂的积碳,并将反应热带出系统以保持催化剂床层温度的稳定。

3. 反应压力对反应平衡的影响

甲醇制烯烃过程中,大部分的主、副反应均为分子数增加的反应。从化学热力学平衡角度来考虑,对两个主反应而言,低压操作对反应有利,可使化学平衡向右移动,进而提高原料甲醇的单程转化率和低碳烯烃的质量收率。

四、甲醇制烃反应动力学

因为 MTH 的反应机理一直备受争论,因此根据不同的反应机理,也出现了很多关于 MTH 反应动力学的报道。这些报道整体上可以分为两类,其中一类是从反应机理出发,列出 MTH 反应中可能出现的所有基元反应,对其中的动力学参数使用实验、量子理论等进行估算,从而得出 MTH 反应的动力学方程组。

例如 Bos 等介绍了一种包括 10 个一级反应和 2 个二级反应的 MTO 反应动力学模型,如图 9-17 所示。

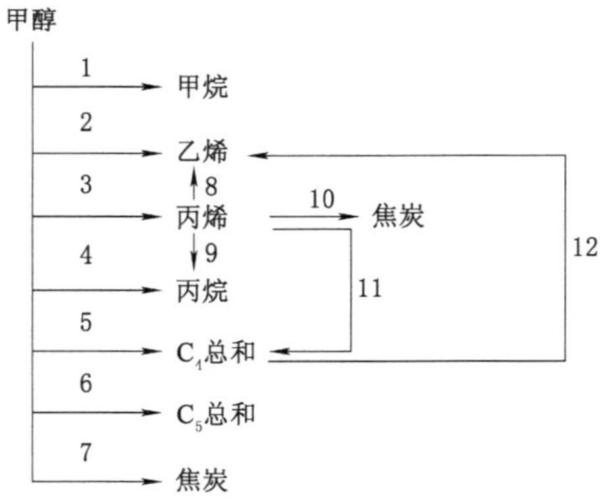

图 9-17　Bos 等提出的 SAPO-34 分子筛上的 MTO 反应模型

该模型强调积碳对 MTH 分子筛催化剂的活性和选择性的影响,并把积碳的影响包括进了动力学方程。该模型与碳池机理一致,可以较好地描述实验结果,其动力学方程式如下:

$$r_i = k_i x_{\mathrm{MeOH}} p \quad (i = 1 \sim 7) \tag{9-4}$$

$$r_8 = k_8 x_{C_3} = px_{MeOH} p \tag{9-5}$$

$$r_9 = k_9 x_3 = p \tag{9-6}$$

$$r_{10} = k_{10} x_3 = p \tag{9-7}$$

$$r_{11} = k_{11} x_3 = p \tag{9-8}$$

$$r_{12} = k_{12} x_3 c_4 px_{MeOH} p \tag{9-9}$$

$$k_i(c) = k_e^{0-a_i c} \quad (i = 1,12) \tag{9-10}$$

式中　r_i——反应速率；

k_i——i 反应对应的反应速率常数；

p——反应压力；

x_i——i 反应对应的反应物的摩尔分数；

c_i——i 反应对应的积碳质量分数；

a_i——i 反应对应的反应模型常数。

动力学方程式中的下标 i 与图 9-17 中的反应序号对应。

由以上动力学方程式可以看出，各反应的动力学常数与积碳含量幂指数相关，反应速率对积碳非常敏感。

Gayubo 以图 9-17 所示的反应模型为出发点，去除了反应较慢的反应，考虑了反应体系中水的影响，对 Bos 等提出的动力学模型进行了改进，得到的反应模型如图 9-18 所示。

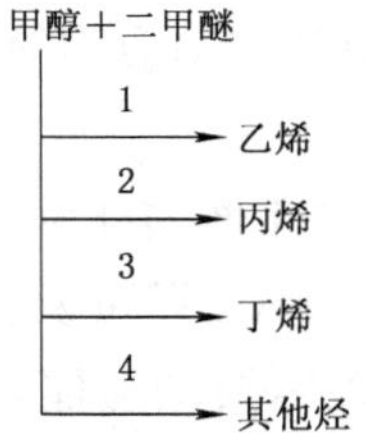

图 9-18　Gayubo 等简化反应模型

动力学方程式如下：

$$r_{C_2=} = k_1 x_A \tag{9-11}$$

$$r_{C_3=} = k_2 x_A \tag{9-12}$$

$$r_{C_4=} = k_3 x_A \tag{9-13}$$

$$r_{C_5+ \text{ paraffins}} = k_4 x_A \tag{9-14}$$

$$x_A = X_A/(1 + K_w X_w) \tag{9-15}$$

式中　x_A——甲醇和二甲醚的干基质量分数；

X_A——甲醇和二甲醚的湿基质量分数；

X_w——反应体系中水的湿基质量分数；

K_w——常数。

动力学方程式中的 $k_1 \sim k_4$ 对应图 9-17 中的反应序号。

该模型认为水可以有效延缓积碳作用，对反应速率的影响是不可忽略的。

还有一类动力学模型建立方法，是采用“集总”的方法建立集总模型。由于 MTH 反应的复杂性，采用这种方法可以得到简单和便于工业应用的动力学模型，因而得到很多学者的关注和研究，并被较多地用在各类反应器的模拟方面。

例如 Chen D 等使用 SAPO-34 分子筛进行 MTO 反应动力学研究，所有的烯烃被认为由二甲醚直接生成，但由于催化剂的积碳严重影响二甲醚的生成与扩散速率，使得反应过程中二甲醚的浓度难以测定，因此他也将甲醇与二甲醚作为一个集总加以分析，建立的集总动力学模型如图 9-19 所示。

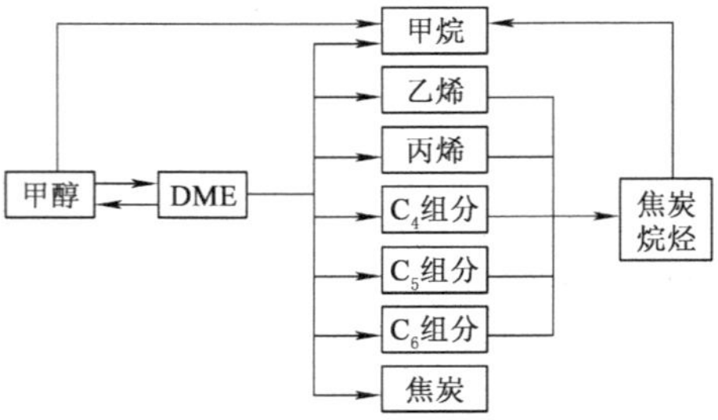

图 9-19　Chen 等提出的 MTO 反应动力学模型

其中，所有低碳烯烃的生成都为一级反应，烷烃生成被认为是二级反应，符合碳池平行反应机理。

五、甲醇制烃的反应特征

综合 MTH 的反应机理、反应热力学和动力学等方面的特点，可以将 MTH 反应特征归纳为以下 6 点。

① 酸性催化特征。MTH 反应包含甲醇转化为二甲醚、甲醇或二甲醚转化为烯烃两个反应。前一个反应在较低的温度（～200 ℃）即可发生，而生成烃类的反应在较高的反应温度（>300 ℃）下进行。两个转化反应均需要酸性催化剂。通常无定形固体酸可以作为甲醇转化的催化剂，容易使甲醇转化为二甲醚，但生成低碳烯烃的选择性非常低。

② 高转化率。以分子筛为催化剂时，在高于 400 ℃的温度条件下，甲醇或二甲醚很容易完全转化为烃类。

③ 低压反应。原理上 MTH 反应是分子数量增加的反应，因此低压有利于提高烃类尤其是乙烯的选择性。

④ 反应强放热。在 200～300 ℃，甲醇转化为二甲醚的反应热为－10.9～－10.4 kJ/mol 甲醇。在 400～500 ℃，甲醇转化为低碳烯烃的反应热为－22.4～－22.1 kJ/mol 甲醇。反应的热效应显著。

⑤ 快速反应。甲醇转化为烃类的反应速度非常快。在反应接触时间短至 0.04 s 便可以达到 100%的甲醇转化率。从反应机理推测，短的反应接触时间，可以有效地避免烯烃进行二次反应，提高低碳烯烃的选择性。

⑥ 分子筛催化剂的择形催化效应。分子筛对反应物和产物的形状和大小表现出的选择性催化作用，称为择形催化。分子筛的择形催化性能与分子筛孔口尺寸、孔道的走向和维数、阳离子的位置以及反应中间物的可容纳空间关系密切，而催化活性中心及吸附位置则与孔壁的组成有关。MTH 反应的高选择性是通过分子筛的酸性催化作用结合分子筛骨架结构中孔口的限制作用共同实现的。分子筛孔口尺寸等参数很大程度上决定了产物的组成。

并且对于具有快速反应特征的甲醇转化反应产物的扩散限制，会造成副产物增加，同时使催化剂积碳。积碳的产生将造成催化剂活性的降低，反过来又对产物的选择性产生影响。

第三节　甲醇制汽油(MTG)

MTG 工艺由 Mobil 公司于 1976 年首次开发，该技术首先以煤或天然气为原料生产合成气，再以合成气制甲醇，最后将粗甲醇转化为高辛烷值汽油。经过 40 余年的发展，MTG 工艺技术已经成熟，目前世界上工业化的 MTG 工艺主要有：Mobil 固定床工艺、URBK-Mobil 流化床工艺、Lurgi-Mobil 多管式反应器工艺、费托合成工艺(F-T)、托普索一体化汽油合成技术工艺(TIGAS)、国内一步法甲醇转化制汽油技术工艺等。下面介绍 Mobil 固定床 MTG 工艺。

Mobil 固定床 MTG 工艺采用 ZSM-5 分子筛作为催化剂生产汽油。1984 年 Mobil 公司与新西兰合作，在新西兰建立了一套日产汽油 2 000 t 的工业装置，1985 年该装置投入运行，成为世界上首套成功运行的 MTG 装置，该 MTG 工艺也成为了甲醇制烃产业化的起点工艺。

一、工艺流程

固定床反应器 MTG 工艺流程见图 9-20。

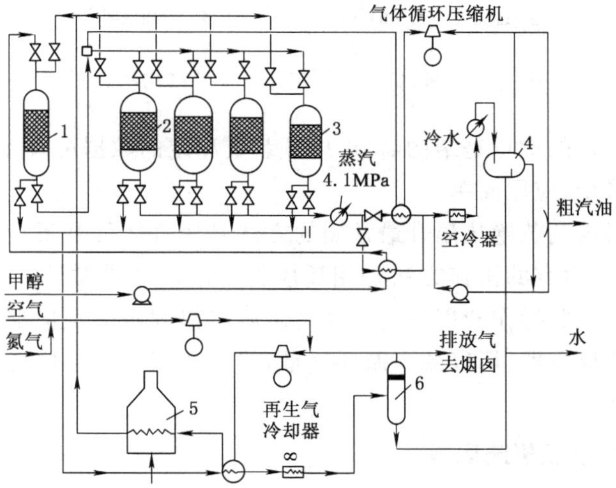

1—二甲醚反应器；2—转化反应器；3—再生反应器；4—产品分离器；5—开工、再生炉；6—气液分离器。

图 9-20　固定床反应器 MTG 工艺流程示意图

该工艺由两步脱水反应器系统组成。原料甲醇经预热器、蒸发器及过热器后，进入二甲醚脱水反应器，在 Cu/Al_2O_3 催化剂作用下，甲醇脱水生成接近平衡的甲醇/二甲醚/水混合物。从二甲醚反应器出来的未反应的甲醇、二甲醚和水与来自产品分离器的压缩循环气混合后，进入转化反应器，通过 ZSM-5 催化剂转化为烃。出转化反应器的气体，一部分用于预热原料甲醇，一部分与循环气换热后去汽油分离塔，分离出液态烃、气态烃和水。循环气与出反应器的气体之比为 9∶1。

当反应产物中能测定出甲醇时，表明催化剂已经积碳，活性达不到要求。这时，反应器内的催化剂需要再生，采取的办法是用空气与氮的混合气燃烧除去催化剂表面的焦炭。流程图中并联设置四台转化反应器，3台运转，1台再生催化剂。实际生产中，转化反应器的数量取决于工厂的生产能力和催化剂的再生周期，在正常的操作条件下，至少有一个反应器在再生。当催化剂需要再生时，反应器与再生系统连接，通入热空气烧除该反应器中催化剂上的积碳。再生周期约20天。二甲醚反应器中不积碳，不需要再生。

固定床反应器生成物中除了极少的 C_1 和 C_2，并副产少量的 C_3 和 C_4 外，80%左右为 C_{5^+} 组分。从烃类产物中可以得到85%的汽油，其辛烷值（研究法）高达93，其余是液化石油气和少量的燃料气。

二、固定床反应器

MTG工艺的固定床反应器主要是绝热固定床反应器，结构见图9-21。

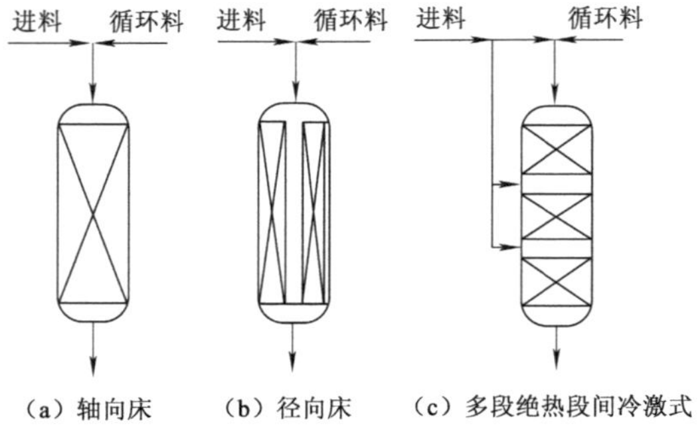

图9-21　MTG工艺固定床反应器结构示意图

绝热固定床反应器的优点是结构简单，中试装置测定的数据可直接放大到工业规模，因而放大研究的工作量少，应用简单。

在固定床反应器内调节绝热温升最常用的方法是用气体稀释反应物浓度、提高气体流量、带走反应热。比较适宜的操作方法是用反应物中的轻烃再循环。但因MTG反应强烈放热，气体循环比大，因此操作费用较高。采用多段绝热固定床反应器，可以在段间间接换热或采用冷激换热式反应器，可以减少循环气量，但催化剂在床层内逐渐老化，使多段固定床的开发工作较复杂。

三、MTG工艺特点及影响因素

（一）MTG工艺特点

MTG虽有不同的工艺过程，但总体上均具有以下特点：

① 强放热反应。汽油是沸点在一定范围内的烃类混合物，将甲醇转化为烃类和水是强放热反应。

甲醇转化为烃类总反应热约为1 400 kJ/kg甲醇，绝热温升可达600 ℃，大大超过甲醇分解成CO和 H_2 的温度。因此，固定床反应器必须采用多段式的。通常采用二段反应器，在第一段反应器中，采用Y氧化铝等甲醇脱水催化剂生成二甲醚，在第二段反应器中，在ZSM-5沸石催化剂上转化成烃类。当采用流化床反应器时，床层内安装传热盘管，或将催化剂通过冷却器循环，产生高压蒸汽，回收热量。

② 要求甲醇完全转化。MTG工艺的产物中主要是烃类和水，未转化的甲醇溶于水相，

如果转化不完全，就需设置回收甲醇的蒸馏装置，因此要求甲醇完全转化。

③ 催化剂失活。积碳是催化剂失活的主要原因，在装填新鲜催化剂的固定床反应器中，床层上部催化剂首先积碳而失活，并逐渐下移。较高的催化剂床层，可使催化剂运转周期延长。水蒸气也会使催化剂失活。因此，操作中须采用较低的反应温度和低水分压以防止催化剂失活。

④ 生成均四甲基苯。均四甲基苯是由分子量较低的芳烃通过甲醇或二甲醚的烃化反应而生成的，采用低甲醇分压和高反应温度可以降低它的含量。如果采用小粒度催化剂，也可降低均四甲基苯含量。采用固定床法工艺得到的汽油，均四甲基苯含量达 4%～7%（质量分数），这样的含量会导致在汽车发动时，有固体积聚在汽化器中。

⑤ 催化剂的结构。因为采用了 ZSM-5 分子筛催化剂，所以 MTG 法基本上不生成碳数为 11 以上的烃类。如果将沸石进行改性，并适当改变反应条件，生成物的组分分布就会发生变化。将这一反应的产物用作石化工业裂解的原料时，可提高乙烯和丙烯的收率。

⑥ 对原料的纯度要求不高。无须将粗甲醇中其他含氧化合物除去，就可以用作 MTG 工艺的原料。

⑦ 产物性能优良。产物作为汽油使用时，性能非常优良。其生成物中，一部分为芳香族烃，其中大部分被甲基化；另一部分是脂肪族烃类，其中支链烃类占多数。产物汽油的辛烷值为 90～95。

（二）MTG 工艺影响因素

影响 MTG 工艺产物组成和分布的主要因素有甲醇分压、反应温度等。

1. 甲醇分压的影响

在 ZSM-5 沸石催化剂上，不同甲醇分压是影响烯烃生成速率和芳烃反应速率的主要因素。当甲醇分压低于大气压时，随甲醇分压的降低，烯烃的选择性增加；但是，随着甲醇分压增加至大气压后，芳烃的选择性增加，芳烃含量增加，如图 9-22 所示。一般而言，随着甲醇分压增加，产物中烃类平均碳原子数呈逐渐增加的趋势。

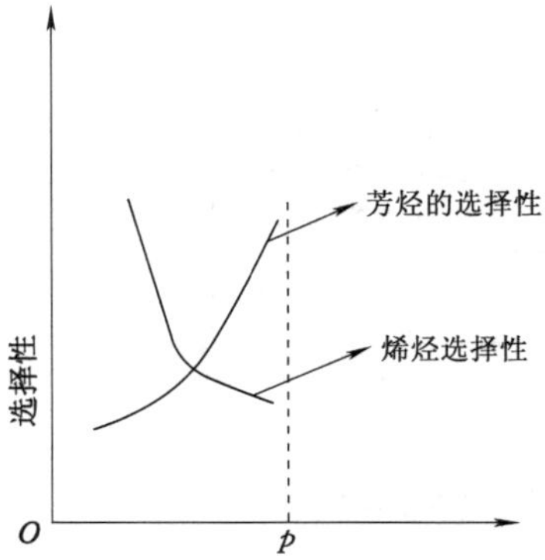

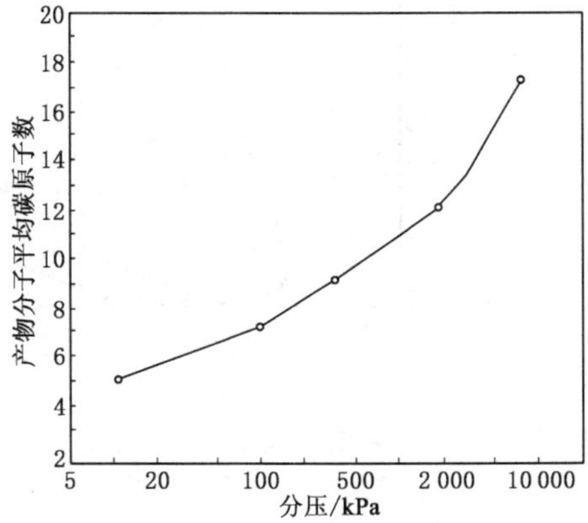

图 9-22　甲醇分压对产物分布的影响

2. 反应压力的影响

随着压力增加，甲醇转化率略有上升。油品中芳烃含量最初随压力增加而降低，但当压力增至 2.0 MPa 时，芳烃含量迅速增加，而当压力在 2.0 MPa 前异构烷烃含量增加，到

2.0 MPa后则减少。芳烃中均四甲苯含量则随压力升高增加很快。上述现象主要是由于压力升高能加速烯烃转换成芳烃，即芳构化反应，特别是增加了均四甲苯的选择性。均四甲苯具有与沸石孔道尺寸相匹配的临界直径，在四甲苯中，均四甲苯比其他四甲苯更易形成。

3. 反应温度对甲醇转化的影响

在中低空速（0.6～0.7 h^{-1}）和低温条件下，主要反应是甲醇脱水形成二甲醚。生成的烃类主要是 C_2～C_5 烯烃，同时也生成一定量的芳香烃。随着温度的继续升高，轻质烃和甲烷的数量也会增加，超过 500 ℃甲烷会分解成 H_2 和 CO。温度对反应产物组成的影响见图 9-23。

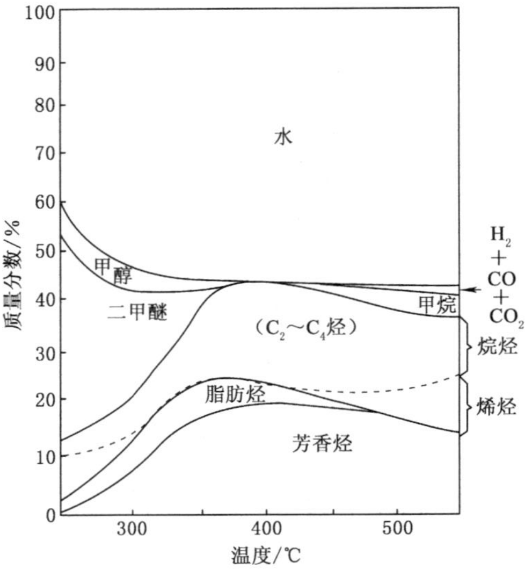

图 9-23　反应温度对甲醇转化的影响

4. 空速对产物分布的影响

由图 9-24 可见，当空速的倒数从 10^{-3} 上升到 10^{-2} 时，反应气中甲醇含量急剧下降，当空速为 70，甲醇的含量已经为零，此时产物含水量最大，烃类产品中 C_2～C_5 烯烃含量最高。如继续减少空速，因甲醇脱水反应已完成，进一步则是 C_2～C_5 烯烃缩合、环化生成分子量更高的、在汽油沸程内的烃类，结果 C_6 以上的芳香烃、链烷烃增多。

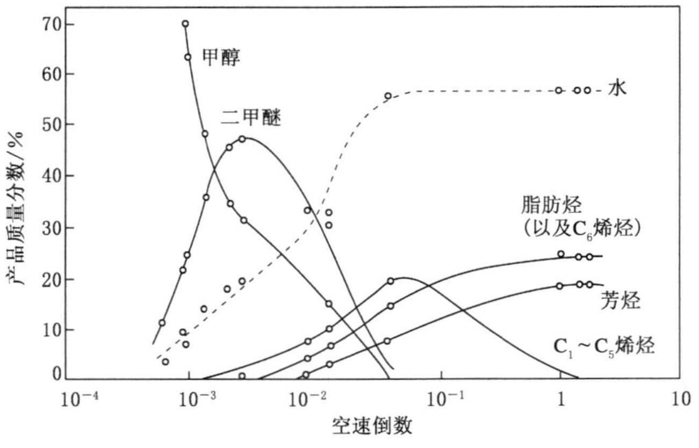

图 9-24　在 101 kPa 和 371 ℃时空速的影响

5. 轻烃循环的影响

反应速率的控制步骤是甲醇和二甲醚转化为烯烃的反应，该反应是自催化反应，如果没有烯烃，反应速率就缓慢，若增加烯烃浓度，反应速率就加快，因此采用轻烃再循环对提高反应速率有利。

四、MTG 工艺发展及工业应用情况

近 20 年来，MTG 工艺的进步和发展不是很明显，没有原则性的突破，工业化应用的 MTG 工艺依然是 Mobil 固定床 MTG 技术。MTG 固定床二步法工艺和一步法工艺原则上差别不大，都可以实现工业化。

MTG 固定床二步法技术于 1986 年在新西兰首次工业化。装置利用新西兰丰富的天然气资源为原料生产合成气，合成气合成甲醇后，采用 MTG 技术将甲醇转变为汽油。该装置甲醇生产能力为 160 万 t/a，合成汽油生产能力为 56 万 t/a，项目投资达 4.54 亿美元。该 MTG 装置共设有 5 台反应器，其中 4 台处于反应阶段，另 1 台再生，反应温度为 340～407 ℃，压力 2.0 MPa，每台装催化剂 51 t，再生周期 20 天，寿命 1 年。装置成功运行 10 年后，由于国际原油价格较低，合成汽油成本高，停开了 MTG 单元，直接外卖化学级甲醇。

我国首个煤基甲醇合成汽油工业化项目于 2010 年 3 月成功投产，由晋煤集团投资建设。项目由煤制甲醇和甲醇制汽油两部分组成，分别采用具有我国自主知识产权的灰熔聚流化床粉煤加压气化技术和 Mobil 公司的 MTG 工艺，生产甲醇、汽油、LPG、均四甲苯混合液、硫黄等产品。其设计生产能力为年产汽油 10 万 t、液化石油气 1.3 万 t、硫黄 1.6 万 t，可调产精甲醇 30 万 t。除此之外，云南解化清洁能源开发有限公司在 2014 年建成 20 万 t/a 的工业化项目。同年，唐山境界实业有限公司采用中科院山西煤化所的固定床一步法工艺建成 20 万 t/a 的 MTG 项目。截至 2015 年，我国 MTG 项目已建成 10 项，至 2020 年完成和在建项目合计产能达 500 余万 t/a。

第四节　甲醇制烯烃(MTO)

早在 20 世纪 70 年代，美国 Mobil 公司在研究以甲醇为原料，采用沸石催化剂制汽油的工艺过程中发现有低碳烯烃和芳烃等物质的产生，继续研究开发了 MTO 工艺。经过 50 多年的开发研究，MTO 技术得到了长足的发展，尤其在我国 MTO 技术已得到广泛的应用。目前，根据原料、催化剂及工艺的不同，典型的 MTO 工艺技术有 UOP/Hydro MTO 技术、大连化物所Ⅰ至Ⅲ代的 DMTO 技术、上海化工研究院 SMTO 技术、国家能源投资集团有限责任公司的 SHMTO 工艺、Exxon Mobil 公司的 OTO 工艺等。

一、UOP/Hydro MTO 工艺

UOP 公司和 Norsk Hydro 公司联合开发的 MTO 技术采用循环流化床反应器，以粗甲醇或精制甲醇为原料，采用 SAPO-34 型分子筛催化剂，选择性生成乙烯和丙烯。

1. UOP/Hydro MTO 工艺流程

UOP/Hydro MTO 工艺流程见图 9-25。

该装置包括甲醇制烯烃反应单元和轻烯烃产品回收单元两部分。反应单元采用流化床反应器和流化床再生器，反应热通过产生的蒸汽带出并回收，失活的催化剂被送到再生器中烧炭再生，然后返回反应器继续反应。反应产物通过特制的进料气换热器将大部分的水分和惰质组质清除，然后气体产物经气液分离塔进一步脱水、碱洗塔脱 CO_2、干燥后进入产品回收单元。在产品回收单元，物料流经脱甲烷塔、脱乙烷塔、乙炔饱和塔、乙烯分离塔、丙烯分离塔、脱丙烷塔和脱丁烷塔实现乙烯、丙烯、轻质燃料气等产品的分离。

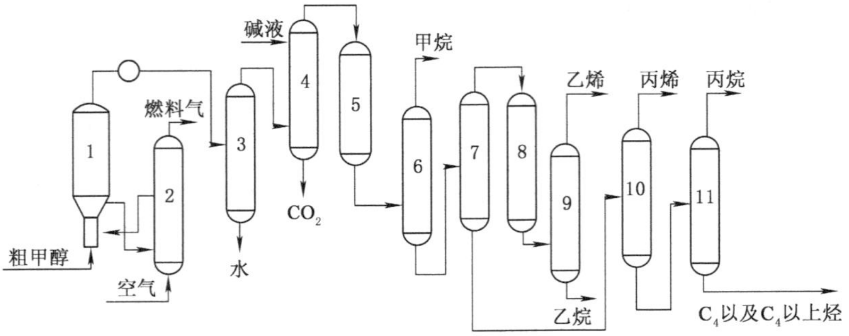

1—流化床反应器；2—流化床再生器；3—气液分离器；4—碱洗塔；5—干燥塔；6—脱甲烷塔；7—脱乙烷塔；8—乙炔饱和塔；9—乙烯分离塔；10—丙烯分离塔；11—脱丙烷塔。

图 9-25 UOP/Hydro MTO 工艺流程示意图

2. UOP/Hydro MTO 工艺的主要特点

UOP/Hydro MTO 工艺是世界上最早开发出的甲醇制混合烯烃的工艺，该工艺的主要特点如下：

① 可采用粗甲醇作为原料，省去甲醇精馏设备，降低投资和操作成本。

② 通过控制反应温度和催化剂组成及结构，可较大范围地调整 C_2/C_3 比例。以碳基计算，在最大量生产乙烯时，C_2/C_3 比为 1.53，最大量生产丙烯时，C_2/C_3 比为 0.75。甲醇转化成乙烯和丙烯的碳基选择性可以达到 85%～90%。

③ 采用 SAPO-34（MTO-100）分子筛型催化剂。MTO-100 催化剂经一种特殊的黏合剂处理后，既有较高选择性，又有较好的强度和耐磨性，物理强度高，抗烧焦，并且催化剂的选择性好。

④ 反应条件温和，反应温度为 400～500 ℃，压力为 100～300 kPa，可有效降低反应-再生系统的设备体积，减少催化剂的填装量，降低设备投资和初期购买催化剂量。

⑤ UOP/Hydro MTO 工艺除反应段与炼油工业中成熟的催化裂化技术（FCC）相比，除热传递不同之外，其他都非常类似 FCC 技术，且操作条件的苛刻度更低，技术风险处于可控之内。而其产品分离段与传统石脑油裂解制烯烃工艺类似，且产物组成更为简单，杂质种类和含量更少，更易实现产品的分离回收。

⑥ 采用流化床反应器和再生器，可实现连续稳定操作。

二、大连化物所 DMTO 工艺

（一）DMTO 工艺流程

DMTO 工艺可以以甲醇或二甲醚为原料合成低碳烯烃，其工艺与 UOP/Hydro MTO 工艺类似，也由烯烃转化反应单元和轻烃产品回收单元组成，得到主产品乙烯、丙烯，副产品为丁烯、C_5 以上组分和燃料气。其工艺流程示意见图 9-26。

1. 烯烃转化单元工艺流程

DMTO 工艺为流化床催化工艺。烯烃转化反应单元由进料汽化和产品急冷区、反应-再生区、蒸汽发生区、燃烧空气和废气区几部分组成，详细工艺流程见图 9-27。

（1）进料汽化和产品急冷区

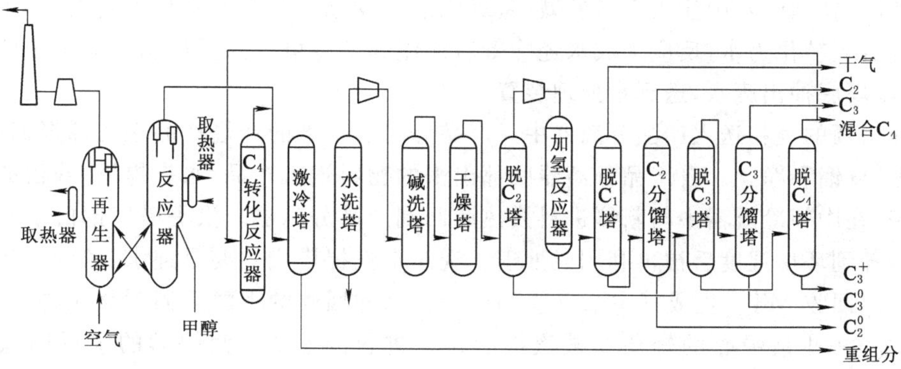

图 9-26　DMTO 工艺流程示意图

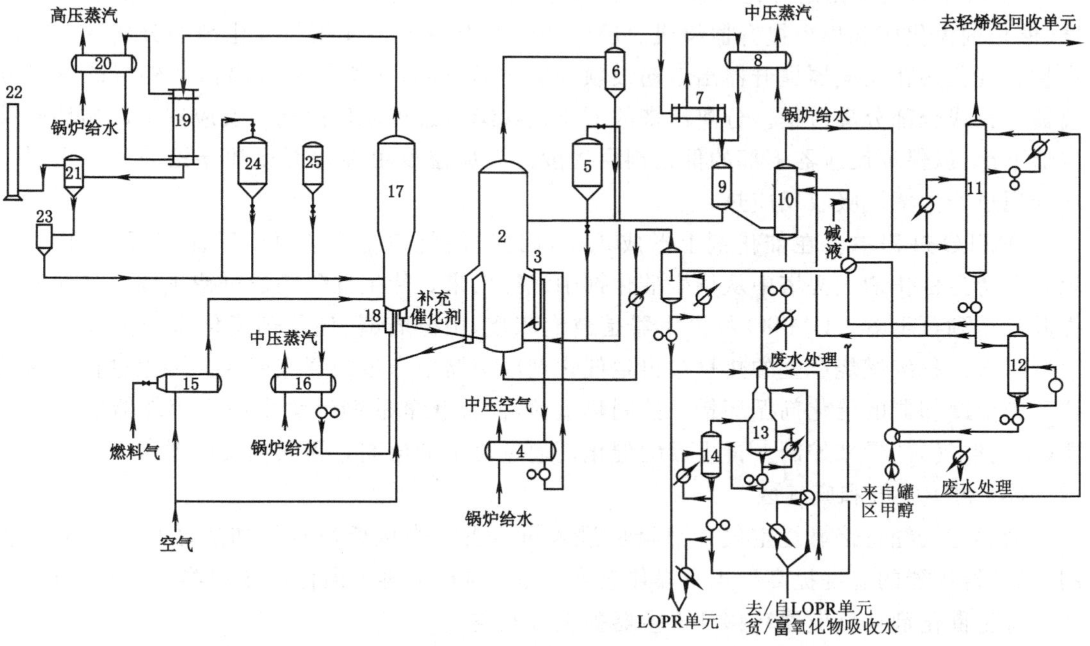

1—进料闪蒸罐；2—反应器；3—反应器催化剂冷却器；4—蒸汽分离罐；5—待生催化剂贮罐；
6—反应物料缓冲罐；7—冷凝器；8—蒸汽分离罐；9—三级分离器；10—急冷塔；11—产品分离塔；
12—产品/水汽提塔；13—氧化物汽提塔；14—洗涤水汽提塔；15—空气加热器；16—再生催化剂蒸汽分离器；
17—再生器；18—再生催化剂冷却器；19—烟气冷却器；20—烟气蒸汽分离罐；21—烟气过滤器；
22—烟囱；23—废气精分离器；24—再生催化剂贮罐；25—新鲜催化剂贮罐。

图 9-27　甲醇转化烯烃工艺流程

来自于甲醇装置的甲醇经过与汽提后的水换热，在中间冷凝器中汽化后进入进料闪蒸罐，然后进入汽化器汽化，并用蒸汽过热后送入 DMTO 反应器。反应器出口物料经冷却后送入急冷塔。

闪蒸罐底部少量含水物料进入氧化物汽提塔中，一些残留的甲醇被汽提返回到进料闪蒸罐。

在急冷塔中用水直接冷却反应后物料。MTO 反应产物中会含有极少量的醋酸，为了中和这些酸，在回流水中注入少量的碱(氢氧化钠)。水是 MTO 反应的产物之一，甲醇进料中的大部分氧转化为水，反应生成水经冷凝后回流到急冷塔。为了控制回流水中的固体含量，由急冷塔底抽出废水，送到水处理装置。

急冷塔顶的气相送入产品分离器中。产品分离器顶部的烯烃产品送入烯烃回收单元，进行压缩、分馏和净化。自产品分离器底部出来的物料送入产品/水汽提塔，残留的轻烃被汽提出来，在中间冷凝器中与新鲜进料换热后回到产品分离器。汽提塔底部的水与进料甲醇换热冷却到环境温度后被再利用或处理。洗涤水汽提塔底主要是纯水，送到轻烯烃产品回收单元以回收 MTO 生成气中未反应的甲醇。水和回收的甲醇返回到氧化物汽提塔，在这里甲醇和一些被吸收的轻质物被汽提后送入进料闪蒸罐。汽提后的水返回氧化物汽提塔。

(2) 流化催化反应和再生区

DMTO 的反应器是流化床反应器。反应实际在反应器下部发生，此部分由进料分布器、催化剂流化床和出口提升器组成。反应器的上部主要是气相与催化剂的分离区。反应产物和催化剂在反应器提升器出口初级预分离之后，进入多级旋风分离器和外置的三级分离器来完成全部分离过程。分离出来的催化剂继续通过再循环滑阀自反应器上部循环回反应器下部，以保证反应器下部的催化剂层密度。反应温度由催化剂冷却器控制。催化剂冷却器通过产生蒸汽吸收反应热。

DMTO 过程中会在催化剂上形成积碳，因此，催化剂需连续再生以保持理想的活性。烃类在待生催化剂汽提塔中从待生催化剂中汽提出来。待生催化剂通过待生催化剂立管和提升管送到再生器。DMTO 的再生器是鼓泡床型，由分布器、催化剂流化床和多级旋风分离器组成。积碳燃烧产生的热量被再生催化剂冷却器中产生的蒸汽回收。再生过程可通过调整进出冷却器的催化剂循环量来控制热负荷，而催化剂的循环量由注入冷却器的流化介质(松动空气)的量来控制。再生后的催化剂通过再生催化剂立管回到反应器。

(3) 再生空气和废气区

助燃空气经直接燃烧空气加热器后进入再生器。直接燃烧空气加热器只在开工时使用，以将再生器的温度提高到正常操作温度。提升风机为再生催化剂冷却器提供松动空气，还为待生催化剂从反应器转移到再生器提供提升空气。

废气区由烟气冷却器、烟气过滤器和烟囱组成。来自再生器的烟气在烟气冷却器产生高压蒸汽，回收热量。出冷却器的烟气进入烟气过滤器，除去其中的催化剂颗粒，出过滤器的烟气由烟囱排空。为了减少催化剂损失，从烟气过滤器回收的物料进入废气精分离器。精分离器将回收的催化剂分为两类，较大的颗粒循环回 MTO 再生器，较小的颗粒被处理掉。

2. 轻烯烃回收工艺流程

烯烃转化反应单元的气相生成物进入轻烯烃产品回收单元(LORP)。LORP 单元的目的是压缩、冷凝、分离和净化有价值的低碳烯烃产品。

LORP 单元由以下几部分组成：压缩、二甲醚回收、水洗、碱洗、干燥、乙炔变换、分馏、丙烯冷却和一个氧化物回收单元(ORU)。工艺流程见图 9-28。

(1) 压缩区

压缩区由 DMTO 产品压缩机、级间吸入罐和级间冷却器组成。DMTO 的气体物流被

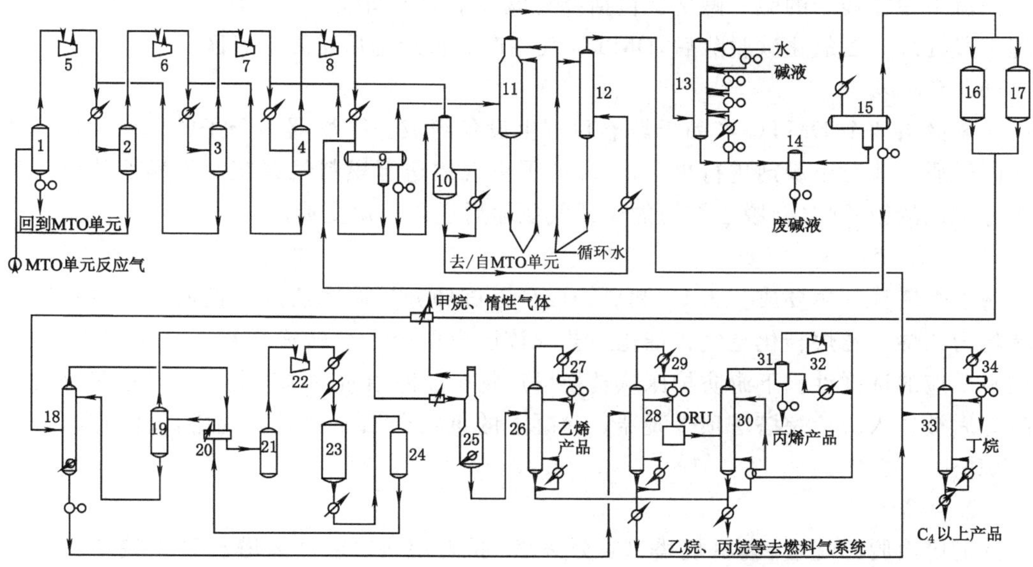

1,2,3,4—一级至四级吸入罐；5,6,7,8—一级至四级 MTO 产品压缩机；9—二甲醚汽提负荷罐；10—二甲醚汽提塔；11—氧化物吸收塔；12—水洗塔；13—碱洗塔；14—废碱液罐；15—分离罐；16,17—干燥器；18—脱烷塔；19—脱乙烷塔回流罐；20—脱丁烷塔冷凝器；21—吸入罐；22—产品压缩机；23—乙炔转换塔；24—防护床；25—脱甲烷塔；26—C_2 分离塔；27—C_2 分离塔回流罐；28—脱丙烷塔；29—脱丙烷塔回流罐；30—C_3 分离塔；31—压缩机吸入罐；32—压缩机；33—脱丁烷塔；34—脱丁烷塔回流罐。

图 9-28　烯烃回收工艺流程图

送入 LORP 单元的压缩部分。为了回收烯烃产品，首先将操作压力提高到能浓缩和通过分馏来分离的压力等级水平。MTO 产品压缩机是多级离心压缩机，压缩机的级间物流在级间冷却器和级间吸入罐中冷却和闪蒸。由水和溶解的轻烃组成级间冷凝物往计量后通过级间罐回到上一级吸入罐。纯冷凝物被泵回到 DMTO 单元。

(2) 二甲醚回收区

来自最后一级压缩机冷却器的流出物被送入二甲醚汽提负荷罐。在二甲醚汽提负荷罐中液相烃与气相烃相互分离，二甲醚在两相态烃中都存在，将二甲醚从轻烃中回收。液态烃被泵送到二甲醚汽提塔。二甲醚从液态烃中被汽提并回到压缩机最后一级的级间冷却器。二甲醚汽提塔的纯塔底物冷却到环境温度后被送入水洗区。出二甲醚汽提负荷罐的气相去氧化物吸收塔，并用来自 DMTO 单元的水吸收气相中的二甲醚。富二甲醚吸收水则循环回到 DMTO 反应单元。

(3) 水洗区

二甲醚回收以后，气相和液相的烃中还含有残留的甲醇，这部分甲醇用水来回收。而富甲醇吸收水则在 LORP 单元和 DMTO 反应单元的洗涤水汽提塔间循环。DMTO 的液态烃产品在水洗塔中洗涤。甲醇被吸收后，液体送入 LORP 单元的分馏区。DMTO 的气相产品送入碱洗区。

(4) 碱洗区

DMTO 气相产品中的二氧化碳产物在碱洗塔中脱除。碱洗塔利用三股碱液回流和一股水回流来脱除残余的碱。碱洗区包括补充碱和水的中间罐和注入泵。废碱脱气后送到水处理工段处理。二氧化碳脱除后，DMTO 气相产品被冷却后送入干燥区。

(5) 干燥区

干燥区由两个 DMTO 产品干燥器和再生设备组成。干燥器用分子筛脱水。用 LORP 单元的轻质气体对干燥剂进行再生，含水的再生气体送至燃料气系统。干燥后的反应气则送入分馏区的脱乙烷塔，脱乙烷塔的塔顶气压缩后送入乙炔变换区。

(6) 乙炔变换区

脱乙烷塔顶气主要成分为 C_2 和更轻成分。该部分气体在乙炔转换塔内乙炔被选择加氢转化为乙烯。乙炔转化是气相催化工艺。该区由两个乙炔转换塔和一个防护床组成，用来调整反应的选择性。下游防护床从转换塔产物中脱除痕量的副产物。乙炔变换区的产物经冷却后被送入脱乙烷塔塔顶冷凝器。冷凝下的重组分回流到脱乙烷塔，低沸点组分进入脱甲烷塔。

(7) 分馏区

分馏区由脱乙烷塔、脱甲烷塔、C_2 分离塔、脱丙烷塔、C_3 分离塔和脱丁烷塔组成。干燥、冷却后的 DMTO 产品气进入脱乙烷塔。脱乙烷塔顶产品是混合的 C_2 组分，经压缩后送入乙炔变换单元。塔底产品为丙烷和更重的烃类，塔底物送入脱丙烷塔。

脱甲烷塔从混合 C_2 物流中脱除甲烷、氢和惰性气体等轻杂质。这些杂质作为燃料去燃料气系统。脱甲烷塔底物去 C_2 分离塔，在 C_2 分离塔中乙烯产品从乙烷中被分离出来，分离的纯乙烯被送入乙烯储罐，塔底物蒸发，加热后并入燃料气系统。

在脱丙烷塔中混合的 C_3 组分与较重的 C_4 以上物料分离。脱丙烷塔顶物被送入氧化物回收单元(ORU)，采用液相吸收工艺脱除痕量的氧化物后去 C_3 分离塔。脱丙烷塔底物被送入脱丁烷塔。在 C_3 分离塔中丙烯与丙烷进行分离，塔顶丙烯产品泵送储存区。分离塔塔底饱和的丙烷产品汽化后送去燃料气系统。

脱丁烷塔从戊烷和更重的烃类中分离出丁烷。脱丁烷塔的塔顶产品为丁烷，塔底产品为 C_{4^+} 组分，塔顶和塔底产品分别被送至储存区。

(8) 丙烯制冷区

LORP 单元浓缩和分离轻烃需要在低温、高压条件下操作。可用丙烯产品做制冷剂，丙烯制冷区由多级离心式丙烯制冷压缩机和一个丙烯缓冲罐组成。LORP 单元中多个冷却器、冷凝器和再沸器都可用丙烯做制冷剂。

(二) DMTO 工艺主要设备

DMTO 工艺的主要设备有反应器、再生器及精馏塔等，本书仅对反应器和再生器作介绍。

DMTO 反应器为提升管循环流化床反应器，其结构与 FCC 反应器相近，如图 9-29 所示。再生器结构见图 9-30。

反应器和再生器内的主要构件作用如下：

1. 旋风分离器

在 MTO 反应过程中气体和固体相互接触发生反应，结束后气固混合物则需要通过气固分离器使得气体产物与固体催化剂分离。产物进入下一工段进行分离提纯，催化剂进入再生器中再生循环利用。由于气体中携带的固体颗粒量大，一般需要多级的分离才能达到

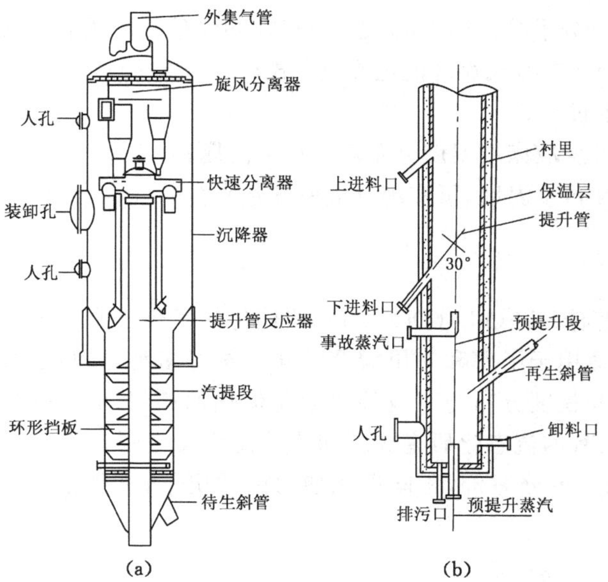

图 9-29　循环流化床反应器结构示意图

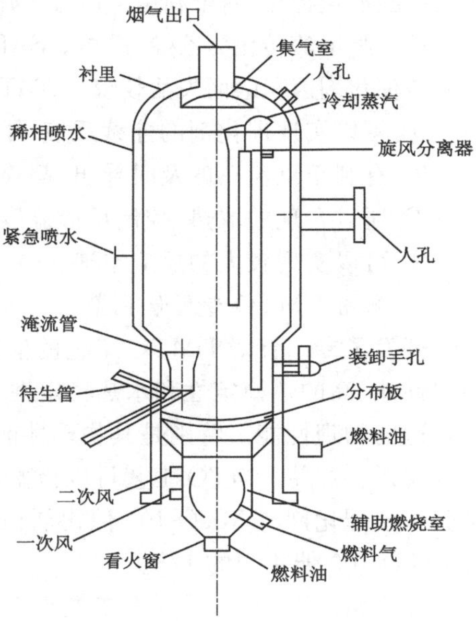

图 9-30　再生器结构示意图

最终目的。在 MTO 反应器和再生器中均设置了多级旋风分离器，使反应器或再生器中的催化剂得到最大量的回收。旋风分离器的优点是结构简单、造价低廉、维护方便，还可以承受高温高压和高的固体颗粒浓度，不过其中的压降很大，对粒度过小的物料的分离效率较低。

2. 挡板

气固流化床在低气速的操作条件下，气泡是其主要特征。气固混合强烈，床层温度处处均等，有利于最佳反应控制，但气泡的存在导致气固物料的接触不充分，部分气体短路，转化率下降，同时，气体接近完全混合，有较宽的停留时间分布，复杂的化学反应过程将导致选择性的下降。反应器内安装挡板构件是抑制床层气泡不利影响的重要措施。内部结构类型通常分为三类：水平结构、垂直结构和塔型结构。我国的流化床内部，几乎都有设置水平结构的挡板。工业上采用最多的是百叶窗式导向板和波纹挡板。

3. 分布板

分布板的作用主要有以下三点：一是将流体由床层断面均匀分布并进入床层，与床层中的固体颗粒均匀接触，形成均匀的流化状态；二是对流化床中的物料起到支承或部分支承作用，消除系统的不稳定性，形成稳定的操作条件；三是增强抗干扰能力，限制不稳定的外界因素。可以说，分布板是流化床均匀、稳定操作的重要保证。

除了再生器和反应器外，DMTO 工艺中各种分离塔共有 10 余台，塔的类型以填料塔和板式浮阀塔为主。

（三）DMTO 工艺的主要特点

DMTO 工艺的主要特点如下：

1. 采用连续反应-再生的密相循环流化反应

流化床是与催化剂和反应特征相适应的反应方式。MTO 专用催化剂基于小孔 SAPO 分子筛的酸催化特点，由于利用了该分子筛的酸性和较小的孔口直径的形状选择性作用，可以高选择性地将甲醇转化为乙烯、丙烯。SAPO 分子筛结构中的“笼”的存在和酸催化的固有性质也使该催化剂因积碳而失活较快。DMTO 工艺采用循环流化反应方式具有如下特点：

① 可以实现催化剂的连续反应-再生过程；

② 有利于反应热的及时导出，解决可反应床层温度分布均匀性的问题；

③ 通过合理的取热，控制反应温度和再生温度，可实现反应的热量平衡；

④ 可以实现较大的反应空速。

2. 采用 DMTO 专用催化剂

开发了专门针对 DMTO 工艺的催化剂 SAPO-34(DO-123)，该催化剂不仅具有优异的催化性能、高的热稳定性和水热稳定性，适用于甲醇和二甲醚及其化合物等多种原料，也具有合适的物理性能。特别是其物理性能和粒度分布与工业催化裂化催化剂相似，流态化性能也相近。这使 DMTO 工艺可以借鉴已有的流态化研究成果和成熟流化反应(如 FCC)的经验。该催化剂与 MTO-100 催化剂相比，十分廉价，相同催化能力的情况下，其价格大约为 MTO-100 催化剂的 1/8。

3. DMTO 工艺对原料和工艺设备的特殊要求

DMTO 工艺技术采用酸性分子筛催化剂，为了保证催化剂性能的长期稳定，对原料甲醇中的杂质含量有明确的指标要求，以防止催化剂的中毒性永久失活。此外 DMTO 工艺生产的低碳烯烃只是中间产品，需要进一步加工才能成为最终产品，所以应尽可能控制低碳烯烃产品中的杂质含量，以降低下游加工前的净化成本。因此，DMTO 工艺对循环催化剂的脱气效率有较高的要求，需要汽提装置等设备。

4. 催化剂再生温度低，乙烯/丙烯比例可调

DMTO 工艺要求较低的再生温度，以避免氮氧化物的生成，一般再生温度为 550～650 ℃。在不改变催化剂的情况下，通过改变反应和再生条件，可以在适当的范围内调节乙烯/丙烯比例。

三、大连化物所 DMTO-Ⅱ工艺

为降低甲醇单耗，进一步提高低碳烯烃的选择性，大连化物所在 DMTO 工艺的基础上成功研发出 DMTO-Ⅱ技术，DMTO-Ⅱ技术将甲醇转化技术与烯烃裂解技术相结合，其工艺流程简图如图 9-31 所示。

DMTO 工艺中，甲醇反应生成的产品气送至烯烃分离单元进行分离后，得到 C_{4+} 组分，该组分仅作为液化气出售，利用价值不高。但在 DMTO-Ⅱ技术中，将 C_{4+} 组分先单独送至一个裂解流化床反应器内，C_{4+} 组分在与甲醇转化反应相同催化剂的催化作用下发生裂解反应，生成以乙烯、丙烯为主的轻组分混合烃气体，轻组分混合烃与甲醇转化生成的反应气汇合后一起进入下游单元进行分离。

2015 年，采用 DMTO-Ⅱ技术建设的 180 万 t/a DMTO 工业装置在陕西蒲城一次投产成功。与 DMTO 技术相比，DMTO-Ⅱ技术的甲醇单耗及催化剂单耗明显降低，可使烯烃收率提高 10%。

四、MTO 工艺主要影响因素

针对不同的 MTO 工艺过程，总结其反应、再生过程中共同的影响因素如下。

1. 反应温度

反应温度对反应中低碳烯烃的选择性、甲醇的转化率和积碳生成速率都有显著的影响。

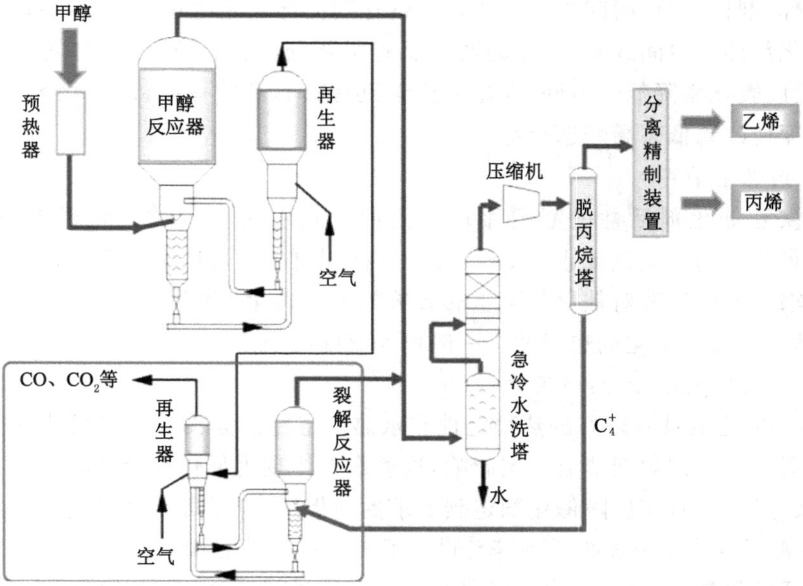

图 9-31　DMTO-Ⅱ工艺流程简图

较高的反应温度有利于产物中 n(乙烯)/n(丙烯)值的提高。但在反应温度高于 723 K 时，催化剂的积碳速率加速，同时产物中的烷烃含量开始变得显著，最佳的 MTO 反应温度在 673 K 左右。此外，从反应机理角度出发，在较低的温度下（$T\leqslant523$ K），主要发生甲醇脱水至二甲醚的反应；而在过高的温度下（$T\geqslant723$ K），氢转移等副反应开始变得显著。

2. 反应压力

甲醇转化为低碳烯烃和水的反应是分子数增加的反应，因此，提高反应压力将降低低碳烯烃的选择性，降低甲醇原料在反应体系的分压，将有利于提高低碳烯烃选择性。一般反应压力每增高 0.1 MPa，会造成 1～2 个百分点的乙烯＋丙烯选择性降低。DMTO 工艺要求反应总压力不大于 0.2 MPa，通常选择常压作为反应的最佳条件。

3. 催化剂停留时间

MTO 催化剂在反应过程中会产生积碳，这些积碳逐渐累积在催化剂表面或分子筛微孔中，一方面造成催化活性的逐步丧失，另一方面会使催化剂的选择性逐渐提高，这是互为矛盾的两个方面。为了达到最佳选择性和降低积碳产率，要求催化剂在反应床层有一定的停留时间。

4. 催化剂与物料接触时间

在催化剂作用下的 MTO 反应是一个极快的反应。根据反应机理，催化剂与原料接触时间越短，越有利于提高低碳烯烃的选择性。一般地，在良好的流化条件下，接触时间大于 0.2 s 就能保证反应转化率接近 100%，反应接触时间增大，会造成乙烯＋丙烯选择性降低。

5. 催化剂积碳

催化剂积碳是造成其失活的主要原因。原理上，MTO 反应以分子筛为催化剂时不能避免积碳的产生。但是，通过优化工艺条件可以减少积碳现象，降低焦炭产率，提高原料利用率。一般地，在 DMTO 工艺的操作范围内，催化剂上的焦炭量随着催化剂在反应床层的停留时间或醇/剂比(单位时间进料甲醇量与催化剂循环量之比)增加而增加;反应的焦炭产率则随着催化剂停留时间或醇/剂比的增加而有所降低,但催化剂停留时间过长或醇/剂比过高,会使反应转化率降低。另外,催化剂积碳也有其有利的一面,即催化剂表面适当积碳可以一定程度地改善低碳烯烃选择性。

6. 催化剂再生条件

再生是恢复催化剂活性的必要手段。因催化剂对再生催化剂定碳有特殊要求,如DMTO工艺催化剂再生定碳要求为2%(质量分数)左右,因此必须严格控制再生条件,以达到定碳的要求。再生温度对催化剂再生的影响较大。再生温度太高,将会对催化剂性能产生不可逆的影响,降低催化剂选择性。一般再生温度应小于650 ℃。

7. 催化剂热稳定性、水热稳定性

SAPO-34催化剂具有较好的热稳定性和水热稳定性。但长时间高温处理,特别是高温水蒸气处理仍然会对催化剂造成一定影响,这些影响体现为催化剂活性降低和选择性变化。因此,实际操作过程中,在保障催化剂定碳要求的前提下,应尽可能采用缓和的条件。

8. 气体离开催化剂密相床后的停留时间对产品分布的影响

气体离开催化剂密相床后,在沉降段与催化剂长时间接触,对气体组成会产生一定的影响。这是因为低碳烯烃在催化剂作用下发生二次反应,可造成乙烯+丙烯选择性降低,同时造成乙烯/丙烯比例明显下降。

9. 稀释剂的影响

在反应原料中加入稀释剂,可以起到降低甲醇分压的作用,从而有助于低碳烯烃的生成。在反应中通常采用惰性气体和水蒸气作为稀释剂。水蒸气的引入除了降低甲醇分压之外,还可以起到有效延缓催化剂积碳和失活的效果。原因可能是水分子可以与积碳前驱体在催化剂表面产生竞争吸附,并且可以将催化剂表面的Lewis酸位转化为Brönsted酸位。但水蒸气的引入对反应也有不利的影响,会使分子筛催化剂在恶劣的水热环境下产生物理化学性质的改变,从而导致催化剂的不可逆失活。

第五节　甲醇制丙烯(MTP)

MTP技术与MTO技术在反应原理、催化剂类型、工艺流程等方面所依据的基础理论没有本质的区别,但MTP所获得产物以丙烯为主。因此MTO和MTP技术的主要差异源于催化剂的选择性和工艺过程参数。故可以认为MTP是在MTO工艺基础上发展而来的一种甲醇制低碳烯烃技术。目前,具有代表性的MTP技术主要是Lurgi MTP工艺,清华大学也开发了FMTP工艺。两种工艺的主反应器类型分别为固定床反应器和流化床反应器。下面介绍一下Lurgi MTP技术。

德国鲁奇公司在20世纪90年代开始研究MTP技术。鲁奇MTP技术采用固定床型反应器、ZSM-5分子筛催化剂,主要产物为丙烯,同时副产汽油、液化石油气(LPG)以及燃料气等,是目前被公认的通过甲醇生产丙烯费用最低的方法。

一、Lurgi MTP工艺流程

Lurgi MTP工艺由甲醇转化部分以及丙烯分离与精制两部分组成。在甲醇转化工序中通过固定床反应器将甲醇转化为烯烃,在丙烯分离工序中将丙烯分离,得到丙烯产品,同时副产液化气和汽油。

甲醇转化工序主要由 3 个绝热固定床反应器组成，2 个反应器串联在线生产，在压力 0.13～0.26 MPa 和温度 380～480 ℃条件下操作，另一个反应器进行再生，这样可保证生产的连续性和催化剂的活性。

Lurgi MTP 工艺采用的催化剂为德国南方化学公司研究开发的改性 ZSM-5 分子筛催化剂，该催化剂丙烯选择性高、积碳少、丙烷产率低，并且积碳量小，约<0.01%的甲醇原料转化成焦炭，可进行原位间歇再生，再生温度较低。

1. 甲醇转化工序工艺流程

Lurgi MTP 甲醇转化工序主要包括 MTP 反应单元、水烃冷却分离单元、MTP 反应器再生单元。

(1) MTP 反应单元

MTP 反应单元工艺流程见图 9-32。

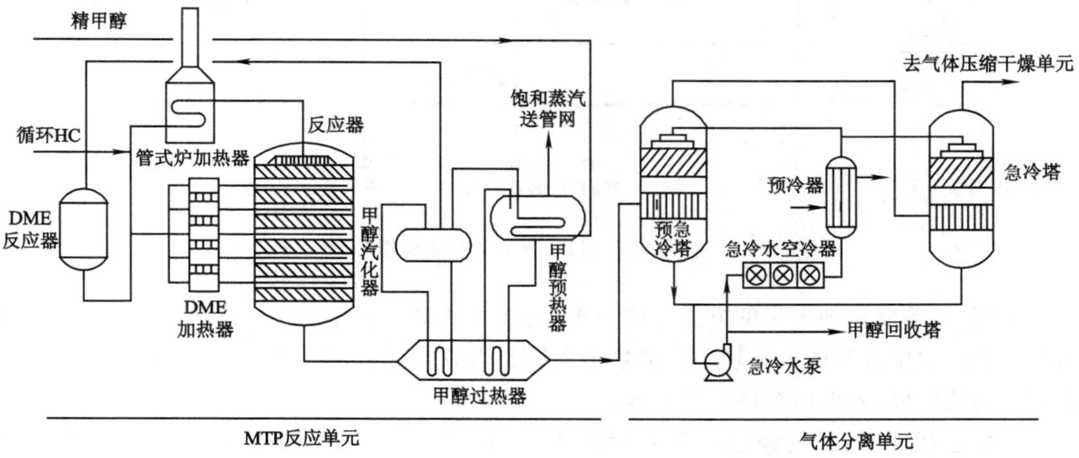

图 9-32　MTP 反应单元及水烃分离单元工艺流程图

来自甲醇中间罐区的新鲜甲醇和由甲醇回收塔返回的循环甲醇经过精甲醇预热器、甲醇过热器、甲醇汽化器一系列换热设备，加热到 275 ℃。混合物料先在二甲醚(DME)反应器中于 275 ℃、1.6 MPa 条件下，在氧化铝基催化剂的作用下反应产生二甲醚。生成的二甲醚与循环回的 $C_2/C_4/C_5/C_6$ 混合组分进入 MTP 反应器，于 480 ℃、0.13 MPa，以 ZSM-5 为催化剂的条件下进行反应，生成以丙烯为主要产品的各种烃类，产物被送至水烃冷却分离单元。在 DME 反应器和 MTP 反应器中发生的主反应如下：

$$2CH_3OH \longrightarrow CH_3OCH_3 + H_2O + Q \quad (50)$$

$$nCH_3OCH_3 \longrightarrow 2C_nH_{2n} + nH_2O + Q(n=2,3,4\cdots) \quad (51)$$

MTP 反应器经过一段运行时间后(每台反应器运行 500～600 h)，在催化剂的表面会产生一定的积碳，降低了催化剂的活性，从而影响丙烯的产率。此时，需用热的再生气对催化剂进行再生，再生所需时间为 56～69 h，再生气为空气和氮气。

(2) 水烃冷却分离单元

水烃冷却分离单元工艺流程见图 9-32。由 MTP 反应器出来的烃类物料经废热回收系统降到 190 ℃后，首先进入预急冷塔，用急冷水进行冷却至 55 ℃后再送入急冷塔，用急冷水进行冷却，温度降至40 ℃后送至碳氢压缩、干燥单元。出急冷塔的急冷水大部分经过热量回收后循环回急冷塔，小部分送到甲醇回收塔回收其中的甲醇，回收甲醇与新鲜甲醇混合进入DME反应器。

(3) MTP反应器再生单元

MTP反应器再生工艺流程见图9-33。

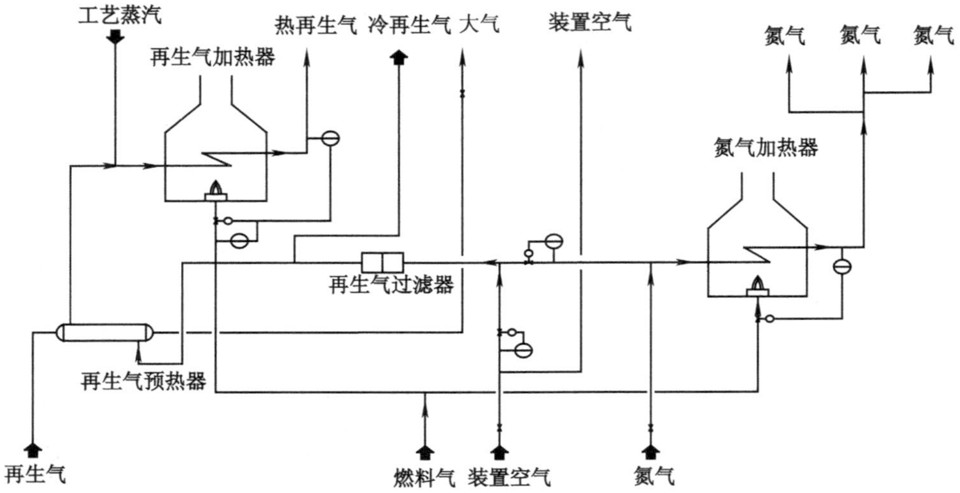

图9-33 MTP再生工艺流程图

MTP工艺催化剂再生的方式为烧炭再生，再生温度与反应温度的差别不大，因此，催化剂在再生过程中受到的损失较小。再生结束后要用氮气吹扫，以免氧气进入反应系统内，减少副产物的生成，降低丙烯净化的难度。

再生过程如下：氮气经过滤除杂后与再生器中排出的再生废气换热，由加热器加热到460～500 ℃后进入再生器。再生过程中先以热再生氮气吹扫失活催化剂表面残余的可挥发性烃类物质，然后在冷氮气流下降温到420～460 ℃，再通入用氮气稀释的空气，并使催化剂表面的积碳与烟气燃烧，除去积碳。以氮气稀释空气，可避免因剧烈氧化反应导致的温度过高，然后逐渐升温到460～500 ℃并维持一定时间完成烧焦，在氮气吹扫下降至反应温度。

2. 丙烯分离与精制工序工艺流程

Lurgi MTP的丙烯分离与精制单元包括了压缩单元、产品/副产品精制单元。丙烯分离与精制工艺流程见图9-34。

(1) 压缩单元

经急冷塔冷却后的混合气体温度降至40 ℃，压力为0.105 MPa，将其送入压缩单元。通过压缩机进行四级压缩，压力达2.25 MPa。每级压缩后都设一水冷器和一分离器，用以分离冷凝下来的水分和一部分液态烃。分离出的水送到急冷塔作为激冷水，分离出的烃送到四级压缩分离罐，进行气烃和液烃分离，气烃送入气烃干燥器，液烃送入液烃干燥器，分别进行干燥。

(2) 产品/副产品精制单元

经干燥后的气烃和液烃分别送入脱丙烷塔和脱丁烷塔，在脱丁烷塔中，C_4 和 C_{5^+} 进行

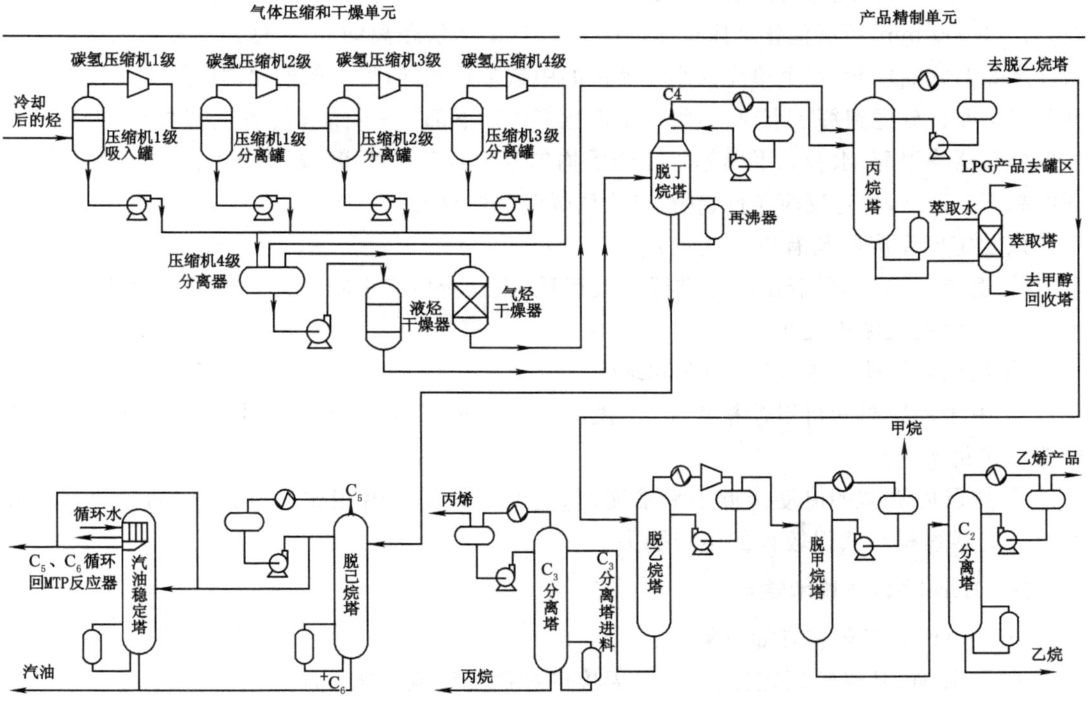

图 9-34　丙烯分离与精制工艺流程图

分离，C_4 烃与气烃一起送入脱丙烷塔。C_{5^+} 烃送入脱己烷塔进行 C_5 烃与 C_{6^+} 烃的分离，C_{6^+} 烃从塔底采出，经冷却后成为汽油产品。C_5 以下的烃从塔顶采出，经冷凝后大部分循环回 MTP 反应器，少部分送入汽油稳定塔进行分离。汽油稳定塔塔底产品为汽油，塔顶蒸汽经冷凝循环回 MTP 反应器。

脱丙烷塔塔顶蒸气（C_{3^-}）经冷凝后，送入脱乙烷塔。脱乙烷塔塔底物料送入 C_3 分离塔进行分离，C_3 分离塔塔顶蒸气经冷凝得到液态丙烯产品。脱丙烷塔塔底物料送入萃取塔，萃取塔塔顶物与 C_3 分离塔塔底物丙烷作为 LPG 产品。

脱乙烷塔塔顶蒸气经脱乙烷塔压缩机加压到 3.7 MPa后，送到脱甲烷塔进行分离。脱甲烷塔塔顶物料作为燃料气，塔底物料送入 C_2 分离塔。C_2 分离塔塔顶物料为乙烯产品，塔底物料则为燃料气。

二、Lurgi MTP 工艺主要设备

MTP 反应器是合成丙烯的关键设备之一，其操作性能的好坏直接影响原料气和动力的消耗以及其他设备性能的发挥。甲醇合成丙烯是强放热反应，采用多段原料冷激式固定床反应器。图 9-35 为 MTP 固定床反应器结构示意图。Lurgi 公司专

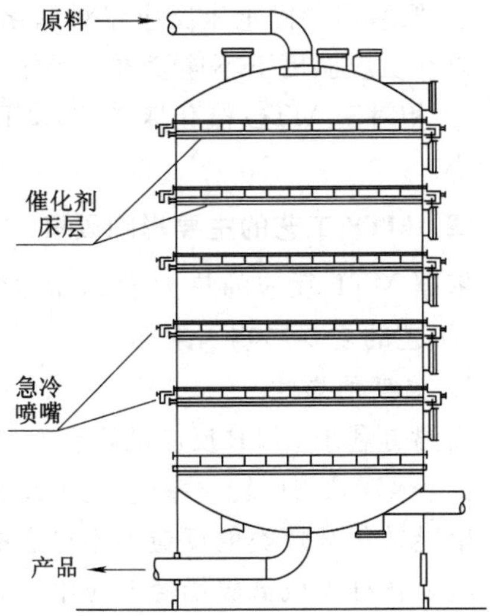

图 9-35　MTP 固定床反应器结构示意图

利(DE10233975A1)说明书介绍的固定床反应器的床层为水平布置,催化剂分 6 层布置,每层高500～1 000 mm,每层催化剂床层净高度为 0.3 m,床层距离约 2 m,每一个催化剂床层又分为许多蜂窝状的单元,每个单元大小与挪威的中试装置相同,每一层催化剂床层上部均有原料分配器将原料分配到每一个单元,每一个催化剂床层下部一一对应着一个急冷喷嘴,经由一个环形分布器将甲醇、水和二甲醚等急冷介质均匀分布到急冷喷嘴,急冷介质将反应热吸收,达到控制床层温度、稳定反应条件、获得最大丙烯收率的目的。

该固定床反应器具有以下优点:

① 返混小,流体同催化剂可进行有效接触,当反应伴有串联副反应时可得较高选择性。

② 催化剂机械损耗小。

③ 反应器结构简单,易于制造和维修。

④ 由于停留时间可以严格控制,温度分布可以适当调节,因此特别有利于获得高的选择性和转化率。

⑤ 床层内流体的流动接近于平推流,与返混式的反应器相比,可用较少的催化剂和较小的反应器容积来获得较大的生产能力。

三、Lurgi MTP 技术特点

Lurgi MTP 工艺具有如下特点:

① 采用 MTP 绝热固定床反应器,温度的控制要比流化床反应器困难些,为了限制绝热床层温度的升高,通常要将原料和蒸汽分配在多个反应管中。

② 采用固定床反应器,可较容易地放大反应器的生产规模、显著降低投资,由于停留时间较统一,可以明显提高产物的选择性。

③ 催化剂系采用南方化学开发改进的 ZSM-5 催化剂,有较高的丙烯选择性。若甲醇和 DME 的转化率均大于 99%,丙烯的收率则约为 71%。且催化剂的积碳率非常低,丙烷和其他副产物少,这些特点使得丙烯净化系统得以简化。

④ 低磨损的固定床反应器对催化剂的磨损小,且低积碳催化剂可降低再生循环次数,故可以在反应温度下不连续再生操作。

⑤ 相对于 MTO 流化床工艺,MTP 固定床工艺只用于生产丙烯,在工业放大过程中风险较小。

四、MTP 工艺的主要影响因素

依据 MTP 反应的热力学和动力学机理,以及目前 MTP 工艺的实际生产情况,总结 MTP 工艺的主要影响因素如下。

1. 温度的影响

高温有利于 MTP 反应的进行。随着温度的增加,甲醇和二甲醚的转化率逐渐上升,当温度大于 470 ℃时,转化率能达到 99%以上。因为甲醇制二甲醚反应是可逆的,而由甲醇和二甲醚转化为烃类的反应是不可逆的,因此温度不会影响 MTP 反应的平衡。

碳池物种生成低碳烯烃反应中,乙烯、丙烯和丁烯的相对生成速率受温度影响小,变化幅度较小,温度对 MTP 反应的影响主要在于低碳烯烃甲基化和长链烯烃的裂解反应。烯烃裂解反应的规律为链越长越容易裂解,温度越高裂解程度越大且越容易生成小分子物质。因此,在相对较低的温度范围内(如小于 723 K 时),随着温度的增加,低碳烯烃的甲基化反应增加，碳数较大的长链烃裂解反应增加且主要生成丙烯，而 C_4 的裂解反应活性不高，这就导致随着温度的增加，丙烯的选择性随着 C_{5^+} 裂解反应的增加而上升，C_4 的选择性由于丙烯的甲基化反应而增加，C_{5^+} 则随着裂解反应的加剧含量减少。乙烯主要来源于碳池物种的转化，因此随温度的上升乙烯转化率增加幅度较小，但由于甲醇通过甲基化和裂解反应转化为丙烯、C_4 等物质，因此乙烯的相对选择性随温度增加反而减小。当温度大于 723 K 时，高温有利于裂解反应向小分子转移，从而导致乙烯、丙烯的选择性随着温度的增加而增加，C_4 和 C_{5^+} 的选择性则随着温度的增加而降低。

2. 空速的影响

空速对 MTP 反应的影响规律性较为明显，随着空速的增加，转化率下降，低碳烯烃选择性上升，尤其是丙烯选择性随空速变化增加的幅度较大。当空速大于一定值时，各产物选择性保持稳定，基本不变。当空速增加时即反应停留时间减小，二次副反应相应减少，MTP 反应的初次产物低碳烯烃的含量增加，由于丙烯发生各种二次副反应较乙烯更为容易，因此，当相对地减少副反应时，丙烯选择性增加的幅度也较为明显。

3. 水醇比的影响

水对 MTP 反应影响显著。MTP 副反应发生的有利条件是反应物与催化剂酸性位接近，而水的加入既降低了反应物的分压，又占去了一定的酸性位，必然阻碍 MTP 副反应的发生，导致低碳烯烃尤其是丙烯的选择性增加。但随着水含量的增加，催化剂上的酸性位被水分子占据的概率增大，导致反应活性降低，转化率下降。

4. 甲醇中杂质的影响

粗甲醇中的杂质不会对 MTP 反应产生明显影响，粗甲醇和二甲醚进料与纯甲醇进料相比均可以提高反应产物中低碳烯烃的选择性。采用粗甲醇替代精甲醇作为 MTP 的原料，由于省去了原料精制步骤，因此可有效降低原料成本，从而提高 MTP 的经济效益。

5. 催化剂的影响

(1) 分子筛中硅铝比的影响

催化剂中较高的硅铝比有利于 MTP 主产物丙烯的生成，同时降低乙烯含量，提高丙烯/乙烯比例，但硅铝比不宜太高，硅铝比太高丙烯选择性反而下降。而且硅铝比过高，酸量必然过低，导致分子筛活性下降。

(2) 分子筛孔结构

MTP 反应中低碳烯烃选择性的降低主要是副产物累积所致，尤其是丙烯，容易通过氢转移、环化等反应迅速生成烷烃或芳烃，因此缩短低碳烯烃在分子筛孔道内的反应停留时间，理论上即可以减少副反应，提高低碳烯烃的选择性。扩大分子筛孔径增加其扩散速率或者减小分子筛晶粒缩短扩散路径是两种有效的缩短低碳烯烃反应停留时间的方法。小晶粒 ZSM-5 分子筛由于其扩散途径缩短，二次反应减少，低碳烯烃选择性较好；多级孔道 ZSM-5 分子筛的催化性能优于纯 ZSM-5。

(3) 催化剂中金属原子的影响

碱土金属改性的 ZSM-5 分子筛 MTP 反应效果较好，丙烯选择性较高，而 Cs、Fe、Zn 的改性效果不甚明显。比较 Mg 改性前后 ZSM-5 分子筛的酸结构可知，金属对 ZSM-5 改性可增加丙烯选择性的原因可能是强 Brönsted 酸的减少和中强 Brönsted 酸的增加。

五、MTP 和 MTO 工艺比较

分析具有代表性的甲醇制烯烃技术的工艺参数和主要技术特点，将相关对比数据列于表 9-5。

表 9-5　典型甲醇制烯烃技术工艺参数比较

项目	MTP 工艺		MTO 工艺			
	Lurgi	FMTP	UOP/Hydro	DMTO-Ⅰ	DMTO-Ⅱ	SMTO
技术研发单位	德国 Lurgi 公司	清华大学	美国 UOP 公司和挪威 Hydro 公司	中国大连化学物理研究所		中国石油化工股份有限公司
原料	甲醇	甲醇	甲醇	二甲醚或甲醇		甲醇
原料转化率	>99%	～99.5	>99%	>99%	～99.8	>99%
催化剂	ZSM-5	SAPO-18/34	SAPO-34（MTO-100）	SAPO-34（DO-123）	SAPO-34（DO-123）	改性 SAPO
反应器	固定床	多段构件流化床	流化床			
回炼工艺	C_2、C_4 回炼	C_4 回炼	C_4 与部分 C_2 歧化	无	C_4 回炼	无
主反应温度/℃	400～450		350～550	400～500	500～550	420～520
温度控制	难	易	易	易	易	易
反应压力/MPa	0.13～0.16		0.1～0.5	0.1～0.3	0.05～0.25	0.08～0.25
（乙烯＋丙烯）收率%	67～70	65～71	76～80	78.7	85.7	80
丙烯收率%	65～67	～68	30～45	38	40.8	35
乙烯/丙烯	—	—	0.75～1.2	0.9～1.1	0.8～1.2	0.9～1.1
C2＋C3 的选择性（%）	—	—	89	85.7	85～90	81
原料消耗比/（甲醇/吨目标产品）	3.2～3.5	～3.4	～2.54	～2.96	2.6—2.7	～2.92
工艺投资	工艺流程简单，投资较低	工艺流程复杂，投资较 MTP 工艺大				
消耗	原料甲醇单耗略高于 MTO 技术，但公用工程消耗低于 MTO 工艺		原料甲醇单耗略低于 MTP 技术，但公用工程消耗高于 MTP 工艺			

综合比较发现，甲醇制低碳烯烃的 MTO 与 MTP 两种工艺流程存在明显不同，使用的反应器类型、催化剂及工艺参数也明显不同。MTO 工艺技术的产品为乙烯和丙烯，乙烯与丙烯的比例可以根据用户的要求通过调节生产参数适当调整；MTP 工艺技术主要产品则为丙烯，催化反应的主要目的是提高丙烯的选择性和收率。两种工艺技术产品侧重点有所不

同，因此在选择工艺技术之前需明确最终需求：若是丙烯需求多，则应该选用 MTP 工艺技术；若是烯烃需求多，应选用 MTO 工艺技术。基于我国资源的特点以及发展的需求，需要对煤基甲醇制烯烃技术开展全面系统的研究，开发出最适合我国发展的煤基甲醇制烯烃技术工艺，继而更好地服务于我国现代化建设。

六、MTO 和 MTP 技术发展及工业化应用

（一）甲醇制烯烃典型工艺发展现状

早在 20 世纪 70 年代，美国 Mobil 公司在研究以甲醇为原料，采用沸石催化剂制汽油的工艺过程中发现并发展了 MTO 工艺。Mobil 公司对 MTO 反应机理进行了细致的研究，优化并合成了针对 MTO 和 MTG 反应的新型沸石催化剂 ZSM-5。Mobil 公司基于流化床工艺的示范装置自 1982 年年底运行至 1985 年年末，成功证明了流化床反应系统可以应用于 MTG 和 MTO 过程。1986 年美国联合碳化物公司（Union Carbide Corporation，UCC）科学家发明了 SAPO-34 硅铝磷分子筛，同时发现采用 SAPO-34 可以有效地将甲醇转化为低碳烯烃，而后 UCC 将相关技术转让给了 UOP 公司，1992 年 UOP 公司和 Norsk Hydro 公司合作开发了以多孔性 MTO-100（主要活性组分为 SAPO-34）为催化剂的 UOP/Hydro MTO 工艺。从此，MTO 技术的发展进入了向工业化转化的阶段。

1. UOP/Hydro MTO 工艺

1995 年，UOP 公司与 Norsk Hydro 公司合作建成一套甲醇加工能力 0.75 t/d 的示范装置，连续运转 90 天，甲醇转化率接近 100%，乙烯和丙烯的碳基质量收率达到 80%。催化剂再生次数超过 450 次，其稳定性和强度得到了验证。2008 年 1 月，欧洲化学（Eurochem）技术公司（新加坡）旗下的 Viva 公司在尼日利亚的 Lekki 建设 3 300 kt/a 甲醇装置，下游配套建设 MTO 装置，采用 UOP/Hydro MTO 技术和 UOP 烯烃裂解工艺技术（OCP），组成 MTO-OCP 加工技术方案，年产 800 kt 烯烃，2012 年建成投产。

近年来 UOP 公司仍在进行 MTO 工艺技术的研究，并对其工艺做了很多改进。

UOP 公司在工艺设计中发现，由于反应器物料富含烯烃，甲烷含量相对较少，选择前脱乙烷塔比较合适，从而可以省去前脱甲烷塔，相应地也省去了大量的制冷设备，节省了大量能源。

考虑将二甲醚作为甲醇制烯烃的中间步骤。由于反应以粗甲醇为原料，含有大量水，反应过程又有水生成，水或水蒸气不利于金属磷酸铝催化剂保持稳定性并延长寿命，若以二甲醚为中间产物可使催化剂稳定性和寿命得到明显改善。以二甲醚做中间体的另一优点是二甲醚分子结构中甲基与氧之比是甲醇的两倍，生产相同量的低碳烯烃，反应出口物料仅为甲醇的一半，从而减小设备尺寸，节省了投资费用。

将含甲烷和轻烯烃馏分部分返回至转化反应区，以甲烷取代水作为稀释剂，从而减少了水对催化剂稳定性及寿命的不利影响。其中，脱甲烷塔采用一个带压回转吸附技术将甲烷和水从反应物中脱除，可节省投资。

甲醇制烯烃反应产物中丁烯、C_5 及 C_5 以上烃类得到了良好的利用和处理。处理方法是将丁烯、C_5 及 C_5 以上烃类转化为乙烯和丙烯，采用 Superfiex（Lyondell）、OI（Exxon/Mobil）、Propylur（Lurgi）和最新的 Paris（AtoFina/UOP）等工艺可以实现。

为使产品适应市场需要，通过歧化手段使丙烯歧化为乙烯和丁烯，同样乙烯和丁烯也能歧化为丙烯。

2. 大连化物所 DMTO 工艺

大连化物所在“八五”期间完成了 MTO 中试，2005 年由大连化物所、陕西新兴煤化工科技发展有限责任公司和中国石化集团洛阳石油化工工程公司合作在陕西建设了生产规模为 15 000 t/a 的 DMTO 工业化试验装置。该装置 2005 年 12 月投料试车。利用该技术，于 2010 年在神华包头项目顺利实现了工业化生产，2011 年 1 月装置正式商业化运行。

为了进一步提高烯烃选择性，大连化物所针对 DMTO-Ⅰ技术仍有一些 C_{4+} 的烯烃类副产物，开发了甲醇转化与烃类裂解结合的 DMTO-Ⅱ技术。陕西煤化工技术工程中心有限公司从 2008 年 5 月开始，与洛阳石油化工工程公司联合进行 DMTO-Ⅱ工业化技术研究开发工作。2009 年 7 月对 DMTO-Ⅱ技术进行了工业性试验，2015 年，采用 DMTO-Ⅱ技术建设的 180 万 t/a DMTO 工业装置在陕西蒲城一次投产成功。与 DMTO-Ⅰ技术相比，DMTO-Ⅱ每吨烯烃甲醇消耗降低超过 10%。且一种催化剂可同时催化两个性质截然不同的反应。

近年来，大连化物所在对甲醇制烯烃反应机理和烯烃选择性控制原理进一步深入认识的基础上，研制了新一代甲醇制烯烃催化剂，开发了新型高效流化床反应器，完成了中试放大试验，研发了 DMTO-Ⅲ技术。

在催化剂方面，该团队通过创新分子筛合成方法，实现对 SAPO 分子筛晶相、酸性和形貌的协同调控，同时结合催化剂制备工艺创新，开发出了烯烃收率高、焦炭产率低、操作窗口宽、微量杂质少的新一代甲醇制烯烃催化剂。在 DMTO-Ⅲ技术开发方面，新创建了从分子筛反应扩散到反应器内催化剂积碳分布的理论方法，发展了通过催化剂积碳调控烯烃选择性的技术路线。在此基础上，开发了甲醇处理量大、副反应少、可灵活实现催化剂运行窗口优化的高效流化床反应器，完成了千吨级中试试验。2019 年，完成了 1 000 t/a 的 DMTO-Ⅲ试点工厂试验。

3. 上海化工研究院 SMTO 工艺

中石化上海化工研究院于 2000 年开始进行 MTO 技术的开发，2004—2006 年，SAPO-34 分子筛工业放大生产成功。2005—2006 年，采用新型干燥方法的流化床催化剂制备成功，其价格低廉、催化性能优异。为了加快自主新能源技术的开发，上海石油化工研究院与中国石化工程建设有限公司开展合作，开发甲醇制烯烃(SMTO)成套技术，在燕山石化建成了一套 100 t/d 甲醇进料的 SMTO 工业化示范装置。该项目于 2006 年 9 月启动，2007 年 11 月已成功投产，装置产出的乙烯和丙烯直接送燕山石化现有装置，实现连续运行。

4. MTP 典型工艺发展状况

2001 年，Lurgi 公司在挪威 Tjeldbergolden 的 Statoil 工厂建设 MTP 工艺工业示范装置，到 2004 年 3 月运行了 11 000 h，催化剂测试时间大于 7 000 h，为大型工业化设计取得了大量数据。2002 年起，验证装置在挪威国家石油公司的甲醇装置上运行。2003 年 9 月，Lurgi 公司在该甲醇制丙烯示范装置上证实了该工艺的可行性。2005 年 3 月，Lurgi 公司与伊朗 Fanavaran 石化公司正式签署 MTP 技术转让合同，装置规模为 10 万 t/a，项目 2009 年建成投产，为世界上第一套 MTP 工业化生产装置。

(二) 甲醇制烯烃典型工艺的应用

2010 年世界上第一套以煤为原料，经甲醇制烯烃(MTO)装置于内蒙古包头成功运行后，甲醇制烯烃的元年也正式开启。目前，DMTO 工艺、SMTO 工艺、UOP/Hydro 工艺、

SHMTO 工艺、Lurgi MTP 工艺、FMTP 工艺均已实现工业化。且甲醇制烃类装置主要集中在我国，截至 2022 年年底，我国投产运行的甲醇制烯烃项目 27 家，烯烃总产能达 1 700 余万 t/a。表 9-6 列举了我国部分已投产的甲醇制烃类装置概况。

从表 9-6 中统计情况可以看出，我国甲醇制烯烃技术应用以 DMTO 技术应用最为广泛。大部分的工艺以制备混合烯烃为主，单台套设备产能一般可达 60 万 t/a。

表 9-6　我国已投产的部分甲醇制烯烃装置概况

序号	项目或企业名称	产能/万 t	投产时间/年	烯烃合成工艺	序号	项目或企业名称	产能/万 t	投产时间/年	烯烃合成工艺
1	神华包头煤制烯烃项目	60	2010	DMTO	14	浙江兴兴新能源科技有限公司	60	2015	DMTO
2	中原石油化工有限责任公司	20	2011	SMTO	15	内蒙古中煤蒙大新能源化工有限公司	60	2016	DMTO
3	大唐国际多伦煤制烯烃项目	46	2012	Lurgi MTP	16	神华榆林甲醇制烯烃项目	60	2016	DMTO
4	惠生(南京)清洁能源股份有限公司	30	2013	UOP/Hydro	17	神华新疆煤制烯烃项目	68	2016	DMTO
5	宁波富德能源有限公司	60	2013	DMTO	18	盛虹控股集团	90	2016	UOP/Hydro
6	神华宁夏煤制烯烃项目	52	2014	Lurgi MTP	19	中天合创能源有限责任公司	137	2016/2017	SMTO
7	神华宁夏甲醇制烯烃项目	50	2014	Lurgi MTP	20	青海盐湖工业股份有限公司	33	2016	DMTO
8	中煤陕西榆横煤化工项目	60	2014	DMTO	21	江苏斯尔邦石化有限公司	83.3	2017	UOP/Hydro
9	宁夏宝丰能源集团股份有限公司	60	2014	DMTO	22	久泰能源(准格尔)有限公司	60	2019	UOP/Hydro
10	中煤榆林能源化工股份有限公司	60	2014	DMTO	23	中安联合煤制烯烃项目	70	2019	SMTO
11	山东神达化工有限公司	33	2014	DMTO	24	康乃尔化学工业股份有限公司	30	2020	UOP/Hydro
12	蒲城清洁能源化工有限责任公司	70	2014	DMTO-Ⅱ	25	中国华能华亭煤业公司	20	2022	FMTP
13	山东阳煤恒通化工股份有限公司	30	2015	UOP/Hydro	26	天津渤化化工发展有限公司	60/90	2022	DMTO-Ⅱ

（三）甲醇制烯烃工艺的发展方向

无论是国外还是国内的甲醇制烯烃技术，从催化剂的改性和研发、固定床到流化床的设备开发、生产工艺参数的优化，最终都是以提高烯烃选择性、降低原料单耗为目的。甲醇制烯烃的工艺的发展方向主要集中在以下几个方面。

1. 开发大型化甲醇制烯烃技术，提升生产规模

目前，MTO装置产能相对较小且规模较为单一，单台套装置产能一般不大于60万t/a。当前MTO技术特点是生产主产品乙烯和丙烯(80%左右)的同时，伴随20%左右副产物，副产物呈现总量多而品种杂的特点。通常每生成1t低碳烯烃(乙烯和丙烯)约产生0.15～0.18t的C_{4+}烃类副产品。由于生产规模相对小，副产物无法做到高效利用。另外各套MTO装置相距较远，无法使副产物集中利用，这也降低了甲醇制烯烃的经济优势。规模相对较小的甲醇制烯烃装置在石油价格较高之时显现出较大的经济优势，而在低油价、石油路线的“减油增化”、炼化一体化、大型化等发展趋势逼迫下，甲醇制烯烃工艺的扩能、增能、开发新技术以提升生产规模就成了提高项目经济优势的首选。

2. 合理、高效利用MTO装置产生的副产物

MTO工艺的烃类副产物中混合C_4约为13%，其组分以1-丁烯和2-丁烯为主(占90%)，其余组分是丁烷、异丁烯、丁二烯和丁炔等，而丙烷约为3%，混合C_5约2%，C_6及以上烃在1%左右。副产物种类多、单品种量少是当前MTO技术存在的缺陷。如何利用这些副产物使之更多、更有效地转化为乙烯和丙烯是目前甲醇制烯烃技术研究的主要方向之一。

3. 开发高乙烯丙烯比MTO催化剂，在现有MTO装置上增加乙烯产量

当前MTO催化剂使得在MTO装置中乙烯与丙烯比约为1，对占比在15%左右的C_{4+}副产物最有效、最经济的利用途径是将混合C_{4+}、C_{5+}转化为低碳烯烃。但目前的转化技术均是以副产丙烯为主、乙烯为辅，结果必然是在现有MTO装置上增加烯烃产能的同时，使最终产品乙烯丙烯比小于1。而目前乙烯的市场需求量相对较大。因此，开发高乙烯丙烯比的MTO催化剂，实现MTO技术中乙烯丙烯比≥1，是现今及未来MTO技术与石油路线竞争的强有力手段。

4. 降低甲醇单耗

甲醇制烯烃反应理论上为2.28t甲醇生产1t烯烃。现今MTO技术，甲醇单耗大约在3.0t/t(产品烯烃)。一般来说，甲醇单耗越小，甲醇制烯烃经济效益越高。因此，如何降低单套MTO装置甲醇单耗也是甲醇制烯烃的发展方向之一。

除此之外，煤制烯烃行业还需重视节能降耗、低碳减排等方面技术的不断改进。中共中央、国务院在《关于完整准确全面贯彻新发展理念做好碳达峰碳中和工作的意见》中提出：“坚决遏制高耗能高排放项目盲目发展”。“未纳入国家有关领域产业规划的，一律不得新建改扩建炼油和新建乙烯、对二甲苯、煤制烯烃项目。合理控制煤制油气产能规模”。煤基甲醇制烯烃行业在发展的同时，需要加大在低碳和环保方面的资金投入，加大碳减排技术的研究和项目设施的投入。这些投入对于控制单位产品的生产成本将带来较大的挑战。

第六节　甲醇制芳烃(MTA)

我国对于甲醇制芳烃技术的研究始于20世纪80年代。目前，国内甲醇制芳烃的代表性技术主要有两种：固定床技术和循环流化床技术。

一、固定床 MTA 工艺

(一) 工艺流程

山西煤化所于 2007 年开始与赛鼎工程有限公司合作，开展固定床 MTA 技术的工业化设计。该技术以 Mo 改性 ZSM-5 分子筛为催化剂，在常压、380～420 ℃、空速 1 h^{-1} 的操作条件下，将原料甲醇催化转化为以 BTX(苯、甲苯、二甲苯)为主的混合烃类产物。该固定床工艺流程示意见图 9-36。

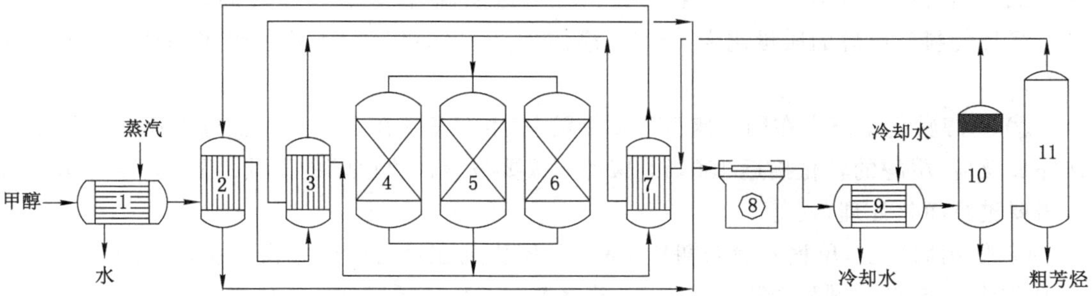

1—甲醇预热器；2—甲醇蒸发器；3—甲醇过热器；4、5、6—合成芳烃反应器；
7—循环气换热器；8—合成气空冷器；9—合成气冷却器；10—气液分离器；11—气体脱除塔。

图 9-36　固定床 MTA 工艺流程简图

从甲醇罐区来的精甲醇经精甲醇泵加压至 2.0 MPa，进入甲醇预热器加热至 160 ℃左右、压力为 1.95MPa，进入甲醇蒸发器与反应产物换热至 180 ℃左右、压力为 1.9MPa，再经甲醇过热器与反应产物进一步换热至 320 ℃，过热后的甲醇与循环气汇合进入 MTA 反应器，在改性 ZSM-5 催化剂作用下合成混合烃类。MTA 反应器出来的反应产物分两路，第一路去甲醇过热器进行换热；第二路去循环气换热器给循环气加热。保证甲醇过热器出口的甲醇气体和循环气换热器出口的循环气体混合后温度控制在 320 ℃以上进入 MTA 应器，剩余的气体分配至蒸汽发生器副产中压蒸汽。反应产物经过甲醇预热器、甲醇过热器和 MTA 反应器出口气体混合后温度降为约 100 ℃，而后进入空冷器降温至 60 ℃，再进入水冷器进一步降温至 40 ℃后进入油水分离器，在油水分离器中进行气相、油相和水的分离。一部分气相经循环气压缩机升压至 2.0 MPa，进入循环气换热器加热至 320 ℃以上与过热甲醇汇合进入 MTA 反应器，进行循环反应。小部分气相气体作为弛放气，平衡系统的惰性气含量。油相经轻烃汽提塔进料泵送至分离工段进行产品分离，得到最终产品。

在合成芳烃的反应过程中，催化剂的表面会产生积碳。由于积碳的形成，降低了催化剂的活性，催化剂失活后，需要对催化剂进行烧焦再生以恢复其活性，烧焦周期一般为 30 天，时间为 2 天。固定床工艺为了解决催化剂再生问题，采用反应器间歇再生的形式，故反应设备有一定的备用率，采用 3 台设备并联，保证至少 2 台在生产，1 台再生，并配备再生系统，该工艺的再生系统与 Lurgi MTG 再生工艺类似。

(二) 固定床 MTA 工艺设备

固定床技术中核心设备为固定床反应器，常采用的固定床反应器类型有绝热式固定床反应器和列管式固定床反应器。绝热式固定床反应器可通过增加循环气量控制床层的温升但能耗较高。列管型固定床反应器，可降低循环气量，但列管型固定床反应器结构比绝热固定床反应器复杂，相同的设备体积催化剂填装量少，检修难度高。因此，不同结构的固定床反应器各有利弊，也都被用于 MTA 工艺的开发研究。

（三）固定床 MTA 工艺特点

固定床 MTA 工艺具有以下几个方面的特点：

① 绝热固定床反应器实现一步法合成芳烃，工艺流程简单。固定床甲醇制芳烃反应的特性之一是反应放热量大和单程芳烃选择性低，一段固定床反应器床层温度不容易控制，转化率低。但可以通过增加循环物料的比例控制床层温升，调整反应时间，改善芳烃的选择性。循环物料与甲醇的质量比为 5～25，最佳为 0～20，已运行工业装置采用的质量比在 8 左右。

② 甲醇转化率高。在固定床 MTA 装置中，甲醇蒸气在 320 ℃以上进入床层后可以快速完成反应，甲醇的转化接近 100%。因此不需要设置回收甲醇的蒸馏装置，只需对副产污水需要进行净化处理。

③ 催化剂稳定，单程寿命周期长。MTA 催化剂在运行时会缓慢积碳。在固定床反应器中，床层上部催化剂积碳而首先失活，并逐渐向下面床层延伸。固定床 MTA 反应器的运行周期可达 30 天左右。催化剂性能相对稳定，单程寿命长。

④ 烃类产品选择性高。固定床 MTA 工艺的芳烃产品有重芳烃、轻芳烃和 LPG，气体产品的选择性小于 10%，液体产品中轻芳烃比例大于 60%，芳烃的选择性较高。

二、流化床 MTA 工艺

（一）工艺流程

流化床 MTA 代表性工艺有清华大学开发的 FMTA 工艺和中国石化上海石油化工研究院开发的 SMTA 工艺。

清华大学从 2000 年开始对 MTA 技术进行攻关，经过长期努力，成功开发出了催化剂与流化床连续反应再生的 FMTA 工艺。该工艺将流化床反应器与流化床催化剂再生器相连，实现甲醇芳构化与催化剂再生的连续循环操作。利用该工艺可以对催化剂结焦状态和再生性能进行调节，在提高芳烃产率的同时不间断地连续运行。

FMTA 工艺反应-再生单元流程示意如图 9-37 所示。该工艺采用两段流化床反应器，分别进行甲醇和轻烃的芳构化反应。催化剂为金属氧化物改性的 ZSM-5 分子筛催化剂。

中国石化上海石油化工研究院自 2010 年起开始 MTA 技术研究，形成了 SMTA 技术。2021 年上海石油化工研究院与中国石化工程建设有限公司、中国石化燕山分公司联合攻关完成了 4×10^4 t/a SMTA 工业试验。

SMTA 工艺包括甲醇芳构化单元和轻烃芳构化单元，工业试验装置流程示意如图 9-38 所示。

甲醇芳构化单元采用流化床设备，在催化剂的作用下，甲醇蒸汽转化为芳烃等烃类的混合物，混合气体经过分离塔和油气分离器分离出产物混合芳烃和副产物轻烃组分。为了提高芳烃的收率，副产的轻烃进入固定床轻烃芳构化单元进一步转化为芳烃。与流化床芳构化单元相比，固定床轻烃芳构化单元具有反应器结构简单、投资少、无催化剂跑损、工艺条件调整更加灵活和对 MTA 主反应无影响等优势。

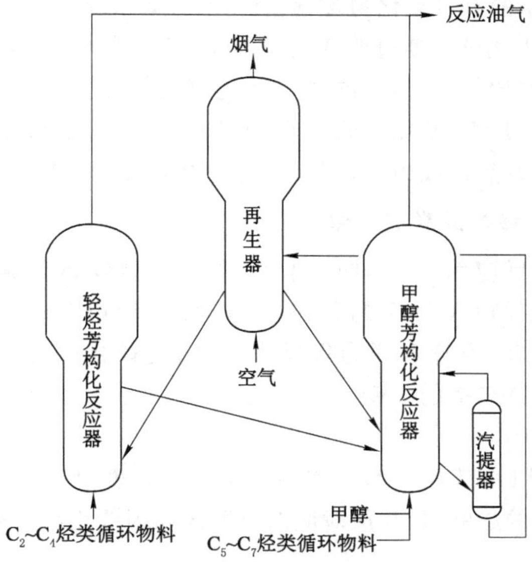

图 9-37 FMTA 工艺反应-再生单元流程示意

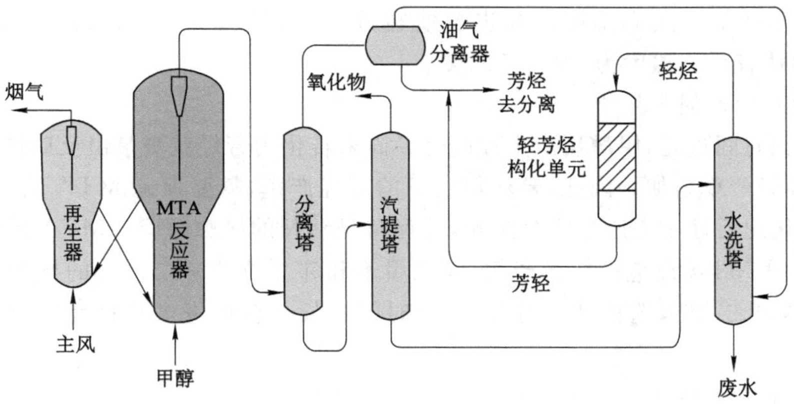

图 9-38 SMTA 工艺工业试验装置流程示意

(二) FMTA 工艺技术特点

FMTA 工艺具有以下几个方面的特点:

① 反应器内温度分布均匀、反应热易于移除。对于放热反应,流化床床层的传热效果相对更好。MTA 反应热效应显著,流化床反应器可达到减小反应床层温度梯度的目的,故工艺具有单程芳烃收率高、温度调整灵活、抗波动能力强的特点。且甲醇芳构化、轻烃芳构化和催化剂再生可连续进行,反应热可以通过外取热器或内取热器移除。

② 催化剂活性稳定,产品组分稳定。甲醇芳构化与轻烃芳构化共用一种催化剂,易与再生工艺过程结合,并提高芳烃的选择性。甲醇芳构化反应器、催化剂再生器均为流化床反应器,催化剂活性稳定,可维持长周期生产,生产产品组分稳定。

③ 甲醇转化反应速率快,转化率高。350 ℃以上时,甲醇转化为烃类的反应可以快速完成,通过调整催化剂的粒径、剂醇比以及一定的反应时间,甲醇的单程转化率接近 100%。

甲醇完全转化，水系统中的有机氧化物含量较少，水分离系统工艺简单。

④ BTX 的比例可以调整。通过改变反应条件、轻烃芳构化反应深度及甲苯的循环比，可以调节 BTX 三产品的比例，可生产混合芳烃，也可主要生产对二甲苯。

⑤ 热能回收率高。FMTA 反应温度高、放热量大且易于移除，可副产压力较高的蒸汽。通过配置反应器外取热器或内取热器，将锅炉给水蒸发为中压蒸汽。

三、MTA 反应工艺参数的影响规律

MTA 反应以串联反应为主，不同转化深度下产物分布差异很大。甲烷、氢气、重芳烃（C_{9+}）和焦炭等是 MTA 反应的最终产物，目标产物中的 BTX 等属于中间产物。因此，如何通过控制温度、空速和压力等反应条件，选择合适的转化深度是获得高苯-甲苯-二甲苯混合物（BTX）产率的关键。

1. 反应温度的影响

反应温度是影响 MTA 芳烃产率的重要因素。研究表明，提高反应温度，芳烃和 BTX 产率出现先升高后降低的趋势，最高值对应的温度区间因催化剂类型、其他反应条件的不同而有所差异。

提高反应温度可以促进甲醇转化为轻烃、轻烃环化脱氢为芳烃以及轻烃裂解反应，当反应温度过高时，轻烃发生裂解反应的比例大于芳构化反应，芳烃和 BTX 产率降低，甲烷、乙烷和乙烯产率增加。反应温度过高也会使轻芳烃更容易缩合成重芳烃和焦炭。获得高 BTX 产率的适宜反应温度为 480～520 ℃。

2. 气固接触时间的影响

气固接触时间过短，甲醇反应生成的轻烃尚未转化为芳烃就被带出反应体系，导致芳烃产率降低，轻烃产率增加。因此，要获得较高的芳烃产率，需要保证 MTA 反应中的反应物系能够与催化剂活性中心产生充分接触，并保持足够长的接触时间。MTA 反应过程中，对二甲苯（PX）是 MTA 反应的初级产物，间二甲苯和邻二甲苯是二甲苯的异构化产物，接触时间过长会降低二甲苯选择性。另外，接触时间过长还会促进氢转移反应，导致丙烷产率增加。

3. 反应压力的影响

MTA 反应过程中，提高反应压力，反应体系中的双分子反应（氢转移反应）、减分子反应（聚合反应、烷基化反应等）明显被强化，脱氢反应、裂解反应等被抑制。脱氢反应是芳构化反应的重要环节，丙烷是丙烯氢转移反应的产物，因此升高反应压力导致芳烃和 BTX 产率降低，丙烷产率增加，而 PX、间二甲苯和邻二甲苯的比例和反应压力的关系不大。在适宜的接触时间下，低反应压力更利于获得高的芳烃产率，因此一般控制反应压力为 0.1～0.2 MPa。

四、固定床 MTA 和流化床 MTA 工艺比较

对固定床 MTA 和流化床 MTA 工艺进行比较分析，具体技术指标见表 9-7。

目前可收集到的工业化的 MTA 工艺参数并不全面。从查阅的数据资料对比可以看出，两种工艺甲醇的转化率均接近 100%，其主要的差异源于主反应器结构和工艺组织流程方面的差别。不同工艺目前存在的主要问题是芳烃的单程转化率和 BTX 的选择性不高，因此如何提高芳烃的选择性和收率是目前 MTA 技术的主要研发方向。

表 9-7　典型 MTA 技术指标

项目	流化床工艺		固定床工艺
	FMTA	S-MTA	MTA
技术研发单位	清华大学	上海石油化工研究院	中科院山西煤化所、赛鼎工程有限公司
原料	甲醇	甲醇	甲醇
原料转化率	～100	～100	～100
催化剂	改性 ZSM-5	改性 ZSM-5	GSK-10
反应器	流化床	甲醇芳构化流化床＋轻烃芳构化固定床	固定床
反应温度/℃	450～500	固定床 370～450	340～420
再生温度/℃	530～700	—	480～540
反应压力/MPa	0.1～0.4	0.1～0.5	～1.9
芳烃单程收率/%	50～65	60～70	＞30
芳烃总收率/%(碳基质量产率)	＞75	～78	～60
芳烃二甲苯质量分数/%	35～50	＞30	～57
原料消耗比/(甲醇/吨目标产品)	3.07	—	—

注:部分指标参数为中试或小试参数。

五、MTA 技术工业化应用及发展方向

(一) MTA 的工业化应用

2012 年,由赛鼎工程有限公司设计的内蒙古庆华集团有限公司 10 万 t/a 甲醇制芳烃项目装置试车成功,顺利投产,可年产轻芳烃 8.5 万 t/a,石油液化气 1.5 万 t/a,重芳烃 0.25 万 t/a。这是我国采用中科院山西煤化所与赛鼎工程有限公司合作开发的专利技术设计的第一套甲醇制芳烃装置。

2011—2013 年间,清华大学与华电煤业集团有限公司合作,采用 FMTA 技术,在陕西榆林投资建设了万吨级流化床甲醇制芳烃工业试验装置,实现了一次投料试车成功。2013 年 1 月完成了万吨级工业试验,连续运行 443 h。试验结果显示,甲醇转化率达 99.99%,芳烃的烃基收率达到 74.47%,折合吨芳烃甲醇消耗为 3.07 t。芳烃产品组成相对单一,其中二甲苯质量分数大于 55%,BTX 质量分数大于 90%,乙苯质量分数小于 1%。该技术已由清华大学、华电煤业集团有限公司和中国石化石油化工科学研究院联合编制了 60×10^4 t/a 流化床 MTA 工艺包。

中科院山西煤化所开发了两段固定床工艺。一段进行甲醇芳构化反应,副产轻烃进入二段完成轻烃芳构化反应。2016 年,陕西宝氮化工集团有限公司采用山西煤化所固定床甲醇制芳烃技术建成投产 10 万 t/a 甲醇制芳烃项目,产品结构为轻芳烃 10 万 t/a,重芳烃 1.1 万 t/a。2017 年山西煤化所完成百吨级固定床 MTA 工艺中试试验,连续运转超过 500 h,甲醇转化率接近 100%,液烃质量产率 31%(基于甲醇),液相烃中的芳烃选择性为 83%(折

合碳基产率约60.0%)。

2018年,大连化物所与陕西煤化工技术工程中心有限公司研发了甲醇甲苯烷基化制PX联产低碳烯烃(DTM-PX)技术,并将其进行工业放大,该试验结果:甲醇转化率83%,甲苯转化率26.4%,二甲苯中PX选择性93.2%。

2021年8月,SMTA工业试验装置一次投料成功,完成72 h满负荷标定和约720 h连续稳定运行试验。工业试验过程中,MTA单元反应-再生系统操作参数达到试验要求,主要设备均运行平稳,催化剂循环稳定。结果表明,甲醇转化率大于99.9%,芳烃碳基质量产率为78.69%,BTX在总芳烃中的质量分数为83.14%,PX在二甲苯中的质量分数为70.30%。

(二)MTA技术的发展方向

MTA技术经过多年的发展,研究人员对其反应机理、催化剂制备和生产工艺等方面有了一定的认识,代表性技术也趋于成熟,尚未实现大规模产业化更多是因为市场或经济性原因,而MTA技术本身的持续提升也是改善技术经济性的重要举措。

目前,MTA催化剂制备方面存在的问题是如何更好地兼顾芳构化性能和水热稳定性,这需要从抑制骨架脱铝与脱氢活性金属迁移的角度,更加精确调控分子筛酸中心分布、孔道结构,优化金属负载和催化剂后处理方法。MTA工艺方面,目前无论是固定床工艺还是流化床工艺,都选择耦合轻烃副产物芳构化过程,如何高效集成是MTA工艺需要解决的问题。为实现最大化获得芳烃选择性,MTA过程需要在高选择性生成芳烃的同时为轻烃芳构化提供富含烯烃的优质原料。MTA装置可依托乙烯装置、芳烃联合装置和催化裂化装置等的建设,实现MTA产品分离与其他装置分离流程的高效整合。

另外,需要根据开发产品方案灵活调整MTA技术方案,比如芳烃产率最大化、PX产率最大化,以及烯烃和芳烃联产等,以提高技术的市场适应性。

复 习 题

1. 简述低碳烯烃的主要生产途径有哪几种。

2. 甲醇制烯烃过程可能发生哪些化学反应?

3. 分析ZSM-5和SAPO-34分子筛催化剂的主要特点。

4. 对ZSM-5或SAPO-34分子筛催化剂进行改性的目的是什么?主要的改性方法有哪些?

5. 简述温度、压力、水蒸气是如何影响MTH反应平衡的。

6. 在甲醇制烯烃过程中主要的第一个C—C的生成机理有哪些?

7. 在甲醇制烯烃过程中C_3、C_4生成的路径有哪几种方式?其动力学推导的方式有哪几种?

8. MTH反应的特征有哪些?

9. 简述DMTO工艺过程,并绘制DMTO工艺流程简图。

10. DMTO工艺的主要特点有哪些?

11. MTO工艺的主要影响因素有哪些?

12. Lurgi MTP技术的主要特点有哪些?

13. MTP工艺的主要影响因素有哪些？

14. MTG工艺的主要特点和影响因素有哪些？

15. 分析MTG和MTA典型工艺在催化剂结构、工艺影响因素上的异同？

参考文献

[1] 曹占欣，赵风云，张向京，等. 甲醇制汽油工艺分析与改进[J]. 现代化工，2017，37(2)：147-150.

[2] 陈洪派，商辉，孔志媛. 甲醇制烯烃工艺技术发展现状[J]. 现代化工，2022，42(8)：80-84.

[3] 崔普选. 煤基甲醇制烯烃工艺技术发展现状[J]. 现代化工，2020，40(8)：5-9.

[4] 代成义，陈中顺，杜康，等. 甲醇制芳烃催化剂及相关工艺研究进展[J]. 化工进展，2020，39(12)：5029-5041.

[5] 董宇涵. 甲醇制取烯烃技术简介[J]. 化学工程与装备. 2010，(3)：136-139.

[6] 郝栩，杜明仙，胡惠民，等. 甲醇制汽油反应及动力学研究[J]. 燃料化学学报，1999，23(1)：28-35.

[7] 黄晓昌，方奕文，乔晓辉. 甲醇制烃催化剂及其反应机理研究进展[J]. 工业催化，2008，16(1)：23-27.

[8] 黄燕，卢承昊. 甲醇制烯烃工艺研究进展[J]. 当代化工，2023，52(4)：1975-1979.

[9] 蒋永州，杨玉芳，尉秀峰，等. 甲醇制烯烃工艺及工业化进展[J]. 天然气化工(C1化学与化工)，2020，45(1)：97-102.

[10] 李晓红，周健，吕建刚，等. 醇制芳烃技术现状与展望[J]. 低碳化学与化工，2023，48(1)：72-78.

[11] 刘思明. "十三五"时期甲醇制汽油产业发展趋势研判[J]. 化学工业，2016，34(1)：11-17.

[12] 刘于英，原丰贞，赵霄鹏. 甲醇制汽油工艺概述[J]. 山西化工，2009，29(4)：43-44.

[13] 聂晓明，袁波，贾聪娜，等. 甲醇制烯烃(MTO)的生产技术现状及发展趋势[J]. 山东化工，2021，50(1)：99-100.

[14] 齐国祯，谢在库，钟思青，等. 甲醇制低碳烯烃(MTO)反应热力学研究[J]. 石油与天然气化工，2005，34(5)：349-353.

[15] 山西煤炭化学研究所开发的百吨级甲醇制芳烃技术完成中试[J]. 石油炼制与化工，2018，49(2)：89.

[16] 史秀敏，于海洋. 甲醇制芳烃工艺技术的分析与对比[J]. 辽宁化工，2023，52(6)：922-925.

[17] 唐宏青. 甲醇制汽油技术(上)[J]. 化工催化剂及甲醇技术，2008，3：11-15.

[18] 唐宏青. 甲醇制汽油技术(下)[J]. 化工催化剂及甲醇技术，2008，4：19-22.

[19] 唐宏青. 现代煤化工新技术[M]. 2版. 北京：化学工业出版社，2016.

[20] 王冬冬. 煤基甲醇制烯烃技术进展与发展探索[J]. 煤化工，2023，51(4)：113-116.

[21] 王玉杰，付廷俊，马哲，等. 甲醇制烃反应ZSM-5催化剂微孔孔道控制的最新研究进展[J]. 化工进展，2019，38(10)：4554-4563.

[22] 吴文章，郭文瑶，肖文德，等. 甲醇制丙烯反应的热力学研究[J]. 石油化工，2011，40(5)：499-505.

[23] 谢子军，张同旺，侯拴弟. 甲醇制烯烃反应机理研究进展[J]. 化学工业与工程，2010，27(5)：443-449.

[24] 应卫勇，曹发海，房鼎业. 碳一化工主要产品生产技术[M]. 北京：化学工业出版社，2004.

[25] 虞贤波，刘烨，阳永荣，等. 甲醇制烯烃反应机理[J]. 化学进展，2009，21(9)：1757-1762.

[26] 曾祥. 甲醇制烃[M]. 李正清，译. 北京：化学工业出版社，1988.

[27]朱伟平. 甲醇制烯烃技术开发进展[J]. 现代化工，2022，42(4)：82-86

[28] CHEN D，GRØNVOLD A，MOLJORD K，et al. Methanol conversion to light olefins over SAPO-34：reaction network and deactivation kinetics[J]. Industrial & Engineering Chemistry Research，2007，46(12)：4116-4123.

[29] CHEN Z H，HOU Y L，SONG W L，et al. High-yield production of aromatics from methanol using

atemperature-shifting multi-stage fluidized bed reactor technology[J]. Chemical Engineering Journal, 2019,371:639-646.

[30] CHEN Z H, WANG H Q, SONG W L, et al. Decentralized methanol feed in a two-stage fluidized bed for process intensification of methanol to aromatics[J]. Chemical Engineering and Processing - Process Intensification, 2020, 154:108049.

[31] DU Y J, HU W D, WANG C M, et al. First-principles microkinetic analysis of Lewis acid sites in Zn-ZSM-5 for alkane dehydrogenation and its implication to methanol-to-aromatics conversion[J]. Catalysis Science & Technology, 2021, 11(6):2031-2046.

[32] HU H, YING W Y, FANG D Y. Mathematical modeling of multi-bed adiabatic reactor for the Methanol-to-Olefin process[J]. Reaction Kinetics, Mechanisms and Catalysis, 2010, 101(1):49-61.

[33] RENE BOS A N, TROMP P J J, AKSE H N. Conversion of methanol to lower olefins. kinetic modeling, reactor simulation, and selection[J]. Industrial & Engineering Chemistry Research, 1995, 34(11): 3808-3816.

[34] ZHANG Y K, QU Y X, WANG D L, et al. Cadmium modified HZSM-5: A highly effiffifficient catalyst for selective transformation of methanol to aromatics [J]. Ind Eng Chem Res, 2017, 56(44): 12507-12519.

第十章　煤制天然气和氢气技术

天然气是以甲烷为主的低碳烃混合物。煤制天然气是指以煤为原料制取以甲烷为主要成分、符合天然气热值等产品标准的气体的过程，一般又称煤制代用天然气(substitute natural gas,SNG)或煤制合成天然气(synthetic natural gas,SNG)。根据工艺流程的差异，煤制天然气技术可以分为直接法(或一步法)和间接法(两步法)。直接法是由煤(在催化剂存在下)直接与气化剂反应生成以甲烷为主的气体，再经气体净化或处理后成为符合产品要求的天然气产品。间接法是首先将煤气化产生合成气，再将净化和调整氢碳比后的合成气经甲烷化反应生产天然气的过程。目前已工业化运行或在建项目均为间接法煤制天然气技术，因此本章内容也主要针对该技术进行介绍。由于其主要反应为合成气生成甲烷，因此煤制天然气有时也称为煤制甲烷。煤制天然气的能源转化效率较高，可达50%左右，技术已基本成熟，是生产石油替代产品的有效途径。随着社会、经济的快速发展，以及高碳能源低碳化的发展方向，近年来我国对天然气需求急剧攀升，天然气在能源结构中的比例迅速增加。国内天然气长期存在资源短缺、价格上升以及供给安全等问题，利用我国较为丰富的煤炭资源发展煤制天然气技术有其战略意义和现实需求，同时可改善我国的能源消费结构，促进煤炭的高效、清洁利用。

氢气不仅是传统化工、炼油等国民经济重要支柱产业的原料，同时由于其绿色环保的特点也成为近年来兴起的氢冶金、氢能等产业的重要原料和燃料。氢气在自然界中天然存在的很少，主要通过化学手段制取。以风能或太阳能等绿色能源获得的绿色电力通过电解水生产的氢当前被称为“绿氢”，以化石能源如煤、石油、天然气等经传统技术生产的氢被称为“灰氢”，如果化石能源制氢耦合有 CO_2 捕集、利用或封存(CO_2 capture,utilization and storage,CCUS)技术，则称此类氢为“蓝氢”。从当前的技术水平来看，目前化石燃料仍然是大规模制氢中技术最成熟、成本最低的原料。煤热解(包括炼焦)和气化技术是当前煤制氢的主要途径，石油炼制过程也可产生一部分氢气。在碳减排的发展趋势下，近年来 CO_2 捕集、化学转化制备化学品和燃料、CO_2 驱油和地层封存等技术也取得了一些进展，为化工工作者提供了更多机遇和挑战。

第一节　煤制天然气技术

一、甲烷的性质和用途

甲烷是一种无色、无味、易于燃烧的气体，其标准摩尔燃烧焓为-891 kJ/mol，高位发热量可达 55.9 MJ/kg(40.0 MJ/m^3),是优质的环保燃料。甲烷一般通过管道输送,也可通过压缩天然气(compressed natural gas,CNG)和液化天然气(liquefied natural gas,LNG)的形式输送。甲烷对空气的相对密度是 0.54,比空气约轻一半,CNG 常温下压力一般在 10～20 MPa之间,通常通过长管拖车来运输,在有些城市中可以见到转运 CNG 长管的拖车(如 CNG 公交车加注站等);LNG 是将甲烷压缩、冷却至其凝点(−161.5 ℃)后,在常压下以液态储存的天然气,其体积为常压下同量气态天然气的 1/625,通常通过专用的耐低温且有保温隔热功能的 LNG 船或罐车运输。我国从澳大利亚和中东等国家和地区进口的天然气大都是通过 LNG 船来运输的。

甲烷化学式为 CH_4,是最简单的烃(碳氢化合物),由一个碳和四个氢原子通过 sp^3 杂化形成的较为稳定的 σ 键键合而成,且四个键的键长和键角均相等,形成稳定的正四面体结构。因此,甲烷的化学活性相对较低,能参与的反应较少,目前甲烷的应用主要通过如下几种反应方式:

① 燃烧反应。一般是通过甲烷的燃烧反应提供热量;利用甲烷的燃烧反应,还可以在催化剂的作用下使尾气中的甲烷进行可控的氧化脱除,以实现净化气体的作用。

② 部分氧化反应。甲烷的部分氧化反应是目前甲烷化学转化及化工利用的主要途径之一。通过甲烷的部分氧化反应可以生成合成气(CO 和 H_2 的混合气),再通过后续合成气转化生成烃类及含氧化合物等燃料和/或化学品。焦炉煤气制化学品工艺中,煤气中的大量甲烷亦是通过部分氧化反应转化为合成气的形式进行脱除。

$$2CH_4 + O_2 \longrightarrow 2CO + 4H_2$$

③ 重整反应。甲烷的重整反应与部分氧化反应类似,一般是将甲烷与 CO_2 或 H_2O 反应来生成 CO 和 H_2,其中甲烷与 CO_2 的反应一般称为甲烷干重整,与 H_2O 的反应一般称为湿重整。

$$CH_4 + CO_2 \longrightarrow 2CO + 2H_2$$

$$CH_4 + H_2O \longrightarrow CO + 3H_2$$

④ 加热分解反应。甲烷的分解反应是生产炭黑和氢气的方式之一。在隔绝空气的条件下加热到将近 1 000 ℃,甲烷就开始分解;加热到 1 500 ℃左右,分解接近完全。

$$CH_4 \longrightarrow C + 2H_2$$

⑤ 取代反应。甲烷与氯通过加热或光照,可按自由基链式反应生成不同取代的氯代甲烷。

甲烷直接氧化生成甲醇的反应($2CH_4 + O_2 \rightarrow 2CH_3OH$)虽然看起来非常简单,然而正是由于甲烷中四个 C—H 键键能较高且分布均匀,直接且可控的氧化比较困难,目前仍未实现工业化,仍处于实验室研究阶段。

甲烷主要用作燃料和化工原料,可用于制造氢、一氧化碳、乙炔、氢氰酸及甲醛等化学品,甲烷高温分解所得的炭黑,可用作颜料、油墨、油漆以及橡胶的添加剂等;甲烷取代反应所得的氯仿和 CCl_4 都是重要的有机溶剂。甲烷在自然界分布很广,是天然气、沼气、坑气及煤层气的主要成分之一。

二、煤制天然气的发展历史

1. 国外的发展

Sabatier 和 Senderens 在 1902 年发现可以通过 CO/CO_2 与 H_2 的化学反应合成出甲

烷。该发现具有应用潜力，引起了众多研究者的兴趣。F. Fischer 和 H. Tropsch 在 1923 年开发了 CO 和 H_2 合成液体燃料的费托(F-T)合成技术。但由于合成天然气所涉及的甲烷化反应热效应大、工艺复杂，直至 20 世纪 40 年代才得以发展。

煤制天然气工艺路线的核心技术是甲烷化技术，最早由德国鲁奇(Lurgi)公司和南非萨索尔(Sasol)公司的工程师在半工业化实验厂进行考察时提出。国外的研发是以制取代用天然气为目的，目前大型甲烷化技术在国外发展已经成熟。能够提供成套技术的主要有德国的鲁奇公司、丹麦的托普索(Topsøe)公司、英国的戴维(Davy)公司[现为庄信万丰(Johnson Matthey)公司收购]以及美国的巨点能源(GreatPoint Energy)公司等。采用鲁奇大型甲烷化(bulk methanation)技术，美国大平原煤气化厂于 1984 年建成世界上第一座由煤气化经甲烷化合成高热值煤气的大型商业化工厂，用北达科他州的块状褐煤为原料，生产代用天然气，商业运作 20 年，实现了长周期平稳运行，经济效益良好。它在合成燃料工业中发挥着先驱和示范作用。丹麦 Topsøe 公司使用自己开发的专用催化剂，建设了 12 m^3/h 的中试装置，其代表性的甲烷化催化剂为 MCR-2X，该催化剂是将 22%镍负载到一种稳定的载体上制备而成的，无论在低温下(250 ℃)还是在高温下(700 ℃)都能稳定运行，已经通过工业验证是一种具有长期稳定性的催化剂。DAVY 工艺与 Topsøe 的 TREMP 工艺基本类似，其代表性的 CRG 甲烷化催化剂使用温度范围也很宽，在 230～700 ℃范围内都具有很高且稳定的活性，该催化剂具有变换功能，合成气不需要预先调节 H/C 比，转化率高。

在一步法煤制天然气技术方面，埃克森(Exxon)公司曾于 20 世纪七八十年代在美国能源部的资助下开展相关研究工作并申请了专利，但 80 年代中期天然气价格下跌后研发停滞。专利到期后，美国巨点能源公司在埃克森公司技术的基础上开发了“蓝气技术”(bluegas)，在温和条件下进行煤的催化气化、变换和甲烷化反应，产品气经净化后可获得清洁的天然气和高纯度 CO_2，该技术有大规模建厂的计划。

2. 国内的发展

我国早期开发甲烷化技术的主要目的是将人工煤气中的部分 CO 转换为 CH_4，提高煤气热值，同时也降低煤气中 CO 含量，以满足国家标准对人工城市煤气的要求。我国在 20 世纪八九十年代在此方面的研究进展较为迅速。当时开展的“水煤气甲烷化技术生产城镇燃气的研究”，参与单位有中国科学院大连化物所，煤科总院北京煤化所、中国科技大学、西北化工研究院、华东理工大学及上海煤气公司等。中科院大连化物所进行了常压水煤气甲烷化、加压耐硫甲烷化及低压耐硫甲烷化技术的研究开发。西北化工研究院于 1997 年完成两段煤气甲烷化催化剂及多段固定床甲烷化工艺中间试验。上述较成熟的甲烷化技术基本采用常压状态操作，与现在流行的大型加压气化技术不能匹配，因此，甲烷化技术在我国虽有一定的研究基础，但要形成适应新型气化技术的甲烷化技术，还需要进行大量开发工作。

近几年天然气需求量日益增大，天然气资源日趋紧张，2020 年天然气进口量达 1 400 亿 m^3，对外依存度超过 44%。2010 年左右，由于担心煤制天然气项目无序上马，国家严控项目审批。随着一些煤制气示范项目的开展和天然气需求的增加，政府在 2015 年左右逐步放开并扶持煤制天然气项目的发展，并同时配套建设了几条煤制气输送管道。表 10-1 列出了国内在建或拟建的主要煤制天然气项目。这些项目大都借鉴美国大平原厂的技术，采用鲁奇气化炉，甲烷化采用固定床工艺。目前大唐克旗、新疆庆华和内蒙古汇能等项目已建成投产。2022 年，由中国海洋石油集团有限公司与西南化工研究设计院有限公司联合研制的甲烷化催化剂在新疆庆华大型煤制天然气项目中首次实现110%满负荷平稳运行，获得的甲烷浓度为61.7%，高于国外引进技术近3个百分点，标志着我国自主研制的大型煤制天然气甲烷化技术取得重大突破。

表10-1　国内主要煤制天然气项目概况

投资单位	厂址	规模/(亿 Nm^3/a)	投资单位	厂址	规模/(亿 Nm^3/a)
大唐	内蒙古克什克腾旗	40	内蒙古汇能	内蒙古鄂尔多斯	16
华能	内蒙古伊敏	40	神华	内蒙古鄂尔多斯	20
华电	内蒙古呼伦贝尔	40	大唐	辽宁阜新	40
庆华	新疆伊宁	55	新疆广汇	新疆阿勒泰	120
中电投	新疆霍城	100	新汶	新疆伊犁	100
潞安	新疆伊犁	40	中海油	山西大同	40

在一步法煤制天然气技术方面，我国的新奥集团在0.5 t/d小试装置和5 t/d中试装置的基础上，2013年开始进行千吨级工业示范项目设计工作。2016年4月，日处理煤量1 500 t的煤催化气化制天然气工业装置在内蒙古达拉特旗开工建设，2018年9月8日一次投料成功，打通工艺全流程，成功产出合格LNG产品，标志着世界首套自主开发的煤催化气化制天然气装置进入工业化阶段。示范装置经过两年多投料试车，测试评价了内蒙古地区多种煤，各项技术指标稳定。经初步核算，该技术每立方米天然气生产成本可比传统煤制气技术降低21.8%，成本优势明显。

第二节　煤制天然气基本原理

一、甲烷化基本原理

煤制天然气最关键的技术就是甲烷化。甲烷化是指合成气中CO(或包含少量CO_2)和H_2在一定温度、压力和催化剂作用下进行反应生成甲烷的过程。主要化学反应为：

$$CO+3H_2 \rightleftharpoons CH_4+H_2O \qquad \Delta_r H_m^{\ominus}=-206\ kJ/mol$$

$$CO_2+4H_2 \rightleftharpoons CH_4+2H_2O \qquad \Delta_r H_m^{\ominus}=-165\ kJ/mol$$

可以看出，CO或CO_2加氢制甲烷的反应均为分子数减少的强放热反应，因此，低温高压有利于反应向右进行。

当前，对煤制天然气技术的改进和优化主要是针对甲烷化催化剂，而催化剂的开发又是以甲烷化反应机理为基础。对甲烷化反应机理认识是一个缓慢的过程。早期的研究中，有关费托合成和甲烷化的3个基本机理假设为：

① CO首先在催化剂上解离并形成碳化物，随后进行部分加氢，加氢产物(CH)聚合成烃；

② CO首先进行部分加氢，随后加氢产物(HCHO)进行脱水缩聚和(或)加氢；

③ CO插入金属氢键之间，引发费托反应，并且通过不断插入使烃链增长。

将以上机理用来解释费托合成和甲烷化都有可取之处，但同时也都有一些难以克服的困难。根据当时新出现的 CO 在催化剂表面解离吸附的实验证据，产生了新的机理假设：

CO 在催化剂表面进行解离吸附，得到金属表面吸附的单独碳原子（M-C）和氧原子（M-O），M-C 部分加氢（CH）后通过 CO 的不断插入和部分氢解脱氧作用使链增长，最终加氢使链终止。这代表了早期费托合成和甲烷化机理研究的较高水平，几乎可以用来解释当时已知的所有实验观测。随后，又有人指出不含氧原子的烃合成，应由催化剂表面 CO 的解离吸附引发，然后进行加氢和聚合；含氧原子的醛以及高级醇合成，是在烃合成中间体与金属之间插入 CO，之后进行加氢。

现代甲烷化机理研究认为，CO 中的 C 可以与一个金属原子线性成键（linear bonding），或者与邻近的两个金属原子共同形成桥键（bridge bonding），不同成键方式的稳定性与特定种类的金属催化剂有关，最终影响了反应路径和产物种类。对于 Pd 和 Ni，桥式吸附态更为稳定，而对于 Pt 和 Rh，则是线性吸附态更为稳定。研究表明，可逆吸附的 CO 主要为线性吸附态，其对表面吸附碳加氢生成甲烷的过程有阻碍作用，而桥式吸附态的 CO 很有可能是甲烷化的主要活性物种。

二、甲烷化催化剂

催化剂是煤制天然气技术的核心，开发高效的甲烷化催化剂一直以来都是甲烷化技术研究的重点。甲烷化反应可以看成是 CO 加氢反应，因此甲烷化催化剂应是加氢性能优异的催化剂。甲烷化反应的原料复杂，其中含有一定量的 H_2S，容易导致催化剂中毒，同时由于甲烷化反应为强放热反应，局部温度高、易积碳而导致失活。因此，甲烷化催化剂必须具备活性高、抗烧结性强（高热稳定性）、不易积碳（高选择性）、抗硫性能好等特点。目前，甲烷化催化剂主要为负载型过渡金属催化剂，催化剂载体主要为氧化物，通常为 Al_2O_3、SiO_2、TiO_2 和 ZrO_2 等，常见的催化剂活性组分为第ⅧB 族过渡金属元素，如 Ni、Ru、Fe、Co、Rh 等；助剂通常为 MgO、过渡金属氧化物、稀土金属氧化物，另外还有非金属元素 B 和贵金属元素 Pt 等。

对多种载体负载的上述催化剂的研究表明，加氢活性优异的贵金属 Ru 均显示出很高活性，且活性温度低，甲烷选择性好，但其价格昂贵；Ni 和 Pd 的活性也较高，而 Fe 的活性相对较低，Co 对甲烷的选择性相对较低，主要用于合成长链烷烃。但贵金属催化剂对原料中杂质含量的要求较为苛刻，考虑到效果和实用性，目前研究最多的是 Ni 基催化剂，在煤制甲烷过程中已经得到大规模应用，国外三大甲烷化技术（德国鲁奇、丹麦托普索和英国戴维）所用的催化剂（CEG 系列、CRG 系列、MCR 系列）均为 Ni 基催化剂，国内开发的 KD-306、SG-100 等高效催化剂也为 Ni 基催化剂。

Ni 基催化剂常用载体有 Al_2O_3、SiO_2、ZrO_2 和 TiO_2，目前大多是以 Al_2O_3 为载体。Al_2O_3 是一种应用广泛的工业催化剂载体，γ-Al_2O_3 因具有较大的比表面积和丰富的孔结构，尤其是介孔结构，常被用作催化剂载体。γ-Al_2O_3 表面与 NiO 有较强的相互作用，有利于 NiO 粒子在 γ-Al_2O_3 表面高度分散生成细晶粒，还可阻止反应过程中 Ni 晶粒聚集长大，从而提高了 Ni 晶粒的稳定性。另外，γ-Al_2O_3 表面呈酸性，利于反应物断键和插入，但也会造成催化剂积碳，一般需加入添加剂（如稀土元素或碱土金属）进行适当改性。

贵金属 Ru、Rh 等催化剂对甲烷化反应具有良好的催化性能，之前主要用于将燃料电池氢气燃料中少量 CO 通过甲烷化反应进行脱除，防止 CO 对电化学催化剂造成的中毒。目前贵金属催化剂研究较多的是 Ru 基催化剂。Ru 基甲烷化催化剂与 Ni 基甲烷化催化剂相比，具有低温活性好和CO甲烷化选择性较高的优点。在高比表面中孔Ni-Al混合氧化物中掺杂1% Ru,可显著提高催化剂的活性和CO甲烷化的选择性。其他类型的催化剂,如非晶态Ni-Zr合金催化剂、钙钛矿型$LaNiO_3$催化剂、六铝酸盐型Ni基催化剂等在CO和CO_2甲烷化反应中也表现出了良好的催化活性,目前仍处于研究开发过程中,暂未有工业化应用。

鲁奇、托普索和戴维等技术所用的甲烷化催化剂一般寿命为两年。影响催化剂性能甚至引起催化剂失活的因素主要有积碳、高温烧结、硫中毒和镍流失等。

甲烷化反应过程中会造成催化剂床层和反应器积碳,其中CO歧化反应是生成积碳的主要反应。生成的碳会沉积在催化剂表面而覆盖其金属活性位,并且阻塞催化剂载体的孔道,也可造成活性组分与载体分离,从而造成催化剂的失活,缩短催化剂寿命,同时还会增加催化剂床层的阻力和装置能耗。通入适量的水蒸气可以在一定程度上减少积碳。

鉴于甲烷化反应的强放热特性,在反应活性位点的局部区域会产生高温,反应热不能及时移出会导致整个催化剂床层的飞温,从而破坏催化剂结构且导致催化剂表面原本高分散的Ni颗粒逐渐迁移和团聚(这个过程一般称为烧结),明显降低催化剂的活性,缩短催化剂的寿命。催化剂烧结是甲烷化工业装置运行过程中遇到的主要工程问题之一,因此必须控制甲烷化过程中的反应温度。据估算,CO每转化1%,气体的绝热升温约为63 ℃;CO_2每转化1%,气体的绝热升温约为50.5 ℃。为了防止催化剂床层过热失活,可从两方面着手,一方面是通过催化剂载体及结构助剂的筛选优化提高催化剂本身的热稳定性,另一方面是从甲烷化工艺及反应器着手控制反应热的移除及温度场的均匀化等。

另外,煤气化得到的合成气中通常含硫化物和砷化物等杂质,而镍基催化剂对此类杂质比较敏感,即使微量的杂质气体也会导致Ni基催化剂中毒失活。甲烷化反应中的硫化物主要为H_2S,H_2S具有未共用的电子对,可与过渡金属镍中d轨道的电子形成强配位键而优先吸附在镍表面上,阻碍了反应分子吸附而导致催化剂活性降低。因此,一般情况下进入甲烷化反应界区的合成气中硫含量不高于200×10^{-9},甲烷化装置内部也一般会设置脱硫保护罐,将合成气中的总硫含量进一步降到20×10^{-9}以下,同时也可脱除砷、氯等杂质。

此外,合成气转化过程所需的催化剂还需注意金属的流失。在低温和高CO分压下,催化剂中的Ni容易与CO反应生成易挥发的羰基镍$Ni(CO)_4$,造成活性组分Ni流失,而高温下羰基镍的分解又会导致Ni在催化剂床层的沉积,从而导致催化活性降低。实际使用中,控制反应温度在300 ℃以上则可抑制羰基镍的形成,因此甲烷化装置的反应器入口温度一般设计在300 ℃以上,如DAVY工艺进口温度为320 ℃,托普索工艺中设计温度约为330 ℃。

三、甲烷化反应器

反应器是影响甲烷化过程的一个重要因素。反应器的类型多种多样,但适用于甲烷化的反应器则需根据该反应的特点来合理选择。由甲烷化反应原理可知,合成气合成甲烷是一个强放热反应,每生成1 mol甲烷约放出206 kJ的热量,为防止催化剂高温烧结并抑制甲烷化逆反应的进行,反应过程中热量的快速移除是反应器类型选择时的关键因素之一。另外,如催化剂由于各种原因导致的快速失活不可避免,则催化剂的更换和再生是否便捷也是选择反应器需要考虑的重点因素。目前典型的反应器类型主要有固定床反应器、流化床反应器、液相反应器即浆态床反应器。

固定床反应器即催化剂床层固定在反应器中,反应气体通过催化剂床层发生气固非均相反应,如图10-1(a)所示。固定床反应器根据是否含有换热又分为等温和绝热两种类型,

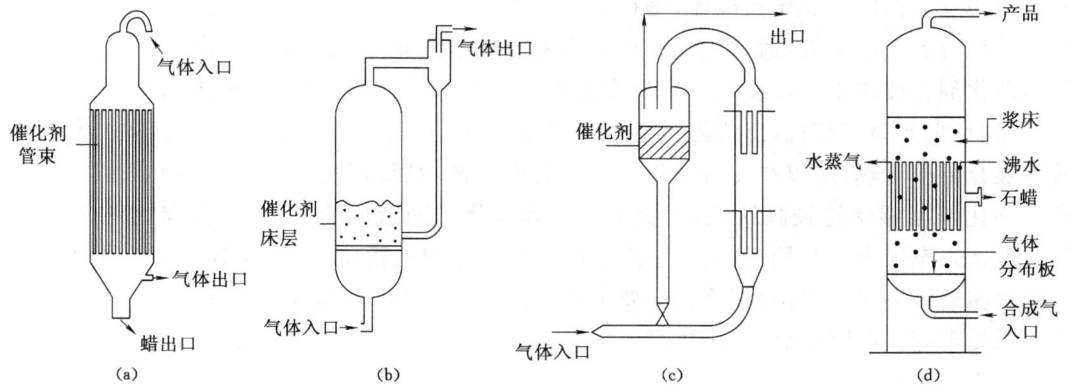

图 10-1　各种反应器示意图

绝热式固定床反应器催化剂床层不设换热管，反应热不向外转移而是使反应物料温度升高，再通过床层间（或反应器间）的换热或者混入冷激原料气对反应物料的温度进行调控。对于强放热的反应，还经常采用大循环比来稀释新鲜原料，降低单个床层内的反应进度，以此对床层的反应器温度进行控制，以避免局部较大温升造成的催化剂失活和飞温等问题。绝热式固定床反应器内部结构简单，设计制造成熟，成本较低，操作较为简单，是常用的工业反应器。等温式固定床反应器在催化剂床层设有换热管，通过冷却介质移出反应热，控制反应床层的温度在预定范围内，近似于等温操作，反应器局部床层不需要承受较高温度的冲击，反应器各区域的热膨胀性也容易协调。由于低温对于甲烷化反应的平衡有利，所以等温式固定床反应器同绝热式固定床反应器相比更具有优势。但在反应床层中设置换热管造成反应器的结构相对复杂。整体来说，固定床反应器作为传统的反应器技术比较成熟，工艺参数调控比较稳定，放大比较灵活，在工业中应用广泛。但是对于类似甲烷化反应这类强放热反应来说，生产过程中反应温度的控制仍具有难度。目前的甲烷化工艺中一般采用多个反应器串并联的方式，通过变温操作和/或多级冷却的方式控制系统温度，如鲁奇、戴维等工艺。

流化床反应器内气体与固体处于剧烈的混合和湍动状态，反应体系内传热和传质效果良好，反应器几乎处于等温状态，因而比较适合强放热反应。最初的流化床是以进气口原料气的动能为动力带动催化剂形成流化状态，在原料气上升过程中（此部分区域称为提升管）与催化剂充分接触和反应，利用中间的换热装置移走反应热，反应器示意图如图 10-1(c)所示。后期发展为多个流化床反应器串联，催化剂和原料气一起被带入第一个反应器，第一个反应器出口的气体和催化剂与部分新加入的原料气混合进入第二个反应器，如此循环。在此基础上，人们又开发了固定流化床，在循环的基础上减少了反应器的个数，避免了多个反应器之间产生的压降问题，如图 10-1(b)所示。流化床的温度易于控制，催化剂可以连续加入和再生，并且反应器的处理量也较大，但是流化过程中催化剂的夹带和磨损较严重，流化床本身的成本造价也较高。另外，甲烷化反应是一个分子数减少的反应，反应后分子数可下降到原来的 1/2 左右，随反应进行可能会导致流化质量降低甚至脱流化问题。为了保证反应器安全稳定高效地运行，常采取通过调节进气 H/C 比、提高气体循环倍率等措施使流化床反应器内保持较好的流化质量。通过在催化剂中掺混一定比例的惰性材料，也可使床内温差进一步下降，这样不仅能够抑制催化剂烧结问题，还可促进流化质量的提升。

液相反应器即浆态床反应器，是在反应器中加入液态的惰性烃，以此为反应介质，反应气体从反应器底部进入，通过气流和扩散作用使得含有催化剂的液态烃呈流动状态，反应气体与催化剂在液体中接触反应。在反应器出口设有气液分离装置，分离出水和少部分轻质烃，得到目标产物甲烷气，反应器示意图如图 10-1(d)所示。由于浆态床反应器中以液相介质为媒介传质传热，所以在反应过程中传热效率较高，系统温度容易控制，稳定性好。浆态床中催化剂能够保持较高活性，避免了由于高温烧结而造成的失活，而且催化剂使用寿命长。但是浆态床也有其局限性，浆态床反应涉及气液固三相反应，所以不同相之间的传质比气固两相要慢得多，而且对催化剂的要求也较高，需要较高的机械强度和抗耐磨性，同时由于传质受限，其本征催化活性需更高。

第三节　煤制天然气工艺

甲烷化工艺根据其反应流程可以分为间接甲烷化和直接甲烷化。间接甲烷化是指煤首先经气化或热解生成合格的合成气，然后再在催化剂作用下经甲烷化反应生成甲烷。直接甲烷化是指煤与气化剂和氧化剂在催化剂的作用下于一个反应器内直接生成富含甲烷的气体产物。

一、煤间接甲烷化

（一）煤间接制备甲烷工艺

煤间接制备甲烷是工业上主要应用的工艺，以煤经气化合成天然气工艺为例，其工艺流程图如图 10-2 所示，主要包括空分、煤气化、气体净化、变换反应、酸性气体脱除和甲烷化六个单元。空分单元用于制备煤气化单元所需的氧气和用于公用工程等环节的氮气等；气化单元主要生产含有 H_2 和 CO 的粗煤气，粗煤气中的固体颗粒物及少量煤焦油在净化单元去除；变换单元的功能是通过水煤气反应使部分 CO 转化为 H_2 和 CO_2 以调节 H_2/CO 比例；酸性气体脱除主要是指 CO_2 和 SO_2 的脱除；最后，具有适宜比例的 CO 和 H_2 气体在催化剂作用下进行甲烷化反应生成甲烷。

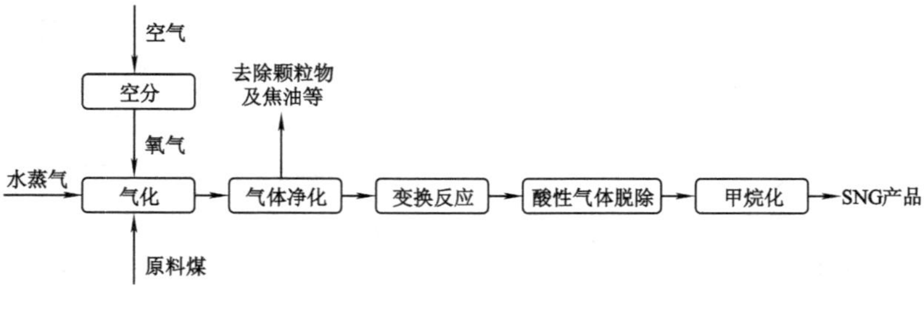

图 10-2　煤间接甲烷化工艺流程

以焦炉煤气为原料时与此工艺类似，只是在气体预处理部分有所差异，如焦炉煤气净化和甲烷部分氧化部分，最终目的都是获得合格的合成气。

在甲烷化单元中，CO 加氢合成甲烷可以看作是 F-T 合成液体烃类的主要副反应——F-T 合成主要产物为 C_5 以上的液态烃类，而不希望生成小分子烃尤其是甲烷，因此甲烷化过程需从催化剂和工艺条件等方面加以调控。甲烷化反应大多使用镍基催化剂，反应温度为 200～350 ℃。反应过程中生成的水可与 CO 作用生成 CO_2 和 H_2(水煤气变换反应)：

$$CO+H_2O \longrightarrow CO_2+H_2$$

CO_2 和 H_2 有可能进一步反应生成甲烷和水：

$$CO_2+4H_2 \longrightarrow CH_4+2H_2O$$

通过分析上述反应的特点可知，CO 和 CO_2 的甲烷化反应均为分子数减少的放热反应，因而反应平衡随温度的升高而左移，随压力升高而右移。副反应主要有 CO 的析碳反应以及沉积碳的加氢反应：

$$2CO \longrightarrow CO_2+C$$

$$C+2H_2 \longrightarrow CH_4$$

在通常甲烷合成温度下，碳的加氢反应达到平衡较慢。因此，当碳的沉积反应发生时，几乎不可逆，积碳会堵塞催化剂，造成催化剂失活。为避免积碳反应的发生，必须采取如添加水蒸气，使氢适当过量和控制反应温度等措施。

甲烷化反应在选择反应条件(特别是温度条件)时，应考虑以下因素：

① 反应速率随着温度的升高而加快，对于甲烷化反应，在 200 ℃以上时，常见的催化剂活性组分(主要是元素周期表第Ⅷ族的金属)可有效发挥作用，有助于使 CO 加氢反应达到足够高的速率。

② 由于 CO 能与催化剂中的 Ni 形成挥发性的镍羰基化合物[$Ni(CO)_4$]，从而带来催化剂活性组分流失的问题，而形成[$Ni(CO)_4$]的最低反应温度由 CO 分压确定，因此，根据常见工艺条件镍或钴催化剂的反应温度一般选在 225 ℃以上。

③ 甲烷化过程的热效率随温度的增加而增加。

④ 当压力不变时，随反应温度的升高，由于热力学平衡的影响，甲烷含量和气体质量下降，因此反应宜在较低温度下操作。但从全流程能量利用效率的角度来说，高温物流的热品位更高，能量回收更容易，因此，反应一般在不同温度下分步进行，第一步在尽可能高的温度下进行，以便最大限度利用反应热；主反应完成后，其余的转化在低温下进行，以便最大限度进行甲烷化反应。

⑤ 低温下被抑制的 CO 析碳反应速率在 450 ℃以上时不规则地增加，并能迅速导致催化剂失活，为了避免催化剂积碳，应在原料气中加入少量水蒸气，使气体的温升减小，从而抑制析碳反应的发生。

⑥ 金属粒子和催化剂载体的热稳定性在约 500 ℃以上时迅速下降，同时催化剂表面的高分散金属颗粒发生烧结和微晶的增大，从而引起催化剂活性降低，镍催化剂的常用反应温度约在 280～500 ℃，催化剂寿命超过 1 年，甚至可达 5 年以上。

选择反应条件时，还须考虑一些其他的因素，如原料合成气的单程转化率，这与转化过程及反应热有关；尽量避免消耗能量的工艺步骤，如压缩或中间冷却等；减小催化剂体积并延长其寿命等，从而降低投资及操作费用。此外，提高反应压力有助于甲烷的合成，为了避免对来自于煤气化和净化过程(如变换、脱碳等)的原料气设置压缩等高能耗的中间过程，应尽可能提高煤制合成气的压力。

（二）典型工艺

目前已经工业化的典型工艺主要来自于鲁奇公司、托普索公司和戴维公司。一般情况下，经煤气化得到的合成气的 H_2/CO 比达不到甲烷化的要求，因此需要经过气体转换单元提高 H_2/CO 比。有些工艺有单独的气体转换单元，提高 H_2/CO 比后再进入甲烷化单元，称为两步法甲烷化工艺；有些工艺将气体转换单元和甲烷化单元合并为一个部分同时进行，称为一步法甲烷化工艺。

1. Lurgi(鲁奇)工艺

鲁奇公司作为煤制天然气行业的先行者，很早就已经开展了甲烷化生产天然气的研究，以煤生产合成天然气的第一家大型工业化装置(大平原合成燃料厂)是由 Lurgi 公司设计的。该工厂日处理褐煤约 22 000 t(14 000 t 碎块用于气化，8 000 t 粉煤用于电厂锅炉)，日耗水、氧、电量分别为 3 000 t、25 000 m^3 和 75 000 kW。

图 10-3 为 Lurgi 法生产 SNG 的一般工艺流程。气化单元采用 14 个 Lurgi Mark Ⅳ 固定床碎煤加压气化炉，其中 2 台备用。气化炉在约 3 MPa 的压力下操作，所需的氧气通过对空气进行变压吸附获得。生产的粗煤气在分离单元经过冷却和分离，去除焦油、酚类、氨和水等，从而获得含有 8%～10% 甲烷的混合气体，再经过提纯工艺将甲烷分离得到 SNG。剩余气体富含合成气($CO+H_2$)，因其 H_2/CO 比较低，其中的 1/3 进入含有钴-钼催化剂的气体转换单元，经水煤气变换提高 H_2/CO 比。变换后的煤气和粗煤气分别再在两个冷却系统冷却，并回收热量，然后混合进入低温甲醇洗净化装置，在该装置中用低温甲醇(−73 ℃)将煤气进一步净化，除去石脑油组分、含硫化合物以及大量的 CO_2，得到符合甲烷化要求的原料气，此时硫化物的含量可以控制在 2×10^{-8} 以下，可以保证催化剂的寿命维持在 4 年左右。在低温甲醇洗过程中，氨冷冻系统提供甲醇的制冷量，洗涤富液解吸后的含硫尾气进入 Stretford 装置回收硫。从低温甲醇净化装置来的合成原料气用甲烷化循环气稀释，以控制甲烷化反应的温度，合成原料气通过两个装有镍催化剂的固定床反应器而生成甲烷，产生的热量用来产生高压蒸汽；第一个反应器入气温度 300 ℃，出气温度 450 ℃，第二个反应器入气温度 260 ℃，出气温度 315 ℃。最初使用的催化剂是 BASF 公司生产的高镍甲烷化催化剂，CO 转化率大于 98%，后来改用 Davy 公司生产的 CRG 催化剂，CO 的转化率几乎可达 100%，合成原料气中少量的 CO_2 的转化率也可达 98%。得到的气体产品经压缩、干燥除去 CO_2 后就生产出 SNG 产品，通过天然气管道输送给用户。副产的 CO_2 供给附近油田用于提高采油率(enhanced oil recovery，EOR)，生产工艺还副产石脑油和酚等。整个系统中还配有其他附属单元，如氧气站、蒸汽系统、废水处理、灰的处理等。Lurgi 工艺属于两步法甲烷化工艺。

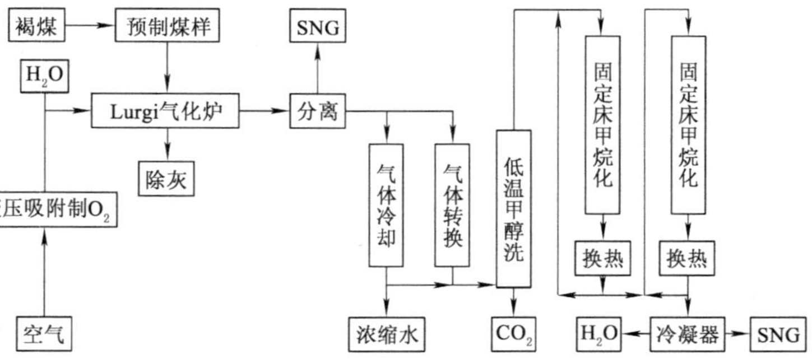

图 10-3　鲁奇制备合成天然气工艺流程

Lurgi 工艺投资成本低，单线生产能力大，转化率高，可操作性强，生产的合成天然气品质高，副产品种类多，技术成熟度高，经过商业化规模的验证运行稳定，但是由于此工艺采用的是 Lurgi 气化＋绝热循环稀释甲烷化技术，Lurgi 气化技术本身效率并不高，绝热循环稀释也要消耗大量的能量，相当于甲烷化反应产生的50%的能量，不能做到自身的能量平衡，增加了单位产品甲烷的煤耗量，所以此工艺的能效不高。

2. TREMP™工艺

TREMP™工艺(Topsøe's recycle energy-efficient methanation process)是丹麦托普索公司开发的甲烷化工艺。该公司对甲烷化技术的开发可以追溯至20世纪70年代后期，TREMP™工艺在世界范围内积累了丰富的操作经验和实质性工艺验证。丹麦托普索TREMP™工艺也属于两步法甲烷化，其工艺流程见图10-4。变换后的合成气经过低温甲醇洗脱除酸性气体(CO_2含量<1%，H_2S含量<0.1 mg/m^3，$H_2/CO=3$左右)，经换热升温至325 ℃后进入第一个甲烷化反应器（固定床），CH_4含量升高到约57%，反应热使出口气体温度升高至约650 ℃，经两段冷却后，一部分循环与原料气混合，另一部分进入第二个反应器继续甲烷化反应，CH_4含量提高至80%，出口温度约494 ℃，经过高压锅炉进行热量回收后再进入第三个甲烷化反应器，CH_4含量升至94%，出口温度约342 ℃，经过冷凝脱除高沸点组分后压缩并入天然气管网。

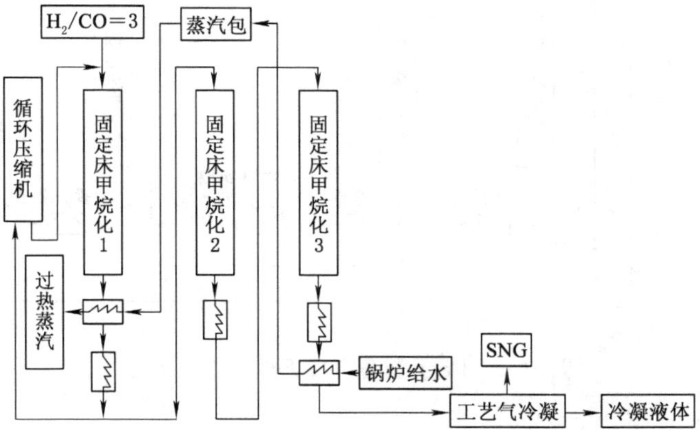

图10-4　托普索制备合成天然气工艺流程

第一甲烷化反应器中装填有托普索公司MCR-2X催化剂，其操作温度范围较宽，无论在低温下(250 ℃)还是在高温下(700 ℃)都能稳定运行，这一优点使得反应器内可以承受更高的单程转化率和更大的绝热温升，可减少串联反应器的数量或气体循环量，降低循环压缩机的数量和功耗。TREMP™工艺一般有3个反应器，第二和第三绝热反应器及其相应的换热器(蒸发器)可用集成式的沸水反应器(BWR)代替，其投资较高，但能够有效解决空间有限的问题。另外，在有些情况下，也可增加绝热反应器的数量。

TREMP™技术的优点是单线生产能力大，根据气化工艺的不同，生产能力在10万～20万m^3/h之间；合成气转化率高；MCR-2X催化剂在高压情况下，可以避免挥发性羰基化合物的形成对活性组分流失的影响，寿命长，活性高，副反应少，使用温度范围宽(250～700 ℃)，循环气量仅为其他工艺的1/10；回收过程能耗低，充分利用甲烷化反应放出的热量，生产高压过热蒸汽（8.6～12.0 MPa，535 ℃），用于驱动大型压缩机，每1 000 m^{3}天然气副产约3 t高压过热蒸汽，能量效率高。

3. HICOM 工艺(Davy 工艺)

HICOM工艺是由英国Davy公司研发设计的,见图10-5。该公司甲烷化工艺为两段转化,其中一段大量转化(大量甲烷化),后一段补充转化(补充甲烷化)。大量甲烷化有两级,每级两个反应器,共4个反应器,采用串并联方式连接,出口温度在600 ℃左右。第二甲烷化反应器出口的气体经一系列换热器换热至150 ℃左右并副产过热蒸汽,之后部分气体被循环压缩机提压,然后再与新鲜气混合进入第一反应器,以控制一段反应进料温度和组成,同时控制甲烷化反应的单程转化率和绝热温升。补充甲烷化也有两级,共两个反应器,采用串联方式,主要目的是进一步提高甲烷的含量。一段(大量甲烷化)第二反应器出来的气体,除部分循环外,剩余部分气体进入二段的两个串联反应器,反应器中使用相同的催化剂CRG-LH,但操作温度低于一段反应器,以利于提高反应产物中甲烷的平衡浓度。

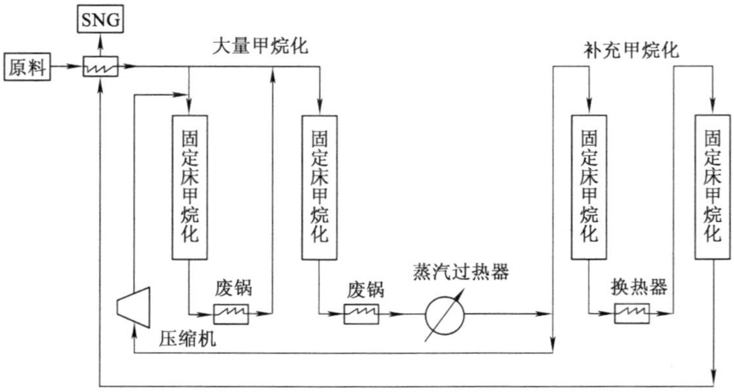

图10-5 Davy制备合成天然气工艺流程

该工艺技术特点是:所选用的CRG-LH催化剂具有变换功能,且操作温度范围宽(230～700 ℃),合成气无须单独设置气体变换单元调节H_2/CO比,因此可将气体变换和甲烷化反应合并为一个单元完成,属于一步法甲烷化工艺,工艺流程简化,减少了热回收装置的设备投资。气化炉生产的合成气经冷却、净化、脱硫处理以后,和水蒸气一起通入甲烷化单元。蒸汽除了调节H/C比,还可以防止碳沉积,但是水蒸气会降低热效率。系统的温度通过冷却产品气循环来调节,甲烷化反应放出的热量用于生产高压蒸汽。HICOM工艺能效较高,技术成熟度较高,但是技术复杂度略高,合成气转化率还有待提高。内蒙古大唐国际克什克腾煤制天然气项目应用的就是Davy甲烷化工艺。

二、煤直接甲烷化

煤直接制甲烷没有明显的煤气化和甲烷化两个过程,是在一个反应器中用煤直接制甲烷的工艺。该工艺除发生上述化学反应外,还可发生下述反应直接生成甲烷:

$$C_{coal}+2H_2 = CH_4$$

除了直接甲烷化反应单元外,其主要附属单元还包括气体净化和气体分离单元。此外,由于催化剂存在于煤表面,反应后还涉及煤灰与催化剂的分离单元等,具体工艺流程如图10-6所示。

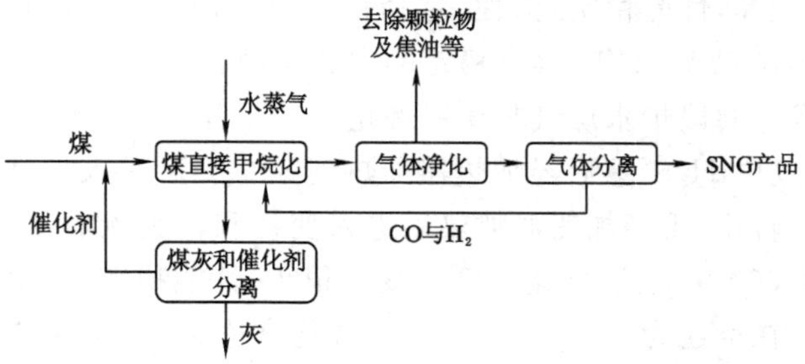

图 10-6　煤直接甲烷化工艺流程

加氢气化过程中，煤直接与氢气反应生成甲烷，目前工业上应用较少，该过程特点之一是加氢气化过程是放热反应，不需要外界提供大量热量来维持气化反应体系的温度条件，其温度和压力范围分别为 600～900 ℃ 和 3～5 MPa。加氢气化的主要缺点是反应过程中需要有大量的氢气参与，部分氢气可以通过甲烷蒸气重整获得。除了加氢气化一步法合成甲烷工艺外，催化蒸汽气化法是另外一种具有潜力的一步法甲烷化工艺。催化蒸汽气化由于反应吸热量较小而不需要空分装置，且不需要甲烷转化反应器，热效率高。

煤直接甲烷化工艺难度较大，工艺种类较少，且多数是处于中试或工业示范阶段，商业化运行的很少，主要有以下几种：

1. 催化气化工艺

美国巨点能源公司宣称拥有世界上最先进的一步法煤制天然气技术（又称"蓝气技术"），是一种利用催化剂在加压流化床气化炉中一步合成煤基天然气的技术，具有煤种适应性广泛、操作条件温和、工艺简单、造价低、节能、节水、环保等优点。此外，此工艺省去了除渣过程，减少了维护需求，增加了热效率，又因省去了空分装置而降低了投资（该单元的投资占整个气化装置总投资的 20%）。"蓝气技术"在美国德斯普兰斯气体技术研究所已经进行了 1 200 h 的运行试验。

2. 加氢气化工艺

20 世纪 80 年代初期，英国煤气公司与日本大阪煤气公司合作开发了煤的加氢气化工艺，其核心装置是具有内部热气循环的夹带流（气流床）反应器。煤粉通过高压浓相输运系统，热氢气通过一个特制喷嘴喷入反应器，热氢气与煤粉混合均匀加热煤粉，直接生产富甲烷气体。该工艺热效率高，工艺简单，设备投资少，反应温度容易控制，反应规模容易放大，适用的原料煤范围广。但是该工艺碳的转化率还有待提高，需要增加氢气发生装置和氢气分离装置。

三、国内主要煤制天然气技术开发状况

中科院大连化物所研发了 M34822A 型常压耐高温水煤气直接甲烷化工艺。用水煤气做原料气，原料气经气水分离器除去夹带的少量水分，进入第一换热器换热。为使出口气体硫含量控制在 0.2×10^{-6} 以下，首先在精脱硫器脱硫，精脱硫后的气体进入第二换热器后再经脱氧器，使气体中氧含量小于 3×10^{-6}，最后再进入甲烷化反应器。其反应热由液态导热载体带入废热锅炉回收蒸汽。甲烷化后的产物经换热器、冷却器降至常温，进入气水分离器，除水分后进入煤气输配系统。CO 含量可控制在 10% 以下，达到了城市煤气的质量要

求，工艺脱硫剂成本较高，性能稳定，活性、选择性高，甲烷选择性在60%～70%，抗积碳良好，催化剂不耐硫，寿命0.5～1年，具有稳定的中试案例和经验。

北京煤化所研发了两段炉水煤气常压甲烷化工艺。首先将原料气加压到0.05 MPa，送进粗脱硫塔，脱除煤气中 H_2S，然后经加热器加热到350 ℃后送入加氢反应器，完成煤气中有机硫及不饱和烃的转化，再经加热器加热后进入变换和精脱硫塔，然后进行甲烷化处理。该甲烷化工艺经过1 000 h试验，催化剂活性变化很小，性能稳定，且由于起始温度低，催化剂寿命达1年之久。在空速为1 500 h^{-1}时，CO转化率达95%，甲烷选择性为65%；但所用催化剂也是不耐硫。产品富甲烷气，基本符合城市煤气质量标准。

西南化工研究设计院有限公司在多年的镍系催化剂研发经验基础上，针对焦炉煤气甲烷化及煤制气甲烷化催化剂进行了研究，成功开发了适用于焦炉煤气甲烷化的CNJ-5型催化剂以及适用于煤气甲烷化的CNJ-8型系列催化剂。CNJ-8型系列催化剂具有良好的低温起活性能及高温转化活性，适用于250～700 ℃的温度范围。该系列催化剂具有良好的热稳定性能，保证了其在高温的煤气甲烷化工艺中具有足够的使用寿命。在此基础上，与中海石油气电集团有限责任公司联合开发了煤基天然气甲烷化技术，目前已完成中试，采用两段反应，每段3个反应器，以更合理分配热负荷。

西北化工研究院有限公司研发了多段固定床甲烷化技术。JRE型耐高温煤气甲烷化催化工艺过程包括两部分净化工艺，在水煤气条件下试验结果表明甲烷化催化剂活性高，耐热性能好，起活温度低，经过1 200 h寿命试验，活性基本无变化，比表面积基本无变化，CO转化率≥90%，生成甲烷的选择性≥65%。

华东理工大学在低热值煤气甲烷化制取中热值城市煤气方面也进行了大量实验室工作。在上海奉贤化肥厂进行了SDM型耐硫甲烷化催化剂的侧线试验，试验运行1 000 h，考察反应条件对催化剂活性的影响，对SDM-1型耐硫甲烷化催化剂进行了500 h的单管试验，并进行了相关动力学的研究及反应器形式的研究，其压力在0.7～1.4 MPa，温度为360～540 ℃，空速为400～2 000 h^{-1}。CO转化率约75%，生成甲烷的选择性≥50%。

此外，国内也有部分研究单位在开发浆态床甲烷化技术工艺(类似于液相甲烷化工艺)，如中国矿业大学(北京)、太原理工大学等。浆态床反应器以热容大、导热系数高的惰性液体为介质，催化剂与反应气在液相介质中接触反应，传递反应热非常迅速，反应器中间的热交换器可使得反应系统维持在近似恒温的条件下进行，不仅提高了系统热稳定性，而且可以有效地防止催化剂因烧结而导致的失活，对于强放热反应有明显的优势。

煤炭间接制备甲烷工艺需要的设备较多，投资较高，但技术非常成熟，甲烷转化率高，技术复杂度低，因此应用广泛，是煤制天然气中的主流工艺。其中Lurgi工艺、Davy工艺和TREMP™工艺最成熟可靠，是甲烷化工艺的较优选择；目前能耗较低的催化气化技术和加氢气化技术还不成熟，不适用于大规模的工业生产。

四、煤制天然气技术的前景

总的来说，煤制天然气作为液化石油气和天然气的替代和补充，对于缓解国内石油和天然气短缺，保障我国能源安全具有重要意义。以煤为原料生产的合成天然气，硫等污染物含量很低，是一种绿色环保且便于输送的能源，在环境保护越来越重要的今天，合成天然气具有广阔的应用前景，因此近年来许多国家又开始重视合成天然气的开发和产业化研究。我国能源结构是“富煤、缺油、少气”，从长远来讲我国能源还要依靠煤炭，解决煤炭利用过程中对环境造成的污染是我国大量利用煤炭必须解决的一个问题，因此把煤转化为天然气再加以利用，是我国解决燃煤污染的重要途径之一。但发展煤制合成天然气产业也需要考虑以下问题：① 煤制天然气项目要考虑到原料煤和产品天然气的输送问题。② 由于天然气价格受国家宏观调控，煤制天然气在现有技术下仍比天然气成本略高，因此项目规划时需要考虑好下游产品需求。③ 煤制天然气项目要考虑当地的环境容量问题，以及生产过程的碳排放压力。④ 发展我国具有自主知识产权甲烷化技术，逐步实现现有技术（包括装备和催化剂等）的国产化替代。

第四节　煤制氢气技术

煤制氢技术主要包括煤的焦化制氢技术和煤的气化制氢技术。焦炉煤气是炼焦过程的副产物，每吨干煤可副产焦炉煤气逾 300 m^3（标），据统计，2022 年可利用的焦炉煤气超过 1 000亿 m^3（标），其中含有约 60%的氢气，因此焦炉煤气是煤基氢气的重要来源。但正是由于焦炉煤气是炼焦“副产物”，下游用氢的生产企业需考虑与毗邻焦化企业的配套和距离，因此在使用上需整体协调。煤的气化制氢是当前煤制氢技术的主要方式，如合成氨、炼油等化工用氢工艺过程。气化制氢技术可将煤炭转化为氢气、CO_2 以及灰渣，不涉及其他配套产品，可单独作为制气单元在用氢企业内部设置。

一、焦炉煤气制氢技术

煤在热解过程中可副产热解气，但由于氢气主要是由煤中具有芳香结构的分子在700～800 ℃时发生缩聚反应生成的，因此中低温热解气中的氢气含量相比炼焦过程（高温热解或高温干馏）副产的焦炉煤气要低得多。来自焦化装置经鼓风冷凝、电捕焦油、脱硫脱氨以及洗苯工序后的焦炉煤气，除了 60%左右的氢气之外，还含有约 25%的甲烷、7%左右的 CO 以及 N_2、CO_2、O_2 等气体，以及 50～150 mg/m^3 的焦油、100～200 mg/m^3 的萘、2 000～4 000 mg/m^3 的苯、20～50 mg/m^3 的 H_2S、100～300 mg/m^3 的有机硫、少量的 NH_3 和 HCN 等杂质。因此，焦炉煤气制氢即将氢气从焦炉煤气中提纯、脱除杂质的过程。

工业上常用的焦炉煤气提氢方法有深冷分离法、膜分离法和变压吸附法，具体见表10-2和表 10-3。传统的焦炉煤气制氢采用深冷分离法，在极低的温度下进行，操作条件苛刻，对设备要求高，投资高，而且氢气纯度不超过 98%（体积分数），多在分离甲烷等轻烃过程中提氢。当前膜分离法多用于简单体系（如合成氨弛放气）的提氢，否则将有其他较小分子（水、CO_2 等）共同渗透，影响纯度。变压吸附法（pressure swing adsorption，PSA）在常温下即可获得纯度大于 99.99%的氢气，操作条件更温和，且工艺流程相对简单。因此，目前只有变压吸附法提氢可以达到工业氢和超纯氢的标准（表 10-4），成为工业上焦炉煤气制氢的主流工艺，而膜分离法和深冷分离法所得氢气尚需再经 PSA 进一步处理才能达到 99%以上的纯度要求。但由于焦炉煤气中的杂质较多，PSA 在处理高沸点的大分子（焦油、萘、苯等）时有相当的难度，解吸困难，并造成吸附剂慢性中毒。因此，在进 PSA 之前需将这些物质脱除，目前一般采用变温吸附（temperature swing adsorption，TSA）法。另外，焦炉煤气中还含有少量的氧，要想对氢气进一步提纯，也需对其进行脱除。但由于氧含量很低，且其物理吸附性能与氢相近，如果通过物理吸附的方式将二者分离，则吸附床需很大，因此一般不采用吸附的方式，而是在 PSA 之后通过催化氢氧反应的方式将其转化为水然后再经干燥脱水将氧脱除。美国 UCC 公司 1979 年在德国建成世界上第一套焦炉煤气制氢装置，回收氢气 4 300 m^3/h，纯度为 99.5%。我国武钢集团硅钢片厂采用西南化工研究设计院的技术于 1990 年建成国内首套焦炉煤气制氢装置，规模为 2×1 000 m^3/h。

表 10-2　三种提氢方法的特点

方法	原理	典型原料	氢气纯度/%	回收率/%	使用规模	备注
变压吸附法(PSA)	选择性吸收气体中的杂质	任何富氢原料气	99.999	70～90	大规模	冲洗过程损失氢
膜分离法	气体通过渗透膜的扩散速率不同	炼厂气、合成氨弛放气	92～98	约 85	规模不限	He、CO_2 和水也能渗透
深冷分离法	以气体沸点不同进行蒸馏	石油化工、工业煤气	90～95	95	大规模	纯化前需去除 CO_2、H_2O、H_2S 等

表 10-3　三种提氢方法工艺技术指标

工艺性能	变压吸附法(PSA)	膜分离法	深冷分离法
温度/℃	30～40	50～80	－170～－190
操作压力/MPa	1.0～3.0	3.0～15.0	1.0～8.0
提浓产品压力/MPa	1.0～3.0	0.2～7.0	1.0～8.0
进料中最小氢含量/%	30	30	30
预处理要求	除掉固体，液体	脱除 H_2S	脱除 H_2O、CO_2、H_2S
相对功耗/kW	1.68	1.0	1.77
产品氢的浓度/%	99.99	80～98	90～95

表 10-4　工业氢技术标准 GB/T 3634.1—2006

项目名称	指标		
	优等品	一等品	合格品
氢气(H_2)含量(体积分数)/10^{-2}　≥	99.95	99.50	99.00
氧气(O_2)含量(体积分数)/10^{-2}　≤	0.01	0.20	0.40

1. 吸附作用原理

焦炉煤气制氢技术的核心是变温吸附和变压吸附，二者的核心都是“吸附”。根据吸附的基本特点，不同吸附质在吸附剂表面的吸附性能存在差异，同一吸附质的饱和吸附量随温度的上升而减少，随压力的升高而增加，焦炉煤气中的杂质或是氢气正是利用这个原理通过调控吸附和解吸的工艺参数而实现分离的。TSA 通常用于杂质的分离，尤其是难解吸杂质的脱除，PSA 则主要用于混合气体中主体成分的分离提纯，当气体成分复杂、产品纯度要求高时，通常将 TSA 和 PSA 配合使用。

吸附剂对吸附质的选择性分离通过如下几种作用：

① 位阻效应：吸附剂内的微孔通过分子筛分作用只允许尺寸比它小的分子进入，而尺寸大于孔口直径的大分子则无法进入。

② 动力学分离：借助不同分子在吸附剂中扩散速率的差异而实现分离。

③ 平衡分离：依据不同组分间的平衡吸附容量的差异进行分离，大多数的工业分离依此原理。

工业 PSA 提氢装置所用的吸附剂大都为具有高比表面积的多孔材料，如分子筛、活性炭、氧化铝、硅胶等，另外，还有针对某种组分选择性吸附的材料，如 CO 专用吸附剂和碳分子筛等。

常见的吸附剂对气体吸附强弱的顺序为：

活性炭：$H_2S>C_3H_8>C_2H_6>C_2H_4>CO_2>CH_4>CO>N_2>O_2>Ar>H_2$

分子筛：$H_2O>NH_3>H_2S>SO_2>CO_2>C_2H_4>C_2H_6>CO>CH_4>N_2>O_2>Ar>H_2$

硅胶：$C_3H_8>C_2H_2>CO_2>C_2H_4>C_2H_6>CH_4>CO>N_2>O_2>Ar>H_2$

活性氧化铝：$C_3H_8>C_2H_4>C_2H_6>CH_4$

碳分子筛：$CO_2>CH_4>CO>N_2>O_2>H_2$

可以看出，不同吸附剂对吸附质的物理吸附作用，一般是对较大尺寸、极性较高的分子吸附作用更强，而对于小分子、极性较弱的分子则吸附作用更弱。因此，PSA 和 TSA 过程吸附剂的选择基本上都可以参考上述规律。

2. 焦炉煤气提氢工艺流程

从焦炉中提取氢气的技术在 20 世纪 90 年代左右开始工业化，不同生产规模、不同氢气用途（不同纯度要求），所采用的工艺流程也不尽相同，但基本都包含压缩、变温吸附、变压吸附和精制工序。

典型的加工流程如图 10-7 所示。

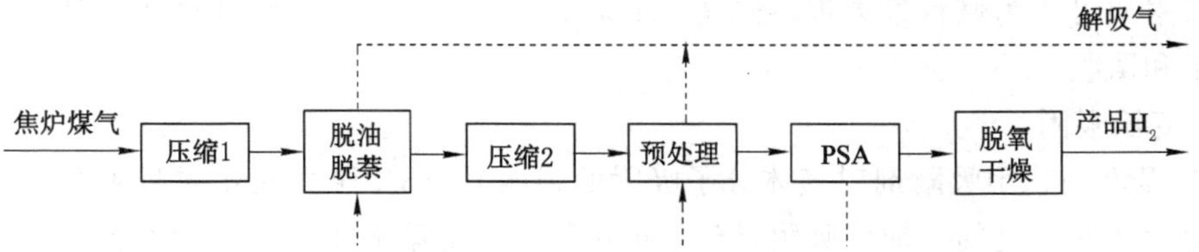

图 10-7　焦炉煤气变压吸附制氢工艺流程框图

简单来说，就是焦炉煤气先经过压缩冷却后经吸附脱除大部分的焦油、萘和苯等高沸点杂质和部分 H_2S、NH_3 等，再经压缩后进行 TSA 预处理工序，经吸附脱除剩余的烃类分子、大部分强极性吸附质等杂质，然后在 PSA 工序脱除除氧外的其他杂质，获得较高纯度的氢气，最后再经氧气的催化加氢反应和干燥脱水实现氢气的深度净化，得到纯度大于99.999%的高纯氢气产品。

(1) 压缩和预净化工序

焦炉煤气后续利用的第一道工序就是压缩，一般是先将焦炉煤气压缩至 0.6～0.8 MPa，经脱油脱萘后，再用压缩机 2 提压至 1.6～2.0 MPa，该压力下，PSA 可采用常压冲洗再生工艺，最终可得到压力为1.5～1.8 MPa的产品氢气。原料气经过压缩和冷却后，通过活性炭等吸附床层可吸附脱除大部分的焦油、萘和苯等高沸点杂质和部分H_2S、NH_3等气体，吸附接近饱和后，再通过后续PSA工段的尾气将其进行解吸冲洗再生。

压缩机有活塞式、离心式和螺杆式，但目前采用的主要为螺杆式。螺杆压缩机靠一对转子在机壳内转动实现气体的压缩，在压缩过程中喷入液体(通常为水)对转子与转子、转子与壳体之间起到冷却、润滑和密封作用，压缩比高，非常适合含焦油、粉尘、萘等易聚合、不稳定性物质的焦炉煤气，通过洗涤还可除去上述杂质。喷液(水)螺杆压缩机对气体分子量变化不敏感，可用于压缩分子量小的氢气，且不会出现离心压缩机易出现的喘振等现象。

(2) 变温吸附

进行PSA之前需将压缩脱油脱萘工序残留的杂质进一步脱除，为此国内外曾先后采用过低温冷冻法、溶剂吸收法、吸附法、加氢精制法等。实践证明，目前变温吸附法(TSA)是最有效的，可将焦油和萘脱至1 mg/m³以下，苯脱至10 mg/m³以下。

变温吸附法是根据相同压力下不同吸附质在吸附剂上的吸附特性差异，选用吸附剂(一般为活性炭类)对焦炉煤气中的焦油、萘、苯等易引起下游PSA工序吸附剂中毒的较大分子尺寸的强吸附质进行吸附脱除，而煤气中的H_2、CO、CH_4等弱吸附质组分则很少被吸附。吸附过程中所产生的大部分吸附热被气流带走，床层温度接近于恒温。随着吸附的进行，吸附逐渐趋近于饱和，为避免杂质组分"穿透"吸附剂而出，需将进料气体切换至另一吸附床，而本床进行再生过程。根据等压下物理吸附的饱和吸附量一般随着温度的升高而下降这一原理，将吸附至接近饱和的吸附床进行加热，从而使被吸附的焦油、萘、苯等物质释放出来，完成吸附剂的再生，形成循环的吸附净化工艺。在实际生产过程中，TSA的再生常结合加温降压与冲洗吹扫，一般将热气体(吸附过程中本工序或下游工序产生的弱吸附质气体或惰性气体)或水蒸气在低压下(通常接近大气压力)通入床层直接对吸附剂加热，升高吸附剂床层的温度，并提供吸附质解吸(脱附)所需的热量，同时作为"载气"提供冲洗吸附剂床层和带走吸附质的作用。但加热气一般用量较少，因此冲洗作用是有限的，以升温脱附作用为主。解吸的吸附质可作为燃料气去提供热量，如高沸点组分较多也可通过冷却将其从冲洗气中冷凝析出和回收。

(3) 变压吸附

PSA提氢是利用吸附剂对气体分子吸附的强弱及PSA压力变化对吸附容量的调节对气体实现选择性分离的。加压吸附，降压和冲洗再生或降压抽真空再生的循环，是PSA工艺的基本过程。相比升温和降温过程，压力的变化可以很迅速地实现，因此循环过程可以很快，几分钟甚至几秒即可完成。在这种情况下，绝大部分吸附热尚来不及被气流带走而储存在床层中，为下一步解吸提供了有利条件。吸附和再生处理基本上处于同一温度(在原料气温度上下5 ℃范围内)，因此又称等温变压吸附或绝热变压吸附。

由于吸附剂对杂质的吸附是有限的，因此必须对吸附剂进行再生、循环使用，才能达到连续制氢的目的，吸附剂的再生分3个步骤完成。

① 降压：首先是顺向降至某一中间压力，主要是回收塔内的氢，接着是逆向降至低压，被吸附的部分杂质解析，并被排出吸附器。

② 冲洗：在低压下冲洗吸附剂，以清除残留于吸附剂中的杂质。

③ 充压：吸附剂被充至吸附压力，以准备再次进行吸附。

PSA一般在1～2 MPa下进行操作，使用活性氧化铝、活性炭、5A分子筛的复合床，脱除小分子气体，获得纯度大于99.9%的氢气。产品气的一部分可返回解吸塔用于冲洗床层，解吸气可用作除萘除油器的再生气，其热值较高，可作为全厂燃料气。

早期的PSA工艺产品回收率低，近年来随着装置规模不断扩大，为提高回收率和经济性，改进了压力调整操作，增加了压力均衡步骤（或称均压步骤）。当一个床（A床）完成吸附而另一床（B床）冲洗结束即将转入吸附状态时，A床并非直接卸压放空，而是通过两床出口端相连的管道与B床进行均压，用A床的富产品气对B床进行部分升压，压力平衡后再对A床放空，B床继续用原料气升压至操作压力。这种均压过程可回收压缩能，降低能耗，同时提高产品回收率。

采用多次均压步骤时，塔的状态变化和阀门的切换均较为频繁，如采用二次均压变压吸附过程，即每个塔在1次循环周期中均需要经过吸附、一次压力均衡降、顺向放压、二次压力均衡降、逆向放压、冲洗、二次压力均衡升、一次压力均衡升以及最终升压等9个步骤，阀门的自动控制系统及阀门的可靠性是技术的关键。

目前，大型焦炉煤气PSA提氢装置一般采用多床工艺，大都为10床或更多。我国规模在10 000 m^3/h以上的装置有几十套，典型的工艺有10-3-3工艺，即共有10个吸附床，其中保证有3台同时处于吸附状态，其余7床处于不同阶段的再生过程，经过3次均压操作，然后再冲洗再生，装置共设置自动切换阀门55台，氢气纯度可到6N(99.9999%)，产品回收率达89%以上。采用吸附-均放压-顺放-逆放-冲洗-均冲压的吸附再生流程。有的PSA工艺采用真空解吸再生的方法，真空解吸安排在逆放之后，或抽空与冲洗同时进行，取决于对产品纯度和回收率的要求。多床工艺可充分利用均压操作，同一时间内可以有几个床同时进行吸附和再生，一个床处于吸附步骤时，其他床可分别处于再生阶段的降压、冲洗和升压步骤，降压步骤又细分为均压放压和顺向放压、逆向放压，且均压放压可进行多次，而升压步骤也细分为均压充压及最终充压。应当说明的是，随着顺向降压过程的进行，排放气中的杂质浓度将逐步增加，为了达到最好的分离，对于完成吸附步骤床层放压气的利用应遵循：最不纯的气体应使用于最低压力下的清洗，而最纯的排出气应使用于最高的中间压力下的充压。

(4) 脱氧干燥

在经过变温吸附和变压吸附后，H_2中还含有少量O_2，这些O_2在脱氧干燥工序通过钯(Pd)催化剂进行催化反应除去。其反应式如下：

$$H_2 + 1/2O_2 \longrightarrow H_2O + 242\ kJ/mol$$

反应可在常温至100 ℃的范围内操作，反应后生成的水经变温吸附（TSA）干燥除去，通常使用细孔硅胶和活性氧化铝的复合床层。

近年来，国内企业在上述工艺基础上开发了两段PSA提氢工艺，即先压缩至0.6 MPa，经预净化处理后进行PSA-Ⅰ段脱除较强吸附的CO_2、H_2S、HCN、NH_3、有机硫等及大部分的CH_4、CO和氮气等气体，得到约95%的半成品氢气，然后再加压至1.25～3 MPa后经Pd催化剂除氧，然后进行PSA-Ⅱ段提纯至99.99%以上。

二、煤气化制氢技术

因煤制氢的成本优势，近年来炼油企业通过引入不同形式的煤气化装置用来制氢，不同气化炉形式所用的制氢工艺基本相似，主要包括CO变换（水煤气变换）、酸性气体脱除和氢气提纯。

CO 变换是将粗合成气中的 CO 经水煤气反应转化为氢气和易与氢气分离的 CO_2。由于合成气中含有 H_2S 等含硫化合物，而常用的合成气净化工艺（如低温甲醇洗）一般需在低温下操作，再进行水煤气变换时又需升温，因此容易造成能量损失，且需进行二次低温甲醇洗来脱除变换反应生成的 CO_2。如先进行水煤气变换反应，则催化剂需有一定的耐硫能力。目前通常用 Co-Mo 系变换催化剂，其操作温度区间较宽，抗硫中毒能力强，因其活性组分为 CoMo 硫化物，为保证催化剂能够维持在高活性的硫化态而不被还原为金属态，恰恰要求反应体系中要有一定含量的含硫化合物，尤其是 H_2S 或有机硫。另外，CoMo 硫化物催化剂对有机硫的氢解生成 H_2S 也有较好的活性。催化剂可使 CO 的变换率达 99%，而蒸汽消耗较少，整体上能耗和物耗较低。Fe-Cr 系变换催化剂耐硫性较差，适用于总硫含量低于 80×10^{-6} 的气体，其操作温度在 350～500 ℃，反应过程称为中高温变换，CO 平衡转化率较低。另一种对硫敏感型的变换催化剂是 Cu-Zn 催化剂，一般要求硫含量低于 0.1×10^{-6}，操作温度在 200～280 ℃，反应过程称为低温变换，通常串联在中高温变换之后，将 3%左右的 CO 在低温下进一步降至 0.3%左右。

CO 变换后，产品气以 H_2 和 CO_2 为主并含有少量的 H_2S、未反应完的 CO 以及氮气等其他杂质，下一步则是脱除 CO_2 和 H_2S 这些酸性气体，脱除方法主要有溶液物理吸收、溶液化学吸收、低温蒸馏和吸附四大类，其中以溶液物理吸收和化学吸收最为普遍。溶液物理吸收法适用于压力较高的场合，化学吸收法适用于压力相对较低的场合。国外应用较多的溶液物理吸收法主要有低温甲醇洗法，应用较多的化学吸收法主要有热钾碱法和 MDEA（N-甲基二乙醇胺）法。国内应用较多的液体物理吸收法主要有低温甲醇洗法、NHD（聚乙二醇二甲醚）法、碳酸丙烯酯法，应用较多的化学吸收法主要是热钾碱法和 MDEA 法。目前低温甲醇洗法应用较为广泛，低温甲醇对 CO_2、H_2S 和 COS 的吸收具有很高的选择性，可以在同一个塔内同时完成 CO_2 脱除和精脱硫，而且容易获得高浓度的 H_2S 用于克劳斯法回收硫。

经净化和低温甲醇洗等处理，合成气中氢含量约 98%，杂质中以 CO 为主，一般 CO_2 含量小于 10×10^{-6}，H_2S 含量小于 0.1×10^{-6}，如工业用气对纯度要求不高，则可直接使用；如需生产高纯氢气用于燃料电池等场合，则还需进一步分离提纯，与焦炉煤气制氢工艺相似，通常也采用变压吸附的方式。

在焦炉煤气制氢或煤气化制氢过程中也不可避免地会产生 CO_2，尤其是水煤气变换脱除 CO 的环节。但这种高度富集的 CO_2（接近 100%）与化石燃料普通燃烧所产生的低浓度（仅为 12%左右）的烟气是不同的，可以更经济地实现 CO_2 的捕集、利用或封存。随着 CO_2 驱油、CO_2 电催化和热催化转化、CO_2 地层封存等技术的不断发展，焦炉煤气或煤气化制氢系统在未来完全可以实现近零排放，由"灰氢"变为"蓝氢"。

复 习 题

1. 甲烷的性质及其用途是什么？
2. CO 和 CO_2 甲烷化原理是否相同？主要根据是什么？
3. 甲烷化催化剂的载体和活性组分主要有哪些？

4. 甲烷化催化剂失活的原因是什么？

5. 直接甲烷化和间接甲烷化的异同点是什么？

6. 目前能够大规模商业化的甲烷化工艺技术有哪些？

7. 简述我国为什么要大力开发甲烷化技术以及我国甲烷化技术发展现状。

参考文献

[1] 高建国，丁剑秋，杨芳芳，等. 二氧化碳催化加氢甲烷化研究进展[J]. 贵州化工，2009，34(3)，23-25.

[2] 胡大成，高加俭，贾春苗，等. 甲烷化催化剂及反应机理的研究进展[J]. 过程工程学报，2011，11(5)：880-893.

[3] 康慧敏，蒋福宏，王大祥. 城市煤气甲烷化低镍催化剂的研究[J]. 化学工业与工程，1993，10(3)，8-12.

[4] 蔺华林，李克健，赵利军. 煤制合成天然气现状及其发展[J]. 上海化工，2010，35(9)：25-28.

[5] 路霞，陈世恒，王万丽，等. CO 甲烷化 Ni 基催化剂的研究进展[J]. 石油化工，2010，39(3)：340-345.

[6] 马胜利，谭猗生，张清德，等. α-Ni/γ-Al_2O_3 催化剂催化一氧化碳甲烷化反应的研究[J]. 天然气化工，2009，34(6)：1-3.

[7] 莫欣满，董新法，刘其海，等. 纳米 ZrO_2 负载 Ni 催化剂催化 CO 选择性甲烷化[J]. 石油化工，2008，37(7)：656-661.

[8] 石天宝. 国外煤气甲烷化工艺的开发概况[J]. 国外煤气，1992，(4)，1-13.

[9] 赵钢炜，肖云汉，王钰. 煤制天然气工艺技术和催化剂影响因素的分析探讨[J]. 陶瓷，2009(11)：21-25.

[10] 赵振本. 美国大平原煤气化厂[J]. 煤炭加工与综合利用，1986，(2)，51-55.

[11] 郑荣兵，徐新良，徐亚荣，等. CO 甲烷化研究进展[J]. 河南化工，2011，28(2)，3-6.

[12] ECKLE S，ANFANG H G，BEHM R J. What drives the selectivity for CO methanation in the methanation of CO_2-rich reformate gases on supported Ru catalysts? [J]. Applied Catalysis A：General，2011，391(1/2)：325-333.

[13] HO VAN S，HARRIOTT P. The kinetics of methanation on nickel catalysts[J]. Journal of Catalysis，1980，64，272-283.

[14] INUL T，FUNABIKI M，TAKEGAMI Y. Simultaneous methanation of CO and CO_2 on supported Ni-based composite catalysts[J]. Industrial & Engineering Chemistry Product Research and Development，1980，19(3)：385-388.

[15] KAMBLE V S，LONDHE V P，GUPTA N M，et al. Studies on the sulfur poisoning of Ru-RuO_x/TiO_2 Catalyst for the adsorption and methanation of carbon monoxide[J]. Journal of Catalysis，1996，158(2)：427-438.

[16] KOPYSCINSKI J，SCHILDHAUER T J，BIOLLAZ S M A. Fluidized-bed methanation：interaction between kinetics and mass transfer[J]. Industrial & Engineering Chemistry Research，2011，50(5)：2781-2790.

[17] KOPYSCINSKI J，SCHILDHAUER T J，BIOLLAZ S M A. Production of synthetic natural gas (SNG) from coal and dry biomass-A technology review from 1950 to 2009[J]. Fuel，2010，89(8)：1763-1783.

[18] LUNDE P J，KESTER F L. Carbon dioxide methanation on a ruthenium catalyst[J]. Industrial & Engineering Chemistry Process Design and Development，1974，13(1)：27-33.

[19] MILLS G A，STEFFGEN F W. Catalytic methanation[J]. Catalysis Reviews，1974，8(1)：159-210.

[20] PANAGIOTOPOULOU P，KONDARIDES D I，VERYKIOS X E. Selective methanation of CO over supported Ru catalysts[J]. Applied Catalysis B：Environmental，2009，88(3/4)：470-478.

[21] PONEC V. Some aspects of the mechanism of methanation and fischer-tropsch synthesis[J]. Catalysis Reviews,1978,18(1):151-171.

第十一章　煤基炭素材料

传统经典的炭素材料是一种使用历史悠久的材料，它的使用记录可以追溯到公元前。然而，这种固体材料的基础理论研究则始于20世纪初。此后，炭素材料的结构和炭化机理研究进一步发展，实现炭素材料微晶结构排列，这些材料在耐腐蚀、耐高温等尖端领域得到了应用。

第一节　炭素材料概述

炭素材料是指主要由碳元素构成的材料，碳原子的结合形式或者状态不同就构成不同种类的炭素材料。炭素材料包括：石墨系炭素材料、金刚石系炭素材料、富勒烯系炭素材料以及卡宾系炭素材料。炭素制品指的是炭制品和石墨制品，是由各种以碳元素为主的原料（如无烟煤、焦炭等），在高温炭化过程中发生缩聚、脱氧等反应，使其结构中的非碳杂原子脱除，形成以碳为主的结构并逐渐稠环化，从而转变为分子结构排列较整齐的炭制品及分子结构排列整齐的人造石墨。炭制品中除碳元素外，还含有微量的氢、氧、氮等其他元素，而石墨制品几乎只有碳元素。

一、炭素材料的性质及分类

基于炭素材料的独特结构，炭素制品具有下列优异性能：

(1) 耐热性强。在无氧的条件下，它可以在1 000 ℃以上，甚至高达2 000 ℃的温度下使用，其机械强度比常温时高。在室温下，其平均抗张强度为20 MPa，而在2 500 ℃时平均抗张强度在40 MPa以上，这是其他材料难以比拟的。

(2) 热膨胀性低。例如人造石墨的热膨系数为$(3\sim8)\times10^{-6}$/℃或更低，对热冲击有极高的抵抗能力。

(3) 耐腐蚀性好。无论是在有机或无机溶剂中，炭素制品均不能溶解。在非强氧化性的酸、碱或盐溶液中不发生反应，有良好的稳定性。

(4) 导电性、导热性良好。

(5) 密度小、质量轻、有自润滑性。

(6) 抗放射线性强。由于对中子吸收较少，减速能力很强。因此，用放射线照射时，碳几乎不发生反应。

(7) 无毒性和无腐蚀性。

根据原料品种和制备条件，炭素制品有不同的分类：炭素制品按形状可分为定型状、纤维状、薄膜、球状体、中空体等；按产品用途可分为石墨电极类、炭块类、石墨阳极类、炭电极类、糊类、电炭类、炭素纤维类、特种石墨类、石墨热交换器类等；石墨电极类按允许使用电流密度大小，可分为普通功率石墨电极、高功率电极、超高功率电极；按加工深度高低可分为炭制品、石墨制品、碳纤维和石墨纤维等。

二、炭素材料的原料

炭素材料的原料按性状可分为固体原料和液体原料两大类。

（一）固体原料

常见的固体原料有石油焦、无烟煤、冶金焦、沥青焦、炭黑和针状沥青焦等，一般用作骨架材料，简称骨料或骨材。

(1) 石油焦：石油焦是石油渣油延迟焦化的产物。它具有石墨化性能好、纯度高、膨胀系数小、各向异性因数大等特点，是生产石墨化电极和反应堆石墨砌体等制品的主要原料。其制品导电性好，耐热冲击性好。国产1号石油焦的质量指标是：灰分＜0.3％，硫分＜0.1％，挥发分＜0.7％，水分＜3.0％，1 300 ℃煅烧后真密度＞2.08 g/cm^3，小于25 mm的粉焦占比＜4.0％。

(2) 无烟煤：无烟煤可以作为生产炭块、炭素电极、电极糊等多灰产品的主要原料。优质低灰的无烟煤经过精选后能生产石墨化电极。与沥青焦、冶金焦相比，无烟煤机械强度较低，在高温下煅烧易碎裂，一般不单独使用，常与冶金焦和沥青焦配合使用。由于成煤的条件和变质程度不同，各种无烟煤的质量差别很大。作为炭素制品的无烟煤原料必须是低灰、强度大的块状无烟煤，生产电极糊的无烟煤质量指标如下：灰分不大于10％；硫分不大于2.0％；水分不大于3.0％；抗磨强度(经滚磨后大于40 mm的颗粒)不少于35％。

(3) 冶金焦：冶金焦是烟煤干馏的产物。它是生产炭块、炭素电极和糊类制品等多灰产品的主要原料。冶金焦的灰分较高，在10％以上，不易石墨化，导电性能也比沥青焦差。由于冶金焦的成焦温度在1 000 ℃以上，因此，在炭素制品生产中，它可以不经煅烧，只烘干其水分后即可使用。

(4) 沥青焦：沥青焦是煤沥青焦化的产物。它是生产石墨化电极、阳极糊等少灰制品的原料之一，其特点是含灰分低、含硫分低、含碳量高(可达99％)、机械强度大和易石墨化。因此，在一般石墨化制品的生产中，都按一定比例使用沥青焦。由于沥青焦的成焦温度高达1 100 ℃以上，故一般在使用前不必经过煅烧，只需烘干脱水即可使用。但有时考虑沥青焦的焦化程度不均匀，需经过二次煅烧，使其质量均匀化。国产沥青焦质量指标如下：灰分不大于0.5％；硫分不大于0.5％；挥发分不大于1.0％；水分不大于3.0％，小于25 mm颗粒含量不大于4.0％；真密度2.0 g/cm^3 以上。

(5) 针状焦：针状焦又称针状沥青焦，是近年发展起来的一种新型的易石墨化的优质炭素固体原料。针状焦采用石油沥青或煤沥青做原料。针状焦主要用于制造超高功率电炉炼钢用的石墨电极，近年来大量用作锂离子负极材料。针状焦煅烧品的外观具有明显的针状乃至层状结构，且经焙烧、石墨化处理后，它的使用性能优越。用针状焦生产的石墨电极具有异向性强、机械强度高、导电性能和抗热震性能好等特点。

(6) 炭黑：炭黑通常是用甲烷制取的，但也有用煤焦油及其重质馏分在空气不足的条件下燃烧热解制得。它是生产硬质电化石墨电刷和弧光炭棒等产品的主要原料之一。由于炭黑具有很高的纯度(含灰量小于0.3％)、极细的粒度(颗粒直径小于0.1 μm)和碳原子排列的不规则性，以炭黑为主要原料生产的炭素制品具有各向同性、电阻系数大、机械强度高和纯度高等特点。在制造高密度制品时可加入少量炭黑，用它来填充焦炭颗粒间的微小空隙。但是，炭黑难于石墨化，即使在 2 800 ℃高温下，也只能部分石墨化。因此，应按使用要求，合理地配料，一般不宜掺得过多。

（二）液体原料

常见的液体原料主要是石油沥青或煤沥青，一般用作生产各种炭制品和石墨制品的黏结剂。

煤沥青是生产各种炭制品和石墨制品的黏结剂，在加热状态下具有流动性。煤沥青和固体粉料在加热条件下搅拌混合，其混合料具有塑性，并在一定压力下制成具有一定形状的制品。该制品稍经冷却后即硬化，保持其成型时的形状。当把这种制品在一定条件下焙烧时，沥青就逐渐分解、聚合和炭化，并把周围的固体颗粒牢固地黏结在一起，形成一个炭的整体，并具有结构强度。目前大多数炭素厂使用中温沥青（其软化点为 65～80 ℃）做黏结剂，也有少数企业使用硬沥青（其软化点为 120～150 ℃）和软沥青（其软化点为 52～56 ℃）。随着软化点升高，沥青中固定碳含量也随之增加。

煤焦油和蒽油在炭素制品生产中，主要用来调节煤沥青的软化点。当某些制品需要浸焙时，有时为了降低煤沥青的黏度，也会加入一定数量的煤焦油或蒽油，达到降低浸渍剂的黏度、提高流动性的目标，从而有利于浸渍剂浸入制品的气孔中去。

三、炭素材料的基本生产流程

炭素材料的制备，一般包括以下几个步骤：

（一）煅烧

将粗碎过的原料在隔绝空气或空气很少的条件下进行高温处理，其目的是除去原料中的水分，提高原料的密度、机械强度和导电性能。在煅烧过程中，原料脱除水分和挥发分，发生复杂的分解和缩聚反应，分子结构趋于紧密，一般作为炭制品和石墨制品的骨架材料。

（二）配料

为了提高成品的质量和成品率，需要进行配料，主要包括原料的选择和不同种类原料的比例确定，骨料粒度组成的确定和黏结剂选择。

（三）混捏

混捏主要是使配好的多组分骨料、粉料和黏结剂混合均匀，形成宏观上均一的结构；同时使原料压实，提高其密度，并具有塑性，便于成型。混捏过程进行得越完善，制品的结构就越均匀，性能就越稳定。

（四）成型

将已混捏好的糊料压制成所需要的形状和尺寸，并具有较高密度的半成品（毛坯），以利于进一步热加工。对于商品糊料，只将混捏好的糊料，在常压下简单铸块或装入容器冷却，即得成品，不需再进一步热加工。

（五）焙烧

炭素制品的焙烧就是使毛坯中的黏结剂炭化为黏结焦的热处理过程。通过焙烧，在骨料颗粒间生成黏结焦膜，将所有的骨料颗粒牢固地连接成具有一定机械强度和理化性能的整体。

（六）石墨化

石墨化就是将焙烧后的炭素制品和电阻料，在石墨化电炉内升温至 2 500 ℃左右，使焙烧后制品的乱层无定形碳转化为有序排列的石墨化制品的工艺过程。其目的是：① 提高材料的热、电传导性;② 提高材料的热稳定性和化学稳定性;③提高材料的润滑、抗磨性;④ 排除杂质,提高纯度;⑤ 降低硬度,便于进行精密的机械加工。

四、炭素材料的主要用途

炭素材料是 21 世纪新兴的第 4 类材料,其理化性能和机械性能在很多特殊条件下优于金属材料和高分子材料。根据应用领域,炭素材料大致可分为两大类:一类是传统意义上的炭素材料类制品,如石墨电极、高炉用和铝用炭砖、炭糊等产品,主要用于电炉炼钢和精炼炉、电解铝、工业硅、磨料等钢铁行业和铝行业;一类是新型炭素材料,如碳纤维、炭纳米管、纳米碳材料、石墨烯等,主要用于军工、核能、宇航、电子、医疗、生物、冶金、化工等高科技领域,是我国重点鼓励发展的高科技产业。

第二节　炭素材料的液相炭化理论

一、液相炭化理论

炭素材料的制备是以有机物为前驱体,经过热处理转化为分子排列有序的炭固体的过程。炭化机理是炭素材料制备的科学基础,中间相理论的提出使液相炭化理论趋于成熟。

中间相理论创立于 1965 年,由澳大利亚的布鲁克斯和泰勒(Brooks 和 Taylor)两位学者提出,该理论阐述了稠环芳烃类液相炭化过程中中间相液晶体系生成及转化机理。该理论认为,在较高的温度下,具有多种组分液相体系中的分子在系统加热时发生热分解和热缩聚反应,形成具有圆盘形状的多环缩合芳烃平面分子。这些平面稠环芳香分子在热运动和外力作用下取向,并在分子间范德瓦耳斯力的作用下层积起来形成层积体,为达到体系的最低能量状态,层积体在表面张力的作用下形成球体,即中间相小球体。中间相小球体吸收母液中的分子后长大,当两个球体相遇碰撞后两个球体的平面分子层面彼此插入,融并成为一个大的球体。如果大球体之间再碰撞、融并后将会形成更大的球体,直到最后球体的形状不能维持,形成非球中间相——广域流线型、纤维状或镶嵌型中间相。中间相热转化过程示意图如图 11-1 所示。

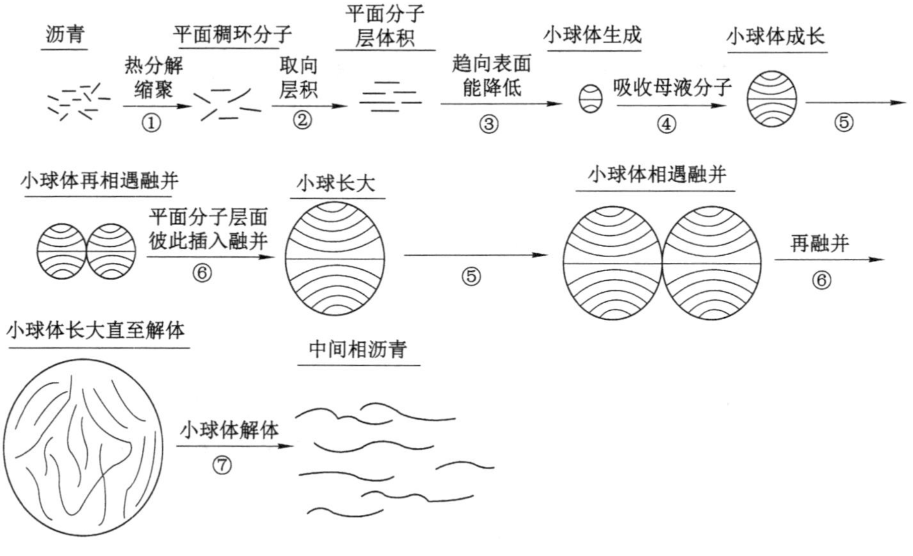

图 11-1　中间相热转化过程

从物相角度来看，中间相球体的生成过程是物系内各向同性液相逐渐变成各向异性小球体的过程；从化学角度来看，它是液相反应物系内不断进行着的热分解和热缩聚反应达到一定程度的产物。这意味着，炭化过程的中期和后期所建立起来的有几十到上百个稠环苯环所构成的二维碳网层面群的空间排布，乃是决定成品炭材料的最终结构和性能的关键因素。在中间相阶段研究对象所处的物理状态刚好是处于由液体转化为固体的中间阶段，就是一般意义上的液晶状态，也就是中间相概念的由来。在进一步转化过程中，随着层状分子逐渐堆砌，外力的作用使物料外形逐渐改变和固定，物料内部的分子结构也发生着深刻的变化，直至形成新的固相。

二、中间相理论的发展

中间相理论提出以后，学者们继续进行了广泛的研究。20 世纪 70 年代末，路易斯(I. L. Lewis)发现了中间相的可溶性和热变型，并将其应用于中间相沥青碳纤维的开发。美国的怀特(J. L. White)，英国的马什(H. Marsh)，日本的本田英昌和山田泰弘、真田雄三、持田勲都对完善中间相理论做出了贡献。

美国的怀特首先研究最典型的渣油和炭素用沥青的中间相转化特征，给出了典型中间相形态的显微图像。随后，根据原料的炭化残留物产率和中间相生成率对热处理温度的特征曲线提出 $\Delta T_{50\%}$、$\Delta T_{80\%}$ 和中间相最高产率等特性指标，以及半焦光学形态的消光轮廓间距。其中，中间相和焦形态的光学显微图像已被广大后继者所沿用。

英国的马什在理论上全面总结和论证了中间相属于液晶的各项特性：① 分子呈圆片状；② 具有可塑性；③ 高度各向异性；④ 磁场定向性；⑤ 中间相和固体表面的相互作用和分子按表面平行定向；⑥ 共熔效应；⑦ 中间相随温度升降隐现的可逆性(仅限热变型中间相)；⑧ 容纳作用。分析了影响中间相可塑性的诸多因素，提出中间相的组织结构对衍生的焦炭石墨化度具有决定性影响。此外，他还对液相炭化过程中氢转移的机理进行了深刻阐述，现已成为液相炭化理论体系的重要组成部分。

日本的本田英昌和山田泰弘自 1974 年起进行母液的中间相炭微球的研究，随后开展中间相微球的制备方法等研究工作，并阐述了中间相的光学多色现象和中间相体中四种典型旋错形成机理。真田雄三以"重质油的炭化"为研究目标，系统研究了各种石油渣油的中间相转化特征，分析了炭化过程中喹啉不溶物(QI)含量等因素对中间相转化特征的影响，创立了沥青结构的解析方法。持田勲基于中间相理论，对针状焦的制备和中间相沥青碳纤维的制备做出了创造性的贡献。他以共炭化改性为主要手段，提出相容性的概念并阐明了共炭化机理，提出了著名的中间相组分分子的蜘蛛网模型。采用多种方法制取高含量可溶性中间相的中间相沥青，达到了纺丝性能、中间相分子定向排列和原丝焦收率三项主要指标的高度统一。他认为碳质中间相的形成过程是先形成具有规则形状的片状分子堆积单元，然后由片状分子堆积单元构成球形的微域，再由微域堆积成中间相球体。

三、中间相理论的应用

液相炭化的中间相理论，推动了针状焦和中间相沥青基碳纤维的工业化进程，较好地体现了中间相理论的价值。

中间相理论深刻揭示了炭化原料的分子结构本性与其热反应性、生成中间相的形态和中间相内部分子结构之间的精确关系，阐明了影响中间相形态的各种工艺因素，发现了中间相的多种重要物理特性，如可溶性、可逆性、溶变性等，揭示了中间相分子的结构模型以及分子群的排布和焦的结构的直接联系，建立了液相炭化过程的微观机理。

中间相理论使油系针状焦和煤系针状焦的制备工艺建立在更加科学的基础之上，也为各向同性石油焦制备奠定了良好的科学基础。高性能沥青基碳纤维的开发也是基于中间相理论的指导，在纺丝条件和不融化处理的控制方面有了更加科学的依据。在沥青基炭-炭复合材料的制备、中间相炭微球制备、块状石墨传统工艺的改进等方面的理论基础都是建立在中间相理论基础之上的。

第三节　沥青基炭材料

由高温炼焦的副产物煤焦油进一步蒸馏得到的固体物料，一般称为煤沥青，占煤焦油总量的 50%～60%。煤沥青是复杂的有机混合物，主要由 5 000 多种三环以上的多环芳烃化合物和少量高分子物质构成，分子量分布在 200～2 000 之间，最高可达 3 000。煤沥青碳含量高达 92%～94%，氢含量 4%～5%，还含有少量的氧、氮、硫等元素，元素含量受炼焦工艺、蒸馏条件、炼焦煤产地等因素影响。煤沥青具有富碳低灰、固液态可逆转化、结焦残碳值高、易石墨化等优点，是制备各种炭材料的核心原料之一。

煤沥青基炭材料的种类丰富，常见的沥青基炭材料有：煤系针状焦、煤沥青基碳纤维、煤基纳米碳材料等。

一、煤系针状焦

（一）针状焦的发展历史

针状焦是 20 世纪 70 年代开始大力发展的一个优质炭素材料，具有热膨胀系数低、石墨化性能好等优点。针状焦外形呈针状，在显微镜下具有明显的纤维状结构和较高的各向异性，主要制成石墨电极，应用于电弧炉炼钢、炼铝等。用针状焦制成的石墨电极具有耐热冲击性能强、机械强度高、氧化性能好、电极消耗低及允许的电流密度大等优点。在国防工业和民用工业中，其具有特殊用途和重要意义。尤其是采用针状焦制成的超高功率电极炼钢，可提高炼钢效率、减少电耗、降低炼钢成本，具有显著的经济和社会效益。

我国用于生产优质钢及特种钢的电炉钢正迅速向超高功率和大型化方向发展，采用石墨化程度较高的针状焦来制备高功率（HP）及超高功率（UHP）石墨电极成为必然。针状焦石墨化制成的 HP 及 UHP 石墨电极，具有化学稳定性好、抗热震性能强、机械强度好、耐腐蚀等优点，大大地提高了冶炼效率。除此之外，针状焦还可以用来作为锂离子电池、电刷、核石墨、电化学容器及火箭技术等的新型骨料。

1950 年 Great Lake Carbon Corp 首先发明了石油系针状焦，1968 年以后，在碳质中间相理论发展的同时，该技术的应用研究也得到较快发展。油系针状焦（1968 年）、煤系针状焦（1979 年）相继研究成功并正式投入生产。美国的 Great Lake Carbon Corp 和 Conoco Inc，日本的新日铁和三菱化学是主要的针状焦生产商。

我国对针状焦的生产研究始于 20 世纪 70 年代末 80 年代初，从 1979 年到 1985 年，石油化工科学研究院（RIPP）先后完成了油系针状焦室内实验、小型和中型实验，探明了成焦机理，确定了原料和焦化工艺，建立了相应的测试方法等。他们先后在抚顺公司石油二厂、大庆石化总厂的延迟焦化装置上以热裂化渣油为原料进行了针状焦工业生产试验，其针状焦产品在吉林、兰州两炭素厂制成超高功率石墨电极，并在炼钢厂进行了炼钢试验。从1986年至1993年，他们又完成了多种原料制备针状焦的试验研究。1995年11月，锦州石化公司100 kt/a针状焦生产装置投产成功，结束了我国针状焦不能连续生产的历史。1996年，沿海化工（鞍山）有限公司，由鞍山焦化耐火材料设计研究院设计，建成并投产了国内第一套煤系针状焦工业化生产装置。目前我国基本掌握了针状焦生产技术，已形成了较大规模的针状焦产业。

（二）针状焦的成焦机理

根据针状焦的生产原料是石油沥青或煤沥青，把针状焦划分为石油系和煤系针状焦。石油系针状焦以热裂化渣油、催化裂化澄清油、润滑油精制抽出油、蒸汽裂化焦油、焦化蜡油、乙烯裂解渣油等为原料。煤系针状焦以煤焦油沥青或是直接加氢裂化煤制得的液体产物沥青为原料。

煤系针状焦与石油系针状焦生产过程类似，只是工艺条件略有差异。针状焦的生产主要包括原料预处理、延迟焦化、煅烧三个阶段。原料预处理的目的是去除煤焦油或煤沥青中的喹啉不溶物（QI）、调整原料的组成，使其容易在焦化阶段形成广域型的中间相。目前，工业化应用的主要是溶剂沉降和高温离心分离法。延迟焦化是指原料预先经过一个加热炉快速升温加热到焦化反应温度，在焦化塔内，依靠裂解和缩聚反应放热维持裂解和缩聚反应，无需提供额外热量。焦化过程中经常通入蒸汽或其他气体，一方面可避免管道的堵塞，另一方面也有利于中间相的有序排列。煅烧是把生焦在隔绝空气的条件下进行高温（约1 450 ℃）处理，将生焦内的水分、挥发分等成分除去，改善产品结构，提升产品机械强度和导电性等理化性能。

针状焦的生成过程基本遵循液相炭化理论，首先原料经热处理生成不稳定中间相小球体，小球体长大，融并堆积成中间相，中间相分子进一步排列成纤维状结构，最终形成外观为针状结构的针状焦。由于原料经历热分解和缩聚过程，反应体系中有气体连续地向一定方向流动，这种气流有一定流速，能够使流动的各向异性区域强制沿气流方向有序取向，使中间相沥青分子在向列型有序排列中固化，最后成为针状焦。通常这一过程也称为气流拉焦。

根据针状焦的成焦机理，生产针状焦的原料要求芳烃含量高、杂质少、沥青质含量低，其组成分布能够在转化过程中生成较大的中间相小球体。

（三）针状焦主要性能指标

针状焦主要用于制造高功率和超高功率石墨电极（UHP），电极的性能在很大程度上取决于针状焦的性能。UHP电极必须有要高的石墨化度，所以针状焦的结构必须是各向异性程度很高的易石墨化炭，且纯度要高。针状焦的主要性能指标如下：

1. 真密度

真密度反映炭材料组成基本质点的排列规整程度。真密度越大，表明炭材料石墨化度越高，即晶体结构内部越致密，排列越整齐。石油系针状焦和煤系针状焦的真密度都在2.13 g/cm^3左右。此外，体积密度和堆积密度也是针状焦质量的量度。焦炭颗粒的堆积密度与真密度、孔隙结构及焦炭颗粒堆积后颗粒之间的孔隙率有关。颗粒之间孔隙又与颗粒之间的形状有关，在骨料真密度不变的情况下，颗粒内部的孔隙率越大则堆积密度越小。

2. 热膨胀系数

热膨胀系数（CTE）是针状焦最重要的性能参数之一，针状焦质量分级标准主要就是根据 CTE 进行划分的。CTE 越小的炭素制品在承受突然升至高温或从高温急剧冷却的热冲击时的抗热震性越好。CTE 与针状焦的显微结构有着密切的关系。针状焦的显微结构主要以纤维状结构为主，还含有数量不等的各种过渡型结构和镶嵌结构。

3. 强度

针状焦的强度取决于绝对孔隙的总数，它与顺纹理方向的 CTE 有关。孔隙率高，针状焦的强度降低。

4. 电阻率

电阻率是石墨电极性能的重要指标。通过检测粉末电阻率来控制针状焦的质量，其测定结果受针状焦的真密度和焦炭颗粒堆积后孔隙的影响，还受颗粒的形状影响。针状焦的颗粒是长形，测粉末电阻率时，加压后针状焦的颗粒横卧，使得粉末电阻率值增大。制品挤压成型时，由于焦炭颗粒的顺纹理方向趋于平行挤压方向排列，使得制品的电阻率在平行挤压方向较低。

5. 抗氧化性

炭材料的抗氧化性是炭材料应用的重要基础。由于炭材料中存在一些晶格缺陷或在炭化、石墨化过程中产生内应力以及杂质的存在，炭材料中存在一些活性点部位，这些部位易吸附空气中的氧气，并且在温度高于 400 ℃时开始氧化。因此，提高结晶度、减少缺陷、降低活性位置与外界反应气体的接触等是提高炭材料抗氧化性的重要手段。

二、煤沥青基碳纤维

碳纤维是以沥青为原料，经过沥青的精制、纺丝、预氧化和碳化（或石墨化）制得的含碳量大于 92%的特种纤维。根据前驱体的不同，碳纤维主要可分为聚丙烯腈基碳纤维和沥青基碳纤维。其中，沥青基碳纤维的模量近于石墨的理论模量，因而展现出高模量和高导电性的特点，而聚丙烯腈基碳纤维则具有较高的抗拉强度。

（一）沥青基碳纤维的发展

在碳纤维的研究与生产上，美国和日本一直走在世界的前列。1950 年美国空军对碳纤维进行研究，1959 年美国联合碳化物公司实现了从人造丝制碳纤维的工业生产。1962 年日本炭公司以聚丙烯腈为原料，经纺丝、预氧化、炭化制成了通用级碳纤维。1971 年日本东丽公司与东邦人造丝公司也参与聚丙烯腈基碳纤维的生产，20 世纪 80 年代后期各公司则着重扩大生产规模以求得经济规模的生产。

与聚丙烯腈基碳纤维相比，沥青基碳纤维发展稍慢。国外沥青基碳纤维的研究始于 20 世纪 50 年代末期，20 世纪 60 年代初由日本群马大学研制成功沥青基碳纤维，到 60 年代末在日本吴羽化学公司实现工业化，其规模为 120 t/a。美国 UCC（现为 Amoco 特性纤维）公司于 1970 年成功开发出了以石油沥青为原料的沥青基碳纤维，1982 年投入工业化生产，后来推出高模碳纤维和超高模碳纤维，如拉伸模量达 830 GPa 的 P-120 和 897 GPa 的 P-130。日本石墨纤维公司于 1995 年合资成立了“Granoc”沥青碳纤维公司，积极开展沥青基碳纤维的应用研究，开发了很多新品种。

（二）沥青基碳纤维的结构与性能

碳纤维的结构属于乱层石墨结构，这种结构决定了碳纤维的最终性能。碳纤维的微结构包括碳的乱层结构、微晶尺寸、择优取向、微小孔隙、径向结构、空间三维结构及表面结构等方面。碳纤维的形态结构主要取决于原丝结构和热处理条件，在碳化过程中，原丝纤维的各种形态结构特征，如分子排列、择优取向、单丝的截面形状等基本被保留下来。

1. 纵向结构与取向度

在微晶中，碳原子的层面与纤维轴构成一定角度的取向，称为择优取向，常用择优取向来表示微晶沿纤维轴取向的程度。沥青熔体在纺丝过程中，受到剪切和拉伸作用而使分子沿纤维轴向发生取向，氧化过程中，这种取向被固定下来。碳化时，缩聚反应在取向的分子间进行，最终得到沿轴向取向的微晶结构。微晶取向度越高，结构越规整，碳纤维的力学性能越优良。通过不同手段提高原丝中分子的取向，并使取向在热处理中进一步发展，可获得高强度高模量的沥青基碳纤维。

各向同性沥青基碳纤维(IPCF)基本上没有微晶的取向。在应力石墨化时，微晶的择优取向随着纤维的应变有所改善。中间相沥青基碳纤维(MPCF)具有各向异性，经 3 000 ℃处理后的微晶取向度可达到 90%以上。因此，中间相沥青容易制取高模量碳纤维。沥青基碳纤维发展趋势是研制开发高导热性能的沥青基碳纤维。MPCF 由于其石墨晶体结构沿纤维轴高度择优取向，具有极高的导热率，是理想高导热功能材料。MPCF 高导热性的主要机理是依靠量子化的弹性晶格振动(即声子)传递热量，与晶界散射声子平均自由行程成正比。声子平均自由行程近似等于由 X 射线衍射测得的面内相干长度 L_a，也就是说石墨晶体沿纤维轴取向程度以及石墨晶体尺寸两者是决定中间相沥青碳纤维的高导热性的主要内在因素。

2. 径向结构与规整性

通用级沥青基碳纤维大多数为非晶态结构，这种形态结构，使其拉伸强度、杨氏模量降低，断裂伸长减小，总体性能较差。对于高性能沥青基碳纤维，由于所用原料沥青不同，调制方法有别，特别是喷丝板结构的影响，纤维的断面结构有多种类型，如无规则结构、辐射状结构、褶皱结构、洋葱形结构，除此之外，还有表层为辐射状、内部为褶皱形结构或洋葱形结构等。

制取高强度碳纤维，应避免辐射状结构，因为该结构在热处理过程中容易产生裂纹，导致拉伸强度降低；而无规则结构、褶皱结构和洋葱形结构赋予碳纤维高的拉伸强度等许多优异性能。尽量减少表层辐射状结构所占的比例，以提高其拉伸强度。聚丙烯腈基碳纤维比中间相沥青基碳纤维具有更高的压缩强度，表层石墨晶体无序度更高，具有更趋于各向同性的力学性能，以及更好的压缩性能。中间相沥青基碳纤维具有很高的杨氏模量、优越的热传导性能和拉伸强度，其抗拉强度弱于聚丙烯腈基碳纤维。

(三) 碳纤维用沥青原料

沥青是带有烷基侧链的稠环芳烃化合物和杂环化合物的混合物，其结构和化学组成非常复杂。一般石油工业和煤焦化工业所获得的副产物沥青分子量在 200～800 之间，含碳量高于 80%，软化点低于 120 ℃，在用于生产碳纤维之前，必须进行调制和改性预处理，制备成软化点在 250 ℃以上的高软化点沥青。

各种沥青原料经过不同的方法预处理后，可制备成两种纺丝沥青：通用级纺丝沥青和中间相沥青。通用级纺丝沥青呈各向同性结构，生产成本低，所制备的碳纤维力学性能不高，一般用于制备活性碳纤维。中间相沥青分子结构呈各向异性，用于制备高性能碳纤维，作为工程纤维用在特殊领域。

1. 各向同性沥青

制备各向同性沥青的方法很多，有减压搅拌热缩聚法、刮膜蒸发器法、空气吹入氧化法、硫化法、添加剂法及 PVC 法。这些方法的共同点是：在热缩聚（>350 ℃）过程中除去精制沥青的轻组分，即当温度上升时，发生脱氢、交联、缩聚等反应提高软化点，同时抑制中间相的产生。

2. 中间相沥青

制备中间相沥青也有很多方法，但共同的特点是避免使用交联剂，以防止沥青分子之间杂乱的交联而限制液晶结构的形成。当工业沥青在惰性气氛中加热到 350 ℃以上时，经过热解、热脱氢缩聚等一系列反应，逐步形成分子量大、热力学稳定的多核芳烃化合物。由于其是有机物向碳过渡的中间物，故被称为中间相。当体系处于液相状态时，这类平面大分子形成到足够量后便按向列次序开始聚集成液晶，从而在光学上表现为各向异性。但这种液晶不能随温度的升降而向各向同性液体可逆变化，故与通常显示液晶的性质有所不同。中间相的生成经历了中间相小球的初生（成核）、小球的成长和融并过程。

中间相沥青的分子量较大，黏度高。用热缩聚方法制备中间相，随中间相含量的增加，软化点提高，熔纺温度可达到 350 ℃以上。这样的高温熔纺过程中，沥青的热分解、热缩聚使纺丝沥青变质，处于不稳定状态，很难实现连续化、稳定纺丝。因此，需对中间相沥青进行调制，降低软化点和黏度，从而降低熔纺温度。

（四）沥青基碳纤维的制备

由沥青制取碳纤维的整个工艺流程包括：纺丝沥青的调制、熔融纺丝、不熔化处理、炭化及石墨化。

1. 调制纺丝沥青

原料煤沥青、石油沥青或其他沥青的化学组成相当复杂，需经调制、精制和纯化后方可用来纺丝。沥青的预处理和调制的目的是：① 滤除各种一次性不溶物，包括游离碳、炭黑等固体杂质以及喹啉不溶物。② 纯化沥青原料，特别是 S、N、O 等有害物质。③ 调控分子量、分子量分布及其流变性能，使其在纺丝过程中保持非触变，能稳定地连续纺丝。通过对沥青原料的液相炭化可制取液晶态的中间相沥青，用来纺制高性能的沥青基碳纤维。

2. 沥青的熔融纺丝

熔融纺丝制造沥青纤维时，可采用一般合成纤维工业中常用的熔融纺丝方法，例如挤压式、离心式等。其纺出的纤维直径要尽可能细而均匀，才能得到性能优异的碳纤维。

用挤压式纺丝机纺制中间相沥青时，沥青被加热熔融，其熔体在压力的作用下，恒速通过喷丝孔，其纺出的纤维被收丝机卷绕。当熔融沥青通过喷丝孔时，则产生剪切力，使中间相的大分子沿纤维轴取向排列；同时，可调节纺丝和卷绕速度，形成一定的牵伸，使大分子进一步取向。沥青熔体在纺丝过程中的主要流动形式有：毛细管流动、分叉流动、渗透流动、汇聚流动（缩流）和外延流动，其中毛细管流动、汇聚流动和外延流动是最关键流动形式，直接影响纤维结构的形成。

当纺丝设备和喷丝孔选定后，纺丝温度、压力、卷绕速度等成为纺丝过程的主要影响因素。纺丝温度在保证沥青熔体可纺性的前提下，应低于沥青的焦化温度和调制沥青的最高温度；熔融沥青在纺丝机里的停留时间也应严格控制，以防停留时间过长而引起中间相本身的变质。

3. 不熔化处理

沥青纤维是热塑性物质，在高温下不能保持原有纤维形状而发生软化、熔融，炭化前必须进行不熔化处理将其从热塑性变为热固性，以保证取向的沥青分子在后续工艺过程中不因熔融而解取向或分解。不熔化的交联反应通常是通过氧来实现的，故沥青的“不熔化”也称为“预氧化”。预氧化还可以提高沥青纤维的力学性能，提高炭化前纤维的拉伸强度。

预氧化处理的实质是使沥青分子通过氧桥(主要是内酯)与其他分子相连的一个缩合过程。最终使这些分子能够通过氧化缩合反应而固定在构成纤维的大分子网上，并且大分子间可通过含氧基团连接成更大的分子网，为以后的炭化过程提供不熔化的稳定结构。此外，因中间相沥青纤维为各向异性纤维，除稳定化作用外，氧化处理还起到固定分子取向的作用，使沿轴取向的平面分子通过氧桥相互连接构成沿轴取向体，这种连接可以避免在炭化的高温作用下变成垂直纤维轴的取向体。

预氧化处理可采用气相氧化，也可采用液相氧化，或者二者相结合。气相氧化可用臭氧、富氧气体、空气以及 SO_3、SO_2、N_2O_5、NO_2 等各种氧化性气体，液相氧化则可用硝酸、硫酸、高锰酸钾和过氧化氢等氧化性液体。臭氧处理一般是在 70 ℃处理 1～3 h，然后再在空气中加热至 260 ℃，臭氧化处理操作困难，设备昂贵。

氧化终温、升温速率、恒温时间、氧化介质等氧化工艺参数，对最终碳纤维的力学性能具有非常大的影响。氧化过程的氧化程度(含氧量)及氧沿纤维径向的浓度梯度是衡量氧化结果的主要标准。预氧化处理的条件随原料不同而变化。一般含碳量高、有侧链及脂肪氢时，只用空气氧化即可；反之，含碳量少或含碳量高但没有活性基团的稳定化合物，要求更特殊的处理条件。

4. 炭化和石墨化

(1) 炭化

不熔化处理后沥青纤维应在惰性气氛中进行炭化处理，以提高最终力学性能。炭化通常指在 1 800 ℃以下的高纯氮气中对预氧化纤维进行高温热处理。炭化时，单分子间产生缩聚、交联，同时伴随着脱氢、脱甲烷、脱水反应，由于非碳原子不断被脱除，炭化后纤维中碳含量大幅提高，碳的固有特性得到发展，单丝的拉伸强度、模量增加。

炭化过程由于分子间发生缩聚交联，导致纤维轴向尺寸的收缩。600～900 ℃，原丝的取向发生部分松弛，在此过程中，纤维轴向最大收缩率为 8%；900 ℃以后，纤维不再收缩，由于石墨片层沿纤维轴向的规整排列，导致纤维又有了一定的伸长。研究表明，纤维 900 ℃炭化后纤维最小长度对应了石墨片层的最大取向偏差角。对单丝研究发现，600 ℃时纤维的取向偏差角最大。通过扫描电镜结果可知，600 ℃时纤维径向截面没有辐射结构，900 ℃时出现辐射状结构，说明 600～900 ℃为碳纤维结构形成的主要阶段。此外，沥青纤维的炭化过程研究表明：600 ℃炭化后，结构为无规松弛状，大量小分子逸出；600～800 ℃，环化缩聚反应进行；800 ℃以上，碳纤维结构基本形成，逐渐趋于规整。

炭化过程是分子间的缩聚反应，因脱除小分子化合物导致纤维的热收缩，同时会产生多种内部应力，内应力和热收缩会导致分子矩阵和纤维出现缺陷、裂缝，降低其物理机械性能。

(2) 石墨化

石墨化处理是在接近 3 000 ℃的高纯氩气条件下，将碳纤维进行石墨化处理，形成类石墨结构，同时赋予其更加特殊的性能。

不同种类的碳纤维，石墨化处理的影响不同。对于中间相沥青基碳纤维，高温作用下，纤维中的石墨片层结构不断发展、完善，晶体尺寸长大，晶面间距减小，微晶取向度进一步提高，纤维的密度、含碳量、机械性能、导热导电性不断提高。而对于各向同性沥青基和聚丙烯腈基碳纤维，高温石墨化后强度反而会下降，模量提高幅度不大。纤维的乱层石墨结构缺乏三维有序性，层间距较大，边缘参差不齐。随着石墨化温度提高，微晶层间距变小，二维乱层石墨结构向三维有序的石墨结构转变。

（五）沥青基碳纤维的应用

1. 碳纤维的优良特性

沥青基碳纤维具有以下特性：① 比重轻、密度小，超高强度与模量，耐磨、耐疲劳、减振性等物理机械性能优异。混凝土中碳纤维的加入可降低材料的密度、增加材料的强度，使材料表现出更加优越的力学性能。② 耐酸、碱和盐腐蚀，可形成多孔，表面活性、吸附性强的活性碳纤维。③ 热膨胀系数小，导热率高，不出现蓄能和过热。日本东洋纺公司近期开发出的沥青基碳纤维导热系数超过 900 W/(m·K)，散热性能是常用铝散热片的 3.8 倍。④ 导电性能优良，能快速充放电。⑤ 高温下尺寸稳定性好，X 射线透过性及电磁波遮蔽性良好，对电磁波有较强的反射作用。⑥ 具有润滑性，可使其复合材料磨损率降低，生物相容性好，生理适应性强。

虽然碳纤维性能优良，但除高温绝热材料外一般不单独使用，常加入高分子材料、金属、陶瓷、水泥中，构成碳纤维增强复合材料。

2. 碳纤维的应用

碳纤维主要应用在以下领域：

(1) 超高导热材料：由于电子机器小型化与轻量化并行，高功能化电子部件发热量增多，使 LSI(大规模集成电路)处理能力降低及电子部件损坏，因此要求部件散热效率高显得非常重要。在现有的碳纤维中，沥青基碳纤维的导热系数超过 900 W/(m·K)，已被列入市场出售放热材料最高类别。将该纤维加入树脂中加工成片材即可实现商业化，这种片材不仅具有高导热效率，同时具有优异的耐热性、柔软性和对凸凹状的适应性。这种导热材料应用于 IC(集成电路)和 CPU(电子计算机主机)等发热体的散热部件，具有很大成效。

(2) 航空航天：碳纤维在航空、航天装备的轻量化、小型化和高性能化上起着无可替代的作用。飞机通过使用碳纤维复合材料达到轻量化、节能化，使乘客数与飞行距离增加。在航天领域，高强碳纤维复合材料也是导弹、运载火箭、人造卫星、宇宙飞船等结构上不可或缺的战略材料。采用碳纤维与高分子制成的复合材料制造的卫星、火箭等宇宙飞行器，不但推力大，噪音小；而且由于其质量较轻，所以动力消耗少，可节约大量燃料。

(3) 体育用品：碳纤维复合材料可应用在高档文体休闲用品中，如高尔夫球杆、网球拍和钓鱼杆等(碳纤维复合材料的高尔夫球杆要比金属杆轻近 50%)，还可用于自行车、赛艇、赛车、弓箭、滑雪板、撑杆和乐器外壳。

(4) 汽车构件：碳纤维材料是汽车制造的优质材料，在高级汽车关键部件中开始大量采用抗拉强度在 3 500 MPa 以上的碳纤维。使用碳纤维材料可以使汽车的轻量化取得突破性进展，并带来节省能源的效益。

(5) 风力发电叶片：碳纤维在风机叶片中的应用，已成为继航空航天后的第二大应用领域。风电应用将推动大丝束(24 K)碳纤维产量的增长。全球风机装机容量的增长速度正在加快,高碳纤维含量的长叶片制成的大容量风机将成为主要趋势。

(6) 其他领域应用:深井钻井和开采其中一个难题就是井身管柱自重大,钢制油套管易变形断裂。深井管柱如果底下是钢的、上面是碳纤维复合材料的话,不仅能解决这个问题,而且还耐腐蚀,又轻,比强度高。目前,缠绕成型的高强轻质、耐腐蚀碳纤维油套管应用于海洋和深井钻采,国外已经形成成熟的配套技术系列。

碳纤维在抗震修补和增强措施中的主要应用是工业与民用建筑物、铁路公路桥梁、隧道、烟囱、塔结构等结构体的加固补强,以及结构中梁、板、柱、墙等构件的加固补强。碳纤维自重轻,强度高,耐久性好,抗腐蚀能力强,可耐酸、碱等化学品腐蚀,柔韧性佳,应变能力强,是桥梁加固和建筑物抗震补强的理想材料。

碳纤维复合材料作为世界先进复合材料的代表,应用领域不断拓宽,尤其是近年来其应用发展的多元化,使碳纤维年需求增长率达 20%。

第四节　炭　　黑

一、概述

1910 年,人类发现炭黑对橡胶有显著的补强作用,在这之前炭黑主要作为着色剂使用。炭黑起源于公元前 16 世纪古埃及,当时,人们把它作为书写用的黑色颜料,而煤则作为着色剂被广泛使用。随着印刷技术的发展,炭黑的需求大幅度上升并融入了工业革命的潮流。之后,1892 年在美国开始以天然气为原料槽法生产炭黑,1942 年确立了现在作为主流炭黑的油炉法生产技术。油炉法的特点是能生产出具有不同粒径、不同聚集体分布或者不同表面性状的炭黑,现在已能够生产出橡胶行业所需求的多种炭黑。

炭黑生产的主要原材料为煤焦油、蒽油、乙烯焦油等原料油。炭黑行业对原料油的质量要求是:芳烃含量要高,芳烃指数(BMCI)≥120,杂质、沥青类和胶质含量要少。一般来说,蒽油、防腐油和乙烯焦油是较理想的炭黑生产原材料。其中,煤焦油和蒽油为炼焦生成的副产品,乙烯焦油为石油精炼生成乙烯的副产品。国外炭黑生产企业基本用乙烯焦油做原料,国内炭黑生产企业则大多用煤焦油和蒽油做原料。

由煤焦油加工制得的炭黑,它既是橡胶制品的重要补强材料,又是油墨、塑料等行业不可缺少的原料之一,可用于着色剂、导电剂、农用黑色地膜、合成革、干电池、电碳制品、电器及电子元件、硬质合金、高纯石墨、印染、感光胶片、火药、水泥、铸造、皮革、静电复印墨粉、黑色手提袋等方面。

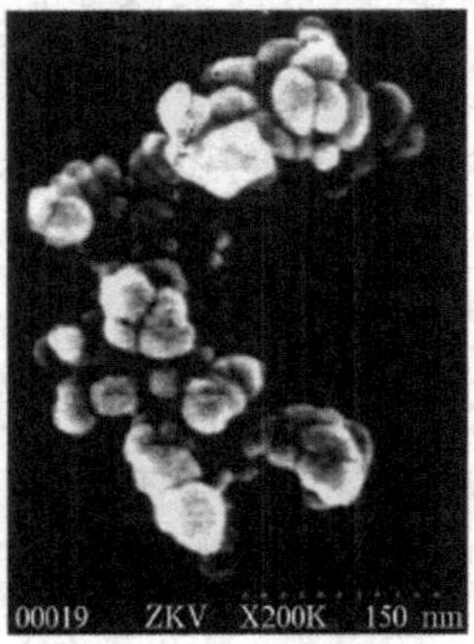

图 11-2　炭黑的电子显微镜扫描图

二、炭黑的构造

炭黑在应用时通常采用 1 mm 左右的颗粒状或者粉末状形态。图 11-2 是炭黑的电子显微镜扫描示例。一次结构的粒径为 10～100 nm 左右。炭黑是大量的一次结构凝聚体集合成不规则且形态复杂的聚集体,这种聚集体是不能再分离的炭黑的最小单位。聚集体比较容易凝聚在一起，形成结块。根据X射线反射的结果，可确认炭黑的结构是：① 具有与石墨相同的单层石墨面；② 面的间隔比石墨更大一些；③ 在与单层石墨面垂直方向上稍微有些偏离。

炭黑由烃类化合物（液态或气态）经不完全燃烧或热裂解制成，主要由碳元素组成，以近似球体的胶体原生粒子及聚集体形式存在，外观呈黑色粉末。

从化学性质上讲，炭黑是由97%以上的碳原子构成的，其余是约3%的H和O等元素。单一层石墨面的端部存在着各种各样的表面官能基团。表面官能基团在制造炭黑或后处理时可以加以控制，因为它们会影响橡胶的性能。

三、炭黑的分类

炭黑的分类有以下几种。

按制造方法，炭黑可分为不完全燃烧法炭黑和热裂解法炭黑两大类。不完全燃烧法炭黑包括油炉法炭黑、气炉法炭黑、灯烟法炭黑、喷雾法炭黑、槽法炭黑、滚筒法炭黑和混气法炭黑；热裂解法炭黑包括热裂法炭黑、乙炔法炭黑和等离子体法炭黑。不完全燃烧法炭黑产量占炭黑总产量的97%以上，而油炉法炭黑产量和需求量均占不完全燃烧法炭黑总量的95%以上。

按填充胶料性能，炭黑可分为硬质炭黑和软质炭黑两大类。硬质炭黑多用于胎面胶，又称为胎面炭黑，其填充的胶料硬度较高、强伸性能和耐磨性能较好；软质炭黑多用于胎体胶，又称胎体炭黑，其填充的胶料硬度和生热较低、弹性较好。

按用途，炭黑可分为橡胶用炭黑和非橡胶用炭黑两大类。非橡胶用炭黑可分为色素炭黑、导电炭黑、塑料用炭黑及专用炭黑等。色素炭黑包括高色素槽法炭黑、高色素炉法炭黑、中色素槽法炭黑、中色素炉法炭黑、普通色素槽法炭黑、普通色素炉法炭黑和低色素炉法炭黑等，主要用作涂料、油墨、塑料、化纤和皮革等的着色剂。导电炭黑包括导电炉法炭黑、超导电炉法炭黑、特导电炉法炭黑和乙炔炭黑等，主要用作导电剂或抗静电剂，乙炔炭黑还可做干电池的吸电液。塑料用炭黑包括色母料专用炭黑、护套料专用炭黑和屏蔽料专用炭黑等，分别作为塑料制品的着色剂、抗静电剂和紫外线屏蔽剂等。

四、炭黑的工业生产

（一）炭黑生产技术的发展

从总体上讲，世界炭黑工业已进入成熟期，其生产技术主要围绕单炉能力、规模、炭黑产品专用化、综合节能降耗和环保安全等几个方向发展，主要体现在以下几方面：

① 由于提高单炉生产能力是降低炭黑生产成本的关键环节，因此各大炭黑公司均将提高单炉生产能力作为其技术开发的主要内容。目前，单炉4万～5万t/a的技术已进入推广应用期，生产技术由主要的大公司所垄断。

② 炭黑生产装备的开发围绕节能降耗稳步进行，主要表现在900 ℃级空气预热器投入工业化应用、新型急冷锅炉进入工业化试验阶段。

③ 综合节能降耗和环保安全方面的进展是：炭黑工业的综合热能利用率最高已达到82.68%；采用PLC替代DCS进行安全控制；炭黑对人体的危害已引起IARC（国际癌症研究机构）的重视，并在进行深入研究；废气、废水零排放正在取得进展，开展ISO 14000 EMS认证已成为炭黑企业的普遍共识。

④ 炭黑产品专用化的趋势更加明显，各公司对其知识产权的保护更加重视，专用炭黑

开发的相关报道从数量、内容和深度都在减少。

（二）炭黑的制造方法

炭黑的制造方法有不完全燃烧法的炉法、灯烟法、喷雾法、槽法、滚筒法和混气法，以及热裂解法的热裂法、乙炔法和等离子体法。

1. 不完全燃烧法

不完全燃烧法主要介绍以下两类方法。

（1）炉法

炉法是在反应炉内，原料烃（液态烃、气态烃或其混合物）与适量空气形成密闭湍流系统，通过一部分原料烃与空气燃烧产生高温使另一部分原料烃裂解生成炭黑，然后将悬浮在烟气中的炭黑冷却、过滤、收集、造粒制成成品炭黑的方法。其中，以气态烃（天然气或煤层气）为主要原料的制造方法称为气炉法（主要产品为软质炭黑）；以液态烃（芳烃重油，包括催化裂化澄清油、乙烯焦油、煤焦油馏出物等）为主要原料的制造方法称为油炉法。

油炉法由于具有工艺调节方法多、热能利用率高、能耗小及成本低等特点，已成为主要的炭黑制造方法。与油炉法相比，气炉法的原料消耗量和综合能耗较大。在天然气涨价后，其主要产品已被油炉法产品取代。然而在天然气廉价的地区，制造气炉法炭黑仍然有利，且在很多橡胶制品中应用。

（2）槽法、滚筒法和混气法

槽法、滚筒法和混气法都是原料烃在空气中进行不完全燃烧而形成开放型扩散火焰，再将火焰还原层中裂解生成的炭黑冷却、收集、造粒制成成品炭黑的方法。槽法和滚筒法均是通过火焰与温度较低的收集面（槽钢或钢制水冷滚筒表面）接触来收集裂解生成的炭黑，故又称为接触法。

槽法是在自然通风的火房内，天然气或煤层气通过数以千计的瓷质火嘴与空气进行不完全燃烧而形成鱼尾形扩散火焰，通过火焰还原层与缓慢往复运动的槽钢接触使裂解生成的炭黑沉积在槽钢表面，然后由漏斗上的刮刀将炭黑刮入漏斗内，经螺旋输送器输出、造粒而制成成品炭黑的方法。

滚筒法是在火房内，以焦炉煤气或氢气做载体的汽化原料烃（芳烃含量较大的烃类物质，如粗蒽、蒽油或防腐油）通过灯管上数以千计的圆形小孔与空气进行不完全燃烧而形成鼠尾形扩散火焰，通过火焰还原层与旋转钢制水冷滚筒接触使裂解生成的炭黑沉积在滚筒表面，然后用刮刀将炭黑刮入漏斗内，经螺旋输送器输出、造粒而制成成品炭黑的方法。与槽法相比，滚筒法所用的原料烃芳烃含量大、炭黑生成率高、烟气中悬浮的炭黑多。其烟气中悬浮的炭黑一般采用袋滤器过滤回收并与从滚筒表面收集的炭黑混合后再造粒制成成品炭黑。

槽法混气炭黑是最早采用混气法制造的炭黑，它是在槽法火房内，以焦炉煤气或煤层气做载体的原料烃（粗蒽、蒽油或防腐油）与空气进行不完全燃烧而形成数以千计的鱼尾形扩散火焰，再通过火焰还原层裂解制成的。

2. 热裂解法

热裂解法主要有热裂法、乙炔法和等离子体法。

（1）热裂法

热裂法是一种不连续的炭黑制造方法，每条生产线设置两个内衬耐火材料的反应炉

(图 11-3)。生产时,先在一个反应炉内通入天然气和空气并燃烧,待反应炉达到一定温度后停止通入空气,使天然气在隔绝空气的条件下热裂解生成炭黑。在该反应炉进行裂解反应时另一个反应炉开始燃烧。每个反应炉均在完成裂解反应且温度降到一定程度后再燃烧加热,如此循环生产。生产出的炭黑与烟气一起冷却,然后将收集到的炭黑进行造粒处理。

热裂法炭黑是粒子最大、结构最低的炭黑品种。热裂法炭黑填充的胶料强伸性能较低,但弹性高、硬度和生热低、电导率小,且热裂法炭黑的填充量大,其适用于轨枕垫等要求弹性高、生热低和绝缘性能好的橡胶制品。另外,热裂法炭黑碳含量大和纯度高,可用于硬质合金、炭素制品的生产。热裂法反应炉结构见图 11-3。

(2) 乙炔法

乙炔法是先将乙炔和空气通入反应炉中燃烧,待反应炉加热到一定温度后停止通入空气,使乙炔在隔绝空气的条件下裂解为乙炔炭黑(和氢气)的方法。由于乙炔裂解为炭黑和氢气的反应是放热反应,因此反应可以连续进行,且需要用水冷却炉壁以防过热。裂解生成的炭黑经冷却、输送、捣磨、收集、压缩包装成成品炭黑。乙炔法反应炉结构如图 11-4 所示。

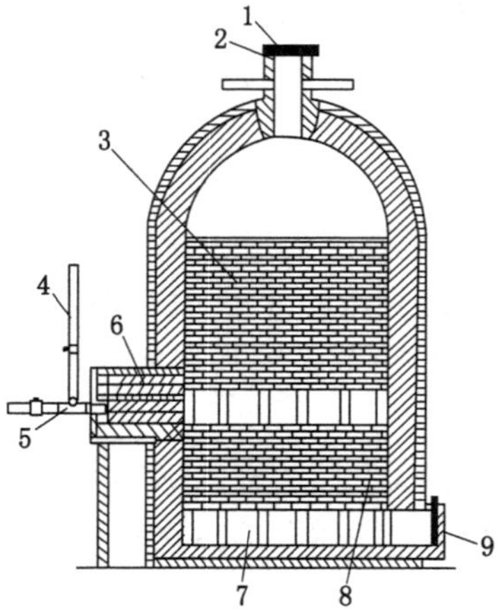

1—烟囱;2—稀释气入口;3—稀释气预热室;
4—空气入口;5—原料气入口;
6—原料气预热室;7—燃料气和空气入口;
8—分解室;9—炭黑烟气出口。

图 11-3 热裂法反应炉结构

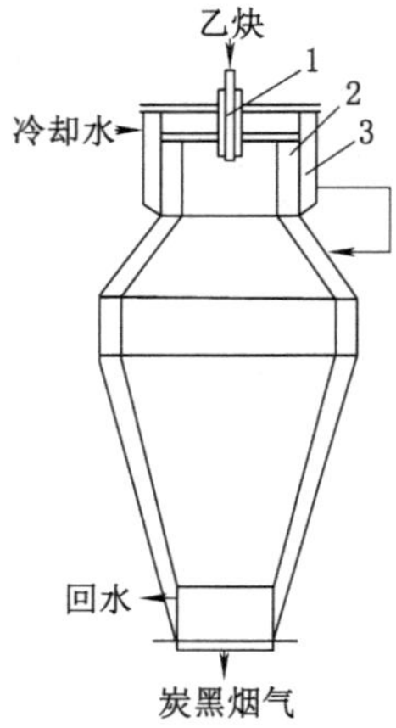

1—乙炔入口;2—石墨砖;
3—水冷夹套。

图 11-4 乙炔法反应炉结构

乙炔炭黑结构高、导电性能好,可用于抗静电或导电橡胶制品,但它的视比容大、胶料加工性能差,故在橡胶工业中的应用已较少,目前主要用于干电池生产。

(3) 等离子体法

等离子体法是用等离子体发生器加热反应炉,使其达到极高温度来裂解原料烃(气态烃、液态烃或固态烃)以连续生产炭黑的方法。该法具有以下优点:

① 不用原料和燃料加热反应炉,原料烃的利用率高,且可以使用芳烃含量不高的油,能缓解燃料和原料短缺的问题。

② 裂解产生的氢气可做化工原料或汽车清洁燃料。

③ 不产生和排放 CO、CO_2、SO_2、NO 和 NO_2 等有害废气,有利于环境保护。

④ 裂解反应生成的尾气少，可以降低炭黑收集系统的投资和运转费用。

⑤ 反应炉可达到的温度高且范围宽，有利于产品的多样化。

但等离子体法生成炭黑的氛围和产品性质与常规方法相差较大，此法尚处于研发阶段。目前已开发出氮吸附比表面积为 $52\times10^3\sim90\times10^3\ m^2/kg$、DBP 吸收值为 $90\times10^{-5}\sim250\times10^{-5}\ m^3/kg$、表面没有孔隙且填充胶料物理性能接近常规炭黑的等离子体法炭黑。

等离子体法有可能成为炭黑制造的主要方法。

第五节　活　性　炭

一、概述

活性炭是一种古老的产品，是指经过一定工艺处理、内部孔隙发达、具有吸附分子级物质能力的含碳材料。活性炭的研究源于制糖业对高效脱色剂的需求。19 世纪中叶，欧洲的一些学者在实验室中完成了试验，20 世纪初，在欧洲首先实现了工业化的生产。第一次世界大战中毒气在战场上的使用，为活性炭在军事上的大规模应用提供了契机，活性炭作为军需品得到了迅速的发展，也为活性炭的理论研究注入了活力。随后活性炭的应用领域不断扩大，生产规模增长很快，理论研究也取得了惊人的成就，特别是吸附理论的研究十分活跃，出现了许多理论和学说，对活性炭的孔隙结构和吸附机理的认知逐步清晰和深化。

活性炭巨大的吸附能力要归功于其丰富的内部孔隙以及较高的比表面积，提供了吸附质被吸附的场所。根据国际纯粹和应用化学联合会（IUPAC）在 1971 年的建议，活性炭的孔隙可分为微孔（<2.0 nm）、中孔（2.0～50 nm）和大孔（>50 nm）。其中微孔提供的比表面积占 95%以上，中孔比表面积一般小于 5%，大孔比表面积几乎可以忽略。微孔又常常被进一步划分为超微孔和次微孔。

按 Dubinin 的观点，不同大小的孔隙具有不同的物理意义。微孔：孔隙与被吸附的物质分子相近，在较低的平衡压力下就可达到很大的吸附能力。微孔中的吸附是以微孔充填的机理进行的。活性炭的比表面积主要是由微孔贡献的。中孔：亦称为过渡孔，孔隙中的吸附是以毛细管凝聚机理进行的。中孔的比表面积一般小于总比表面积的 5%。大孔：其上限是 500～2 000 nm。它是按毛细管凝聚机理进行的。通常，活性炭的吸附作用主要是在微孔中进行的。但大孔和中孔也发挥作用，大孔作为通道，中孔在吸附尺寸较大的分子或者作为催化剂载体使用时起关键作用。

二、活性炭的分类

① 按外形分类，活性炭的种类有：颗粒活性炭（GAC）、粉状活性炭（PAC）、纤维活性炭（FAC）、微球活性炭。

② 按使用场合分类，活性炭的种类有：气相炭、液相炭等。

③ 按用途分类，活性炭的种类有：溶剂回收炭、气体净化炭、脱色炭、药用炭、催化剂炭、变压吸附炭、黄金炭、脱硫炭、血液灌流炭、水处理炭等。

④ 按制造方法分类，活性炭的种类有：物理法炭、化学法炭（包括氯化锌炭、磷酸炭等）。

⑤ 按原料分类，活性炭的种类有：木质炭、煤质炭、生物质炭、树脂炭、沥青炭等。

⑥ 按孔径分，活性炭的种类有：微孔炭、中孔炭等。

三、活性炭的结构

活性炭、木炭、焦炭、炭黑等一类材料统称为“无定形碳”。这些物质的结构或多或少地具备与石墨结构相似的微晶结构，但同石墨晶格相比，在层片大小、层面内碳原子的六角形排列的完善度、平面化程度及层间距等四个方面有程度不同的差距。

活性炭含有类石墨微晶结构，其微晶类似于石墨的二向结构，但整体上是一种乱层状结构，显示出各向同性特点。这种乱层结构是构成活性炭孔隙结构的基础。活性炭具有很强的吸附能力，能吸附多种物质，主要源于其具有很大的比表面积和大量的细孔，而这些细孔壁上的碳，通过分子引力作用，吸附(物理吸附)着大量的物质。但因被吸附物质的性质不同，被吸附物质的数量也有差异。活性炭是一种疏水性的非极性吸附剂，能选择性地吸附非极性物质。但是，活性炭表面上的碳原子能与氧、硫、氢、氮、氯等杂原子生成官能团或表面络合物，特别容易生成表面氧化物，从而对活性炭的吸附性能及催化性能等有很大的影响。

就活性炭的吸附性能讲，由于活性炭表面氧化物的酸碱性不同，它所能吸附的物质也不同。当活性炭的表面具有酸性含氧官能团时，它就能吸附碱金属氢氧化物；而当活性炭表面具有碱性含氧官能团时，它就能吸附酸类物质。这种靠化学键的作用而产生的吸附为化学吸附。因活性炭兼有物理吸附和化学吸附的作用，所以它能吸附许多物质。

1. 活性炭的化学组成

活性炭的吸附性能不仅取决于它的孔隙结构，而且受到活性炭化学组成，尤其是表面化学组成的影响。在活性炭表面上起决定作用的吸附力是范德瓦耳斯力中的色散力；但由于活性炭微晶结构中往往含有部分晶体不完整的石墨层，这些石墨层会明显改变碳骨架中电子云的排布，出现不饱和价和不成对电子，进而影响活性炭的吸附性能，特别是影响对极性和非极性物质的吸附。此外，活性炭中碳结构上结合的氧、氢、硫、氯等元素以及无机杂质也对吸附性能有很大的影响。

活性炭的化学组成分为有机组成和无机组成两部分，它与制备活性炭的原料的组成、性质以及制备的工艺过程有很大的关系。

2. 活性炭的元素组成

活性炭主要由碳元素组成，此外还有氢、氧、氮、硫等元素。活性炭的有机组成部分中，氧含量在4%～5%、氢含量在1%～2%。

3. 活性炭的表面化学组成与有机官能团

活性炭有机质的分子结构除了碳骨架以外，还有由碳、氧等元素形成的原子基团，称为官能团。这些官能团的存在对于活性炭的吸附过程有重要的影响。

活性炭的有机官能团主要是含氧官能团。活性炭制备方法和工艺对产物含氧官能团的种类和含量有很大影响。水蒸气法制备的活性炭中，氧主要以羟基和羧基的形式存在；氯化锌法生产的活性炭中，羰基氧和醚基氧占的比例较大。活性炭中常见的官能团有羧基、羟酚基、醌型羟基，以及醚、过氧化物、酯、荧光素内酯、二羧酸酐和环状过氧化物。

4. 活性炭的灰分

活性炭灰分的组成十分复杂，主要是硅、铁、钙、镁、铝、钠、钾的氧化物和盐。煤基活性炭的灰分主要是SiO_2、Al_2O_3、CaO、MgO、Fe_2O_3等。活性炭灰分中的碱金属化合物一般溶于水；碱土金属如钙的氧化物溶于醋酸；最难处理的是酸性化合物，它们只能用氢氟酸除去。

成品活性炭的灰分含量受原料、活化方法、成品炭后处理方法的影响很大。以低灰的宁夏太西煤为原料，制备出的活性炭灰分在10%以下，而大部分的煤质活性炭的灰分均高达20%以上。制备的活性炭经过蒸馏水抽提、醋酸处理或氢氟酸洗涤，其灰分含量将依次减少。工业上一般采用盐酸洗涤的方法除去部分无机质，略微提高活性炭的比表面积。值得指出的是，活性炭经酸洗后，在其表面上往往形成含氧化合物，活性炭的表面会由疏水性转化为亲水性，从而影响到活性炭的吸附性能。

四、活性炭的制造

活性炭的制备方法有物理活化法和化学活化法。物理活化法是将试样先进行炭化，然后直接或经预氧化后在二氧化碳或水蒸气的气氛下高温反应，烧蚀部分碳来获得相应的孔结构，其孔隙率与孔分布取决于内部碳的烧蚀率。目前国内多采用物理法制备煤基活性炭。

化学活化法有氯化锌活化法、磷酸活化法、氢氧化钾活化法和其他化学品活化法（硫酸、硫化钾、氯化铝、氯化铵、硼酸盐、硼酸、氯化钙、氢氧化钙、氯气、氯化氢、铁盐、镍盐、硝酸、亚硝气、五氧化二磷、金属钾、高锰酸钾、金属钠、氧化钠和二氧化硫）。目前经常使用的是氯化锌活化法和磷酸活化法。制备方法是用一定浓度的氯化锌、磷酸等化学试剂浸渍原料，然后在一定的温度下活化，直接制得活性炭。化学活化法主要用来制备木质活性炭。为了调控活性炭的孔隙结构，也可将化学法和物理法联合使用。

随着物理法和化学法制备活性炭适用原料不同，活性炭的孔隙结构、表面性质等方面都有很大区别。通常，煤质活性炭制备的主要步骤包括：炭化、活化和后处理。若生产煤质柱状活性炭，在炭化之前还要有煤炭磨粉、加煤焦油黏结剂搅拌捏合、压力机上挤条，然后才是炭化等工序。下面介绍物理法煤质柱状活性炭的制备工艺。

1. 磨粉

为了使原料煤均化，在水分、黏结剂存在的条件下，容易发生界面化学性凝聚，有助于提高定形碳强度，因此，在工业生产允许的条件下，必须尽可能地将原料煤磨细。通常全部磨细到100网目以下，其中200网目以下的含量占90%以上。

2. 捏合

为了使煤粉和水分、黏结剂混合均匀，把原料压密，以得到致密和强度高的定形碳，成型前必须先进行捏和。捏和过程中添加的黏结剂，要具有良好的浸润性、渗透性和黏结力，与炭捏和后，具有良好的可塑性，一般采用煤焦油、木焦油做黏结剂，要求焦油中的沥青含量55%～65%为宜。

3. 挤压成型（挤条）

混合好的物料在液压压力机上通过合适的模具挤压成条状。

4. 炭化

将挤压成型的炭条在600～700 ℃条件下加热，除去焦油和挥发分，并形成初始孔隙，为下面的活化步骤创造条件。炭化后得到的物料称为炭化料。

5. 活化

活化过程就是在900 ℃左右，在活化炉内通入水蒸气与炭化料进行活化反应，使活性炭产生孔隙。影响活化的因素有以下几方面。

① 原料煤的性质：不同的原料煤，碳含量、非碳元素含量、挥发分含量、无机质的种类与数量以及显微组分也不相同。这样，炭化后所得的炭化物性状差异很大，与活化剂的反应速度，反应的气、固相产物也不同。

② 活化剂的种类与流速：各种活化剂与碳的反应速度是不同的。以不同活化剂制得的活性炭的吸附能力也有很大的差异。例如水蒸气能充分地扩散到炭化物的细孔内，使活化在颗粒内均匀进行，因此水蒸气活化所得的活性炭具有较优的吸附能力。随着活化剂流速的增大，活化速率提高，但活化剂的流速达到一定值后，反应速率是一个常数。活化剂的流速应适中，并根据活化剂的种类和产品的用途而定。

③ 活化温度：碳与活化剂的反应物量随温度的升高而增加。但是，过高的活化温度造成活性炭的孔隙结构发生变化，大孔增加，细孔减少，吸附性能变差，活化的数量也减少。活化温度应根据炭化料的性状、活化剂的种类、产品的用途等条件确定。

④ 活化时间：活化时间的长短，影响到活化的烧失率。在原料、活化剂种类、活化温度等条件一定时，活化时间越长，烧失率越高。如前所述，不同的烧失率下得到的活性炭具有不同的孔径分布。

⑤ 炭化物的颗粒尺寸：活化剂在活化时只有扩散到炭化料颗粒内部，才能发生有利于孔隙度成型的气固发育；活化反应的气体产物也需要从颗粒内部扩散出来才能保证活化的正常进行。炭化料颗粒的选择还受到活化设备的影响。流化床活化或固定床焖烧法可用细颗粒炭化料；移动床活化一般使用较大颗粒的炭化料。

⑥ 炭化物内所含的无机物的种类与数量：一些碱金属、铁、铜等的氧化物或碳酸盐对碳与水蒸气的反应有催化作用。催化作用常常导致活性炭的孔隙增大，大孔和过渡孔的含量增加。因此，炭化料中无机质的种类和含量对活性炭的吸附性能有很大的影响，特别是用作催化剂或常见载体的活性炭，对无机成分的要求更高。为解决这个问题，在工艺中可在活化前进行酸洗脱灰。

⑦ 原料预处理、炭化条件：受氧化后的原料炭化所得到的炭化料，在活化的开始阶段，活化速度较快，这是因为氧化使得炭化物所含的含氧官能团的量增多，形成较多的活性点进而表现出较快的活化速度。炭化低温区引入空气部分氧化可使生成的活性炭具有较高的吸附性能。氧化造成炭化物中无定形碳的量增大，活化时易生成微孔，使得过烧失阶段（相邻孔壁烧穿，小孔变大孔，比表面积值等指标下降）的到来得到延缓，使高比表面积活性炭的制造成为可能。缓慢炭化的作用在活化阶段的后期更加明显，当烧失量达 50％时，缓慢炭化使活性炭的比表面积和碘值的增加势头不减。而快速炭化的炭化物在活化时，随烧失量的增加、活性炭吸附性能的提高趋于平缓，而且炭化速度越快，吸附性能提高得越缓慢。

6. 后处理

活性炭在活化炉完成活化过程之后，一般要进行筛分，若用户需要超低灰活性炭，往往还需要进行酸洗、干燥等后处理过程，以满足用户对产品质量的要求。

五、活性炭的用途

1. 活性炭在食品工业和饮用水等方面的应用

活性炭在油脂工业上用于浸出溶剂的回收、油脂中有毒杂质和色素的脱除、油脂的氢化加工等；在饮用水处理上用于有毒物质如三卤甲烷、农药等的吸附，异味的脱除等；在酒类生产中用于脱除不正气味、改善颜色，减少粗馏物中的醛、油等的含量和加速酒的成熟；在啤酒酿造过程中，用于水处理、空气和二氧化碳的净化以及纠正啤酒的颜色，脱除酚、着色剂等产生的臭气；在制糖业中用于糖液脱色；在香烟中用于吸附烟气中的尼古丁、焦油等有毒物质。

2. 活性炭在医学领域的应用

活性炭可用作外敷或内服药物，如将干粉活性炭放入绷带中敷裹于伤处，可治疗溃疡、化脓性创伤、烧伤等；在内科上主要用于治疗肠道疾病，如痢疾、伤寒等，还可用作许多毒物的急救解毒药；活性炭可作为其他药物的载体，使药物缓慢释放，延长作用时间；活性炭可用于人造肝，吸附血液中的尿酸等有害物质；活性炭用于人工肾，主要对透析液中的尿酸、血尿素和肌酸酐进行吸附脱除，使透析液循环使用。

3. 活性炭在制药工业上的应用

活性炭对许多生物化学药品具有脱色、除臭和净制作用，广泛应用于抗生素、维生素、解热药、磺胺药、抗结核病药、生物碱、激素、注射液等药物的脱色和净制，以消除药物中的重金属和有害物质，消除热源等。

4. 活性炭在催化剂和催化剂载体方面的应用

活性炭本身具有一定的催化活性，可单独作为催化剂使用，也可作为催化剂的载体，如用于葡萄糖制葡萄糖酸钠、钙催化剂 Pd-Bi/C 的载体，选择性好、糖转化率高；合成醋酸乙烯催化剂醋酸锌的载体；氯乙烯单体合成用催化剂升汞(氯化汞)的载体等。

5. 活性炭在煤气脱硫上的应用

在煤或石油制取合成气的过程中，煤气中的 H_2S 和 COS 是甲醇、甲烷化、氨合成等催化剂中毒的主要因素。活性炭用于煤气的精脱硫效果良好，可以将 H_2S 脱至 0.2×10^{-6} 以下，大大低于合成气小于 1×10^{-6} 的要求。

6. 活性炭在烟道气脱硫脱硝中的应用

煤炭是我国最主要的能源，在煤炭燃烧过程中会产生大量的 SO_2 和 NO_x，这两种酸性氧化物是大气污染的主要成分。利用活性炭的高吸附能力脱除烟道气中的 SO_2 和 NO_x 成为研究的热点之一。

7. 活性炭在溶剂回收中的应用

在橡胶、塑料、纺织、印刷、油漆、军工等工业领域内，均需使用大量的有机溶剂，如油漆工业中的信那水，发射药生产中的乙醇、乙醚等。为了安全生产、保证工人健康、降低生产成本、减少环境污染，必须进行溶剂回收，其最有效的方法是用活性炭吸附。

8. 活性炭在污水处理方面的应用

在几乎所有的工业生产过程中都会产生废水，特别是化工产品的制造，污水的产生更是不可避免的。活性炭在处理低浓度污水时显示出极佳的效果。

9. 活性炭在呼吸器材上的应用

活性炭在呼吸器材上的应用始于军事防毒面具的需要。

除了前述用途之外，活性炭在其他方面也有广泛的应用，如电子器件生产车间空气的净化、复印机含臭氧空气的净化、血液净化、大容量电容器、天然气贮存、食品保鲜、核电厂废气处理、汽车汽油挥发损失控制装置、黄金提取、防化服装、变压吸附分离空气等。

随着新型非化石能源的大力推广，煤炭利用转向煤基炭材料是煤炭产业的新发展路径。煤炭材料化不仅可以实现煤炭的高附加值利用，也可缓解能源与环境问题，具有多重效益。煤炭独特的结构性质使其成为合成炭材料的优质原料。以煤及其衍生品为原料制备针状焦、碳纤维、炭黑、活性炭等煤基炭材料已有广泛应用。煤炭延伸制备的纳米炭材料，如碳点、碳纳米管、石墨烯等，在分离、催化、太阳能利用、电化学、储能等领域显示出了巨大的应用潜力。由于煤炭及其衍生品组成结构复杂，需要进一步明晰煤基炭材料性能与微观结构的构效关系，实现从分子层面调控煤基炭材料性能。同时，需要耦合各种改性和制备策略并不断发展新的制备方法，降低煤基炭材料的合成成本，丰富煤基功能炭材料性能和用途。

复 习 题

1. 炭素制品的独特性能都有哪些？
2. 炭素制品的主要用途是什么？
3. 炭素制品的固体原料都有哪些？
4. 针状焦的主要性能指标都有哪些？
5. 针状焦工业生产工艺分为几个部分？
6. 碳纤维的微结构主要包括哪些？
7. 由沥青制取碳纤维的整个工艺流程包括哪几个部分？
8. 碳纤维的应用领域都有哪些？
9. 炭黑的制造方法都有哪些？
10. 活性炭的用途都有哪些？

参考文献

[1] 陈国强."十五"我国冶金炭素工业发展回顾与"十一五"发展展望[J].中国钢铁业，2006(11)：29-32.
[2] 崔小明.炭黑在合成橡胶中的应用研究进展[J].精细与专用化学品，2023，31(4)：29-32.
[3] 鄂永胜，刘通.煤化工工艺学[M].北京：化学工业出版社，2015.
[4] 甘伟斌，蔡仁杰.针状焦技术的研究现状[J].浙江化工，2005，36(2)：27-30.
[5] 郝彩红，王云伟，胡胜亮. 煤基炭材料制备技术研究及展望[J]. 化工新型材料，2023：1-9.
[6] 何彩群，覃丽娟，田玲玲，等.煤基活性炭生产与再生研究[J].工业安全与环保，2009，35(11)：45-47.
[7] 侯旺君，闫翎鹏，曹哲勇，等. 煤基零维纳米碳材料的合成、性能及其在能源转换和存储应用中的研究进展[J]. 化工学报，2022，73(11)：4791-4813.
[8] 姜艳，谢刚，唐晓宁，等.炭黑生产工艺的进展[J].化学工业与工程技术，2007，28(1)：25-29.
[9] 李炳炎，范汝新.炭黑新技术新产品进展[J].中国橡胶，2007，23(6)：4-7.
[10] 李太平，王成扬.针状焦技术的研究进展[J].炭素，2004(3)：11-16.
[11] 李同起，王成扬.碳质中间相形成机理研究[J].新型炭材料，2005，20(3)：278-285.
[12] 刘明非.炭素材料的定义及分类原则[J].炭素技术，2005，24(1)：1-5.
[13] 苗文梅.我国煤基活性炭的应用现状及发展趋势[J].中国化工贸易，2019，11(20)：225.
[14] 钱树安. 略论炭素科学的形成和进展：Ⅰ.总论[J]. 炭素，1995(2)：1-3.
[15] 钱树安.略论炭素科学的形成和进展：Ⅴ.液相炭化机理研究的历史和现状[J].炭素，1996(2)：6-17.
[16] 宋涛.煤系针状焦生产原理及几种典型生产工艺[J].化工管理，2023(20)：144-148.
[17] 王文清.煤焦油制炭黑发展前景[J].山西化工，2011，31(5)：28-30.
[18] 续正国. 初探针状焦的选择与应用[J]. 炭素技术，1996(1)：33-38.
[19] 杨璐，孟迎，赵亚维，等.碳纤维研究进展及市场现状[J].合成纤维，2023，52(6)：32-36.
[20] 姚伟强，佟令文，何虎，等.煤基中间相沥青的调制及其炭化产物的电化学性能[J].洁净煤技术，2023，29(8)：56-64.

[21] 张亚婷,郑莉思,李可可,等. 煤基氧化石墨烯/钒酸铋复合物的构建及光还原 CO_2 应用[J]. 煤炭学报,2022,47(12):4290-4299.

[22] 赵亚楠.初探煤沥青及其应用[J].炭素,2019(3):31-35.